齐钟彦文集

下　卷

文集编委会　编

中国海洋大学出版社
·青岛·

目 录

上 卷

下　卷

浙江南鹿列岛贝类区系的研究[1]

在我国贝类区系的调查研究中，东海区浙江近海的调查工作做得很少。Annadale和Prashad（1924）曾描述21种，限于杭州附近，其中在河口、海水生活的仅5种；吴宝华（1956）报道了41种，仅限于双壳类；中国科学院海洋研究所1952年以来，在浙江近岸也进行过多次采集，但布点较稀，时间也短，结果仅散见于各类专著中，没有专门报告。因此，直到目前，浙江近岸尚未见到较详细的软体动物专题报告。

南鹿岛位于东经121°05′、北纬27°27′的浙江南部海面，离大陆最近点30海里，由大小17个岛屿组成。南鹿列岛岩礁罗列，兼有成片的沙滩和零星泥滩。列岛海域内水深25米左右，水温全年最高28 ℃，最低10 ℃，平均在20 ℃左右，终年水清，平均透明度大于2米，最大潮差达6米。

浙江外海有一支沿台湾海峡和闽浙海岸方向自西南流向东北（或东北偏北），再转向东北偏东的一支海流，它在长江口以南部分统称为台湾暖流（管秉贤，1978），流速较强，在北纬30°以南，可达30～40厘米/秒。这支暖流从3月下旬开始影响南鹿列岛，在这一期间，水温上升很快，透明度增大，整个夏、秋两季这支暖流一直控制本海区，水温达25 ℃以上，最高透明度达7米。到了10月份以后，南下的黄海冷水团和沿岸流逐渐影响本海区，水温下降，透明度也降低，整个冬季水温在13 ℃以下，透明度降到1米左右。

南鹿列岛地处亚热带海区，特别是在一年中又将近有半年时间受台湾暖流控制，所以在贝类区系中有较多典型的热带种类。为深入研究和探讨这一海区软体动物的区系组成和环境因子间的关系，上海自然博物馆和浙江平阳县海带养殖场于1976年4月—1978年4月，在不同季节对南鹿列岛的大沙岙、国胜岙、龙泉礁、大山足拢壳区几个采集点进行了三次调查，共得标本300多号，初步鉴定122种，列于表1。随着调查工作的深入开展，以后另做补充。

一、南鹿列岛贝类的区系分析

从上列的种类表和各个种在我国各海区的分布情况看，南鹿列岛的贝类区系可分为下列四个组（见表2）。

---

① 陈赛英、王一婷（上海自然博物馆），孙建章（浙江平阳县海带养殖场），齐钟彦、马绣同、庄启谦（中国科学院海洋研究所）。载《动物学报》，1980年第26卷第2期，171～177页，科学出版社；《海洋文集》，1980年，第3卷第2期，59～66页。

表 1 南麂列岛贝类的种名录及其在我国沿海的分布

种名		黄海	渤海	东海			南海					
				南麂岛	霞浦	平潭	厦门	东山	广东大陆沿岸	海南岛	西沙群岛	广西
		1	2	3	4	5	6	7	8	9	10	11
1. 杂色鲍	*Haliotis diversicolor* Reeve			+	+	+	+	+	+	+		+
2. 中华楯蝛	*Scutus sinensis* (Blainville)			+		+	+	+				
3. 龟甲蝛	*Cellana testudinaria* (Linnaeus)			+						+		
4. 嫁蝛	*Cellana toreuma* (Reeve)	+	+	+	+	+	+	+	+	+		+
5. 史氏背尖贝	*Notoacmea schrencki* (Lischke)	+	+	+	+	+	+	+	+			+
6. 单一丽口螺	*Calliostoma unicum* (Dunker)			+			+	+				
7. 单齿螺	*Monodonta labio* (Linnaeus)	+	+	+	+	+	+	+	+	+		+
8. 拟蜒单齿螺	*Monodonta neritoides* (Philippi)			+		+	+	+				
9. 黑凹螺	*Chlorostoma nigerrima* (Gmelin)			+		+	+	+				
10. 锈凹螺	*Chlorostoma rusticum* (Gmelin)	+	+	+	+	+	+	+	+			+
11. 银口凹螺	*Chlorostoma argyrostoma* (Gmelin)			+	+	+	+	+				
12. 蝾螺	*Turbo cornutus* Solander			+	+	+	+	+	+			
13. 粒冠小月螺	*Lunella coronata granulata* (Gmelin)	+		+	+	+	+	+	+	+		+
14. 红底星螺	*Astraea haematraga* (Menke)			+		+	+	+				
15. 渔舟蜒螺	*Nerita albicilla* Linnaeus			+	+	+	+	+	+	+	+	+
16. 齿纹蜒螺	*Nerita yoldi* Récluz			+	+	+	+	+	+			+
17. 短滨螺	*Littorina brevicula* (Philippi)	+	+	+	+	+	+	+				
18. 粒屋顶螺	*Tectarius granularis* (Gray)	+	+	+	+	+	+	+	+	+		+
19. 棒锥螺	*Turritella bacillum* Kiener			+	+	+	+	+	+	+		+
20.* 鹧鸪轮螺	*Architectonica perdix* (Hinds)			+	+	+			+	+		
21. 覆瓦小蛇螺	*Serpulorbis imbricata* (Dunker)			+	+	+	+		+	+		+
22. 珠带拟蟹守螺	*Cerithidea cingulata* (Gmelin)	+	+	+	+	+	+	+	+	+		+
23. 刺履螺	*Crepidula gravispinosa* (Kuroda et Habe)			+		+						
24.* 光衣笠螺	*Xenophora exuta* (Reeve)			+	+	+	+	+	+	+		+
25. 扁玉螺	*Polynices didyma* (Röding)	+	+	+	+	+	+	+	+	+		+
26.* 乳玉螺	*Polynices mammata* (Röding)			+		+			+	+		+
27. 乳头窦螺	*Sinum papilla* (Gmelin)	+	+	+	+	+	+	+	+	+		+
28.* 爪哇窦螺	*Sinum javanicum* (Griffith et Pidgeon)			+		+	+	+	+	+		
29. 眼球贝	*Erosaria erosa* (Linnaeus)			+					+	+	+	

续表

种名		黄海	渤海	东海			南海					
				南鹿岛	霞浦	平潭	厦门	东山	广东大陆沿岸	海南岛	西沙群岛	广西
		1	2	3	4	5	6	7	8	9	10	11
30. 黍斑眼球贝	*Erosaria miliaria* (Gmelin)			+			+		+	+		+
31. 日本焦掌贝	*Palmadusta gracilis japonica* Schilder			+	+	+	+	+	+	+		+
32.* 蛙螺	*Bursa rana* (Linnaeus)			+	+	+	+	+	+	+		+
33.* 沟鹑螺	*Tonna sulcosa* (Born)			+		+	+		+	+		+
34.* 琵琶螺	*Ficus ficus* (Linnaeus)			+					+	+		+
35. 红螺	*Rapana venosa* (Valenciennes)	+	+	+								
36.* 浅缝合骨螺	*Murex trapa* Röding			+	+	+	+	+	+	+		+
37. 亚洲棘螺	*Chicoreus asianus* Kuroda			+	+	+	+	+	+	+		
38. 疣荔枝螺	*Purpura clavigera* Küster	+	+	+	+	+	+	+	+	+		+
39. 黄口荔枝螺	*Purpura luteostoma* (Holten)	+	+	+		+	+	+	+	+		+
40. 瘤荔枝螺	*Purpura bronni* Dunker			+	+	+		+				
41.* 方斑东风螺	*Babylonia areolata* (Lamarck)			+	+	+	+	+	+	+		+
42.* 泥东风螺	*Babylonia lutosa* (Lamarck)			+	+	+	+	+	+	+		+
43. 甲虫螺	*Cantharus cecillei* (Philippi)			+	+	+	+	+	+	+		+
44.* 管角螺	*Hemifusus tuba* (Gmelin)			+		+	+	+	+	+		+
45. 红带织纹螺	*Nassarius succinctus* (A. Adams)		+	+	+	+	+	+	+			
46. 纵肋织纹螺	*Nassarius variciferus* (A. Adams)		+	+	+		+		+	+		
47.* 西格织纹螺	*Nassarius siquinjorensis* (A. Adams)			+		+		+	+	+		+
48. 伶鼬榧螺	*Oliva mustelina* Lamarck	+		+	+	+		+	+	+		+
49.* 金刚螺	*Sydaphera spengleriana* (Deshayes)	+	+	+		+	+		+			
50.* 塔形纺锤螺	*Fusinus forceps* (Perry)			+		+	+		+	+		
51. 中华笔螺	*Mitra chinensis* Gray	+		+		+	+		+	+		+
52.* 白龙骨塔螺	*Turris leucotropis* (Adams et Reeve)			+	+	+	+		+			+
53.* 黄短口螺	*Brachytoma flavidulus* (Lamarck)	+	+	+	+	+			+	+		+
54. 蓝无壳侧鳃	*Pleurobranchaea novaezealandiae* Cheeseman	+	+	+	+							
55. 青蚶	*Barbatia decussata* Sowerby			+	+	+	+	+	+	+	+	+
56. 舟蚶	*Arca navicularis* Bruguiére			+					+			
57. 毛蚶	*Arca subcrenata* Lischke	+	+	+	+	+	+	+	+	+		+
58. 古蚶	*Arca antiquata* Linnaeus			+					+	+	+	

续表

种名		黄海	渤海	东海			南海					
				南鹿岛	霞浦	平潭	厦门	东山	广东大陆沿岸	海南岛	西沙群岛	广西
		1	2	3	4	5	6	7	8	9	10	11
59. 褐蚶	*Striarca tenebrica* (Reeve)	+	+	+		+	+	+				
60. 结蚶	*Tegillarca nodifera* (Martens)			+			+		+			
61. 魁蚶	*Scapharca broughtoni* (Schrenck)	+	+	+	+		+		+			
62. 厚壳贻贝	*Mytilus crassitesta* Lischke	+	+	+	+	+						
63. 条纹隔贻贝	*Septifer virgatus* (Wiegmann)			+	+	+	+	+	+			+
64. 栉毛贻贝	*Trichomya hirsutus* (Lamarck)			+	+	+	+	+	+			+
65. 毛偏顶蛤	*Modiolus barbatus* (Linnaeus)			+		+			+	+		+
66. 菲律宾偏顶蛤	*Modiolus philippinarum* Hanley			+					+	+		
67. 光石蛏	*Lithophaga teres* (Philippi)			+					+	+		+
68. 美丽珍珠贝	*Pteria formosa* (Reeve)			+						+		
69. 短翼珍珠贝	*Pteria brevialata* (Dunker)			+						+		
70. 长耳珠母贝	*Pinctada chemnitzi* (Philippi)			+				+	+	+		+
71. 栉江珧	*Pinna pectinata* Linnaeus	+	+	+	+	+	+	+	+	+		
72. 栉孔扇贝	*Chlamys farreri* (Jones et Preston)	+	+	+								
73. 嵌条扇贝	*Pecten laqueatus* Sowerby			+		+				+		
74. 花鹊栉孔扇贝	*Chlamys pica* (Reeve)			+	+	+	+	+	+	+		
75. 紫斑海菊蛤	*Spondylus nicobaricus* Chemnitz			+		+	+	+	+	+	+	+
76. 中国不等蛤	*Anomia chinensis* Philippi	+	+	+								
77. 盾形不等蛤	*Anomia cyteum* Gray			+	+		+	+	+	+		
78. 鹅掌牡蛎	*Ostrea paulucciae* Crosse			+					+	+		
79. 猫爪牡蛎	*Ostrea pestigris* Hanley	+	+	+	+				+			+
80. 缘齿牡蛎	*Ostrea crenulifera* Sowerby			+					+	+		
81. 中华牡蛎	*Ostrea sinensis* Gmelin			+						+		
82. 近江牡蛎	*Ostrea rivularis* Gould			+	+				+	+		+
83. 棘刺牡蛎	*Ostrea echinata* Quoy et Gaimard			+	+	+	+	+	+	+		+
84. 褶牡蛎	*Ostrea plicatula* Gmelin	+	+	+	+	+	+	+	+			+
85. 日本牡蛎	*Ostrea nippona* Seki			+					?			
86.* 密鳞牡蛎	*Ostrea denselamellosa* Lischke	+	+	+	+	+	+	+	+			
87. 长牡蛎	*Ostrea gigas* Thunberg			+	+				+			

续表

种名		黄海	渤海	东海			南海					
				南麂岛	霞浦	平潭	厦门	东山	广东大陆沿岸	海南岛	西沙群岛	广西
		1	2	3	4	5	6	7	8	9	10	11
88. 异纹心蛤	*Cardita variegata* Bruguiere			+		+	+	+	+	+	+	+
89. 斜纹心蛤	*Cardita leana* Dunker			+			+	+				
90. 扭曲猿头蛤	*Chama reflexa* Reeve			+		+	+	+	+	+		+
91. 波纹巴非蛤	*Paphia undulata* (Born)			+		+	+		+	+		+
92. 真曲巴非蛤	*Paphia euglypta* (Philippi)			+		+			+			
93. 和蔼巴非蛤	*Paphia amabilis* (Philippi)			+		+		+	+	+		+
94. 歧脊加夫蛤	*Gafrarium divaricatum* (Gmelin)			+	+	+	+	+	+	+		+
95. 面具美女蛤	*Circe stutzeri* (Donovan)			+					+			+
96. 曲波皱纹蛤	*Periglypta chemnitzi* (Hanley)			+		+	+	+				
97. 菲律宾蛤仔	*Ruditapes philippinarum* (Adams et Reeve)	+	+	+	+	+	+	+	+			
98. 等边浅蛤	*Gomphina veneriformis* (Lamarck)	+	+	+	+	+	+	+	+	+		+
99. 日本镜蛤	*Dosinia japonica* (Reeve)	+	+	+	+	+	+	+	+	+		+
100. 突角镜蛤	*Dosinia cumingii* (Reeve)			+				+	+			+
101. 射带镜蛤	*Dosinia troscheli* Lischke			+					+			+
102. 刺镜蛤	*Dosinia aspera* (Reeve)			+					+	+		
103. 胀镜蛤	*Dosinia tumida* Gray			+				?	?			
104. 美叶雪蛤	*Chione calophylla* (Philippi)			+		+		+	+	+		+
105. 中国仙女蛤	*Callista chinensis* (Holten)			+		+		+	+			+
106. 巧楔形蛤	*Sunetta concinna* Dunker			+		+			+	+		
107. 线目蛤	*Callithaca staminea* Conrad	+	+	+								
108. 文蛤	*Meretrix meretrix* (Linnaeus)	+	+	+	+	+	+	+	+	+		+
109. 中国蛤蜊	*Mactra chinensis* Philippi	+	+	+			+	+				
110. 四角蛤蜊	*Mactra veneriformis* Reeve	+	+	+	+	+	+	+	+			
111. 不等蛤蜊	*Mactra inequalis* Reeve			+					+	+		
112. 西施舌	*Coelomactra antiquata* Spengler	+	+	+	+	+	+	+	+			
113. 楔形斧蛤	*Donax cuneatus* Linnaeus			+					+	+		
114. 中国紫蛤	*Sanguinolaria chinensis* Mörch	+	+	+		+			+	+		+
115. 沟纹巧樱蛤	*Apolymetis lacunosa* (Chemnitz)			+				+	+	+		

续表

种名		黄海	渤海	东海			南海					
				南鹿岛	霞浦	平潭	厦门	东山	广东大陆沿岸	海南岛	西沙群岛	广西
		1	2	3	4	5	6	7	8	9	10	11
116. 总角截蛏	*Solenocurtus divaricatus* (Lischke)	+	+	+					+	+		
117. 大竹蛏	*Solen grandis* Dunker	+	+	+		+	+	+	+	+		+
118. 红齿蓝蛤	*Aloidis erythrodon* (Lamarck)			+					+	+		
119.* 中华鸟蛤	*Cardium sinense* Sowerby			+				+	+			
120.* 亚洲鸟蛤	*Cardium asiaticum* Bruguiére			+			+	+	+	+		
121. 粗糙鸟蛤	*Trachycardium impolitum* (Sowerby)			+				+	+	+		
122. 满月蛤	*Lucina edentula* Linnaeus	+	+	+	+							

注：* 潮下带种类

表 2 南鹿列岛贝类在我国沿海的分布

分布	单壳	双壳	总数	比例
我国沿海广温广布种	16 种	18 种	34 种	27.9%
东海、南海	33 种	25 种	58 种	47.5%
厦门以南的南海	3 种	23 种	26 种	21.3%
渤海、黄海、东海		4 种	4 种	3.3%
总数	52 种	70 种	122 种	100%

（1）我国沿海广温性广分布种，共 34 种，其中单壳类 16 种，双壳类 18 种，占总数的 27.9%。这一群都是生活在潮间带不同生境的习见种，如生活在岩礁的嫁蝛、单齿螺、锈凹螺、短滨螺、疣荔枝螺、褶牡蛎等，生活在泥沙滩的有扁玉螺、毛蚶、魁蚶、栉江珧、菲律宾蛤仔、等边浅蛤、四角蛤蜊等，生活在沙滩的有文蛤、西施舌和大竹蛏等，若干重要的经济种多集中在这一组中。

（2）分布在东海和南海的亚热带种，共 58 种，占总数的 47.5%，是这一海区的主要组成者。这些种往南分布多偏重在福建和广东大陆沿岸，很少进入海南岛；往北分布通常受到长江口径流的阻隔，而不进入黄、渤海，如中华楯蝛、拟蜒单齿螺、黑凹螺、蝾螺、渔舟蜒螺、棒锥螺、乳头窦螺、蛙螺、沟鹑螺、瘤荔枝螺、泥东风螺、伶鼬榧螺、结蚶、嵌条扇贝、棘刺牡蛎、异纹心蛤、波纹巴非蛤、和蔼巴非蛤、歧脊加夫蛤、中国仙女蛤、巧楔形蛤等。在这些种类中单壳类占优势，有 33 种；双壳类有 25 种。已知杂色鲍在我国的分布点集中在从福建的东山到广东的硇洲岛之间，但据以往报道，其分布北限在福建的霞浦。这次我们在南鹿列岛采到成体3龄的标本，说明本种在我国沿海的实际分布比已知分布范围要广一些。

（3）主要分布于南海的热带种共有26种，占21.3%。这些种类分布于广东大陆沿岸和海南岛，其中多数种类，例如眼球贝、琵琶螺、舟蚶、菲律宾偏顶蛤、光石蛏、鹅掌牡蛎、面具美女蛤、不等蛤蜊和楔形斧蛤，目前在福建的近岸尚未见到，在外海岛屿可能会有分布；只有少数种类在福建南部的厦门、东山出现，如斜纹心蛤、沟纹巧樱蛤、中华鸟蛤和粗糙鸟蛤，但却在南麂列岛出现。南麂列岛还出现更典型的热带种，如龟甲蜮和古蚶。龟甲蜮在广东大陆沿岸只在南部的硇洲岛发现过，数量较多的是在海南岛的南端，而古蚶往南分布可以达到西沙群岛，还有附着在柳珊瑚上的美丽珍珠贝、短翼珍珠贝和中华牡蛎，这几个在广东大陆沿岸较少见到而在海南岛南端较常出现的种却也在南麂列岛采到。

（4）主要分布于渤、黄、东海的暖温带种，只有蓝无壳侧鳃、中国不等蛤、线目蛤和栉孔扇贝四个种，仅占3.3%。

二、小结

（1）南麂列岛的贝类区系组成比较复杂，有暖温带成分，也有以分布于东、南海的亚热带种类居优势，在浙江近岸常出现广温广分布种类。由于这个海区一年中将近半年时间受到台湾暖流的影响和控制，在贝类组成上出现较多的热带成分，甚至于非常典型的热带种也进入到本海区中，在南麂列岛分布的某些种类仅在广东或南海诸岛有，而在福建沿海尚未发现过，形成明显的断裂分布。由此可以看出暖流给动物种类的分布带来十分明显的影响。

（2）列岛的岩礁和泥沙滩，潮间带各个种垂直分布的潮带和浙江近岸几乎没有什么差异，这些都是广温广布性的种，它们在冬季的水温条件下可以正常生活。而典型热带种在冬季水温10℃左右时就难于忍受，所以在垂直分布上很明显往下，大部分都移到潮间带下区以至潮下带，在种群的数量和密度上也比正常分布要少得多。这些典型热带种以双壳类居多，这是因为双壳类的浮游幼虫期通常比单壳类长，可以由海流带到较远的地方。

（3）这次我们在南麂岛发现两个经济价值很高的种类：一种是分布于暖温带的栉孔扇贝，在黄、渤海数量较多，是我国北方制造干贝的唯一种类；另一种是分布于亚热带性质的经济种类杂色鲍，是广东、福建沿海广泛进行人工养殖试验的种类。这两个种在本海区都生活得很好，因此，研究这两个种在这一海域的生态特性和开展养殖试验工作对这一海区的生态、区系特点的了解和水产的开发都有一定意义。

参考文献

［1］吴宝华．浙江舟山蛤类的初步调查．浙江师范学院学报（自然科学版），1956:297-322.

［2］管秉贤．东海海流系统概述．东海大陆架论文集，青岛：中国科学院海洋研究所，1978:126-133.

［3］Annadale T N, Prashad B. Report on a small collection of Mollusca from the Chekiang Province of China. *Proc. Malac. Soc. Lond*, 1924, 16:27-49.

STUDIES ON MOLLUSCAN FAUNA OF NANJI ISLANDS, EAST CHINA SEA

CHEN SAIYING, WANG YITING
(*Museum of Natural History, Shanghai*)
SUN JIANZHANG
(*Pingyang Culture Farm of Laminaria, Zhejiang Province*)
QI ZHONGYAN, MA XIUTONG, ZHUANG QIQIAN
(*Institute of Oceanology, Academia Sinica*)

ABSTRACT

The coastal regions of Zhejiang Province (East China Sea) have been scarcely investigated for their molluscan fauna. In the years 1976-1978, a systematic and zoogeographical investigation of molluscan fauna of the Nanji Islands was carried out jointly by the Natural History Museum, Shanghai and the Pingyang Culture Farm of Laminaria, Zhejiang Province.

Waters off its northern coast are influenced by the South Huang Hai sea (Yellow Sea) cold water mass, while nearshore areas are influenced by the relatively cold South Huang Hai (Yellow Sea) coastal current. Waters off its southern coast are under the influence of the Taiwan warm current. The Nanji Islands of Zhejiang Province located at lat. 27°27′N and lng. 121°05′E, are composed of seventeen isles. The maximum surface sea temperature is 28 ℃, the minimum is 10 ℃, the average being ±20 ℃. Although located at the subtropical zone, they are for the most part under the influence of the Taiwan warm current, a condition reflected in the species composition in which there are more tropical elements than subtropical elements.

All the collected specimens were examined and a total of 122 species were identified. A detailed list of their distribution in our seas is given in Table 1.

According to the limits of distribution, the Nanji molluscan fauna may be divided into the following four groups:

1. Species distributed from the Bo Hai in the north to the South China Sea: There are 34 species, most of which inhabit various intertidal environments. They include 16 species of Gastropoda and 18 species of bivalves. Of species inhabiting the rocky shores, *Cellana toreuma*, *Monodonta labio*, *Chlorostoma rusticum*, *Littorina brevicula*, *Ostrea plicatula*,

Polynices didyma, *Arca subcrenata*, *Ruditapes philippinarum*, *Mactra veneriformis* etc., are species living in sandymud, while *Meretrix meretrix*, *Coelomactra antiquata*, *Solen grandis*, and others are species inhabiting sandy beaches.

2. Species distributed in the East China Sea and South China Sea: There are 58 species, of which there are 33 species of Gastropoda, 25 species of bivalves. The southward distribution of this group may reach as far as the Fujian and Guangdong continental coast. Only a few species reach as far as Hainan Island. Their northward distribution is restricted by runoffs from the Chang Jiang river (Yangtse river). This group includes subtropical species, such as *Scutus sinensis*, *Monodonta neritoides*, *Chlorostoma argyrostoma*, *Turbo cornutus*, *Nerita albicilla*, *Sinum papilla*, *Bursa rana*, *Murex trapa*, *Babylonia areolata*, *Oliva mustelina*, *Tegillarca nodifera*, *Ostrea echinata*, *Cardita variegata*, *Paphia undulata*, *Gafrarium divricatum*, and *Callista chinensis*. The abalone species of economic importance *Haliotis diversicolor* also belongs to this group and may be a promising object of mariculture of the Nanji Islands in the near future.

3. Species distributed from Xiamen southward to the South China Sea: There are 26 species, of which three are Gastropoda and 23 are bivalves. A few species such as *Cardita leana*, *Apolymetis lacunosa*, *Cardium sinense*, *C. asiaticum* and *Trachycardium impolitum* are found to occur only in Xiamen and Dongshan, while some species such as *Ficus ficus*, *Arca navicularia*, *Modiolus philippinarum*, *Lithophaga teres*, *Ostrea pauluciae*, *O. crenulifera*, *Circe stutzeri*, *Mactra inequalis* and *Donax cuneata* are distributed from the Guangdong continental coast to Hainan Island or still farther south. To date we have not found any of these species occurring in the Fujian continental coast. They seem to be restricted to Nanji waters. Species of a stronger tropical nature such as *Cellana testudinaris*, *Arca antiquata* and *Pteria formosa* are also found to occur.

4. Species only found in the Bo Hai and the Huang Hai sea (Yellow Sea): this group includes only 4 warm-temperate species, namely, *Pleurobranchaea novaezealandiae*, *Anomia chinensis*, *Callithaca staminea* and *Chlamys farreri*.

On the basis of the occurrence of different species reflecting a wide degree of environmental variability, we are inclined to consider the Nanji Islands as a faunal mixing zone.

我国古代贝类的记载和初步分析[①]

我国古人对于贝类的观察和利用，远在石器时代便已开始，这可以从石器时代的堆积物中发现的贝壳得到证明。根据北京周口店山顶洞发现的旧石器时代的贝壳及其顶部被磨成圆孔的情形，可以推测：远在五万年前，人类便已经知道利用贝类了。在古代墓葬的发掘中，也经常发现各种贝类。例如，最近中国科学院考古研究所在山东新石器时代墓葬的出土物中，发现有红螺、荔枝螺、蟹守螺、锈凹螺、毛蚶、牡蛎、青蛤、蛤仔、文蛤、蚌和蚌器等。有些墓葬中还发现有货贝、绶贝等，证明约在五千年前，人们便已经广泛利用贝类作食物、器物或货币了。但有关贝类的文字记载要晚得多。据初步调查，较早而又较多记载贝类的，当推《尔雅》。该书《释鱼》中有魁陆、蜌、蠯、蚌、蠃、蛃蠃、蜬、蝛、魧、鲼、玄贝、贻贝、余貾、余泉、蚆、蜠、蟦等名称。以后，历代著作中也有许多贝类的记载，其中虽有一些传奇和神话，或主观臆造之说，但有不少名称至今仍在沿用。对各种贝类的形态、生物学、生活习性、生活环境及利用等方面的描述也相当细致、逼真，反映了不同贝类的特点。现就初步看到的资料，择其主要的，按类分别叙述如下。

一、多板类

这类动物都是海产，个体小，利用价值不高。仅见明代李时珍《本草纲目》的金石部"石鳖生海边，形状大小俨如䗪虫，盖亦化成者。䗪虫俗名土鳖"的记载。现在这类动物仍称石鳖。它的背面有8个呈覆瓦状排列的壳片，腹面是肥大的足，用以附着在海滨的岩石上生活，身体可以蜷缩。李时珍很形象地描述它"俨如䗪虫"，但把它放在金石部显然是错误的。

二、瓣鳃类(双壳类)

这是有两扇贝壳的贝类，种类很多，都是水生的，大部分为海产，少部分为淡水产。它们中的许多种数量很大，肉很好吃，贝壳也可以利用烧石灰、作工艺品或作药用，很早就为人们所利用。但在古代的记载中除少数种外，大多是一个科或一个属混称，不容易区分到种。这和现在人们把双壳类中牡蛎科的种类统称为牡蛎或海蛎子，把竹蛏科的种类统称为蛏子的情况相似。

(一)蚶

属蚶科(Arcidae)，我国的种类很多，有些是名贵的海产食品，贝壳可作药用。古籍记

---

① 载《科技史文集》，1980年，第4期，69～84页，上海科学技术出版社；《渔史文选》1984年第1卷，171～188页，中国水产学会中国渔业史研究会办公室。

载的名目较杂，有魁陆、魁蛤、伏老、伏累、瓦屋子、空慈子、瓦垄子等名称。

郭璞注《尔雅》："《本草》云：'魁陆状如海蛤，圆而厚，外有理文纵横。'"即今之蚶也。

《名医别录》："魁蛤生东海。正圆，两头空，表有文。采无时。"[①]

《岭表录异》："瓦屋子，盖蚌蛤之类也。南中旧呼为蚶子。顷因卢钧尚书作镇，遂改为瓦屋子，以其壳上有棱如瓦垄，故名焉。壳中有肉，紫色而满腹，广人尤重之，多烧以荐酒，俗呼天脔。"[②]

《临海异物志》："蚶之大者径四寸，背上沟文似瓦屋之垄，肉味极佳。"[③]

《后山谈丛》："蚶，益血，牡蛎固气。蚶子益血，盖蛤属惟蚶有血。"[④]

《闽中海错疏》："蚶，壳厚有棱，状如屋上瓦垄，肉紫色大，或专车壳可为器。""珠蚶，蚶之极细者。形如莲子而扁。""丝蚶，壳上有文如丝，色微黑，比珠蚶稍大。产长乐县。""四明蚶有二种：一种人家水田中种而生者；一种海涂中不种而生者，曰野蚶。壳缁色而大，肉纫（韧）。医书取贝壳入药，名瓦垄子。"[⑤]

我国习见的蚶类，贝壳都极膨圆，壳表有较强的放射肋多条，恰似古式建筑屋顶的瓦垄。它的肉体肥满时充满壳内，煮熟后呈紫褐色。古人正是抓住了这一基本特征而进行描述的，但对其铰合部直，具有许多小齿的特征却没有注意到。上述种类，主要是我国习见的、经济价值较大的三个种：一种是泥蚶（*Arca granosa* Linnaeus），这是我国沿海养殖的唯一种类。我国古代在沿海滩涂中养殖的蚶，无疑是指这一种。李时珍《本草纲目》和陈梦雷等《古今图书集成·博物汇编》中所附的图也显然是这一种。我国养殖泥蚶至少已有400多年的历史。一种是毛蚶（*Arca subcrenata* Lischke），这一种的自然产量很大，它的贝壳比泥蚶大，肉也不如泥蚶嫩，《闽中海错疏》中的"野蚶"似指这一种，中药用的瓦垄子也以这种的贝壳为多，所以古代的瓦垄子应是这一种。另一种是魁蚶（*Arca inflata* Reeve），这是目前我国发现的个体最大的蚶，壳长可达13～14厘米，约4寸。所谓"蚶之大者径四寸"，以及《五杂俎》所谓"蚶大者如斗，可为香炉"，都应是指这一种。此外，《闽中海错疏》中还有珠蚶和丝蚶，至今福建地区仍用这两个名称。珠蚶指的是橄榄蚶（*Arca olivacea* Reeve），它的个体较小，壳面的放射肋细，前后端圆，"形如莲子而扁"。丝蚶指的是结蚶（*Arca nodifera* Martens），它比橄榄蚶大，其壳皮同心纹很细，屠本畯说它"壳上有文如丝"，可能即是指此。这两种蚶的数量都不大，但在距今400年前，人们便已正确地把它们视为蚶类。

《后山谈丛》所记载的"蚶益血，盖蛤属惟蚶有血"，是在观察比较了各种蛤类之后得出的正确结论。贝类一般都没有血红素，仅蚶属和其他少数种类才有。

---

① 转引自明代李时珍：《本草纲目》，卷四十六。

② 转引自《太平御览》卷九四二，第4184页，中华书局影印本。

③ 转引自李时珍：《本草纲目》，卷四十六。

④ 陈师道：《后山谈丛》，学海类编本。

⑤ 明代屠本畯：《闽中海错疏》，介部（以下同）。

(二)贻贝

属贻贝科(Mytilidae)。肉味鲜美,干制品称淡菜,是名贵的海产品。我国古代所用名称不一,有东海夫人、淡菜、壳菜、海蜌等。

《本草拾遗》:"东海夫人,生东南海中。似珠母,一头尖,中衔少毛。味甘美,南人好食之。"①

《山堂肆考》:"淡菜一名壳菜,似马刀而厚,生东海崖上,肉如人牝,故又名海牝。肉大者生珠,内中有毛。肉有红、白二种,性温能补五脏,理腰脚,益阳事。"②

《闽中海错疏》:"壳菜生于四明者,壳黑而厚,形如斧头,形丑而味美。《本草》云:海中有物,其形如牝,红者补血,白者补肾。今闽中取以煮汤治痢疾。"淡菜,"生海石上,以苔为根"。

《本草纲目》:"淡菜生海藻上,故治瘿,与海藻同功。"③

《食物本草》:"淡菜,一名壳菜。生闽、广及南海,似珠母,一头尖,中衔少毛,海人亦名淡菜。北人多不识,虽形状不典而甚益人,南人好食。亦可烧令汁沸出食。多食令头闷目暗。"

唐代陈藏器对食用贻贝的形态描述是:"似珠母,一头尖,中衔少毛。"以后人们又进一步地描述它是"壳黑而厚,形如斧头"。"肉如人牝,……肉有红、白二种"等等,都很形象、逼真。上述种类,根据分布情况,推测有两种:一种是厚壳贻贝(*Mytilus coruscus* Linnaeus),它分布于福建南部以北沿海,以浙江沿海产量较多。过去人们吃的淡菜多半是这一种干制的。屠本畯说"生于四明者壳黑而厚",也是指这一种。另一种是翡翠贻贝[*Perna viridis* (Linnaeus)],它分布于福建南部以南沿海。吴文炳说"生闽、广及南海",应当是指这一种。

贻贝是雌雄异体。生殖腺成熟时,雌体为橘红色,雄体为白色。古人已看到它的肉有红、白二种,只是未能指出其雌雄之分而已。贻贝是用足丝附着在外物上生活的。这种生活方式已为古人所注意,说它"中衔少毛""内中有毛"。其实,这些毛就是贻贝用以附着在外物上的足丝。只是古人把足丝误以为是海藻或苔,因而有"淡菜生海藻上"或"以苔为根"的记载。贻贝能产珍珠,这在我国明代以前便已有记载。

(三)石蛏

属贻贝科的石蛏属(*Lithophaga*),是凿石穴居的种类,因个体较小,经济价值不大,所以古代记载不多,仅在《闽书》中记载:"有石蛏生海底石孔中,长类蛏,圆尖,上小下大,壳似竹蛏而更红紫。石孔原小,及蛏生渐大,孔亦随大。海人用小铁錾取之,出镇海卫。"不难看出,这是石蛏属中的贝类。浙江沿海常见的短石蛏(*Lithophaga curta* Lischke)的贝壳为红褐色,前端圆,后端尖瘦,和《闽书》的记载基本相符。石蛏的幼虫在海水中浮游生活,变态后附着在岩石或其他贝壳上,开始穿凿,随着身体的长大,穿凿的洞穴也愈大愈深。这一生活习性已为古人所注意。

---

① 转引自李时珍:《本草纲目》,卷四十六,介部。

② 明代彭大翼:《山堂肆考》。

③ 李时珍:《本草纲目》卷四十六,介部。

（四）江珧

属江珧科（Pinnidae）。目前我国发现的有十多种。它的后闭壳肌极发达，是我们熟知的江珧柱。

《酉阳杂俎》："玉珧形似蚌，长二三寸，广五寸，上大下小，壳中柱炙食，味如牛头胘项。"①

《江邻几杂志》："江珧如蚌而稍大，中肉腥而肕，不中口。仅四肉牙佳耳，长可寸许，圆半之，白如珂雪，一沸即起，甘鲜脆美不可言状，即所谓江珧柱也。""四明海物，江珧柱第一。"

《王氏宛委录》："奉化县，四月南风起，江珧一上，可得数百。如蚌稍大，肉腥韧不堪，惟中肉柱长寸许，白如珂雪，以鸡汁瀹食，肥美。过火则味尽也。"②

《正字通》："珧，蜃属。形似蚌，壳中肉柱长寸许，似搔头尖，俗谓之江珧柱，甲可饰物，《本草》一名玉珧，一名海月，又名马颊、马甲，广州谓之角带子。"

《闽中海错疏》："江珧，壳色如淡菜，上锐下平，大者长尺许，肉白而纫（韧），柱圆而脆……江珧之美在柱。四明、奉化县者佳。""江珧柱，一名马甲柱。"

江珧的肉腥韧，至今很少人食用，但它的后闭壳肌极大，味鲜美。唐代，人们就已食用。江珧，又名江珧、玉珧、海月、马甲、马颊、杨妃舌等等。玉珧之名，始见于《尔雅》。该书有"蜃小者珧"。郭璞注说："珧，玉珧。即小蚌。"只是这"珧"是否确指现在的江珧，则很难考据。海月的名称，古代常与海镜相混，我们认为，它应是现在的海月（*Placuna*），而不是指江珧。《本草纲目》的"海月"条中有些是指江珧，有些是指海月。"附录"中的海镜才是真正的海月。《古今图书集成》海月部所绘的图是江珧，可是，所引用的文献却多是指海月。根据这类动物在我国分布的状况和古书记载的产地推测，我国古代的江珧可能是现在的栉江珧［*Atrina pectinata* (Linnaeus)］。因为福建以北沿海分布的只有这一种，且数量也较多。所谓"四明、奉化县者佳"，无疑就是这一种。《正字通》中所说的"角带子"，据我们了解，不是指江珧柱，而是指日月贝（*Amussium* spp.）的闭壳肌。至今，广东仍称这种贝类的闭壳肌为"带子"。

（五）海月

属海月科（Placunidae）。古代有海镜、筋、璅蛣、蛎镜等名称。

《述异记》："南海有水虫曰筋，蚌蛤之类也。其小蟹大如榆荚，筋开甲食，则蟹亦出食；筋合甲，蟹亦还入，为筋取食，以终生死不相离。""璅蛣似小蚌，有一小蟹在腹中，为蛣出求食，故海之人呼为蟹奴。"

《岭表录异》："海月大如镜，白色正圆，常死海旁，其柱如搔头尖，其甲美如玉。""海镜，广人呼为膏叶盘，两片合以成形，壳圆，中甚莹滑，日照如云母光，内有少肉如蚌胎。腹中有小红蟹子，其小如黄豆，而螯足俱备。海镜饥则蟹出拾食，蟹饱归腹海镜亦饱，余曾市得数个验之，或迫以火则蟹子走出，离肠腹立毙，或生剖之，有蟹子活在腹中，逡巡亦毙。"③

---

① 转引自李时珍：《本草纲目》，卷四十六，介部。

②③ 转引自李时珍：《本草纲目》，卷四十六，介部。

《宁波府志》:"海月形如月,亦谓之海镜,土人鳞次之为天窗。"

《闽中海错疏》:"海月,形圆如月,亦谓之蛎镜。土人多磨砺其壳,使之通明,鳞次以盖天窗。《本草》云:水沫所化,煮时犹化为水。岭南谓之海镜,又曰明瓦。"

唐代以前,人们对海月就已有了比较正确的认识。海月[*Placuna placenta* (Linnaeus)]的贝壳近圆形、扁,壳质薄而透明,似云母。古人描述的"海月大如镜,白色正圆""壳圆,中甚莹滑,日照如云母光"等形态特征都很逼真。特别是海月与豆蟹(*Pinnotheres*)的关系在南北朝时期就已有了较仔细的观察和描述。在《述异记》及其以后的著作中都认为这两种动物的关系是共栖关系。贝类为豆蟹提供栖息场所,豆蟹则为贝类捕捉食物。近代一些动物学书上也都把它们的关系列为共栖关系。然而,实际上并非如此。豆蟹在海月或其他双壳类体内寄居,基本上是寄生性的。豆蟹不仅是寄居在海月的外套腔中,而且还依靠海月从海水中过滤出的浮游生物作饵料,亦即摄食海月的一部分食料,有时甚至还食用海月的鳃,对海月是有害的。所以凡是有豆蟹栖息的海月、牡蛎、贻贝等双壳类,其肉体都很消瘦。因此,古人说蟹子出为蛤取食,是不正确的。

关于海月的利用,古人以其贝壳透明,故"鳞次以盖天窗"。在没有玻璃的时代,把它一个个地连接起来镶在窗户上或天窗上,可以使光线透入室内。这在一些古建筑中仍可见到。

(六)牡蛎

属牡蛎科(Ostreidae),是古今中外食用最广的贝类,许多国家都进行人工养殖。我国东南沿海养殖牡蛎有悠久的历史。据索姆·詹尼恩(Soame Jenyns) 1931年说:"罗马人普林尼(Pliny)(公元23—79年)记载,在西方首建牡蛎蓄养的Sergius Orata在其人工牡蛎苗床建立之前很久,中国人便已掌握牡蛎的养殖艺术了。"我国古代记载的名称有牡蛎、牡蛤、蛎蛤、古贲、蚝、蛎房、石云慈等等。

陶弘景说:"道家方以左顾是雄,故名牡蛎。右顾则牝蛎也。或以尖头为左顾,未详孰是。""今出东海永嘉、晋安。云是百岁雕所化,十一月采,以大者为好,其生著石,皆以口在上,举以腹,向南视之,口斜向东则是左顾。出广州南海者亦同,但多右顾,不堪用也……"[①]

《岭表录异》:"蚝即牡蛎也,其初生海岛边。如拳石,四面渐长,有高一二丈者,巉岩如山。每一房内有蚝肉一片,随其所生,前后大小不等。每潮来,诸蚝皆开房,有小虫入,即合之……"[②]

《图经本草》:"今海旁皆有之,而通泰及南海、闽中尤多,皆附石而生,魂礧相连如房,呼为蛎房,晋安人呼为蚝莆。初生止如拳石,四面渐长至一二丈者,崭岩如山,俗呼蚝山。每一房内有肉一块,大房如马蹄,小者如人指面。每潮来,诸房皆开,有小虫入,则合之以充腹。海人取者,皆凿房以烈火逼之,挑取其肉当食品,其味美好,更有益也,海族为最贵。"[③]

---

① 转引自李时珍:《本草纲目》,卷四十六,介部。

② 转引自《太平御览》卷九四二,第4184页,中华书局影印本。

③ 转引自李时珍:《本草纲目》,卷四十六,介部。

《闽部疏》:"蛎房虽介属,附石乃生,得海潮而活。凡海滨无石、山溪无潮处,皆不生。余过莆迎仙桥时,潮方落,儿童群下,皆就石间剔取肉去,壳连石不可动,或留之,仍能生。其生半与石俱,情在有无之间,殆非蛤蚌比也。"①

《闽中海错疏》:"蛎房,一名牡蛎,出海岛。丽石而生,其壳磈礧相粘如房。《岭表录异》谓之蚝山。地无石灰者,烧蛎壳为之。""草鞋蛎,生海中。大如盆,渔者以绳系腰,入水取之。"同书徐𤊹补疏:"黄蛎,五六月有之。大于蛎房数倍,味虽不如蛎房,而汁亦适口,但牡蛎可为酱,此不堪腌耳。"

《本草纲目》:"蛤蚌之属皆有胎生卵生,独此化生,纯雄无雌,故得牡名。曰蛎,曰蚝,言其粗大也。"

《泉南杂志》:"牡蛎,丽石而生,肉各为房,剖房取肉,故曰蛎房。泉无石灰,烧蛎为之,坚白细腻,经久不脱。"②

《广东新语》:"蚝,咸水所结,其生附石,磈礧相连如房,故一名蛎房。房房相生,蔓延至数十百丈。潮长(涨)则房开,消则房阖。开所以取食,阖所以自固也。凿之,一房一肉,肉之大小随其房,色白而含绿粉,生食曰蚝白,腌之曰蛎黄,味皆美。以其壳累墙,高至五六丈不仆。壳中有一片莹滑而圆,是曰蚝光,以砌照壁,望之若鱼鳞,然雨洗益白。小者珍珠蚝,中尝有珠,大者亦曰牡蛎。蛎无牡牝,以其大,故名曰牡也。东莞、新安有蚝田,与龙穴洲相近,以石烧红散投之,蚝生其上,取石得蚝,仍烧红石投海中,岁凡两投两取。"

牡蛎贝壳的形态变化较大。古代以其"左顾"或"右顾"来区分雄或雌,这虽然是没有根据的,但牡蛎的贝壳确有"左顾""右顾"之别。一些习见的牡蛎种类,如褶牡蛎、大连湾牡蛎、近江牡蛎等都有"左顾""右顾"之分。但这些区别是随幼体附着生长时的具体条件而产生的,与雌雄性别无关。古代对牡蛎的繁殖习性没有认识。有的认为它只有雄性,有的认为它也有雌性,即所谓"右顾则牡蛎也"。但对它如何繁衍则基本无知,所以都推说它是化生的。陶弘景说是百岁雕所化,陈藏器说是咸水结成,李时珍说"蛎蛤之属皆有胎生卵生,独此化生",都是由于没有了解牡蛎的繁殖习性而得出的错误结论。牡蛎是雌雄同体的,不过随种类不同亦有差别。有的雌、雄生殖细胞同时成熟,明显地表现为雌雄同体;有的是雄性先熟,雌、雄生殖细胞一般都不同时成熟,表现为雌雄异体。有的是卵子在母体鳃腔中孵化,有的是卵子在海水中孵化。

对牡蛎的生态环境、生活习性以及采捕利用等方面,我国古代都有细致的观察和描写。例如,"附石乃生,得海潮而活,凡海滨无石、山溪无潮处,皆不生",寥寥数语,把牡蛎的生活方式和生活环境说得再清楚也没有了。又如,"每潮来,诸房皆开,有小虫入,则合之以充腹",及"潮长(涨)则房开,消则房阖。开所以取食,阖所以自固也",把牡蛎的摄食方式描述得淋漓尽致,十分确切。《图经本草》和《闽部疏》的有关记载,大多是指褶牡蛎(*Ostrea plicatula* Gmelin)。褶牡蛎是我国沿海潮间带习见的一种牡蛎。它的个体不大,常相连成片地附着在岩石上。至今,每到退潮时,人们仍下海利用小铁钩启开上壳,挑取其

---

① 明代王世懋:《闽部疏》。

② 明代陈懋仁:《泉南杂志》,卷上。

肉食用。至于《本草纲目》中所记载的“南海人以其蛎房砌墙,烧灰粉壁”,可能是指近江牡蛎(*Ostrea rivularis* Gould)和长牡蛎(*Ostrea gigas* Thunberg)。这两种牡蛎个体都很大,至今在南海还用作砌墙和烧石灰的材料。《闽中海错疏》中的草鞋蛎,顾名思义,系指长牡蛎。这种牡蛎,壳常狭长,呈草鞋状,而且均生活在潮下带,需入水取之。

牡蛎除食用、药用和用贝壳烧石灰以外,我国古代还利用它固着在岩石上生活的特性,使它们附着在桥基上生长,以加固桥基。福建泉州著名的洛阳桥,就是用这种方法加固桥基的。《泊宅编》中也有“多取蛎房散置石基上,岁久蔓延相粘,基益胶固矣。元丰初,王祖道知州奏立法,辄取蛎者徒三年”的记载。

关于牡蛎的养殖,虽然罗马人普林尼(Pliny)曾记载我国比西欧早,但我们尚未查到有关记载。宋代梅尧臣《食蚝诗》有“亦复有细民,并海施竹牢,采掇种其间,冲激恣风涛,咸卤与日滋,蕃息依江皋”之句。《雨航杂录》也有“渔者于海浅处植竹扈,竹入水累累而生,斫取之名曰竹蛎”的记载。可见,至迟在宋代就已经开始插竹养蚝了。至于投石养蚝始于何时,尚待查考。

(七)蚌

是淡水产蚌科(Unionidae)动物的总称。我国古代的记载很早,但多是泛指。

《尔雅》:“蚌,含浆。”郭璞注:“蚌,即蜃也。”“蜌,螷。”郭璞注:“今江东呼蚌,长而狭者为螷。”

《说文》:“蚌,蜃属。”

《蜀本草》:“马刀生江湖中细长小蚌也,长三四寸,阔五六分。”①

《本草拾遗》:“生江汉渠渎间,老蚌含珠,壳堪为粉,非大蛤也。”②

《图经本草》:“今处处有之……长三四寸,阔五六分,……头小锐,多在泥沙中。”③

《埤雅》:“鳖孚乳以夏,蚌孚乳以秋,蚌闻雷声则瘷。其孕珠若怀妊然,故谓之珠胎,与月盈朒。”

《本草纲目》:“蚌与蛤同类而异形。长者通曰蚌,圆者通曰蛤……后世混称蛤蚌者,非也。”“蚌类甚繁,今处处江湖中有之。唯洞庭、汉、沔独多。大者长七寸,状如牡蛎辈,小者长三四寸,状如石决明辈。其肉可食,其壳可为粉,湖、沔人皆印成锭市之,谓之蚌粉,亦曰蛤粉。古人谓之蜃灰,以饰墙壁闉墓圹,如今用石灰也。”“马刀似蚌而小,形狭而长,其类甚多,长短、大小、厚薄、斜正虽有不同,而性味功用大抵则一。”

《食物本草》:“马刀在处有之。长三四寸,阔五六分,头小锐,形如斩马刀。多在沙泥中,即蚌之类也。”

《山堂肆考》:“行沙有迹,《尔雅》:蜌螷。注云:今江东呼蚌,长而狭者为螷,即马刀也。《本草》一名马蛤。按此物生泥渎沙溪中,行沙有迹,人验取之。”

上述记载,无法断定是哪些种类。所谓马刀,可能系指现今的矛蚌属(*Lanceolaria*)中的种。这个属中的蚌长而狭,呈刀片状,在古代墓葬中常发现用它制成的刀具。

---

①③ 转引自唐慎微:《重修政和证类本草》,卷二十二。

② 转引自李时珍:《本草纲目》,卷四十六,介部。

蚌能生产珍珠。汉代刘安《淮南子》:"明月之珠,螺蚌之病而我之利也;虎爪象牙,禽兽之利而我之害也。"梁时刘勰《文心雕龙》:"蚌病成珠。"宋代陆佃《埤雅》也说:"其孕珠若怀妊然,故谓之珠胎。"说明我国很早便认识到珍珠的成因了。至于我国首创用蚌培育珍珠的方法,这是中外皆知的。宋代庞元英《文昌杂录》:"礼部侍郎谢公言有一养珠法,以今所做假珠,择光莹圆润者,取稍大蚌蛤以清水浸之,伺其口开,急以珠投之,频换清水,夜置月中,蚌蛤采玩月华,此经两秋,即成真珠矣。"布丁(Boutin)(1925 年)在《珍珠》一书中详细地记载了我国 13 世纪利用褶纹冠蚌 [*Cristaria plicata* (Leach)] 培育珍珠的方法。说这种培养艺术在 1772 年才为格瑞尔(Grill)所看到,并首次引起欧洲的注意。此外,有很多国外的贝类书籍,记载我国利用锡或其他金属制成的扁形佛像,插在蚌的贝壳和外套膜之间,培育成佛像珍珠的事迹。对于人工育珠的资料,尚待进一步查考。

对于蚌的肥满盈虚,亦即性腺发育问题,《吕氏春秋》中有"月望则蚌蛤实,群阴盈;月晦则蚌蛤虚,群阴亏"。宋代陆佃《埤雅》也说:"鳖孚乳以夏,蚌孚乳以秋,蚌闻雷声则瘶。"说明早在战国时期就已发现蚌、蛤的性腺发育及繁殖,同月的盈亏及阴雨等外界环境的关系。这些关系,至今仍是研究贝类繁殖发育的重要内容之一。

(八)海蛤

是海产双壳类的总称。我国古代记载的种类多属于帘蛤科(Veneridae)和蛤蜊科(Mactridae)。古书记载不一,有的仅记海蛤,有的还分出文蛤、蛤蜊、西施舌等等。

《梦溪笔谈》:"海蛤即海边泥沙中得之,大者如棋子,细者如油麻粒,黄白或赤相杂,盖非一类,乃诸蛤之房。""其类至多, ……不适指一物,故通谓之海蛤耳。"[①]

李时珍:"海蛤者,海中诸蛤烂壳之总称,不专指一蛤也。"

由此可知,古人已了解到海蛤的种类很多,并按大小和颜色来确定它们不是一类,但是没有细加区分和命名。有的虽有名称,也不易确认是哪一种。

1. 文蛤

即今所指的文蛤(*Meretrix meritrix* Linnaeus)。《吴普本草》:"海蛤头有文,文如锯齿。"《梦溪笔谈》:"文蛤即今吴人所食花蛤也,其形一头小,一头大,壳有花斑的便是。"文蛤是广泛分布在我国南北沿海且数量较多的种。它的贝壳表面,特别是在顶部,无论个体大小都有紫红色斑纹,顶部斑纹常呈锯齿状。李时珍误将《吴普本草》中的海蛤说成是魁蛤(即蚶)。

2. 车螯

《本草拾遗》:"车螯生海中,是大蛤,即蜃也。"[②]《图经本草》:"南北皆有之,采无时,其肉食之似蛤蜊,而坚硬不及。"[③]《正字通》:"车螯,海蛤也。壳色紫而有斑点,肉可食。俗呼为昌娥。"至今福建仍称车螯为昌娥。《本草纲目》:"其壳色紫,璀粲(瑓)如玉,斑点如花。海人以火炙之则壳开,取肉食之。"据上述形态描述,车螯或系指今日之文蛤。但古书中也有把文蛤和车螯分列为两种的(只《古今图书集成》中都列于蛤部)。究竟如何,尚

① 宋代沈括:《梦溪笔谈》。

②③ 转引自李时珍:《本草纲目》,卷四十六,介部。

待查考。

3. 蛤蜊

汪机《本草会编》:“蛤蜊生东南海中,白壳紫唇,大二三寸者,闽、浙人以其肉充海错……”[①]“白壳紫唇”或系指蛤蜊科中的四角蛤蜊 (*Mactra veneriformis* Reeve),因这种蛤蜊的贝壳常呈白色,腹面周缘具有一圈黑紫色边缘。

4. 西施舌

《闽中海错疏》:“沙蛤,王匙也,产吴、杭。似蛤蜊而长大,有舌白色,名西施舌。味佳。”《闽部疏》:“海错出东四郡者,以西施舌为第一,蛎房次之。西施舌名车蛤,以美见谥,产长乐湾中。”《本草纲目拾遗》:“据言介属之美无过西施舌。天下以产诸城黄石澜海滨者为第一。此物生沙中,仲冬始有,过正月半即无。取者先以石碌碡磨沙岸,使沙土平实,少顷视沙际,见有小穴出泡沫,即知有此物,然后掘取之。”[②]这里讲的西旋舌,就是现在的西施舌(*Mactra antiquata* Spengler)。所谓“舌”,是指它的斧足。古人采集西施舌的方法,现在胶州湾的群众仍在沿用。

至于《本草从新》中所说的产于浙江温州的西施舌[③],并非现在的西施舌。温州一带群众叫的西施舌,实际上是紫蛤属 (*Sanguinolaria*) 中的种类。

此外,在蛤类中还有一些零星记载,不再赘述。

(九)蛏

属竹蛏科(Solenidae)。

《本草拾遗》:“蛏,生海泥中,长二三寸,大如指,两头开。”[④]

《正字通》:“蛏,小蚌,生海泥中,长二三寸,大如指,似蛾蚬,闽、粤人以田种之,谓之蛏田,呼其肉为蛏肠。”

《本草纲目》:“蛏乃海中小蚌也,其形长短、大小不一,与江湖中马刀、蛾蚬相似,其类甚多,闽、粤人以田种之,候湖泥壅沃,谓之蛏田,呼其肉为蛏肠。”

《闽书》:“又有竹蛏,似蛏而圆,类小竹节,其壳有文。”“耘海泥若田亩然,浃杂咸淡水乃湿生如苗,移种之他处乃大,长二三寸,壳苍白,头有两巾出壳外,所种者之亩名蛏田,或曰蛏埕,或曰蛏荡,福州、连江、福宁州最大。”

这些不仅说明蛏的形态、生活环境和食用价值,而且还述及养殖方法。所谓“两头开”,是因蛏的贝壳狭长,前端有足的开口,后端是出、入水管的开口。所谓“头有两巾出壳外”,是指它的两个水管很发达,伸出壳外。根据这一特点,可知这里所说的蛏就是现在的缢蛏(*Sinonovacula constricta* Lamarck),是我国东南沿海普遍养殖的种类。此外,《闽书》中的竹蛏,现在仍称之为竹蛏(*Solen* spp.)。

---

① 转引自李时珍:《本草纲目》,卷四十六,介部。

② 清代赵学敏:《本草纲目拾遗》。

③ 原文是:“西施舌,浙温州有之。生海泥中,似车鳌而扁,常吐肉寸余,类舌,故名。”

④ 转引自宋代唐慎微:《重修政和证类本草》,卷二十二。

三、腹足类（单壳类）

这类动物一般有一个螺旋形贝壳，俗称螺类，种类极多，陆地、海洋、淡水都有。许多种类可以食用，有的种类贝壳可以做饰物、货币或药用，古籍记载很多。《礼记》有“蜗”的记载。按：蜗即是螺类。《尔雅》中有蠃、蚹蠃、蟒、蝓等螺类的名称。《山堂肆考》：“螺有多种：有田螺、海螺、蚜螺、甲香螺、鹦鹉螺、绿桑螺、珠螺、梭螺、钻螺、刺螺、棘螺、泥螺、白螺、剑螺，或生田泽，或生海涂，或生岩石上。”说明螺类种类繁多，栖息环境也多样化。由于古籍描述得很笼统，有的甚至仅提及一个名称，无法确定其属种。这里，仅选一些比较明确的类群加以整理，其余种类则略加评述。

（一）鲍

属鲍科（Haliotidae），其贝壳称石决明，可作药用，肉是名贵的海产品。

《名医别录》：“俗云是紫贝，人皆水渍熨眼颇明。又云是鳆鱼甲，附石生，大者如拳，明耀五色，内亦含珠。”[①]

《唐本草》：“此是鲍鱼甲也，附石生，状如蛤，惟一片无对，七孔者良。”[②]

《图经本草》：“今岭南州郡及莱州海边皆有之。采无时，旧注或以为紫贝，或以为鳆鱼甲。按：紫贝即今砑螺，殊非此类。鳆鱼乃王莽所嗜者，一边着石，光明可爱，自是一种与决明相近也。决明壳大如手，小者如三、两指大，可以浸水洗眼，七孔九孔者良，十孔者不佳，海人亦啖其肉。”[③]

《本草衍义》：“登、莱海边甚多，人采肉供馔，及干充苞苴，肉与壳两可用。”[④]

《后山谈丛》：“石决明，登人谓之鳆鱼，明人谓之九孔螺。”

《本草纲目》：“石决明形长如小蚌而扁，外皮甚粗，细孔杂杂。内则光耀，背侧一行有孔如穿成者，生于石崖之上。海人泅水，乘其不意即易得之。否则，紧粘难脱也。陶氏以为紫贝，雷氏以为珍珠牡，杨倞注《荀子》以为龟甲，皆非矣。惟鳆鱼是一种二类，故功用相同……”

《山堂肆考》：“草木子石决明，海中大螺也，生南海崖石上。海人泅水取之，乘其不知，用力一捞则得。苟知觉，虽斧凿亦不脱矣。”[⑤]

《闽中海错疏》：“石决明，附石而生，惟一壳无对。大者如手，小者如两三指。旁有十数孔，一说鳆鱼。《本草图经》云：鳆鱼则是一种，与决明相近”。徐𤊹补疏：“石决明，俗名将军帽，温州与登州海中俱有之，即名鳆鱼。”

鲍鱼在我国沿海最常见的有两种，一种是杂色鲍（*Haliotis diversicolor* Reeve）。它分布于我国福建、广东沿海，其贝壳上的呼吸孔数目一般为 7 ～ 9 个。根据“岭南州郡有之”

---

① 转引自李时珍：《本草纲目》，卷四十六，介部。

② 转引自李时珍：《本草纲目》，卷四十六，介部。

③④ 转引自李时珍：《本草纲目》，卷四十六，介部。

⑤ 明代彭大翼：《山堂肆考》。

"生南海岩石上""细孔杂杂或七或九"等描述，以及《本草纲目》中的附图，显然是指杂色鲍。另一种是皱纹盘鲍(*Haliotis discus hannai* Ino)。这是我国北部沿海分布的唯一种类。个体较前种大，贝壳上呼吸孔数目为4～5个。古籍记载产于莱州及登州海边的，当指这一种。《后山谈丛》把两种混为一谈。其实，"登人谓之鳆鱼"是指皱纹盘鲍，"明人谓之九孔螺"是指杂色鲍。李时珍已认识到鲍鱼有一种两类，只是没有分别命名。

古人对鲍鱼贝壳的形态，附在海底岩石上生活的情况和采捕方法等都有比较正确的描述，并且远在公元三四世纪时便已发现其体内能产生珍珠。

(二)宝贝

属宝贝科(*Cypraeidae*)。自古以来，是人们特别喜欢搜集的贝类之一。它们的贝壳极为光洁美观，可作装饰品或货币。《尔雅》中的蜬、魧、鲼、元贝、贻贝、余蚳、余泉、蚆、蝈及其以后古籍中的贝、贝子、贝齿、海蚆、珂等，都是指这类动物。

《相贝经》："状如赤电黑云者谓之紫贝。素质红章谓之珠贝。青地绿文谓之绶贝。黑文黄盖谓之霞贝。紫贝愈疾，珠贝明目，绶贝清气障，霞贝伏蛆虫，虽不能延龄增寿，其御害一也。复有下此者，鹰喙蝉脊，但逐湿去水，无奇功也。""浮贝……黑白各半是也；濯贝……黄唇齿有赤驳是也；虽贝……黑鼻无皮是也；皭贝……赤带通脊是也；惠贝……赤炽内壳有赤络是也，醟贝……青唇赤鼻是也；碧贝……脊上有缕勾唇是也，雨则重，霁则轻，委贝……赤而中圆是也，雨则轻，霁则重。"

《南州异物志》："南海中有大文贝，质白文紫，天姿自然，不假雕琢磨莹而光彩焕烂，故名。"①

《名医别录》："贝子生东海，采无时。"②

《唐本草》："紫贝，生东南海中，形似贝子而大二三寸，背有紫斑而骨白。"③

《本草衍义》："紫贝，背上深紫，有黑点。"④

《图经本草》："贝子，贝类之最小者，亦若蜗状，长寸许，色微白赤，有深紫黑者，今多穿与小儿戏弄，北人用缀衣及毡帽为饰……""贝，腹下洁白，有刻如鱼齿，故曰贝齿。"⑤

《桂海虞衡志》："贝子，海旁皆有之。大者如拳，上有紫斑，小者如指面大，白如玉。"⑥

《本草纲目》："贝字象形，其中二点象其齿刻。其下二点象其垂尾。古者货贝而宝龟，用为交易，以二为朋，今独云南用之，呼为海蚆，以一为庄，四庄为手，四手为苗，五苗为索。""贝子，小白贝也，大如拇指顶，长寸许，背腹皆白。诸贝皆背隆如龟背，腹下两开相向，有齿刻如鱼齿，其中肉如蝌蚪而有首尾，故魏子才《六书精蕴》云：贝，介虫也，背穹而浑，以象天之阳，腹平而折，以象地之阴。""紫贝，按，陆玑《诗疏》云：紫贝，质白如玉，紫点为文，皆行列相当。大者径一尺七八寸。"

《食物本草》："贝子，生东海池泽，亦产海涯，大贝如酒杯，小贝即贝齿也，背紫黑，腹洁白，婴儿带之压惊，俗呼压惊螺，上古珍之，以为宝货，故赂、贿、贡、赋、赏、赐，凡属于货者，

---

①～⑤ 转引自李时珍《本草纲目》，卷四十六，介部。
⑥ 宋代范成大著。

字皆从贝，意有在矣。至今云南犹作钱用，又名海蚆。"

关于宝贝的种类，《相贝经》以贝壳的不同花纹加以区别，即有12种之多。由于描述过于简单，很难判断是什么种。《山海经》中有"文贝"之名，李时珍把文贝列入紫贝。根据上列文献所述"质白文紫""背有紫斑而骨白""大者如拳，上有紫斑""质白如玉，紫点为文，皆行列相当"等均与虎斑宝贝相符。因此，我们认为，文贝很可能就是紫贝，是指虎斑宝贝(*Gypraca tigris* Linnaeus)。这是我国南海习见的一种较大的宝贝。现在中药用的紫贝是阿纹绶贝[*Mauritia arabica* (Linnaeus)]，与古代的紫贝不同。它的贝壳为淡褐色，背面有深褐色网纹或星状圆斑，古籍中没有明确记载。《相贝经》里"青地绿文"的绶贝，肯定不是这一种。据《图经本草》所载①，宋代即已很少用紫贝医病。这也可以说明古代的紫贝与现在的不同。

贝子，主要是指货贝[*Monetaria moneta* (Linnaeus)]。这是一种小型宝贝，贝壳为黄白色，古代广泛地用作货币。所谓"小者如指面大，白如玉""贝子，小白贝也，大如拇指顶，长寸许，背腹皆白"等，都是指货贝而言。《图经本草》中说"深紫黑者"，是指蛇首眼球贝[*Erosaria caputsarpentis* (Linnaeus)]。这种宝贝为深紫黑色，贝壳厚，至今仍混在其他种宝贝中，作中药用。

关于宝贝科贝壳的形态，"贝，腹下洁白，有刻如鱼齿""诸贝皆背隆如龟背，腹下两开相向，有齿刻如鱼齿""背穹而浑，以象天之阳，腹平而折，以象地之阴"等，精确地指出了这类动物贝壳的基本特征。

关于宝贝的利用，记载很早。我国古代以贝为货币。《诗经》中有"锡我百朋"之句。《埤雅》有"兽二为友，贝二为朋。诗曰:'锡我百朋。'百云者，锡贝之多也。"汉代，分贝货(即贝币)为五等。《汉书·食货志》:"大贝四寸八分以上，二枚为一朋，直二百一十文。壮贝三寸六分以上，二枚为一朋，直五十文。幺贝二寸四分以上，二枚为一朋，直三十文。小贝寸二分以上，二枚为一朋，直十文。不盈寸二分，漏度不得为朋，率枚直钱三文。是为贝货五品。"汉字中凡涉及用钱交易的字都从贝，如买、卖、价、贡、赋、贩、赁、贷、赈、贿、赂等等，也充分说明我国古代已广泛用贝来进行交易。因此，在我国古代墓葬的出土物中经常发现宝贝。山东省博物馆收藏的益都苏阜屯殷末墓葬出土的货贝就有3 790枚，云南晋宁战国末至东汉期间滇王及王族陵地出土海贝多达几十万枚。据《说文》记载，"古之货贝""至秦废贝行钱"。秦以后，逐渐废用贝币，但在有些地区如云南等地仍在沿用。宋时，云南仍"用为钱货交易"，②并且还用贝交税赋，《明史·食货志》:洪武十七年，"云南以金、银、贝、布、漆、丹砂、水银代租"。《本草纲目》也载:"今独云南用之，呼为海蚆，以一为庄，四庄为手，四手为苗，五苗为索。"③

用宝贝作装饰品。南朝时，"人以(小白贝子)饰军容服物者"④。宋代，"髭头家用以

---

① 原文是:"贝类极多，古人以为宝货，而紫贝尤贵，后世不用，贝贱而中药亦希使之。"

② 李珣:《海药本草》，转引自《重修政和证类本草》卷二十二。

③ 李时珍:《本草纲目》卷四十六，介部。

④ 南朝梁时陶弘景语，转引自《重修政和证类本草》，卷二十二。

饰鉴带,画家用以砑物[①]”。直到现在,人们还喜爱用它作装饰品。

(三)泥螺

属阿地螺科(*Atyidae*),古名土铁或吐铁,是一种普通的食用种。

《三才图绘》:“吐铁,一名沙屑,一名沙衣。壳薄而绿色,有尾而白色,味佳,四明者为上。”

《本草纲目》:“宁波出泥螺,状如蚕豆,可代充海错。”

《闽中海错疏》:“泥螺,一名吐铁,一名麦螺,一名梅螺。壳似螺而薄,肉如蜗牛而短,多涎有膏。按:泥螺产四明、鄞县、南田者为第一。春三月初生,极细如米,壳软,味美。至四月初旬稍大,至五月肉大,脂膏满腹,以梅雨中取者为梅螺,可久藏,酒浸一两宿,膏溢壳外,莹若水晶。秋月取者肉硬膏少,味不及春。闽中者肉磪,无脂膏,不中食。”

《余姚县志》:“吐铁,状类蜗而壳薄,吐舌衔沙,沙黑如铁,至桃花时铁始尽吐乃佳,腌食之。”

泥螺分布在我国沿海。根据上述泥螺的产地、形态,可以肯定,它就是现在的泥螺[*Bullacta exarata* (Philippi)]。泥螺的贝壳极薄,身体不能完全缩入壳内,7—9月产卵,卵生的小螺冬季生长很慢,待到第二年春天,约长到米壳大小,至五六月长大,又开始繁殖。屠本畯的描述基本上反映了它的生长情况。所谓“秋月取者肉硬膏少,味不及春”,这是因为这时的个体已经排卵,远不如产卵前肥美的缘故。沈云将提道:“生食之,令人头痛。土人以盐渍之,去其初次涎,便缩可食。”这是因为许多后鳃类动物如泥螺、海兔等的皮肤中含有一种挥发油,能麻醉神经,所以生食会引起头痛。他还记述了如何加工食用可以避免头痛。

(四)海兔

属海兔科(Aplysiidae)。古籍中未见有海兔的名称,但却有海粉的记载。海粉是海兔的卵群,形状如丝,可供食用或药用。

《闽书》:“海粉,状如绿毛龟,无介纯肉。背有小孔,海粉出焉。晴明收之则色绿,阴雨收之则色黄。”

《广东新语》:“海珠,状如蛞蝓,大如臂,所茹海菜,于海滨浅水吐丝,是为海粉。鲜时或红或绿,随海菜之色而成。晒晾不得法则黄,有五色者,可治疾。或曰此物名海珠母,如黑鱼,大二三寸,海人冬养于家,春种之,濒湖田遍插竹枝,其母上竹枝吐出是为海粉,乘湿舒展之,始不成结。以点羹汤佳,治赤痢风疾。”

根据以上所述,能产海粉的动物即今之海兔,而且可以肯定是蓝斑背肛海兔[*Notarchus leachii freeri* (Griffin)]。这种海兔体长9～12厘米,贝壳退化,体黄褐、青绿色,背有绒毛突起,所谓“状如绿毛龟”“状如蛞蝓”,就很形象地描述了这一特征。海兔是雌雄同体,异体受精,每一个体都能产卵。古人不了解这一点,误说“其母上竹枝吐出是为海粉”。对于海兔吃海藻,产卵的颜色随所吃的海藻种类而有变化,以及海粉的搜集和加工等,人们都做了比较正确的描述。海兔的养殖已有三四百年的历史。至今,福建、广东沿

---

① 转引自唐慎微:《重修政和证类本草》,卷二十二。

海仍在养殖。

此外，还有海牛。《本草原始》："海牛生东海，海螺之属，头有角如牛故名。其角硬，尖锐有纹，身苍色，有龟背纹，腹黄白色，有筋，顶花点，鱼尾。"无疑，这是后鳃类海牛科（Dorididae）中的种类。

（五）其他腹足类

古籍中还记载有很多螺类的名称，描述也很简单。有的虽有图，但绘制得很粗糙，不易辨别确属何种。我们仅简单叙述如下。

1. 田螺

陶弘景说："田螺生水田中及湖渎岸侧，形圆，大者如梨橘小者如桃李，人亦煮食之。"[①]又有"蜗螺生江夏溪水中，小于田螺，上有棱"。李时珍也说，蜗螺"处处湖溪有之，江夏、汉、沔尤多，大如指头，而壳厚于田螺"[②]。所谓田螺，是指圆田螺属（*Cipangopaludina*）中的种类，而蜗螺是指环棱螺属（*Bellamya*）中的种类。这两属都属于田螺科（Viviparidae），是淡水中最常见的螺类。

2. 海螺

古籍上记载颇多，有些虽称之为蠃，实则是指双壳类中的种，有些仅有一个名称。现录数则如下。

《南州异物志》："甲香大者如瓯，而前一边直搀长数寸，围壳岨峿有刺，其厣，杂众香烧之益芳，独烧则臭。今医家稀用……海中螺类绝有大者，珠螺莹洁如珠；鹦鹉螺形如鹦鹉头，并可做杯；梭尾螺形如梭，今释子所吹者，皆不入药。"[③]这里的甲香可能是指骨螺属（*Murex*）中的种类，"前一边直搀长数寸"是指贝壳向前延伸的前沟。珠螺，实则是指珍珠贝；鹦鹉螺是指头足类的鹦鹉螺（*Nautilus*）；梭尾螺是指法螺[*Charonia tritonis*（Linnaeus）]或角螺（*Hemifusus*）。这些螺的贝壳均呈梭形。磨去壳顶，可以吹出声响。

《桂海虞衡志》："青螺，状如田螺，其大两拳，揩磨去粗皮如翡翠色，雕琢为酒杯。"这是指蝾螺（*Turbo* spp.）。按其形之大小，很可能是指夜光蝾螺（*Turbo marmoratus* Linnaeus）。

《尔雅翼》："蠃，附壳而行，种类甚多。生水田中者差大，惟食青泥；生溪涧中者绝小，食苔而洁。""今闽海中有红螺，微红色，亦可为杯；香螺厣可杂甲香；钿螺光彩可饰镜背；蓼螺味辛如蓼；紫背螺紫色有斑点，号砑螺即紫贝是也。"这里的红螺可能指现在的红螺（*Rapana* spp.），紫背螺是虎斑宝贝，香螺可能是指角螺或蝾螺，钿螺可能是指蝐螺（*Umbonium* spp.），蓼螺可能是指荔枝螺（*Purpura* spp.）。

《图经本草》："梅螺即流螺，厣曰甲香，生南海，今岭外、闽中近海州郡及明州皆有之。或只以台州小者为佳，其螺大如小拳，青黄色，长四五寸，诸螺之中此肉味最厚，南人食之。"[④]

① 转引自宋代唐慎微：《重修政和证类本草》，卷二十二。

② 李时珍：《本草纲目》，卷四十六，介部。

③ 转引自唐慎微：《重修政和证类本草》，卷二十二。

④ 转引自李时珍：《本草纲目》，卷四十六，介部。

根据产地及大小，很可能是指蝾螺(*Turbo cornutus* Solender)。

《福州府志》:“黄螺壳硬色黄；米螺小粒如米；梭螺壳细长，文如雕鍐；竹螺壳文粗，味清香；泥螺壳似螺而薄，多涎有膏，一名吐铁，又名麦螺；鸲鹆螺壳小而厚，黑色；指甲螺俱以形似名；江桡即指甲之大者；花螺圆而扁，壳有斑点，味胜黄螺；醋螺出洪塘江，去壳腌之味佳；沙螺形如竹螺，味微苦，尾极脆。”文中述及的螺名不易考据，但从《古今图书集成》螺部汇考中所附的几个图以及其他记载来推测，黄螺可能是指蛾螺科里的东风螺(*Babylonia* spp.)；竹螺和沙螺可能是蟹守螺科(Cerithidae)中的种类；指甲螺和江桡不是贝类，而是腕足动物中的海豆芽(*Lingula*)。《漳州府志》中“江桡，绿壳白尾，其形如船桡故名，《泉郡志》以形如指甲，名指甲螺”的描述，均极似海豆芽。但在《广东新语》中说“指甲螺一名紫蜐，一名石蜐”，则又是蔓足类中的石蜐(龟足 *Mitella*)了。

《闽中海错疏》:“蛾生海中，附石，壳如麂蹄，壳在上，肉在下，大者如雀卵。”“老棒牙似蛾而味厚，一名牛蹄，以形似之。”“石磷形如箬笠，壳在上，肉在下。”《山堂肆考》:“海䗩筐，石决明之类也，但决明坚而此物甚脆易碎，背多疣瘰如蟾皮，苍黑色，中有肉，两头软，出其肉，两头穿。”这些都是蛾超科(Patellacea)中的种类，这类动物的贝壳卵圆形，呈帽状，像鲍一样用腹面肥大的足附着在岩石上生活，所以古人说它“壳在上，肉在下”。

《本草纲目》石部载有石蛇，苏颂说它“出南海水旁石山间，其形盘屈如蛇，无首尾，内空，红紫色”。寇宗奭说它“色如古墙上土，盘结如查梨大，空中，两头巨细一等”。这是指蛇螺科(Vermetidae)中的种类，很可能是指覆瓦小蛇螺[*Serpulorbis imbricata* (Dunker)]而言。

3. 蜗牛、蛞蝓

《尔雅》有“蚹蠃”和“螔蝓”之名，都是指蜗牛而言。《山堂肆考》说:“崔豹《古今注》:蜗牛，陵螺也，形如螔蝓，壳如小螺，热则自悬叶下，野人为圆舍如蜗牛之壳，故曰蜗舍。观崔豹说，则螔蝓与蜗牛异矣。先儒以为螔蝓无壳，蜗牛似螔蝓而有壳。”这就把蜗牛和螔蝓区别开来。陆生贝类种类极多，有待于进一步查考。

四、头足类

包括乌贼、章鱼等类动物，全是在海中游泳生活的种类。古人把它们同鱼类归为一类。它们的肉供食用，乌贼的内壳(海螵蛸)可作药用，因此古籍也不乏记载。

(一)乌贼

属头足类的十腕目，有八只腕和两只攫腕，古代有乌贼、墨鱼、缆鱼等名称。

《酉阳杂俎》:“乌贼，旧说名河伯度，一日从事小吏，遇大鱼，辄放墨方数尺，以混其身。江东人或取墨书契以脱人财物，书迹如淡墨，逾年字消，唯空纸耳。海人言昔秦皇东游，弃算袋于海，化为此鱼，形如算袋，两带极长。一说乌贼有碇，遇风则抖前一须下碇。”

《岭表录异》:“乌贼鱼只有骨一片，如龙骨而轻虚，以指甲刮之即为末。亦无鳞而肉翼前有四足。每潮来，即以二长足捉石浮身水上，有小虾鱼过其前，即吐涎惹之，取以为食。广州海边，人往往探得，大者率如蒲扇。煠熟以姜醋食之，极脆美。或入盐浑腌为干，槌如脯亦美，吴中好食之。”①

《埤雅》：“乌贼八足，绝短者集足在口，缩喙在腹，怀板含墨。每遇大鱼，辄噀墨周其波，以卫身。若小鱼虾过其前，即吐墨涎惹之。”

《图经本草》：“近海州郡皆有之，……形如革囊，口在腹下，八足聚生于口旁，只一骨，厚三四分，似小舟，轻虚而白，又有两须如带，可以自缆……腹中血及胆黑正如墨，可以书字也。”②

《尔雅翼》：“乌贼腹中有墨。见人及大鱼，常吐墨，方数尺，以混其身。人反以是取之。其墨能已心痛。背上独一骨，厚三四分，形如樗蒲子而长，轻脆如通草，可刻，一名海螵蛸。”

《炙毂子》：“此鱼每遇鱼（渔）舟即吐墨染水令黑，以混其身，渔人见水黑则知是，网之大获。”

《本草纲目》：“乌贼无鳞有须，黑皮白肉，大者如蒲扇，煠熟以姜醋食之脆美。背骨名海螵蛸，形似樗蒲子而长，两头尖，白色，脆如通草，重重有纹，以指甲可刻为末，人亦镂之为钿饰。”

《闽中海错疏》：“乌鲗，一名墨鱼。大者如花枝，形如鞋囊。肉白皮斑，无鳞。八足，前有二须极长，集足在口缘。喙在腹。腹中有血及胆正黑。背上有骨洁白，厚三四分，形如布梭，轻虚如通草，可刻镂，以指剔之为粉，名海螵蛸，医家取以入药。”

据上所述，早在唐代以前，人们对乌贼就有了不少了解。对乌贼的形态描述虽很简单，但基本上反映了这类动物的特征。例如说它“形如算袋，两带极长”“八足，绝短者集足在口，缩喙在腹，怀板含墨”“形如鞋囊”“肉白皮斑”等等。不仅述及外形，而且也描述了它有内壳、颚（喙）和墨囊等。对它的内壳，即海螵蛸，描述得更是逼真。例如，“如龙骨而轻虚，以指甲刮之为末”“厚三、四分，似小舟，轻虚而白”“形如樗蒲子而长，轻脆如通草，可刻”等。

对于乌贼的种类，古籍记载得很不够，但推测不外是我国沿海习见的、产量最大的青浜无针乌贼（*Sepiella maindroni* de Rochebrune）和金乌贼（*Sepia esculenta* Hoyle）。《岭表录异》中的“广东边海，人往往探得大者，率如蒲扇”，应是指我国南海所产的几种大形乌贼，如虎斑乌贼（*Sepia tigris* Sasaki）、拟目乌贼（*Sepia subaculenta* Sasaki）或白斑乌贼（*Sepia hercules* Pilsbry）等。

关于乌贼的生活习性，特别是在遇到敌害时能吐墨把水染黑而逃遁的事实，在唐代已有明确记载，并观察到它在海中的活动，如捕捉食物之类。宋代，渔民已知利用乌贼吐墨的习性来进行捕捉。

乌贼除供食用和海螵蛸供药用外，古人还有用乌贼墨写字的。在欧洲，乌贼墨还是一种水彩颜料。古罗马也用它制造墨水。据张玺记载，地中海沿岸专有制造乌贼墨的方法，要经过加氢氧化钾、灰汁，过滤，加酸中和及水洗等过程。或许经过加工后的乌贼墨，使用时墨色可以经久不褪，而未经加工的则逾年即消失，我们尚未查到确切资料。

---

① 转引自宋代李昉等撰：《太平御览》，卷九三八，鳞介部十。

② 转引自宋代唐慎微：《重修政和证类本草》，卷二十一。

在十腕类中，除乌贼之外，我国古代还有一些枪乌贼的记载。例如，《图经本草》："一种柔鱼与乌贼相似，但无骨耳，越人重之。"《闽中海错疏》："柔鱼似乌贼而长，色紫，亦名锁管。"《庶物异名疏》："锁管似乌贼而小，色紫。"《兴化府志》："锁管大如指，其身圆直如锁管，其首有薄骨插入管中，如锁须。" 这些都是指枪乌贼（*Loligo* spp.）而言的。柔鱼至今仍叫柔鱼，是我国东南沿海所产的中国枪乌贼（*Loligo chinensis* Gray）。锁管，古籍记载是较小的种类，可能是指火枪乌贼（*Loligo beka* Sasaki）等小型种类。人们用"锁管"来形容它的体形是惟妙惟肖的。

（二）章鱼

属头足类中的八腕类。它只有八个腕，没有像乌贼那样的两只攫腕，古书上有章举、望潮鱼、石拒等名称。

《岭表录异》："章举形如乌贼，闽、粤间多采鲜者，煜如水母，以姜醋食之。" "石拒乃章举之类也，身小而足长，入盐干烧食极美。"

《图经本草》："章鱼、石拒二物，似乌贼而差大，更珍好，食品所重，不入药用。"

《稗谈》："章鱼，异名石拒。大者名石拒，居石穴，人取之能以脚粘石拒人，故名。"

《本草纲目》："章鱼生南海，形如乌贼而大，八足，身上有肉。闽、粤人采鲜者，姜醋食之，味如水母。" "石拒亦其类，身小而足长，入盐烧食极美。"

《闽中海错疏》："鱆鱼，腹圆，口在腹下，多足，足长，环聚口旁，紫色，足上有圆文凸起，腹内有黄褐色质，有卵黄，有墨如乌鲗墨，有白粒如大麦，味皆美，明州谓之望潮。"

《闽书》："石拒似章鱼，名八带。大者能食猪，居石穴中。人或取之，能以足粘石拒人。"

《阳江府志》："章鱼足数寸，独二足长尺许，而各密缀如臼，臼吸物绝有力。就浅水佯死，鸟信而啄之，则举足以取，螃蟹尤苦其毒。遇海涛，急以长足臼碇石自固，今船碇效焉。"

《宁波府志》："章举形如大算袋，八足长二三尺，足上戢戢如钉，每钉有窍。"

《漳州府志》："章鱼即韩昌黎所谓章举，其身圆，其首八脚攒聚，当中有口。脚上窝如臼，历历成章，囊中有墨膏及黄膏或结柑瓤，俗呼为饭。行则手足向下，身向上高举而疾逝，谓章举者以此。石拒……脚长四五尺，往往缘石拒人，不知者空手探取，则八脚汇缘而上，缠身塞鼻不可解脱。近海以竹挺探之，俟众脚皆缘众挺，然后总执而出，其肉柔韧，不如章举为脆。"

我国古代所说的章鱼或章举，和石拒是不同的种类。前两者比石拒大，且身小足长，所以很可能一般所说的章鱼或章举，是指短蛸（*Octopus ocellatus* Gray）或真蛸（*Octopus vulgaris* Lamarck），石拒则是长蛸［*Octopus variabilis* (Sasaki)］。这几种都是我国沿海极常见的种，但古籍记载不够明确，肯定还有其他种类。如《阳江府志》中讲的章鱼，"足数寸，独二足长尺许" 应是石拒，即长蛸。《宁波府志》和《漳州府志》记载的 "足长二三尺" "脚长四五尺"，都是比较大型的种类，可能是指东蛸（*Octopus berenice* Gray），这种蛸体长可达 1 米以上。

我国古代对章鱼的形态描述虽然很简单，但却反映了它们的基本特征。如外部形态方面：圆形的胴部、围绕口周的八只脚以及体色等，特别是脚的长度，脚上吸盘的形状、排列、吸物以及"粘石拒人",都描述得很生动、逼真。内部器官方面,黄褐色的肝脏、黑色的墨囊、"结柑瓤"的卵巢、白色如大麦的卵,都有描述。只是当时还没有指出它们的名称而已。

对章鱼的生活环境、行动方式、食性等也有简要的描述,如"行则手足向下,身向上,高举而疾逝"。说它能吃鸟可能不确实,但"螃蟹尤苦其毒"则是很确切的。章鱼是很凶猛的肉食性种类。这一点,我国古人已经了解得很清楚了。

同螺类一起记载的还有一种"鹦鹉螺"。《南州异物志》载:"鹦鹉螺状如覆杯,头如鸟头,向其腹,视似鹦鹉,故以为名。肉离壳出食,饱则还壳中。若为鱼所食,壳乃浮出为人所得,质白而紫文如鸟形,与觞无异。"①《桂海虞衡志》:"鹦鹉螺,状如蜗牛。壳磨治出精采,亦雕琢为杯。"《本草纲目》亦载有"鹦鹉螺质白而紫,状如鸟形,其肉常离壳出食,则寄居虫入居,螺还则虫出也。肉为鱼所食,则壳浮出,人因取之做杯"。根据这些描述来看,很可能不是螺类,而是头足类四鳃目中的鹦鹉螺(*Nautilus pompilius* Linnaeus)。这是这一目中保留的唯一属中的一种。它与乌贼类相似,但有一个背腹旋转的贝壳,其顶部旋转处形如鸟头,贝壳白色有紫褐色斑,生活在较深的海底。如遇大风浪,常常浮游海面,不久又沉入海底,待将要死亡的时候,才漂到海面上来。所谓"为鱼所食则壳浮出",可能是有道理的。

参考文献

[1] 周代,《尔雅》(晋代郭璞注),嘉庆六年影宋绘图本重刻,艺学轩藏版。
[2] 汉代,朱仲:《相贝经》,说郛本。
[3] 吴时,万震:《南州异物志》,麓山精舍丛书。
[4] 梁时,陶弘景注:《神农本草经》。
[5] 梁时,陶弘景注:《名医别录》。
[6] 梁时,任昉:《述异记》,说库本。
[7] 唐代,欧阳询:《艺文类聚》(鳞介部)。
[8] 唐代,刘恂:《岭表录异》,唐代丛书本。
[9] 唐代,段成式:《酉阳杂俎》,唐人说荟本。
[10] 唐代,陈藏器:《本草拾遗》。
[11] 宋代,李昉:《太平御览》(鳞介部),
[12] 宋代,苏颂:《图经本草》。
[13] 宋代,罗愿:《尔雅翼》,学津讨原本。
[14] 宋代,庞元英:《文昌杂录》。
[15] 宋代,陈师道:《后山谈丛》,学海类编本。
[16] 宋代,寇宗奭:《本草衍义》。
[17] 宋代,范成大:《桂海虞衡志》,说郛本。

① 转引自唐欧阳询:《艺文类聚》,卷九十七,鳞介部下。

[18] 宋代,毛胜:《水族加恩簿》,说郛本。
[19] 宋代,高承:《事物纪原》,惜阳轩丛书。
[20] 宋代,陆佃:《埤雅》,玲珑山馆丛书,清初刻本。
[21] 宋代,沈括:《梦溪笔谈》。
[22] 明代,陈懋仁:《泉南杂志》,说郛本。
[23] 明代,顾岕:《海槎余录》,说库本。
[24] 明代,彭大翼:《山堂肆考》。
[25] 明代,李时珍:《本草纲目》。
[26] 明代,屠本畯:《闽中海错疏》,艺海珠尘本。
[27] 明代,王世懋:《闽部疏》,指海本。
[28] 明代,吴文炳:《食物本草》。
[29] 明代,刘绩:《霏雪录》,说郛本。
[30] 清代,陈梦雷、蒋廷锡:《古今图书集成》(博物汇编,禽虫典),中华书局影印本。
[31] 清代,陈元龙:《格致镜原》。
[32] 清代,赵学敏:《本草纲目拾遗》。
[33] 清代,屈翁山:《广东新语》。
[34] 张玺,相里矩:《胶州湾及其附近海产食用软体动物之研究》,载于《国立北平研究院动物研究所中文报告汇刊》,1936 年第 16 号。
[35] 张玺,齐钟彦,等:《中国经济动物志——海产软体动物》,科学出版社,1962 年。
[36] 张玺,等:《中国动物图谱——软体动物》第一册,科学出版社,1964 年。

我国海洋动、植物分类区系研究三十年[1]

分类学是一门古老的学科，从比较系统地描述物种开始已有数百年的历史，但至今仍是生物科学中很重要的研究内容之一，现代分类学不仅要继续根据新资料、新技术发现和描述物种，而且要综合其他生物学分支学科的研究成就，阐明物种的形成与进化，物种之间的亲缘关系，从而建立完善的分类系统，因此分类学是一门综合性很强的基础理论学科。同时，分类学的研究亦为其他学科的发展和经济动、植物资源的开发利用提供必不可少的基本资料。

我国古代有很多关于动、植物种类的记载，许多博物志和本草中对动、植物都进行分类。不少种类的名称至今仍在沿用。对许多种的形态、生态、分布以及利用等有很正确的描述。但是作为近代分类学的研究，我国要比西欧一些国家为晚，早期的工作多是外国人所做，不少种类的标本是外国人采集以后送到国外研究发表的。至今国外许多博物馆还保存有我国各类动、植物的标本资料。五四运动以后，我国近代科学研究兴起，一些科学工作者逐渐开展了动、植物分类的研究，发表了一些著作和论文，描述了我国沿海各地的一些种类和它们的分布、利用情况。但是在1949年前我国海洋动、植物分类研究的力量薄弱，工作做得不多。

1949年以后，我国海洋动、植物分类区系的研究有了很大发展。在新中国成立以来的三十年间，我们对北自鸭绿江口，南至南海诸岛的漫长海岸线和广大海区进行了多次的调查采集，获得了大批的海洋动、植物标本资料。1958—1959年中国近海海洋普查，1959—1962年北部湾海洋调查，其他方面的海洋调查、渔业调查以及近年来的大陆架调查、环境污染调查等，都为海洋动、植物分类区系的研究积累了丰富的标本资料，并据此发表了很多科、属和海区动、植物分类的专著和论文，发现并描述了很多新属和新种。因此，可以认为三十年来我们已经基本掌握了我国近海各类动、植物的种类和它们的形态、生态和资源利用等情况，为进一步开展系统分类研究和经济种类的开发利用建立了广泛、坚实的基础。

现将三十年来海洋动、植物分类区系研究的主要成就分藻类、无脊椎动物和鱼类三方面综述如下。

---

① 载《我国海洋科学三十年》，海洋出版社，1980年，92～109页；《第二次中国海洋湖沼科学会议论文集》，科学出版社，1983年，320～328页。中国科学院海洋研究所调查研究报告第585号。本文参考了《海洋科学》增刊张峻甫的《底栖海藻的分类区系研究》，郑守仪、谭智源的《有孔虫和放射虫的研究》，在写作过程中承张峻甫、成庆泰、王存信、刘瑞玉、吴宝铃、郭玉洁、唐质灿、刘锡兴、萧贻昌、傅钊先等同志提供资料，特此致谢。

一、海藻类的研究

1949 年以来首先着重于经济种类的调查研究,根据大量调查资料,曾编写出版了《中国经济海藻志》,描述了我国 87 种比较重要的经济海藻的分类、形态、生态、分布、主要用途和部分种类的化学成分等。此外还考证和总结了我国古代和近代有关经济海藻的研究,为科研、教学和水产生产提供了必要的参考。对一些分布较广、变异幅度较大的重要经济海藻和其他习见海藻,如紫菜(*Porphyra*)、江蓠(*Gracilaria*)、马尾藻(*Sargassum*)、软毛藻(*Wrangelia*)、菜花藻(*Janczewskia*)和网球藻(*Dictyosphaeria*)等属进行了系统分类研究,陆续发表了多篇论文,描述了一些新种。在一些属的研究中提出了建立新组的建议,并创立了多穴藻(*Polycavernosa*)、滑枝藻(*Tsengia*)、殖丝藻(*Ganonema*)等新属。对红藻门、褐藻门和绿藻门的分类系统都分别提出了代表我国自己的看法。在红藻生殖系统发育过程的研究中,对某些属提出了新的分类依据,讨论了它们的分类位置,澄清了某些种的归属问题。

区域性的海藻研究已在多处进行,其中《中国黄渤海海藻》一书已经完成初稿,共描述这一海区沿岸底栖海藻 204 种。西沙群岛海藻的调查研究也已基本完成,已发表和即将发表的有关西沙群岛的海藻分类的研究论文有 27 篇。最近完成了《西沙群岛的海藻》一书的初稿,包括底栖海藻 250 种、硅藻 120 种、囊甲藻(*Pyrocystis*) 5 种、角藻(*Ceratium*) 31 种。此外还发表了我国广东、福建、台湾、浙江等省某些地区海藻的调查报告。

在单细胞藻分类的研究方面,对硅藻、甲藻、绿藻、蓝绿藻都进行了一些研究,取得了不少成绩,特别是在硅藻方面,对我国领海的浮游硅藻、台湾海峡硅藻、福建紫菜敌害硅藻的分类都有报道,除发表《中国海洋浮游硅藻类》专著外,还对角毛藻属(*Chaetoceros*)、圆筛藻属(*Coscinodiscus*)、根管藻属(*Rhizosolenia*)、舟形藻属(*Navicula*)和粗纹藻属(*Trachyneis*)等做了全面系统研究,完成论文 10 多篇,总共鉴定硅藻约 300 种,其中约有 20 种为新种。根据色素体的形态和数目,在角毛藻属下建立了单色体、二色体和多色体 3 个亚属,将这一属的种类进行了重新整理。

在甲藻方面进行了胶州湾多甲藻属(*Peridinium*)、旋沟藻属(*Gonyaulax*)和西沙群岛盔角藻属(*Ceratocorys*)的种类描述。根据旋沟藻甲板形态的研究,对过去作者的命名制和对甲板形态的错误描述做了修正。此外对中沙和西沙群岛海域的角藻(*Ceratium*)分类进行了研究,目前在我国各海域已鉴定甲藻约 100 种。

在海藻区系的研究方面,国际上的研究不多。我们首先对海藻区系分析研究的一些问题,如海洋温度带的划分问题、海藻的温度性质和确定其温度性质的分析方法等进行了讨论并提出了初步意见,同时进行了北太平洋西部海藻区系区划的研究,论述了太平洋西部 16 个海藻区的温度性质和一些种类的来源问题,并对我国沿海的海藻区系进行了初步分析。结果表明:我国黄、渤海海藻区系具有明显的温水性,属暖温带,但亦有相当多的冷温带成分;我国东海海藻区系仍属暖温带性,但没有黄、渤海的那些冷水性种,冷温带性种大大减少,以暖温带性种占绝对优势,同时,亚热带种有所增加;中国南海海藻区系属暖水性,其北部属亚热带性,而南部即海南岛东南部、台湾岛的东部和南部,以及东、西、南沙群岛则是热带性质的。黄、渤海属于北温带海洋植物区系组、北太平洋植物区的东亚亚区,东海和南海属于印度－西太平洋植物区，前者属中国－日本海洋植物亚区，后者属印度－马来亚海洋植物亚区。

在海藻类的形态和生活史方面，对甘紫菜(*Porphyra tenera* Kjellm)丝状体阶段形态学的研究，证明了细胞间孔状连丝的存在，指出了色素体在同一藻体细胞的形态转变和位置变化现象，确定了果孢的原始受精丝和受精时精子管的存在。完成了甘紫菜生活史的研究，发现丝状体阶段的壳孢子，为在我国开展大规模的紫菜人工养殖创造了条件。

二、海洋无脊椎动物

(一)原生动物

原生动物分类的研究以有孔虫(Foraminifera)和放射虫(Radiolaria)为最多。有孔虫的遗壳在地层中能长期保存，对其分类的研究不仅和现代海洋生态学，而且也和古海洋生态学、古海洋沉积环境、古气候以及地层识别等方面有密切关系。从20世纪50年代后期开始，我国的海洋生物工作者和海洋地质古生物工作者陆续对有孔虫做了不少研究。在南黄海北部的129个底质样品的分析中，鉴定有孔虫159种；在西沙群岛、中沙群岛现代有孔虫的研究中曾记录了461种，其中有12个新属、116个新种；在山东打渔张灌区7个浅层钻孔样品的分析中鉴定描述了93种，其中有2个新属、15个新种。根据多年来在东海采集的样品，初步鉴定有孔虫约800种。随着南海北部大陆架石油勘探的进展，对深水底质样品中的有孔虫也进行了分析，目前这些工作都在系统进行中。根据有孔虫的种类、生态和分布等资料对一些理论问题，如南黄海西北部海底沉积物类型分区及沉积发育史，黄海、东海海面变迁问题以及东部沿海地区第四纪海浸历史，第四纪至新生代的地层划分，古气候、古地理环境等都结合进行了一些探讨。

放射虫也是海洋沉积生物中的重要类群。从1959年以来主要开展了东海和西沙群岛的调查研究。已发表或正在印刷中的有东海西部等幅骨虫(Acantharia)的研究，共描述30种；东海西部浮游放射虫研究，包括98种，其中有4新属和16新种的描述；东海大陆架沉积物中放射虫的研究，描述170种，其中有16个新种以及西沙群岛稀孔放射虫(Phaeodaria) 19种的描述等。目前正在进行西沙群岛多囊放射虫(Polycystine radiolaria)的研究，并已鉴定了120种。除了种类的记述以外，对放射虫的数量分布及其与水流、水团的关系也做了分析研究。

在纤毛虫(Ciliata)的研究方面，曾有胶州湾砂壳纤毛虫(Tintinnida) 9属37种的报道和马粪海胆肠道内寄生纤毛虫5种及船蛆外套腔中寄生虫1新种的报道。

(二)海绵动物

1949年前在我国是空白，1949年以后搜集了大量标本资料，培养了专门从事分类研究的人员。近年来已初步鉴定了寻常海绵(Demospongiae)约80种，并已完成东海大陆架和冲绳海槽的六放海绵(Hexactinellida)的研究报告，计描述20种。

(三)腔肠动物

三十年来做了不少工作，按类别来说以水母类的研究较多，按海区来说以黄、东海的调查较为详细,发表的论文有10多篇,共计报道了我国的水螅水母类(Hydromedusae)138种,其中有1新属和7新种,管水母类(Siphonophora)40多种,钵水母类(Scyphori)10多种。这些种类大部分是三大洋广泛分布的近岸暖水种,部分是大西洋和太平洋的共有种,还有一部分是印度西太平洋暖水种。水螅虫类(Hydrozoa)、八放珊瑚类(Octocorallia)、深水石珊瑚和海葵(Actiniaria)等的分类研究也已进行。已初步掌握了我国这些类群的种类,计水螅虫类和八放珊瑚类各约有200种,深水石珊瑚类约有80种,海葵类约100种,其中有一些新种,目前正在系统整理研究中。

为了配合开发利用南海的珊瑚礁资源,从20世纪60年代初开始对海南岛、广东和广西沿海造礁石珊瑚做了较为详细的调查研究。陆续发表了一些论文,并有专著《海南岛浅水造礁石珊瑚》的出版。近20年来总共鉴定14科、45属、179种。20世纪70年代以来开展了西沙群岛造礁石珊瑚、水螅珊瑚(Hydrocorallina)、笙珊瑚(Tubipora)、苍珊瑚(Heliopora)的调查,先后发表了一些分类研究报告。

(四)苔藓动物

我国的海洋苔藓动物种类很多,根据历次调查采集的标本估计约有500种,已发表的种类有浙江海产苔藓虫23种及1新种,东海59种,南海13种。在南中国海苔藓虫的研究中附有我国苔藓虫名录135种。近年来已初步鉴定我国苔藓动物200种,并按科开展了系统研究,已完成中国粗胞苔虫科研究论文6篇,中国藻苔虫科研究论文2篇,文中有一些新种的描述。

(五)软体动物

软体动物在海洋无脊椎动物中占有重要位置,它与国民经济的发展有密切关系,因此各方面对软体动物分类研究的要求比较迫切。1949年以来,随着标本、资料的积累,陆续对腹足类、瓣鳃类、头足类的许多科、属进行了系统研究。已系统发表各科的种类约800种,另外还对许多科以及掘足类等也都做了系统整理和研究,有的已完稿付印。初步搞清了我国这些科的种类,发现了一些新种,除对每种的形态特征、地理分布做了描述外,还澄清了很多过去长期存在的种间或种内的混乱现象,为编写《中国动物志》及进一步进行系统分类学的研究提供了丰富的资料。此外,根据铠(Pallet)的形态变异讨论了船蛆(*Teredo navalis* Linnaeus)的种内变异与环境之间的关系。对红螺属(*Rapana*)和花冠小月螺(*Lunella coronata* Gmelin)的形态地理变异进行了统计研究,讨论了种下分类问题。

除了按系统进行科、属的分类研究之外,区域性软体动物的研究也做了不少。20世纪50年代出版的《中国北部海产经济软体动物》描述了86种,60年代出版的《南海的双壳类软体动物》描述了31科218种,对科和每种的形态特征、生态习性、分布以及利用等方面都进行了详细记述。对西沙群岛的软体动物曾进行多次调查,已发表前鳃类名录262种、后鳃类42种和其他各类的论文多篇。其他地区如大连、青岛、浙江、厦门、广东、海南岛、广西等地也都有软体动物分类研究的报道。最近根据东海大陆架调查,对东海的软体动物做了全面的分析鉴定,计有289种,并对其分布特点进行了分析。

为了给科研、教学和水产生产等方面提供必要的参考,并为科学普及提供读物,还出版了《中国经济动物志——海产软体动物》《中国动物图谱——软体动物(第一册)》《贝类学纲要》《我国的贝类》《牡蛎》《近江牡蛎的养殖》《贻贝养殖》等书以及其他许多通俗文章。《中国动物图谱——软体动物》已完成腹足纲1 000多种的编写和绘图工作。

在形态学方面做的工作不多,仅有鲍(*Haliotis discus*)、栉孔扇贝(*Chlamys farreri*)、缢蛏(*Sinonovacula constricta*)和金乌贼(*Sepia esculenta*)等的系统解剖发表。在生活史的研究方面主要集中于一些经济价值高的种类,而且大多是着眼于育苗工作而进行的,如腹足类的鲍、红螺(*Rapana thomasiana*)、双壳类的泥蚶(*Arca granosa*)、牡蛎(*Ostrea* spp.)、栉孔扇贝、贻贝(*Mytilus edulis*)、翡翠贻贝(*Perna viridis*)、合浦珠母贝(*Pinctata martensi*)、大珠母贝(*Pinctata maxima*)、文蛤(*Meretrix meretrix*)、蛤仔(*Venerupis philipinarum*)、西施舌(*Mactra antiquata*)、缢蛏、船蛆和头足类的金乌贼等,对这些种类的繁殖习性、发生、幼虫形态和生态以及生长等方面都有论文发表。

(六)环节动物多毛类

多毛类的研究在1949年以前做得很少,1949年后有很显著发展。20世纪50年代末期对黄、渤海的种类研究较详,曾发表《华北沿海的多毛类环节动物》和黄、渤海多毛类游走亚纲(Errentia)的6篇研究报告,前者包括54种,后者包括114种,其中有14个新种。以后还发表有浙江、福建和海南岛等地的种类,并有《中国经济动物志——多毛纲》发表。20世纪70年代对西沙群岛和中沙群岛的多毛类进行了研究,已发表的计有61种,还有多篇论文业已完成,分别记载了这一海域多毛类的种类、生态学、地理学等方面的资料。对中国海的龙介虫科(Serpulidae)、裂虫科(Syllidae)、沙蚕科(Nereidae)等科进行了系统研究,分别完成了论文或专著。此外对小型的原环虫(Archiannelida)也进行了研究,发表了黄海的种类。

关于多毛类的幼虫发育和生活史的研究,曾发表或已完成的有马丁稚虫(*Spio martinensis*)、帚毛虫(*Sabellaria*)、丝管虫(*Filograna*)、双管阔沙蚕(*Platynereis bicanaliculata*)、褐片阔沙蚕(*Platynereis dumerilii*)和伪才虫(*Pseudopolydora paucibranchiata*)等的幼虫发育研究,以及柄袋沙蠋(*Arenicola brasiliensis*)、日本沙蚕(*Nereis japonica*)的生活史的研究。

此外对星虫(Sipunculida)也有一篇分类报道,描述了我国这类动物6种,其中有3种是新种。

(七)甲壳类动物

甲壳类在海洋无脊椎动物中占重要地位,它的种类很多,有的数量极大。其中许多种有食用价值,是渔业捕捞对象,另有一些小型种是鱼虾或其他经济动物的食饵,在渔业生物学和海洋生态学的研究中都受到较大的重视。1949年以来对桡足类(Copepoda)、蔓足类(Cirripedia)、十足类(Decapoda)、口足类(Stomatopoda)等类群都进行了很多研究。

在桡足类的研究方面,随着渔场调查和综合海洋调查在全国各海区大规模的开展,取得了显著成就。全国海洋综合调查在黄海、渤海和东海西部发现桡足类92种,后经浙江近海渔场调查、福建近海渔场调查、烟威鲐鱼渔场调查及其他资料的整理研究增加到134种。经过最近几年东海外海区调查资料的补充,总种数已超过200种,南海种类更为丰富,也有一部分发表，1965 年出版的《中国海洋浮游桡足类》上卷报道了我国习见种 81 种。此外对鱼类寄生桡足类也进行了一些研究，发现了一些新的类型。

蔓足类是附着生物中的重要类群，常附着于船底浮标或其他水下设施上，造成很大危害。它们的形态变化大，常因种类鉴定不准确而影响对其生态的了解和采取预防措施，所以对其分类的研究要求较为迫切。目前在我国沿海已发现和研究鉴定的围胸目（Thoracica）约 120 种，计藤壶亚目（Balanomorph）70 种，茗荷亚目（Lepadomorph）43 种，花笼亚目（Verrucomorph）7 种，其中有一新属，十几个新种。通过这些研究澄清了一些种类在鉴定中的混乱情况，肯定了正确的名称，有力地支持了重要种类的生态和生物学研究和藤壶类附着和防除机制的研究。此外对浙江沿海的蔓足类也进行了调查研究，报道了这个地区的种类，并对其生态进行了讨论。

十足类是甲壳类中最重要的一个类群，包括虾、蟹等重要经济种类，通过三十年的调查研究对我国的种类及其分布情况已基本了解。目前已经鉴定我国近海的虾类有 300 多种。歪尾类约 100 种，蟹类超过 600 种，其中经济价值较大的捕捞对象有 30 多种，主要是对虾科（Penaeidae）的成员，我国近海这一科的总数已发现 60 多种，有 17 种数量很大。其次有长臂虾（*Palaemon*）3 种、褐虾（*Crangon*）1 种和梭子蟹（*Portunus*）5 种，对这些种类都已进行了整理鉴定。1955 年曾出版《中国北部经济虾类》系统地描述了经济虾类 40 种。此外还有毛虾（*Acetes*）、萤虾（*Lucifer*）、鼓虾（*Alpheus*）等方面的论文发表。在蟹类方面主要进行了西沙群岛种类的研究，发表了 62 种。对西沙的梭子蟹科（Portunidae）、扇蟹科（Xanthdae）做了报道，这两科种类很多，前一科共发现 80 种，已报道 15 种，后一科超过 100 种，已报道 76 种，都有新种发现。此外，根据分类和分布资料对中国近海虾类和蟹类区系组成特点进行了讨论。

口足类分类的研究，除珊瑚礁栖息的小型种以外，对陆架区的种类、分布已基本搞清，已鉴定的共约 80 种。完成虾蛄科 40 多种的初稿，曾发表《中国之虾蛄类》（描述 9 种）和《西沙群岛的口足类初步报告》（描述 7 种）。

其他甲壳类：如磷虾类（Euphausiacea）、糠虾类（Mysidacea），以及端足类（Amphipoda）、等足类（Isopoda）、介形类（Ostracoda）中的浮游性种的分类也进行了一些研究，初步了解了主要种及其分布情况，发现了一些新种。

（八）毛颚动物

1949 年后即有厦门港 8 种箭虫（*Sagitta*）的研究报告，以后随着海洋调查的开展，在我国各海区的浮游生物调查中获得了丰富的箭虫标本和资料，经研究发现有 29 种和型，占世界种类的 2/5，对这些种类的生态、分布也进行了研究。

（九）棘皮动物

1949 年以来主要进行了区域性种类的调查研究，曾发表《大连及其附近的棘皮动物》，记述了 20 种；《黄海的几种海盘车》，描述了 5 种及 1 新种；《广东的海胆类》，系统地描述了这一地区的海胆 30 种。近年来对西沙群岛的棘皮动物进行了全面的研究，已发表海参纲 41 种、海胆纲 26 种、蛇尾纲 38 种，其中有一些新种，对海星纲和海百合纲也进行了研究，并对西沙群岛棘皮动物区系组成及其与邻近海区做了比较和讨论，对东海大陆架的棘皮动物也做了初步鉴定。此外，对我国的蔓蛇尾类和现代海百合类也分别有论文发表，前者报道我国蔓蛇尾14种，后者记述柄海百合2种及1新种。《中国经济动物志——棘皮动物》中描述了海参21种、海胆10种、海参和蛇尾各3种。

（十）帚形动物

在我国过去从来没有人进行研究。从1962年开始在我国发现这类动物，已发表黄海毯毛虫的研究，目前已发现2属6种。

（十一）原索动物

这类动物的种类不多，但由于它是介于无脊椎动物和脊椎动物之间的动物，颇引起人们的注意。其中海鞘纲的一些种类是附着生活的，在附着生物的研究中有一定意义。头索动物过去我国仅发现厦门文昌鱼（*Branchiostoma belcheri*）及其青岛亚种。1949年以后又发现了另一属的短刀偏文昌鱼（*Asymmetron cultellum*）。半索动物，1949年前在我国仅发现2种，1949年以后又发现了4种，其中有一种是新种，并且对每一种的外部形态、内部解剖都做了详细研究。尾索类的研究在我国过去是空白，1949年以后在浮游生物的调查研究中整理鉴定了海樽纲（Thaliacea）的20种和亚种、幼形纲（Larvacea）8种。结合附着生物生态的研究，对海鞘纲（Ascidiacea）也做了整理和鉴定，共鉴定10余种。《中国经济动物志——原索动物》中对7种有经济意义的种的形态、生态、分布等进行了描述。

在以上大量标本的鉴定和分析研究的基础上，对海洋无脊椎动物主要类群，如原生动物、软体动物、环节动物多毛类、甲壳类动物和棘皮动物等的生态、分布特点进行了海洋动物地理学的研究，发表了许多篇论文，阐明了我国各海区的区系性质，提出了初步划区的意见。在浮游动物方面根据有孔虫、桡足类及其他甲壳类、箭虫等的分析，我国的黄、渤海区系属暖温带性质，为北太平洋温带区系的远东亚区，东海外海和南海为热带性质，属印度太平洋的东亚亚区，在这两个区系区之间的东海西部和北部海域形成一个过渡带。在底栖无脊椎动物方面，根据软体动物、环节动物、甲壳类动物和棘皮动物等资料，认为渤海和黄海近岸浅水区种类比较贫乏，主要是广生型暖水性和暖温性种，它们有的数量很大，构成这一海区的重要经济种类，黄海北部和中部冷水团范围内则有北方起源的一些冷水种分布。此外黄海还有一些地方性种和与日本共有的种。东海由于受黑潮及其分支的影响，热带性种类显著增加，很多种、属向北不能到达黄、渤海，而黄、渤海分布的一些冷水种在东海区也没有发现。南海的种类极为丰富，又增加了更多的热带种，有许多科、属都是在黄、东海所见不到的或极少见到的。南海的北部和南部又有所不同：北部接近大陆浅海区，受大陆气候影响较大，属亚热带性；南部受黑潮暖流影响，水温高，年变化小，珊瑚礁发育较好，属热带性质。在对我国各海各类无脊椎区系的研究中都与邻近海区，特别是日本海域的区系做了比较，为探讨我国海洋动物区系区划问题提供了充分的资料，在这个基础上，我们认为：我国长江口以北的黄、渤海区和日本北部沿海相同，为暖温带性质，属北太平洋温带区的远东亚区；我国长江口以南的大陆沿岸、台湾岛西北岸、海南岛北部和日本南部为亚热带性质，属印度西太平洋热带区的中国－日本亚区；海南岛南端、台湾岛东南岸以及日本奄美大岛以南海域为热带性质，属印度西太平洋热带区的印尼－马来亚区。

三、脊椎动物的研究

海洋鱼类分类学的研究在1949年前稍有基础，1949年后在已有的基础上又有了显著的进展。

根据在全国沿海采集的大量标本资料，完成了一些重要类群的分类研究，同时着重地对各个海区的鱼类做了调查研究，发表了许多论文和专著。在中国石首鱼类的分类的研究中系统地描述了我国这科鱼类13属37种，建立了4个亚科、2个新属和4个新种，对这一科的研究历史做了评述，对形态特征、生态习性和分布等做了较详细地描述，并且根据鳔和耳石的比较形态及其式型分化的研究讨论了这科鱼类的系统发育问题。在中国东方鲀属鱼类分类的研究中，系统地整理了前人的成果，描述了13种和2个新种，除对每种的形态特征、地理分布进行描述外，根据形态学和地理学的研究讨论了这一属各种之间的亲缘关系，并提出了系谱图。在《中国软骨鱼类志》一书中，对119种和7个新种做了详细描述。通过不同海区的鱼类的调查研究先后出版了《黄渤海鱼类调查报告》记述201种；《东海鱼类志》记述442种，其中有7个新种；《南海鱼类志》记述860种。最近又已完成《南海诸岛海域鱼类志》，包括这一海域的鱼类521种。

为了生产和科学普及的需要，编写了《中国经济动物志》（其中包括海产鱼类91种）、《中华人民共和国药典——海洋鱼类》、《黄渤海鱼类图说》、《中国动物图谱——鱼类》（1～5册）、《中国海洋鱼类原色图集》等。

海洋鱼类地理学的研究是1949年以后才开始的，发表的论文有《中国海洋鱼类区系区划的初步研究》和《中国自然地理概论——海洋游泳动物》等。这些著作阐明了我国鱼类的区系特点，提出了初步区划的意见。根据不同海区鱼类的区系组成及其温度性质，我国海洋鱼类可以分为三种类型：①渤海与黄海区系为暖温带性质，属北太平洋温带动物区系的东亚亚区；②东海西部与南海北部区系属亚热带性质，为印度－西太平洋暖水区系的中国－日本亚区；③东海东部与南海南部区系为热带性质，属于印度－西太平洋暖水区系的印尼－马来亚区。与底栖无脊椎动物的划分意见一致。

综上所述，新中国成立三十年来我国海洋动、植物分类区系的研究取得了很大进展，研究人员数量大大增加，质量也逐步提高，弥补了许多门类的空白，做了大量的标本采集和整理鉴定工作，写了不少专著和论文。但是同三十年的时间相比仍显得有许多不足，很多应有的条件还不具备，很多工作仍未进行，标本虽已有不少积累，但仍缺少陆架区以外的远洋、深海标本。许多动、植物门类还没有系统整理研究。动、植物志中的海洋类群的编写工作进展较慢，至今还没有一类完成。在陆生动、植物已经开展的数值分类学和实验分类学在海洋生物中还很少进行，所有这些都需要我们分类学工作者继续努力。我们一定要加强团结，发愤图强，努力提高现有研究人员的水平和迅速培养新生力量，加快研究步伐，使我国海洋动、植物分类学的研究迅速赶上我国科学事业发展的需要，为“四化”贡献应有的力量。

STUDIES ON MARINE FAUNA AND FLORA OF CHINA IN THE PAST 30 YEARS

Qi Zhongyan
(*Institute of Oceanology, Academia Sinica*)

ABSTRACT

In the present paper, the works on systematic studies of marine algae, marine invertebrates and marine fishes of China in the past 30 years are summarized in detail.

Before 1949, marine fauna and flora were poorly studied in China. Only a few scientists had endeavored to study certain groups of marine algae and marine animals from China coastal waters. But the studies were only limited to the cities of Qingdao, Yantai, Amoy, Hong Kong etc and their vicinities. The species reported at that time were also limited.

From the fifties, the scientific works of new China were greatly improved. A series of scientific surveys on marine algae, different groups of marine invertebrate animals and fishes along our coast were organized by Academia Sinica, National Bureau of Oceanography and state Administration of Fisheries etc. A great deal of specimens and related information were collected. As a result of an analysis of these materials, hundreds of papers were published. Many families or genera were reviewed. Some new species, as well as new genera were described. Based upon the species identified, together with their distributional information, the marine zoogeographical studies in different groups were also carried out by our scientists. The results of these studies are also discussed in the present paper.

缅怀我们的张玺老师①

我国著名海洋动物学家、中国科学院海洋研究所原副所长张玺同志逝世已经十四个年头。作为张老学生的我们，不仅在大学求学时代就受到他老人家的教诲，而且毕业后又多年在他亲自指导下进行科研工作。他那种数十年如一日对工作勤勤恳恳、一丝不苟的精神，严于律己、诚恳待人的态度，以及对青年一代无微不至的关怀和耐心指导，都给我们留下了非常深刻的印象。十四年来，我们经常在怀念他，深感张老的逝世，不仅使我们失去了一位良师，而且对我国海洋动物学的研究是一个巨大损失。

张玺同志生于1897年，青年时代即以勤工俭学赴法国学习动物学和海洋学，并以优异的成绩获得法国国家物理学博士学位。1929年在西班牙召开的首届国际海洋学会议上，他发表的《稀释海水对腹足类发生的影响》论文，受到了当时国际上的重视。回国后，他积极从事我国海洋学和动物学方面的研究，是我国这两门学科的奠基人之一。

1949年后，为了发展我国的海洋科学事业，张老于1950年初同吴征镒、王家楫同志从北京去青岛，积极参与了我国第一个海洋研究机构——中国科学院水生生物研究所青岛海洋生物研究室（即海洋研究所前身）的筹建和领导工作。以后又带领原北平研究院动物研究所的全部水生生物研究人员去青岛参加工作，为全国开展无脊椎动物与分类、区系、形态、生态以及海产养殖等方面的研究，倾注了大量心血，做出了大量成绩。由他组织领导并亲自编写的各种专著和论文就达200多万字。

张老是位学识渊博、造诣很深的动物学家。他治学严谨，刻苦钻研，为我们树立了学习的典范。他留下的几百万字的科学著作，为我国动物学的研究和发展奠定了广泛基础。他的主要学术成就有以下几个方面。

一、开创我国海洋调查先例

早在20世纪30年代，张老就参加组织筹建中国海洋研究所、烟台海洋生物工作站和青岛水族馆的工作。组织领导了“胶州湾海产动物采集团”的调查研究，不仅对胶州湾动物的种类、分布做了详细记载，而且对海洋环境如地形、水深、底层、各层水温、海水盐度和酸度、水色、透明度等也做了详细记载。写出了这个水域各类主要动物的报告20多篇，约80多万字。这是近代我国学者领导的第一次海洋动物调查，开创了海洋调查的先例，在国内外都有一定的影响。他的研究成果和有关著作，是当前研究我国动物区系和胶州湾动物资源和环境污染对比必须参考的重要文献。

---

① 成庆泰、齐钟彦：载《红专》，1981年第8期。

二、我国湖沼学研究的先声

抗日战争时期，张老毅然冲破敌伪的封锁，随科研机构迁到云南昆明。当时，在人员极少、科研条件极差的情况下，他想方设法排除种种困难，利用研究所位于昆明湖（滇池）之滨的有利条件，积极开展了对昆明湖、抚仙湖、异龙湖、洱海等水生生物的调查研究。发表了有关著作20多万字，为我国西南湖泊动物的研究奠定了基础。他的《昆明湖的形质及其动物之研究》，对昆明湖的地形、面积，湖水的物理、化学性质以及浮游生物、底栖生物等都做了详细阐述。对这个湖中有经济价值的类群，如鱼类和软体动物，特别是软体动物中的螺蛳做了一些专题研究，从而对一些经济种类的利用提供了参考。张老对昆明湖的研究，是我国湖沼学研究的先声。

三、我国软体动物学研究的开拓人

张老是我国软体动物学研究的开拓人。早在20世纪20年代留学法国时期，他就专攻软体动物的后鳃类，对该类动物的分类、形态、生物学等进行了深入研究。他的论著《普娄旺萨沿岸（地中海）后鳃类的研究》和《青岛沿岸后鳃类的研究》是这方面研究的代表作，对所报道的种类的解剖、繁殖期、交尾、产卵以及发生等都做了很详尽的描述，受到了国际上的重视。

1949年后，张老组织领导我国海洋无脊椎动物的调查研究，并亲自参加软体动物的研究。他十分重视理论联系实际，特别对为害严重的种类，如船蛆和海笋等进行了研究，为这些种类的防除和合理利用提供了可靠的科学依据。在他亲自领导和参加下，发表了《中国北部海产经济软体动物》《中国经济动物志——海底软体动物》《南海的双壳类软体动物》《贝类学纲要》等著作和许多论文。根据这些研究，他首次提出了我国海及邻近海的软体动物区系区划的意见。

除软体动物外，张老对脊索动物等也进行了不少研究，特别是对文昌鱼、柱头虫的研究，在我国第一次发现柱头虫的就是张老。是他填补了我国这类动物研究的空白。

四、对我国生物学史的研究做出了贡献

张老对生物学史的研究也有独到的见解。他曾于1942年发表《中国海产动物研究之进展》一文，对我国自古至今动物学的研究分为三个阶段做了分析论述。他在20世纪30年代出版的《胶州湾及其附近海产食用软体动物之研究》中，记述了我国古代研究鲍、泥螺、蚶、贻贝、扇贝、牡蛎、乌贼、章鱼等方面的资料，从而对我国生物学史的研究做出了贡献。

除以上主要成就外，张老对科学普及工作也极为热心，他亲自编写了许多科普书籍，如《牡蛎》《近江牡蛎的养殖》《我国的贝类》等，以通俗易懂的文字、生动活泼的内容介绍了一些贝类的知识，受到广大读者的欢迎。

张老十分关心培养干部和使用干部。由于他一切从发展我国的科学事业出发，而且待人宽厚、平易近人，所以他能无私地把自己的知识传授给青年一代。他对他的学生的成长关怀备至，从正面指导他们进步，充分发挥各自的专长。他所培养的研究生、进修生现

在有许多都已成为科研和教学中的骨干。

张老的一生是致力于我国科学事业的一生,是循循善诱、培养我国科技人才的一生,是我们学习的榜样。在他逝世十四周年之际,我们深切地怀念他,缅怀他的业绩,学习他的治学精神和继承他的未竟事业,立志为祖国的海洋动物学做出应有的贡献。

名词解释①

海洋钻孔生物(marine boring organism)　在海洋中穿凿岩石、珊瑚礁、贝壳、红树、木船和木质建筑等物体的生物统称海洋钻孔生物。该类生物主要有海绵动物的穿孔海绵,环节动物多毛纲的凿贝才女虫,软体动物的住石蛤、钻岩蛤、石蛏、开腹蛤、海笋和船蛆,节足动物甲壳纲的柱木水虱、团水虱和跳水虱,等等。

穿孔海绵穿凿珊瑚及扇贝、牡蛎、珍珠贝壳,凿贝才女虫穿凿珍珠贝壳,住石蛤、钻岩蛤、石蛏、海笋、开腹蛤则穿凿珊瑚、岩石和贝壳等。其中海洋钻孔生物中为害最大的是船蛆和柱木水虱。两个多世纪以来,许多国家对这些生物的分类、形态、生物学、生态学以及防除方法等进行了大量研究,已获得了丰富的资料。至今这方面的研究仍是国际上十分重视的课题之一。

乌鱼蛋　山东有一道名菜叫作“乌鱼蛋”。它是墨鱼(乌贼)腹内的一对腺体,叫缠卵腺。这个腺体能分泌一种黏液,使产生的卵缠在一起形成卵群,其形状为三角形的白色薄片。

取“乌鱼蛋”时,可把墨鱼的外套膜从腹面剪开,即可见到在鱼体的中后部两侧有两个大型的卵圆形腺体,腺体外包被着一层坚韧的皮膜,里面分两瓣,每瓣由许多三角形白色薄片垒成。烹制时,剥去外皮,从两瓣中央切开,稍煮则“乌鱼蛋”片片离散,食之清脆可口,是海味中的佳品。

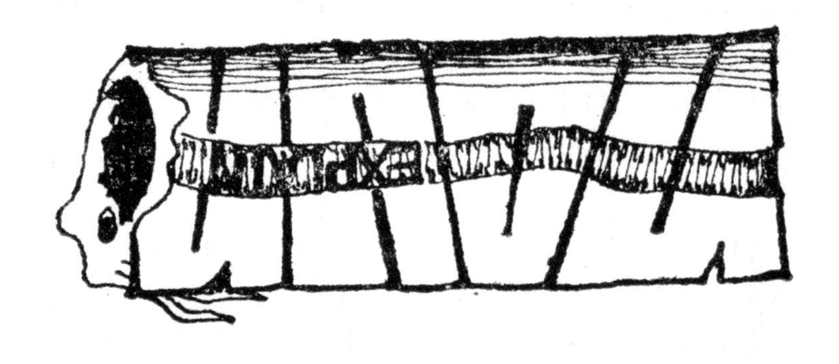

① 载《海洋科学》,科学技术文献出版社，1982 年第 4 期。

纪念海洋生物学家张玺所长①

张玺先生遗像

我国海洋科学界的先驱之一、我国贝类学的创始人和奠基者、著名的动物学家和海洋生物学家、法国国家博士张玺教授，在1967年7月10日逝世之前，是中国海洋湖沼学会的理事长、中国科学院海洋研究所副所长兼中国科学院南海海洋研究所所长。张玺所长生前为我国海洋科学事业的创立和发展做出了重大的贡献，他在南海留下了不朽的业绩，他的学术思想和他为祖国科学事业奉献终生的精神，不断激励着我们前进。他将永远为有幸致力于海洋科学研究的晚辈们所纪念！

确定方向、方针和任务，积极开展南海海洋调查和实验工作

在我所成立之前，张玺先生就曾对南海进行过一些调查工作。这在他和合作者们的科学论著中已有所反映，特别是在南海的贝类等海洋动物分类区系的研究方面获得了丰硕的成果。1956年，张玺先生曾组织一个科技人员小组，长期在珠江口的宝安县境内，调查研究近江牡蛎 *Ostrea rivularis* Gould 养殖中的生物学问题。在他的指导和参与下发表了一些著作，使国内在这方面的研究前进了一步。1958—1959年，张玺先生受中国科学院的委派，担任了中苏海洋生物考察团团长，亲自率领考察团到广东省海南岛及大陆沿海进行野外工作。考察结果在国内外陆续发表了一些研究报告，推动了我国南海海岸带生物的调查研究工作，发展了20世纪30年代他自己和同事们在北方海区开创的潮间带和底栖生物的海洋生态学研究。

1959年我所成立之后，张玺先生服从工作需要，接受中国科学院的任命，南下兼任我所所长。虽然他当时年事已高，又患有高血压病，但一经承担新的工作，便很快地积极开展各种基本建设。他遵照科学院、分院和我所党组织对南海海洋研究所的办所方针，全面衡量了我国南北海区的特点和海洋科学研究的形势，提出了学习北方的中国科学院海洋研究所的经验，确定把我所办成南海的综合性海洋研究所的总方向，规定我所要有海洋物理学、海洋化学、海洋地质学和海洋生物学等各学科的研究方向，并做了某些具体的安排。为此，张玺先生多次同他的老朋友——当时担任中国科学院生物学部主任兼海洋研究所所

---

① 齐钟彦、谢玉坎(中国科学院南海海洋研究所)：载《热带海洋》，1982年8月，第1卷第1期，1～4页，科学出版社。

长、动物研究所所长的童第周教授进行过仔细商讨。在1977年12月12日童第周先生写的一封信中说:"我历来的意见都是这样,海洋因区域不同,环境不同,青岛与南(海)两(指在青岛和广州的两个海洋研究所——作者)在有的工作上可以合作,有的工作需要分工,各有特点,不能完全一样。"童、张两位老科学家不但这样说,而且贯彻到实际工作中去。例如,张玺先生提出了中国科学院内有关的三个研究所(动物所、海洋所、南海海洋研究所)贝类学研究分工合作的办法,明确规定我所主要研究贝类的生态学、生理学和养殖生物学问题,并亲自在我所建立生态生理研究组,选定珍珠贝及其养殖珍珠的实验研究为重点科研项目。这项养殖珍珠研究项目,得到了我所党组织以及国家科委和国家水产部的大力支持。张玺先生还受命担任了国家科委水产组养殖珍珠专题组组长,指导全国的珍珠研究工作。在他的倡导下,曾经组织建立了湛江养殖珍珠实验站,举办过第一期的养殖珍珠训练班。1964年童第周先生亲自邀请了中国科学院实验生物研究所研究员、组织培养专家陈瑞铭先生和海洋研究所实验动物研究室主任娄康后先生到我所湛江工作站,做了珍珠贝外套膜小片体外贴核培养的实验研究。童第周先生提出了采取组织培养进行体外培养珍珠的一种新的方法。我所曾为此在湛江工作站建造了一个无菌室,积极准备开展实验工作。他们的这种正确的学术指导思想和互相支持、互相帮助的科学精神,是非常可贵和值得学习的。

童第周先生、张玺先生在不同的时间都曾到过我国古代"合浦珠还"的发祥地和南珠的古珠场合浦北海一带,进行有关珍珠的生产和实验的实地考察,并且还亲自开始做了实验。很可惜,他们开始做的一些实验却被"文革"扼杀了,留给我们的竟是一个不可弥补的遗憾。

张玺先生强调我所海洋生物学要着重珍珠贝、珊瑚、珊瑚礁和红树林等具有南海特色的研究,而且在地质、水文和海洋化学等方面,也同样要针对南海的特点进行研究。他和许多同事在海洋研究所的研究课题原来都是侧重于贝类分类区系的调查研究方面的,但在我所则倡导侧重于贝类的实验研究工作。1962年,他通过对青年科技人员的指导和合作,用珍珠贝的贝壳珍珠层代替珍珠试制成药用珍珠散(即珍珠层粉),便是生态生理研究组最早的一个研究成果。合浦珠母贝 *Pinctada fucata* (Gould)生长的实验观察、湛江港第一批养殖珍珠和研究珍珠成因问题的各种实验,都是在张玺先生亲自布置下进行的。面对创业的艰难,张玺所长在党组织的领导和支持下,出色地完成了建所初期的领导任务,为我所对南海海洋科学研究打下了基础。

团结老科学家,培养青年科学工作者

我所成立之初,全所绝大多数科技人员还缺乏独立工作能力,业务骨干也少。对此,张玺先生毫不畏难退缩,他紧密依靠党的领导,在全国聘请或约请了许多热心南海海洋科学事业的老科学家作为青年们对口学科的指导老师,共有数十位之多,其中包括张文佑、曾呈奎、费鸿年、赫崇本、沈嘉瑞、饶钦止、任美锷、毛汉礼、张孝威、刘瑞玉、郑执中、娄康后、樊恭炬等。我所能够得到众多专家的支持和帮助,主要是依靠党的团结知识分子的政策,也是张玺所长热爱海洋科学事业、善于团结科学家、深谋远虑、积极努力的结果。张玺先生也常亲自找初参加科研工作的青年谈话，定方向、定学习、定任务，进而要求他们提高基础科学、专业学科和外文的水平，还要求他们尽可能多地去做调查和实验工作。1963年，张玺所长和著名的动物学家董聿茂教授以全国人大代表身份，在邱秉经书记的支持和组织下，一起深入粤中－宝安、深圳、澳头和粤西－湛江、合浦、北海一带沿海，对珍珠贝和养殖珍珠进行了一次实地考察，并由张玺先生向全国人民代表大会做了关于开展我国珍珠养殖专题报告。即使在考察期间张玺先生也没有忘记培养青年的任务，他除了要有个别业务人员随行之外，还派出一支青年科技人员小队伍，同路跟去平行地做些野外调查，并不时了解他们的调查采集工作情况。他既重视青年科学工作者的理论学习，又力求他们深入实际，通过具体工作进行学习。当年青的科研工作者有了点滴结果，提出科学论文的习作时，张玺所长总是不厌其烦地审阅、批改。他会不时在工作中考核或当面试问青年科技人员，要求很严厉，但又给以充分的信任，随时鼓励青年同志积极向上，并相信他们会成长为科技人才。那些年，凡经过张玺先生和其他导师培养的青年，大多数人的学识迅速增进，业务能力明显提高，后来在科研工作中都做出了一定的成绩。在建所初期，邱秉经书记从实际出发，就提出了“自力更生，争取外援，互相学习，共同提高”的积极做法，在争取外援和提高青年的科学水平上，邱秉经书记和张玺所长的配合是很紧密的。他们的工作是富有成效的。

以科学精神和实际行动，为南海海洋科学事业铺设道路

张玺所长在接受任命的时候，并不强调做领导工作和科学研究在时间的支配上的矛盾，他首先把上级的分配和科学事业的需要统一起来。从海洋科学的发展上看，在我国南北沿海分别建立一个海洋研究所，是很有必要的。党、人民和国家的需要，就是自己应该做的工作。从他受任所长之日起，经常牵挂着我所的各项基本建设、干部培养、发展方向和步骤。由于当时南方的条件不足，他的专题研究一般只能在北方进行，不能长期在南海所内工作。但尽管如此，张玺先生还是设法亲自领导我所做出了一些具有理论意义和应用价值的成果。张玺先生给我所的最大贡献，应该说是他在党的领导下，用科学精神教育了青年一代的科学工作者，又为全所的学科方向和研究任务打下了基础。他的爽朗的性格、任劳任怨的态度和讲求实际的作风，给人们留下了不可磨灭的记忆。每当张玺先生南来或外出回到所里的日子，全所各类工作人员总是络绎不绝地向他报告工作，以至个人的生活和困难。在张玺所长面前，好像每个人都可以无所不谈，但又总离不开科研工作的中心话题。他同群众的关系极为密切，亲如一家。有一次，著名的动物学家刘承钊教授到广州，看到张玺先生那样日夜不停地工作，钦佩他能南北兼顾，组织和开展科研工作，但又担心他的健康，因而曾劝告张玺先生千万要注意劳逸结合。张玺先生随口回答说：“我是他们的父兄，他们是我的子弟！”是的，他从来待人以诚，始终把合作共事的后一辈科技人员当作一家人。

张玺先生对大家的谈话，都能起到具体的指导作用。事无巨细，一经请示了他，就必定会得到中肯的指导。常常令人惊异的是张玺先生虽然一年中在广东工作时间少，但只要一谈到我所的工作，他都能了如指掌。张玺所长的观察力很敏锐，记忆力很强，使得别人

为像他那么大的年纪还有那样强的记忆力而称奇。实际上这是张玺先生衷心热爱南海海洋科学事业的必然结果。

张玺所长为我国的海洋事业倾注了大量心血,建立了不朽的功勋,但是在“文革”期间他却遭受了不应有的折磨,过早地离开了我们。这是我国海洋科学界的一个不可弥补的损失。在缅怀张玺所长从事科学事业的一生、回顾他在我所留下的事迹、思念他的音容笑貌、学习他为科学事业奋斗的精神和品德时,可以告慰的是在他逝世后的十五年来,我所已有很大的发展,他的未竟事业已为茁壮成长的后辈海洋科技工作者所继承、发扬,南海的各项研究已在开花结果。《热带海洋》也已创刊,我们的事业在胜利前进。相信南海的海洋科学研究将会更加繁荣昌盛,将会取得更大的成果,更好地为“四化”服务。这是张玺所长生前的愿望,也是我们广大海洋科技工作者的奋斗目标。

香港未经净化的食用水管道中附着沼蛤的生殖周期①

沼蛤 *Limnoperna fortunei*（Dunker, 1857）是淡水贻贝科的一种软体动物。Miller 和 McClure（1931）曾记录产于广东珠江，Morton（1975）曾记录产于香港。

Limnoperna lacustris 可能是这一种的同物异名（Habe, 1977），曾分别报道产于长江南、北岸的洞庭湖（湖南省）和花马湖（湖北省）[41,8] 以及长江的中、下游 [13] 一带。

Mizuno 和 Mori（1970）记录了产于泰国 Kwai 河的同一种 [19]。Brandt（1974）记载了采自泰国 Sopa Falls, Pitsanuloke 的一个新种——*L. supoti* 和采自老挝、柬埔寨湄公河的另一个新种——*L. depressa*[5]。

沼蛤有可能成为与欧洲的饰贝（*Dreissena polymorpha*）[11,22] 和美国的河蚬（*Corbicula fluminea*）[40] 相类似的区域性重要淡水污损双壳类。沼蛤自 1965 年在香港大量繁殖以来，作者等对其解剖学、种群动态、附着和生长以及控制等方面进行了一系列的研究 [23,25,26,32]。通过对这种贻贝类在香港的配子形成周期与船湾水库 28 个月期间的季节水文条件的研究，增加了我们对这种贻贝类的认识。

虽然沼蛤在香港不是严重的污损生物（在泰国也不是），但据中国未经证实的报道指出，在其分布范围的北部，这一种已成为有害的污损附着生物。

显然，沼蛤在中国的分布范围极为广泛，因此很有必要了解其在香港的配子形成周期、产卵季节和这些过程与水文的季节变化的相互关系，以便说明这一种在其分布区中部、亚热带部分的分布情况。

本文的研究结果为防止这种双壳类在家用、工业用和农业用淡水供应系统中的附着和对水质处理方法提供了极为重要的参考资料。

一、材料和方法

从 1971 年 10 月至 1974 年 2 月，每月平均从放置在船湾水库的试板上 [26]，采 10 个沼蛤标本。

在贻贝总科中，生殖腺不仅在外套膜中大量发育，而且在内脏块中也发育，从每一

① 作者：莫顿（香港大学动物系）。齐钟彦译，邓昂校：载《海洋与湖沼》，1982 年，第 13 卷第 4 期，312-318 页，科学出版社。本文研究资料与有关船湾水库的水温和溶解氧资料均为香港政府公共工程部供水办公室提供的。

标本取一块组织，固定于布昂氏液（Bouin's fluid），做 6 微米厚的切片，用 Ehrlich 氏或 Heidenhain 氏苏木精染色。

从切片上看到的生殖腺，无论是雄或雌的发育指标均被确定为以下 5 期中的一期：①原胞期；②发育期；③成熟中期；④成熟期；⑤排放期。这些指标大致是根据 Loosanoff、Shaw[38,39] 和 Morton[31] 等划定的界限而确定的。

二、结果

沼蛤为雌雄异体，迄今尚未发现有雌雄同体者，总计 291 个体中有 100 个（即 34.3%）为雄体。沼蛤每年产卵两次。

1972—1974 年的 1 月和 2 月与 1972 年 8 月或 1973 年的 7 月和 8 月间，雄性和雌性生殖腺均不活跃，含有小的原精小管或卵泡（第 1 期）（图版Ⅰ：A1，B1）（表 1），后者在卵泡中，稍发育的卵母细胞每个均具有一个清楚的囊状核和一个明显的在生殖上皮上的核，而在精小管则包含一个生殖上皮正在形成的圆形而轻度着色的直径 5 微米的原精母细胞。

1972 和 1973 年，活跃的配子形成均开始于 3 月和 9 月。这时（第 2 期）（图版Ⅰ：A2，B2）（表 1），精小管增大并在空腔中具有原精母细胞和更深染色的、直径为 2.5 微米的次级精母细胞，并带有少数直径为 1.5 ~ 2.0 微米的精子细胞。这时卵泡亦形成窄腔，腔壁产生宽柄的卵原细胞，其中有些直径达 10 微米。

每年 4—5 月和 10 月配子形成进行至第 3 期（图版Ⅰ：A3，B3）（表 1），精小管和卵胞更增大，前者具有一些精子，后者具有窄柄的卵原细胞，这些卵原细胞的基部仍固着于卵胞壁上，其直径约 30 微米，具有一个增大而清晰的核和明显的核仁。

每年 5—6 月和 11—12 月，精巢和卵巢成熟（第 4 期）（图版Ⅰ：A4，B4）（表 1），这时精小管具有很多初级和次级精母细胞和精子，但中腔（central lumen）充满放射状排列、形成密板的拖鞋状的精子，它们的头伸向生殖上皮，其长鞭毛伸至腔中。卵胞充满分离的、有的直径达 60 微米的圆形卵，卵具有一个清晰的最大直径达 40 微米的囊状核，核中有一个着色深的、直径 10 微米的核，卵具少量卵黄，为少黄卵（oligolecithal egg）。

在 1971 年 12 月，1972 年 7 月，1973 年 1 月、7 月和 1974 年 1 月，生殖腺排尽（第 5 期）（图版Ⅰ：A5，B5）（表 1），包含经受整体萎缩的空的精小管和卵泡，并有像硬壳蛤（*Mercenaria*）和巨蛎（*Crassostrea*）[14,15] 等许多其他贻贝类 [37] 那样的配子细胞分解和再吸收现象。在香港，沼蛤第一次排空后，其生殖上皮几乎即刻准备另一次的繁殖期。

图 1 表示配子形成和产卵与船湾水库平均水温的季节变化的关系，从图中可以看出这一种在春季水温上升时开始性成熟，1972 年和 1973 年 6 月，当水温分别上升到 25.5 ℃和 27 ℃时，生殖腺成熟，1972 年和 1973 年 6—7 月温度在 27 ℃ ~ 28 ℃之间时进行排放。

配子形成的第 2 期几乎立即开始，当温度从夏季高峰下降、接近秋季时，生殖腺逐渐成熟。1972 年和 1973 年 12 月，当平均水温分别下降到 19 ℃和 17.5 ℃时，生殖腺成熟并在 1—2 月温度最低，在 16 ℃ ~ 17 ℃时开始排放。

表 1 沼蛤(*Limnoperna fortunei*) 1971 年 10 月至 1974 年 2 月在香港船湾水库采获个体的性发育时期、配子形成平均时期和排放次数

Table 1 *Limnoperna fortunei*. The sex and stage of development of individuals collected from Plover Cove Reservoir, Hong Kong from October 1971 to February 1974. Mean stages of gametogenesis and times of spawnings are also given

年	月	雄性	雌性	精子形成平均时期	卵子形成平均时期	
1971	10		◇1 ◇2 ◇2 ◇1 ◇1/2 ◇2 ◇2 ◇2 ◇2 ◇1/2 ◇2 ◇2 ◇2 ◇1 ◇2 ◇1 ◇1/2 ◇2 ◇2 ◇1 ◇2 ◇2 ◇2 ◇2	—	2	
	11		◇3/4 ◇5	—	4	
	12	○4/5	◇5 ◇5 ◇1 ◇1 ◇1 ◇1	4–5	5–1	配子体排放
1972	1	○1 ○1	◇1 ◇1 ◇1	1	1	
	2	○1 ○1/2 ○1/2 ○2 ○2 ○1 ○1 ○5/1	◇1 ◇1 ◇1 ◇1 ◇1 ◇1 ◇1 ◇1	1–2	1	
	3	○3 ○2/3 ○2 ○2	◇1/2 ◇1/2 ◇2 ◇2 ◇2 ◇2 ◇2/3 ◇3	2–3	2	
	4	○1 ○1 ○2 ○2 ○3 ○3	◇1/2 ◇2 ◇2 ◇2 ◇2 ◇2 ◇2/3 ◇2/3 ◇2/3	2	2–3	
	5		◇2/3 ◇2/3 ◇2/3 ◇3 ◇3 ◇3 ◇3 ◇3 ◇3/4 ◇3/4 ◇3/4 ◇3/4 ◇4 ◇4 ◇4 ◇4 ◇4 ◇4 ◇4 ◇4 ◇4 ◇4	—	3–4	性腺成熟期
	6	○4/5	◇1 ◇2 ◇4 ◇4 ◇4/5 ◇5	4–5	4–5	
	7	○1 ○4/5 ○5 ○5 ○5	◇4 ◇4 ◇4 ◇4/5 ◇5 ◇5 ◇5	5	4–5	配子体
	8		◇1 ◇1 ◇1 ◇1/2 ◇1/2 ◇1/2 ◇1/2 ◇1/2 ◇1/2 ◇2 ◇2	—	1–2	
	9	○1/2 ○2 ○2 ○2/3	◇5/1 ◇1 ◇1 ◇1/2 ◇1/2 ◇2 ◇2 ◇2 ◇2 ◇2	2	2	
	10	○2 ○2 ○2/3 ○2/3 ○2/3 ○2/3 ○2/3 ○2/3 ○2/3 ○3 ○3 ○3/4 ○3/4 ○3/4 ○3/4	◇1/2 ◇2	3	2	性腺成熟期
	11	○2/3 ○2/3 ○3 ○3 ○3 ○3/4	◇3 ◇3	3–4	3	
	12		◇1 ◇1/2 ◇2 ◇2 ◇2 ◇2 ◇2/3 ◇3 ◇3 ◇3/4 ◇4	—	3–4	
1973	1	○5 ○5 ○5/1	◇4/5 ◇5 ◇5 ◇5 ◇5 ◇5/1 ◇1 ◇1	5	5–1	
	2	○5 ○5 ○5 ○1 ○1	◇4 ◇4/5 ◇4/5 ◇4/5 ◇5 ◇5 ◇5 ◇5 ◇1	5–1	5–1	配子体排放
	3	○5/1 ○5/1 ○1/2 ○2 ○2/3 ○2/3 ○2/3 ○3 ○3 ○3 ○3/4 ○3/4	◇2/3 ◇3 ◇3 ◇4	2–3	3	
	4	○3 ○3/4	◇1/2 ◇3 ◇4 ◇4	3	3–4	
	5	○2/3 ○4	◇3 ◇4 ◇4 ◇4	3–4	4	性腺成熟期
	6	○1/2 ○3 ○4/5 ○4/5 ○4/5		—	—	
	7	○4 ○4/5 ○5 ○5	◇1 ◇2	4–5	1–2	配子体排放
	8	○5 ○1/2 ○2	◇1 ◇1/2 ◇2 ◇2 ◇2 ◇2/3	5	2	
	9		◇1 ◇1 ◇1 ◇1 ◇2 ◇5	1–2	1–2	
	10	○3 ○3/4 ○4		—	—	性腺成熟期
	11	○3 ○3/4 ○4	◇2/3 ◇3 ◇3/4 ◇4/5	3–4	3–4	
	12	○4/5 ○5 ○5	◇2/3 ◇3/4 ◇3/4 ◇4	3–4	3–4	
1974	1	○5 ○5 ○5/1	◇3/4 ◇4 ◇4 ◇4/5 ◇5	5	4–5	配子体排放
	2		◇5 ◇5/1 ◇1	5	5–1	

注:1 ～ 5—精子形成或卵子形成时期;○—雄性; ◇—雌性;1—原胞期;2—发育期;3—成熟中;4—成熟期;5—排放期

图 1 亦表示同一时期水库中溶解氧的季节变化，这正如我们所预料的，它和以前对河蚬[27]观察到一个明显与温度相反的关系一样，即在夏季水温高、溶解氧低时与在冬季水温低、溶解氧高时产卵。其他随温度的季节变化而变化的一些因子，像 Seed (1976)所论述的不同种的贻贝类一样，也影响配子形成和排放。

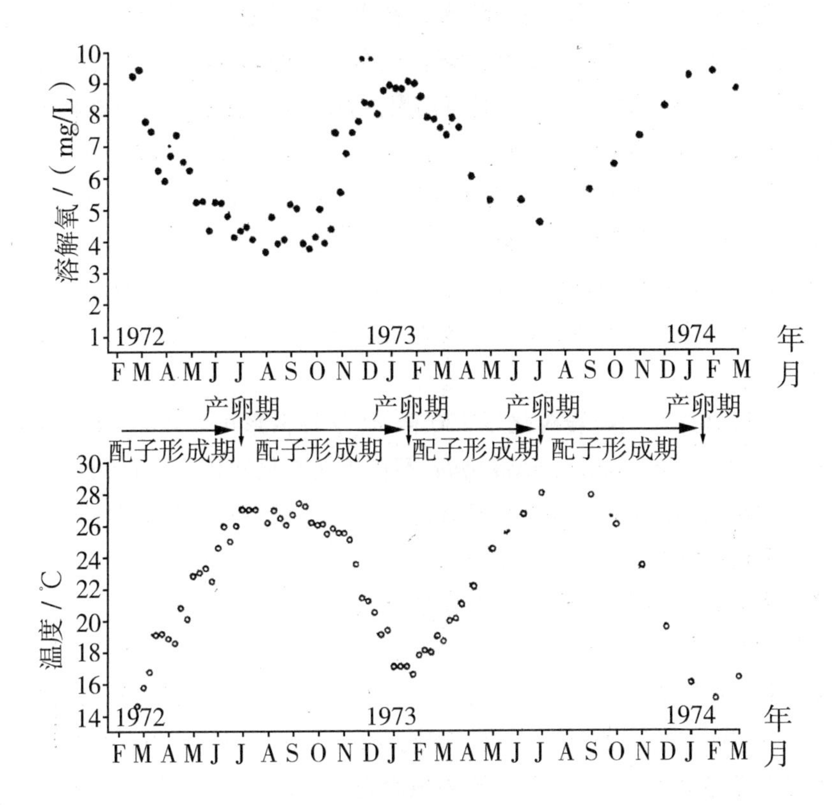

图 1 1972 年 2 月至 1974 年 2 月船湾水库沼蛤配子形成周期和排放与水温和溶解氧高低的关系
Figure 1 *Limnoperna fortunei.* The cycles of gametogenesis and spawning related to water temperature and dissolved oxygen level changes in Plover Cove Reservoir during the period February 1972 to February 1974

三、讨论

通常双壳类，特别是淡水、河口和潮间带种类的配子形成和产卵过程与温度变化相关[35,12,36]，虽然常有其他相伴的水质变化，如 pH、盐度以及本文所指出的溶解氧等环境因子亦有关。因此，不能绝对地以某一单独因子或某一个多因子确定配子形成的开始和速率。经常各种外部因子，包括化学的和机械的刺激可以引起同时排放。一些潮间带种类的排放与月周期有关，牡蛎的传染性的排放可以由其他配子的进入而产生。虽然如此，温度应该被视为影响生殖周期的临界因子。这种临界温度在许多双壳类中是极为特殊的[34]。

通常浅水的双壳类一年繁殖一次或多次。在欧洲，*Dreissena polymorpha* 每年繁殖一次，在夏季水温高时排放[21]。同样，中国珠江的河蚬 *Corbicula* cf. *fluminalis* 也是在每年冬季水温降至最低时繁殖一次。而在船湾水库，河蚬每年则在初夏和秋季高温时先后繁殖两次[27]。美国引进的这一种，也保持其同样的繁殖式样[1,6]。

很难说明沼蛤、饰贝和蚬的一些种的繁殖式样与产地的关系，因为它们一般是“随意的”，甚至粗略地分为流水和静水都是不适当的，因为它们似乎都能在流水和静水中生活。

另一种区分适应于两种截然不同环境的生物的方法曾被 MacArthur 和 Wilson（1967）描述为 r 或 K 选择。属于 r 型的种类常居于高度变化的难以预料的境地，其中发育快、成熟早产而生命期短的种为典型种。相反，属于 K 型的种类通常栖于可以预测的稳定产地，成熟慢，常延迟繁殖，其生命较长，很少有确切适合于这两个范畴的某一种生物，但沼蛤更接近于定为r型，它是短命的、早熟的且具有高繁殖力的[26]。同样理由，河蚬大概也是 r 型[6]，而 *C.* cf. *fluminalis*[31] 更适合定为 K 型。

然而，关于淡水双壳类的性的表现，这些一般的规律常被打破，如河蚬是雄性先熟的雌雄同体，即很多小的雄性个体与少数较老的雌体受精[27]，而 *C.* cf. *fluminalis* 是雌雄异体的，并有趋于雌性先熟的雌雄同体的趋势[31]。相反，*Dreissena polymorpha* 与沼蛤一样为雌雄异体[21]，虽然前者大约有 4.5% 的个体为雌雄同体[3]，但在这次调查中未发现沼蛤有雌雄同体的。

在河蚬[27]，其幼体在内鳃瓣孵化至 220 微米（这种情形可能在 *C.* cf. *fluminalis* 亦有，但不经常）[31]。相反，*Dreissana polymorpha* 不在鳃间孵化幼体。Lin 等报道[13]沼蛤在所有的 4 个鳃瓣孵卵，但在本文中我没有确定这一点。如果事实真是如此的话，在这种鳃丝仅由微弱的纤毛连接的贻贝是不寻常的[23]。

从很多方面看，沼蛤都是明显地与欧洲的饰贝 *Dreissena polymorpha* 几乎完全相同的亚洲种，但其产卵次数和时间却迥然不同，这可能是分布式样的不同所致。配子体形成和排放的基本进程，通常被认为是受温度支配的，其繁殖式样的变化常是因为居于整个分布范围的不同地区（虽然小生境相同）所致。因此，贻贝的繁殖随纬度变化而异[16,42]。南方种类在一年中通常繁殖较晚，并且向北逐渐缩短繁殖季节，而北方种类恰好相反，愈向南，产卵愈早，其繁殖季节延长，这也是一个一般的规律。然而，在所有这些情况下，一般只有一个繁殖季节，这一季节又可分为若干期，通常为两期。因此，贻贝在整个冬季配子形成，春季有部分排放，然后生殖腺很快成熟至初夏完全排放[36]。同样，*Dreissena polymorpha* 亦在夏季繁殖一次[30]，它同贻贝极其相似。在香港沿岸 *Anomalocardia squamosa* 在夏季各月中排放时，有一个高峰，可以分为两个期[29]，与巴西种 *A. brasilliana* 一样[33]。贻贝科的 *Musculista senhausia* 在香港也是一年排放一次，是在冬季温度低的时候[20]。*Mya arenaria* 主要在秋季，有时接着在第二年春季排放，如果有春季这次排放，其精子来自秋季排放保留的精子球[38,39]。

在船湾水库沼蛤是少见的，与河蚬相似。后一种通常在 6 月和 7 月释放幼虫，但因受精卵是在内鳃瓣孵化，所以排放发生较早，可能是在春季和夏末。然而沼蛤的性周期并不复杂，每年排放两次，极不寻常地与夏季最高温和冬季最低温相关。很清楚，升温和降温支配这一种的配子形成。两个温度标准（27 ℃～28 ℃和 16 ℃～17 ℃）刺激排放。极端的温度可以阻止排放是众所熟知的，虽然这种情形看来在较暖的气候限制较少（Young,1945）[2,10,20]，但温度的两个极端可以刺激排放则是较少知道的，以往记载双壳类的排放典型的是仅有一个临界温度范围，而这个范围每一种都是固定的[34]。

Limnoperna 的不寻常的生殖周期可以据其分布的资料说明，看来它在中国北部是广分布的[8,41]，但也分布在热带的泰国[4,19]，可能亦分布于老挝和柬埔寨[5]。陈[8]指出在花马湖 1959—1960 年温度变化于 8 ℃（1 月）和 30 ℃（7 月）之间，这是大陆水体的特征，与香港船湾水库的记录相近，可以想象在这里沼蛤亦有冬季繁殖周期。然而，Lin 等的观察指出[13]，在这种双壳类分布范围的北部仅在冬季 9—11 月，当温度界于 16 ℃～ 21 ℃时有一个繁殖周期，这就给这里提出的香港是 *Limnoperna* 整个分布范围的中部亚热带部分，且在北方它每年只有一个生殖周期出现的争论予以了某些支持，在南方（即泰国、老挝、柬埔寨）它可以有更延长的夏季繁殖期。

在其整个分布范围内，搞清这种双壳类繁殖的详细研究是需要的，特别是 *Limnoperna* 有很大可能成为一个重要的污损种，这种双壳类的异肌类型和它在生境中以足丝开拓的特点，在其他淡水双壳类（欧洲的 *Dreissena polymorpha* 除外）都没有的，这就已经肯定它是一个潜在的害虫，其广泛的繁殖潜力这一点是不容忽视的。

本文所包括的资料连同以前的沼蛤幼虫附着时期的资料[26]一起考虑，现在，至少是在其总分布范围的这一分布区内可以提出经济的控制方法。Morton 等[32]曾确定有效控制 *Limnoperna* 的剩余的氯浓度，本资料确定了应用的时间。对控制淡水双壳类附着还有一些其他有效的方法[28,30]，本资料也对这些控制方法的应用有所帮助。

最后以警惕沼蛤意外地从其分布范围向外传播来结束本文。河蚬传至北美[6]的例子足以说明这个严重问题是可以发生的。在淡水水域中，一个种，若不控制它在所有可能生长环境中的迅速开拓和适当的生长方式及繁殖周期，这个种就可以成为一个真正的灾害。

参考文献

[1] Aldrich D W, McMahon R F. Growth, fecundity and bioenergetics in a natural population of the Asiatic freshwater clam, *Corbicula manilensis* Philippi, from north central Texas. *J. moll. Stud.*, 1978, 44: 49-70.

[2] Allen F E. Identity of breeding temperature in southern and northern hemisphere species of *Mytilus* (*Lamellibranchia*). *Pac. Sci.*, 1955, 9: 107-109.

[3] Antheunisse L J. Neurosecretory phenomena in the Zebra mussel, *Dreissena polymorpha. Archs. néerl. Zool.*, 1963,15: 237-314.

[4] Brandt R A M. The non-marine aquatic Mollusca of Thailand. *Archiv. Molluskenk*, 1974, 105: 1-423.

[5] Brandt R A M, Temcharoen P. The molluscan fauna of the Mekong at the foci of schistosomiasis in south Laos and Cambodia. *Arch. Molluskenk*. 1971, 101: 111-140.

[6] Britton J C, Morton B S. *Corbicula* in North America: the evidence reviewed and evaluated//J. C. Britton. ed. Proceedings, First International Corbicula Symposium, Texas Christian University, Fort Worth, 1977. pp. 249-287. Texas Christian University Research Foundation.

[7] Britton J C, Coldiron D R, Evans L P, et al. 1979. Reevaluation of the growth pattern in

Corbicula fluminea (Müller)//J. C. Britton ed. Proceedings, First International Corbicula Symposium, Texas Christian University, Fort Worth, 1977. pp. 177-192. Texas Christian University Research Foundation.

[8] Chen Q Y. A report on Mollusca in Lake Huama, Hubei Province. *Oceanologia et Limnologia Sinica*, 1979, 10(1): 46-66. (In Chinese, with English abstract)

[9] Habe T. Systematics of Mollusca in Japan. Bivalvia and Scaphopoda. Tokyo, Hokuryukan Publishing Co. Ltd.,1977, pp. 372.

[10] Heinonen A. Reproduction of *Mytilus edulis* in the Finnish S. W. archipelago in summer 1960. *Suomalaisen elain-ja kasvitietealisen seuran vanomen julkaisuja*, 1962, 16: 137-143.

[11] Kerney M P, Morton B S. The distribution of *Dreissena polymorpha* (Pallas) in Britain. *J. Conch.*, 1970, 27: 97-100.

[12] Kinne O. The effects of temperature and salinity on marine and brackish water animals. Ⅰ. Temperature. *Oceanography and Marine Biology: An Annual Review*, 1963, 1: 301-340.

[13] Lin Y Y, Chang W C, Wang Y S, et al. Records of animals of economic importance in China. Freshwater molluscs. Scientific Press, Peking, 1979.

[14] Loosanoff V L. Seasonal gonadal changes of adult clams, *Venus mercenaria* (L). *Biol. Bull. mar. biol. Lab., Woods Hole*, 1937, 72: 406-416.

[15] Loosanoff V L. Seasonal gonadal changes in the adult oyster. *Ostrea virginica*, of Long Island Sound. *Biol. Bull. mar. biol. Lab., Woods Hole*, 1942, 82: 195-206.

[16] Lubet P, Le Gall P. Observations sur le cycle sexuel de *Mytilus edulis* L. à Luc-s-Mer. *Bulletin de la Société Linnéene de Normandie*, 1967, 10: 303-307.

[17] MacArthur R H, Wilson E O. The Theory of Island Biogeography. Princeton University Press, Princeton, 1967, N. J.: 203.

[18] Miller R C, McClure F A. The fresh-water clam industry of the Pearl River. *Lingnan Sci. J.*, 1931, 10: 307-322.

[19] Mizuno T, Mori S. Preliminary hydrobiological survey of some Southeast Asian inland waters. *Biol. J. Linn. Soc. Lond.*, 1970, 2: 77-117.

[20] Moore D R, Reish D J. Studies on the *Mytilus edulis* community in Alimitos Bay, California. 4. Seasonal variation in gametes from different regions in the Bay. *Veliger*, 1969, 11: 250-255.

[21] Morton B S. Studies on the biology of *Dreissena polymorpha* Pall. Ⅲ. Population dynamics. *Proc. Malacob. Soc. Lond.*, 1969a, 38: 471-482.

[22] Morton B S. Studies on the biology of *Dreissena polymorpha* Pall. Ⅳ. Habits, habitats, distribution and control. *Water Treatment and Examination*, 1969b, 18: 233-240.

[23] Morton B S. Some aspects of the biology and functional morphology of the organs

of feeding and digestion of *Limnoperna fortunei* (Dunker) (Bivalvia: Mytilacea). *Malacologia*, 1973, 12: 265–281.

[24] Morton B S. Some aspects of the biology, population dynamics and functional morphology of *Musculista senhausia* Benson (Bivalvia: Mytilacea). *Pac. Sci.*, 1974, 28: 19–33.

[25] Morton B S. The colonisation of Hong Kong's raw water supply system by *Limnoperna fortunei* (Dunker) (Bivalvia: Mytilacea) from China. *Mal. Rev.*, 1975, 8: 91–105.

[26] Morton B S. The population dynamics of *Limnoperna fortunei* (Dunker 1857) (Bivalvia: Mytilacea) in Plover Cove reservoir, Hong Kong. *Malacologia*, 1977a, 16: 165–182.

[27] Morton B S. The population dynamics of *Corbicula fluminea* (Müller 1774) (Bivalvia: Corbiculacea) in Plover Cove reservoir, Hong Kong. *J. Zool. Lond.*, 1977b, 181: 21–42.

[28] Morton B S. The global fouling of fresh water supply systems by bivalve molluscs. Proceedings of a Symposium on the Development and Application of Biological Research in S. E. Asia, Hong Kong 1975, 1977c: 122–129.

[29] Morton B S. The population dynamics of *Anomalocardia squamosa* Lamarck (Bivalvia: Veneracea) in Hong Kong. *J. Moll. Stud.*, 1978, 44: 135–144.

[30] Morton B S. Freshwater Fouling Bivalves. //J. C. Britton. ed. Proceedings. First International Corbicula Symposium, Fort Worth, 1977, 1979: 1–14. Texas Christian University Research Foundation.

[31] Morton B S. Some aspects of the population structure and sexual strategy of *Corbicula* cf. *fluminalis* (Bivalvia: Corbiculacea) from the Pearl River, People's Republic of China. *J. moll. Stud*, 1981.

[32] Morton B S, Au C S, Lam W W. The efficacy of chlorine in the control of *Limnoperna fortunei* (Dunker 1857) (Bivalvia: Mytilidae) colonising parts of Hong Kong's raw water supply system. *The Journal of the Institution of Water Engineers and Scientists*, 1976, 30: 147–156.

[33] Narchi W. Ciclo anual da gametogenese de *Anomalocardia brasiliana* (Gmelin, 1791) (Mollusca Bivalvia). *Boletim de Zoologia, Universidade de São Paulo*, 1976, 1: 331–350.

[34] Nelson T C. On the distribution of critical temperatures for spawning and for ciliary activity in bivalve molluscs. *Science*, 1928, 67: 220–221.

[35] Orton J H. Sea temperatures, breeding and distribution in marine animals. *J. Mar. Biol. Ass. U. K.*, 1920, 12: 339-366.

[36] Seed R. Reproduction in *Mytilus* (Mollusca: Bivalvia) in European waters. *Pubbl. Staz. Zool. Napoli*, 1975, 39(Suppl. 1): 317-334.

[37] Seed R. Ecology. Chapter 2//B. Bayne. ed. Marine mussels, their ecology and physiology. Cambridge University Press, 1976.

[38] Shaw W N. Seasonal gonadal changes in the female soft-shell clam, *Mya arenaria*, in the

Tred Avon River, Maryland. *Proc. Nat. Shellfish Ass.*, 1964, 53: 121-132.

[39] Shaw W N. Seasonal gonadal cycle of the male soft-shell clam, *Mya arenaria*, in Maryland. *U. S. Fish and Wildlife Service. Spec. Sci. Rep. Fisheries*, 1965, 508: 1-5.

[40] Sinclair R M, Isom B G. Further studies on the introduced Asiatic clam (*Corbicula*) in Tennessee. *Rep. Tenn. Dept. Public Health, Nashville*, 1963: 1-75.

[41] Tchang S, Li S C, Liu Y Y. Bivalves (Mollusca) of Tung-Ting Lake and its surrounding waters, Hunan Province, China. *Acta. Zool. Sinica*, 1955, 17: 212-213.

[42] Wilson B R, Hodgkin E P. A comparative account of the reproductive cycles of five species of marine mussels (Bivalvia: Mytilidae) in the vicinity of Fremantle, W. Australia. *Aust. J. Mar. Freshwat. Res.*, 1967, 18: 175-203.

图版 Ⅰ

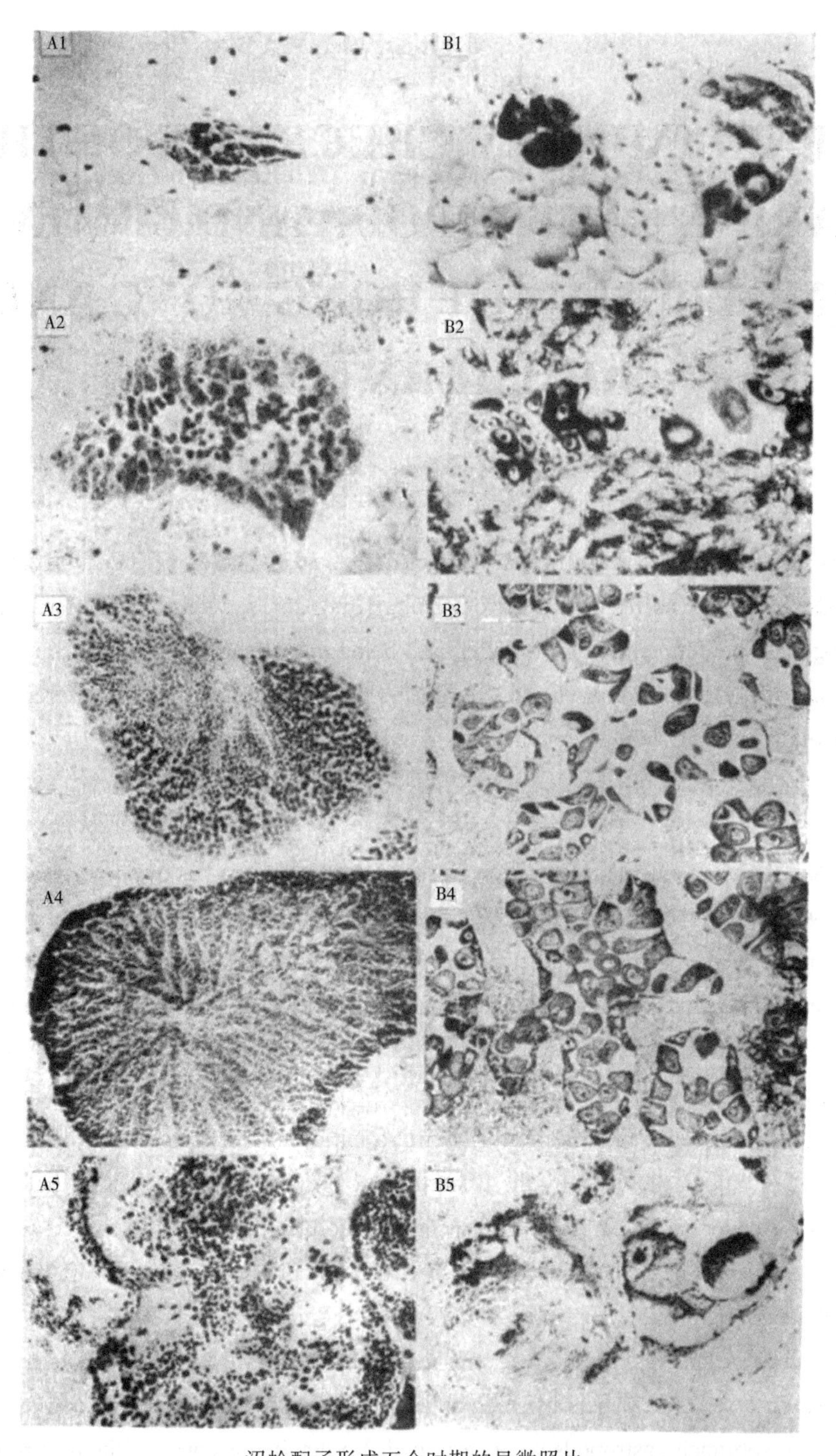

沼蛤配子形成五个时期的显微照片

A. 雄性； B. 雌性；1. 原胞期；2. 发育期；3. 成熟中期；4. 成熟期；5. 排放期

Limnoperna fortunei. Photomicrographs of the five stages of gametogenesis in A, males and B, females

1. primordia; 2. developing; 3. maturing; 4. mature; 5. spent

A PRELIMINARY CHECKLIST OF THE MARINE GASTROPODA AND BIVALVIA (MOLLUSCA) OF HONG KONG AND SOUTHERN CHINA①

ABSTRACT

This paper presents a preliminary checklist of 503 species of marine bivalves and gastropods, belonging to 84 families, from Hong Kong and southern China. This molluscan assemblage can be defined as sub-tropical, and belonging to the sub-tropical Sino-Japanese sub-region of the Indo-West-Pacific Region. A list of, mainly Chinese, references to the marine molluscan fauna of this region is also given.

INTRODUCTION

In China, much valuable information on the marine Mollusca has been recorded in various books. It was not, however, until the 1930s that Chinese scientists (C. Ping, Tschang-Si and T. C. Yen) commenced systematic studies on the marine molluscs from the coasts of China. These studies were limited to the cities of Qingdao, Xiamen (Amoy) and Hong Kong and surrounding areas. The numbers of species reported upon at that time were limited. Since the 1950s, under the guidance of Professor Tschang-Si, one of the pioneers of molluscan research in China, much progress has been made. A series of scientific surveys on different groups of invertebrates were carried out along the coast by the Department of Invertebrate Zoology of the Institute of Oceanology, Academia Sinica. About 800 species of molluscs have been identified and reported upon in a number of published papers. About two thirds of these species are found along the coast of Guangdong Province.

A number of species, including some new, were reported upon in papers by different authors and in a series of papers by King and Ping (1931–1936) for Hong Kong in which 80 species of prosobranch gastropods were described. No detailed account of the marine molluscs

---

① C. Y. Tsi（齐钟彦）and S. T. Ma（马绣同）. Proceedings of the first international marine biological workshop: the marine flora and fauna of Hong Kong and southern China. Hong Kong University Press, 1982: 431- 458.

of this area has, however, been published.

During the period April–May 1980, the senior author collected a great number of molluscs from Mirs Bay, Tolo Harbour and the shores near Wu Kwai Sha. Subsequently an additional collection on the eastern coast of Guangdong Province was made in December 1980 and January 1981. Based upon these collections and other material collected by the Institute of Oceanology, Academia Sinica over the past years, the present list of species has been constructed. It contains 84 families and 503 species. On the basis of their distribution the molluscan fauna of Hong Kong and South China can be defined as subtropical, belonging to the subtropical Sino-Japanese sub-region of the Indo-West-Pacific Region. This Subregion covers an enormous area extending from the coast of Zhejiang Province to the Coast of Beibuwan (Gulf of Tonkin). The northern boundary of this Subregion should be the mouth of the Changjiang (Yangtz River) at approximately latitude 30°N. The southern boundary appears to be the north-western coast of Taiwan and the northern region of Hainan Island (about latitude 22°N).

Both the boreal species commonly distributed in Hwanghai and Bohai and the strictly tropical species distributed south of this region do not reach here.

Based mainly on the distribution of fishes, Briggs (1974) considered Hong Kong to constitute a boundary between the tropical and temperate fauna along the coast of China. Many subtropical species of molluscs, however, range northward, far beyond Hong Kong.

A PROVISIONAL CHECKLIST OF THE MARINE GASTROPODA AND BIVALVIA OF HONG KONG AND SOUTHERN CHINA

PHYLUM: Mollusca

CLASS: Gastropoda

SUBCLASS: Prosobranchia

ORDER: Archaeogastropoda

FAMILY: Haliotidae

Haliotis diversicolor Reeve

Pingtang (Fujian) to Hainan Island.

Haliotis varia Linnaeus

Coast of Guangdong to Hainan Island; Hong Kong.

Haliotis planata Sowerby

Aotou, Hainan Island.

FAMILY: Fissurellidae

Scutus sinensis (Blainville)

Coast of Guangdong to Xisha Islands; Hong Kong.

FAMILY: Patellidae

Patella stellaeformis Reeve

Pingtang to Xisha Islands.

Cellana testudinaria (Linnaeus)

Nanji Islands (Zhejiang) to Hainan Island; Hong Kong.

Cellana toreuma (Reeve)

Coast of Liaoning to Hainan Island; Hong Kong.

Cellana grata (Gould)

Coast of Zhejiang to Hainan Island; Hong Kong.

FAMILY: Acmaeidae

Patelloida pygmaea Dunker

Coast of Liaoning to Hainan Island; Hong Kong.

Patelloida saccharina (Linnaeus)

Coast of Guangdong to Hainan Island; Hong Kong.

Notoacmea schrenckii (Lischke)

Coast of Liaoning to coast of Guangxi; Hong Kong.

FAMILY: Trochidae

Trochus maculatus Linnaeus

Coast of Guangdong to Xisha Islands.

Trochus calcaratus Sowerby

Coast of Guangdong to Xisha Islands.

Trochus pyramis (Born)

Coast of Guangdong to Xisha Islands; Hong Kong.

Monodonta labio (Linnaeus)

Coast of Liaoning to Hainan Island; Hong Kong.

Monodonta neritoides (Philippi)

Coast of Zhejiang to coast of Guangdong.

Chlorostoma nigerrima (Gmelin)

Coasts of Fujian and Guangdong.

Chlorostoma rusticum (Gmelin)

Coast of Liaoning to coast of Guangxi; Hong Kong.

Chlorostoma argyrostoma (Gmelin)

Coasts of Fujian and Guangdong.

Clanculus denticulatus (Gray)

Coast of Guangdong to Xisha Islands; Hong Kong.

Minolia chinensis Sowerby

Coast of Zhejiang to coast of Guangdong.

Minolia callifera (Lamarck)

Coast of Guangdong to Hainan Island.

Umbonium vertiarium (Linnaeus)

Coast of Guangdong to Hainan Island.

Umbonium costatum (Kiener)

Coasts of Fujian and Guangdong.

Angaria laciniata (Lamarck)

Coast of Guangdong to Hainan Island.

Euchelus scaber (Linnaeus)

Coast of Guangdong to Hainan Island; Hong Kong.

FAMILY: Turbinidae

Turbo cornutus Solander

Coast of Zhejiang to coast of Guangdong; Hong Kong.

Turbo articulatus Reeve

Coast of Guangdong to Hainan Island; Hong Kong.

Lunella coronata granulata (Gmelin)

Coast of Zhejiang to Hainan Island; Hong Kong.

Astrea haematraga (Menke)

Coasts of Fujian and Guangdong; Hong Kong.

Guildfordia yoca (Jousseaume)

Coast of Guangdong.

FAMILY: Neritidae

Nerita polita Linnaeus

Coast of Guangdong to Xisha Islands; Hong Kong.

Nerita albicilla Linnaeus

Coast of Fujian to Xisha Islands; Hong Kong.

Nerita striata (Burrow)

Coast of Guangdong to Xisha Islands; Hong Kong.

Nerita chamaelon Linnaeus

Coast of Guangdong to Xisha Islands.

Nerita plicata Linnaeus

Coast of Guangdong to Xisha Islands.

Nerita costata Gmelin

Coast of Guangdong to Xisha Islands.

Nerita yoldi Récluz

Coast of Zhejiang to Hainan Island.

Clithon oualaniensis (Lesson)

Coast of Guangdong to Hainan Island; Hong Kong.

Dostia violacea (Gmelin)

Coast of Guangdong.

ORDER: Mesogastropoda

FAMILY: Littorinidae

Nodilittorina granularis (Gray)

Coast of Liaoning to Hainan Island; Hong Kong.

Nodilittorina pyramidalis (Quoy et Gaimard)

Coast of Guangdong to Hainan Island; Hong Kong.

Littorinopsis scabra (Linnaeus)

Coast of Liaoning to Hainan Island; Hong Kong.

Littorinopsis melanostoma Gray

Coast of Fujian to Hainan Island; Hong Kong.

FAMILY: Architectonicidae

Architectonica maxima (Philippi)

Coast of Guangdong to Hainan Island.

Architectonica perspectiva (Linnaeus)

Coast of Fujian to Hainan Island.

Architectonica trochlearis (Hinds)

Coast of Guangdong to Hainan Island.

Architectonica perdix (Hinds)

Coast of Guangdong to Hainan Island.

FAMILY: Turritellidae

Turritella bacillum Kiener

Coast of Zhejiang to Hainan Island; Hong Kong.

Turritella terebra (Linnaeus)

Coast of Fujian to Hainan Island.

Turritella fascialis Menke
Coasts of Fujian and Guangdong.

FAMILY: Vermetidae
Serpulorbis imbricata (Dunker)
Coast of Zhejiang to Hainan Island; Hong Kong.

FAMILY: Planaxidae
Planaxis sulcatus (Born)
Coast of Fujian to Xisha Islands; Hong Kong.

FAMILY: Potamididae
Cerithidea cingulata (Gmelin)
Coast of Liaoning to coast of Guangxi; Hong Kong.
Cerithidea microptera (Kiener)
Coast of Fujian to Hainan Island.
Cerithidea rhizophorarum A. Adams
Coasts of Guangdong and Guangxi; Hong Kong.
Cerithidea ornata (A. Adams)
Coasts of Guangdong and Guangxi.
Terebralia sulcata (Born)
Coast of Guangdong to Hainan Island; Hong Kong.
B*atillaria zonalis* (Bruguière)
Coast of Liaoning to coast of Guangxi; Hong Kong.
Batillaria bronii (Sowerby)
Coast of Fujian to Hainan Island; Hong Kong.

FAMILY: Cerithidae
Cerithium sinensis (Gmelin)
Coast of Fujian to Hainan Island.
Cerithium rubus (Martyn)
Nanji Islands to coast of Guangxi; Hong Kong.
Cerithium trailli Sowerby
Coast of Guangdong to Hainan Island; Hong Kong.
Cerithium alutaceum Reeve
Coast of Guangdong to Xisha Islands; Hong Kong.
Clypeomorus morus Lamarck

Coast of Fujian to coast of Guangxi; Hong Kong.

Clypeomorus bifasciatus (Sowerby)

Coast of Guangdong to Hainan Island; Hong Kong.

FAMILY: Epitoniidae

Epitonium scalaria (Linnaeus)

Coast of Guangdong to Hainan Island.

Epitonium neglecta (A. Adams)

Coast of Shandong to Hainan Island.

Acrilla acuminata (Sowerby)

Coast of Shandong to Hainan Island.

FAMILY: Calyptraeidae

Siphopatella walshi (Reeve)

Coast of Liaoning to Hainan Island.

FAMILY: Xenophoridae

Xenophora exuta Philippi

Coast of Zhejiang to Hainan Island; Hong Kong.

Xenophora solaris Linnaeus

Coast of Guangdong to Hainan Island.

FAMILY: Strombidae

Tibia powisi (Petit)

Coast of Guangdong to Hainan Island.

Terebellum terebellum (Linnaeus)

Coast of Guangdong to Hainan Island.

Strombus canarium Linnaeus

Coast of Guangdong to Hainan Island.

Strombus urceus Linnaeus

Coast of Guangdong to Hainan Island; Hong Kong.

Strombus dilatatus swainsoni Reeve

Coast of Guangdong to Hainan Island.

Strombus marginatus robustus Sowerby

Coast of Fujian to Hainan Island.

Strombus vittatus Linnaeus

Coast of Guangdong to Hainan Island; Hong Kong.

Strombus japonica Reeve

Coast of Zhejiang to Hainan Island.

Strombus aratrum (Röding)

Coast of Guangdong to Hainan Island.

Strombus luhuanus Linnaeus

Coast of Guangdong to Xisha Islands; Hong Kong.

FAMILY: Naticidae

Sinum incisum (Reeve)

Coast of Guangdong to Hainan Island.

Neverita didyma (Röding)

Coast of Liaoning to Hainan Island.

Polynices vestitus Kuroda

Coast of Guangdong to Hainan Island.

Polynices sagamensis (Pilsbry)

Coast of Fujian to Hainan Island.

Polynices pyriformis (Récluz)

Coast of Guangdong to Xisha Islands; Hong Kong.

Polynices mammata (Röding)

Coast of Guangdong to Hainan Island.

Polynices flemingianus (Récluz)

Coast of Guangdong to Xisha Islands.

Polynices opacus (Récluz)

Coast of Fujian to Xisha Islands.

Polynices macrostoma Philippi

Coast of Fujian to Hainan Island.

Natica tigrina Röding

Coast of Liaoning to Hainan Island; Hong Kong.

Natica asellus Reeve

Coast of Guangdong to Hainan Island.

Natica tossaensis Kuroda

Coast of Guangdong to Hainan Island.

Natica arachnoidea (Gmelin)

Coast of Guangdong to Hainan Island.

Natica lineata Lamarck

Coast of Fujian to Hainan Island.

Natica spadicea (Gmelin)

Coast of Fujian to Hainan Island.

Natica alapapilionis (Röding)

Coast of Guangdong to Hainan Island.

FAMILY: Cypraeidae

Erosaria erosa (Linnaeus)

Coast of Nanji Islands to Xisha Islands.

Erosaria helvola (Linnaeus)

Coast of Guangdong to Xisha Islands.

Erosaria caputserpentis (Linnaeus)

Coast of Fujian to Xisha Islands.

Erosaria miliaris (Gmelin)

Coast of Zhejiang to Hainan Island.

Erronea errones (Linnaeus)

Coast of Guangdong to Hainan Island; Hong Kong.

Erronea caurica (Linnaeus)

Coast of Guangxi to Xisha Islands.

Erronea onyx (Linnaeus)

Coast of Fujian to Hainan Island.

Erronea pulchella (Swainson)

Coast of Guangdong to Hainan Island.

Erronea walkeri (Sowerby)

Coast of Guangdong to Hainan Island.

Palmadusta gracilis japonica Schilder

Zhejiang to Hainan Island; Hong Kong.

Mauritia arabica (Linnaeus)

Coast of Fujian to Xisha Islands; Hong Kong.

Cypraea vitellus Linnaeus

Coast of Guangdong to Xisha Islands; Hong Kong.

FAMILY: Amphiperatidae

Volva volva (Linnaeus)

Coast of Fujian to Hainan Island.

Prionovolva brevis (Sowerby)

Coasts of Fujian and Guangdong; Hong Kong.

Phenacovolva birostris (Linnaeus)

Coast of Fujian and Guangdong; Hong Kong.

FAMILY: Cymatiidae

Cymatium pilearis (Linnaeus)

Coast of Guangdong to Xisha Islands; Hong Kong.

Cymatium cingulatum (Lamarck)

Coast of Fujian to Hainan Island; Hong Kong.

Cymatium sinensis (Reeve)

Coast of Guangdong to Hainan Island.

Distorsio reticulata (Röding)

Coast of Guangdong to Hainan Island; Hong Kong.

Apollon olvator rubustus (Fulton)

Coast of Zhejiang to Hainan Island; Hong Kong.

FAMILY: Cassidae

Phalium glaucum (Linnaeus)

Coast of Guangdong to Hainan Island.

Phalium bandatum (Perry)

Coast of Guangdong to Xisha Islands.

Phalium strigatum (Gmelin)

Coast of Zhejiang to Hainan Island.

Phalium decussatum (Linnaeus)

Coast of Guangdong to Hainan Island.

Phalium bisulcatum (Schubert et Wegner)

Coast of Zhejiang to Hainan Island.

Phalium inornatum (Pilsbry)

Coast of Guangdong.

Morum cancellatum Sowerby

Coast of Fujian to Hainan Island.

FAMILY: Bursidae

Bursa rana (Linnaeus)

Coast of Zhejiang to Hainan Island; Hong Kong.

Bursa granularis (Röding)

Coast of Guangdong to Xisha Islands.

FAMILY: Tonnidae

Tonna olearum Linnaeus

Coast of Zhejiang to Hainan Island.

Tonna chinensis (Dillwyn)

Coast of Fujian to Hainan Island.

Tonna sulcosa (Born)

Coast of Fujian to Hainan Island.

Tonna magnifica (Sowerby)

Coasts of Fujian and Guangdong.

Tonna lischkeana (Küster)

Coast of Guangdong to Hainan Island.

Tonna allium (Dillwyn)

Coast of Guangdong to Hainan Island.

FAMILY: Ficidae

Ficus ficus (Linnaeus)

Coast of Guangdong to Hainan Island.

Ficus subintermedium (d'Orbigny)

Coast of Fujian to Hainan Island.

Ficus gracilis (Sowerby)

Coast of Guangdong to Hainan Island.

ORDER: Neogastropoda

FAMILY: Muricidae

Rapana bezoar (Linnaeus)

Coast of Zhejiang to Coast of Guangdong; Hong Kong.

Rapana rapiformis (Born)

Coast of Guangdong to Hainan Island.

Murex pecten Lightfoot

Coast of Fujian to Hainan Island.

Murex trapa Röding

Coast of Zhejiang to Hainan Island; Hong Kong.

Murex aduncospinosus Reeve

Coast of Guangdong to Hainan Island; Hong Kong.

Murex rectirostris Sowerby

Coast of Zhejiang to Hainan Island.

Murex ternispina Lamarck

Coast of Guangdong.

Pterynotus pinnatus (Swainson)

Coast of Fujian to Hainan Island.

Chicoreus asianus Kuroda

Coast of Zhejiang to Hainan Island.

Chicoreus orientalis Zhang

Coast of Guangdong.

Chicoreus brunneus (Link)

Coast of Guangdong to Xisha Islands; Hong Kong.

Chicoreus torrefactus (Sowerby)

Coast of Guangdong to Hainan Island.

Drupa margariticola (Broderip)

Coast of Fujian to Xisha Islands; Hong Kong.

Drupa musiva (Kiener)

Coast of Fujian to coast of Guangxi; Hong Kong.

Thais echinata Blainville

Coast of Guangdong to Hainan Island.

Thais clavigera Küster

Coast of Liaoning to coast of Guangxi; Hong Kong.

Thais luteostoma (Holten)

Coast of Liaoning to coast of Guangxi.

Thais gradata Jonas

Coast of Fujian to Hainan Island.

Ergalatex constrictus (Reeve)

Coast of Fujian and Guangdong; Hong Kong.

FAMILY: Buccinidae

Babylonia lutosa (Lamarck)

Coast of Fujian to Hainan Island.

Babylonia areolata (Lamarck)

Coast of Fujian to Hainan Island.

Cantharus cecillei (Philippi)

Coast of Fujian to Hainan Island.

Hindsia senensis (Sowerby)

Coast of Fujian to Hainan Island.

Phos senticosus (Linnaeus)

Coast of Fujian to Hainan Island.

FAMILY: Pyrenidae

Pyrene bella (Reeve)

Coast of Liaoning to Hainan Island.

Pyrene bicincta (Gould)

Coast of Liaoning to Hainan Island; Hong Kong.

Pyrene testudinaria tylerai (Griffith)

Coast of Fujian to Xisha Islands.

Columbella versicolor (Sowerby)

Coast of Fujian to Xisha Islands.

FAMILY: Galeodidae

Hemifusus tuba (Gmelin)

Coast of Zhejiang to Hainan Island.

Hemifusus ternatanus Gmelin

Coast of Guangdong to Hainan Island.

FAMILY: Nassariidae

Nassarius hepaticus (Putteney)

Coast of Zhejiang to Hainan Island.

Nassarius siquijorensis (A. Adams)

Coast of Guangdong to Hainan Island; Hong Kong.

Nassarius clathratus (Lamarck)

Coast of Fujian to Hainan Island.

Nassarius variciferus (A. Adams)

Coast of Liaoning to Hainan Island.

Nassarius dealbatus (A. Adams)

Coast of Liaoning to Hainan Island.

FAMILY: Olividae

Oliva miniacea (Röding)

Coast of Guangdong to Hainan Island.

Oliva mustelina Lamarck

Coast of Jiangsu to coast of Guangxi.

Oliva ispidula (Linnaeus)

Coast of Guangdong, Hong Kong.

Olivella plana (Marrat)

Coast of Guangdong to Hainan Island.

Olivella lepta (Dunker)
Coast of Shandong to Hainan Island.
Anilla rubiginosa (Swainson)
Coast of Jiangsu to Hainan Island.

FAMILY: Harpidae
Harpa conoidalis Lamarck
Coast of Guangdong to Hainan Island.

FAMILY: Volutidae
Cymbium melo (Solander)
Coast of Fujian to Hainan Island.

FAMILY: Marginellidae
Marginella tricincta Hinds
Coast of Fujian to Hainan Island.

FAMILY: Mitridae
Mitra chinensis Gray
Coast of Shandong to Hainan Island; Hong Kong.
Mitra proscissa Reeve
Coast of Guangdong to Xisha Islands.
Mitra scutulata (Gmelin)
Coast of Guangdong to Xisha Islands.
Mitra aurentai (Gmelin)
Coast of Guangdong to Xisha Islands.
Vexillum ornatum coccineum (Reeve)
Coast of Guangdong to Xisha Islands.
Pterygia crenulata (Gmelin)
Coast of Guangdong to Hainan Island.
Pterygia sinensis (Reeve)
Coast of Guangdong.

FAMILY: Turridae
Gemmula speciosa (Reeve)
Coast of Guangdong to Hainan Island.
Gemmula deshayesii (Doument)

Coast of Shandong to Hainan Island.

Lophiotoma leucotropis (A. Adams and Reeve)

Coast of Zhejiang to Hainan Island; Hong Kong.

Turricula nelliae spuricus (Hedley)

Coast of Zhejiang to Hainan Island; Hong Kong.

Turricula javana (Linnaeus)

Coast of Zhejiang to Hainan Island.

Brachytoma flavidula (Linnaeus)

Coast of Shandong to Hainan Island; Hong Kong.

FAMILY: Conidae

Conus achatinus Gmelin

Coast of Guangdong to Xisha Islands.

Conus australis Holten

Coast of Guangdong to Hainan Island.

Conus betlinus Linnaeus

Coast of Guangdong to Hainan Island.

Conus cancellata Hwass

Coast of Guangdong.

Conus caracteriticus Fischer

Coast of Guangdong to Hainan Island.

Conus concolor Sowerby

Coast of Guangdong to Hainan Island.

Conus orbignyi Audouin

Coast of Guangdong.

Conus pennaceus Born

Coast of Guangdong.

Conus sulcatus Bruguière

Coast of Guangdong.

Conus textile Linnaeus

Coast of Guangdong to Xisha Islands; Hong Kong.

Conus geographus Linnaeus

Coast of Guangdong to Xisha Islands.

Conus lividus Hwass

Coast of Guangdong to Xisha Islands.

FAMILY: Terebridae

Terebra cumingi Deshayes

Coast of Guangdong to Hainan Island.

Terebra pretiosa Reeve

Coast of Guangdong to Hainan Island.

Terebra dussumieri Kiener

Coast of Liaoning to Hainan Island.

Terebra triseriata Gray

Coast of Zhejiang to Hainan Island.

Diplomerza duplicata (Linnaeus)

Coast of Zhejiang to Hainan Island.

SUBCLASS: Opisthobranchia

ORDER: Cephalaspidea

FAMILY: Bullidae

Bulla ampullia (Linnaeus)

Coast of Fujian to Hainan Island; Hong Kong.

ORDER: Anaspidea

FAMILY: Aplysiidae

Aplysia kurodai (Baba)

Coast of Guangdong to Hainan Island; Hong Kong.

Aplysia dactylomela Rang

Coast of Guangdong to Xisha Islands; Hong Kong.

Notarchus leachii crirosus Stimpson

Coast of Fujian to Hainan Island; Hong Kong.

ORDER: Notaspidea

FAMILY: Pleurobranchidae

Pleurobranchaea novaezealandiae (Chesseman)

Coast of Liaoning to coast of Guangdong; Hong Kong.

Pleurobranchaea brocki Bergh

Coast of Zhejiang to coast of Guangdong; Hong Kong.

Euselenops luniceps (Cuvier)

Coast of Guangdong to Hainan Island; Hong Kong.

ORDER: Nudibranchia

FAMILY: Arminidae

Armina papillata Baba

Coast of Guangdong to Hainan Island; Hong Kong.

Armina comta (Bergh)

Coast of Liaoning to coast of Guangdong; Hong Kong.

FAMILY: Dorididae

Asteronotus cespitosus (Van Hasselt)

Coast of Fujian to Xisha Islands; Hong Kong.

Homoiodoris japonica Bergh

Coast of Liaoning to Hainan Island; Hong Kong.

Glossodoris maritima Baba

Hainan Island; Hong Kong.

Glossodoris lineolata (Van Hasselt)

Hainan Island; Hong Kong.

Rostanga arbulus (Angas)

Coast of Liaoning to coast of Guangdong; Hong Kong.

Casella atromarginata (Cuvier)

Coast of Guangdong to Xisha Islands; Hong Kong.

FAMILY: Phyllidiidae

Phyllidia nobilis (Bergh)

Xisha Islands; Hong Kong.

FAMILY: Tergipedidae

Cratena nigricolor Baba

Hong Kong.

FAMILY: Aeolidiidae

Baeolidia fusiformis Baba

Hong Kong.

SUBCLASS: Pulmonata

ORDER: Basommatophora

FAMILY: Siphonariidae

Siphonaria atra (Quoy et Gaimard)

Coast of Fujian to Hainan Island; Hong Kong.

Siphonaria japonica (Donovan)

Coast of Liaoning to Hainan Island; Hong Kong.

FAMILY: Ellobiidae

Ellobium chinensis (Pfeiffer)

Coast of Zhejiang to Hainan Island.

CLASS: Bivalvia

ORDER: Filibranchia

FAMILY: Arcidae

Arca navicularis Bruguière

Coasts of Guangdong and Guangxi.

Arca avellana Lamarck

Coast of Shandong to Xisha Islands.

Arca baucadi Jousseaume

Coast of Liaoning to Hainan Island.

Barbatia decussata (Sowerby)

Coast of Fujian to Hainan Island; Hong Kong.

Barbatia virescens (Reeve)

Coast of Zhejiang to Hainan Island; Hong Kong.

Barbatia fusca Bruguière

Coast of Fujian to Xisha Islands.

Trisidos tortuosa (Linnaeus)

Coast of Guangdong to Hainan Island.

Trisidos semitorta (Lamarck)

Coast of Guangdong to Hainan Island; Hong Kong.

Nipponarca bistrigata (Dunker)

Coast of Liaoning to coast of Guangxi.

Tegillarca granosa (Linnaeus)

Coast of Hebei to Hainan Island.

Tegillarca nodifera (v. Marten)

Coast of Zhejiang to coast of Guangxi.

Potiarca pilula (Reeve)

Coast of Guangdong to Hainan Island.

Scapharca globosa (Reeve)

Coast of Fujian to Hainan Island.

Scapharca inaequivalvis (Bruguière)

Coast of Fujian to Hainan Island.

Scapharca subcrenata (Linnaeus)

Coast of Liaoning to coast of Guangdong.

Scapharca cornea (Reeve)

Coast of Guangdong to Hainan Island; Hong Kong.

Anadara antiquata (Linnaeus)

Coast of Fujian to Xisha Islands.

Anadara ferruginea (Reeve)

Coast of Guangdong to Hainan Island; Hong Kong.

Anadara crebricostata (Reeve)

Coast of Guangdong to Hainan Island; Hong Kong.

FAMILY: Cucullaeidae

Cucullaea labiata granulosa Jonas

Coast of Guangdong to Hainan Island.

FAMILY: Mytilidae

Perna viridis (Linnaeus)

Coast of Fujian to Hainan Island; Hong Kong.

Stavelia subdistoria (Récluz)

Coast of Guangxi.

Trichomya hirsuta Lamarck

Coasts of Guangdong and Guangxi.

Hormomya mutabilis (Gould)

Coast of Guangdong to Hainan Island; Hong Kong.

Septifer bilocularis (Linnaeus)

Coast of Guangdong to Hainan Island; Hong Kong.

Septifer excisus (Wiegmann)

Coasts of Fujian and Guangdong.

Septifer virgatus (Wiegmann)

Coast of Zhejiang to coast of Guangdong.

Modiolus barbatus (Linnaeus)

Coast of Shandong to Hainan Island.

Modiolus philippinarum (Hanley)

Coast of Guangdong to Hainan Island.

Modiolus metcalfei Hanley

Coast of Liaoning to Hainan Island.

Lioberus elongatus (Swainson)

Coast of Liaoning to Hainan Island.

Amygdalum watsoni (Smith)

Coast of Zhejiang to coast of Guangxi.

Amygdalum arborescens (Dillwyn)

Coast of Guangdong to Hainan Island.

Musculus senhausia (Benson)

Coast of Liaoning to coast of Guangdong.

Musculus japonicus (Dunker)

Coasts of Guangdong and Guangxi; Hong Kong.

Gregariella coralliophaga (Gmelin)

Coast of Fujian to Hainan Island; Hong Kong.

Trichomusculus subsulcata (Dunker)

Coast of Guangdong to Hainan Island.

Vignadula atrata (Lischke)

Coast of Liaoning to coast of Guangdong; Hong Kong.

Botula silicula (Lamarck)

Coast of Guangdong to Hainan Island.

Lithophaga teres (Philippi)

Coast of Guangdong to Hainan Island.

Lithophaga zitteliana Dunker

Coast of Guangdong to Hainan Island.

Lithophaga curta Lischke

Coast of Zhejiang to coast of Guangdong.

Lithophaga malaccana Reeve

Coast of Guangdong to Xisha Islands; Hong Kong.

Lithophaga lima (Lamy)

Coast of Guangdong to Hainan Island; Hong Kong.

Lithophaga obesa Philippi

Coasts of Guangxi and Hainan Island.

Lithophaga calyculata (Carpenter)

Coast of Guangdong to Hainan Island; Hong Kong.

FAMILY: Pteriidae

Pinctada martensi (Dunker)

Coast of Fujian to Hainan Island.

Pinctada margaritifera (Linnaeus)

Coast of Guangdong to Xisha Islands.

Pinctada chemnitzi (Philippi)

Coast of Guangdong to Hainan Island; Hong Kong.

Pinctada radiata (Leach)

Coast of Guangdong to Hainan Island.

Pteria penguin (Röding)

Coast of Guangdong to Hainan Island.

Pteria chinensis (Leach)

Coast of Zhejiang to Xisha Islands.

Pteria lata (Gray)

Coast of Guangdong to Hainan Island; Hong Kong.

Perelectroma zebra (Reeve)

Coast of Zhejiang to Hainan Island.

FAMILY: Isognomonidae

Malleus malleus (Linnaeus)

Coast of Guangdong to Hainan Island; Hong Kong.

Vulsella vulsella (Linnaeus)

Coast of Guangdong to Hainan Island.

Crenatula nigrina Lamarck

Coast of Guangdong to Hainan Island.

Isognomon pernum (Linnaeus)

Coast of Guangdong to Xisha Islands.

Isognomon legumen (Gmelin)

Coast of Fujian to Xisha Islands; Hong Kong.

Isognomon ephippium (Linnaeus)

Coast of Guangdong to Hainan Island; Hong Kong.

Isognomon acutirostris (Dunker)

Coast of Guangdong to Xisha Islands.

FAMILY: Pinnidae

Pinna atropurpurea Sowerby

Coast of Guangdong to Hainan Island.

Pinna attenuata Reeve

Coast of Fujian to Hainan Island; Hong Kong.

Pinna bicolor Gmelin

Coast of Guangdong to Hainan Island; Hong Kong.

Pinna vexillum Born

Coast of Guangdong to Hainan Island.

Pinna pectinata Linnaeus

Coast of Liaoning to Hainan Island.

Pinna penna Reeve

Coast of Guangdong to Hainan Island.

Pinna inflata Wood

Coast of Guangdong; Hong Kong.

FAMILY: Pectinidae

Chlamys nobilis (Reeve)

Coast of Guangdong to Hainan Island; Hong Kong.

Chlamys pyxidatus (Born)

Coast of Guangdong to Hainan Island; Hong Kong.

Chlamys pica (Reeve)

Coast of Guangdong to Hainan Island.

Chlamys madrepiraum (Sowerby)

Coast of Guangdong to Hainan Island.

Chlamys irregularis (Sowerby)

Coast of Fujian and Guangdong.

Chlamys asperulata Adams & Reeve

Coast of Guangdong to Hainan Island.

Chlamys squamata (Gmelin)

Coast of Fujian to Hainan Island.

Excellichlamys spectabilis (Reeve)

Coast of Fujian to Xisha Islands.

Comptopallium radula (Linnaeus)

Coast of Guangdong to Hainan Island.

Decatopecten plicus (Linnaeus)

Coast of Guangxi; Hong Kong.

FAMILY: Amusiidae

Amussium pleuronectes (Linnaeus)

Coast of Guangdong to Hainan Island.

Amussium japonicum (Gmelin)

Coast of Guangdong and Guangxi.

FAMILY: Plicatulidae

Plicatula simplex Gould

Coast of Guangdong to Hainan Island; Hong Kong.

Plicatula muricata Sowerby

Coast of Zhejiang to Hainan Island; Hong Kong.

Plicatula australis Lamarck

Hainan Island; Hong Kong.

FAMILY: Spondylidae

Spondylus imperialis Chenu

Coast of Guangdong to Hainan Island.

Spondylus fragum Reeve

Coast of Guangdong to Hainan Island; Hong Kong.

Spondylus nicobaricus Schreibers

Coast of Guangdong to Xisha Islands.

FAMILY: Limidae

Lima sowerbyi Deshayes

Coast of Guangdong to Hainan Island; Hong Kong.

Lima hongkongensis Morton

Hong Kong.

FAMILY: Anomiidae

Anomia chinensis Philippi

Coast of Liaoning to Hainan Island; Hong Kong.

Enignomia aenigmatica (Holten)

Coast of Guangdong to Hainan Island; Hong Kong.

FAMILY: Placunidae

Placuna placenta (Linnaeus)

Coast of Fujian to Hainan Island.

FAMILY: Ostridae

Ostrea denselamellosa Lischke

Coast of Liaoning to Coast to Guangdong.

Ostrea imbricata Lamarck

Coast of Guangdong to Hainan Island.

Ostrea mordax Gould

Coast of Guangdong to Hainan Island; Hong Kong.

Ostrea echinata Quoy et Gaimard

Coast of Zhejiang to Hainan Island; Hong Kong.

Ostrea plicatula Gmelin

Coast of Liaoning to coast of Guangdong.

Ostrea crenulifera Sowerby

Coast of Guangdong to Hainan Island.

Ostrea glomerata Gould

Coast of Guangdong to Hainan Island; Hong Kong.

Ostrea gigas Thunberg

Coast of Liaoning to Coast of Guangdong.

Ostrea rivularia Gould

Coast of Liaoning to Hainan Island.

Ostrea paulucciae Crosse

Coast of Guangdong to Hainan Island.

Ostrea pestigris Hanley

Coast of Liaoning to coast to Guangxi.

Ostrea folium Linnaeus

Coast of Guangdong to Hainan Island; Hong Kong.

ORDER: Eulamellibranchia

FAMILY: Carditidae

Cardita variegata Bruguière

Coast of Fujian to Hainan Island; Hong Kong.

Beguina semiorbiculata (Linnaeus)

Weizhou Island; Hainan Island.

FAMILY: Corbiculidae

Polymesoda sumatrensis Sowerby

Coast of Guangdong to Hainan Island; Hong Kong.

FAMILY: Isocardidae

Isocardia lamarckii Reeve

Coast of Guangdong to Hainan Island.

Isocardia vulgaris Reeve

Coast of Guangdong to Hainan Island.

FAMILY: Trapeziidae

Trapezium liratum (Reeve)

Coast of Liaoning to coast of Guangxi.

Coralliophaga coralliophaga (Gmelin)

Coast of Guangdong to Hainan Island.

FAMILY: Chamidae

Chama lobata Broderip

Coast of Guangdong to Hainan Island.

Chama dunkeri Lischke

Coast of Guangdong to Hainan Island; Hong Kong.

Chama reflexa Reeve

Coast of Guangdong to Hainan Island.

Chama semipurpurata Lischke

Coast of Guangdong to Xisha Islands.

FAMILY: Cardiidae

Cardium multispinosum Sowerby

Coast of Fujian to coast of Guangxi; Hong Kong.

Cardium asiaticum Bruguière

Coast of Fujian to coast of Guangxi.

Cardium coronatum Spengler

Coasts of Guangdong and Guangxi; Hong Kong.

Cardium sinense Sowerby

Coast of Guangdong to Hainan Island.

Fragum carinatum (Lynge)

Coast of Fujian to Hainan Island.

Fulvia bullata (Linnaeus)

Coast of Guangdong to Hainan Island.

Maoricardium mansitii (Otuka)

Coast of Fujian to Hainan Island.

Maoricardium setosum (Redfield)
Coasts of Fujian and Guangdong; Hong Kong.
Microcardium torresi (Smith)
Coast of Zhejiang to Hainan Island.
Microcardium exasperatum (Sowerby)
Coast of Zhejiang to Hainan Island.
Trachycardium flavum (Linnaeus)
Weizhou Island; Hainan Island.
Laevicardium multipunctatum (Sowerby)
Coast of Guangdong to Hainan Island.
Lunulicardia retusa (Linnaeus)
Weizhou Island; Hainan Island.

FAMILY: Galeommatidae
Pseudogaleomma japonica (A. Adams)
Coast of Guangdong to Hainan Island; Hong Kong.

FAMILY: Veneridae
Callista chinensis (Holten)
Coast of Fujian to coast of Guangxi.
Callista erycina (Linnaeus)
Coast of Guangdong to Hainan Island.
Pitar striata (Gray)
Hainan Island; Hong Kong.
Pitar affinis (Gmelin)
Hainan Island; Hong Kong.
Pitar manillae (Sowerby)
Coasts of Guangdong and Guangxi.
Lioconcha philippinaria (Hanley)
Coast of Guangdong.
Dosinia japonica (Reeve)
Coast of Liaoning to Hainan Island; Hong Kong.
Dosinia troscheli Lischke
Coasts of Guangdong and Guangxi.
Dosinia cumingii (Reeve)
Coasts of Fujian and Guangdong.
Dosinia biscocta (Reeve)

Coast of Liaoning to Hainan Island.

Dosinia aspera (Reeve)

Coast of Guangdong to Hainan Island.

Dosinia truncata Zhuang

Coast of Guangdong to Hainan Island.

Dosinia gibba A. Adams

Coast of Liaoning to Hainan Island.

Dosinia laminata (Reeve)

Coast of Liaoning to Hainan Island.

Dosinia hanleyana H. and A. Adams

Coast of Guangdong.

Dosinia gruneri (Philippi)

Coast of Guangdong to Hainan Island.

Dosinia histrio (Gmelin)

Coast of Fujian to Hainan Island.

Dosinia orbiculata Dunker

Coasts of Guangdong and Guangxi.

Gafrarium tumidum Röding

Coast of Guangdong to Hainan Island; Hong Kong.

Gafrarium divaricatum (Gmelin)

Coast of Fujian to Hainan Island.

Sunetta solanderii (Gray)

Coast of Zhejiang to Hainan Island.

Circe scripta (Linnaeus)

Coast of Guangdong to Hainan Island; Hong Kong.

Circe tumefacta Sowerby

Coast of Guangdong to Hainan Island; Hong Kong.

Meretrix meretrix (Linnaeus)

Coast of Liaoning to Hainan Island.

Meretrix lusoria (Rumphius)

Coast of Guangdong to Hainan Island.

Meretrix lamarckii Deshayes

Coast of Guangdong to Hainan Island.

Antigona lamellaris Schumacher

Coast of Guangdong.

Periglypta chemnitzi (Hanley)

Coast of Fujian; Hong Kong.

Venus albina Sowerby

Coast of Zhejiang to Hainan Island.

Anomalocardia flexuosa (Linnaeus)

Coast of Guangdong to Hainan Island; Hong Kong.

Anomalodiscus squamosa (Linnaeus)

Coast of Guangdong to Hainan Island; Hong Kong.

Chione imbricata (Sowerby)

Coast of Guangdong.

Chione scabra (Hanley)

Coast of Guangdong.

Chione calophylla (Philippi)

Coast of Fujian to Hainan Island; Hong Kong.

Chione tiara (Dillwyn)

Coast of Fujian to Hainan Island.

Chione isabellina (Philippi)

Coast of Fujian to Hainan Island; Hong Kong.

Gomphina veneriformis (Lamarck)

Coast of Shandong to Hainan Island.

Gomphina melanaegis Römer

Coasts of Fujian and Guangdong.

Clementia papyracea (Gray)

Coast of Guangdong to Hainan Island.

Cyclina sinensis (Gmelin)

Coast of Liaoning to Hainan Island.

Katelysia rimularis (Lamarck)

Coast of Fujian to Hainan Island; Hong Kong.

Katelysia japonica (Gmelin)

Coast of Guangxi and Hainan Island.

Katelysia hiantina (Lamarck)

Coast of Fujian to Hainan Island; Hong Kong.

Tapes literata (Linnaeus)

Coast of Guangdong to Hainan Island.

Tapes turgida (Lamarck)

Coast of Guangdong to Hainan Island; Hong Kong.

Tapes aspersa (Gmelin)

Coast of Guangdong to Hainan Island.

Paphia euglypta (Philippi)

Coasts of Fujian and Guangdong.

Paphia lirata (Philippi)

Coast of Fujian to Hainan Island.

Paphia exarata (Philippi)

Coast of Zhejiang to Hainan Island.

Paphia amabilis (Philippi)

Coast of Fujian to Hainan Island.

Paphia undulata (Born)

Coast of Fujian to Hainan Island; Hong Kong.

Paphia textile (Gmelin)

Coast of Guangdong to Hainan Island; Hong Kong.

Paphia gallum (Gmelin)

Coast of Fujian to Hainan Island.

Ratitapes philippinarum (A. Adams and Reeve)

Coast of Liaoning to coast of Guangdong; Hong Kong.

Ratitapes variegata (Sowerby)

Coast of Fujian to Hainan Island; Hong Kong.

FAMILY: Petricolidae

Claudiconcha japonica (Dunker)

Coast of Guangdong to Hainan Island; Hong Kong.

FAMILY: Glaucomyidae

Glaucomya chinensis (Gray)

Coast of Guangdong to Hainan Island.

FAMILY: Donacidae

Donax cuneatus Linnaeus

Coast of Guangdong to Hainan Island; Hong Kong.

Donax faba Gmelin

Coast of Guangdong to Hainan Island.

FAMILY: Psammobiidae

Asaphis dichotoma (Anton)

Coast of Guangdong to Hainan Island; Hong Kong.

Gari maculosa (Lamarck)

Coast of Guangdong to Hainan Island.

Gari truncata (Linnaeus)
Coast of Guangdong to Hainan Island.
Sanguinolaria atrata (Reeve)
Coast of Guangdong to Hainan Island.
Sanguinolaria violacea (Lamarck)
Hainan Island; Hong Kong.
Sanguinolaria castanea Scarlato
Coast of Guangdong.
Sanguinolaria chinensis (Mörch)
Coast of Shandong to Hainan Island.
Sanguinolaria diphos (Linnaeus)
Coast of Shandong to Hainan Island.
Sanguinolaria inflata (Bertin)
Coast of Guangdong to Hainan Island.
Sanguinolaria togata (Deshayes)
Coast of Guangdong to Hainan Island.
Sanguinolaria virescens (Deshayes)
Coast of Guangdong to Hainan Island.
Sanguinolaria ambigua (Reeve)
Coast of Guangdong to Hainan Island.
Solecurtus divaricatus (Lischke)
Coast of Shandong to Hainan Island.
Solecurtus exaratus Sowerby
Coast of Guangdong to Hainan Island.
Zozia coarctata (Gmelin)
Coast of Guangdong to Hainan Island; Hong Kong.

FAMILY: Scrobiculariidae
Semele cordiformis (Holten)
Coast of Guangdong to Hainan Island.
Semele crenulata (Sowerby)
Coast of Guangdong to Hainan Island; Hong Kong.

FAMILY: Tellinidae
Scutarcopagia scobinata (Linnaeus)
Coast of Guangdong to Xisha Islands.
Merisca perplexa (Hanley)

Coast of Guangdong to Hainan Island.

Merisca diaphana (Deshayes)

Coast of Zhejiang to Hainan Island.

Quidnipagus palatam (Martyn)

Coast of Guangdong to Hainan Island.

Leporimetis lacunosus (Chemnitz)

Coast of Guangdong to Hainan Island.

Macoma candida (Lamarck)

Coast of Guangdong to Hainan Island; Hong Kong.

Macoma lucerna (Hanley)

Coast of Guangdong to Hainan Island.

Macoma praerupta Salisbury

Coast of Fujian to Hainan Island; Hong Kong.

Moerella philippinarum (Hanley)

Coast of Guangdong to Hainan Island.

Angulus lanceolatus (Gmelin)

Coast of Guangdong.

Angulus vestalioides (Yokoyama)

Coast of Shandong to Hainan Island.

Angulus vestalis (Hanley)

Coast of Guangdong to Hainan Island; Hong Kong.

Tellinides chinensis (Hanley)

Coast of Guangdong.

Tellinides timorensis Lamarck

Coast of Guangdong to Hainan Island.

Pulvinus micans (Hanley)

Coast of Guangdong to Hainan Island.

Pharaonella rostrata (Linnaeus)

Coast of Guangdong to Hainan Island.

FAMILY: Solenidae

Solen grandis Dunker

Coast of Liaoning to Hainan Island.

Solen linearis Spengler

Coast of Guangdong to Hainan Island.

Solen gouldii Conrad

Coast of Liaoning to coast of Guangdong.

Solen gordonis Yokoyama

Coasts of Fujian and Guangdong.

Solen sloanii (Gray)

Coast of Guangdong to Hainan Island.

Cultellus attenuatus Dunker

Coast of Shandong to Hainan Island.

Cultellus scalprum (Gould)

Coast of Guangdong.

Siliqua minima (Gmelin)

Coast of Liaoning to coast of Guangdong.

Siliqua fasciata (Spengler)

Coast of Guangdong.

Siliqua radiata (Linnaeus)

Coast of Guangdong to Hainan Island.

Pharella acutidens (Broderip et Sowerby)

Coast of Guangdong to Hainan Island.

Sinonovacula constricta (Lamarck)

Coast of Liaoning to coast of Guangdong.

FAMILY: Mactridae

Mactra veneriformis Reeve

Coast of Liaoning to Hainan Island.

Mactra mera Reeve

Coast of Guangdong to Hainan Island.

Mactra aphrodina Reeve

Coast of Liaoning to coast of Guangxi.

Mactra inaequalis Reeve

Coasts of Guangdong and Guangxi.

Mactra ornata Gray

Coasts of Guangdong and Guangxi.

Mactra luzonica Reeve

Coasts of Guangdong and Guangxi.

Mactra sugulifera Reeve

Coast of Zhejiang to coast of Guangxi.

Coelomactra antiquata Spengler

Coast of Liaoning to Hainan Island.

Coelomactra subrostrata Reeve

Coast of Guangdong to Hainan Island.

Mactrinula dolabrita Reeve

Coast of Liaoning to coast of Guangxi.

Mactrinula reevesii Gray

Coasts of Guangdong and Guangxi.

Raeta pulchella (Adams et Reeve)

Coast of Liaoning to coast of Guangxi.

Standella pelluscida (Gmelin)

Coast of Zhejiang to coast of Guangxi.

Standella capillacea (Reeve)

Coast of Zhejiang to coast of Guangxi.

Standella nicobarica (Gmelin)

Coast of Guangdong to Hainan Island.

Lutraria maxima Jonas

Coast of Zhejiang to coast of Guangxi.

Lutraria arcuata Reeve

Coast of Zhejiang to coast of Guangxi.

Lutraria philippinarum Reeve

Coast of Zhejiang to Hainan Island.

Lutraria impar Reeve

Coast of Zhejiang to coast of Guangxi.

FAMILY: Mesodesmatidae

Atactodea striata (Gmelin)

Coast of Fujian to Xisha Islands.

Anapella retroconvexa Zhuang

Coast of Guangdong to Hainan Island.

Caecella turgida Deshayes

Coast of Guangdong to Hainan Island; Hong Kong.

FAMILY: Corbulidae

Corbula erythrodon Lamarck

Coast of Guangdong to Hainan Island; Hong Kong.

Corbula laevis Hinds

Coast of Liaoning to coast of Guangdong.

FAMILY: Gastrochaenidae

Gastrochaena cuneiformis Spengler

Coast of Guangdong to Xisha Islands; Hong Kong.

Gastrochaena (*Cucurbitula*) *cymbium* Spengler

Coast of Shandong to Hainan Island; Hong Kong.

FAMILY: Pholadidae

Pholas orientalis Gmelin

Coast of Guangdong to Hainan Island.

Barnea candita (Linnaeus)

Coast of Fujian to Hainan Island.

Barnea fragilis (Sowerby)

Coast of Liaoning to coast of Guangdong; Hong Kong.

Martesia ovum (Gray)

Coast of Fujian to coast of Guangdong.

Martesia striata Linnaeus

Coast of Guangdong to Xisha Islands; Hong Kong.

Marteisa yoshimurai (Kuroda and Termachi)

Coast of Liaoning to coast of Guangdong.

Parapholas quadrizonata Spengler

Coast of Guangdong to Hainan Island.

FAMILY: Teredidae

Bankia philippinensis Bartsch

Coast of Fujian to Hainan Island.

Bankia carinata (Gray)

Coast of Jiangsu to Xisha Islands.

Bankia saulii (Wright)

Coast of Zhejiang to coast of Guangdong.

Bankia campanellata Moll and Roch

Weizhou Island; Hainan Island.

Teredo navalis Linnaeus

Coast of Liaoning to Xisha Islands.

Dicyathifer manni (Wright)

Coast of Guangdong to Hainan Island.

Psiloteredo megotara (Hanley)

Coast of Guangdong.

ACKNOWLEDGEMENTS

Grateful thanks are due to Dr. Brian Morton for providing collecting facilities and for the opportunity of working in Hong Kong; to Dr. J. D. Taylor, Mr. D. Dudgeon, Miss V. W. W. Lam and Mr. P. Q. Shen for help and assistance in collecting specimens. We wish to express our gratitude to Professor C. K. Tseng for making it possible to attend the workshop and for encouraging us to write this manuscript.

REFERENCES

(The following is a list of papers, mainly from China, on the molluscan fauna of the region.)

Briggs J C. 1974. *Marine zoogeography*. New York: McGraw-Hill Book Company.

Chen S Y. Wang Y T, Sun J Z, et al. 1980. Studies on molluscan fauna of Nanji Islands, East China Sea. *Acta Zoologica Sinica*, 26: 171–177.

Habe T. 1964. *Shells of the Western Pacific in color*. Vol. Ⅱ. Osaka, Hoikusha, Japan.

Hill D S. 1980. The Neritidae (Mollusca: Prosobranchia) of Hong Kong. pp. 85–99. In: *Proceedings of the First International Workshop on the Malacofauna of Hong Kong and Southern China, Hong Kong*, 1977. [Ed. B.S. Morton], Hong Kong University Press. pp. 345.

King S C, Ping C. 1931–1936. The molluscan shells of Hong Kong. *The Hong Kong Naturalist*. 2: 9–29; 2: 265–286; 4: 89–138; 7: 123–137.

Kuroda T. 1941. A catalogue of molluscan shells from Taiwan, with descriptions of new species. *Memoirs of the Faculty of Science and Agriculture Taikoku Imperial University*. 22: 65–197.

Kuroda T, Habe T, Oyama K. 1971. *The sea shells of Sagami Bay*. Maruzen company Limited, Tokyo, Japan.

Kuroda T, Habe T. 1952. *Check-list and bibliography of the recent marine Mollusca of Japan*. Hosokawa, Tokyo, Japan.

Lin G Y. 1975. Opisthobranchia from the intertidal zone of Xisha Islands, Guangdong Province, China. *Studia Marina Sinica*. 10: 143–154.

Lin G Y, Tchang S. 1965. Opisthobranchia from the intertidal zone of Hainan Island, China. *Oceanologia et Limnologia Sinica*. 7: 1–20.

Lin G Y, Tchang S. 1965. Etude sur les mollusques Pleurobranchidae de la côte de China. *Oceanologia et Limnologia Sinica*. 7: 265–276.

Lou T K. 1965. A study on the Olividae of the China coast. *Studia Marina Sinica*. 7: 1–12.

Lu D H. 1978. A study on the Haliotidae from the coast of China. *Studia Marina Sinica*. 14: 89–98.

Ma S T. 1962. Cowries from the China Coasts. *Acta Zoologica Sinica*. 14 (Supplement): 1–22.

Ma S T. 1976. Notes on Chinese species of the family Strombidae (Prosobranchiata, Gastropoda). *Studia Marina Sinica*. 11: 355–371.

Morton B. 1980. Some aspects of the biology and functional morphology of *Coralliophaga* (*Coralliophaga*) *coralliophaga* (Gmelin 1791) (Bivalvia: Arcticacea): a coral associated nestler in Hong Kong. pp. 311–330. In: *Proceeding of the first International Workshop on the Malacofauna of Hong Kong and Southern China, Hong Kong*, 1977. [Ed. B. S. Morton]. Hong Kong University Press. pp. 345.

Ping C, Yen T C. 1932. Preliminary notes on the gastropod shells of Chinese coast. *Bulletin Fan Memorial Institute of Biology*. 3: 37–54.

Scarlato O A. 1965. Superfamily Tellinacea (Bivalvia) from China. *Studia Marina Sinica*. 8: 26–114.

Scott P J B. 1980. Associations between scleractinians and coral-boring molluscs in Hong Kong. pp. 123–138. In: *Proceedings of the first International Workshop on the Malacofauna of Hong Kong and Southern China, Hong Kong*, 1977. [Ed. B. S. Morton]. Hong Kong University Press. pp. 345.

Taylor D W, Shol N F. 1962. An outline of gastropod classification. *Malacologia*. Ⅰ: 7–22.

Tchang S, Tsi C Y, Li K M. 1955. Les tarets des côtes du nord de la Chine et leurs variations morphologiques. *Acata Zoologica Sinica*. 7: 1–16.

Tchang S, Lou T K. 1956. A study on Chinese Oysters. *Acta Zoologica Sinica*. 8: 65–94.

Tchang S, Tsi C Y, Li K M. 1958. Recherches sur les Tarets des côtes du sud de la Chine. Ⅰ. *Acta Zoologica Sinica*. 10: 242–257.

Tchang S, Tsi CY. 1959. Faune des mollusques utiles et nuisibles de la mer sud de la Chine. *Oceanologia et Limnologia*. 2: 268–277.

Tchang S, Tsi C Y, Li K M. 1960. Etude sur les Pholades de la Chine et description d'éspèces nouvelles. *Acta Zoologica Sinica*. 12: 63–86.

Tchang S, Tsi C Y, Li K M, et al. 1960. *Bivalves of Nanhai China*. Science Press. Beijing, China.

Tchang S, Tsi C Y, Li K M, et al. 1962. *Economic animals of China* (Marine Mollusca). Science Press. Beijing, China.

Tchang S, Tsi C Y, Zang F S, et al. 1963. A preliminary study of the demarcation of marine molluscan faunal regions of China and its adjacent waters. *Oceanologia et Limnologia Sinica*. 5: 124–138.

Tchang S, Hwang S M. 1964. On the Chines species of Solenidae *Acta Zoologica Sinica*. 16: 193–206.

Tchang S, Lin G Y. 1964. A study on Aplysidae from China coast. *Studia Marina Sinica*. 5: 1–25.

Tchang S, Tsi C Y, Ma S T, et al. 1975. A checklist of prosobranchiate gastropods from the Xisha Islands Gungdong Province, China. *Studia Marina Sinica*. 10: 105–132.

Tsi C Y, Ma S T. 1980. Etude sur les éspècies des Cassidae de la Chine. *Studia Marina Sinica*. 15: 93–96.

Turner R D. 1966. *A survey and illustrated catalogue of the Teredinidae*. The Museum of Comparative Zoology Harvard University Cambridge, Massachusetts.

Wang Z R. 1964. Preliminary studies on Chinese Pinnidae. *Studia Marina Sinca*. 5: 30–41.

Wang Z R. 1978. A study of the Chinese species of Pteriidae (Mollusca). *Studia Marina Sinica*. 14: 101–115.

Wang Z R. 1980. Studies of Chinese species of Isognomonidae (Mollusca). *Studia Marina Sinica*. 16: 131–141.

Xu F S. 1964. Studies on the cardiid Mollusca of the China Seas. *Studia Marina Sinica*. 6: 82–98.

Yen T C. 1933. The molluscan fauna of Amoy and its vicinal regions. *Second Annual Report, Marine Biological Association, Peiping, China.*

Yen T C. 1935. Notes on some marine Gastropods of Pei-hai and Weichow Island. *Musée Heude Notes de malacologie Chinoise*. 1: 1–47.

Yen T C. 1936. Additional notes on marine gastropods of Peihai and Weichow Island. *Musée Heude Notes de malacologic Chinoise*. 1: 1–13.

Yen T C. 1936. The marine gastropods of Shantung peninsula. *Contribution of the Institute of Zoology, National Academy of Peiping*. 3: 165–255.

Yen T C. 1942. Review of Chinese Gastropoda in the British Museum. *Proceedings of the Malacological Society of London*. 24: 170–289.

Zhang F S. 1965. Studies on the species of Muricidae off the China coasts Ⅰ. *Murex, Pterynotus and Chicoreus. Studia Marina Sinica*. 8: 11–24.

Zhang F S. 1976. Studies on species of Muricidae off the China coasts Ⅱ. Genus *Drupa. Studia Marina Sinica*. 11: 333–351.

Zhang F S. 1980. Studies on species of Muricidae off the China coasts Ⅲ. *Rapana. Studia Marina Sinica*. 16: 113–123.

Zhuang Q Q. 1964. Studies on Chinese species of Veneridae. (Class Lamellibranchia). *Studia Marina Sinica*. 5: 43–106.

Zhuang Q Q. 1978. Studies on the Mesodesmatidae (Lamellibranchia) off the Chinese coast. *Studia Marina Sinica*. 14: 69–73.

张玺教授对我国海洋学和动物学研究的贡献①

张玺同志(1897—1967),河北省平乡县人,早年到法国留学,专攻贝类学,对海洋学亦颇有造诣。1929年曾参加第一届国际海洋学会议,以《普娄旺萨沿岸后鳃类的研究》论文获法国国家博士学位。1931年回国,任国立北平研究院动物学研究所研究员。1935年组织领导了"胶州湾海洋动物采集团",首次对胶州湾的各类动物及海洋环境做了全面调查,发表了1～4期的采集报告以及一些门类,特别是贝类的研究论文。抗日战争以后,张玺同志随北平研究院动物学研究所迁往云南昆明,就任研究所所长,对昆明湖(滇池)的环境和动物进行了调查,为我国系统研究湖泊的开端,对云南的许多类动物,着重对各湖泊的软体动物进行了研究。1949年以后参加组织筹建并参与领导了中国科学院海洋研究所和南海海洋研究所的工作。具体领导并亲自参与了我国无脊椎动物,特别是贝类的资源调查、分类区系的研究和海产贝类养殖原理的研究。张玺同志还在动物研究所指导淡水、陆生贝类的研究,开展了白洋淀、洞庭湖、鄱阳湖以及全国许多省份的淡水、陆生贝类调查。除了研究工作以外,张玺同志还曾在中法大学、云南大学、北京大学、山东大学等校任教,并通过培养研究生和接收全国各地,如南京地质古生物研究所、地质科学院、中山大学、山东大学、北京大学、厦门大学、上海水产学院等的科研、教学人员进修,为国家培育了许多人才。

张玺同志热爱党、热爱祖国、坚定地拥护社会主义,勤勤恳恳地为社会主义的科学研究事业服务,为党、为人民做出了卓越的贡献。他受到党的培养和政府的重视,生前任中国科学院海洋研究所副所长、南海海洋研究所所长,曾奉派到苏联、巴基斯坦和越南参加学术会议,被选为第二、第三届全国人民代表大会代表,山东省政协副主席,九三学社中央委员,在学术领导上他曾任中国海洋湖沼学会理事长,中国动物学会常务理事,国家科委海洋组成员,水产组成员并兼珍珠贝研究组组长。

张玺同志是我国贝类学研究的奠基人,在贝类学的研究方面卓有贡献,他勤勤恳恳为祖国科学事业贡献终生和严谨的治学精神为我们树立了榜样。他生前曾筹划建立我国的贝类学会,由于"文革"未能如愿就过早地离开了我们,现在中国贝类学会已经建立,完成了张玺同志的遗愿,确是一件令人高兴的事,在出版学会成立大会及学术讨论会论文集时,特将张玺同志一生的工作做一简要论述以供参考。

---

① 本文曾在中国动物学会1978年年会上宣读。载《贝类学论文集》,1983年,科学出版社。

一、海洋学和湖沼学的研究

(一)胶州湾的调查

张玺同志在20世纪30年代曾组织领导了“胶州湾海产动物采集团”的调查研究工作,不仅对胶州湾各类动物的分类、形态、生态、发生等方面进行了研究,也对这个海湾及其附近的海洋环境和动物分布做了详细的研究。他和马绣同合写的胶州湾海产动物采集团1～4期报告和他于1949年发表的《胶州湾之海洋环境及其动物之分布》一文对胶州湾的地形、水深、底质、各层水温、海水的盐度和酸度以及水色、透明度等都做了详细记载,对在各调查站出现的动物种类和数量记载尤为详尽。根据460个站调查所获得的动物种类分析,各类动物出现站数的百分数,软体动物为83.7%,棘皮动物为75.7%,节足动物为75.2%,环节动物为68.7%,腔肠动物为41.9%,拟软体动物为39.8%,底栖鱼类为29.5%,原索动物为28.1%,蠕虫为18.7%,海绵动物为4.4%。在动物分布方面,根据胶州湾内、外水域的地形,底质和物理化学因子分为11个动物分布区,对每区的环境条件和所获的动物种类都做了详细记录,并按动物门类分别列出各种动物在每区出现的个体数。对潮间带(沙滩、泥滩和岩岸)、潮下带0～40米水深和40～60米水深各不同深度出现的各类动物也做了垂直分布的记录,这些研究在我国是第一次。虽然涉及的范围仅限于胶州湾及其附近,但胶州湾位于我国北部沿海、山东半岛的东南隅,它的海洋环境和动物区系在我国北部沿岸颇有代表性,因此张玺同志的研究,特别是许多种类的记录,都是尔后研究我国北部沿海动物区系必须参考的重要文献。他的这些研究成果为我国海洋动物学的研究建立了良好的基础,也为今后研究胶州湾动物资源变动和环境污染对比提供了极为宝贵的第一手资料。

(二)云南昆明湖的调查

1938—1945年,张玺同志广泛搜集了云南昆明湖的环境和各类动物的资料,1949年发表了《昆明湖的形质及其动物之研究》,对昆明湖的地形、水面积、水深、水温、水的酸度、透明度和水色等等都做了记述,根据他的记载,昆明湖的总面积约为324平方千米,容积为17亿立方米,水深平均约5米,最深处为8.5米。水温根据1942—1945年每月两次的实测,最高值为32 ℃,最低值为2.8 ℃,月平均温度以7月为最高,为23.5 ℃,1月为最低,为11.6 ℃。

对昆明湖的浮游生物,张玺和易伯鲁报道了枝角类25种、桡足类21种,这两类动物常年都有出现,但以春季出现的种类和数量最多,夏季次之,秋、冬季较低。对底栖动物除了列出各类的名单以外,对有经济价值的种类给予特别重视。例如对云南特产的螺蛳(*Margarya melanioides* Nevill)曾进行专题研究,对其分类、形态,繁殖、生长、栖息环境、栖息密度、产量和捕捞方法等都做了调查研究。在鱼类方面除报道19种并对特异种进行了描述外,还做了青鱼的人工繁殖的研究,报道的19种鱼类中有12种是地方性种,昆明湖的动物有很多特异种类,根据张玺的记载,生活在水草间的一种两栖类动物——蝾螈[*Cynops wolterstorffi* (Boalenger)]在世界上只有昆明湖有分布。贝类中的螺蛳属(*Margarya*)也是云南省的特产。昆明湖里的种类与其他湖泊，如杨宗海、异龙湖、洱海中的也不相同。张玺对昆明湖的研究是前所未有的，是我国湖沼学研究的先驱。

二、贝类学的研究

张玺同志在20世纪20年代留学法国时便开始进行软体动物后鳃类的研究，《普娄旺萨沿海后鳃类的研究》和《青岛沿岸后鳃类的研究》是他的两篇代表作，在这两篇著作中，他不仅描述了这两个海域的种类，而且对每一种的外部形态、解剖、生活习性、交尾、产卵、发生等都做了详细论述，在前一篇著作中还讨论了后鳃类的胚胎学和生物学，结合描述的种类分别论述了后鳃类的食性、运动、防御、再生、对盐度变化的适应、变异与畸形、共生和寄生、交尾和产卵、发生、影响发生的外界因子和幼虫形态比较等问题，迄今在我国无脊椎动物的研究中还很少有这样全面、精细的工作。

《胶州湾及其附近海产食用软体动物之研究》对腹足类、瓣鳃类和头足类的形态做了详尽的论述，考证了一些科、属或种的名称，对各种的形态、生活习性、捕捞或养殖以及利用等都有记述，并评述了我国古代的资料，是我国第一部比较系统的贝类学著作。

张玺同志贝类学方面的研究在1949年以后得到了较大的发展，他以中国科学院海洋研究所为中心发展了海洋贝类的资源调查和分类区系研究，并结合生产开展了贝类生物学和生态学的研究。在动物研究所领导了淡水、陆生贝类的研究。在南海海洋研究所指导了以珍珠贝为主的实验生态研究。这些工作都已经开花结果。

张玺同志对贝类的研究着重于分类区系、形态和生物学方面。1949年以后在他的组织和参与下开展了全国各地的贝类调查，搜集了大量的、比较完整的资料，并且选择与国民经济有密切关系的类群先进行整理研究，因此对许多可供食用的科、属，如贻贝科、牡蛎科、帘蛤科、竹蛏科、骨螺科、头足类等等和许多有害的科属，如船蛆科、海笋科等都进行了整理研究，基本上掌握了这些类群的种类、分布和经济利用等情况，在这个基础上编写了《中国经济动物志——海产软体动物》和《南海的双壳类软体动物》等专著。在大量种类鉴定的基础上，张玺同志根据我国各地区软体动物在我国及其邻近海域分布的资料，对我国各海区的软体动物区系进行了研究，并且发表了《中国海软体动物区系区划的初步研究》，首次将我国海洋软体动物分为三个不同的区系区：暖温带性质的长江口以北的黄、渤海区；亚热带性质的长江口以南中国大陆近海，包括台湾岛西北岸和海南岛北部；热带性质的台湾岛东南岸、海南岛南端及其以南的海区。在同日本的软体动物分布比较以后认为我国的黄、渤海区与日本北部相似，东、南海的大陆沿岸与日本南部相似。长江口以北的黄、渤海区和日本北部沿海属北太平洋温带区的远东亚区；长江口以南的大陆沿岸、台湾岛西北岸、海南岛北部和日本南部属印度西太平洋热带区的中－日亚区；而海南岛南端、台湾岛东南岸及其以南和日本的奄美大岛以南属印度西太平洋热带区的印尼－马来亚区。

张玺同志对经济意义较大的种类很重视，曾组织领导开展了：

（1）牡蛎的研究。早在1936年张玺就发表了《中国海岸的几种牡蛎》，报道了10种。1949年以后又搜集了全国的标本发表了19种，对潮间带数量最多的养殖种僧帽牡蛎（现称褶牡蛎 *Ostrea plicatula* Gmelin）的繁殖季节、产卵、发生、生长等进行了系统研究，为这种贝类的养殖提供了基本参考资料，对南海的养殖种近江牡蛎(*Ostrea rivularis* Gould)做了专门的调查研究，在养殖这种牡蛎有名的宝安县沿海搜集了丰富的资料，编写了《牡蛎》和《近江牡蛎的养殖》的专书。

(2)栉孔扇贝的研究。栉孔扇贝是我国制造干贝的唯一种类，经济价值较高，张玺同志曾组织人员到这种贝类的产区进行过多次的调查，并在青岛进行了它的繁殖和生长的研究，发现它的繁殖期是 5 月中旬到 7 月中旬，而盛期是 5 月下旬，对它的产卵、排精过程、卵子的发育都进行了描述。根据 1953—1956 年的生长测量总结了这种扇贝的生长规律，并根据这些研究资料提出了对这种珍贵贝类的繁殖保护意见。这些研究也为当前进行扇贝人工育苗和养殖奠定了基础。

(3)船蛆和海笋的研究。船蛆和海笋同属于瓣鳃纲的海笋超科，都是海洋中的有害种类。前者是钻木穴居的，对海洋中的木船、木质建筑为害很大；后者中有的钻木穴居，有的钻石穴居，对港湾建筑也有危害。在海洋贝类调查中张玺同志特别重视这个问题，不仅搜集了大量标本，而且也搜集了它们为害的情况和群众的防除方法等资料，先后报道了我国沿海的船蛆 17 种、海笋 19 种，对全国普遍分布、为害最严重的船蛆(*Teredo navalis* Linnaeus)在青岛的繁殖、生长以及危害的严重情况做了研究。发现它在青岛海域的繁殖季节是从 5 月下旬至 10 月下旬，幼虫附着期以 8—9 月份水温 24 ℃时最盛，这时一块 100 平方厘米的木板在海中放 10 天即能附着钻入上千个船蛆个体。对船蛆的一般生态，如与不同木材的关系、对低盐度海水的适应等也做了实验，为船蛆的防除研究提供了基本资料。张玺同志亲自去塘沽新港调查穿凿岩石的吉村马特海笋 [*Martesia yoshimurai* (Kuroda & Taramachi)] 的生活力、生殖习性、与岩石的关系、钻石方法、在岩石中的生长密度以及成体和幼体对低盐度海水的适应等问题，根据这些调查研究提出了防治的初步意见。

总之，在张玺同志亲自参与和指导下，我国贝类学的研究在 1949 年后取得了较大的发展，为进一步的研究打下了广泛基础。

三、原索动物的研究

自 1923 年 S. P. Light 在厦门刘五店发现文昌鱼(*Branchiostoma belcheri* Gray)渔场以来，引起了学术界的兴趣。1936 年张玺同志在青岛又发现了厦门文昌鱼的一个变种——青岛文昌鱼，对它的形态、分布以及它同厦门文昌鱼的比较都做了详细研究。1962 年又发表了在南海发现的文昌鱼科另一个属的短刀偏文昌鱼 [*Asymmetron cultellum* (Peters)]。肠鳃类中的柱头虫(*Balanoglossus* 和 *Dolichoglossus*)是张玺和顾光中首次在中国发现的。以后于 1963 年和 1965 年又发现了多鳃孔舌形虫(*Glossobalanus polybranchioporus*)新种和另一种柱头虫。在《中国经济动物志》中，他还描述了尾索类 4 种。

四、生物学史的研究

自然科学史的研究有很重要的意义，张玺同志很注意这方面的工作。早在 20 世纪 30 年代他在《青岛及其附近海产食用软体动物之研究》中就注意了我国古代有关软体动物的记载，查阅了鲍、泥螺、蚶、贻贝、扇贝、牡蛎、乌贼和章鱼等方面的古代研究资料，1942

年发表了《中国海产动物研究之进展》，首先对中国海岸之形质及其对海洋动物之关系做了论述，然后分三个时代讨论了我国海洋动物的研究概况。

第一时代自古昔至清代嘉庆初年(1800年)，在这一漫长的时代中有不少文字记载谈到海洋动物。张玺列举了《尔雅》《说文》《古今注》《闽书》《中馈录》《尔雅翼》《齐民要术》《直省志书》《本草纲目》《桂海虫鱼志》等书记载的一些海洋动物，其所定之名称及解释，如贝类中的竹蛏、魁蛤等，近代动物学仍引用，其他一些书籍如《海味索引》《闽中海错疏》《临海异物志》《岭表录异记》等等也有许多海产动物生态、习性及其利用的记载。古代文人以海洋动物为题赋诗也讲了一些海洋动物的名称、形态等，如王羲之的《啖蚶帖》、毛胜的《水族加恩簿》、梅尧臣的《食蚝诗》、张如兰的《蛏赞》和《蚶子颂》等。他特别提到清初蒋廷锡等的巨著《古今图书集成》的博物汇编，是集各家之大成，对许多海产动物的图形、解说及利用等均记载甚详，但自此以后就再没有这样的著作了，他认为这可能有多种原因，但最重要的是没有从科学方法入手。

第二个时代是自嘉庆初年至民国18年(1800—1929)，这一时期我国海洋动物的研究主要为外国人所做。19世纪以来许多国家举行了大规模海洋调查，一些国家成立了海洋机构，不少外国人也来我国搜集资料，发表了我国的不少海洋动物种类。张玺同志对这一阶段外国人对中国鱼类、贝类等方面的研究做了评述，其中鱼类方面的工作最多，软体动物也不少。

第三时代是自1929年至1942年，这一阶段是我国科学家自西欧学习回国后自己开展海洋动物研究的时代，这一时期我国的科研机构纷纷建立，中国动物学会、中华海产生物学会也先后成立，同时创刊了一些动物学的杂志和论文集。张玺同志简要介绍了各研究机构的概况，并且列举了自1929年至1937年期间我国学者逐年发表的海洋动物方面的论文共143篇。

1959年，张玺写了《十年来的无脊椎动物的调查和研究》，并在《十年来的中国科学》中列举了无脊椎动物区系调查、生态习性和养殖、有害种类的防除等方面的成绩，1964年发表了《中国软体动物研究三十年来的发展与成就》，这些都为我国生物学史的研究提供了很好的参考资料。

五、在教学和培养干部方面

如上所述，张玺同志曾在一些高等学校任教，先后讲过海洋学、动物学、组织学、胚胎学、海洋生物学和贝类学课程，编写了大量的讲义和实验教材。只有贝类学在有关同志的协助下由科学出版社1961年出版了《贝类学纲要》，总计50多万字，是我国第一部系统的软体动物著作。由于张玺同志的教学活动为我国培养了众多的海洋学、动物学、贝类学、水产养殖学等方面的人才。在科学研究方面通过对青年一代的精心指导和培养研究生、进修生，培养了许多科研骨干，为我国科学研究的发展创造了良好条件。

六、国际活动

张玺同志早年在法国留学期间便积极参加国际科学活动，曾于1929年参加在西班牙举行的国际海洋学会议，1949 年前在国外一些学术刊物上发表过一些论文，1949 年后他任太平洋西部渔业研究委员会专家，经常参加在国内举行的国际学术活动，曾领导了 1957—1960 年中国科学院与苏联科学院组织的中苏海洋生物考察，1958 年代表中国参加了巴基斯坦的科学年会，1959 年赴越南参加太平洋西部渔业研究委员会年会，1961 年赴苏联参加生物分类区系学术讨论会，在历次的会议上都报告了论文，汲取了国际先进经验，宣传了我国的科学研究成就，在国际上产生了一定影响。

七、在科学普及方面

张玺同志极为重视科学普及工作，曾在《生物学通报》发表《牡蛎》《蚌》《田螺》《珠母贝》等文章，介绍这些动物的形态、习性和我国习见的种类及其用途等知识。他应青年出版社的邀请写了《我国的贝类》一书，以通俗易懂的文字介绍了贝类知识，这些著作都受到了广大读者的欢迎。

张玺同志终生致力于我国的科学研究事业，为我国的海洋学，特别是海洋动物学做出了重要贡献。他勤勤恳恳、精心治学的精神为我们树立了榜样，他培养的科技人员和留下的二百多万言的科学著作为我国海洋学和动物学的发展奠定了广泛的基础。现将张玺教授的著作依发表年代列后，供参考，并志纪念。

张玺同志的著作

*1930 Quelques faits de mimétisme chez les Mollusques Tectibranches de la Méditerranée. *Bull. Soc. Zool. France* 55(3): 213–218.

地中海软体动物后鳃类的几种拟态现象。法国动物学汇报 55（3）：213–218。

*1930 Action de l'eau de mar diluée sur le developpement des Gastropodes Opisthobranches. *Cong. Inter. Oceanografia* 1: 253.

低盐度海水对软体动物后鳃类的作用。国际海洋学会议 1:253。

*1931 Un nouveau cas de condensation embryogénique chez un Nudibranche (*Doridopsis limbata* Cuvier). *Comptes rendue des Seance de l'Academis des Sciences naturelle.* 192: 302.

一种裸鳃类(边仿海牛)胚胎凝缩一新例。法国科学院记录 192:302。

*1931 Contribution à l'étude des Mollusques Opisthobranches de la côte provencale. Thèses pour obtenir le grade de docteur es sciences naturelle. pp. 1–211, text-figs. 1–67, pls. 1–8.

普娄旺萨沿岸软体动物后鳃类的研究。法国国家博士论文 1–211，67 图，8 图版。

*1931 De la résistance de quelques Blennidées marins à la variation de salinité. *Comptes rendus des seances de la société de Biologie, Soc. Bio.* Lyon 108: 1236–1237. (Avec Sonnery.)

几种海产鳚科鱼类对盐度变化的抵抗力。里昂生物学会记录 108:1236–1237。

---

* 以外文发表。

*1933 Anomalie de l'appareil branchial chez un Selacien, *Cetorhinus maximus* (Gunner) de la côte de Chine. *Bull. Soc. Zool. France* 58: 423-424.

中国沿岸一个大鲸鲛畸形鳃的研究。法国动物学汇报 58:423-424。

*1933 Note priliminaire sur les Mollusques comestibles de Tsingtao. *Bull. Univ. Shantung* 1(2): 40-52.

青岛食用软体动物的初步研究。山东大学丛刊 1（2）:40-52。

*1934 Contribution à l'étude des Opisthobranches de la côte de Tsingtao. *Contr. Inst. Zool. Nat. Acad. Peiping* 2(2): 1-148, figs. 1-66, pls. 1-16.

青岛沿海后鳃类的研究。北平研究院动物研究所丛刊 2（2）: 1-148,图 1-66,图版 1-16。

*1934 Sur un nouveau Nudibranche de la côte d'Amoy. *Ibid.* 2(2): 149-165, figs. 1-9.

厦门沿海裸鳃类一新种、新属。同上 2（2）: 149-165,图 1-9。

*1934 Resistance aux variations de temperature chez quelques animaux marin. *Compies rendus Soc. Biol.* Lyon 116: 1056.

几种海产动物对温度变化的抵抗力。里昂生物学会记录 116:1056。

1934 烟台海滨动物之分布。北平研究院动物研究所中文报告汇刊 7:1-66,图 1-32。

The distribution of littoral animals at Cheefoo *Bay. Bull. Inst. Zool. Acad. Peiping* 7: 1-66, figs. 1-32.

1935 北平寡毛类及蛭类之研究。中法大学学院特刊 2:1-104,图 1-20,图版 1-7。（同曹新荪、邵子成。）

Sur les Oligochaetes et les Hurudinées de Peiping. *Bull. Fac. Sci. Univ. Franco-chinoise* 9: 1-104, figs. 1-20, pls. 1-7.

*1935 Etude de la variation corporalle et de l'action des cations sur la photogénèse de *Cavernularia habereri* Moroff. *Contr. Inst. Physiology Nat. Acad. Peiping* 3(5): 87-94. (Avec King Lipin, Tai lee et Liu Yusu.)

海仙人掌之体量变化及氯化钾、钙、镁、钠等与发光之关系。北平研究院生理研究所丛刊 3（5）:87-94。（同经利彬、戴笠、刘玉素。）

1935 中国海岸之两种肠鳃类。北平研究院动物研究所中文报告汇刊 13: 1-12,图版 1-4。（同顾光中。）

Dolichoglossus hwangtauensis n. sp. et *Balanoglossus* sp. *Bull. Inst. Zool. Nat. Acad. Peiping* 13: 1-12, pls. 1-4. (With Koo Kwang-Chung.)

1935 胶州湾海产动物采集团第一期采集报告。同上 11:1-95。

Report on the first collection in the Kiaochow Bay and its vicinity. *Ibid.* 11: 1-95.

*1936 Description of a new variety of *Branchiostoma belcheri* Gray from Kiaochow Bay, Shantung, China. *Contr. Inst. Zool. Nat. Acad. Peiping* 3(4): 77-114, pls. 5-6. (With Koo Kwang-Chung.)

文昌鱼之一新变种。北平研究院动物研究所丛刊 3（4）:77-114,图版 5-6。（同顾光中。）

1936 胶州湾及其附近海产食用软体动物之研究。北平研究院动物研究所中文报告汇刊 16：1-114，图 1-16，图版 1-25。（同相里矩。）

Etude sur les Mollusques comestibles de la baie de Kiaochow et ses eaux voisines. *Bull. Inst. Zool. Nat. Acad. Peiping* 16: 1-144, figs. 1-16, pls. 1-25.

1936 戴笠著《软体动物发生与环境》之分析与批评。生物学杂志 1（1）：82-94。（同经利彬。）

Criticisme sur l'article "Action des facteur externes sur le développement embryonnaires des Mollsques" publié par Tai lee. *Chinese Jour. Biol.* 1(1): 82-94.

1936 胶州湾海产动物采集团第二及第三期采集报告。北平研究院动物研究所中文报告汇刊 17：1-176。（同马绣同。）

Report on the second and third collections in the Kiaochow Bay and its vicinity. *Bull. Inst. Zool. Nat. Acad. Peiping* 17: 1-176. (With Ma Siu-tung.)

1937 青岛文昌鱼与厦门文昌鱼之比较研究。胶州湾海产动物采集团专门论文集 5：1-35，pls. 1-2。（同顾光中。）

A comparison between the Tsingtao and the Amoy Amphioxus. Special papers of the Zoological survey of Kiaochow Bay under the joint effort of National Academy of Peiping and Tsingtao Municipal Government. 5: 1-35, pls. 1-2. (Avec Koo Kwang-chung.)

*1937 Crabes recoltes pendant les compagnes faunistiques de la baie de Kiaochow (1935-1936). *Contr. Inst. Zool. Nat. Acad. Peiping* 3(6): 315-381. (Avec Liu Yung-pin.)

胶州湾海产动物采集团所获之蟹类。北平研究院动物研究所丛刊 3（6）：315-381。（同刘永彬。）

1937 中国海岸几种牡蛎。生物学杂志 1（4）：29-51。（同相里矩。）

Some Oysters from China coasts. *Chinese Jour. Biol.* 1(4): 29-51.

1940 山东沿海之前鳃类。中法大学理学院特刊 11：1-40，图版 1-7。（同赵汝翼、赵璞。）

Note sur les Prosobranches des côtes de Shantung. *Bull. Univ. Franco-chinoise Peiping* 11: 1-40, pls. 1-7. (Avec Tchao Ju-yi et Tchao-pou.)

1941 滇池鱼类病敌害之初步研究。北平研究院动物研究所中文报告汇刊 21：1-10。（同刘永彬。）

A preliminary study of the disease and enemies in the fishes of Tien-Chih (Kunming Lake). *Bull. Inst. Zool. Nat. Acad. Peiping* 21: 1-10. (With Liu Yung-pin.)

1942 中国海产动物研究之进展。1-23。

Progress of Investigations of the marine animals in China. 1-23.

1943 云南蛇类的初步调查。旅行杂志西南学术专号：101-108。（同成庆泰。）

Note preliminaire sur les Serpents de la province de Yunnan. *Travel. Bull. No. speciale.* pp. 101-108. (Avec Cheng Ching-tai.)

1945 云南水生经济动物及其应用。云南建设 2:88-92。

Les animaux aquatiques du Yunnan et leur utilisation. *Bull. Constitution* 2: 88–92.

1945 洱海渔业调查。同上 2:97-100。(同成庆泰。)

La peche du lac de Tali. *Ibid*. 2: 97-100. (Avec Cheng Ching-tai.)

1945 青鱼人工授精孵化之实验。同上 2:93-96。(同刘永彬。)

On the artificial propagation of Tsing-fish, *Matsya sinensis* (Bleeker). *Ibid*. 2: 93-96. (Avec Liu Yung-pin.)

1945 滇池的鸭业。同上 2:101-103。(同成庆泰。)

L'elevage des canards dans le Lac de Kunming. *Ibid* 2: 101-103. (Avec Cheng Ching-tai.)

1945 滇池食用螺蛳之研究。中法文化 1(4):1-6。(同成庆泰。)

Etude sur un Gastropode comestible de Tien-Chih, *Margarya melanoides* Nevill. *Culture Sino-fransaise* 1(4): 1-6. (With Cheng Ching-tai.)

1945 滇池枝角类及桡脚类之研究。北平研究院动物研究所中文报告汇刊 22:1-11。(同易伯鲁。)

A study on Cladocera and Copepoda of Kunming lake. *Bnll. Inst. Zool. Acad. Nat. Peiping* 22: 1-11. (With Yi B. L.)

1946 昆明附近爬虫类之记载。中法文化 1(8):1-8。(同成庆泰。)

Notes sur les reptiles de la region de Kunming. *Culture Sino-fransaise* 1 (8): 1-8. (Avec Cheng Ching-tai.)

*1946 Progress of investigations of the marine animals in China. *American Naturalists* 80: 593-609.

中国海产动物研究之进展。美国自然科学工作者 80:593-609。

*1946 On the artificial propagation of Tsing-fish, *Matsya sinensis* (Bleeker) from Yang-tsung Lake, Yunnan Province, China. *Univ. Toronto Studies Biol.* series no. 54. *Pub. Fisheries Research Lab*. 67: 41-47. (With Liu Yung-pin.)

云南杨宗海青鱼人工孵化的研究。多伦多大学研究 54。渔业研究室 67:41-47。(同刘永彬。)

1947 云南的淡水海绵。科学 29(2):365。(同成庆泰。)

Note sur les éponges d'eau douce de la province de Yunnan. *Science* 29(12): 365. (Avec Cheng Ching-tai.)

*1947 Les relations entre les stades de croissance et la reproduction chez un Puludina, *Margarya melanioides* Nevell, du Lac de Kunming. *C. R. Biol*. Paris. (Avec Cheng Ching-tai.)

昆明湖螺蛳生长与生殖关系之研究。巴黎生物学记录。(同成庆泰。)

1947 云南医学院的几种畸形怪胎。云南大学医学杂志 1(1):1-8。

Quelques anomalies des foetus humains dans la collection de Faculté de Medicine de l'Université de Yunnan. *Bull. Medic. Univ. Yunnan* 1(1): 1-8.

*1948 Recherches limnologiques et Zoologiques sur le lac de Kunming, Yunnan. *Contr. Inst. Zool. Nat. Acad. Peiping* 4(1): 1-24.

云南昆明湖形质及其动物之研究。北平研究院动物研究所丛刊 4（1）:1-24。

*1949 Sur les conditions oceanographiques et la distribution zoologique de la baie de Kiaochow. *Chinese Jour. Zool.* 3: 55-61.

胶州湾之海洋环境及其动物之分布。中国动物学杂志 3:55-61。

*1949 The regional differences and the sexual dimorphism of two snails, *Margarya melanioides* Nevill and *Margarya monodi* Dautzenberg & Fischer, from the west coast of Kunming Lake. *Contr. Inst. Zool. Nat. Acad. Peiping* 5(2): 67-77. (With Hsia Wu-ping.)

昆明湖西岸两种螺蛳的区域差异和两性异形的研究。北平研究院动物研究所丛刊 5（2）:67-77。（同夏武平。）

*1949 A Revision of the genus *Margarya* of the family Viviparidae. *Ibid*, 5(1): 1-26, figs. 6, pls. 1-3. (With Tsi Chung-yen.)

田螺科螺蛳属之检讨。同上，5（1）: 1-26，图 1-6，图版 1-3。（同齐钟彦。）

1949 胶州湾海产动物采集团第四期采集报告。北平研究院动物研究所中文报告汇刊 23:1-113。（同马绣同。）

Report on fourth collection in the Kiaochow Bay and its vicinity. *Bull. Inst. Zoll. Nat. Acad Peiping* 23: 1-113. (With Ma Siu-tung.)

*1949 Liste des Mollusques d'eau douce recueillis pendant les années 1938-1946 au Yunnan et description d'éspèces nouvelles. *Contr. Inst. Zool. Nat. Acal. Peiping* 5(5): 205-220, pls. 23-24. (Avec Tsi Chung-yen.)

云南淡水软体动物及其新种。北平研究院动物研究所丛刊 5（5）:205-220，图版 1-2。（同齐钟彦。）

*1950 On some new and rare Dentalium from China coasts. *Chinese jour. Zool.* 4:1-11, pl. 1, fig. 1. (With Tsi Chung-yen.)

中国海岸的几种新奇角贝。中国动物学杂志 4:1-11。（同齐钟彦。）

1950 北戴河动物采集志略。科学通报 1950（7）:174。

Report on a collection of invertebrate animals from Peitaiho. *Scientia* 1950(7): 174.

1951 胶州湾潮面动物研究的初步报告。中国海洋湖沼学报 1（1）:25-42。

The littoral fauna of Kiaochow Bay. *Jour. Ocean. Limn.* 1(1): 25-42.

1953 塘沽新港凿石虫研究的初步报告。科学通报。1953（11）:59-62。（同齐钟彦、李洁民。）

A preliminary report on *Martesia* sp., a rock-boring mollusca from New Harbour Tangku. *Scientia* 1953(11): 59-62. (With Tsi Chung-yen & Li Kie-min.)

1954 船蛆。同上，1954（2）:55-58。

The Shipworms. *Scientia* 1954(2): 55–58. (With Tsi Chung-yen & Li Kie-min.)

1955 中国北部沿海的船蛆及其形态的变异。动物学报。7(1):1–16图版1–3。(同齐钟彦、李洁民。)

Les Tarets des côtes du Nord de la Chine et leur variation morphologique. *Acta Zool. Sinica* 7(1): 1–16, pls. 1–3.

1955 中国北部海产经济软体动物。1–98,图1–34,图版1–35。(同齐钟彦、李洁民)。科学出版社。

Mollusques marins utiles et nuisible du Nord de la Chine. (With Tsi Chung-yen & Li Kie-min.) Science Press, Pekin, China.

1955 无脊椎动物名称(软体动物和原索动物)。(同齐钟彦。)科学出版社。

Latin-Chinese names of invertebrate animals (Mollucs and Prochordata). (With Tsi Chung-yen.) Science Press, Peking, China.

1956 牡蛎。生物学通报 1956(2):27–32。(同楼子康。)

The Oysters. *Biol. Bull.* 1956(2): 27–32. (With Lou Tze-kong.)

1956 中国牡蛎的研究。动物学报 8(1):64–94,图1–3,图版1–5。(同楼子康。)

A study on Chinese Oysters. *Acta. Zool. Sinica* 8(1): 64–94, figs. 1–3, maps. 1–3, pls. 1–5. (With Lou Tze-kong.)

1956 栉孔扇贝的繁殖和生长的研究。同上。8(2):235–253。图1–4, 图版1–4。(同齐钟彦、李洁民。)

Recherches sur la reproduction et la croissance d'un Pétoncle comestible, *Chlamys farreri* (Jones & Preston). *Ibid.* 8(2): 235–253, figs. 1–4, pls. 1–4. (With Tsi Chung-yen & Li Kie-min.)

1957 僧帽牡蛎的繁殖和生长的研究。海洋与湖沼。1(1):123–140。(同楼子康。)

Recherches sur la reproduction et la croissance de l'*Ostrea cucullata* Born. *Ocean. Limn. Sinica* 1(1): 123–140. (With Lou Tze-kong.)

1957 我国的贝类。中国青年出版社。1–103。(同齐钟彦。)1964, 1975 再版。

Molluscs of China. 1st ed. 1957, 2ed ed. 1964, 3rd ed. 1975.

1958 僧帽牡蛎肉质部的增长与季节关系的研究。海洋与湖沼。1(2):239–242。(同楼子康。)

Recherches sur la relation entre la croissance du corps mou et les saisons chez *Ostrea cucullata* Born. *Ibid.*1(2):239–242. (With Lou Tze-kong.)

1958 中国南部沿海船蛆的研究。动物学报。10(3):242–257。图版1–7。(同齐钟彦、李洁民。)

Recherches sur les Tarets des cotes du sud de la Chine. *Acta Zool. Sinica* 10(3): 242–257. pls. 1–7. (With Tsi Chung-yen & Li Kie-min.)

1959 中国黄海和东海经济软体动物区系。海洋与湖沼。2(1):27–34。

Faune des Mollusques utiles et nuisibles de la Mer Jaune et la Mer Est de la Chine.

Ocean. Limn. Sinica 2(1): 27–34.

1959 蚌的形态、习性和我国习见的种类。生物学通报。1959(5):204–212。(同林振涛。)
Freshwater clams, their features, habits and species. *Biol. Bull.* 1959(5): 204–212. (With Lin Zhen-tao.)

1959 中国南海经济软体动物区系。海洋与湖沼。2(4):268–277。(同齐钟彦。)
Faune des Mollusques utiles et nuisibles de la Mer Sud de la Chine. *Ocean. Limn. Sinica*. 2(4): 268–277. (With Tsi Chung-yen.)

1959 近江牡蛎的摄食习性。同上,2(3):163–179。表1–10,图1–8。(同齐钟彦、谢玉坎。)
Moeur de s'alimenter chez l'*Ostrea rivularis* Gould. *Ibid*. 2(3): 263–279, tabs. 1–10, figs. 1–8.

1959 十年来的中国科学,生物学1。动物学(无脊椎动物)。科学出版社。(同齐钟彦。)
First decade of New China's Science Biology 1. Zoology (Invertebrate Zoology) Science Press, Beijing, China. (With Tsi Chung-yen.)

1959 牡蛎。科学出版社。1–156。(同楼子康。)
The Ostrea. 1–156. (With Lou Tze–kong). Science Press, Beijing, China.

1959 近江牡蛎的养殖。科学出版社,1–72。(同谢玉坎。)
Cuture of *Ostrea rivularis* in China. 1–72. (With Xie Yu-kan). Science Press, Beijing, China.

1960 中国的海笋及其新种。动物学报 12(1):63–87, fig. 1–19。(同齐钟彦、李洁民。)
Etude sur les *Pholodes* de la Chine et description d'éspèces nouvelles. *Acta Zool. Sinica* 12(1): 63–87, figs. 1–19. (With Tsi Chung-yen & Li Kie-min.)

1960 南海的双壳类软体动物。1–272,图1–223。(同齐钟彦、李洁民、马绣同、王祯瑞、黄修明、庄启谦。)科学出版社。
Bivalves of Nanhai. 1–272,figs. 1–223. Science Press, Beijing, China. (With Tsi Chung-yen, Li Kei-min, Ma Siu-tung, Wang Zhen-rui, Hwang Hsiu-ming & Zhuang Qi-qian.)

1960 中国沿岸的十足目(头足类)。海洋与湖沼。3(3):188–203。图1–9。(同齐钟彦、董正之、李复雪。)
Sur les Décapodes (Cephalopdes) des côtes de la Chine. *Ocean. Limn. Sinica* 3(3): 188–203, figs. 1–9. (With Tsi Chung-yen, Dong Zhen-zhi & Li Fu-xie.)

1960 田螺的形态、习性和我国习见的种类。生物学通报。1960(2):49–57。(同刘月英。)
Pond snails, their features, habits and species. *Biol. Bull.* 1960(2): 49–57. (With Liu Yue-ying.)

1960 我国一些主要贝类的养殖。生物学通报。1960(5):197–200。(同谢玉坎。)
Culture of some molluscs in China. *Ibid*. 1960(5): 197–200. (With Xie Yu-kan.)

1961 贝类学纲要。1–387。图1–526,图版1–2。(同齐钟彦。)科学出版社。
Outlines of Malacology. 1–387, figs. 1–526, pl. 1–2. Science Press, Beijing, China.

(With Tsi Chung-yen.)

1962 中国经济动物志(海产软体动物)。1-246,图 1-148,图版 1-4。(同齐钟彦、李洁民、马绣同、王祯瑞、林光宇、黄修明、董正之、庄启谦。)科学出版社。

Economic Fauna of China (Marine Molluscs). 1-246, figs. 1-148, pls. 1-4. Science Press, Beijing, China.(With Tsi Chung-yen, Li Kie-min, Ma Siu-tung, Wang Zhen-rui, Lin Guang-yu, Hwang Hsiu-ming, Dong Zhen-zhi & Zhuang Qi-qian.)

1962 偏文昌鱼(*Asymmetron*)在中国的发现和厦门文昌鱼的地理分布。动物学报 14(4):525-528。1 fig.,1 map。

Sur la presence du genre *Asymmetron* dans la mer de Chine et la distribution géographique de *Branchiostoma belcheri* (Gray). *Acta Zool. Sinica* 14(4): 525-528, 1 fig., 1 map.

1962 中国海无脊椎动物区系及其经济意义。太平洋西部渔业研究委员会第五次会议论文集 13-20。(同刘瑞玉、齐钟彦。)

Invertebrate fauna and its economic importance.

1962 珠母贝及珍珠的形成。生物学通报 1962(1):1-4。(同张福绥。)

Pearl oyster and pearl formation. *Biol. Bull*. 1962(1): 1-4. (With Zhang Fu-sui.)

1963 中国经济动物志(原索动物)。117-132。(同张云美。)科学出版社。

Economic Fauna of China (Protochorta), 117-132, figs. 1-6, pls. 1-2. (With Chang Yun-mei.) Science Press, Beijing, China.

1963 中国海软体动物区系区划的研究。海洋与湖沼 5(2):124-138。(同齐钟彦、张福绥、马绣同。)

A preliminary study of the demarcation of marine molluscan faunal regions of China and its adjacent waters. *Ocean. Limn. Sinica* 5(2): 124-138. (With Tsi Chung-yen, Zhang Fu-sui & Ma Siu-tung.)

1964 中国海兔科的研究。海洋科学集刊 5:1-25,图版 1-3。(同林光宇。)

A study on Aplysidae from China coast. *Studia Marina Sinica* 5: 1-25, figs. 1-29, pls. 1-3. (With Lin Guang-yu.)

1964 中国海竹蛏科的研究。动物学报。16(2):193-206,图版 1-3。(同黄修明。)

On the Chinese species of Solenidae. *Acta Zool. Sinica* 16(2): 193-206, pls. 1-3 (With Hwang Hsiu-ming.)

1964 中国软体动物三十年来的发展与成就(1934—1964)。动物学杂志。6(6):251-253。

Thirty years studies in Chinese Malacology (1934-1964). *Jour. Zool*. 6(6): 251-253.

1964 中国动物图谱(软体动物 1)。(同齐钟彦、楼子康、黄修明、马绣同、刘月英、徐凤山。)科学出版社。

Illustrated Encyclopedia of the Fauna of China (Mollusca 1) 1-84. (With Tsi Chung-yen, Lou Tze-kong, Hwang Hsiu-ming, Ma Siu-tung, Liu Yue-ying & Xu Fen-shan.) Science Press, Beijing, China.

1965　中国肠鳃类一新种——多鳃孔舌形虫。动物分类学报。2（1）:1-8,图版 1-2。（同梁羡园。）

Description of a new species of Enteropneusta, *Glossobalanus polybranchioporus* from China Seas. *Acta Zool. Sinca* 2(1): 1-7, figs. 1-3, pls. 1-2. (With Liang Xian-yuan.)

1965　洞庭湖及其周围水域的双壳类软体动物。动物学报，17(2):197-213,图版 1-3。(同李世成、刘月英。)

Bivalves (Mollusca) of Tung-ting Lake and its surrounding waters, Hunan Province, China. *Acta Zool. Sinica* 17(2): 197-213, pls. 1-3. (With Li Shi-cheng & Liu Yue-ying.)

1965　鄱阳湖及其周围水域的双壳类，包括一新种。同上 17（3）:309-317，图版 1（同李世成。）

Bivalves (Mollusca) of the Poyang Lake and its surrounding waters, Kiangsi Province, China, with description of a new species. *Ibid*. 17(3): 309-317, pl. 1 (With Li Shi-cheng.)

1965　海南岛潮间带的后鳃类软体动物。海洋与湖沼。7(1):7-20,图版 1-3。(同林光宇。)

Opisthobranchia from the intertidal zone of Hainan Island, China. *Ocean. et Linm. Sinica* 7(1): 7-20, pls. 1-3. (With Lin Guang-yu.)

1965　中国侧鳃科软体动物的研究。海洋与湖沼。7(3):265-276, 1 图版。（同林光宇。）

Etude sur les Mollusques Pleurobranchidae de la côte de Chine. *Ibid*. 7(3): 265-276, 1 pl.

1975　西沙群岛软体动物前鳃类名录。海洋科学集刊。10:105-132,图版 1-8。(同齐钟彦、马绣同、楼子康。)

A check list of Prosobranchiate Gastropods from the Xisha Islands, Guangdong Province, China. *Studia Marina Sinica* 10: 105-132, pls. 1-8. (With Tsi Chung-yen, Ma Siu-tung & Lou Tze-kong.)

中国近海蛙螺科的研究①

蛙螺科(Bursidae)包括的种类广泛分布于世界海洋的暖水区域,以印度西太平洋的种类为最多,从潮间带至数百米水深的岩礁、泥沙和软泥海底都有分布。它们的贝壳呈卵圆形或长方形,有发达的纵肿脉,与嵌线螺科(Cymatiidae)者很相似,但在壳口有发达的后沟则很不同。我们根据中国科学院海洋研究所历年来在我国沿海采集的标本进行整理鉴定共发现 10 种,隶属 2 属 4 亚属,其中一种在我国是首次记录。这些种类大多是典型的热带种,有 8 种在我国仅分布于海南岛南部或西沙群岛,仅有 2 种向北分布到福建省和浙江省南部沿海。

以往报道产于我国沿海的 *Bursa asperrina* Dunker、*B. margaritula* (Deshayes)、*B. semigranosa* (Lamarck)、*B.* (*Tutufa*) *lissostoma* (Smith) 和 *Tutufa tenuigranosa* (Smith) 等 5 种我们尚未采到。经初步分析认为其中 *B. asperrina* (以中国标本鉴定的种)可能是 *B. bufonia* 的同物异名(Tryon, 1881),因为我们未见到模式标本,尚不能确定。*B. semigranosa* 和 *B.* (*T.*) *lissostoma* 都是黑田德米(1941)记录产于台湾的,前一种可能即是我们鉴定的 *B. granularis*,后一种记录分布于印度洋、马尔加什、红海、菲律宾和日本,我国应该有分布,但这一种同 *T. rubeta*、*T. bubo* 等种的关系亦需进一步澄清。同样 *Tutufa tenuigranosa* (Smith) 也可能同 *T. bubo* 相混淆,波部记载产于南海的标本有明显的脐孔,但 Smith 和他们给的图都同我们的 *T. bubo* 没有明显区别,看不出有脐孔存在。

蛙螺科 Bursidae Thiele 1925

贝壳卵圆形或长方形,螺旋部尖。纵肿脉极发达,各螺层连续排列或交互排列。壳口卵圆形或近圆形。有前沟和后沟,内面具齿或沟纹。厣角质,同心纹,核的位置有变化。

蛙螺属 *Bursa* Röding 1798

贝壳各螺层的纵肿脉连续排列,在贝壳两侧成为两个接续的肋。

模式种:*Bursa monitata* (Röding) (= *Murex bufonius* Gmelin)

蛙螺亚属 *Bursa* Röding 1798

贝壳坚厚,螺层中部具粗壮结节。前水管沟短,向一侧弯曲,后水管沟发达,向后延伸呈半管状。

---

① 齐钟彦、马绣同(中国科学院海洋研究所):载《贝类学论文集》(第一辑),科学出版社, 1983 年, 12 ～ 22 页。中国科学院海洋研究所调查研究报告第 696 号。

1. 蛙螺 *Bursa* (*Bursa*) *bufonia* (Gmelin, 1791)（图版，图 1）

Murex bufonius Gmelin, 1791. Syst. Nat. ed. 13: 3538, no. 32.

Ranella bufonia (Gmelin). Kiener, 1843, 2: 11, pl. 7, fig. 1; Reeve, 1844, 2: pl. 5, fig. 23b; Wood, 1856: 127, pl. 25, fig. 26; Küster, 1878, 3(2): 124, taf. 37, figs. 1–4.

Ranella (*Lampas*) *bufonia* Gmelin. Tryon, 1881, 3: 39, pl. 21, figs. 21–23; Dautzenborg et Bouge, 1933, 77: 260.

Bursa (*Bursa*) *bufonia* (Gmelin), Kuroda, 1941. 22（4）: 106, no. 499.

Bursa bufonia (Gmelin). Demond, 1957, 11(3): 308; Thinker, 1959: 98, figs.; Maes, 1967, 119: 128, pl. 9, I; Spry, 1968 (Suppl.): 35, no. 305; 冈田要，等，1971: 97, no. 345.

模式标本产地：不详。

标本采集地：西沙群岛的琛航岛。1 个标本，壳高 82 毫米，壳宽 55.5 毫米。

贝壳卵圆形、坚厚，背腹较扁，螺层 7 层。螺旋部圆锥形，体螺层基部收缩。贝壳表面有由念珠状突起连成的螺肋，每一螺层中部和体螺层上部有粗壮的结节突起。纵肿脉发达，有由后沟延伸的半管状棘。壳色灰黄，染有褐色斑点。壳口近圆形，内面白色。前沟短，向右侧弯曲，后沟向后延伸呈半管状。外唇厚，内缘有 4 对齿状突起，轴唇中凹，有褶襞。

本种生活在浅海珊瑚礁间，较少见，分布于印度西太平洋的暖水区。北自日本南部，南至伊里安岛，东自夏威夷群岛、图阿莫图群岛，西至印度洋诸岛，红海和东非沿岸都有记录。Kiener（1843）记载美洲加利福尼亚亦有分布，尚待进一步证实。

2. 驼背蛙螺 *Bursa* (*Bursa*) *tuberosissima* (Reeve, 1844)（图版，图 2）

Ranella tuberosissima Reeve, 1844, 2: pl. 7, fig. 39.

Bursa (*Bursa*) *tuberosissima* (Reeve), Kuroda, 1941, 22(4): 107, no. 500.

Bursa tuberosissima (Reeve), Maes, 1967 119: 129, pl. 9, G; 张玺，齐钟彦，等，1975, 10: 119, pl. 2, fig. 17.

模式标本产地：菲律宾。

标本采集地：海南岛三亚（大东海、小东海），西沙群岛北岛、金银岛、琛航岛、中建岛。共 14 个标本，其中 2 个生活标本。最大标本壳高 44.5 毫米，壳宽 29 毫米。

贝壳卵圆形、坚厚，螺层 6 层，各螺层的中部和体螺层的上部形成肩角。贝壳表面有螺肋、结节突起和小洼坑，各螺层中部及体螺层上部的结节突起特别发达，体螺层背部通常有一个极发达的驼峰状结节。壳面白色，偶然染有褐色斑。壳口近圆形，内面杏黄色，色或浓或淡。外唇厚，内缘有齿 10 枚，轴唇具粒状突起或肋状褶襞。前水管沟短，稍弯曲；后水管沟向后延伸呈半管状，沟内褐色。厣卵圆形，核位于前端外侧。

本种生活于潮间带低潮区及潮下带的珊瑚礁间，比较少见。除在我国台湾岛、海南岛、西沙群岛发现外，在日本（北纬 34° 以南）、菲律宾和印度洋的科科斯群岛也有分布。

图 1 驼背蛙螺厣 ×4

讨论：Tryon(1881)认为这一种是 *B. bufonia* 的幼年标本。我们采的标本，个体虽比 *B. bufonia* 小，但贝壳坚厚，无疑已是成体，它与 *B. bufonia* 的区别主要是在体螺层背部有一个极发达的驼峰状突起和黄色的壳口。这同 Reeve 的描述都是一致的。

棘蛙螺亚属 *Gyrineum* Link 1807

贝壳较薄，贝壳表面有较细的肋，各螺层中部和体螺层上部具粒状突起或短刺，纵肿脉上有较长的棘，壳口较长，前沟长，后沟短，后端加宽。

模式种：*Gyrineum echinata* Link. (= *G. spinosa* Lamarck)

3. 习见蛙螺 *Bursa* (*Gyrineum*) *rana* (Linnaeus, 1758) （图版，图 6)

Murex rana Linnaeus, 1758, ed. 10: 748, no. 452 (in part); 1767, ed. 12: 1216. no. 527.

Ranella beckii, Kiener, 1842, 2: 5, pl. 4, fig. 1.

Ranella albivaricosa Reeve, 1844, 2: pl. 1. fig. 2; Küster, 1878, 3(2): 135, taf. 38, figs. 8–9, Tryon, 1881. 3: 38, pl. 18, figs. 5–6.

Ranella subgranosa Sowerby, Reeve, 1844, 2: pl. 1, fig. 1; Küster, 1878, 3(2): 135, taf. 39, fig. 2; Tryon, 1881, 3: 38, pl. 19, fig. 8; Yen, 1933, pt. 1: 12, pl. 1, figs. 1a, 1b; King & Ping, 1933, 4(2): 91, fig. 2.

Ranella rana Linnaeus, Wood, 1856: 127, pl. 25, fig. 21; Watson, 1886, 15: 397.

Bursa rana (Linnaeus), Dautzenberg et Fischer, 1906, 54: 159; Schepman, 1909, Mon. 49, Livr. 43: 117.

Gyrineum rana (Linnaeus), Kuroda, Habe & Oyama, 1971: 202 and 133, pl. 3, fig. 4.

Bursa (*Gyrineum*) *rana* (Linnaeus) Kira, 1971: 54, pl. 21, fig. 19.

模式标本产地：亚洲海。

标本采集地：浙江平阳，福建霞浦、长乐、泉州、平潭、厦门、东山，广东南澳岛、朝阳、汕尾、平海、上川岛、深圳，闸坡、阳江、水东、硇洲岛，海南岛(清澜、新村港、三亚、莺歌海)，广西涠洲岛。较大标本壳高 87.5 毫米，壳宽 60.5 毫米。

贝壳长卵圆形或卵圆形，较薄而坚硬，螺层 9 层，胚壳 3 层光滑，其余各层表面有强弱不同的、由念珠状突起形成的螺肋，在螺旋部每层的中部及体螺层肩部有一列短棘。体螺层在这列短棘下方尚有 1 ～ 2 列较弱的棘。贝壳淡黄色，杂有不均匀的褐色斑点和火焰状条纹。壳口内面白色，前水管沟较长，微向背面弯曲，后水管沟短而深，后端加宽，外唇厚，内缘具齿，齿白色，轴唇上，下部具齿，中部具褶襞。厣狭长，核位于内侧中央。

本种生活于潮下带水深 6 ～ 90 米(黑田记载水深 200 米)的软泥或泥沙质海底。通常以 20 ～ 50 米水深的栖息密度最大。根据 100 号拖网标本统计，这个深度范围的约占 73%，为最普通的种，除在我国东、南沿海分布外，在日本、越南、菲律宾、爪哇、安汶、澳大利亚北部、托雷斯海峡、印度、斯里兰卡等地沿海亦有分布。

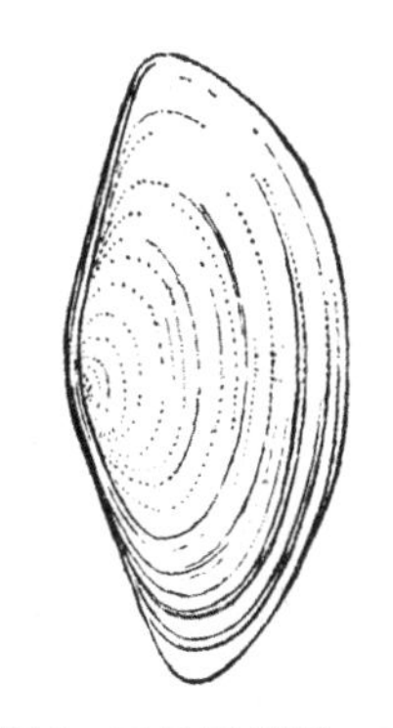

图 2　习见蛙螺厣 ×2

4. 文雅蛙螺 *Bursa* (*Gyrineum*) *elegans* (Sowerby, 1832)（图版，图 3）

Ranella elegans, Sowerby, 1832. Conch. Illustr. Ranella fig. 17; Reeve, 1844, 2: pl. 5, fig. 22; Küster, 1878 3(2): 156, taf, 39a, fig. 10.

Ranella subgronosa var. *elegana* Sowerby, Tryon, 1881, 3(2): 38, pl. 18, fig. 7.

Bursa (*Gyrineum*) *elegans* (Sowerby), Kuroda, 1941, 22(4): 107, no. 502, pl. 1, fig. 14.

Bursa elegans (Sowerby), Schepman, 1909, 49. Livr. 43: 118, no. 5; Habe & Kosuge, 1979 (Ⅱ): 46, pl. 16, fig. 7.

模式标本产地：尼科巴群岛。

标本采集地：福建平潭，广东南澳岛、汕尾、上川岛，海南岛新村港、三亚，广西涠洲岛。共 52 个标本，其中 29 个活标本。较大标本壳高 70 毫米，壳宽 52 毫米。

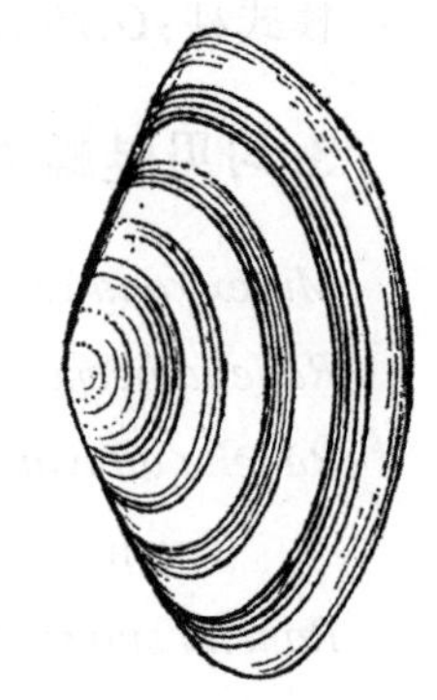

图 3 文雅蛙螺厣 ×3

贝壳长卵圆形，壳质薄而坚实，螺层 9 层，胚壳 3 层光滑，其余壳面有较细的由念珠状突起构成的螺肋，各螺层中部及体螺层上部有一列齿状突起，突起由上至下逐渐增大而成棘，体螺层在这列棘的下方还有一列较弱的棘。壳面黄或黄褐色。壳口长卵形，内面白色，外唇厚，常向外反转，内面具齿，呈淡杏黄色，轴唇上下部具齿或沟纹，中部具肋。前水管沟长，向背部弯，后水管沟窄而深，后端加宽。厣核位于内侧中央。

这一种与前一种相似，生活环境亦相同，但本种壳表面的肋纹较细，壳色无褐色火焰状条纹，且壳口内面齿部为淡杏黄色，除在我国福建以南沿海分布外，在日本南部、印度尼西亚以及印度洋的尼科巴群岛亦有记录。

粒蛙螺亚属 *Colubrellium* Fischer 1864

贝壳呈长方锤形，螺层具由粒状突起联成的螺肋，前、后水管沟均短。

模式种：*Colubrellina condita* (Gmelin) 1791 [＝ *C. condista* (Lamarck), 1816]

5. 粒蛙螺 *Bursa* (*Colubrellina*) *granularis* (Röding, 1798)（图版，图 7 ～ 9）

Ranella granifera Lamarck, Anim. sans vert. (Deshayes'ed.) 9: 548, sp. 9; Refers Martini und Chemnitz, 1780, 4: 72, pl. 127, figs. 1224–1227; Kiener, 1842, 2: 16, pl. 11, fig. 1; Reeve, 1844, 2: pl. 6, fig. 30; Küster, 1878, 3(2): 143, taf. 39a, fig. 1.

Ranella (*Lampas*) *granifera*; Tryon, 1881, 3: 42, pl. 22, fig. 35, 36; Watson, 1886, 15: 399.

Ranella affinis Broderip, Reeve, 1844, 2: pl. 4, fig. 19; Küster, 1878, 3(2): 142, pl. 38a, fig. 5.

Ranella (*Lampas*) *affinis* Broderip, Tryon, 1881, 3: 42, pl. 22, fig. 38, 39, 41; Dautzenberg et Bouge, 1933, 77: 260.

Gryineum (*Lampas*) *affinis* Broderip, Melvill & Standes, 1898, 9: 44.

Ranella livida Reeve, 1844, 2: pl. 6, fig. 28; Küster, 1878, 3(2): 143, taf. 38a, figs. 8–9.

Bursa cumingiana Dunker, 1858–1870: 59, pl.19, figs. 7–8.

Bursa (*Colubrellina*) *granifera* Lamarck, Schepman, 1909, Mon. 49, Livr. 43: 119, no. 9.

Bursa (*Colubrellina*) *affinis* Broderip, Schepman, 1909, Mon. 49, Livr. 119, no. 10.

Bursa jabick (Röding), Kuroda, 1941, 22(4): 106, no. 494.

Bursa affinis (Broderip) Tinker, 1959: 100, figs.

Colubrellina (*Dulcerana*) *granularis* (Röding), Habe, 1964, 2: 76, pl. 24, fig. 5.

Bursa (*Dulcerana*) *corrugata*; Kuroda, 1941, 22(4): 106, no. 493.

Bursa granularis (Röding) Demond, 1959, 11(3): 308; Maes, 1967, 119: no. 128, a.

Bursa corrugata; 1975, 10: 119, pl. 2, fig.

模式标本产地:不详。

标本采集地:广东朝阳(海门),海南岛和乐、新村港、海棠头、三亚、莺歌海,西沙群岛永兴岛、石岛、东岛、金银岛、羚羊礁、北礁、中建岛。共146个标本,较大标本壳高56.5毫米,壳宽31毫米。

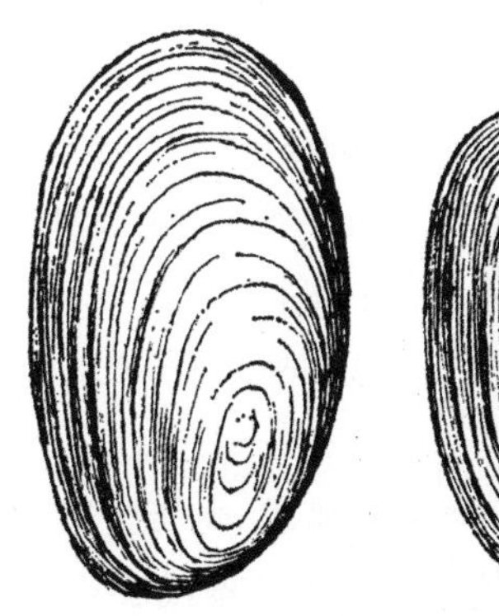

图4 粒蛙螺厣 ×4

贝壳长纺锤形,背腹稍扁,螺层8～9层,胚壳3层光滑,其余各层具有较整齐的由念珠状突起形成的螺肋,螺旋部各层3～5条,体螺层7～12条,螺层中部的粒状突起较大,突起的大小和多寡有变化,壳面颜色也有变化:西沙群岛的标本色较淡,多为黄白色并杂有淡褐色斑;海南岛的标本色较浓,多为褐色或黄褐色,在纵肿脉上有白色斑。壳口卵圆形,外唇厚,常向外卷。内缘具齿,轴唇具褶襞,上部褶襞较细而密,下部者较粗而稀。厣卵圆形,核近中央或近下端右侧。

本种生活在潮间带中、低潮区的岩礁间,通常在石块下面隐蔽,在18米水深的泥沙质海底也曾发现。1975年5月24日曾在西沙群岛的金银岛采到正在产卵的标本,卵囊指状,长约7毫米,一百几十个卵囊连在一个膜上,呈杯状,每一卵囊中有许多卵子,除在我国台湾岛、广东南海诸岛有分布外,在印度西太平洋区广泛分布,北自日本,南至澳大利亚北部,东自夏威夷群岛、图阿莫图群岛,西至印度洋和东、南非沿岸都有发现。

讨论:这一种的贝壳形态有变化。可以大致分为西沙群岛和海南岛两种类型。西沙群岛的标本壳色多为黄白色,平均壳宽为壳高的61%,而海南岛的标本多为黄褐色,壳宽平均仅为壳高的57%。两种类型贝壳两侧纵肿脉之间、背面和腹面的结节突起数目、大小也有不同,西沙群岛形大而少,海南岛形小而多。我们统计了一些标本。前一类型背部的结节突起为3～6个,以4个者为多,腹部结节突起为4～5个,以5个者为多;后一类型背部结节突起为5～15个,以7个者为多,腹部结节突起为6～13个,也以7个者为多。根据以上情况似乎可以分为两个不同亚种,但这一种分布很广,我国以外的标本我们都未见到,因此还待以后进一步搜集资料确定。

拟灯蛙螺亚属 *Lmpasopsis* Joueaum 1881

贝壳较小,呈卵圆形,螺层具粒状突起连成的肋,上部呈角状,有结节突起,壳口内面有颜色，前、后沟均短。

模式种：*Ranella rhodostoma* Sowerby

6. 紫口蛙螺 *Bursa* (*Lampasopsis*) *rhodostoma* (Sowerby, 1841)（图版，图 4）

Ranella rhodostoma, Sowerby, 1841, pt. 9: 52 (Refers Illustr. Ranella fig. 10).

Ranella rhodostoma Sowerby, Reeve, 2: pl. 7, fig 32; Küster, 1878, 3(2): 155, taf. 39a, fig. 11.

Ranella (*Lampas*) *cruentata* var. *rhodostoma* Sowerby, Tryon, 1881, 3: 40, pl. 21, fig. 25.

Bursa (*Lampasopsis*) (sic) *rhodostoma* Sowerby, Schepman, 1909. Mon. 49, Livr, 43; 118, no. 7.

Lampasopsis rhodostoma (Sowerby), Habe, 1964, 2: 75, pl. 24, fig. 22.

Bursa rhodostoma (Sowerby), Maes, 1967, 119(4): 128.

模式标本产地：菲律宾。

标本采集地：海南岛三亚（鹿回头、小东海）。共 3 个标本，较大标本壳高 32 毫米，壳宽 23 毫米。

贝壳较小，呈卵圆形，壳质坚实，螺层约 8 层。贝壳表面具有较细的念珠状螺肋，螺旋部每一螺层的中部有由 2 条或 3 条细肋并列而形成的一条较强的螺肋，其上并有数个强的结节突起。体螺层这种强肋有 3 条，上面的一条最强，下面的两条依次减弱。壳面淡黄色或黄白色，胚壳褐色，强肋的坑洼处呈紫红色。壳口近圆形，内面紫褐色，再向内侧色较淡。内、外唇均发达，外唇内缘有成对的齿，内唇中凹，有齿状或肋状褶襞。前水管沟短，稍曲，后水管沟内侧有一肋状褶襞。厣核位于近右侧边缘末端。

本种生活在潮间带低潮线附近至 18 米水深的岩石和珊瑚礁质的海底，为少见种，在中国沿海尚是首次发现。除在我国分布外，在日本（九州以南）、菲律宾、印度尼西亚和印度洋的毛里求斯也有记录。

7. 血斑蛙螺 *Bursa* (*Lampasopsis*) *cruentata* (Sowerby, 1841)（图版，图 5）

Ranella cruentata Sowerby, 1841, pt. 9: 51. Refers: Conch. Illustr. Ranella fig. 5. (Sowerby, 1841); Dautzenberg et Bouge, 1933, 77: 261; Kiener, 1843, 2: 13, pl. 7. fig. 2; Reeve, 1844, 2: pl. 5, fig. 20; Küster, 1878, 3(2): 151, taf. 39a. fig. 4.

Ranella (*Lampas*) *cruentata* Sowerby, Tryon, 1881, 3: 39, pl. 21, fig. 24.

Bursa (*Lampasopsis*) (sic) *cruentata* Sowerby, Kuroda, 1941, 22(4): 106, no. 495-a.

Bursa cruentata (Sowerby), Tinker, 1959: 100, fig.

Lampasopsis (sic) *cruentata* (Sowerby), Habe & Kosuge, 1979, (II): 46, pl. 16, fig. 9.

模式标本产地：菲律宾。

标本采集地：海南岛三亚（小东海），西沙群岛永兴岛、晋卿岛。共 10 个标本，较大标本壳高 39 毫米，壳宽 27.8 毫米。

贝壳较小，呈卵圆形，壳质坚硬，螺层约 7 层。壳表面具小的念珠状螺肋，螺旋部每一螺层中部有由 2 条细肋并列而形成的一条较强的螺肋，在体螺层，这种较强的螺肋有 2 ~ 3

条，以上面的一条为最强。壳面淡黄白色，粒状突起或二者间的坑洼处及结节突起呈褐色。壳口近圆形。内面白色，外唇扩张，边缘具有与背部螺肋相应的棘状突起，其中基部的一个较大，内面有 10 枚左右的齿。内唇扩张，中凹，约有 12 条长短不齐的肋状褶襞，上部褶襞间有血红色的斑。

本种生活在珊瑚礁间，为少见种。我们采到 10 个标本，其中仅有一个活标本。除我国台湾岛、海南岛、西沙群岛分布外，在日本（纪伊半岛以南）、菲律宾、夏威夷群岛、东印度、毛里求斯及非洲东岸也有分布。Tinker（1959）记载在西印度有分布，尚需进一步证实。

土发螺属 *Tutufa* Joueaume 1881

贝壳较大，各螺层纵肿脉交互排列，不在一个垂直线上。

模式种：*Murex lampa auct* (not Linnaeus 1758) (= *Murex bubo* Linnaeus, 1758)

8. 土发螺 *Tutufa bubo* (Linnaeus, 1758) （图版，图 11）

Murex rana bubo Linnaeus, 1758, ed. 10: 748, no. 452 (in part).

Murex lampas bubo Linnaeus, 1767, ed 12: 1216, no. 529 (in part).

Triton lampas Lamarck, Reeve, 1844, 2: pl. 9, fig. 30a; Wood, 1856: 127, pl. 25, fig. 28; Küster, 1878, 3(2): 175, taf. 47, figs. 3, 4; Lischke, 1869, Ⅰ: 47.

Bursa (*Bufonia*) *lampas* Linnaeus, Schepman, 1909, Mono. 49, Livr, 43: 118.

Bursa bubo Linnaeus, Vanatta, 1914, Nautilus, 28: 80; Hedley, 1916, 15: 42; Demond, 1959: 307.

Bursa (*Tutufa*) *rubeta* var. *gigantea* Smith, 1914, 14: 230, pl. 4, figs. 4, 5; Allan, 1950: 115, pl. 16, fig. 6.

Bursa (*Tutufa*) *bubo* Linnaeus, Kuroda, 1941, 22(4): 106, no. 497.

Bursa lampas Linnaeus, Tinker, 1959: 98, fig.; Spry, 1961, no. 56: 18, no. 121; 张玺，齐钟彦，等，1975, 10: 119. pl. 6, fig. 11.

Tutufa bubo (Linnaeus), Habe & Kosuge, 1979: 46, pl. 16, fig. 10.

模式标本产地：亚洲海。

标本采集地：海南岛三亚（小东海），西沙群岛永兴岛、东岛、琛航岛、晋卿岛、北礁。共 14 个标本，其中有 4 个生活标本，最大标本壳高 208 毫米，壳宽 142 毫米。

贝壳较大，壳质坚实，螺层约 11 层，螺旋部塔形，壳面布有念珠状螺肋。螺旋部各层与体螺层肩部的螺肋由两条肋并列而成，结节突起特别发达。贝壳黄褐色，布有紫褐色斑点。壳口卵圆形，边缘染有极淡的褐色，稍向内为白色，深处为橘黄色。外唇厚，边缘具齿状缺刻及紫褐色斑点，内缘有 12 个齿状突起（小个体比较清楚，老个体常只留一二枚，其

图 5　土发螺厣 ×2

余不显），内唇弧形，滑层向外延伸呈片状。内具褶襞，前部褶襞较强，呈肋状。前沟半管状，稍向右曲，后水管沟内侧有 1 ～ 2 个强肋。厣核位于右侧稍下。

本种生活在潮间带低潮区及下带上部的珊瑚礁间，除在我国台湾岛、海南岛、西沙群岛分布外，也广泛分布于印度西太平洋的暖水区，北自日本南部，南至澳大利亚北部，东自夏威夷群岛、太平洋诸岛，西至东非沿岸皆有记载。

9. 红口土发螺 *Tutufa rubeta* (Linnaeus, 1758)（图版，图 10）

Murex rana rubeta Linnaeus, 1758, ed. 10: 748, no. 452 (in part).

Murex（*Lampas*）*rubeta* Linnaeus, 1767, ed. 12: 1216, no. 529 (in part). Refers: Martieni und Chemnitz, 1770, 4: 83, pl. 128, figs. 1236–1237.

Lampas hians Schumacher, 1817, Essai Nouv. Syst.: 252.

Tritonium tubersum Röding, 1798, Mus. Bolt. (2): 127.

Bursa（*Lamaps*）*rubeta* (Linnaeus), A. Adams, 1858, L 106.

Tutufa caledonensis Jousseaume, 1881, 16: 177.

Buras（*Tutufa*）*rubeta* (Linnaeus), Kuroda, 1941, 22(4): 106, no. 498.

Buras rubeta Linnaeus, Vannatta, Nautilus, 1914. 28: 80.

Tutufa rubeta (Linnaeus), Habe & Kosuge, 1979: 46, pl. 16, fig. 8.

模式标本产地：亚洲海。

标本采集地：海南岛三亚，西沙群岛的东岛、琛航岛。共 7 个标本，其中有 3 个生活标本，最大标本壳高 109 毫米，壳宽 61 毫米。

图 6 红口土发螺厣 ×2

贝壳中等大，壳质坚实，螺层约 8 层。壳面除胚壳光滑外，其余各层均具有念珠状的螺肋。螺旋部每一螺层的中部和体螺层肩部有一对螺肋并列，其上生有较强的结节突起。壳口卵圆形，外唇扩张，内缘约具齿 12 枚，齿的下方有时有一条半圆形的凹沟，沟下面有与壳口齿数相当的肋。内唇扩张，具较强的褶襞，后部紧贴于体螺层上，前部呈片状，竖起。壳面黄褐色或褐色，壳口内面为橘红色，半圆形凹沟、齿和褶襞为白色。外唇内、外缘有距离不等的白色斑。前沟半管状，扭曲，后沟短，为一缺刻。厣褐色，核位于中央稍下部。

本种生活在潮间带低潮线附近的岩礁间，除在我国台湾岛、海南岛和西沙群岛发现外，在日本、菲律宾、东帝汶、关岛、汤加群岛、新喀里多尼亚、南非（阿扎尼亚）的纳塔尔等地也有分布。

10. 中国土发螺 *Tutufa oyamai* Habe, 1973（图版，图 12）

Tutufa oyamai Habe, 1973, 31(4): 140, text-fig. 2.

Tutufa tenuigranosa (non Smith), Habe, 1964, 2: 76, pl. 24, fig. 4.

Tutufa oyamai Habe, Azuma, 1973, 32(1): 14, pl. 1, fig. 7, p. 11, text-fig. 1 (Radula).

模式标本产地：中国台湾。

标本采集地：南海拖网（北纬18°，东经108°30′）。共6个标本，其中3个为生活标本，最大标本壳高63毫米，壳宽41毫米。

图7 中国土发螺厣 ×4

贝壳卵圆形，壳质坚实，螺层约9层。螺旋部圆锥形，体螺层大，前端收缩，螺旋部各层中部及体螺层上部有肩角，其上生有结节突起，胚壳2.5层，光滑，其余各层壳面粗糙，布满小颗粒状突起及纤细的螺旋纹，体螺层有4条较强的肋。贝壳为黄褐色，有的个体在结节突起之间有红褐色斑点，壳口卵圆形，内面白色。外唇扩张，内缘有粒状齿10枚，外缘有锯齿状缺刻，内唇上部贴附于体螺层，下部竖起呈片状，遮盖脐部。内面具褶襞，前部褶襞稀疏，呈肋状。前沟半管状，稍凸出，曲向后方；后沟发达，突出壳外，亦呈半管状。厣黄褐色，核位于右侧靠下。

本种生活在潮下带水深38～117米的泥沙质和碎贝壳质的海底，除在我国东、南沿海分布外，在日本、菲律宾、巴基斯坦也有分布。

参考文献

［1］张玺，齐钟彦，马绣同，等．1975．西沙群岛软体动物前鳃类名录．海洋科学集刊．10：119.

［2］Allan J. 1950. Australian Shells. Melbourne Georgian House.

［3］Azuma M. 1973. On the Radulae of Some Remarkable Gastropoda from off Kirimezeaki Kii Peninsula Japan, with the Description of a New Cone shell. *Venus*, 32(1): 9, 14.

［4］Beu A G. 1973. *Tutufa jousseaume* 1881 (Gastropoda): Request for designation of a type-species under the plenary powers. Z. N (S.) 2021 *Bull. Zool. Nom.*, 30, pt. 1: 54–56.

［5］Blainville H M D. 1825. Manuel de Malacologie: 399–400.

［6］Cooke A H. 1916. The Operculum of the Genus *Bursa* (*Ranella*). *Proc. Malac. Soc.* London. 12(1): 5–11.

［7］Dautzenberg P, Fischer H. 1906. Contribution a la faune Malacologique de l'Indo-chine. *J. Conch.*, 54: 159–160.

［8］Dautzenberg P, Bouge J L. 1933. Les Mollusques testacés marins des établissements Français. *J. Conch.*, 77: 260–263.

［9］Demond J. 1957. Micronesian reef-associated Gastropoda. *Pacific Sicence.* 11(3): 307–308.

［10］Dodge H. 1957. The genus *Murex* of the Class Gastropoda. pt. 5. *Bull. Amer. Mus. Nat. Hist.*, 113, Art. 2: 103–106.

［11］Dunker W. 1862. Species nonnullae Bursarum vel Ranellarum collections Cumingianae. *Proc. Zool. Soc.* London: 238–240.

［12］Dunker W. 1870. Novitates conchologicae (Mollusca marina): 59–60. Cassel.

［13］Habe T. 1964. Shells of the Western Pacific in Color. 2: 75–76. Japan. Hoikusha.

［14］ Habe T. 1973. *Tutufa tenuigranosa* (Smith) and *T. oyamai* sp. nov. hitherto erroneously referred to the former. *Venus*, 31(4): 139–142.

［15］ Habe T, Kosuge S. 1979. Shells of the World in colour. 2: 45–46 (The tropical Pacific). Hoikusha.

［16］ Hedley C. 1916. Further notes on *Bursa rubeta. L. J. Conch.*, 15(2): 41–42.

［17］ Jousseaume F. 1881. Description de Nouvelles coquilles. *Bull. Soc. Zool. France.*, 16: 172–179.

［18］ Kiener L C. 1843. Species general et iconographie des coquilles vivates. 2(*Ranella*).

［19］ King S G（金叔初）, Ping C（秉志）. 1933. The molluscan shells of Hong Kong. *Hong Kong Nat.*, 4(2): 91.

［20］ Kira T. 1971. Coloured illustrations of the shells of Japan. Enlarged & Revised Edition. Hoikusha.

［21］ Kuroda T. 1941. A catalogue of molluscan shells from Taiwan, with descriptions of new species. *Mem. Fac. Sci. Agr. Taihoku Imp. Univ.*, 22(4): 106–107.

［22］ Kuroda T, Habe T, Oyama K. 1971. The sea shells of Sagami Bay. Japan.

［23］ Küster C H. 1878 *Systematisches Conchylien-Cabinet. in Martini und Chemnitz.* 3(2): 123–158 (*Ranella*).

［24］ Linnaeus L. 1758. Systema Naturae ed. 10.

［25］ Linnaeus L. 1767. *Ibid*. ed. 12.

［26］ Lischke C E. 1869. Japanische meeres-conchylien 1: 47.

［27］ Maes V O. 1967. The littoral marine mollusks of Cocos-Keeling Island (Indian Ocean). *Acad. Nat. Sci Philad.*, 119: 128–129.

［28］ Melvill J C. 1928. The marine Mollusca of the Persian Gulf of Oman and North Arabian Sea. As evidenced mainly through the collections of Captain F. W. Townshend 1893–1914. Addenda, corrigenda and emndanda. *Proc. Malac. Soc*. London, 18: 103–104.

［29］ Melvill J C, Standen R. 1898. The marine mollusca of Madras and immediate neighbourhood. *J. Coch.*, 9: 44.

［30］ Okutani T. 1972. Molluscan Fauna on the Submarine Banks Zenisu, Hyotanse, and Takase, near the Izu-Shichito Islands, *Bull. Tokai Reg. Fish. Res. Lab.*, 72: 88–90.

［31］ Reeve L. 1844. Conchologia Iconica 2 (*Ranella*).

［32］ Schepman M M. 1909. The Prosobranchia of the Siboga Expedition Part. 2. Mon. 49. Livr. 43: 116–119.

［33］ Smith E A. 1914. Note on *Bursa* (*Tutufa*) *rubeta* (Bolten) *Triton lampas* (Lamarck et auct.). *J. Conch.*, 14: 226–231.

［34］ Sowerby G B. 1841. Descriptions of eight new species of the genus *Ranella. Proc. Zool. Soc. London*, 9: 51–53.

［35］ Spry J F. 1961 & 1968. The Sea Shells of Dar es Salaam pt. 1—Gastropods. Trananvika

Notes & Records. No. 56(1961): 17–18 and Second revision with supplement 1968: 35.

[36] Tinker S W. 1959. Pacific Sea Shells: 98–100. Vermont and Tokyo, Japan.

[37] Watson B A. 1886. The Voyage of H. M. S. Challenger. *Zool.*, 15: 396–403. London.

[38] Wood W. 1856. Index testaceologicus, an Illustrated Catalogue of British and Foreign Shells: 127. London.

[39] Yen T C (阎敦建) .1933. The Molluskan Fauna of Amoy and its vicinal regions. part. 1. *Pan Memorial Institute of Biology, Peiping, China.*

[40] Yen T C (阎敦建) .1942. Review of Chinese gastropod in the British Museum. *Proc. Malac. Soc. London.*, 24: 217.

STUDIES ON CHINESE SPECIES OF BURSIDAE (MOLLUSCA: GASTROPODA)

QI ZHONGYAN AND MA XIUTONG
(*Institute of Oceanology, Academia Sinica*)

ABSTRACT

Based upon the materials collected by the Institute Oceanology, Academia Sinica from China coasts during the past years, 10 species of the Bursid gastropods are reported in the present paper. One species, *Bursa rhodostoma* (Sowerby) is recorded from China for the first time. The species are listed below:

1. *Bursa* (*Bursa*) *bufonia* (Gmelin)
2. *Bursa* (*Bursa*) *tuberosissima* (Reeve)
3. *Bursa* (*Gyrineum*) *rana* (Linnaeus)
4. *Bursa* (*Gyrineum*) *elegans* (Sowerby)
5. *Bursa* (*Colubrellina*) *granularis* (Röding)
6. *Bursa* (*Lampasopsis*) *rhodostoma* (Sowerby)
7. *Bursa* (*Lampasopsis*) *cruentata* (Sowerby)
8. *Tutufa bubo* (Linnaeus)
9. *Tutufa rubeta* (Linnaeus)
10. *Tutufa oyamai* Habe

Of the above ten species, *Bursa rana* and *Bursa elegans* are subtropical. They are found along China coasts, from Pinyang, Zhejiang Province to Hainan Island and Pingtan, Fujian province to Hainan Island respectively. The other 8 species are tropical. In China, they are found only from the Islands of Xisha, Hainan or Taiwan.

图版

1. 蛙螺 *Bursa* (*Bursa*) *bufonia* (Gmelin) × 0.6； 2. 驼背蛙螺 *Bursa* (*Bursa*) *tuberosissima* (Reeve) × 0.85； 3. 文雅蛙螺 *Bursa* (*Gyrineum*) *elegans* (Sowerby) × 0.7； 4. 紫口蛙螺 *Bursa* (*Lampasopsis*) *rhodostoma* (Sowerby) × 0.9； 5. 血斑蛙螺 *Bursa* (*Lampasopsis*) *cruentata* (Sowerby) × 0.85； 6. 习见蛙螺 *Bursa* (*Gyrineum*) *rana* (Linnaeus) × 0.6； 7. 粒蛙螺 *Bursa* (*Colubrellina*) *granularis* (Röding) × 0.85； 8. 粒蛙螺 *Bursa* (*Colubrellina*) *granularis* (Röding) × 1； 9. 粒蛙螺 *Bursa* (*Colubrellina*) *granularis* (Röding) × 0.85； 10. 红口土发螺 *Tutufa rubeta* (Linnaeus) × 0.8； 11. 土发螺 *Tutufa bubo* (Linnaeus) × 0.5； 12. 中国土发螺 *Tutufa oyamai* Habe × 0.7。

A NEW SPECIES OF OVULIDAE FROM HONG KONG①

Qi Zhongyan, Ma Xiutong
Institute of Oceanology, Academia Sinica, Qingdao (Tsingdao), People's Republic of China

ABSTRACT

A Species of Ovulidae [*Crenavolva* (*Cuspivolva*) *chinensis*] is described as new from Hong Kong.

INTRODUCTION

This paper deals with a new species of Ovulidae collected from Tolo Harbour, Hong Kong by Prof. Zhuang Qiqian in April 1983. The Ovulidae of the Indo-Pacific region have been described by Schilder (1932; 1941), Allan (1956), Kuroda et al. (1971), Cate (1973; 1974) and Azuma (1975).

SYSTEMATICS

***Crenavolva* (*Cuspivolva*) *chinensis* sp. nov. (Fig. 1)**

Type locality: Hong Kong. Collected by Zhuang Qiqian.

Holotype: Deposited in the Institute of Oceanology, Academia Sinica. (Reg. No. M25621).

Paratype locality: Amoy. Collected by Tchang-Si. Deposited in the Institute of Oceanology, Academia Sinica. (Reg. No. M25622).

Shell small, rather solid, elongately ovate. Dorsally inflated, transversely angulate. Shell surface glossy, with numerous fine, transverse, incised striae. Terminally produced, tip adapical, truncate in front. Base constricted laterally, concave at the middle and weakly angulate on the left. The edge of the anterior lip is weakly crenulate. First funicular projected

① Proceedings of the Second International Workshop on the Malacofauna of Hong Kong and Southern China, Hong Kong. 1983. (Eds. B. Morton and D. Dudgeon). Ibid. 11: 125–126. Hong Kong: Hong Kong University Press.

adapically with one ridge. First posterior outlet well marked, rather deep; second posterior outlet rather shallow. Aperture narrow, straight, slightly wide in front. Outer lip broad, thick, with well developed teeth on its posterior half, five of these teeth protruding as pustules on the outer lip edge. The teeth on the anterior half of the outer lip are weak and indistinct. Columella straight, fossula concave. Shell is deep brown-purple in colour, with nodules posterio-dorsally. Outer lip and front half of the inner lip are brownish, the adapical terminus is rose-coloured, the adapical terminus is pale.

Measurements: Holotype L–10.6 mm; W–4.6 mm; H–4.1 mm.

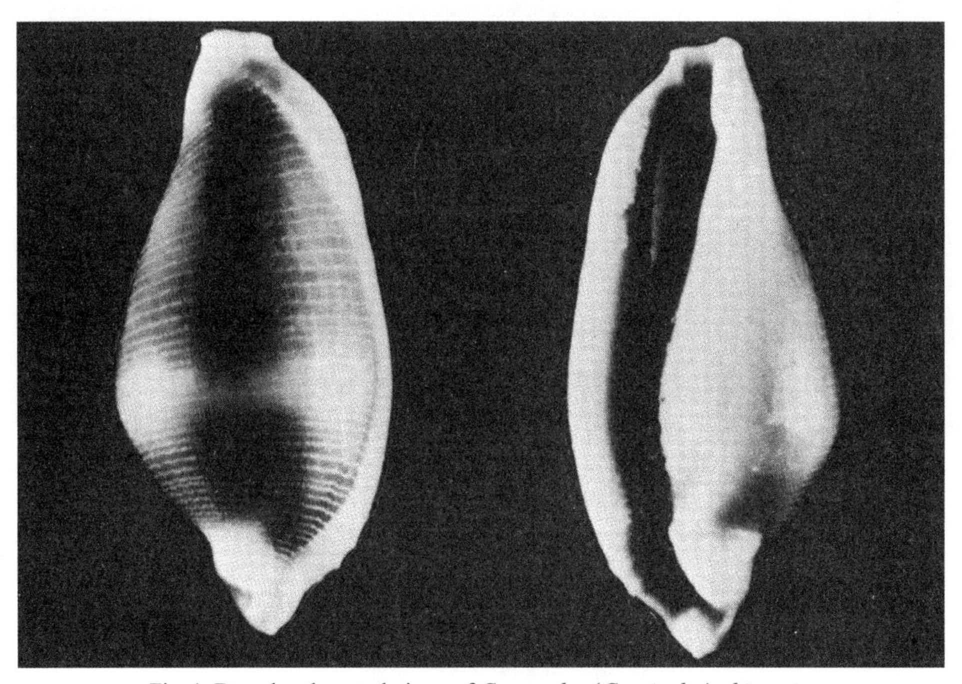

Fig. 1 Dorsal and ventral views of *Crenavolva* (*Cuspivolva*) *chinensis*

DISCUSSION

This new species is rather closely related to *Crenavolva* (*Cuspivolva*) *cuspis* Cate, 1973, but differs in the shape of the posterior outlet, that of the former being well marked and with the second posterior outlet rather shallow. The shell bears finely incised transverse dorsal striae.

REFERENCES

Allan J K. 1956. *Cowry Shells of World Seas*. Melbourne: Georgian House.

Azuma M. 1975. Systematic studies on the recent Japanese family Ovulidae (Gastropoda)—III . On the genus *Crenavolva* Cate, 1973, with description of a new species. *Venus*, 33: 97–107.

Cate C R. 1973. A systematic revision of the Recent cypraeid family Ovulidae (Mollusca: Gastropoda). *The Veliger*, 15 (Suppl.): 49–58.

Cate C R. 1974. Five new species of Ovulidae from the Western Pacific (Mollusca: Gastropoda). *The Veliger*, 16: 381–384.

Kuroda T, Habe T, Oyama K. 1971. *The Sea Shells of Sagami Bay*. Tokyo: Maruzen Co. Ltd.

Schilder F A. 1932. The living species of Amphiperatinae. *Proceedings of the Malacological Society of London*, 20: 46–64.

Schilder F A. 1941. Verwandtschaft und Verbritung der Cypraeacea. *Archiv für Molluskenkunde*, 73: 57–120.

A PRELIMINARY SURVEY OF THE CEPHALASPIDEA (OPISTHOBRANCHIA) OF HONG KONG AND ADJACENT WATERS[1]

Lin Guang yu, Qi Zhongyan

Institute of Oceanology, Academia Sinica, Qingdao (Tsingdao), People's Republic of China

ABSTRACT

This paper deals with 41 species of Céphalaspidea belonging to the Acteonidae (six species), Ringiculidae (four species), Bullidae (two species), Atyidae (three species), Haminocidae (four species), Retusidae (nine species), Scaphandridae (eight species), Acteocinidae (four species) and Philinidae (one species), collected from Hong Kong and adjacent waters. Of these, two species are new to science and 23 species are recorded for the first time from the coasts of China.

INTRODUCTION

The Cephalaspidea have a world-wide distribution, but are particularly common in tropical and subtropical regions of the Indo-Pacific, and are found in the intertidal zone, as well as in shallow waters and at abyssal depths. A series of surveys on different groups of the Opisthobranchia have been carried out under the guidance of the late Professor Tchang-Si, along coasts of China, and 39 species of Cephalaspidea, including four new species, were recorded in various published papers. Of these, only one species (*Bulla ampulla*) is known from Hong Kong.

During March and April 1980 and April 1983, the second author collected Cephalaspidea from Hong Kong. In addition, a survey of the eastern coast of Guangdong Province, especially

---

① Proceedings of the Second International Workshop on the Malacofauna of Hong Kong and Southern China, Hong Kong. 1983. Eds. B. Morton and D. Dudgeon. 1: 109–124. 2 pls. Hong Kong University Press.

of the areas adjacent to Hong Kong, was made in December 1980 and January 1981. Based on these materials and the collections in the Institute of Oceanology, Academia Sinica, obtained over a number of years, a total of 41 tropical and subtropical species of Cephalaspidea have been identified.

SYSTEMATICS

Family Acteonidae = Pupidae

Acteon siebaldii (Reeve, 1842) (Figure 1G)

Tornatella siebaldii Reeve, 1842: 61.

Acteon siebaldii Sowerby, 1865, 15: sp. 11; Habe, 1950, 1(6): 39; 1955, 16–19: 55; 1964, 2: 134, pl. 42, fig. 2; Kuroda et al, 1971: 286, 450, pl. 114, fig. 14.

For a description see Sowerby (1865), Reeve (1842), Habe (1964), Kuroda et al (1971).

Locality: Dapengwan.

Dimensions: height 9.2 mm; breadth 4.8 mm.

Distribution: Japan and China.

Pupa solidula (Linnaeus, 1758)

Bulla solidula Linnaeus, 1758, ed. 10: 27.

Tornatella solidula Sowerby, 1865, 15: sp. 3.

Solidula solidula Pilsbry, 1893, 15: 142, pl. 20a, figs. 37–38.

Pupa solidula Habe, 1954, 1(6): 41, pl. 8, figs. 5, 11; 1955: 56, pl. 4, fig. 17; Lin and Tchang, 1965, 7(1): 1.

For a description see Linnaeus (1758), Sowerby (1865), Pilsbry (1893), Habe (1964).

Locality: Nanao, Hong Kong.

Dimensions: height 10.6 mm; breadth 5.6 mm.

Distribution: Indo-Pacific region; Mauritius, Natal, Torres Sea, New Caledonia, Philippines, Japan, China (Taiwan, Hainan Island and the Xisha Islands).

Pupa strigosa (Gould, 1859)

Buccinulus strigosus Gould, 1859, 7: 141.

Tornatella suturalis Sowerby 1868, 16: sp. 9.

Tornatella strigosa Lischke, 1871: 104, pl. 5, figs. 12–13.

Buccinulus fraterculus Dunker, 1882: 161, pl. 13, figs. 21–23.

Solidula strigosa Pilsbry, 1893, 15: 137, pl. 20A, figs. 60–61.

Pupa strigosa Habe, 1950, 1(6): 42, pl. 8, figs. 7,13; 1955: 16–19: 57; Baba, 1960, III: 125, pl. 62, fig. 4.

Solidula (*Strigopupa*) *fumata strigosa* Habe, 1964, 2: 134, pl. 42, fig. 8.

Solidula (*Strigopupa*) *strigosa* Kuroda et al, 1971: 283, 453, pl. 64, figs. 24–25.

For a description see Gould (1859), Sowerby (1868), Pilsbry (1893), Baba (1960), Habe (1964), Kuroda et al (1971).

Locality: Nanao Shuitousha.

Dimensions: height 13.2 mm; breadth 6.2 mm.

Distribution: Japan, Philippines and China.

Pupa sulcata (Gmelin, 1791)

Valula sulcata Gmelin, 1791, Syst. Nat., ed. 13: 3436.

Tornatella glabra Reeve, 1842: 40; Sowerby, 1865, 15: sp. 4.

Solidula sulcata Pilsbry, 1893, 15: 143, pl. 20A, figs. 39, 46–48.

Pupa sulcata Habe, 1950, 1(6): 41, text-fig. 1, pl. 8, figs. 5, 11; 1955, 16–19: 57; Baba, 1960, III : 125, pl. 62.

For a description see Reeve (1842), Pilsbry (1893), Baba (1960).

Locality: Nanao.

Dimensions: height 14.2 mm; breadth 7.8 mm.

Distribution: Indo-Pacific region; Mauritius, Red Sea, Singapore, Philippines, Torres Sea, Australia, Tahiti, New Caledonia, Japan and China (Taiwan, Hainan Island).

Punctacteon yamamurae Habe, 1976 (Figure 2H)

Punctacteon yamamurae Habe, 1976, 2(1): 8–9, fig. 2.

For a description see Habe (1976).

Locality: Yantian, Shanwei.

Dimensions: height 5.0 mm; breadth 3.2 mm.

Distribution: Japan, Philippines, China.

Obrussena moeshimaensis Habe, 1952 (Figure 2A)

Obrussena moeshimaensis Habe, 1952, 17:71, 76, text-fig. 6; 1953, 1(25): 215, pl. 30, fig. 18.

For a description see Habe (1952).

Locality: Nanao Shuitousha.

Dimensions: height 2.8 mm; breadth 1.5 mm.

Distribution: Japan, China.

Family Ringiculidae

Ringicula (*Ringiculina*) *doliaris* Gould, 1860

Ringicula doliaris Gould, 1860, 7:325; Pilsbry, 1894, 15:403, pl. 47, figs. 82–83; Johnson, 1964, 239: 69, pl. 15, fig. 7.

Ringicula arctata Gould, 1860, 7: 325; Lischke, 1871, 2: 78, pl. 5, figs. 16–17; Pilsbry, 1894, 15: 403, pl. 47, figs. 74–75, 79; Grabau and King, 1928, 2: 243, pl. 11, fig. 127; Nomura, 1939, 16: 13, pl. 2, figs. 14a, b, 17a, b.

Ringicula oehlertiae Morlet, 1880, 28: 156, pl. 5, fig. 4; Pilsbry, 1894, 15: 404, pl. 47, figs. 77–78.

Ringicula musashinoensis Yokoyama, 1920, 39(6): 30, pl. 1, figs. 3, 8.

Ringicula (*Ringiculella*) *arctata* Takeyama, 1935, 5(2–3): 76, pl. 5, figs. 5–6.

Ringicula (*Ringiculella*) *oehlrtiana* Takeyama, 1935, 5(2–3): 73, pl. 5, figs. 9–12.

Ringicula siogamaensis Nomura, 1939, 16: 14, pl. 2, figs. 16a, b.

Ringicula (*Ringiculina*) *doliaris* Habe, 1950, 1(2): 8, pl. 2, figs. 7, 9; 1964, 2: 135, pl. 42, fig. 14; Kuroda et al, 1971: 286, 458, pl. 114, fig. 18.

Ringicula (*Ringiculella*) *doliaris* Habe, 1955, 16–19: 58.

For a description see Gould (1980), Pilsbry (1894), Morlet (1880), Yokoyama (1920), Grabau and King (1928), Nomura (1939), Takeyama (1935), Habe (1964), Kuroda et al (1971).

Locality: Yantian, Shenzhen.

Dimensions: height 2.8 mm; breadth 2.6 mm.

Distribution: Japan, Korea, Java and China (Peitatho, Hong Kong, Hainan Island).

Ringicula (*Ringiculina*) *denticulata* Gould, 1860 (Figure 2P)

Ringicula denticulata Gould, 1860, 7: 325; Johnson, 1964, 239; pl. 15, fig. 8.

For a description see Gould (1860).

Locality: Dapengwan.

Dimensions: height 5.8 mm; breadth 3.2 mm.

Distribution: Australia, China.

Ringicula (*Ringiculina*) *kurodai* Takeyama, 1935 (Figure 2D)

Ringicula (*Ringiculella*) *pacific kurodai* Takeyama, 1935, 5(2–3): 79, pl. 6, figs. 26–29.

Ringicula (*Ringiculina*) *kurodai* Habe, 1950, 1(2): 8, pl. 2, fig. 3; Kuroda et al. 1971: 286, 458–459, pl. 114, fig. 19.

Ringicula (*Ringiculella*) *kurodai* Habe, 1955, 16–19: 58.

For a description see Takeyama (1935), Kuroda et al (1971).

Locality: Nanao Shuitousha.

Dimensions: height 2.8 mm; breadth 1.8 mm.

Distribution: Japan, China.

Ringicula (*Ringiculina*) *shenzhenensis* sp. nov. (Figure 2C)

Type Locality: Nanao Shuitousha.

Dimensions: height 3.2 mm; breadth 1.9 mm.

The holotype is deposited in the Institute of Oceanology, Academia Sinica (Reg. No. M25456). Shell small, elongate-oval, white, solid, polished. Spire conical, accounting for about one fourth of the total shell length. Whorls about 5.5, two of which constitute the smooth protoconch and the succeeding whorls slightly convex, sculptured with spiral sulci. Body whorl large, sculptured with about 30 spiral sulci. Aperture rather wide, outer lip arcuate and with a distinct swollen callus within. Posterior groove wide and shallow. Columellar lip with two strong folds of which the upper is obsolete. Parietal callus weak, without tooth.

This new species may be distinguished from *R.* (*R.*) *teramachii* Habe, 1950 by its lower spire larger body whorl, a wider posterior groove and fewer spiral sulci.

Family Bullidae

Bulla vernicosa Gould, 1859

Bulla vernicosa Gould, 1859, 7:138; Pilsbry, 1894, 15: 349; Habe, 1950; 1(3): 21, pl. 3, fig. 16, text-fig. 2; 1955, 16–19: 60; Kuroda et al, 1971: 288, 460–461, pl. 64, fig. 26; Baba, 1960, Ⅲ : 125, pl. 62, fig. 11; Lin and Tchang, 1965, 7(1): 2; Lin, 1975, 10: 141–142.

Bulla ovula Sowerby, 1868, 16: sp. 5.

For a description see Gould (1859), Pilsbry (1894), Baba (1960), Kuroda et al (1971).

Locality: Yantian Dameisha.

Dimensions: height 34.2 mm; breadth 23.8 mm.

Distribution: Japan, Philippines and China (Taiwan, Hainan Island, Xisha Islands).

Bulla ampulla Linnaeus, 1758

Bulla ampulla Linnaeus, 1758, ed. 10: 727, A. Adams, 1858: 16, pl. 57, figs. 1, 1a; Sowerby, 1868, 16: sp. 3; Angas, 1877: 189; Smith, 1890, 6: 266; Pilsbry, 1894, 15: 343, pl. 34, figs. 1–3; King and Ping, 1931, 2: 16, fig. 7; Eales, 1938, 5(4): 81, text-fig. 2; Habe, 1950, 1(3): 321, pl. 3, figs. 5, 15; 1955, 16–19: 60; 1964, 2:136, pl. 42, fig. 17; Lin and Tchang, 1965, 7(1): 2.

Bulla ampullia Tsi and Ma, 1982: 442.

For a description see Linnaeus (1758), Adams (1858), Sowerby (1868), Smith (1890),

Pilsbry (1894), King and Ping (1931), Eales (1938), Habe (1964).

Locality: Yantian Dameisha, Nanao Shuitousha.

Dimensions: height 39 mm; breadth 28 mm.

Distribution: Indo-Pacific region; Red Sea, Mauritius, India, Natal, Seychelles, Japan, Philippines and China (Taiwan, Hainan Island, Hong Kong).

Family Atyidae

Aliculastrum cylindricum (Helbling, 1779)

Bulla cylindrica Helbling, 1779, Abh. Privat. Ges. Borhman, 4, p. 122, pl. 2, fig. 30; Sowerby, 1869, 17: sp. 7.

Atys (*Alicula*) *cylindrica* Pilsbry, 1893, 15: 265, pl. 33, figs. 60–64.

Atys cylindrica Kobelt, 1896, 1(9):16, pl. 2, figs. 15–16.

Aliculastrum cylindrica Habe, 1952, 1(20):138, text-fig. 1; 1955, 16–19:61; Baba, 1960, III : 125, pl. 62, fig. 14; Lin and Tchang, 1965, 7(1): 3, pl. 1, fig. 1; Lin, 1975, 10: 142.

For a description see Sowerby (1869), Pilsbry (1893), Baba (1960), Koblet (1896), Lin and Tchang (1965).

Locality: Nanao Shuitousha.

Dimensions: height 6.5 mm; breadth 2.8 mm.

Distribution: Indo-Pacific region; Torres Strait, Fiji, Ceylon, Andaman Islands, Red Sea, Mauritius, Seychelles, Japan, Philippines and China (Hainan Island, Xisha Islands).

Limulatys ooforms Habe, 1952 (Figure 2J)

Limulatys ooforms Habe, 1952, 1(20): 138–139, pl. 20, fig. 9; 1955, 16–19: 61.

For a description see Habe (1952).

Locality: Nanao Shuitousha.

Dimensions: height 4.8 mm; breadth 2.9 mm.

Distribution: Japan, China.

Nipponatys volvulinus (A. Adams, 1862) (Figure 1H)

Alicula volvulina A. Adams, 1862, (3) 9: 159.

Atys (*Alicula*) *volvulinus* Habe, 1952, 1(20): 141, pl. 20, fig. 5, pl. 21, fig. 27; 1955, 16–19: 62.

For a description see Adams (1862), Pilsbry (1893).

Locality: Dayawan, Shanwei.

Dimensions: height 6.4 mm; breadth 3.2 mm.

Distribution: Japan, China.

Family Haminocidae

Haloa (*Sericohamineoa*) *yamagutii* Habe, 1952

Haminoea vitrea Kuroda, 1941, Mem. Fac. Sci. Agr. Taihoku Imp. Univ., 22(4): 113, pl. 3, fig. 48. non. A. Adams, 1850.

Haloa (*Sericohamineoa*) *yamagutii* Habe, 1952, 1(20): 150, pl. 20, fig. 16; 1964, 2: 137, pl. 42, fig. 29.

For a description see Habe (1952; 1964).

Locality: Yantian.

Dimensions: height 10.5 mm; breadth 6.8 mm.

Distribution: Japan, China (Taiwan).

Haloa margaritoides Kuroda and Habe, 1971 (Figure 2M)

Haloa margaritoides Kuroda et al, 1971: 288–289, 461–462, pl. 64, fig. 28.

For a description see Kuroda et al (1971).

Locality: Nanao Shuitousha.

Dimensions: height 9.6 mm; breadth 6.8 mm.

Distribution: Japan, China.

Lamprohaminoea cymbalum (Quoy et Gaimard, 1835) (Figure 1B)

Bulla cymbalum Quoy et Gaimard, 1835, Zool. Astrolabe, 2: 362, pl. 26, figs. 26–27.

Haminea cymbalum Sowerby, 1868, 16: sp. 20; Pilsbry, 1894, 15: 367, pl. 40, figs. 6–7.

Lamprohaminoea cymbalum Habe, 1952, 1(20):151, pl. 20, fig. 15; 1955, 16–19: 64–65.

For a description see Sowerby (1868), Pilsbry (1894), Habe (1952).

Locality: Nanao.

Dimensions: height 6.8 mm; breadth 4.2 mm.

Distribution: S. Africa, Red Sea, Philippines, Australia, Japan and China.

Liloa porcellana (Gould, 1859)

Atys porcellana Gould, 1859, 7:138; Sowerby, 1868, 16: sp. 30; Pilsbry, 1894, 15: 268, pl. 28, fig. 23; Kobelt, 1896, 1(9):26, pl. 8, fig. 11; Johnson, 1964, 239: pl. 12, fig. 13.

Cylichna semisulcata Pilsbry, 1894, 15: 303, pl. 26, figs. 78–80.

Cylichna incisula Yokoyama, 1936, 6:162.

Liloa porcellana Habe, 1952, 1(20):151, pl. 21, figs. 20, 25; 1955, 16–19: 65; Kuroda et al, 1971: 289, 462, pl. 114, fig. 23; Baba, 1960, III : 125, pl. 62, fig. 16.

For a description see Gould (1859), Sowerby (1868), Pilsbry (1894), Yokoyama (1936),

Baba (1960), Kuroda et al (1971).

Locality: Yantian Dameisha, Nanao Shuitousha.

Dimensions: height 6.7 mm; breadth 3.1 mm.

Distribution: Japan, China (Taiwan, Penghu).

Family Retusidae

Retusa (*Coelophysis*) *borneensis* (A. Adams, 1850)

Uteiculus borneensis A. Adams, 1850, Thes. Conch., 2: 572, pl. 120, fig. 23; Sowerby, 1873, 18: sp. 6.

Retusa borneensis Pilsbry, 1893, 15: 222–223, pl. 23, fig. 46.

Retusa (*Coelophysis*) *borneensis* Lin and Tchang, 1965, 7(1): 3.

For a description see Sowerby (1873), Lin and Tchang (1965).

Locality: Shenzhen.

Dimensions: height 7.2 mm; breadth 3.8 mm.

Distribution: Indo-Pacific region; Mauritius, Borneo and China (Hainan Island).

Retusa (*Coelophysis*) *cecillii* (Philippi, 1844)

Bulla cecillii Philippi, 1844: 164.

Retusa cecillii Pilsbry, 1893, 15: 222–223, pl. 23, fig. 53; Pin and Yen, 1932, 3: 40.

For a description see Philippi, (1844), Pilsbry (1893).

Locality: Yantian.

Dimensions: height 7.5 mm; breadth 4.5mm.

Distribution: Japan, China (Zhejiang).

Retusa (*Coelophysis*) *elegantissima* (Habe, 1950) (Figure 2I)

Retusa elegantissima Habe, 1950, 1(2): 12, pl. 2, figs. 22–23.

Retusa (*Coelophysis*) *elegantissima* Habe, 1955, 16–19: 66.

For a description see Habe (1950).

Locality: Dapengwan.

Dimensions: height 2.4 mm; breadth 1.0 mm.

Distribution: Japan, China.

Retusa eumicra (Crosse, 1865) (Figure 2N)

Bulla eumicra Crosse, 1865, 13: 40, pl. 2, fig. 7.

Utriculus eumicra Angas, 1865: 188.

Retusa eumicra Pilsbry, 1893, 15: 227, pl. 23, figs. 43–44.

For a description see Crosse and Fisher (1865), Pilsbry (1893), Angas (1865).

Locality: Nanao Shuitousha.

Dimensions: height 3.0 mm; breadth 1.8 mm.

Distribution: Australia, China.

Pyrunculus pyriformis obesus **(Habe, 1950)**

Bulla (*Atys*) *pyriformis* A. Adams, 1855, Thes. Conch., 2: 589, pl. 125, fig. 128.

Retusa pyriformis Pilsbry 1893, 15: 229–230, pl. 33, fig.68.

Pyrunculus obesus Habe, 1950, 1(2): 13, pl. 2, fig. 12; 1955, 16–19: 16.

Pyrunculus pyriformis obesus Habe, 1964, 2:138, pl. 43, fig. 1; Kuroda et al, 1971: 290–291, 464, pl. 115, fig. 3.

For a description see Pilsbry (1893), Habe (1950, 1964), Kuroda et al (1971).

Locality: Dapengwan.

Dimensions: height 2.4 mm; breadth 1.8 mm.

Distribution: Japan, China.

Pyrunculus tokyoensis **Habe, 1950 (Figure 2F)**

Pyrunculus tokyoensis Habe, 1950, 1(2): 14, pl. 2, fig. 20; 1955, 16–19: 67.

For a description see Habe (1950).

Locality: Shenzhen.

Dimensions: height 4.0 mm; breadth 2.1 mm.

Distribution: Japan, China.

Pyrunculus longiformis **sp. nov. (Figure 2L)**

Type Locality: Yantian Dameisha. Height 4.4 mm; breadth 1.8 mm.

The holotype is deposited in the Institute of Oceanology, Academia Sinica (Reg. No. M25457). Shell small, elongate-oval, attenuated above, elongate and rounded below, white, thin, semipellucid. Spire sunken and deeply perforated. Body whorl large, surface sculptured with wavy spiral striae at both ends. Aperture rather narrow, as long as the whorl length. Outer lip slightly straight and basal margin rounded. Columellar lip slightly thickened and curved. Umbilicus narrow and slitlike.

This new species is easily distinguished from all other Chinese species of the genus in having an elongate-oval shell; a narrow slit-like umbilicus and an elongate and rounded basal margin to the aperture.

Rhizorus ovulina **(A. Adams, 1862) (Figure 2K)**

Volvula ovulina A. Adams, 1862, (3)9: 155; Pilsbry, 1893, 15: 240.

Volvula angustata Smith, 1875, (4)16: 115; Pilsbry, 1893, 15: 240–242, pl. 26, fig. 67, non A. Adams, 1850.

Rhizorus acutaeformis Habe, 1949, 14: 185, figs. 4,6.

Volvulella ovulina, Habe, 1955, 16–19: 67, pl. 43, fig. 19.

Rhizorus ovulinus, Habe, 1964, 2: 138, pl. 43, fig. 5; Kuroda et al, 1971: 291–292, 465, pl. 115, fig. 5.

For a description see Adams (1862), Pilsbry (1893), Habe (1949, 1964), Kuroda et al (1971).

Locality: Dapengwan.

Dimensions: height 2.8 mm; breadth 1.4 mm.

Distribution: Japan, China.

Rhizorus tokunagai **(Makiyama, 1927) (Figure 1I)**

Volvulella acuminatus tokunagai Makiyama, 1927, Mem. Coll. Sci. Kyoto Imp. Univ., (B) 3: 141.

Volvula acuminata Yokoyama, 1920, 39(6): 29, pl. 1, fig. 7.

Rhizorus tokunagai Habe, 1949, 14: 185, text-fig. 5; 1964, 2: 138, pl. 43, fig. 6; Nomura, 1939, 16: 26, pl. 2, fig. 8a, b.

Volvulella tokunagai Habe, 1955, 16–19: 68.

For a description see Yokoyama (1920), Nomura (1939), Habe (1964).

Locality: Nanao Shuitousha.

Dimensions: height 4.5 mm; breadth 2.8 mm.

Distribution: Japan, China.

Family Scaphandridae

Nipponscaphander cumingii **(A. Adams, 1862) (Figure 1J)**

Scaphander cumingii A. Adams, 1862, (3)9: 156.

Bucconia cumingii Habe, 1954a 3(3): 308, pl. 38, fig. 3; 1955, 16–19: 69.

Nipponscaphander cumingii Kuroda et al, 1971: 292–293, 466–467, pl. 115, fig. 7.

For a description see Adams (1862), Kuroda et al (1971).

Locality: Dapenwan.

Dimensions: height 5.5 mm; breadth 3.2 mm.

Distribution: Japan, China.

Nipponscaphander teramachii **(Habe, 1954) (Figure 1F)**

Bucconia teramachii Habe, 1954a, 3(3): 307, pl. 38, figs. 1–2; 1955, 16–19: 69; 1964, 2: 140, pl. 43, fig. 20.

Nipponscaphander teramachii Kuroda et al, 1971: 292, 467, pl. 64, fig. 27.

For a description see Habe (1954, 1964), Kuroda et al (1971).

Locality: Dapengwan.

Dimensions: height 5.2 mm; breadth 2.2 mm.

Distribution: Japan, China.

Abderospira punctulata (A. Adams, 1862) (Figure 2E)

Roxania punctulata A. Adams, 1862, (3)9: 158; Habe, 1964, 2: 139, pl. 43, fig. 19.

Abderospira punctulata Habe, 1954a 3(3): 308, pl. 38, fig. 24; 1955, 16–19: 70; Kuorda et al, 1971: 293, 468, pl. 115, fig. 8.

For a description see Adams (1862), Habe (1964), Kuroda et al (1971).

Locality: Dapengwan.

Dimensions: height 3.0 mm; breadth 2.0 mm.

Distribution: Japan, China.

Adamnestia tosaensis (Habe, 1954) (Figure 1E)

Adamnestia tosaensis Habe, 1954a, 3(3): 309, pl. 38, figs. 11–12; 1955, 16–19:71; Kuroda et al, 1971: 295, 469, pl. 115, fig. 12.

For a description see Habe (1954), Kuroda et al (1971).

Locality: Dapengwan.

Dimensions: height 4.9 mm; breadth 2.3 mm.

Distribution: Japan, China.

Adamnestia protracta (Gould, 1859)

Cylichna protracta Gould, 1859, 7: 140; Johnson, 1964, 239: pl. 7, fig. 3; Pilsbry, 1894, 15: 309.

Adamnestia protracta Habe, 1955, 16–19: 70–71.

For a description see Gould (1859), Pilsbry (1894).

Locality: Yantian Dameisha, Nanao.

Dimensions: height 7.0 mm; breadth 3.0 mm.

Distribution: Japan, China.

Eocylichna soyoae Habe, 1954 (Figure 1A)

Eocylichna soyoae Habe, 1954a 3(3): 310, pl. 38, figs. 15–16; 1955, 16–19: 72; Kuroda et al, 1971: 293–294, 468, pl. 115, fig. 9.

For a description see Habe (1954), Kuroda et al (1971).

Locality: Dapengwan.

Dimensions: height 4.9 mm; breadth 2.4 mm.

Distribution: Japan, China.

Eocylichna braunsi (Yokoyama, 1920)

Cylichna braunsi Yokoyama, 1920, 39(6): 28, pl. 1, fig. 5.

Cylichna cylindrella Habe, 1954b, 18: 11, pl. 2, figs. 16–17.

Volvula cylindrella Pilsbry, 1893, 15: 240.

Eocylichna braunsi Habe, 1955, 16–19: 71, pl. 14, fig. 7; 1964, 2: 139, pl. 43, fig. 17.

For a description see Yokoyama (1920), Pilsbry (1893), Habe (1954, 1964).

Locality: Nanao Shuitousha, Shenwei.

Distribution: Japan, Philippines and China (Taiwan).

Eocylichna musashiensis (Tokunaga, 1906) (Figure 2O)

Cylichna musashiensis Tokunaga, 1906, Jour. Coll. Sci. Imp. Univ., Tokyo, 21(2): 32, pl. 2, fig. 12.

Eocylichna musashiensis: Habe, 1954a 3(3): 310, pl. 38, figs. 13–14; 1964, 2: 139, pl. 43, fig. 16; Kuroda et al, 1971: 294, 468–469, pl. 115, fig. 10.

For a description see Habe (1954, 1964), Kuroda et al (1971).

Locality: Yantian Dameisha.

Dimensions: height 6.2 mm; breadth 2.8 mm.

Distribution: Japan, China.

Family Acteocinidae

Acteocina (*Tornatina*) *exilis* (Dunker, 1859) (Figure 1C)

Tornatina exilis Dunker, 1859, 6: 222.

Acteocina (*Tornatina*) *exilis* Kuroda and Habe, 1954b, 18: 9, pl. 2, fig. 13; 1955, 16–19: 74; 1964, 2: 139, pl. 43, fig. 12; Kuroda et al, 1971: 295–296, 471, pl. 115, fig. 12.

For a description see Dunker (1859), Habe (1954, 1964), Kuroda et al (1971).

Locality: Yantian Dameisha.

Dimensions: height 4.2 mm; breadth 2.0 mm.

Distribution: Japan, China.

Acteocina (*Tornatina*) *simplex* (A. Adams, 1850) (Figure 2G)

Bulla (*Tornatina*) *simplex* A. Adams, 1850, Thes. Conch., 2: 570, pl. 121, fig. 38; 1862, (3)9: 153.

Acteocina (*Tornatina*) *simplex* Habe, 1955, 16–19: 74–75.

Tornatina simplex Pilsbry, 1893, 15: 193, pl. 25, fig. 51.

For a description see Pilsbry (1893), Adams (1862).

Locality: Nanao Shuitousha.

Dimensions: height 3.2 mm; breadth 1.8 mm.

Distribution: Japan, Philippines, China.

Acteocina (*Tornatina*) *gordonis* (Yokoyama, 1927) (Figure 1D)

Retusa gordonis Yokoyama, 1927, (2) 1(10): 449, pl. 51, fig. 3.

Acteocina gordonis Habe, 1955, 16–19: 75; 1964, 2: 139, pl. 43, fig. 11.

For a description see Yokoyama (1927), Habe (1964).

Locality: Nanao Shuitousha.

Dimensions: height 5.2 mm; breadth 2.8 mm.

Distribution: Japan, China.

Decorifera insignis (Pilsbry, 1904) (Figure 2B)

Tornatina insignis Pilsbry, 1904, 56: 36, pl. 5, figs. 49a, b.

Tornatina fontinalis Yokoyama, 1927, (2) 1(10): 407, pl. 96, fig. 3.

Retusa tohokuensis Nomura, 1939, 16: 24, pl. 3, figs. 9a, b.

Decorifera insignis Habe, 1955, 16–19: 76; 1964, 2: 138, pl. 43, fig. 8; Kuroda et al, 1971: 296, 471, pl. 115, fig. 15.

For a description see Pilsbry (1904), Yokoyama (1927), Nomura (1939), Habe (1964), Kuroda et al (1971).

Locality: Nanao.

Dimensions: height 3.9 mm; breadth 2.0mm.

Distribution: Japan, China.

Family Philinidae

Philine vitrea Gould, 1859

Philine vitrea Gould, 1859, 7: 139; Johnson, 1964, 239: pl. 35, fig. 2; Pilsbry, 1895, 16: 7.

For a description see Gould (1859), Pilsbry (1895).

Locality: Nanao Shuitousha.

Dimensions: height 8.5 mm; breadth 6.4 mm.

Distribution: China (Hong Kong, Hainan Island).

REFERENCES

Adams A. 1854–1858. *The Genera of Recent Mollusca*. I , III .

Adams A. 1855a. Descriptions of some new species of Lophoceridae and Philinidae from the Cumingian collection. *Proceedings of the Zoological Society of London*: 94–95.

Adams A. 1855b. Monographs of Actaeon and *Solidula* two genera of gastropodous Mollusca with descriptions of several new species from the Cumingian. *Proceedings of the Zoological Society of London*: 58–62.

Adams A. 1862. On some new species of Cylichnidae, Bullidae and Philinidae from the Sea of China and Japan. *Annals* and *Magazine of Natural History*, 9: 150–161.

Angas G F. 1865. On the marine molluscan fauna of the species known up to the present time together with remarks on their habitats and distribution etc., *Proceedings of the Zoological Society of London*: 155–190.

Angas G F. 1877. A further list of additional species of marine Mollusca to be included on the fauna of Port Jackson and adjacent coasts of New South Wales. *Proceedings of the Zoological Society of London*: 187–194.

Baba K. 1960. *Encyclopaedia Zoologica*, Ⅱ: 1062–1098.

Crosse H, Fisher P. 1865. Description d'espèces nouvelles de l'Australie meridionale. *Journal de Conchyliologie*, 13: 38–55.

Dunker W. 1859. *Zeitschrift für Malakozoologische Blätter*, 6: 222.

Dunker W. 1862. *Index Mollusca Mar. Japan*: 164.

Eales N B. 1938. A systematic and anatomical account of the Opisthobranchia. *British Museum (Natural History) John Murray Expedition Scientific Reports*, 5: 77–122.

Gould A A. 1859–1861. Description of new species of shells brought home by the North Pacific Exploring Expedition. *Proceedings of the Boston Society of Natural History*, 7: 138–142, 161–166, 323–340, 382–389, 400–409.

Grabau A W, King S G. 1928. Shells of Peitaiho. *Peking Society of Natural History*, 2: 239–243.

Habe T. 1949. Report of the Cephalaspidea Opisthobranchia in Japan. *Venus*, 14: 183–190.

Habe T. 1950–1953. Cephalaspidea Opisthobranchia in Japan. *Illustrated Catalogue of Japanese Shells*, 1.

Habe T. 1952. Descriptions of new genera and species of the shell-bearing opisthobranchiate Mollusca from Japan. (Cephalaspidea). *Illustrated Catalogue of Japanese Shells*, 17: 69–77.

Habe T. 1954a. Report on the Mollusca chiefly collected by the S. S. Soy-Maru of the Imperial Fisheries Experimental Station on the continental shelf bordering Japan during the years 1922–1930. Part Ⅰ. Cephalaspidae. *Publications of the Seto Marine Biology Laboratory*, 3: 301–318.

Habe T. 1954b. On some Japanese Mollusca described by A. Adams. *Venus*, 18: 1–16.

Habe T. 1955. A list of the Cephalaspidea Opisthobranchia in Japan. *Bulletin of the*

Biogeographical Society of Japan, 16–19: 54–79.

Habe T. 1958. On the shell-bearing Opisthobranchia molluscan fauna from Choshi Chiba Prefecture, Japan. *Annotationes zoological japonenses*, 31: 117–120.

Habe T. 1964. *Shells of the Western Pacific in Colour*, Vol. II. Osaka Hoikusha, Japan.

Habe T. 1976. Two New Striped *Punctacteon* (Mollusca) from Japan and Philippines. *Bulletin of the National Science Museum*, (4)2(1): 7–9.

Johnson R I. 1964. The Recent Mollusca of Augustus Addison Gould. *Bulletin of the United States National Museum*, 239: 1–182.

King S C, Ping C. 1931. The molluscan shells of Hong Kong. *The Hong Kong Naturalist*, 2: 9–29.

Kobelt W. 1896. *Conchological Cabinet* I.

Kuroda T, Habe T, Oyama K. 1971. *The Sea Shells of Sagami Bay.* Maruzen Co., Tokyo.

Lin G Y. 1975. Opisthobranchia from the intertidal zone of Xisha Islands. Guangdong Province, China. *Studia Marina Sinica*, 10: 143–154.

Lin G Y, Tchang Si. 1965. Opisthobranchia from the intertidal zone of Hainan Island, China. *Oceanologia et Limnologia Sinica*, 7: 1–20.

Lischke C E. 1859. *Japanische Meeres Conchylien*, 1: 1871–1872.

Makivama J. 1927. Molluscan fauna of the lower part of the Kakeyawa Series in the Province of Totomi Japan. *Memoirs of the College of Science Imperial University, Series B*, 3: 1–147.

Morlet L. 1878. Monographie du genre Ringicula Deshayes et description de quelques espèces nouvelles. *Journal de Conchyliologie*, 26: 113–133.

Morlet L. 1880. Supplèment à la Monographiè du genre *Ringicula* Deshayes. *Journal de Conchyliologie*, 28: 150–181.

Nomura S. 1939. Notes on some Opisthobranchiata based upon the collection of the Saito Ho-on Kai Museum. Chiefly collected from Northeast Honsyu, Japan. *Japanese Journal of Geology and Geography*, 16: 11–27.

Philippi R A. 1844. *Zeitsschrift für Malakozoologische Blätter*, 1: 164.

Pilsbry H A. 1893–1896. *Tryon's Manual of Conchology, Structure and Systematics*, 15 and 16.

Pilsbry H A. 1904. New Japanese Marine Mollusca (Gastropoda). *Proceedings of the Academy of the Natural Sciences of Philadelphia*, 56: 36.

Ping C, Yen T C. 1932. Preliminary notes on the gastropod shells of Chinese coast. *Bulletin of the Fan Memorial Institute of Biology*, 3: 37–54.

Reeve L. 1842. Monograph of the genus *Tornalella*, a small group of Pectinibranchiate Mollusks of the family Plicacea, including descriptions of seven new species from the collection of T. H. Cuming Esq. *Proceedings of the Zoological Society of London*: 56–62.

Smith E A. 1875. A list of the Gastropoda collected in Japanese Seas by Commander H. C. St. John, R. N. *Annals and Magazine of Natural History*, 16: 113–114.

Smith E A. 1890. List of shells from the Frizard in Japanese Sea. *Journal of Conchology*, 6: 262–267.

Sowerby G B. 1865. *Conchologica Iconica*, 1865: 15; 1868: 16; 1869: 17; 1873: 18.

Takeyama T. 1935. Review of the Ringiculidae of Japan. *Venus*, 5: 69–90.

Tsi C Y, Ma S T. 1982. A preliminary checklist of the Marine Gastropoda and Bivalvia (Mollusca) of Hong Kong and southern China. In *Proceedings of the First International Marine Biological Workshop*: *The Marine Flora and Fauna of Hong Kong and Southern China*, *Hong Kong*, 1980 (Eds. B. S. Morton and C. K. Tseng). Hong Kong University Press, Hong Kong. 431–458.

Watson R B. 1886. Report on the Scaphopoda and Gastropoda. *Report on the Scientific Result of the Voyage of H. M. S. Challenger during the years* 1873–1876. *Zool.* 15 (42): 625–675.

Yokoyama M. 1920. Fossils from the Miura Peninsula and its immediate North. *Journal of the College of Science, Imperial University*, *Tokyo*, 39: 26–37, pl. 31.

Yokoyama M. 1926. Tertiary Mollusca from Southern Totoni. *Journal of the Faculty of Science Imperial University*, 1: 313–364.

Yokoyama M. 1927. Mollusca from the Upper Musashino of Western Shimosa and South Musashi. *Journal of the Faculty of Science*, *Imperial University*, *Tokyo*, 1: 439–457.

Plate 1

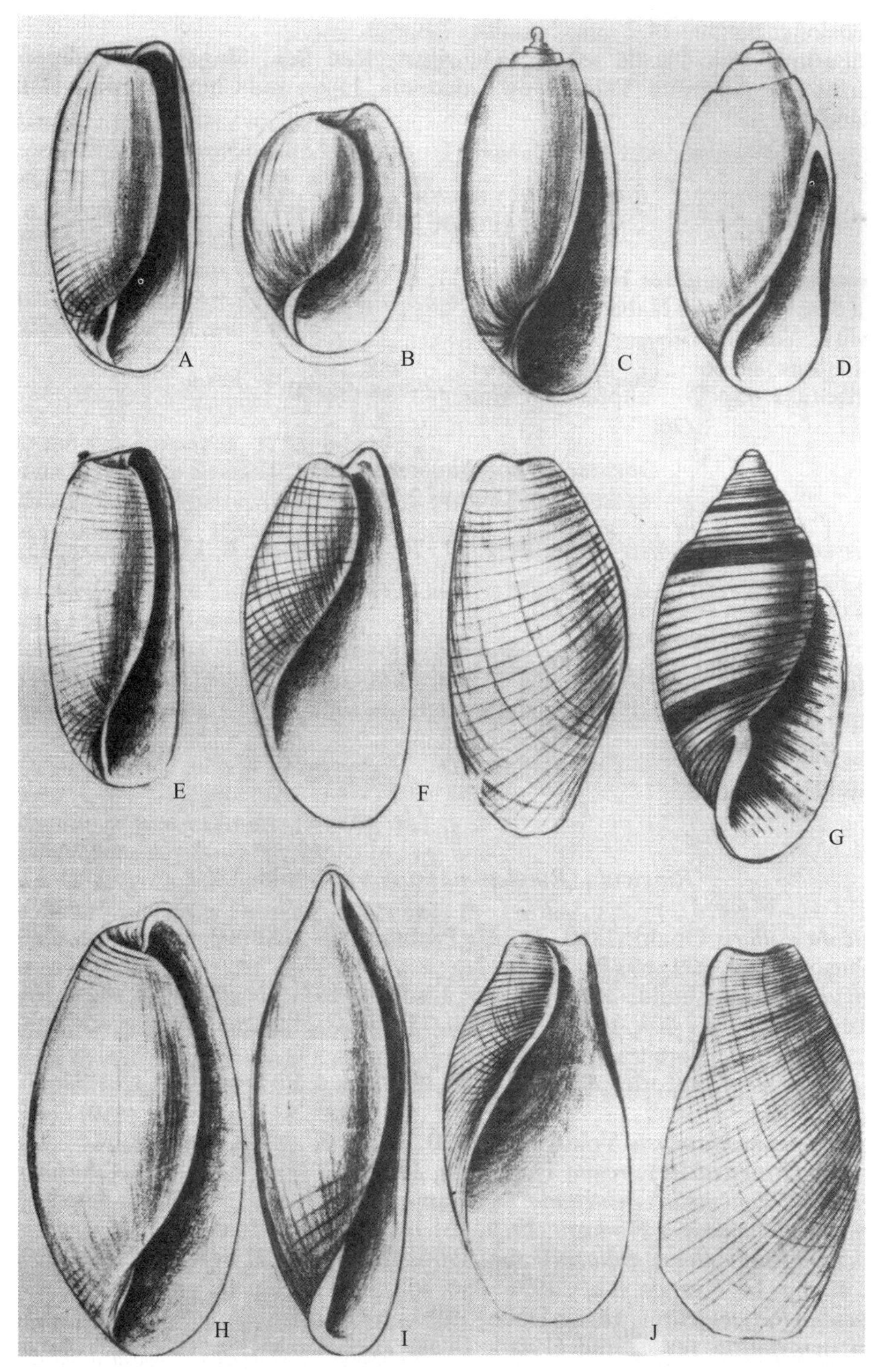

A. *Eocylichna soyoae* Habe; B. *Lamprohaminoea cymbalum* (Quoy et Gaimard); C. *Acteocina* (*Tornatina*) *exilis* (Dunker); D. *Acteocina* (*Tornatina*) *gordonis* (Yokoyama); E. *Adamnestia tosaensis* Habe; F. *Nipponscaphander teramachii* (Habe); G. *Acteon siebaldii* (Reeve); H. *Nipponatys volvulinus* (A. Adams); I. *Rhizorus tokunagai* (Makiyama); J. *Nipponscaphander cumingii* (A. Adams).

Plate 2

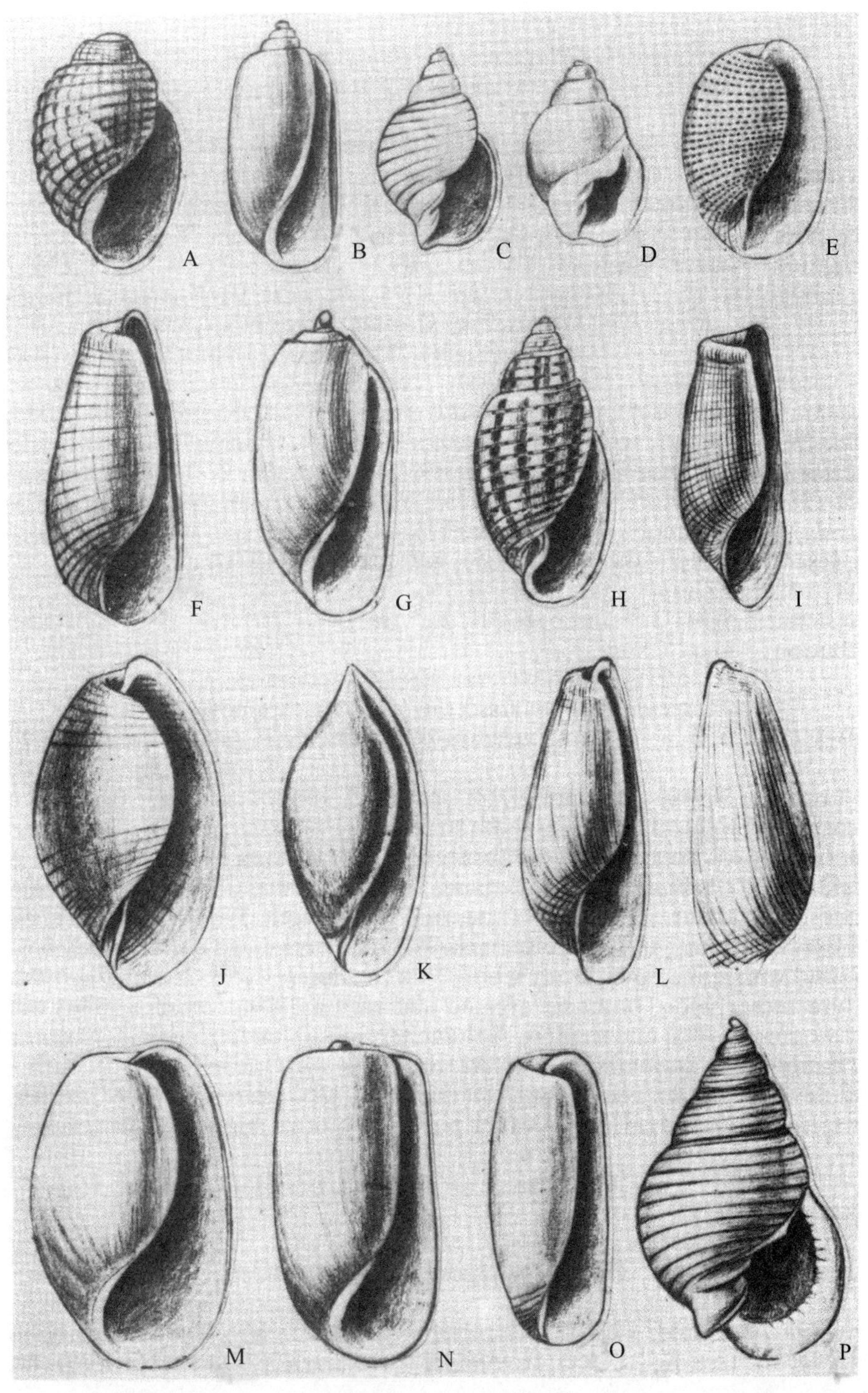

A. *Obrussena moeshimaensis* Habe; B. *Decorifera insignis* (Pilsbry); C. *Ringicula* (*Ringiculina*) *shenzhenensis* sp. nov.; D. *Ringicula* (*Ringiculina*) *kurodai* (Takeyama); E. *Abderospira punctulata* (A. Adams); F. *Pyrunculus tokyoensis* Habe; G. *Acteocina* (*Tornatina*) *simplex* (A. Adams); H. *Punctacteon yamamurae* Habe; I. *Retusa* (*Coelophysis*) *elegantissima* Habe; J. *Limulatys ooforms* Habe; K. *Rhizorus ovulina* (A. Adams); L. *Pyrunculus longiformis* sp. nov.; M. *Haloa margaritoides* Kuroda and Habe; N. *Retusa eumicra* (Crosse); O. *Eocylichna musashiensis* (Tokunaga); P. *Ringicula* (*Ringiculina*) *denticulata* Gould.

海南岛沿海软体动物名录①

海南岛是我国的第二大岛，从海洋动物的区系区划而言，它的西北面属于印度西太平洋区的中国－日本亚区，是亚热带性质的，它的东南端属于印度西太平洋区的印尼－马来亚区，是热带性质的。从海南岛周围的海洋环境而言，它既有珊瑚礁环境，又有岩石岸、沙岸、泥岸和红树林等环境，为各种软体动物提供了适宜的生活条件，因此软体动物的种类十分丰富。从20世纪50年代开始，我们多次在海南岛周围进行了软体动物标本的采集，获得了大量的资料，其中南海海洋研究所的标本，由于近年来的积极搜集，积累的数量亦十分丰富，仅鹿回头部分就采集鉴定有300多种。在这些标本资料中，有些种类在有关的分类、区系研究中已按科、属做过报道，有些种类在一些软体动物的专著中做过描述，有些种类虽尚未系统研究，但大多也已做了整理和初步鉴定。鉴于过去的报道均分散于各著作中，对了解海南岛软体动物的概貌极不方便，因此我们根据海洋研究所和南海海洋研究所的标本，结合过去已发表的资料进行了整理，综合报道海南岛的软体动物700种。对每一种在海南岛的主要产地和在我国沿海分布的范围均已列出，以为进一步调查、利用海南岛生物资源和对软体动物进行各项研究提供参考。

从经济意义而言，海南岛有益的和有害的软体动物种类极多。在有益的种类中大部分是食用种类。例如腹足纲中的鲍（*Haliotis* spp.）、红螺（*Rapana* spp.）、东风螺（*Babylonia* spp.）以及马蹄螺科、凤螺科、玉螺科中的许多种类，瓣鳃纲中的蚶（*Arca* spp.）、翡翠贻贝（*Perna viridis*）、偏顶蛤（*Modiolus* spp.）、江珧（*Pinna* spp.）、扇贝（*Chlamys* spp. 和 *Pecten* spp.）、日月贝（*Amussium* spp.）、牡蛎（*Ostrea* spp.）、竹蛏（*Solen* spp.）以及帘蛤科、鸟蛤科、蛤蜊科、砗磲科、紫云蛤科、樱蛤科等科的种类，头足纲中的乌贼（*Sepia* spp.）、枪乌贼（*Loligo* spp.）和章鱼（*Octopus* spp.）等。有一部分是贝雕或工艺品的原料，也是玩赏贝类，例如鲍、马蹄螺、夜光蝾螺（*Turbo marmoratus*）以及梯螺科、宝贝科、梭螺科、榧螺科、竖琴螺科、骨螺科、芋螺科、笋螺科、扇贝科、砗磲科等科中的许多种类。有一部分种类可以做药用，还有很多种类的贝壳可以烧灰。珍珠贝类则是一类特殊的软体动物资源，不仅它的肉可以食用，贝壳可以做药用和贝雕用，而且可以培育珍珠。海南岛的珍珠贝有10余种，尤以大珠母贝的数量为多，对发展我国海水养殖珍珠有较优越的条件。有害的软体动物包括一些穿孔的种类，如石蛏、海笋、船蛆等，和一些附着生活的种类，如贻贝科、牡蛎科中的一些种类。还有些种类捕食经济贝类或海藻，是贝类和藻类养殖的敌害。

---

① 齐钟彦、马绣同（中国科学院海洋研究所），谢玉坎、林碧萍（中国科学院南海海洋研究所）：载《热带海洋研究》，1984年，第1期，1～22页，海洋出版社。

从种类的性质而论，海南岛软体动物全部属于暖水性，有一些是典型的热带性种，仅分布于海南岛东南端以南的海域，向北即没有分布，如羊鲍、格鲍、夜光蝾螺、水字螺、卵梭螺、瓮螺以及许多属宝贝科、核果属、珊瑚螺属、芋螺科、珍珠贝科、猿头蛤科、砗磲科的种类，在本名录中共计319种。有一些是热带－亚热带种，它们除在海南岛南部及其以南分布以外，也向北分布到海南岛的北部、广东、广西、福建乃至浙江省沿海，例如耳鲍、杂色鲍、渔舟蜒螺、轮螺、水晶凤螺、阿文绶贝、卵黄宝贝、鬘螺、琵琶螺、东风螺、瓜螺、织锦芋螺、翡翠贻贝、隔贻贝、石蛏、珠母贝、丁蛎、舌骨牡蛎、咬齿牡蛎、棘刺牡蛎等计381种。另一些是亚热带种，它们大多分布于海南岛北部至广东、广西、福建、浙江沿海，也有少数向北可以分布到我国的黄、渤海。

我们曾对我国沿海软体动物的区系区划进行过讨论，根据我们的看法，海南岛南端同海南岛北部分别属于不同的动物地理区，在本文一开始我们就指出了这一点。根据近年来我们对西沙群岛软体动物的研究，在西沙群岛发现的262种前鳃类软体动物中，有106种分布到海南岛的东南端，仅有20种分布到海南岛北部，32种分布到广东、广西和福建沿海，从这个资料来看海南岛南部同西沙群岛之间也有一定差别，但与海南岛北部相比则海南岛南端更近于西沙群岛。因此，海南岛南部作为海洋软体动物区系区划的热带边缘，应该是适当的。

双神经纲 Amphineura

隐板石鳖科 Cryptoplacidae

眼形隐板石鳖 *Cryptoplax oculata*（Quoy & Gaimard）

产地：三亚，南至西沙群岛。

棘侧石鳖科 Acanthopleuridae

日本花棘侧石鳖 *Liolophura japonica*（Lischke）

产地：三亚等地，北至浙江沿海。

腹足纲 Gastropoda

鲍科 Haliotiidae

杂色鲍 *Haliotis diversicolor* Reeve

产地：崖城、三亚等地，北至福建沿海。

耳鲍 *Haliotis asinina* Linnaeus

产地：新盈港、三亚、新村、文昌，南至西沙群岛。

羊鲍 *Haliotis ovina* Gmelin

产地：三亚、新村，南至西沙群岛。

多变鲍 *Haliotis varia* Linnaeus

产地：崖城、三亚、新村，北至广东澳头。

格鲍 *Haliotis clathrata* Reeve

产地：三亚、新村，南至西沙群岛。

平鲍 *Haliotis planata* Sowerby

产地：三亚、新村，南至西沙群岛。

钥孔蝛科 Fissurellidae

中华楯蝛 *Scuturs sinensis*（Blainville）

产地：新盈港、三亚、新村，北至福建沿海。

帽贝科 Patellidae

星状帽贝 *Patella stellaeformis* Reeve

产地：三亚、新村，北至福建沿海。

龟甲蝛 *Cellana testudinaria*（Linnaeus）

产地：三亚、新村，北至广东沿海。

嫁蝛 *Cellana toreuma*（Reeve）

产地：三亚等地，全国沿海。

笠贝科 Acmaeidae

鸟爪拟帽贝 *Patelloida saccharina lanx*(Reeve)

产地:三亚等地,北至福建沿海。

马蹄螺科 Trochidae

大马蹄螺 *Trochus nilotticus*(Linnaeus)

产地:三亚等地,南至西沙群岛。

棘马蹄螺 *Trochus calacratus* Souverbie

产地:沙箸、曲口、广东至西沙群岛。

斑马蹄螺 *Trochus maculatus* Linnaeus

产地:新盈港、三亚等地,南至西沙群岛。

塔形扭柱螺 *Tectus pyramis*(Born)

产地:新盈港、三亚、广东至西沙群岛。

粗糙真蹄螺 *Euchelus scaber*(Linnaeus)

产地:三亚等地,北至广东沿海。

单齿螺 *Monodonta labio*(Linnaeus)

产地:新盈港、三亚等地,全国沿海。

奇异金口螺 *Chrysostoma paradoxum*(Born)

产地:新盈港、三亚、新村。

齿隐螺 *Clanculus denticulatus*(Gray)

美丽项链螺 *Monilea calliferus*(Lamarck)

产地:新盈港、三亚、新村,北至福建沿海。

蜎螺 *Umbonium vestiarium*(Linnaeus)

产地:三亚等地,北至广东沿海。

口螺科 Stomatiidae

无色口螺 *Stomatia decolorata* Gould

产地:新村,南至西沙群岛。

蝾螺科 Turbinidae

金口蝾螺 *Turbo chrysostomus* Linnaeus

产地:三亚、新村、西沙群岛。

夜光蝾螺 *Turbo marmoratus* Linnaeus

产地:三亚。

节蝾螺 *Turbo articulatus* Reeve

产地:新盈港、三亚等地,北至广东宝安。

粒花冠小月螺 *Lunella coronata granulata*(Gmelin)

产地:新盈港、三亚等地,北至浙江沿海。

蜒螺科 Neritidae

渔舟蜒螺 *Nerita*(*Theliostyla*)*albicilla*

产地:三亚、新村等地,福建平潭至西沙群岛。

条蜒螺 *Nerita*(*Ritena*)*striata* Burrow

产地:新盈港、三亚等地,广东硇洲岛至西沙群岛。

褶蜒螺 *Nerita*(*Ritena*)*plicata* Linnaeus

产地:三亚、新村、广东平海至西沙群岛。

肋蜒螺 *Nerita*(*Ritena*)*costata* Gmelin

产地:三亚、新村,广东闸坡至西沙群岛。

变色蜒螺 *Nerita*(*Ritena*)*chamaelon* Linnaeus

产地:三亚等地,广东大陆沿海至西沙群岛。

锦蜒螺 *Nerita*(*Amphinerita*)*polita* Linnaeus

产地:三亚、新村,南至西沙群岛。

多色彩螺 *Clithon sowerbianus*(Recluz)

产地:三亚、新村等地,北至广东沿海。

奥莱彩螺 *Clithon oualaniensis*(Lesson)

产地:三亚、新村等地,北至广东沿海。

拟蜒螺科 Neritopsidae

齿舌拟蜒螺 *Neritopsis radula*(Linnaeus)

产地:三亚,南至西沙群岛。

滨螺科 Littorinidae

波纹滨螺 *Littorina*(*Littorina*)*undulata* (Gray)

产地:莺歌海、三亚、新村,南至西沙群岛。

粗糙滨螺 *Littorina*(*Littorinopsis*)*scabra*(Linnaeus)

产地:新盈港、三亚、曲口等地,全国沿海。

塔结节螺 *Nodilittorina*(*Nodilittorina*)*pyramidalis*(Qouy & Gaimard)

产地:三亚、新村等地,浙江沿海至西沙群岛。

小结节螺 *Nodilittorina*(*Granulitorina*)*exigua*(Dunker)

产地:三亚、新村等地,浙江沿海至西沙群岛。

轮螺科 Architectonicidae

配景轮螺 *Architectonica perspectiva*(Linnaeus)

产地:三亚、新村等地,北至广东汕尾。

大轮螺 *Architectonica maxima*(Philippi)

产地:三亚、新村等地,北至广东汕尾。

滑车轮螺 *Architectonica trochlearis*(Hinds)

产地:三亚、新村等地,北至广东沿海。

鹧鸪轮螺 *Architectonica perdix*(Hinds)

产地:三亚等地,北至东海。

杂色太阳螺 *Heliacus variegatus*(Gmelin)

产地:三亚、榆林,南至西沙群岛。

锥螺科 Turritellida

棒锥螺 *Turritella bacillum* Kiener

产地:三亚、曲口,北至浙江沿海。

笋锥螺 *Turritella terebra*(Linnaeus)

产地:三亚,北至福建沿海。

蛇螺科 Vermetidae

覆瓦小蛇螺 *Serpulorbis imbricata*(Dunker)

产地:海口,北至浙江沿海。

大管蛇螺 *Siphonium maximum*(Sowerby)

产地:三亚,南至西沙群岛。

平轴螺科 Planaxidae

平轴螺 *Planaxis sulcaturs*(Born)

产地:新盈港、三亚等地,福建至西沙群岛。

汇螺科 Potamididae

小翼拟蟹守螺 *Cerithidea microptera*(Kiener)

产地:三亚等地,北至福建沿海。

红树拟蟹守螺 *Cerithidea rhizophorarum* A. Adams

产地:新盈港、新村等地,全国沿海。

沟纹笋光螺 *Terebralis sulcata*(Born)

产地:三亚、新村,至广西沿海。

纵带滩栖螺 *Batillaria zonalis*(Bruguiere)

产地:海口、新盈港、三亚等地,北至山东沿海。

结节滩栖螺 *Batillaria bronii*(Sowerby)

产地:新盈港、三亚、新村,北至福建平潭。

蟹守螺科 Cerithiidae

中华蟹守螺 *Cerithium sinense*(Gmelin)

产地:新盈港、三亚、新村,北至福建东山。

结节蟹守螺 *Cerithium nodulosum* Bruguiere

产地:三亚,南至西沙群岛。

特氏楯桑葚螺 *Clypemorus trailli* Sowerby

产地:三亚。

棘刺蟹守螺 *Cerithium echinatum* Lamarck

产地:新村,南至西沙群岛。

克氏锉棒螺 *Rhinoclavis*(*Proclava*)*kochi* Philippi

产地:三亚,北至东海。

普通蟹守螺 *Cerithium vertagus*(Linnaeus)

产地:新盈港、三亚等地,广西涠洲岛至西沙群岛。

无敌蟹守螺 *Cerithium cedonulli* Sowerby

产地:三亚、琼东等地,南至西沙群岛。

圆柱蟹守螺 *Cerithium columna* Sowerby

产地:三亚、琼东等地,南至西沙群岛。

枸橼蟹守螺 *Cerithium citrinum* Sowerby

产地:三亚、新村,南至西沙群岛。

污锉棒螺 *Rhinoclavis*(*Proclava*)*sordidula*(Gould)

产地:三亚,北至广东宝安。

海蜗牛科 Janthinidae

海蜗牛 *Janthina janthina* Linnaeus

产地:三亚、清澜、南海。

长海蜗牛 *Janthina prolongata* Blainville

产地:三亚,北至东海。

梯螺科 Scalaridae(=Epitoniidae)

梯螺 *Epitonium scalare*(Linnaeus)

产地:三亚、新村,北至浙江沿海。

尖高旋螺 *Acrilla acuminata*(Sowerby)

产地：海口，全国沿海。

帆螺科 Calyptraeidae

笠帆螺 *Calyptraea morbida*（Reeve）

产地：三亚，北至东海。

扁平管帽螺 *Siphopatella walshi*（Reeve）

产地：莺歌海、三亚、琼东等地，全国分布。

马掌螺科 Amaltheidae

圆锥马掌螺 *Amalthea conica* Schumacher

产地：三亚，南至西沙群岛。

衣笠螺科 Xenophoridae

光衣笠螺 *Onustus exutus*（Reeve）

产地：三亚、新村，北至东海。

太阳衣笠螺 *Stellaria solaris*（Linnaeus）

产地：三亚、新村，北至东海。

凤螺科 Strombidae

珍笛螺 *Tibia martinii*（Marrat）

产地：清澜。

长笛螺 *Tibia fusus* Linnaeus

产地：新村。

水晶凤螺 *Strombus*（*Laevistromus*）*canarium* Linnaeus

产地：新盈港、三亚、琼东等地，北至广东汕尾。

铁斑凤螺 *Strombus*（*Canarium*）*urceus* Linnaeus

产地：新盈港、三亚、新村，北至广东汕尾。

小铁斑凤螺 *Strombus*（*Canarium*）*microurceus*（Kira）

产地：新村、黎安港，南至西沙群岛。

唇凤螺 *Strombus*（*Canarium*）*labiatus*（Röding）

产地：三亚。

花凤螺 *Strombus*（*Canarium*）*mutabilis* Swainson

产地：三亚、新村，南至西沙群岛。

强缘凤螺 *Strombus*（*Dolomena*）*marginatus robustus* Sowerby

产地：新盈港、三亚，北至福建平潭。

丽褶凤螺 *Strombus*（*Dolomena*）*plicatus pulchellus* Reeve

产地：新村、黎安港。

展凤螺 *Strombus*（*Dolomena*）*dilatatus swainsoni* Reeve

产地：海棠头，北至广东南澳。

带凤螺 *Strombus*（*Doxander*）*vittatus* Linnaeus

产地：三亚、新村，北至广东平海。

日本凤螺 *Strombus*（*Doxander*）*japonicus* Reeve

产地：新村、清澜，北至浙江沿海。

斑凤螺 *Strombus*（*Lentigo*）*lentiginosus* Linnaeus

产地：榆林，南至西沙群岛。

黑口凤螺 *Strombus*（*Euprotomus*）*aratrum*（Röding）

产地：新盈港、三亚、新村，至广西涠洲岛。

篱凤螺 *Strombus*（*Conomurex*）*luhuanus* Linnaeus

产地：新盈港、三亚、新村，北至广东平海。

驼背凤螺 *Strombus*（*Gibberulus*）*gibberulus gibbosus*（Röding）

产地：新村，南至西沙群岛。

蜘蛛螺 *Lambis*（*Lambis*）*lambis*（Linnaeus）

产地：新盈港、三亚、新村，南至西沙群岛。

水字螺 *Lambis*（*Harpago*）*chiragra*（Linnaeus）

产地：三亚，南至西沙群岛。

玉螺科 Naticidae

海南玉螺 *Natica hainannensis* Liu

产地：新盈港、新村。

格纹玉螺 *Natica tessellata* Philippi

产地：三亚、新村、清澜，广东硇洲岛至西沙群岛。

浅黄玉螺 *Natica lurida*（Philippi）

产地：新盈港、三亚等地，北至福建东山。

棕带玉螺 *Natica asellum* Reeve

产地：莺歌海、三亚、新村。

土佐玉螺 *Natica tossaensis* Kuroda

产地：新盈港、三亚、新村。

异纹玉螺 *Natica trilli* Reeve

产地：三亚、新村。

蝶玉螺 *Natica alapapilionis*（Röding）

产地:三亚、新村,北至广东宝安。

褐玉螺 *Natica spadicea*(Gmelin)

产地:三亚、新村,北至福建崇武。

暗乳玉螺 *Polyhices opacus*(Recluz)

产地:新盈港、三亚、清澜等地,广东宝安至西沙群岛。

梨形乳玉螺 *Polynices pyriformis*(Recluz)

产地:新盈港、新村、琼东,广东宝安至西沙群岛。

脐穴乳玉螺 *Polynices flemingianus*(Recluz)

产地:新盈港、新村,广东宝安至西沙群岛。

广口乳玉螺 *Polynices melanostomoides*(Quoy & Gaimard)

产地:三亚。

斑玉螺 *Natica tigrina* Röding

产地:海口、铺前、北港,全国沿海。

蛛网玉螺 *Natica arachnoidea*(Gmelin)

产地:新盈港、三亚、新村。

线纹玉螺 *Natica lineata* Lamarck

产地:三亚、新村,北至福建平潭。

迸体乳玉螺 *Polynices effusus*(Swainson)

产地:三亚至广西涠洲岛。

绢带乳玉螺 *Polynices vestitus*(Kuroda)

产地:三亚、新村,北至广东碣石。

相模乳玉螺 *Polynices sagamensis*(Pilsbry)

产地:三亚、新村,北至广东海门。

乳玉螺 *Mammilla memata*(Röding)

产地:三亚、新村,北至东海。

扁玉螺 *Neverita didyma*(Röding)

产地:新盈港、北港,全国沿海。

雕刻窦螺 *Sinum incisum*(Reeve)

产地:莺歌海、三亚,北至浙江南麂岛。

扁平窦螺 *Sinum planulatum*(Recluz)

产地:海口、三亚

乳头真玉螺 *Eunaticina papilla*(Gmelin)

产地:三亚,全国沿海。

爱神螺科 Eratoidae

沟原爱神螺 *Proterato sulcifera*(Sowerby)

产地:三亚,南至西沙群岛。

猎女神螺科 Triviidae

喙猎女神螺 *Trivirostra oryza*(Lamarck)

产地:三亚,南至西沙群岛。

梭螺科 Amphiperatidae(=Ovulidae)

卵梭螺 *Ovula ovum*(Linnaeus)

产地:三亚,南至西沙群岛。

钝梭螺 *Volva volva*(Linnaeus)

产地:三亚、新村,北至广东沿海。

瓮螺 *Calpurnus verrucosus*(Linnaeus)

产地:三亚。

半纹瓮螺 *Calpurnus*(*Procalpurnus*)*semistriatus*(Pease)

产地:三亚,南至西沙群岛。

宝贝科 Cypraeidae

葡萄贝 *Staphylaea*(*Staphylaea*)*staphylaea*(Linnaeus)

产地:三亚、新村,南至西沙群岛。

蛞蝓葡萄贝 *Staphylaea*(*Staphylaea*)*limacina*(Lamarck)

产地:新村,南至西沙群岛。

疣葡萄贝 *Staphylaea*(*Nuclearia*)*nucleus*(Linnaeus)

产地:三亚、新村,南至西沙群岛。

鸡豆疹贝 *Pustularia cicercula*(Linnaeus)

产地:三亚,南至西沙群岛。

斑疹贝 *Pustularia bistrinotata* Schilder & Schilder

产地:三亚、文昌,南至西沙群岛。

圆疹贝 *Pustularia globulus*(Linnaeus)

产地:三亚,南至西沙群岛。

眼球贝 *Erosaria*(*Erosaria*)*erosa*(Linnaeus)

产地:三亚、新村,南至西沙群岛。

紫眼球贝 *E.*(*Erosaria*)*poraria*(Linnaeus)

产地:三亚,南至西沙群岛。

黍斑眼球贝 *Erosaria*(*Erosaria*)*milaris*(Gmelin)

产地：新盈港、三亚、新村等地，北至浙江沿海。

白斑线唇眼球贝 *Erosaria* (*Ravitrona*) *labrolineata helenae* (Roberts)

产地：三亚、新村，南至西沙群岛。

枣红眼球贝 *Erosaria* (*Ravitrona*) *helvola* (Linnaeus)

产地：三亚、新村，南至西沙群岛。

蛇首眼球贝 *Erosaria* (*Ravitrona*) *caputserentis* (Linnaeus)

产地：三亚、新村、西沙群岛、福建东山。

货贝 *Monetaria* (*Monetaria*) *moneta* (Linnaeus)

产地：三亚、新村，南至西沙群岛。

环纹货贝 *Monetaria* (*Ornamentaria*) *annulus* (Linnaeus)

产地：三亚、新村、清澜，南至西沙群岛。

拟枣贝 *Erronea* (*Erronea*) *errones* (Linnaeus)

产地：三亚、新村，北至广东遮浪。

筒形拟枣贝 *Erronea* (*Erronea*) *cylindrica* (Born)

产地：三亚、新村。

厚缘拟枣贝 *Erronea* (*Erronea*) *caurica* (Linnaeus)

产地：三亚、新村，南至西沙群岛。

条纹玛瑙拟枣贝 *Erronea* (*Adusta*) *onyx* (Linnaeus)

产地：三亚、新村，北至福建平潭。

梨形拟枣贝 *Erronea* (*Adusta*) *pyriformis* (Gray)

产地：莺歌海。

秀丽拟枣贝 *Erronea* (*Erronea*) *pulchella* (Swainson)

产地：新村，北至广东海门。

紫口拟枣贝 *Erronea walkeri* (Sowerby)

产地：莺歌海，北至广东海门。

红斑焦掌贝 *Palmadusta* (*Palmadusta*) *punctata* (Linnaeus)

产地：三亚，南至西沙群岛。

棕带焦掌贝 *Palmadusta* (*Palmadusta*) *asellus* (Linnaeus)

产地：三亚、新村，南至西沙群岛。

隐居焦掌贝 *Palmadusta* (*Palmadusta*) *clandestina* (Linnaeus)

产地：三亚、新村，南至西沙群岛。

石纹焦掌贝 *Palmadusta* (*Melicerona*) *fimbriata maromorata* (Schroter)

产地：三亚、新村，南至西沙群岛。

猫焦掌贝 *Palmadusta* (*Melicerona*) *felina* (Gmelin)

产地：三亚、新村，南至西沙群岛。

日本细焦掌贝 *Palmadusta* (*Melicerona*) *gracilis japonica* Schilder

产地：三亚、新村等地，北至浙江沿海。

四斑呆足贝 *Blasicrura* (*Blasicrura*) *quadrimaculata* (Gray)

产地：新盈港、三亚、新村。

灰呆足贝 *Bhasicrura* (*Derstolida*) *hirundo neglecta* (Sowerby)

产地：三亚、新村、清澜，南至西沙群岛。

咖啡呆足贝 *Blasicrura* (*Derstolida*) *coffea* (Sowerby)

产地：三亚，南至西沙群岛。

龙呆足贝 *Blasicrura* (*Derstolida*) *stolida* (Linnaeus)

产地：三亚，南至西沙群岛。

筛目贝 *Cribraria* (*Cribraria*) *cribraria* (Linnaeus)

产地：三亚、新村。

尖筛目贝 Cribraria (*Talostolida*) teres (Gmelin)

产地：三亚、新村，南至西沙群岛。

黄褐录亚贝 *Luria* (*Basilitrona*) *isabella* (Linnaeus)

产地：三亚、新村，西沙群岛。

绶贝 *Mauritia* (*Mauritia*) *mauritiana* (Linnaeus)

产地：三亚、新村，南至西沙群岛。

阿文绶贝 *Mauritia* (*Arabica*) *arabicoa* (Linnaeus)

产地：新盈港、三亚、新村等地，福建东山至西沙群岛。

虎斑宝贝 *Cypraea* (*Cypraea*) *tigris* Linnaeus

产地：三亚、新村、西沙群岛。

山猫眼宝贝 *Cypraea* (*Lyncina*) *lynx* Linnaeus

产地：三亚、新村、新盈港，至西沙群岛。

卵黄宝贝 Cypraea (*Lyncina*) *vitellus* Linnaeus

产地：三亚、新村等地，广东遮浪至西沙群岛。

肉色宝贝 *Cypraea* (*Lyncina*) *carneola* Linnaeus

产地：三亚、新村等地，南至西沙群岛。

冠螺科 Cassidae

鬘螺 *Phalium* (*Phalium*) *glaucum* (Linnaeus)

产地：三亚、新村，北至广东海门。

棋盘鬘螺 Phalium(*Phalium*)*areola*(Linnaeus)

产地:三亚、保平港。

沟纹鬘螺 *Phalium*(*Phalium*)*strigatum*(Gmelin)

产地:海口、莺歌海、三亚、新村,北至浙江沿海。

布纹鬘螺 *Phalium*(*Phalium*)*decussatum*(Linnaeus)

产地:海口、三亚、新村,北至广东闸坡。

双沟鬘螺 *Phalium*(*Semicassis*)*bisulcatum*(Schubert & Wegner)

产地:莺歌海、三亚、新村,北至浙江沿海。

笨甲胄螺 *Casmaria ponderosa*(Gmelin)

产地:三亚、新村,南至西沙群岛。

嵌线螺科 Cymatiidae

毛嵌线螺 *Cymatium pilearis*(Linnaeus)

产地:三亚、新村,北至广东宝安。

中华嵌线螺 *Cymatium sinensis*(Reeve)

产地:三亚、新村,北至广东碣石。

颈环嵌线螺 *Cymatium moniliferum* A. Adams & Reeve

产地:三亚、新村。

隐蔽嵌线螺 *Cymatium clandestinum*(Lamarck)

产地:三亚、新村。

梨形嵌线螺 *Cymatium pyrum*(Linnaeus)

产地:三亚,北至广东水东。

结节嵌线螺 *Cymatium tuberosum*(Lamarck)

产地:三亚、新村,南至西沙群岛。

红肋嵌线螺 *Cymatium rubercula*(Linnaeus)

产地:三亚,南至西沙群岛。

波纹嵌线螺 *Cymatium aquatie*(Reeve)

产地:三亚、新村、南至西沙群岛。

珠粒嵌线螺 *Cymatium gemmatum*(Reeve)

产地:三亚、排港,南至西沙群岛。

螺塔嵌线螺 *Cymatium lotorium*(Linnaeus)

产地:三亚。

环沟嵌线螺 *Cymatium*(*Linatella*)*cynocephala*(Lamarck)

产地:三亚,北至福建平潭。

扭螺 *Distorsio anus*(Linnaeus)

产地:三亚、海棠头,南至西沙群岛。

网纹扭螺 *Distorsio reticulata*(Röding)

产地:三亚、新村,北至广东汕尾。

粒神螺 *Apollon olvator rubustus*(Fulton)

产地:新盈港、三亚、新村,北至浙江沿海。

蛙螺科 Bursidae

蛙螺 *Bursa rana*(Linnaeus)

产地:三亚、新村,北至浙江平阳。

粒蛙螺 *Bursa granularis* Röding

产地:莺歌海、三亚、新村,北至广东海门。

紫口蛙螺 *Bursa rhodostoma*(Beck)

产地:三亚,南至西沙群岛。

驼背蛙螺 *Bursa tuberosissima*(Reeve)

产地:三亚,南至西沙群岛。

鹑螺科 Tonnidae

中国鹑螺 *Tonna chinensis*(Dillwyn)

产地:三亚、新村,北至福建平潭。

斑鹑螺 *Tonna lischkeanum* Kuster

产地:莺歌海、三亚、新村,北至广东硇洲岛。

葫鹑螺 *Tonna allium*(Dillwyn)

产地:三亚,北至广东汕尾。

带鹑螺 *Tonna olearium*(Linnaeus)

产地:三亚,北至福建霞浦。

沟鹑螺 *Tonna sulcosa*(Bron)

产地:三亚、新村,福建长乐。

琵琶螺科 Ficidae

琵琶螺 *Ficus ficus*(Linnaeus)

产地:莺歌海、三亚、新村,北至广东南澳。

白带琵琶螺 *Ficus subinter medium*(d'Orbigny)

产地:三亚、新村,北至福建平潭。

长琵琶螺 *Ficus gracillis*(Sowerby)

产地:三亚,北至广东宝安。

骨螺科 Muricida

红螺 *Rapana bezoar*(Linnaeus)

产地:三亚、新村,北至浙江沿海。

梨红螺 *Rapana repiformis*(Born)

产地:莺歌海、三亚、新村,北至广东南澳。

核果螺 *Drupa morum* Röding

产地:三亚、新村,南至西沙群岛。

黄斑核果螺 *Drupa ricina*(Linnaeus)

产地:三亚、新村,南至西沙群岛。

球核果螺 *Drupa rubusidaeus* Röding

产地:三亚,南至西沙群岛。

窗格核果螺 *Drupa clathrata*(Lamarck)

产地:新村。

刺核果螺 *Drupa grossularia* Röding

产地:三亚,南至西沙群岛。

高核果螺 *Drupa elata*(Blainville)

产地:三亚。

环珠核果螺 *Drupa concatenata*(Lamarck)

产地:新盈港、三亚、新村、曲口,南至西沙群岛。

珠母核果螺 *Drupa margariticola*(Broderip)

产地:新盈港、三亚、新村等地,北至福建东山。

方格核果螺 *Drupa cancellata*(Quoy & Gaimard)

产地:三亚。

筐核果螺 *Drupa fiscella*(Gmelin)

产地:三亚、新村,排港。

葡萄核果螺 *Drupa uva* Röding

产地:三亚,南至西沙群岛。

糙核果螺 *Drupa aspera*(Lamarck)

产地:三亚、新村,南至西沙群岛。

双锥核果螺 *Drupa biconica*(Blainville)

产地:三亚。

镶珠核果螺 *Drupa musiva*(Liener)

产地:莺歌海、排港、海口,北至福建东山。

小核果螺 *Drupa anaxares*(Kiener)

产地:三亚。

粒核果螺 *Drupa granulata*(Duclos)

产地:海口、角头、新村、排港,南至西沙群岛。

栉棘骨螺 *Murex pecten* Lightfoot

产地:三亚,北至福建平潭。

浅缝骨螺 *Murex trapa* Röding

产地:海口、新盈港、三亚等地,北至浙江沿海。

钩棘骨螺 *Murex aduncospinosus* Reeve

产地:三亚、新村,北至浙江沿海。

直吻骨螺 *Murex rectirostris* Sowerby

产地:三亚、新村,北至浙江沿海。

翼螺 *Pterynotus pinnatus*(Swainson)

产地:三亚、新村,北至福建东山。

棘螺 *Chicoreus ramosus*(Linnaeus)

产地:新盈港、莺歌海,至广西北海。

亚洲棘螺 *Chicoreus asianus* Kuroda

产地:海口,北至浙江大陈岛。

褐棘螺 *Chicoreus brunneus*(Link)

产地:三亚等地,广东龟龄岛至西沙群岛。

焦棘螺 *Chicoreus torrefactus*(Sowerby)

产地:新盈港、三亚、新村,北至广东宝安。

小叶棘螺 *Chicoreus microphyllus*(Lamarck)

产地:三亚。

鹿角棘螺 *Chicoreus axicorinis*(Lamarck)

产地:海南岛南部浅海。

尖棘螺 *Chicoreus aculeatus*(Lamarck)

产地:海南岛南部浅海。

鸭蹼光滑眼角螺 *Homalocantha anatomico*(Perry)

产地:三亚(大东海)。

鹧鸪篮螺 *Nassa francolinus*(Bruguiere)

产地:三亚、新村、西沙群岛。

角荔枝螺 *Thais tuberosa*(Röding)

产地:三亚、新村、西沙群岛。

武装荔枝螺 *Thais armigera*(Link)

产地:三亚、西沙群岛。

多角荔枝螺 *Thais hippocastanum*(Linnaeus)

产地:三亚、新村,南至西沙群岛。

褐唇荔枝螺 *Thais brunneolabrum*(Dall)

产地:三亚、排港,南至西沙群岛。

白斑荔枝螺 *Thais rudolphi* Lamarck

产地:三亚、新村。

蟾蜍荔枝螺 *Thais bufo* Lamarck

产地:三亚。

蚜敌荔枝螺 *Thais gradata* Jonas

产地:海口、曲口、北港,北至福建厦门。

红豆荔枝螺 *Mancinella alouina*(Röding)

产地:三亚、新村。

角刺荔枝螺 *Mancinella echinata*(Blainville)

产地:三亚,北至广东大陆沿海。

皱爱尔螺 *Eragalatax contractus*(Reeve)

产地:三亚,北至东海。

延管螺科 Magilidae

延管螺 *Magilus antiquus* Montfort

产地:三亚、西沙群岛。

球芜菁螺 *Rapa bulbiformis* Sowerby

产地:三亚、西沙群岛。

唇珊瑚螺 *Rhizochilus madreporarum*(Sowerby)

产地:三亚、新村,南至西沙群岛。

紫栖珊瑚螺 *Coralliobia violacea*(Kiener)

产地:三亚、新村、西沙群岛。

畸形珊瑚螺 *Coralliophila deformis*(Lamarck)

产地:三亚、西沙群岛。

肋珊瑚螺 *Coralliophila xoaruleia*(Lamarck)

产地:三亚。

核螺科 Pyrenidae(=Columbellidae)

杂色牙螺 *Columbella versicolor* Sowerby

产地:新盈港、三亚、新村,广东南澳至西沙群岛。

斑鸠牙螺 *Columbella turturina* Lamarck

产地:三亚、西沙群岛。

多形牙螺 *Columbella varians*(Sowerby)

产地:三亚、西沙群岛。

斑核螺 *Pyrene punctata*(Bruguiere)

产地:三亚、新村,南至西沙群岛。

龟核螺 *Pyrene testudinaria tylerae*(Criffith & Pidgeon)

产地:新盈港、三亚、新村,广东闸坡至西沙群岛。

蛾螺科 Buccinidae

礼凤唇齿螺 *Engina mendicaria*(Linnaeus)

产地:三亚、西沙群岛。

波纹甲虫螺 *Cantharus undosus*(Linnaeus)

产地:三亚、新村、清澜、西沙群岛。

甲虫螺 *Cantharus cecillei*(Philippi)

产地:三亚等地,全国沿海。

火红土产螺 *Pisania ignea*(Gmelin)

产地:三亚、西沙群岛。

泥东风螺 *Babylonia lutosa*(Lamarck)

产地:三亚等地,北至浙江南部沿海。

方斑东风螺 *Babylonia areolata*(Lamarck)

产地:三亚、新村等地,北至福建平潭。

盔螺科 Galeodidae

管角螺 *Hemifusus tuba*(Gmelin)

产地:北港,北至福建连江。

织纹螺科 Nassariidae

刺织纹螺 *Nassarius horrida*(Dunker)

产地:三亚。

结节织纹螺 *Nassarius hepaticus*(Pulteneny)

产地:三亚,北至东海。

杧果织纹螺 *Nassarius mangelioides*(Reeve)

产地:三亚。

古氏织纹螺 *Nassarius cumingi* Adams

产地:三亚。

方格织纹螺 *Nassarius*(*Niotha*)*clathrata*(Lamarck)

产地:三亚,北至东海。

西格织纹螺 *Nassarius*(*Zeuxia*)*siquijorensis*(A. Adams)

产地:三亚,北至东海。

橄榄织纹螺 *Nassarius*(*Zeuxia*)*olvaceus*(Bruguiere)

产地:三亚,北至东海。

榧螺科 Olividae

彩饰榧螺 *Oliva ornata* Marrat

产地:三亚、新村。

红口榧螺 *Oliva miniacea*(Röding)

产地:三亚、新村。

彩榧螺 *Oliva ispidula*(Linnaeus)

产地:新盈港、三亚、新村,北至广东平海。

陷顶伶鼬榧螺 *Oliva mustelina concavospira* Sowerby

产地:三亚、新村,南至西沙群岛。

肩榧螺 *Oliva emicator*(Meuschen)

产地:三亚、西沙群岛。

红侍女螺 *Ancilla rubiginosa*(Swainson)

产地:海南岛附近浅海,北至浙江沿海。

细小榧螺 *Olivella fulgurata*(A. Adams & Reeve)

产地:新村,北至山东沿海岛。

笔螺科 Mitridae

焰纹笔螺 *Mitra*(*Cancilla*)*flammea* Quoy & Garimard

产地:三亚,北至东海。

环月笔螺 *Mitra*(*Cancilla*)*circula* Kiener

产地:三亚,北至东海。

锈笔螺 *Mitra*(*Chrysame*)*ferruginea* Lamarck

产地:三亚、西沙群岛。

沟纹笔螺 *Mitra*(*Chrysame*)*proscissa* Reeve

产地:三亚、新村,北至广东宝安。

杂色笔螺 *Mitra*(*Strigatella*)*litterata* Lamarck

产地:三亚、西沙群岛。

圆点笔螺 *Mitra*(*Strigatella*)*scutulata*(Gmelin)

产地:三亚、新村、广东遮浪至西沙群岛。

肥笔螺 *Mitra ambigua*(Swainson)

产地:新盈港、三亚。

金笔螺 *Mitra aurantia*(Gmelin)

产地:三亚、新村,北至广东宝安。

小狐菖蒲螺 *Vexillum vulpeculum*(Linnaeus)

产地:新盈港、三亚、新村。

朱红菖蒲螺 *Vexillum ornatum cocoineum*(Reeve)

产地:三亚,北至广东海门。

橡子花生螺 *Pterygia nucea*(Meuschen)

产地:新盈港,南至西沙群岛。

花生螺 *Pterygia crenulata*(Gmelin)

产地:新盈港、新村,北至广东平海。

犬齿螺科 Vasidae

角犬齿螺 *Vasum tubinellum*(Linnaeus)

产地:三亚、新村,西沙群岛。

竖琴螺科 Harpidae

竖琴螺 *Harpa conoidalis*(Lamarck)

产地:三亚、新村,北至广东海门。

涡螺科 Volutidae

瓜螺 *Cybium melo*(Solander)

产地:三亚、新村,北至福建沿海。

衲螺科 Cancellaridae

斜三角口螺 *Trigonaphera obliquata*(Lamarck)

产地:三亚,南海。

粗莫利加螺 *Merica asperella* (Lamarck)

产地:三亚,南海。

塔螺科 Turridae

假奈拟塔螺 *Turricula nelliae spurius*(Hedley)

产地:三亚、新村,北至浙江沿海。

爪哇拟塔螺 *Turricula javana* (Linnaeus)

产地:三亚、新村,北至浙江沿海。

白龙骨乐飞螺 *Lophiotoma leucoptropis*(A. Adams & Reeve)

产地:三亚、新村,北至浙江沿海。

美丽蕾螺 *Gemmula speciosa*(Reeve)

产地:三亚,广东大陆沿海。

细肋蕾螺 *Gemmula deshayesii*(Doument)

产地:三亚、新村,北至山东沿海。

黄短口螺 *Brachytoma flavidula*(Lamarck)

产地:三亚、新村,北至山东沿海。

芋螺科 Conidae

玛瑙芋螺 *Conus achatinus* Gmelin

产地:新盈港、三亚等地,广东澳头至西沙群岛。

桶形芋螺 *Conus betulinus* Linnaeus

产地:新盈港、三亚、新村,西沙群岛。

大尉芋螺 *Conus capitaneus* Linnaeus

产地:三亚、新村,西沙群岛。

加勒底芋螺 *Conus chaldaeus*(Röding)

产地:三亚、新村,西沙群岛。

花冠芋螺 *Conus coronatus* Gmelin

产地:新盈港、三亚、新村,西沙群岛。

希伯来芋螺 *Conus ebraeus* Linnaeus

产地:三亚、新村,西沙群岛。

黄芋螺 *Conus flavidus* Lamarck

产地:三亚、新村,西沙群岛。

将军芋螺 *Conus generalis* Linnaeus

产地:三亚,西沙群岛。

地纹芋螺 *Conus geographus* Linnaeus

产地:三亚,西沙群岛。

橡实芋螺 *Conus glans* Hwass

产地:新盈港,西沙群岛、广西涠洲岛。

疣缟芋螺 *Conus lividus* Hwass

产地:三亚、新村,西沙群岛。

勇士芋螺 *Conus miles* Linnaeus

产地:三亚、新村,西沙群岛。

乐谱芋螺 *Conus musicus* Hwass

产地:三亚、新村,西沙群岛。

白地芋螺 *Conus nussatella* Linnaeus

产地:三亚、琼山,西沙群岛。

斑疹芋螺 *Conus pulicarius* Hwass

产地:三亚、新村,西沙群岛。

鼠芋螺 Conus rattus Hwass

产地:三亚,西沙群岛。

俪芋螺 *Conus sponsalis* Hwass

产地:三亚,西沙群岛。

线纹芋螺 *Conus striatus* Linnaeus

产地:三亚,西沙群岛。

方斑芋螺 *Conus tessellatus* Born

产地:新盈港、三亚、新村,西沙群岛。

织锦芋螺 *Conus textile* Linnaeus

产地:新盈港、三亚、新村,广东遮浪至西沙群岛。

马兰芋螺 *Conus tulipa* Linnaeus

产地:三亚,西沙群岛。

犊纹芋螺 *Conus vitulinus* Hwass

产地:三亚、新村,西沙群岛。

猫芋螺 *Conus catus* Hwass

产地:三亚、新村,西沙群岛。

象牙芋螺 *Conus eburneus* Hwass

产地:新盈港、三亚、新村,西沙群岛。

笋螺科 Terebridae

锯齿笋螺 *Terebra crenulata*(Linnaeus)

产地:新村,西沙群岛。

分层笋螺 *Terebra dimidiata*(Linnaeus)

产地:新村,西沙群岛。

线纹笋螺 *Terebra penicillata* Hinds

产地:新村,南至西沙群岛。

锥笋螺 *Terebra subulata*(Linnaeus)

产地:新村,西沙群岛。

拟笋螺 *Terebra affinis* Gray

产地:三亚,西沙群岛。

后鳃亚纲 Opisthobranchia

小塔螺科 Pylamidellidae

肥小塔螺 *Pyramidella ventricosa* Guerin

产地:新盈港、三亚等地,北至广东宝安。

猫耳螺 *Otopleura auriscati*(Holten)

产地:海口、三亚、新村,北至广东湛江。

美丽细口螺 *Colsyrnola ornata*(Gould)

产地:三亚,北至东海。

优美方口螺 *Tiberia pulchella*(A. Adams)

产地:三亚。

捻螺科 Actaonidae

线红捻螺 *Bullina lineata*(Gray)

产地:三亚。

露齿螺科 Ringiculidae

狭小露齿螺 *Ringicula*(*Ringiculina*)*kurodai* Takoyama

产地:三亚。

蛹螺科 Pupidae

坚固蛹螺 *Pupa solidula*(Linnaeus)

产地:新村,北至东海。

纵沟蛹螺 *Pupa sulcata*(Gmelin)

产地:新盈港。

泡螺科 Hydatinidae

泡螺 *Hydatina physis*(Linnaeus)

产地:新村。

枣螺科 Bullidae

枣螺 *Bulla vernicosa* Gould

产地:琼东,西沙群岛。

壶腹枣螺 *Bulla ampulla*(Linnaeus)

产地:三亚,新村。

东方枣螺 *Bulla orientalis* Habe

产地:三亚,西沙群岛。

四带枣螺 *Bulla adamsii* Menk

产地:三亚,西沙群岛。

阿地螺科 Atyidae

柱形阿里螺 *Aliculastrum cylindricum*(Helbling)

产地:三亚,海棠头。

角杯内阿地螺 *Cylichnatys angusta*(Gould)

产地:三亚。

紧缩泥拉地螺 *Limulatys constrictus* Habe

产地:三亚。

无角螺科 Akeridae

隘无角螺 *Akera constricta* Kuroda

产地:新盈港。

囊螺科 Retusidae

加里曼丹囊螺 *Retusa*(*Coelophysis*)*borneensis*(A. Adams)

产地:海口、铺前,北至东海。

壳蛞蝓科 Philinidae

玻璃壳舌蝓 *Philine vitrea* Gould

产地:三亚。

东山壳蛞蝓 *Philine orientalis* A. Adams

产地:新盈港。

幼小赫壳蛞蝓 *Hermania infantilis* Habe

产地:三亚。

拟海牛科 Dorididae

双边拟海牛 *Doridium gigliolii*(Tapparone-Candefri)

产地:新盈港,北至黄海。

条纹拟海牛 *Doridium lineolata*(H. & A. Adams)

产地:新盈港。

海兔科 Aplysiidae

角海兔 *Aplysia*(*Varria*)*cornigera* Sowerby

产地:新盈港。

黑指纹海兔 *Aplysia*(*Varria*)*dactylomela* Rang

产地:莺歌海。

黑斑海兔 *Aplysia*(*Varria*)*kurodai*(Baba)

产地:新盈港。

红海兔 *Aplysia*(*Varria*)*sagamiana*(Baba)

产地:新盈港。

书纹海兔 *Syphonota geographica scripta*(Bergh)

产地:三亚、琼山。

截尾海兔 *Dolabella scapula*(Martyn)

产地:三亚、新村、琼山,南至西沙群岛。

斧壳海兔 *Dolabrifera dolabrifera*（Rang）

产地：三亚，西沙群岛。

褐斧壳海兔 *Dolabrifera fusca* Pease

产地：三亚，西沙群岛，北至东海。

蓝斑背肛海兔 *Notarchus*（*Bursatella*）*leachii cirrosus* Stimpson

产地：海口、新盈港、八所，北至东海。

长尾背肛海兔 *Notarchus*（*Stylocheilus*）*longicaudus*（Quoy & Garimard）

产地：三亚、清澜。

雷氏背肛海兔 *Notarchus*（*Stylocheilus*）*risbeci*（Engel）

产地：三亚。

海天牛科 Elysiidae

三凹海天牛 *Elysia*（*Elysia*）*trisinuata* Baba

产地：三亚。

眼斑多叶鳃 *Placobranchus ocellatus* Van Hasselt

产地：新盈港、三亚，南至西沙群岛。

侧鳃科 Pleurobranchidae

明月侧鳃 *Euselenops*（*Euselenops*）*luniceps*（Cuvier）

产地：三亚。

瘤背凹缘侧鳃 *Oscanius hilli* Hedley

产地：海南岛南方。

伞螺科 Umbraculidae

中华伞螺 *Umbraculum sinicum*（Gmelin）

产地：新村。

六鳃科 Hexabranchidae

缘六鳃 *Hexabranchus marginatus*（Quoy & Garmard）

产地：三亚，西沙群岛。

多角海牛科 Polyceridae（＝Euphuridae）

无饰裸海牛 *Gymnodoris inornata*（Bergh）

产地：三亚。

白裸海牛 *Gymnodoris alba*（Bergh）

产地：三亚。

条纹裸海牛 *Gymnodoris striata*（Eliot）

产地：新盈港。

喀林加海牛 *Kalinga ornata* Alder & Hancock

产地：三亚、新村，北至东海。

海牛科 Dorididae

绿仿海牛 *Doriopsis viridis* Peaser

产地：三亚。

橘色仿海牛 *Doriopsis aurantiaca*（Eliot）

产地：三亚。

线条舌尾海牛 *Glossodoris lineolata*（Van Hasselt）

产地：新盈港、三亚、新村，北至东海。

喜悦舌尾海牛 *Glossodoris hilaris*（Bergh）

产地：新村。

多瘤舌尾海牛 *Glossodoris multituberculata* Baba

产地：新村。

黄紫舌尾海牛 *Glossodoris aureopurpurea*（Collingwood）

产地：新村，北至东海。

色缘舌尾海牛 *Glossodoris marginata*（Pease）

产地：三亚。

色斑舌尾海牛 *Glossodoris crossei*（Angas）

产地：新村。

波缘海牛 *Casella atromar ginata*（Cuvier）

产地：新盈港、三亚，南至西沙群岛。

斑刺海牛 *Kentrodoris maculosa* Cuvier

产地：新盈港、新村，南至西沙群岛。

日本车轮海牛 *Actinocyclus japonicus*（Eliot）

产地：三亚。

被球片海牛 *Trippa intecta*（Kelaart）

产地：新盈港、新村，南至西沙群岛。

石磺海牛 *Homoiodoris japoncia* Bergh

产地：三亚、新村，全国沿海。

革质扁海牛 *Argus speciosus*（Abraham）

产地：新盈港、三亚、新村，南至西沙群岛。

粟斑扁海牛 *Argus tabulatus*（Abraham）

产地：新盈港、三亚。

薄片扁海牛 *Argus laminea*（Risbec）

产地：三亚，南至西沙群岛。

革皮星背海牛 *Asteronotus cespitosus*（Van Hasselt）

产地：三亚、新村，东海至西沙群岛。

黑枝鳃海牛 *Dendrodoris*（*Dendrodoris*）*nigra*（Stimpson）

产地：三亚、新村，东海至西沙群岛。

瘤枝鳃海牛 *Dendrodoris*（*Dendrodoris*）*tuberculosa*（Quoy & Gaimard）

产地：新村。

牙枝鳃海牛 *Dendrodoris*（*Dendrodoris*）*gemmacea*（Alder & Hancock）

产地：新盈港。

背叶鳃海牛 Notodorididae

绒毛三叶鳃海牛 *Aegires villosus* Farran

产地：三亚。

叶海牛科 Phyllidiidae

叶海牛 *Phyllidia*（*Phyllidia*）*varicosa* Lamarck

产地：新村，南至西沙群岛。

丘凸叶海牛 *Phyllidia*（*Phyllidiella*）*pustulosa* Cuvier

产地：三亚、新村，南至西沙群岛。

片鳃科 Arminidae

片鳃 *Armina*（*Linguella*）*variolosa*（Bergh）

产地：新盈港，北至东海。

桑氏片鳃 *Armina*（*Armina*）*semperi*（Bergh）

产地：新盈港。

马场片鳃 *Armina*（*Linguella*）*babai*（Tchang）

产地：莺歌海，全国分布。

二列鳃科 Bornellidae

指状二列鳃 *Bornella digitata* A. Adams & Reeve

产地：三亚、新村，北至东海。

日本二列鳃 *Bornella japonica* Baba

产地：三亚。

肺螺亚纲 Pulmonata

菊花螺科 Siphonariidae

黑菊花螺 *Siphonalia atra* Quoy & Gaimard

产地：三亚、新村，北至福建沿海。

日本菊花螺 *Siphonalia japonica*（Donovan）

产地：三亚、新村，全国分布。

掘足纲 Scaphopoda

角贝科 Dentaliidae

肋变角贝 *Dentalium*（*Paradentalium*）*octangulatum* Donovan

产地：三亚，北至东海。

胶州湾角贝 *Dentalium*（*Episiphon*）*kiaochowwanense* Tchang & Tsi

产地：三亚，全国沿海。

瓣鳃纲 Lamellibranchia

云母蛤科 Ledidae（Nuculanidae）

云母蛤 *Yoldia serotina* Reeve

产地：三亚，南海分布。

小囊蛤 *Saccella cuspidata*（Gould）

产地：三亚，南海分布。

蚶科 Arcidae

偏胀蚶 *Arca*（*Arca*）*ventricosa* Lamarck

产地：新盈港、三亚。

棕蚶 *Arca*（*Barbartia*）*fusca* Bruguiere

产地：新盈港、三亚、新村，西沙群岛。

布纹蚶 *Arca*（*Barbartia*）*decussata* Sowerby

产地：新盈港、三亚、新村等地，广东南澳至西沙群岛。

青蚶 *Arca*（*Barbartia*）*vircscens* Reeve

产地：海口、三亚、新村等地，北至浙江沿海。

扭转蚶 *Arca*(*Parallelepipedum*)*yongei* Iredale

产地:三亚,北至福建平潭。

半扭转蚶 *Arca*(*Parallelepedum*)*semitorta* Lamarck

产地:三亚、新村,北至广东汕头。

古蚶 *Arca*(*Anadara*)*antiquata* Linnaeus

产地:三亚、琼东等地,北至广东海门。

鲁梭氏蚶 *Arca*(*Anadara*)*jausseumeri* Lamy

产地:三亚、北港,北至广东东海岛。

密肋粗蚶 *Arca*(*Anadara*)*cfebricostata*(Reeve)

产地:三亚,广东沿海。

泥蚶 *Arca*(*Anadara*)*granosa* Linnaeus

产地:海口、三亚等地,全国分布。

比那蚶 *Arca*(*Anadara*)*binakayanensis* Faustino

产地:三亚、北港,北至福建沿海。

球蚶 *Arca*(*Cunearca*)*pilula* Reeve

产地:三亚等地,北至广东平海。

贻贝科 Mytilidae

曲线索贻贝 *Hormomya mutabilis*(Gould)

产地:三亚、清澜等地,北至广东澳头。

翡翠贻贝 *Perna viridis*(Linnaeus)

产地:新盈港、乐会、卜敖港,北至福建。

隔贻贝 *Septifer bilocularis*(Linnaeus)

产地:三亚、新村,北至澳头。

隆起隔贻贝 *Septifer excisus*(Wiegmann)

产地:三亚,北至福建。

日本肌蛤 *Musculus japonicus*(Dunker)

产地:三亚,北至广东水东。

须偏顶蛤 *Modiolus barbatus*(Linnaeus)

产地:新盈港、新村,北至山东。

菲律宾偏顶蛤 *Modiolus philippinarum*(Hanley)

产地:新村,北至广东大陆沿海。

麦氏偏顶蛤 *Modiolus metcalferi* Hanley

产地:三亚,全国分布。

长光偏顶蛤 *Lioberus elongatus*(Swainson)

产地:三亚等地,全国分布。

鞘光偏顶蛤 *Lioberus vagina*(Lamarck)

产地:新盈港。

花偏顶蛤 *Amygdalum arborescens*(Dillwyn)

产地:海南岛,北至广东大陆沿海。

珊瑚绒贻贝 *Gregariella coralliophaga*(Gmelin)

产地:海南岛,北至福建。

沟纹毛肌蛤 *Trichomusculus subsulcata*(Dunker)

产地:海南岛,北至广东大陆沿海。

肉柱贻贝 *Botula silicula*(Lamarck)

产地:新盈港、三亚、新村,北至广东碣石。

光石蛏 *Lithophaga teres*(Philippi)

产地:新盈港、三亚、新村,北至香港。

金石蛏 *Lithophaga zitteliana* Dunker

产地:新盈港、三亚、清澜,北至广东宝安。

羽状石蛏 *Lithophaga malaccana* Reeve

产地:新盈港、三亚、新村,北至广东遮浪。

锉石蛏 *Lithophaga lima*(Lamy)

产地:新盈港,北至广东宝安。

肥大石蛏 *Lithophaga obesa* Philippi

产地:新盈港、三亚。

珍珠贝科 Pteriidae

合浦珠母贝 *Pinctada martensi*(Dunker)

产地:新盈港,北至福建东山。

珠母贝 *Pinctada margaritifera*(Linnaeus)

产地:新盈港、三亚、新村,广东硇洲岛至西沙群岛。

长耳珠母贝 *Pinctada chemnitzi*(Philippi)

产地:三亚、新村、琼山,北至福建东山。

大珠母贝 *Pinctada maxima*(Jameson)

产地:白马井、三亚,西沙群岛。

黑珠母贝 *Pinctada nigra*(Gould)

产地:榆林、新村、排港。

拟金蛤珠母贝 *Pinctada anomioides*(Reeve)

产地:新盈港、三亚、黎安港、排港。

射肋珠母贝 *Pinctada radiata*(Leach)

产地:三亚、新村,北至广东宝安。

企鹅珍珠贝 *Pteria*(*Magnavicula*)*penguin*(Röding)

产地：三亚，北至涠洲岛。

中国珍珠贝 *Pteria*（*Austropteria*）*chinensis*（Leaxh）

产地：三亚、新村，北至浙江（温州外海）。

鹌鹑珍母贝 *Pteria*（*Austropteria*）*coturnix*（Dunker）

产地：角头、新村，北至广东澳头。

宽珍珠贝 *Pteria*（*Austropteria*）*lata*（Gray）

产地：三亚，北至广西北海。

短翼珍珠贝 *Pteria*（*Austropteria*）*brevialata*（Dunker）

产地：北黎、三亚、新村。

尖翼珍珠贝 *Pteria*（*Austropteria*）*cypsellus*（Dunker）

产地：三亚，南至西沙群岛。

海鸡头珍珠贝 *Pteria*（*Austropteria*）*dendronephthya* Habe

产地：海南岛北部。

鸦翅电光贝 *Electroma ovata*（Quoy & Gaimard）

产地：新村，南至西沙群岛。

钳蛤科 Isognomonidae

短耳丁蛎 *Malleus daemoniacus* Reeve

产地：新盈港、三亚、新村。

丁蛎 *Malleus malleus*（Linnaeus）

产地：三亚，北至广东南澳。

单韧穴蛤 *Vulsella vulsella*（Linnaeus）

产地：新盈港、三亚，北至硇洲岛。

浅色锯齿蛤 *Crenatula modiolaris* Lamarck

产地：新盈港、三亚、新村。

黑锯齿蛤 *Crenatula nigrina* Lamarck

产地：新村、黎安港，北至广东宝安。

钳蛤 *Isognomon isognomum*（Linnaeus）

产地：新盈港、三亚、新村，南至西沙群岛。

细肋钳蛤 *Isognomon pernum*（Linnaeus）

产地：三亚、新村、排港，广东宝安至西沙群岛。

豆荚钳蛤 *Isognomon legumen*（Gmelin）

产地：海口、三亚等地，福建平潭至西沙群岛。

扁平钳蛤 *Isognomon ephippium*（Linnaeus）

产地：三亚、清澜，北至广东宝安。

方形钳蛤 *Isognomon acutirostris*（Dunker）

产地：新盈、三亚等地，广东硇洲岛至西沙群岛。

江珧科 Pinnidae

紫色裂江珧 *Pinna atropurpurea* Sowerby

产地：新盈港、三亚、新村，北至广东澳头。

多棘裂江珧 *Pinna muricata* Linnaeus

产地：三亚、新村，南至西沙群岛。

细长裂江珧 *Pinna attenuata* Reeve

产地：新盈港、三亚等地，北至福建东山。

二色裂江珧 *Pinna bicolor* Gmelin

产地：新盈港、三亚，北至广东澳头。

旗江珧 *Pinna*（*Atrina*）*vexillum* Born

产地：新盈港、三亚、新村，广东澳头至西沙群岛。

栉江珧 *Pinna*（*Atrina*）*pectinata* Linnaeus

产地：榆林、三亚等地，全国沿海。

羽状江珧 *Pinna*（*Atrina*）*penna* Reeve

产地：三亚、新村，北至东海。

胖江珧 *Pinna*（*Trina*）*inflata* Wood

产地：新村，北至广东海门。

囊形江珧 *Pinna*（*Streptopinna*）*saccata* Linnaeus

产地：新村。

扇贝科 Pectinidae

华贵栉孔扇贝 *Chlamys nobilis*（Reeve）

产地：新村，北至广东海门。

齿舌栉孔扇贝 *Chlamys radula*（Linnaeus）

产地：三亚、新村。

楔形栉孔扇贝 *Chlamys cuneatus*（Reeve）

产地：三亚、新村。

箱形栉孔扇贝 *Chlamys pyxidatus*（Born）

产地：三亚，北至广东南澳。

花鹊栉孔扇贝 *Chlamys pica*（Reeve）

产地：三亚、新村等地，北至广东宝安。

嵌条扇贝 *Pecten albicans*（Schroter）

产地：三亚，北至东海。

日月贝科 Amusiidae

长肋日月贝 *Amussium pleuronectes*（Linnaeus）

产地：新村、三亚等地，北至广东汕尾。

海菊蛤科 Spondylidae

堂皇海菊蛤 *Spondylus imperialis* Chenu

产地：三亚、新村，北至广东广海。

草莓海菊蛤 *Spondylus fragum* Reeve

产地：新盈港、新村等地，北至广东汕尾。

紫斑海菊蛤 *Spondylus nicobaricus* Schreibers

产地：新盈港、新村，广东南澳至西沙群岛。

锉蛤科 Limidae

索氏锉蛤 *Lima sowerbyi* Deshayes

产地：新村，北至广西涠洲岛。

角耳锉蛤 *Lima basilanica* A. Adams & Reeve

产地：新盈港、新村。

脆壳锉蛤 *Lima fragilis*（Gmelin）

产地：新盈港、三亚、新村，南至西沙群岛。

不等蛤科 Anomiidae

难解不等蛤 *Enignomia aenigmatica*（Holten）

产地：新盈港、三亚，北至广东香港。

中国不等蛤 *Anomia chiensis* Philippi

产地：北港，全国沿海。

海月蛤科 Placunidae

海月（窗贝）*Placuna placenta*（Linnaeus）

产地：三亚、新村、琼山，北至东海。

鞍海月 *Placuna sella* Gmelin

产地：新盈港、三亚、新村，北至广东乌石港。

牡蛎科 Ostreidae

舌骨牡蛎 *Ostrea*（*Lopha*）*hyotis* Linnaeus

产地：新村。

覆瓦牡蛎 *Ostrea*（*Lopha*）*imbricata* Lamarck

产地：新盈港、新村，北至广东海门。

咬齿牡蛎 *Ostrea*（*Lopha*）*mordax* Gould

产地：三亚，北至广东遮浪。

棘刺牡蛎 *Ostrea*（*Lopha*）*echinata* Quoy & Gaimard

产地：三亚等地，北至浙江沿海。

缘齿牡蛎 *Ostrea*（*Lopha*）*crenulifera* Sowerby

产地：三亚、新村，北至广东澳头。

团聚牡蛎 *Ostrea*（*Pycanodonta*）*glomerata* Gould

产地：三亚、新村、清澜，北至广东澳头。

近江牡蛎 *Ostrea*（*Crassostrea*）*rivularia* Gould

产地：保平港，全国沿海。

鹅掌牡蛎 *Ostrea*（*Crassostrea*）*paulucciae* Crosse

产地：三亚、新村，北至广东澳头。

心蛤科 Carditidae

异纹心蛤 *Cardita variegata* Bruguiere

产地：三亚、新村等地，北至福建东山。

粗衣蛤 *Beguina semiorbiculata*（Linnaeus）

产地：新盈港、三亚、新村，北至广西涠洲岛。

满月蛤科 Lucinidae

满月蛤 *Lucina edentula* Linnaeus

产地：三亚、新村。

长格厚大蛤 *Codakia tigerina*（Linnaeus）

产地：三亚、角头，南至西沙群岛。

猿头蛤科 Chamidae

叶片猿头蛤 *Chama lobata* Broderip

产地：新盈港，北至广东汕头。

敦氏猿头蛤 *Chama dunker* Lischke

产地：三亚、新村，北至广西涠洲岛。

翘鳞猿头蛤 *Chama lazarus* Linnaeus

产地：三亚、新村。

扭曲猿头蛤 *Chama reflexa* Reeve

产地：新盈港、三亚，北至广东宝安。

鸟蛤科 Cardiidae

片棘鸟蛤 *Cardium radula* Thiele

产地:海南岛南方浅海。

滑肋糙鸟蛤 *Trachycardium enode*(Sowerby)

产地:三亚。

黄边糙鸟蛤 *Trachycadium flavum*(Linnaeus)

产地:三亚、新村等地,广西涠洲岛。

粗糙鸟蛤 *Trachycardium impolitum*(Sowerby)

产地:海南岛南方浅海。

隆脊鸟蛤 *Fragum carinatum*(Lynge)

产地:新盈港、新村等地,北至福建厦门。

陷月鸟蛤 *Lunulicardia retusa*(Linnaeus)

产地:新盈港、三亚,广西涠洲岛。

多斑滑鸟蛤 *Laevicardium multipunctatum*(Sowerby)

产地:海南岛南方浅海,北至广东珠江口外。

澳洲薄壳鸟蛤 *Fulvia australis*(Sowerby)

产地:三亚。

泡状薄壳鸟蛤 *Fulvia bullata*(Linnaeus)

产地:新盈港、三亚,北至广东汕尾。

曼氏卵鸟蛤 *Maoricardium mansitii*(Otuka)

产地:海南岛南方浅海,北至福建东山。

半纹小鸟蛤 *Micocardium nomurai*(Kuroda & Habe)

产地:海南岛南方浅海。

砗磲科 Tridacnidae

鳞砗磲 *Tridacna*(*Chamestrachea*)*squamosa* Lamarck

产地:三亚、新村,西沙群岛。

长砗磲 *Tridacna*(*Chamestrachea*)*maxima*(Röding)(= *T. elongata* Lamarck)

产地:三亚、新村,西沙群岛。

番红砗磲 *Tridacna*(*Chamestrachea*)*crocea* Lamarck

产地:三亚、新村,西沙群岛。

帘蛤科 Veneridae

棕带仙女蛤 *Callista erycina*(Linnaeus)

产地:新盈港、三亚。

细纹卵蛤 *Pitar*(*Pitarina*)*striata*(Gray)

产地:三亚、新村,北至香港。

明卵蛤 *Pitar*(*Pitarina*)*pellucida*(Lamarck)

产地:新村。

异侧卵蛤 *Pitar*(*Pitarina*)*affinis*(Gmelin)

产地:新村,北至香港。

漆泽卵蛤 *Pitar*(*Pitarina*)*limatula*(Sowerby)

产地:三亚。

柱状卵蛤 *Pitar*(*Pitarina*)*sulfurea* Pilsbry

产地:新盈港。

棕斑卵蛤 *Pitar*(*Pitarina*)*hebraea*(Lamarck)

产地:海南岛南方浅海,北部湾。

黄卵蛤 *Pitar*(*Pitarina*)*crocea*(Deshayes)

产地:新盈港。

锦绣光壳蛤 *Lioconcha ornata*(Dillwyn)

产地:新村。

日本镜蛤 *Dosinia*(*Phacosoma*)*japonica*(Reeve)

产地:新盈港、三亚等地,全国沿海。

饼干镜蛤 *Dosinia*(*Phacosoma*)*biscocta*(Reeve)

产地:清澜,全国沿海分布。

刺镜蛤 *Dosinia*(*Phacosoma*)*aspera*(Reeve)

产地:新盈港,北至广东海门。

截镜蛤 *Dosinia*(*Phacosoma*)*truncata* Zhuang

产地:新盈港、三亚,北至广东海门。

薄片镜蛤 *Dosinia*(*Lamellidosinia*)*laminata*(Reeve)

产地:北港,全国沿海。

隆后镜蛤 *Dosinia*(*Lamellidosinia*)*gruneri*(Philippi)

产地:三亚,北至广东硇洲岛。

帆镜蛤 *Dosinia*(*Bonartemis*)*histrio*(Gmelin)

产地:新盈港,北至福建厦门。

拟双带镜蛤 *Dosinia*(*Pardosinia*)*amphidesmoides*(Reeve)

产地:新盈港。

巧楔形蛤 *Sunetta*(*Sunettina*)*concinna*(Dunker)

产地:角头,北至福建平潭。

岐脊加夫蛤 *Gafrarium divaricatum*(Gmelin)

产地:莺歌海、三亚,北至福建东山。

加夫蛤 *Gafrarium pectinatum*（Linnaeus）

产地：三亚、新村、排港。

凸加夫蛤 *Gafrarium tumidum* Röding

产地：新盈港、三亚、新村，北至广东南澳。

颗粒加夫蛤 *Gafrarium dispar*（Dillwyn）

产地：新盈港、三亚、新村。

美女蛤 *Circe scripta*（Linnaeus）

产地：新盈港、三亚、新村，北至广东平海。

华丽美女蛤 *Circe tumefacta* Sowerby

产地：新村，北至广东澳头。

畦古德蛤 *Gouldia sulcata*（Gray）

产地：三亚。

文蛤 *Meretrix meretrix*（Linnaeus）

产地：新盈港、三亚、海口等地，全国分布。

丽文蛤 *Meretrix lusoria*（Rumphius）

产地：新盈港、三亚、海口，北至广东南澳。

斧文蛤 *Meretrix lamarckii* Deshayes

产地：三亚，北至广东水东。

皱纹蛤 *Periglypta puerpera*（Linnaeus）

产地：新盈港、三亚、新村。

方格皱纹蛤 *Periglypta lacerata*（Hanley）

产地：新盈港、三亚、新村。

波纹皱纹蛤 *Periglypta crispata*（Deshayes）

产地：三亚，南至西沙群岛。

扁皱纹蛤 *Periglypta compressa* Zhuang

产地：新盈港、三亚。

井条皱纹蛤 *Periglypta listeri*（Gray）

产地：三亚。

网皱纹蛤 *Periglypta reticulata*（Linnaeus）

产地：三亚，南至西沙群岛。

布目皱纹蛤 *Periglypta clathrata*（Deshayes）

产地：三亚。

雕刻帘蛤 *Venus*（*Venus*）*toreuma* Gould

产地：三亚，北部湾。

白帘蛤 *Venus*（*Ventricola*）*albina* Sowerby

产地：三亚，北至广东广海。

曲畸心蛤 *Anomalocardia flexuosa*（Linnaeus）

产地：新盈港、三亚等地，北至广东南澳。

鳞杓拿蛤 *Anomalodiscus squamosa*（Linnaeus）

产地：新盈港、三亚、新村，北至南澳。

女神雪蛤 *Chione*（*Trmoclea*）*martca*（Linnaeus）

产地：新村，南至西沙群岛。

细结雪蛤 *Chione*（*Trmoclea*）*subnodulosa*（Hanley）

产地：三亚，北部湾。

美叶雪蛤 *Chione*（*Clausinella*）*calophylla*（Philippi）

产地：新盈港，北至福建平潭。

头巾雪蛤 *Chione*（*Clausinella*）*tiara*（Dillwyn）

产地：新盈港、三亚、北港，北至福建平潭。

伊萨伯雪蛤 *Chione*（*Clausinella*）*isabellina*（Philippi）

产地：新盈港、三亚、琼山，北至福建平潭。

等边浅蛤 *Comphina*（*Macridiscus*）*veneriformis*（Lamarck）

产地：新盈港、角头、海口等地，北至山东。

和平蛤 *Clementia*（*Clementia*）*papyraces*（Gray）

产地：海南岛南部，北至广东大陆沿海。

青蛤 *Cyclina sinensis*（Gmelin）

产地：海口、新盈港、三亚等地，全国分布。

环沟格特蛤 *Katelysia*（*Hemitapes*）*rimularis*（Lamarck）

产地：新盈港、三亚，北至福建厦门。

日本格特蛤 *Katelysia*（*Hemitapes*）*japonica*（Gmelin）

产地：港门、三亚，北至广东大陆沿海。

理纹格特蛤 *Katelysia*（*Hemitapes*）*marmorata*（Lamarck）

产地：新村、曲口，北至广东乌石港。

裂纹格特蛤 *Katelysia*（*Hemitapes*）*hiantina*（Lamarck）

产地：新盈港、新村、清澜，北至福建厦门。

缀锦蛤 *Tapes literata*（Linnaeus）

产地：三亚、新村、清澜，北至广东乌石港。

钝缀锦蛤 *Tapes turgida*（Lamarck）

产地：三亚、新村，北至广东海门。

洒缀锦蛤 *Tapes aspersa*（Gmelin）

产地：三亚、黎安港，北至广东宝安。

蛛网缀锦蛤 *Tapes araneosa*（Philippi）

产地：新村。

四射缀锦蛤 *Tapes quadriradiata*（Deshayes）

产地：新村。

纹斑巴非蛤 *Paphia* (*Paphia*) *lirata* (Philippi)

产地:新盈港、三亚,北至平潭。

沟纹巴非蛤 *Paphia* (*Paphia*) *exarata* (Philippi)

产地:三亚、新村,北至浙江。

和蔼巴非蛤 *Paphia* (*Paphia*) *amabilis* (Philippi)

产地:新盈港,北至福建平潭。

织锦巴非蛤 *Paphia* (*Paratapes*) *texiile* (Gmelin)

产地:三亚,北至广东平海。

锯齿巴非蛤 *Paphia* (*Protapes*) *gallus* (Gmelin)

产地:三亚、北港,北至福建厦门。

杂色蛤仔 *Ruditapes* (*Amygdala*) *variegata* (Sowerby)

产地:新盈港、三亚等地,北至福建平潭。

温和翘鳞蛤 *Irus mitis* (Deshayes)

产地:三亚。

中带蛤科 Mesodesmatidae

环纹坚石蛤 *Atactodea striata* (Gmelin)

产地:三亚、新村,福建厦门至西沙群岛。

扁平蛤 *Davila planum* (Hanley)

产地:三亚。

反凸息蛤 *Anapella retroconvexa* Zhuang

产地:三亚,北至广东硇洲岛。

锈色朽叶蛤 *Coecella turgida* (Deshayes)

产地:三亚、新村,北至广东平海。

住石蛤科 Petricolidae

日本闭壳蛤 *Claudiconcha japonica* (Dunker)

产地:三亚,北至广东香港。

蛤蜊科 Mactridae

四角蛤蜊 *Mactra veneriformis* Reeve

产地:新村、清澜,全国分布。

西施舌 *Mactra antiquata* Spengler

产地:三亚,全国分布。

大蛤蜊 *Mactra mera* Reeve

产地:新盈港、三亚、新村,北至广东南澳。

乌皮马珂蛤 *Mactrinula dolabrata* Reeve

产地:三亚、南海。

菲律宾泥蛤蜊 *Lutraria philippinarum* Deshayes

产地:新盈港、三亚、新村,北至福建平潭。

泥蛤蜊 *Lutraria* cf. *impar* Reeve

产地:三亚,北至福建平潭。

Raeta rostralis (Deshayes)

产地:三亚、南海。

斧蛤科 Donacidae

狄氏斧蛤 *Donax* (*Chion*) *dysoni* Deshayes

产地:海口、三亚、北港。

紫藤斧蛤 *Donax* (*Chion*) *semigranosus tropicus* Scarlato

产地:三亚、南盐灶。

楔形斧蛤 *Donax* (*Latona*) *cuneatus* Linnaeus

产地:莺歌海、三亚、海口,北至广东汕尾。

豆斧蛤 *Donax* (*Latona*) *faba* Gmelin

产地:新盈港、三亚等地,北至广东南澳。

光滑斧蛤 *Donax* (*Serrula*) *nitidus* Deshayes

产地:海口。

紫云蛤科 Psammobiidae

对生蒴蛤 *Asaphis dichotoma* (Anton)

产地:新盈港、三亚、新村,北至广东澳头。

紫云蛤 *Gari* (*Gari*) *schepmani* Prashad

产地:新盈港,北部湾。

斑纹紫云蛤 *Gari* (*Gari*) *maculosa* (Lamarck)

产地:新盈港,广东中部。

截形紫云蛤 *Gari* (*Gari*) *truncata* (Linnaeus)

产地:三亚。

鳞片紫云蛤 *Gari* (*Grammatomy*) *squamosa* (Lamarck)

产地:新村。

射带紫云蛤 *Gari* (*Psammocola*) *radiata* (Philippi)

产地:新盈港。

张氏紫蛤 *Sanguinolaria* (*Hainania*) *tchangsii* Scarlato

产地:新盈港,广东徐闻。

黑紫蛤 *Sanguinolaria* (*Psammotaea*) *atrata* (Reeve)

产地:海口、三亚、新村,北至雷州半岛。

栗紫蛤 *Sanguinolaria* (*Psammotaea*) *castanea* Scarlato

产地:南盐灶、新盈港,北至广东大陆沿海。

中国紫蛤 *Sanguinolaria* (*Psammotaea*) *chinensis* (Morch)

产地:新盈港、新村,北至山东。

双线紫蛤 *Sanguinolaria* (*Psammotaea*) *diphos* (Linnaeus)

产地:新盈港、北港,北至山东。

小紫蛤 *Sanguinolaria* (*Psammotaea*) *minor* (Deshayes)

产地:三亚、新村、南盐灶。

胀紫蛤 *Sanguinolaria* (*Psammotaea*) *inflata* (Bertin)

产地:三亚、新村。

衣紫蛤 *Sanguinolaria* (*Psammotaea*) *togata* (Deshayes)

产地:海口、新盈港、曲口。

紫蛤 *Sanguinolaria* (*Psammotaea*) *violacea* (Lamarck)

产地:海口、三亚、新村、曲口。

绿紫蛤 *Sanguinolaria* (*Psammotaea*) *virescens* (Deshayes)

产地:南渡江口、新村,北至广东海门。

疑紫蛤 *Sanguinolaria* (*Psammotellina*) *ambigua* (Reeve)

产地:海口、南盐灶、新盈港、新村,北至广州地区。

总角截蛏 *Solecurtus divaricatus* (Lischke)

产地:新盈港,北至山东。

沟线截蛏 *Solecurtus exaratus* Sowerby

产地:三亚、新村,北至广东汕尾。

谢佐吉蛤 *Zozia scheepmakeri* (Dunker)

产地:北港。

狭佐吉蛤 *Zozia coarctata* (Gmelin)

产地:三亚,北至香港。

大彩蛤 *Abrina magna* Scarlato

产地:海口、南盐灶、三亚,北部湾。

海南彩蛤 *Abrina hainaensis* Scarlato

产地:三亚、南盐灶。

索形双带蛤 *Semele cordiformis* (Holten)

产地:三亚、南盐灶,北至广东汕尾。

齿纹双带蛤 *Semele crenulata* (Sowerby)

产地:三亚、新村,北至广东澳头。

粗双带蛤 *Semele scabra* (Hanley)

产地:新盈港。

侧底奥蛤 *Theora lata* (Hinds)

产地:海口。

樱蛤科 Tellinidae

海南缘蛤 *Cadella delta hainanensis* Scarlato

产地:新盈港。

半凸缘蛤 *Cadella semitorta* (Reeve)

产地:新盈港、南盐灶。

史氏缘蛤 *Cadella smithi* (Lynge)

产地:新盈港。

胖樱蛤 *Pinguitellina pinguis* (Hanley)

产地:新村。

胖蚶叶蛤 *Arcopaginula inflata* (Gmelin)

产地:三亚。

环肋弧樱蛤 *Cyclotellina remies* (Linnaeus)

产地:南盐灶、三亚、新村。

锉弧樱蛤 *Scutarcopagia scobinata* (Linnaeus)

产地:三亚、新村,北至广东海丰。

洁箱蛤 *Arcopella casta* (Hanley)

产地:南盐灶。

拟箱美丽蛤 *Merisca capsoides* (Lamarck)

产地:南盐灶、三亚,北至香港。

透明美丽蛤 *Merisca diaphana* (Deshayes)

产地:海口、南盐灶、三亚等地,北至浙江(杭州湾)。

多纹美丽蛤 *Merisca perplexa* (Hanley)

产地:海口、新盈港、北港,北至广东澳头。

口盖格底蛤 *Quidnipagus palatam* (Martyn)

产地:三亚、新村,北至雷州半岛。

小拟弧樱蛤 *Pseudarcopagia minuta* Scarlato

产地:海口。

图氏刮刀蛤 *Strigilla* (*Aeretica*) *tomlini* Smith

产地:三亚、南盐灶。

麦氏巧樱蛤 *Apolymetis meyeri* (Philippi)

产地:海南岛地区。

沟智兔蛤 *Leporimetis lacunosus* (Chemnitz)

产地:海口、三亚、南盐灶,北至广东海门。

非凡智兔蛤 *Leporimetis spectabilis* (Hanley)

产地:海口、南盐灶、三亚,北至广东海门。

美女白樱蛤 *Macoma* (*Psammacoma*) *candida* (Lamarck)

产地:三亚,北至广东海丰。

灯白樱蛤 *Macoma* (*Psammacoma*) *lucerna* (Hanley)

产地:海口、北港、铺前,北至广东广海。

华贵白樱蛤 *Macoma* (*Psammacoma*) *nobilis* (Hanley)

产地:南盐灶、三亚,北至广东南澳。

紫边白樱蛤 *Macoma* (*Psammacoma*) *praerupta* (Salisbury)

产地:南盐灶、三亚,北至福建霞浦。

马鲁古樱蛤 *Tellinimactra maluccensis* (Martens)

产地:三亚、新村。

布氏马加蛤 *Macalia bruguierei* (Hanley)

产地:新盈港、三亚、新村、曲口。

叶樱蛤 *Phylloda foliacea* (Linnaeus)

产地:三亚。

文明樱蛤 *Moerella culter* (Hanley)

产地:海口、南盐灶、三亚、北港。

菲律宾明樱蛤 *Moerella philippinarum* (Hanley)

产地:海口、新盈港、三亚、北港等地,北至广东平海。

齐氏法布蛤 *Fabulina tsichungyeni* Scarlato

产地:新村。

彩虹亮樱蛤 *Nitidotellina minuta* (Lischke)

产地:新盈港、新村。

亮樱蛤 *Nitidotellina nitidula* (Dunker)

产地:北港、铺前。

布目泊来蛤 *Exotice clathrata* (Deshayes)

产地:三亚、新村。

斜纹泊来蛤 *Exotica obliqustriata* (Reeve)

产地:新村。

缘角蛤 *Angulus emarginatus* (Sowerby)

产地:北港。

紫樱角蛤 *Angulus psammotellu* (Lamarck)

产地:海口、曲口。

拟衣角蛤 *Angulus vestalioides* (Yokoyama)

产地:海口,北至山东青岛。

衣角蛤 *Angulus vestalis* (Hanley)

产地:海口,北至广东海门。

卵小樱蛤 *Tellinides ovalis* (Sowerby)

产地:新盈港、新村。

帝纹樱蛤 *Tellinides timorensis* Lamarck

产地:海口、南盐灶、三亚、北港,北至广东碣石。

闪光橘蛤 *Pulvinus micans* (Hanley)

产地:海口、新盈港,北至广东海门。

斯氏樱蛤 *Tellina spengleri* Gmelin

产地:南盐灶、新村。

散纹樱蛤 *Tellina virgata* Linnaeus

产地:新盈港、三亚、文昌等地。

火腿樱蛤 *Pharaonella perna* (Spengler)

产地:新盈港、三亚、新村,北至广西。

舌形樱蛤 *Pharaonella rostrata* (Linnaeus)

产地:新盈港、三亚、新村、琼东,北至广西。

竹蛏科 Solenidae

大竹蛏 *Solen grandis* Dunker

产地:新盈港、三亚,全国分布。

直线竹蛏 *Solen linearis* Spengler

产地:新盈港,北至广东汕尾。

紫斑竹蛏 *Solen sloanii* (Gray MS) Hanley

产地:新盈港,北至广东南澳。

小刀蛏 *Cultellus attenuatus* Dunker

产地:三亚,全国分布。

辐射荚蛏 *Siliqua radiata* (Linnaeus)

产地:琼东,北至广东汕尾。

篮蛤科 Corbulidae

强沟篮蛤 *Corbula fortisulcata* Smith

产地:三亚,北至东海。

衣篮蛤 *Corbula tunicata* (Hinds)

产地:三亚,南海。

开腹蛤科 Gastrochaenidae

楔形开腹蛤 *Gastrochaena cuneiformis* Spengler

产地：新盈港、三亚、新村，北至广东大陆沿海。

杯形开腹蛤 *Gastrochaena* (*Cucurbitula*) *cymbium* Spengler

产地：三亚，北至山东青岛。

海笋科 Pholadidae

东方海笋 *Pholas* (*Monothyra*) *orientalis* Gmelin

产地：海口、莺歌海、三亚，北至广东汕尾。

全海笋 *Barnea* (*Barnea*) *candida* (Linnaeus)

产地：三亚，北至福建平潭。

长全海笋 *Barnea* (*Anchomasa*) *elongata* Tchang, Tsi & Li

产地：三亚、曲口，北至广东澳头。

隐壳斗海笋 *Pholadidea* (*Calyptopholas*) *cheveyi* Lamy

产地：新盈港。

马特海笋 *Martesia striata* Linnaeus

产地：三亚、北港、曲口，北至广东汕头。

管马特海笋 *Martesia tubigera* Valenciennes

产地：新盈港、三亚，北至广西涠洲岛。

四带拟带海笋 *Parapholas quadrizonata* Spengler

产地：三亚、新村，北至广东遮浪。

铃海笋 *Jouannetia cumingi* Sowerby

产地：新盈港、三亚等地，北至广西涠洲岛。

船蛆科 Teredidae

菲律宾节铠船蛆 *Bankia philippineunsis* Bartsch

产地：清澜、北港，北至福建厦门。

脊节铠船蛆 *Bankia carinata* Sivickis

产地：海口、角头、北港，江苏至西沙群岛。

穴居船蛆 *Teredothyra excavata* (Jeffreys)

产地：海口、榆林。

偶蹄船蛆 *Teredo* (*Ungoteredo*) *matacotana* Bartsch

产地：角头、榆林港、北港。

双分船蛆 *Lyrodus bipartitus* (Jeffreys)

产地：三亚。

鹦鹉螺科 Nautilida

鹦鹉螺 *Nautilus pompilius* Linnaeus

产地：海南岛，广东宝安至西沙群岛。

枪乌贼科 Loliginidae

台湾枪乌贼 *Loligo formosana* Sadaki

产地：海口、白马井、新村、清澜，北至福建晋江。

杜氏枪乌贼 *Loligo duvaucelii* (d'Orbigny)

产地：新村。

莱氏枪乌贼 *Sepioteuthis lessoniana* Ferussac

产地：海口、三亚等地，北至山东青岛。

乌贼科 Sepiidae

罗氏乌贼 *Sepia robsoni* Sasaki

产地：新盈港、三亚，北至广东海门。

白斑乌贼 *Sepia hercules* Pilsbry

产地：三亚、清澜，福建厦门至西沙群岛。

虎斑乌贼 *Sepia tigris* Sasaki

产地：新盈港、三亚等地，北至广东海门。

耳乌贼科 Sepiolidae

双喙耳乌贼 *Sepiola birostrata* Sasaki

产地：海口、三亚，全国分布。

柏氏四盘耳乌贼 *Euprymna berryi* Sasaki

产地：新盈港、莺歌海，北至福建厦门。

玄妙微鳍乌贼 *Idiosepius paradoxa* (Ortmann)

产地：三亚，北至山东青岛。

水孔蛸科 Tremoctopodidae

水孔蛸 *Tremoctopus violaceus delle* Chiaje

产地：海口。

船蛸科 Argonautidae

船蛸 *Argonauta argo* Linnaeus

产地：新村，北至广东汕尾。

锦葵船蛸 *Argonauta hians* Solander

产地:三亚、新村,北至广东汕尾。

蛸科(章鱼科) Octopodidae

卵蛸 *Octopus ovulum*(Sasaki)

产地:三亚,北至广东汕头。

双点蛸 *Octopus bimaculatus* Verrill

产地:三亚。

真蛸 *Octopus vularis* Lamarck

产地:莺歌海、琼山,北至浙江乐清。

环蛸 *Octopus faciatus* Hoyle

产地:新盈港、三亚,北至广东汕尾。

纺锤蛸 *Octopus fusiformis* Brock

产地:新村,北至福建东山。

参考文献

[1] 马绣同 . 中国近海宝贝科的研究,动物学报 14 卷,分类区系增刊, 1962, 14:1-30.

[2] 马绣同 . 中国近海凤螺科的初步记录,海洋科学集刊, 1976, 10:355-371.

[3] 马绣同 . 西沙群岛宝贝总科的新记录,海洋科学集刊, 1979, 15:93-98.

[4] 马绣同 . 瓮螺 *Calpurnus verrucosus* (Linnaeus) 在海南岛的新发现,热带海洋, 1983, 2(1):78-79.

[5] 王祯瑞 . 中国近海江珧科的初步报告,海洋科学集刊, 1964, 5:29-41.

[6] 王祯瑞 . 中国近海珠贝科的研究,海洋科学集刊, 1975, 14:101-115.

[7] 王祯瑞 . 中国近海钳蛤科(双壳类)的研究,海洋科学集刊, 1980, 16:131-141.

[8] 王祯瑞 . 中国近海襞蛤科的研究,海洋科学, 1981, 1:23-27.

[9] 齐钟彦,马绣同 . 中国近海冠螺科的研究,海洋科学集刊, 1980, 16:83-96.

[10] 齐钟彦,马绣同 . 香港及南中国海动植物区系工作会议报告, 1982, 431-458.

[11] 齐钟彦,马绣同,楼子康,等 . 中国动物图谱——软体动物第 2 册,科学出版社, 1982.

[12] 齐钟彦,马绣同,林光宇,等 . 海南岛三亚港底栖贝类初步调查, 1984.

[13] 庄平,何文 . 海南岛海产重要贝类,生物学通报, 1958, 6:23-28.

[14] 庄启谦 . 中国近海帘蛤科的研究,海洋科学集刊, 1964, 5:43-106.

[15] 庄启谦 . 西沙群岛的砗磲软体动物,海洋科学集刊, 1978, 12:133-139.

[16] 庄启谦 . 中国近海中带蛤科的研究,海洋科学集刊, 1978, 14:69-74.

[17] 庄启谦,林惠琼,梁羡圆 . 中国近海蛤仔属的研究,海洋科学集刊, 1981, 18:209-215.

[18] 吕端华 . 中国近海鲍科的研究,海洋科学集刊, 1978, 14:89-98.

[19] 刘锡兴 . 中国前鳃亚纲玉螺科新种记述,动物学报, 1977, 23(3):303-312.

[20] 李洁民 . 中国沿岸船蛆的新种和新记录,海洋科学集刊, 1965, 8:1-7.

[21] 林光宇 . 西沙群岛潮间带的后鳃类软体动物,海洋科学集刊, 1975, 10:141-154.

[22] 林光宇,张玺 . 海南岛潮间带的后鳃类软体动物,海洋与湖沼, 1965, 7(1):7-20.

[23] 林光宇,张玺 . 中国侧鳃科软体动物的研究,海洋与湖沼, 1965, 7(3):265-276.

[24] 陈赛英,王一婷,等 . 浙江南麂列岛贝类区系的研究,动物学报, 1980, 26(2):171-177.

[25] 张玺 . 中国黄海和东海经济软体动物的区系,海洋与湖沼, 1959, 2(1):27-34.

[26] 张玺,齐钟彦 . 中国南海经济软体动物区系,海洋与湖沼, 1959, 2(4):268-277.

[27] 张玺,楼子康 . 中国牡蛎的研究,动物学报, 1956, 8(1):65-94.

[28] 张玺,林光宇.中国海兔科的研究,海洋科学集刊,1964,5:1-25.
[29] 张玺,黄修明.中国竹蛏科的研究,动物学报,1964,16(2):193-206.
[30] 张玺,齐钟彦,张福绥,马绣同.中国海软体动物区系区划的初步研究,海洋与湖沼,1963,5(2):124-138.
[31] 张玺,齐钟彦,马绣同,楼子康.西沙群岛软体动物前鳃类名录,海洋科学集刊,1975,10:105-132.
[32] 张玺,齐钟彦,等.南海类双壳类软体动物,科学出版社,1960.
[33] 张玺,齐钟彦,等.中国经济动物志——海产软体动物,科学出版社,1962.
[34] 张玺,齐钟彦,等.中国动物图谱——软体动物第一册,科学出版社,1964.
[35] 张福绥.中国近海骨螺科的研究,Ⅰ骨螺属、翼螺属及棘螺属,海洋科学集刊,1965,8:11-24.
[36] 张福绥.中国近海骨螺科的研究,Ⅱ核果螺属,海洋科学集刊,1976,11:333-351.
[37] 张福绥.中国近海骨螺科的研究,Ⅲ红螺属,海洋科学集刊,1980,16:113-123.
[38] 徐凤山.中国近海鸟蛤科的研究,海洋科学集刊,1964,6:82-98.
[39] 董正之.中国近海头足纲分类的研究,海洋科学集刊,1963,4:125-157.
[40] 楼子康.中国近海框螺科的研究,海洋科学集刊,1965,7:1-12.
[41] 斯卡拉脱 O. A. 中国双壳类软体动物樱蛤总科,海洋科学集刊,1965,8:27-114.
[42] 斯卡拉脱 O. A.,齐钟彦.海南岛双壳类软体动物斧蛤属的生态学,海洋与湖沼,1959,2(3):180-189.
[43] 谢玉坎,林碧萍,李庆欣.海南岛鹿回头及其附近的贝类,动物学报,1981,27(4):384-387.
[44] 谢玉坎,林碧萍.海南岛鹿回头的海洋穿孔贝类,热带海洋,1983,2(1):80-83.
[45] Habe T. Systematics of Mollusca in Japan Bivilvia and Scaphopoda, Japan,1977.
[46] Habe T. A catalogue of Molluscs of Wakayama Prefecture, the Province of Kii. Ⅰ Bivalvia, Scaphopoda and Cephalopoda, Japan,1981.
[47] Kuroda T. A catalogue of molluscan shells from, Taiwan (Formosa), with descriptions of new species. *Mem. Fac. Sci. Agr. Taithoku Imp. Univ.*, 1941, 22(4): 65-197.
[48] Kuroda T, Habe T, Oyama K. The Sea Shells of Sagami Bay, Japan, 1971.
[49] Yen T C(阎敦建). Review of Chinese Gastropoda in the British Museum. *Proc. Malac. Soc. Lond.*, 1942, 24:170-289.

A PRELIMINARY CHECKLIST OF MARINE MOLLUSCS FROM HAINAN ISLAND

Qi Zhongyan and Ma Xiutong
(*Institute of Oceanology, Academia Sinica*)
Xie Yukan and Lin Biping
(*South China Sea Institute of Oceanology, Academia Sinica*)

ABSTRACT

Among the collections made by the Institute of Oceanology and South China Sea Institute of Oceanology of the Chinese Academy of Sciences from Hainan Island, many species of marine molluscs were found. Some of these species were described in different papers, but a detailed list of species is still wanting. Following is a list of 700 species of marine molluscs commonly found along the coasts of Hainan Island.

Many of the listed species are important marine resources in Hainan Island. *Haliotis* spp., *Rapana* spp., *Trochus.*, *Strombus* spp., *Natica* spp., *Babylonia* spp. in Gastropoda; *Arca* spp., *Perna viridis, Modiolus* spp., *Pinna* spp.,*Chlamys* spp., *Pecten* spp., *Amussium* spp., *Ostrea* spp., *Solen* spp., and many species belonging to Veneridae, Cardidae, Mactridae, Tridacnidae, Psamobiidae, Tellinidae in Bivalves and *Sepia* spp., *Loligo* spp., *Octopus* spp. in Cephalopods are used for food; The shells of *Haliotis, Trochus Turbo marmorata* and some species of Scalariidae, Cypraeidae, Ovulidae, Olividae, Harpidae, Muricidae, Conidae, Terebridae, Pteridae, Pectinidae, Tridannidae etc. are used for enjoyment and artcrafts material; Shells of *Haliotis, Ostrea, Pteria* etc. are used for medicine.*Pinctada* spp. are used for pearls culture. The giant pearl oyster, *Pinctada maxima* abundant in Hainan Island, can be cultivated for growing the best quality pearls.

In regard to the marine molluscan faunal region of Hainan Island, we had already discussed in one of our papers [30] . Its southern coast belongs to the tropical Indo-Malanyan subregion and its northern coast belongs to the subtropical Sino-Japanese subregion of the Indo-West-Pacific region. The strictly tropical species e. g. *Haliotis ovina, Turbo marmoratus, Lambus chiragra* and some species of Cypraeidae, Conidae, Chamidae, Tridacnidae etc. are found only from the southern coast. Among the 262 species of prosobranchia reported from Xisha Islands [31] , 106 species are distrbuted northward to the southern coast of Hainan Island, but only 20 species are distributed northward to its northern coast. This information also indicates that the southern coast of Hainan as the northern boundary of tropical faunal region is not at all without reason.

海南岛三亚湾底栖贝类的初步调查①

海南岛处于热带北部边缘，贝类的种类很多，资源丰富。远在20世纪30年代，静生生物调查所即曾组织过调查和采集，搜集了不少标本和资料，可惜都没有进行整理研究发表。1949年以后，中国科学院海洋研究所和南海海洋研究所在张玺教授的指导下，对海南岛的贝类做了多次调查，积累了大量的标本，并按科属发表了许多种类，但是这些调查多限于在潮间带进行，虽有当地渔民拖网或潜水搜集的一些标本，但均比较零散，至今仍缺乏岛周围浅水底栖种类的系统资料。我们在1981年9—10月间在三亚沿岸做潮间带贝类调查，同时乘小摩托艇用阿氏网做了底栖贝类的初步调查。由于调查范围小，又受条件限制，没有设置断面和站位，只是根据湾的不同位置进行拖网采集。工作范围仅限于三亚湾东侧三亚角至鹿回头至三亚镇和东瑁洲以东的水域。这一带水深在20米以内，底质为沙和碎珊瑚砂，海水透明，年平均水温约25 ℃，冬季水温一般不低于20 ℃，夏季水温一般不超过35 ℃，属于热带性质。采集的标本经过整理鉴定共有各类软体动物109种。其中腹足类55种，掘足类2种，瓣鳃类51种，头足类1种。其中有12种是广分布的暖水种，向北可分布到黄海和渤海；有52种分布范围较狭，向北仅分布到东海；有57种暖水性较强，仅在南海有发现。凡在国内尚未报道过的种均对其特征做了简要的描述，国内已报道过或即将报道的则仅列重要的文献及分布范围。

马蹄螺科 Trochidae

1. 蝗螺 *Umbonium vestiarium* (Linnaeus)

Trochus vestiarius Linnaeus, 1758: 758, no. 515.

Umbonium vestiarium (Linnaeus). 张玺，齐钟彦，等，1962, 1: 34.

地理分布 中国福建以南沿海，印度－西太平洋。

锥螺科 Turritellidae

2. 棒锥螺 *Turritella bacilum* Kiener

Turritella bacilum, Kiener, 1845: 5, pl. 4, fig. 1.

Turritella bacilum Kiener. 张玺，齐钟彦，等，1962：23, fig. 14.

---

① 齐钟彦、马绣同、林光宇（中国科学院海洋研究所），林碧萍（中国科学院南海海洋研究所）：载《南海海洋科学集刊》（五），科学出版社，1984年，77～98页。中国科学院海洋研究所调查研究报告第724号。

地理分布 浙江以南沿海广分布，日本及斯里兰卡等地亦有。

3. 笋锥螺 *Turritella terebra* (Linnaeus)

Turbo terebra, Linnaeus, 1767: 1239, no. 645.

Turritella terebra (Linnaeus). 张玺，齐钟彦，等，1962:24, fig. 15.

地理分布 福建东山以南沿海，日本、菲律宾等地也有分布。

蟹守螺科 Cerithiidae

4. 克氏锉棒螺 *Rhinoclavis* (*Proclava*) *kochi* (Philippi)

Cerithium kochi Philippi, 1845, Zeit. Malak.: 22.

Rhinoclavis (*Proclava*) *kochi* (Philippi). Abbott, 1978. no. 1: 73, pl. 43–47, pl. 42, figs. 1–2.

贝壳呈尖塔形，高36毫米，宽10.5毫米。壳表面具有串珠珠状的螺肋，在螺层上有3条，肋间并有细的珠状螺肋。在缝合线下面的一条螺肋较强，在体螺层上的螺肋为4条。螺层不同的部位通常具纵肿脉。轴唇的中部具一肋状的褶襞。壳褐色，纵肿脉及靠缝合线的一条螺肋常呈白色。

地理分布 东海及南海，广泛地分布在西太平洋诸岛、东非沿岸及地中海。

表1 海南岛三亚港底栖贝类名录及地理分布表

种名	中国			日本	菲律宾	东南亚	印度尼西亚	太平洋诸岛	澳大利亚	印度洋	非洲沿岸
	南海	东海	黄、渤海								
蝠螺 *Umbonium vestiarium* (Linnaeus)	+	+		+							
棒椎螺 *Turritella bacilum* Kiener	+	+		+						+	
笋椎螺 *Turritella terebra* (Linnaeus)	+	+		+	+						+
克氏椎棒螺 *Rhinoclavis* (*Proclava*) *kochi* (Philippi)	+	+		+	+	+	+	+	+	+	+
污锥棒螺 *Rhinoclavis* (*Proclava*) *sordidula* (Gould)	+			+	+	+	+	+		+	+
笠帆螺 *Calyptraea morbida* (Reeve)	+	+									
扁平管帽螺 *Siphopatella walshi* (Reeve)	+	+	+	+		+				+	
水晶凤螺 *Strombus* (*Laevistrombus*) *canarium* Linnaeus	+	+		+	+	+	+	+	+	+	
强缘凤螺 *Strombus* (*Dolomena*) *marginatus robustus* Sowerby	+	+		+		+					
带凤螺 *Strombus* (*Doxander*) *vittatus* Linnaeus	+			+	+	+	+	+	+		
浅黄玉螺 *Natica lurida* Philippi	+			+				+			
乳玉螺 *Mammilla mammata* (Röding)	+	+		+					+		
乳头真玉螺 *Eunaticina papilla* (Gmelin)	+	+	+	+	+	+		+	+		
黍斑眼球贝 *Erosaria miliaris* (Gmelin)	+	+		+	+		+	+	+		

续表

种名	中国			日本	菲律宾	东南亚	印度尼西亚	太平洋诸岛	澳大利亚	印度洋	非洲沿岸
	南海	东海	黄、渤海								
斑鹑螺 *Tonna lischkeanum* (Küster)	+	+		+	+						
胡鹑螺 *Tonna allium* Dillwyn	+	+		+	+		+	+	+	+	+
沟鹑螺 *Tonna sulcosa* (Born)	+	+		+	+	+	+			+	
琵琶螺 *Ficus ficus* (Linnaeus)	+	+		+						+	
白带琵琶螺 *Ficus subintermedius* (d'Orbigny)	+	+		+						+	
双沟鬘螺 *Phalium* (*Semicassis*) *bisulcatum* (Schuber & Wagner)	+	+		+	+	+	+	+	+	+	+
双结节神螺 *Apollon bitubercularis* (Lamarck)	+				+			+			
颈环嵌线螺 *Cymatium monififerum* A. Adams & Reeve	+										
深缝嵌线螺 *Cymatium pfeifferianus* (Reeve)	+			+	+		+				
网纹扭螺 *Distorsio reticulata* Röding	+			+	+					+	
习见蛙螺 *Bursa* (*Gyrineum*) *rana* (Linnaeus)	+	+		+	+	+	+	+	+	+	
褐棘螺 *Chicoreus brunneus* (Link)	+			+	+	+	+	+	+		
丽纹狸螺 *Lataxiena fimbriata* (Hinds)	+			+	+		+				
皱爱尔螺 *Ergalatax contractus* (Reeve)	+			+	+			+			
刺织纹螺 *Nassarius horrida* (Dunker)	+			+	+		+	+		+	
杧果织纹螺 *Nassarius mangelioider* (Reeve)	+			+					+		
古氏织纹螺 *Nassarius* (*Niotha*) *cumingii* (A. Adams)	+			+							
方格织纹螺 *Nassarius* (*Niotha*) *clathrata* (Lamarck)	+			+				+		+	
节织纹螺 *Nassarius* (*Zeuxis*) *hepaticus* (Pulteney)	+	+		+	+	+	+	+	+		
西格织纹螺 *Nassarius* (*Zeuxis*) *siquijorensis* (A. Adams)	+	+		+	+						
橄榄织纹螺 *Nassarius* (*Zeuxis*) *olivaceus* (Bruguière)	+	+		+		+		+	+		
焰纹笔螺 *Mitra* (*Cancilla*) *flammea* Quoy & Gaimard	+	+		+	+		+				
环肋笔螺 *Mitra* (*Cancilla*) *circula* Kiener	+	+		+	+						
朱红菖蒲螺 *Vexillum coccineum* (Reeve)	+	+		+	+						
斜三角口螺 *Trigonaphera obliquata* (Lamarck)	+			+	+		+			+	
粗莫利加螺 *Merica asperella* (Lamarck)	+			+	+						
假奈拟塔螺 *Turricula nelliae spurius* (Hedley)	+	+		+	+		+	+		+	+
白龙骨芋飞螺 *Lophiotoma leucotropis* (A. Adams & Reeve)	+	+		+	+						
桶芋螺 *Conus betulinus* Linnaeus	+	+		+	+					+	
高塔芋螺 *Conus sowerbyii* Reeve	+			+	+						

续表

种名	中国			日本	菲律宾	东南亚	印度尼西亚	太平洋诸岛	澳大利亚	印度洋	非洲沿岸
	南海	东海	黄、渤海								
织锦笋螺 *Terebra textilis* Hinds	+			+	+		+				
美丽细口螺 *Colsyrnola ornata* (Gould)	+			+							
优美方口螺 *Tiberia pulchella* (A. Adams)	+			+							
线红纹螺 *Bullina lineata* (Gray)	+			+						+	
狭小露齿螺 *Ringicula* (*Ringiculina*) *kurodai* Takeyama	+			+							
玻璃壳蛞蝓 *Philine vitrea* Gould	+										
东方壳蛞蝓 *Philine orientalis* A. Adams	+			+	+						
幼小赫壳蛞蝓 *Hermani ainfantilis* Habe	+			+							
角杯内地螺 *Cylichnatys angusta* (Gould)	+	+	+	+							
紧缩泥拉地螺 *Limulatys constrictus* Habe	+			+							
明月侧鳃 *Euselenops* (*Euselenops*) *luniceps* (Cuvier)	+			+			+	+		+	+
肋变角贝 *Dentalium* (*Paradentalium*) *octangulatum* Donovan	+	+		+		+	+	+	+	+	
胶州湾角贝 *Dentalium* (*Episiphon*) *kiaochowwanense* Tchang & Tsi	+	+	+								
Yoldia serotina (Hinds)	+						+				
Saccella cuspidata (Gould)	+										
密肋粗蚶 *Anadara crebricostata* (Reeve)	+				+	+					
舵毛蚶 *Scapharca gubernaculum* (Reeve)	+			+		+			+		
球蚶 *Potiarca pilula* (Reeve)	+				+	+	+	+	+	+	
布纹蚶 *Barbatia* (*Barbatia*) *decussata* (Sowerby)	+	+		+	+	+	+	+	+	+	+
扭蚶 *Trisidos tortuosa* (Linnaeus)	+	+				+	+			+	+
半扭蚶 *Trisidos semitorta* Lamarck	+				+			+	+	+	+
麦氏偏顶蛤 *Modiolus metcalfei* Hanley	+	+	+	+	+					+	
丁蛎 *Malleus malleus* (Linnaeus)	+			+	+		+				
华贵栉孔扇贝 *Chlamys nobilis* (Reeve)	+			+			+				
箱形栉孔扇贝 *Chlamys pyxidatus* (Born)	+				+					+	+
皱襞扇贝 *Pecten plica* (Linnaeus)	+									+	
紫斑海菊蛤 *Spondylus nicobaricus* Schreibers	+			+	+						
海月 *Placuna placenta* Linnaeus	+	+		+	+				+	+	
覆瓦牡蛎 *Ostrea* (*Lopha*) *imbricata* Lamarck	+	+		+							

续表

种名	中国			日本	菲律宾	东南亚	印度尼西亚	太平洋诸岛	澳大利亚	印度洋	非洲沿岸
	南海	东海	黄、渤海								
叶片牡蛎 *Ostrea* (*Lopha*) *folum* Linnaeus	+			+				+	+	+	
鹅掌牡蛎 *Ostrea* (*Crassostrea*) *paulucciae* Crosse	+										
半紫猿头蛤 *Chama semipurpurata* Lischke	+			+							
中华鸟蛤 *Cardium sinense* Sowerby	+				+	+	+				
镶边鸟蛤 *Cardium coronatus* Spengler	+					+				+	
澳洲薄壳鸟蛤 *Fulvia australis* (Sowerby)	+	+		+				+	+	+	
美女蛤 *Circe scripta* (Linnaeus)	+			+	+	+	+	+	+	+	+
文蛤 *Meretrix meretrix* (Linnaeus)	+	+	+	+	+					+	
鳞杓拿蛤 *Anomalodiscus squamosa* (Linnaeus)	+	+		+	+	+	+	+	+	+	
粗雪蛤 *Chione* (*Timoclea*) *scabra* (Hanley)	+			+	+					+	
美叶雪蛤 *Chione* (*Clausinella*) *calophylla* (Philippi)	+	+			+	+			+	+	
环沟格特蛤 *Katelysia* (*Hemitapes*) *rimularis* (Lamarck)	+	+		+	+				+	+	
日本格特蛤 *Katelysia* (*Hemitapes*) *japonica* (Gmelin)	+			+	+	+	+			+	
裂纹格特蛤 *Katelysia* (*Hemitapes*) *hiantina* (Lamarck)	+	+		+	+	+	+	+	+	+	
织锦巴非蛤 *Paphia* (*Paratapes*) *textile* (Gmelin)	+				+		+	+	+	+	+
波纹巴非蛤 *Paphia* (*Paratapes*) *undulata* (Born)	+	+		+	+	+	+	+	+	+	+
锯齿巴非蛤 *Paphia* (*Protapes*) *gallus* (Gmelin)	+	+		+	+	+	+	+	+	+	+
薄片镜蛤 *Dosinia* (*Lamellidosinia*) *laminata* (Reeve)	+	+	+	+	+	+				+	
西施舌 *Mactra antiquata* Spengler	+	+	+	+		+					
Mactrinula dolabrata Reeve	+			+							
Lutraria cf. *impar* Reeve	+	+							+		
Raeta rostralis (Deshayes)	+										
截形紫云蛤 *Gari truncata* Linnaeus	+	+		+	+		+			+	+
狭左吉蛤 *Zozia coarctata* (Gmelin)	+			+		+	+	+	+	+	
叶樱蛤 *Phylloda foliacea* (Linnaeus)	+			+	+		+	+	+	+	+
截形白樱蛤 *Macoma* (*Psammacoma*) *praerupta* Salisbury	+			+	+				+	+	+
美女白樱蛤 *Macoma* (*Psammacoma*) *candiad* (Lamarck)	+			+	+	+	+				
大竹蛏 *Solen grandis* Dunker	+	+	+	+	+						
直线竹蛏 *Solen linearis* Spengler	+			+	+	+	+			+	
花刀蛏 *Cultellus cultellus* (Linnaeus)	+			+	+	+	+	+	+	+	+

续表

种名	中国			日本	菲律宾	东南亚	印度尼西亚	太平洋诸岛	澳大利亚	印度洋	非洲沿岸
	南海	东海	黄、渤海								
深沟蓝蛤 *Corbula fortisulcata* Smith	+	+		+							
Corbula tunicata Hinds	+				+						
舟形开腹蛤 *Gastrochaena* (*Cucurbitula*) *cymbium* Spengler	+	+	+	+							
东方海笋 *Pholas orientalis* Gmelin	+				+						+
鸭嘴蛤 *Laternula anatina* (Linnaeus)	+	+	+	+							
双喙耳乌贼 *Sepiola birostrata* Sasaki	+	+	+	+							

5. 污锉棒螺 *Rhinoclavis* (*Proclava*) *sordidula* (Gould)

Cerithium sordidula, Gould, 1849. Proc. Boston Soc. Nat Hist., 3: 119.

Cerithium turritum, Reeve, 1865, pl. 13, fig. 88.

Cerithium pfefferi Dunker, 平濑信太郎，1954:pl. 83, fig. 6.

Phinoclavis (*Proclava*) *sordidula* (Gould). Abbott, 1978, no. 1: 69, pls. 39–41, pl. 42, figs. 3–4.

贝壳高 22 毫米，宽 6.7 毫米。螺尾约 15 层，每层具 3 条珠粒状螺肋，肋间并有数条略呈波状的螺线。螺肋在体螺层上有 5 条，基部约有 7 条螺线。纵肿脉在各螺层不同的部位出现，轴唇中部具一较弱的肋状褶襞。贝壳黄褐至深褐色，缝合线下面一条螺和壳面的珠粒状突起为白色，纵肿脉通常亦白色。

地理分布 南海，日本、菲律宾、太平洋诸岛以及东非沿岸。

帆螺科 Calyptraeidae

6. 笠帆螺 *Calyptraea morbida* (Reeve)

Crucibulum morbidum, Reeve, 1859. 11: pl. 7, figs. 24a, 24b.

Calyptraea (*Bicatillus*) *morbidum* (Reeve). Kuroda, 1941. 22(4): 96, no. 339.

贝壳笠状，高低有变化。壳色从淡褐至深褐。壳面通常具褐色线纹，有的具放射状色带。壳内的后部附有杯状的隔片。

地理分布 在我国东海和南海均有发现。多附着在其他贝壳上。模式种产我国近海。

7. 扁平管帽螺 *Siphopatella walshi* (Reeve)

Crepidula walshi Reeve, 1859. 11: pl. 3, figs. 17.

Crepidula walshi, Yen, 1936. 3(5): 197, pl. 16, fig. 22.

地理分布 我国南北沿海皆有踪迹。印度－西太平洋亦广有分布。这种动物大多吸附在螺类，如玉螺等空壳的壳口内。

凤螺科 Strombidae

8. 水晶凤螺 *Strombus* (*Laevistrombus*) *canarium* Linnaeus

Strombus canarium Linnaeus, 1758. ed. 10: 745, no. 438.

Strombus isabella Lamarck. 张玺，齐钟彦，等，1962: 25, fig. 16.

Strombus (*Laevistrombus*) *canarium* Linnaeus. 马绣同，1976, 11: 358, pl. 2, fig. 1.

地理分布 南海习见，台湾南部也有。印度－西太平洋广分布。

9. 强缘凤螺 *Strombus* (*Dolomena*) *marginatus robustus* Sowerby

Strombus robustus, Sowerby, 1874, Proc. Zool. Soc. London: 599.

Strombus (*Dolomena*) *marginatus robustus* Sowerby. 马绣同，1976, 11: 363, pl. 4, fig. 2.

地理分布 东海和南海，日本、暹罗湾、缅甸、马来半岛和北加里曼丹等地也有分布。

10. 带凤螺 *Strombus* (*Doxander*) *vittatus* Linnaeus

Strombus vittatus Linnaeus, 1758. ed. 10: 745, no. 439.

Strombus (*Doxander*) *vittatus* Linnaeus. 马绣同，1976, 11: 363, pl. 3, fig. 2.

地理分布 南海，日本、菲律宾、澳大利亚及斐济群岛等地。

玉螺科 Naticidae

11. 浅黄玉螺 *Natica lurida* Philippi

Natica lurida Philippi, 1836. Enum. Moll. Sicil. Ⅰ: 256.

Cryptonatica lurida (Philippi), Kuroda, Habe & Oyama, 1971: 174, 115, pl. 19, fig. 14.

贝壳高20毫米，宽19毫米，近球形。壳面光亮，在缝合线的下方通常具皱纹。壳灰黄色，基部白色，壳口边缘白色，内有一宽的褐色色带。厣石灰质。

地理分布 南海，广泛分布热带太平洋区。在从潮间带至20米水深沙质海底栖息。

12. 乳玉螺 *Mammilla mammata* (Röding)

Albula mammata, Röding, 1798, Mus. Bolten., 2: 21.

Natica filosa Reeve, 1885. 9: pl. 17, fig. 72.

Mammilla mammata (Röding). Kuroda, Habe & Ovama, 1971: 181, 119, pl. 109, fig. 1.

地理分布 东海和南海，日本、东南亚及澳大利亚北部沿海。

13. 乳头真玉螺 *Eunaticina papilla* (Gmelin)

Nerita papilla Gmelin, 1791. Syst. Nat. ed. 13: 3675.

Sigaretus papilla (Gmelin). Yen, 1933, part 1: 70.

Eunaticina papilla (Gmelin). Kuroda, Habe & Oyama, 1971: 188, 123, pl. 109, fig. 10.

地理分布 中国南北沿海均有，也广泛分布西太平洋区，其栖息从潮间带至20米水深沙或泥沙质的海底。该种外部形态有变化。

宝贝科 Cypraeidae

14. 黍斑眼球贝 *Erosaria miliaris* (Gmelin)

Cypraea miliaris Gmelin, 1791, Syst. Nat. ed. 13: 3420.

Erosaria (*Erosaria*) *miliaris* (Gmelin). 马绣同 , 1962: 14 (Suppl.), 7, pl. 1, fig. 8.

地理分布 东海和南海,日本、菲律宾、巴布亚、澳大利亚等。由潮间带至 80 米水深均有栖息。

鹑螺科 Tonnidae

15. 斑鹑螺 *Tonna lischkeanum* (Küster)

Dolium lischkeanum Küster, 1857, 3(1b): 71. taf. 68, fig. 1.

Dolium chinense, King & Ping, 1933, 4(2): 101, fig. 16.

Dolium maculatus, King & Ping, 1936, 7(2): 129, fig. 3.

地理分布 我国台湾、广东沿海,日本、菲律宾也有分布。

16. 葫鹑螺 *Tonna allium* (Dillwyn)

Buccinium allium Dillwyn, 1817. Descri. Cat. Rec. Sh., 2. 585.

Dolium costatum, Reeve, 1849. 5: pl. 5, fig. 8.

Tonna allium Dillwyn, Kuroda, Habe & Oyama, 1971: 208, 137, pl. 38, fig. 4.

地理分布 广东以南沿海,为印度 – 太平洋广分布暖水种。

17. 沟鹑螺 *Tonna sulcosa* (Born)

Buccinium sulcosum Born, 1778, Index Mus. Vindob.: 230.

Dolium sulcosum (Born). 张玺 , 齐钟彦 , 等 , 1962 : 48, fig. 37.

地理分布 东海和南海,日本、越南、菲律宾也有分布。

琵琶螺科 Ficidae

18. 琵琶螺 *Ficus ficus* (Linnaeus)

Murex ficus Linnaeus, 1758, ed. 10: 752, no. 475.

Bulla ficus Linnaeus, 1767, ed. 12: 1184, no. 382.

Ficula laevigata, Reeve, 1850. 4: pl. 1, fig. 4.

Ficus ficus Linnaeus, Kuroda, 1941, 22(4): 107, pl. 1, fig. 16.

地理分布 东海和南海,印度 – 太平洋区。

19. 白带琵琶螺 *Ficus subintermedius* (d'Orbigny)

Pyrula subintermedia d'Orbigny, 1852. Prod. Paleontol., 3: 173.

Ficula reticulata Reeve, King & Ping, 1931. 2(4): 272, fig. 7.

Pyrula reticulata Lamarck, Yen, 1933. 1: 58.

Ficus subintermedius (d'Orbigny). 张玺 , 齐钟彦 , 等 , 1962: 50, fig. 32.

地理分布 东海和南海,印度-太平洋区。

冠螺科 Cassididae

20. 双沟鬘螺 *Phalium* (*Semicassis*) *bisulcatum* (Schuber & Wagner)

Cassis bisulcata Schubert & Wagner, 1829. Conchyl.-Cab. 12: 68, figs. 3081, 3082.

Phalium pila (Reeve). 张玺,齐钟彦,等,1962: 43, fig. 27.

Phalium (*Semicassis*) *bisulcatum* (Schuber & Wagner). 齐钟彦,马绣同,1978. 16: 88, pl. 2, fig. 5.

地理分布 东海和南海,广泛地分布于印度洋和太平洋暖水区。

嵌线螺科 Cymatiidae

21. 双结节神螺 *Apollon bitubercularis* (Lamarck)

Ranella bitubercularis Lamarck, 1801 Anim. s. Vert., 9: 548, n. 11.

Ranella bitubercularis Lamarck, Reeve, 1844, 2: pl. 7, fig. 40.

贝壳高 37.4 毫米,宽 24.5 毫米,螺层约 9 层。纵肿脉在贝壳的两侧,稍斜。壳表面具有纵肋和螺肋,二者彼此交叉形成粒状突起,并被有带细绒毛的壳皮。壳黄褐色,染有不均匀的紫褐色,壳口内白色,水管沟前端呈紫褐色。水管沟短,稍向上扭曲。

地理分布 南海,菲律宾和东印度等地。栖息于 8 ~ 60 米水深沙和泥沙质的海底。

22. 颈环嵌线螺 *Cymatium monififerum* A. Adams & Reeve

Triton monilifer, Adams & Reeve, 1850, Voy. Samaran Moll.: 37, pl. 10, fig. 18.

Cymatium monififerum (Adams & Reeve). Yen, 1942, 2: 215, pl. 18, fig. 109.

地理分布 仅在南海发现,尚未看到他处有报道。

23. 深缝嵌线螺 *Cymatium pfeifferianus* (Reeve)

Triton pfeifferianus Reeve, 1844, 2:pl. 4, fig. 14.

Reticutriton pfeifferianus (Reeve). Habe & Kosuge, 1979. 2: 43, pl. 15, fig. 14.

贝壳长纺锤形,缝合线深,螺层膨圆,肩部呈弱角状,壳面方格状,具粒状突起。纵肿脉在螺层不同的部位出现,被生有绒毛的壳皮。壳黄褐色,具有紫褐色横纹,前水管稍长,呈半管状。

地理分布 南海,日本、菲律宾、爪哇也有分布。

24. 网纹扭螺 *Distorsio reticulata* Röding

Distorsio reticulata, Röding, 1798. Mus. Bolten.: 133.

Triton cancellinus, Reeve, 1844. 2: pl. 12, fig. 45.

Distorsio reticulata Röding. Yen, 1942. 24: 215.

Distorsio (*Rhysema*) *reticula* Röding Kuroda, Habe & Oyama 1971: 195, 128, pl. 28, fig. 3.

地理分布 南海,印度-西太平洋暖水区广分布。栖息潮下带 10 米至数十米水深的海底。

蛙螺科 Bursidae

25. 习见蛙螺 *Bursa* (*Gyrineum*) *rana* (Linnaeus)

Murex rana Linnaeus, 1758, ed. 10: 748, no. 452.

Ranella subgranos Sowerby. Yen, 1933, 1: 12, pl. 1, figs. 1a, 1b; King & Ping. 1933. 4(2): 91, fig. 2.

地理分布 东海和南海，印度 – 西太平洋区。栖息于潮下带。

骨螺科 Muricidae

26. 褐棘螺 *Chicoreus brunneus* (Link)

Purpura brunnea Link, 1807. Beschr. Nat-Samm. Univ. Rostock. 2–3: 121.

Chicoreus brunneus (Link). 张福绥 , 8: 19, pl. 2, figs. 5, 8.

地理分布 广东以南沿海，印度 – 西太平洋暖水区。

27. 丽纹狸螺 *Lataxiena fimbriata* (Hinds)

Trophon fimbriatus Hinds, 1844. Moll. Zool. Voy.: 14, pl. 1, figs. 18, 19; Yen, 1933, pt. 1: 3.

Murex luculentus, Reeve, 1845. 3: pl. 28, fig. 127.

Trophon luculenta, Schepman, 1911. 49d, Livr. 58: 340. no. 3.

Lataxiena fimbriata (Hinds). Habe, 1964, 2: 83, pl. 27, fig. 7.

贝壳纺锤形，高 37 毫米，宽 20 毫米。螺层约 7 层，螺层上有肩角，壳表面具有螺肋、纵肋和细的螺线，每一螺层有 2 条螺肋，其上具有结节突起。体螺层上主肋约 6 条，具间肋，其上均有覆瓦状的鳞片。壳黄白色，具有连续或间断的紫褐色色带，壳口内白色。

地理分布 南海，日本、菲律宾、爪哇也有。

28. 皱爱尔螺 *Ergalatax contractus* (Reeve)

Buccinium contractum Reeve, 1846. 3: pl. 8, fig. 53.

Ergalatax contractus (Reeve). Kuroda, Habe & Ovama, 1971: 230, 150, pl. 43, figs. 11, 12.

贝壳高 29 毫米，宽 16 毫米。壳表面具有覆盖鳞片而较密的螺肋，并具有粗钝的纵肋，纵肋在体螺层上约 9 条。壳面为黄白色，通常具有紫褐色线纹及斑点，壳口内白色。前水管沟稍曲，前端为紫褐色。

地理分布 东海及南海，日本、菲律宾、中西部太平洋。自潮间带至 30 米水深均有栖息。

织纹螺科 Nassariidae

29. 刺织纹螺 *Nassarius horrida* (Dunker)

Nassa horrida, Reeve, 1853. 8: pl. 11, fig. 69.

Nassa gruneri, Reeve, 1853 8: pl. 12, fig. 75.

Nassa muricata, Reeve, 1853. 8: pl. 11, figs. 73a, 73b.

Nassa (*Hebra*) *horrida* Dunker. Schepman, 1911. 49d, Livr. 58: 323, no. 33.

Scabronassa horrida (Dunker). Habe & Kosuge, 1979, 2: 60, pl. 22, fig. 3.

贝壳近卵圆形，高15毫米，宽9.5毫米。约9个螺层，螺层具肩角。壳表面具有螺肋及纵肋，在体螺层有4条主要螺肋。由于纵横肋的交叉形成刺状的突起，通常肩角上的突起较强。壳面灰白色，在螺肋上有一条红褐色线纹，体螺层上具有清楚或不清楚的褐色色带3条，壳口白色。

地理分布 南海，日本、菲律宾、印度洋也有分布。

30. 杧果织纹螺 *Nassarius mangelioides* (Reeve)

Nassa mangelioides, Reeve, 1853. 8: pl. 23, fig. 152.

Nassa (*Arcularia*) *mangelioides* Reeve, Tryon, 1882, 4: 26, pl. 8, fig. 37.

Plicarcularia mangelioides (Reeve). Habe & Kosuge, 1979, 2: 61. pl. 22, figs. 14, 15.

贝壳高12.3毫米，宽8.5毫米，螺旋部低，体螺层大，背部呈驼峰状，表面具纵肋。内唇滑厚，向外扩张，外唇厚，内有齿状突起。壳灰褐色，内外唇的周缘有一条紫红色细的环纹。

地理分布 南海，日本也有分布。

31. 古氏织纹螺 *Nassarius* (*Niotha*) *cumingii* (A. Adams)

Nassa cumingii A. Adams, Reeve, 1853, 8: pl. 5, fig. 30.

Niotha cumingii A. Adams. Habe & Kosuge, 1979, 2: 61, pl. 22, figs. 8, 19.

贝壳卵圆形，高22毫米，宽13毫米，螺层圆，缝合线较深，表面具有较密的纵、横肋，二者相互交叉形成粒状突起，突起在缝合线下面的一列较强。壳面颜色灰白，具有褐色螺带。壳口内有肋纹，内唇滑层向外扩张。

地理分布 南海，日本等地。

32. 方格织纹螺 *Nassarius* (*Niotha*) *clathrata* (Lamarck)

Nassa clathrata Lamarck, 1816. Ency. Meth. Vers., pl. 394, figs. 5, 5a, expl. Liste: 1.

Nassa gemmulatum Lamarck. King & Ping, 1933. 4(2): 104, fig. 19.

Nassarius gemmulatus (Lamarck). Yen, 1935, 1(2): 33.

Niotha clathrata (Lamarck). Kourda, Habe & Ovama, 1971: 274, 179, pl. 48, figs. 1, 2.

地理分布 东海、南海，印度－西太平洋区。栖息于潮下带100米水深沙和泥沙质的海底。

33. 节织纹螺 *Nassarius* (*Zeuxis*) *hepaticus* (Pulteney)

Nassa (*Alectrion*) *hirta*, Tryon, 1882. 4: 28, pl. 8, fig. 55 (part).

Nassa nodifera, Reeve, 1853. 8: pl. 8, fig. 23; King & Ping, 1931. 2(1): 10, fig. 1; Yen, 1933, pt. 1: 21.

Nassarium (*Zeuxis*) *hepaticus* (Pulteney). Kuroda, 1941. 22(4): 117, no. 673; Kuroda & Habe, 1952: 70.

地理分布 东海和南海，日本、新加坡、菲律宾、印度尼西亚等地也有分布。

34. 西格织纹螺 *Nassarius* (*Zeuxis*) *siquijorensis* (A. Adams)

Nassa siquijorensis, A. Adams, 1852. Proc. Zool. Soc. Lond. (1851): 97.

Nassa siquijorensis Reeve, 1853. 8: pl. 8, fig. 53.

Nawwa caelata, Reeve, 1853. 8: pl. 20, fig. 133; King & Ping, 1931. 2(1): 11, fig. 2.

Zeuxis siquijorensis (A. Adams). Kuroda, Habe & Oyama. 1971: 272, 177, pl. 48, figs. 9, 10.

地理分布 此种在东海和南海广有分布且较常见，为印度－西太平洋分布种。栖息于潮下带至200米水深沙、泥沙质海底。

35. 橄榄织纹螺 *Nassarius* (*Zeuxis*) *olivaceus* (Bruguière)

Buccinium olicaceum Kiener, 1835. 4: 59, pl. 15, fig. 53.

Nassa olivacea Reeve, 1853, 8: pl. 3, fig. 19.

Nassa (*Zeuxis*) *taenia* Gmelin, Tryon, 1882. 4: 30, pl. 9, figs. 76, 77 (parts).

Nassarius olivaceus Brugière,Yen, 1935. 1(2): 31.

Zeuxis olivaceus (Brugière). Habe & Kosuge. 1979, 2: 63, pl. 22, fig. 38.

贝壳高40毫米，宽18毫米。壳质坚厚，约9个螺层。壳表面具有纵肋和细的螺纹，纵肋在次体层及体螺层消失而光滑，在体螺层的基部具有螺旋沟纹。壳面为巧克力色，在螺层的中部有一条细的白色色带。前沟短，呈缺刻状。

地理分布 东海和南海，日本、新加坡等地也有分布。

笔螺科 Mitridae

36. 焰纹笔螺 *Mitra* (*Cancilla*) *flammea* Quoy & Gaimard

Mitra flammea, Kiener, 1843. 3: 17, pl. 5, fig. 14.

Mitra flammea, Reeve, 1844. 2: pl. 17, fig. 120.

Mitra (*Cancilla*) *flammea* Quoy & Gaimard. Kuroda, 1941. 22(4): 123, no. 775.

贝壳高27.5毫米，宽9.4毫米，螺旋部尖，中部膨大，基部收缩，形似枣核。表面具螺肋，螺层上有3条，体螺层约15条，肋间有一条低细的螺肋及细密的纵线纹。壳黄白色，其上具有火焰状或波状紫红色花纹。轴唇具5条肋状的褶襞。

地理分布 东海和南海，日本、菲律宾等地。

37. 环肋笔螺 *Mitra* (*Cancilla*) *circula* Kiener

Mitra circula, Kiener, 1841: 3: 21, pl. 5, fig. 3.

Mitra (*Cancilla*) *circlata* Kioner, Kuroda, 1941. 22(4): 183, no. 774, pl. 3, fig. 40.

Tiara circula (Kiener). Habe & Kosuge, 1979. 2: 76, fig. 38.

贝壳高32毫米，宽10毫米。螺层约9层，表面具有红褐色或黄褐色的螺肋，螺层上为3条，体螺层约11条，肋间有一条至数条细的螺肋及细密的纵走线纹，呈布纹状。壳面褐色或黄褐色，在螺层上部有一条较宽的黄白色色带。轴唇有4条肋状褶襞，前面的较弱。

地理分布 东海和南海，日本、菲律宾等地也有分布。

38. 朱红菖蒲螺 *Vexillum coccineum* (Reeve)

Mitra coccinea, Reeve 1844. 2: pl. 7, fig. 49.

Vexillum coccinum (Reeve). Habe & Kosuge, 1979. 2: 77, pl. 29, figs. 1 & 12.

地理分布 中国台湾及广东沿海，日本、菲律宾等地也有分布。

衲螺科 Cancellariidae

39. 斜三角口螺 *Trigonaphera obliquata* (Lamarck)

Cancellaria obliquata, Lamarck, 1822, Anim. s. Vest.: 9: 408; Reeve, 1856. 10: pl. 13, fig. 61.

Cancellaris (*Trigonostoma*) *obliquata* Lamarck. Schepman, 1911, 49, Livr. 58: 264, no. 5.

Scalptia obliquata (Lamarck). Habe & Kosuge, 1979. 2: 88, pl. 35, fig. 5.

地理分布 南海，日本、菲律宾等地。

40. 粗莫利加螺 *Merica asperella* (Lamarck)

Cancellaria asperella, Lamarck, 1822, Anim. s. Vert. 7: 112; Kiener, 1841, 4: 4, pl. 3, fig. 1.

Merica laticosta, Habe, 21(4): 434, pl. 24, fig. 25.

Merica asperella (Lamarck). Kuroda, Habe & Oyama, 1971: 309, 202. pl. 54, fig. 8.

地理分布 南海，日本、菲律宾等地也有分布。

塔螺科 Turridae

41. 假奈拟塔螺 *Turricula nelliae spurius* (Hedley)

Pleurotoma tuberculata Gray, Reeve, 1: pl. 9, fig. 72.

Brachytoma spuria (Hedley). Yen, 1942, 24: 239, pl. 25, fig. 182.

Turricula nelliae spurius (Hedley). Powell, 1969. 2(10): 238, pl. 197, figs. 2-7.

地理分布 东海和南海，印度尼西亚、印度、波斯湾也有分布。

42. 白龙骨乐飞螺 *Lophiotoma leucotropis* (A. Adams & Reeve)

Pleurotoma leucotropis Adams & Reeve, 1850. Zool. Voy. Samarag: 40, pl. 10, fig. 7.

Turris leucotropis (Adams & Reeve). Yen. 1942. 24: 238.

Lophiotoma leucotropis (Adams & Reeve). Powell, 1964. 1(5): 312, Color pl. 175, figs. 4, 5, pl. 242.

地理分布 东海和南海，日本、菲律宾等地。

芋螺科 Conidae

43. 桶芋螺 *Conus betulinus* Linnaeus

Conus betulinus, Linnaeus, 1758, ed. 10: 715, no. 266.

Conus betulinus Linnaeus. 张玺，齐钟彦，等，1962: 67, fig. 49.

地理分布 我国台湾和广东沿海，日本、印度洋也有分布。

44. 高塔芋螺 *Conus sowerbyii* Reeve

Conus sowerbyi Reeve, Küster, 1875. 4(2): 282, taf. 49, figs. 1, 3.

Canasprella sowerbyii (Reeve), Habe, 1964. 2: 114, pl. 36, fig. 4.

贝壳高28毫米，宽15毫米，小而结实。螺旋部高，在每一螺层缝合线上面，有一环列粒状突起，体螺层上有明显而较深的螺沟，其间形成平的螺肋。贝壳呈巧克力色，壳顶淡褐色螺肋上具有白色方斑。

地理分布 南海，日本、菲律宾、印度洋等地也有。

笋螺科 Terebridae

45. 织锦笋螺 *Terebra textilis* Hinds

Terebra textilis Hinds, 1843. Proc. Zool. Soc.: 156; Tryon, 1885. 7: 20, pl. 5, fig. 75.

贝壳呈尖锥状，高 29 毫米，宽 5.6 毫米，螺层约 17 层，壳顶两层光滑，其他各层具有略呈波状的纵肋及许多细的螺线。在缝合线靠下的部位具一明显的螺沟，将螺层分为两部分。壳口前沟呈缺刻状，略扭曲。壳面黄褐色或黄白色，壳口淡褐色。

地理分布 中国南海，日本、菲律宾、望加锡海峡等地。

小塔螺科 Pyramidellidae

46. 美丽细口螺 *Colsyrnola ornata* (Gould, 1861)

Obeliscus ornatus Gould, 1861, 7: 403.

Pyramidella denticulata Sowerby, 1865, 15: pl. 6, sp. 39.

Colsyrnola ornata (Gould), Habe. 1971: 272, 437, pl. 64, f. 2.

贝壳小型，呈高塔形。壳高 23 毫米，宽 7.2 毫米。白色，平滑，光泽，坚固。壳表有红褐色纵纹和雕刻有纵行的细点线。螺旋部高，约占壳长的 2/3。螺层 15 层，各螺层膨胀。缝合线深沟状，沟缘锯齿状呈“く”字形。体螺层小，周缘有褐色细带。壳口小，略呈方形。轴唇宽，有 2 个褶齿，上部褶齿强大。没有脐孔。

地理分布 日本（本州、四国、九州）。模式标本产地：南海。

47. 优美方口螺 *Tiberia pulchella* (A. Adams, 1854)

Obeliscus pulchellus A. Adams, 1854, Thes. Conch., 2: 809, pl. 171, f. 7.

Pyramidella pulchella (A. Adams), Sowerby, 1865: pl. 4, sp. 24.

Pyramidella (*Tiberia*) *pulchella* A. Adams, Dall & Bartsch. 1906, 30: 323, pl. 25, f. 4.

Tiberia pulchella (A. Adams), Habe. 1971: 273, 438, pl. 64, f. 6.

贝壳小型，呈高圆锥形。壳高 4.5 毫米，宽 1.5 毫米。薄而坚固，白色，半透明，平滑，光泽。螺旋部高，约占壳长的 2/3。螺层 10 层，各螺层膨胀。缝合线深，饰有黑褐色横带。体螺层小，周缘有细小的黑褐色横带。壳口呈卵 – 方形。外唇薄，圆弯曲。轴唇宽，白色，有 2 个褶齿，上部褶齿强大。脐孔狭小。

地理分布 日本（本州、四国、九州）。在我国为首次发现。

捻螺科 Acteonidae

48. 线红纹螺 *Bullina lineata* (Gray, 1825)

Voluta scabra Gmelin, 1971, Syst. Nat. ed., 13: 3434 (non Müller, 1784).

Bulla lineata Gary, 1825, Anim. Ann. Philos. N. S., 9(25): 408.

Bullina lineata (Gray), Habe. 1950: 20, pl. 3, f. 2, text-figs 2, 12; 1955: 57; 1962: 114, pl. 40, f. 10; 1971, p. 454, 283, pl. 64, f. 18.

贝壳小型，呈卵纺锤形，壳长14.2毫米，宽8.2毫米。白色，薄。螺旋部小，呈圆锥形，缝合线深。螺层4层，各螺层膨胀，体螺层大，约占壳长的4/5。壳表雕刻有由方格形深凹组成的螺旋沟。在体螺层有2条宽的红色横纹把它分成三个几乎相等的部分。壳表饰有细而弯曲的红色纵纹。外唇薄，稍弯曲。内唇石灰质层，狭而薄。轴唇厚，底部稍扭曲形成褶襞。脐孔呈狭缝状。

地理分布 印度－太平洋区。在我国为首次发现。

露齿螺科 Ringiculidae

49. 狭小露齿螺 *Ringicula* (*Ringiculina*) *kurodai* Takeyama, 1935

Ringicula (*Ringiculina*) *pacifica kurodai* Takeyama, 1935: 79, pl. 6, figs. 26–29.

Ringicula (*Ringiculella*) *kurodai* Takeyama, Habe. 1950: 8, pl. 2, f. 3.

地理分布 日本（本州、四国），日本海。

壳蛞蝓科 Philinidae

50. 玻璃壳蛞蝓 *Philine vitrea* Gould, 1859

Philine vitrea Gould, 7: 139; Habe. 1946, 14: 189; Pilsbry, 1893, 16: 7.

贝壳小型，呈圆－方形。壳长8.2毫米，宽6毫米。相当凸，脆，白色，半透明，有虹彩光泽。螺旋部内旋，螺层2层。体螺层膨大，为贝壳的全长。壳表有向心的肋状褶襞。壳口宽大，外唇上部圆形。轴唇弯曲。

地理分布 见于香港。

51. 东方壳蛞蝓 *Philine orientalis* A. Adams, 1854

Philine orientalis A. Adams, 1854: 672; Pilsbry, 1893, 16: 8, pl. 2, f. 16; Sowerby, 1873, 18: pl. 2, sp. 11; Watson, 1886, 15: 672.

贝壳小型，呈卵圆形。壳长11.5毫米，宽9毫米。稍凸，厚而脆，白色，光泽。螺旋部内旋，螺层2层。体螺层膨大，为贝壳的全长。壳表有向心的褶襞。壳口大，外唇强弯曲。呈半圆形。本种形似欧洲产的 *Philine aperta* (Linnaeus)，但后者壳表雕刻有螺旋沟，壳口上部稍狭。

地理分布 西太平洋区的日本、菲律宾，在我国为首次发现。

52. 幼小赫壳蛞蝓 *Hermania infantilis* Habe, 1950

Hermania infantilis Habe, 1950, 1(8): 50, pl. 9, figs. 14–16; 1955: 77.

贝壳小型，略呈方形。壳长8.8毫米，宽5.5毫米。薄，半透明。壳口上部稍狭。螺旋部内旋。螺层3层，缝合线深，胎壳光滑。体螺层大，为贝壳的全长。壳表雕刻有由链状凹点组成的螺旋沟。壳口比壳蛞蝓属（*Philine*）小，上部狭，底部略呈方形。外唇稍弯曲。轴唇弯曲较缓。

地理分布 日本（本州），在我国为首次发现。

阿地螺科 Atyidae

53. 角杯内地螺 *Cylichnatys angusta* (Gould, 1859)

Haminea angusta Gould, 1859, 7: 139.

H. angusta (Gould), Johnson, 1964, 239: 41, pl. 5, f. 1.

Cylichna yamakawai Yokoyama, 1920, 39(6): 28, pl. 1, f. 7; Nomura, 1939, 19(1.2): 17, pl. 3, figs. 3a, b.

C. kesennumansis Nomura, 1939, 19(1.2): 18, pl. 3, figs. 4a, b.

C. asamushiensis Nomura, 1939, (1.2): 18, pl. 3, figs. 5a, b.

Cylichnatys angusta (Gould), Habe. 1964, Ⅱ: 136, pl. 42, f. 23; 1971, pp. 463, 289-290. pl. 115, f. 1.

Cylichnatys striatus (Yamakawa), Habe. 1952, 1(2): 142, pl. 20, f. 14, pl. 21, figs. 31-32.

贝壳小型,呈筒形。壳长 7.5 毫米,宽 3.5 毫米。白色,薄而脆,半透明。螺旋部内卷。壳顶中央稍凹但不形成洞孔。体螺层膨胀,为贝壳的全长。壳表被有黄褐色壳皮,雕刻有精细的波状螺旋沟。壳口呈狭长形,全长开口。外唇薄,上部圆弯曲凸出壳顶部,中部稍凹,底部圆形。内唇石灰质层薄。螺轴短,底部有褶襞,覆盖脐区的一部分。

地理分布 日本(本州、四国、北海道)、日本海。我国青岛也有分布。

54. 紧缩泥拉地螺 *Limulatys constrictus* Habe, 1952

Limulatys constrictus Habe, 1952, 1(20): 140, pl. 20, f. 10; 1964, Ⅱ: 136.

Limulatys constrictus Habe, 1955, 16-19: 61-62.

贝壳小型,呈纺锤形。壳长 5.5 毫米,宽 3 毫米。白色,半透明。螺旋部内卷。壳顶呈斜截断形。壳顶中央有凹陷但不形成洞孔。体螺层膨大,为贝壳的全长。壳顶部和底部强收缩。壳表在近两端雕刻有许多螺旋沟,中部光滑。生长线明显。壳口呈狭长形,全长开口。外唇薄,弯弓形,上部圆弯曲凸出壳顶部较远。轴唇弯曲。

地理分布 日本(本州)。在我国为首次发现。

侧鳃科 Pleurobranchidae

55. 明月侧鳃 *Euselenops* (*Euselenops*) *luniceps* (Cuvier, 1817)

Pleurobranchus luniceps Cuvier, 1817, Régne Animal, Ⅱ: 396, 4: pl. 11, f. 2.

Euselenops (*Euselenops*) *luniceps* (Cuvier), 林光宇, 张玺, 1965, 7(3): 629-630.

地理分布 印度-太平洋区,非洲东岸、印度马德拉斯、斯里兰卡、印度尼西亚、日本、新喀里多尼亚岛。在南海为常见种类。

掘足纲 Scaphopoda

角贝科 Dentaliidae

56. 肋变角贝 *Dentalium* (*Paradentalium*) *octangulatum* Donovan

Dentalium octangulatum. Donovan, 1804. Nat. Hist. Brit. Shells, 5: 162.

Dentalium hexagonum, Gould, 1850. Proc. Boston Soc. Nat. Hist., 7: 166.

Dentalium japonicum, Dunder, 1882. Index. Moll. Mar. Jap., 153, pl. 5, fig. 2.

Dentalium (Paradentalium) octangulatum Donovan. Habe, 1964: 7, pl. 1, fig. 1.

地理分布 在我国福建以南沿海，自数米至60米水深均有发现。日本、印度尼西亚、斯里兰卡和印度等地均有分布。

这种的模式标本产自中国近海，贝壳表面的纵肋数目有变化，通常6～8条，因此有六角角贝、八角角贝之称。Gould命名的六角角贝晚于Donovan的八角角贝，依惯例应用前者，那么中文即应直译为八角角贝。但中国沿海以六角者（即6条纵肋）多，如直译前者，容易使人误解标本具六角者即不是这种了。故中文名改称“肋变角贝”，意即其肋的数目是有变的。

57. 胶州湾角贝 *Dentalium (Episiphon) kiaochowwanense* Tchang & Tsi

Dentalium (Episiphon) kiaochowwanense Tchang & Tsi. 张玺，齐钟彦，1950. 4: 1, pl. 1, figs. 1–6.

地理分布 从山东以南沿海均有分布，为中国地方种。

瓣鳃纲 Lamellibranchia

云母蛤科 Ledidae (=Nuculinidae)

58. *Yoldia serotina* (Hinds)

Yoldia serotina, Reeve, 1871. 18: pl. 2, fig. 5.

贝壳小，长约10毫米，近菱形，壳薄，黄白色，后端稍瘦长，生长轮脉清楚。

地理分布 南海，伊里安也有报道。

59. *Saccella cuspidata* (Gould)

Laeda cuspidata Gould, Reeve, 1871, 18: pl. 9, fig. 57.

贝壳小，长约7毫米，白色，梨形，前端圆，后端稍长而尖，壳面生长轮脉细而均匀。

地理分布 南海。Reeve（1817）记载产于北美洲，尚需进一步证实。

蚶科 Arcidae

60. 密肋粗蚶 *Anadara crebricostata* (Reeve)

Arca crebricostata, Reeve, 1844. 2: pl. 9, fig. 61.

地理分布 南海，越南、泰国等地也有分布。

61. 舵毛蚶 *Scapharca gubernaculum* (Reeve)

Arca gubernaculum, Reeve, 1843. 2: pl. 3, fig. 14.

Arca (Anadara) jousseaumer Lamy. 张玺，齐钟彦，等，1960: 16, fig. 13.

Scapharca gubernaculum (Reeve). Habe & Kosuge, 1979. 2: 127, pl. 47, fig. 7.

地理分布 南海，槟榔屿也有分布。

62. 球蚶 *Potiarca pilula* (Reeve)

Arca pilula, Reeve, 1843. 2: pl. 2, fig. 8.

Arca (*Cunearca*) *pilula* Reeve. 张玺，齐钟彦，等 . 1960: 17, fig. 14.

地理分布 南海，菲律宾、新喀里多尼亚和斯里兰卡等地。

63. 布纹蚶 *Barbatia decussata* (Sowerby)

Arca decussata Sowerby. Reeve, 1844. 2: pl. 12, fig. 81.

Arca (*Barbatia*) *decussata* Sowerby. 张玺，齐钟彦，等，1960: 5, fig. 4.

地理分布 东海和南海，为印度洋和太平洋广分布种。

64. 扭蚶 *Trisidos tortuosa* (Linnaeus)

Arca tortuosa Linnaeus, 1758. ed. 10: 693, no. 139.

Arca (*Parallelepidpedum*) *tortuosa* Linnaeus. 张玺，齐钟彦，等，1960: 7, fig. 6.

地理分布 东海和南海，为印度－西太平洋种。

65. 半扭蚶 *Trisidos semitorta* (Lamarck)

Arca semitorta Lamarck. 1819 Anim. s. Vert. 6: 37.

Arca (*Parallelepipedum*) *semitorta* Lamarck. 张玺，齐钟彦，等，1960: 8, fig. 6.

Trisidos (*Epitrisis*) *semitorta* (Lamarck). Kira, 1971: 110, pl. 43, fig. 3.

地理分布 南海，印度洋、太平洋。

贻贝科 Mytilidae

66. 麦氏偏顶蛤 *Modiolus metcalfei* Hanley

Modiola metcalfei Hanley, 1843. Cat. Rec. Biv. Sh.: 235, pl. 24, fig. 25.

Modiolus metcalferi Hanley. 张玺，齐钟彦，等，1960: 30, fig. 25.

地理分布 我国南北沿海，日本、菲律宾等西太平洋地区有分布。从潮间带至 100 米水深均有栖息。

钳蛤科 Isognomonidae

67. 丁蛎 *Malleus malleus* (Linnaeus)

Ostrea malleus Linnaeus, ed. 10: 699, no. 177.

Malleus albus Hanley. 张玺，齐钟彦，等，1960: 50, fig. 43.

Malleus malleus (Linnaeus). 王祯瑞，1980. 16: 132, pl. 1, fig. 2.

地理分布 南海，为印度－西太平洋暖水种。

扇贝科 Pectinidae

68. 华贵栉孔扇贝 *Chlamys nobilis* (Reeve)

Pecten nobilis Reeve, 1852, 8: pl. 1, fig. 3.

Chlamys noblis (Reeve). 张玺，齐钟彦，等，1960: 72, fig. 59.

地理分布 南海，日本、印度尼西亚等地。

69. 箱形栉孔扇贝 *Chlamys pyxidatus* (Born)

Ostrea pyxidata Born, 1778, Index rerum Nat. Mus. Caes. Vindob: 3.

Chlamys pyxidatus (Born). 张玺，齐钟彦，1960: 75, fig. 62.

地理分布 南海，西太平洋热带海区有分布。

70. 皱襞扇贝 *Pecten plica* (Linnaeus)

Ostrea plica Linnaeus. ed. 1767, ed. 12: 1145, no. 192.

Pecten plica (Linnaeus). 张玺，齐钟彦，等. 1960: 78, fig. 65.

地理分布 南海，斯里兰卡也有分布。

海菊蛤科 Spondylidae

71. 紫斑海菊蛤 *Spondylus nicobaricus* Schreibers

Spondylus nicobaricus, Chemnitz, 1784, 7: pl. 45, figs. 469–470.

Spondylus nicobaricus: 张玺，齐钟彦，等，1960: 84, fig. 70.

地理分布 南海，日本、菲律宾等地暖水区。

不等蛤科 Anomiidae

72. 海月 *Placuna placenta* Linnaeus

Anomia placenta Linnaeus. 1758, ed. 10: 703, no. 205.

Placuna placenta Linnaeus. 张玺，齐钟彦，等，1960: 90, fig. 75.

地理分布 东海和南海，为印度－西太平洋暖水种。

牡蛎科 Ostreidae

73. 覆瓦牡蛎 *Ostrea* (*Lopha*) *imbricata* Lamarck

Ostrea imbricata, Lamarck, 1819. Hist. Nat. Anim. sans Vert.: 4: 213, no. 46.

Ostrea imbricata Lamarck. 张玺，楼子康，1956. 8(1): 72, pl. 1, figs. 3–4.

地理分布 东海、南海及日本南部。

74. 叶片牡蛎 *Ostrea* (*Lopha*) *folum* Linnaeus

Ostrea folum Linnaeus, 1758. ed. 10: 699, no. 178.

Ostrea (*Lopha*) *folum* Linnaeus. 张玺，齐钟彦，等，1960: 99, fig. 82.

地理分布 南海，印度洋、太平洋有分布。

75. 鹅掌牡蛎 *Ostrea* (*Crassostrea*) *paulucciae* Crosse

Ostrea paulucciae, Crosse, 1869. 17: 188.

Ostrea (*Crassostrea*) *paulucciae* Crosse. 张玺，楼子康，1956. 8(1): 87, pl. 5, figs. 4–7.

地理分布 仅在南海发现。

猿头蛤科 Chamidae

76. 半紫猿头蛤 *Chama semipurpurata* Lischke

Chama semipurpurata, Lischke, 1871, 2: 130, taf. 8, fig. 1. Hirase, 1954, pl. 26, fig. 1.

地理分布 南海,日本也有分布。从潮间带至 20 米水深有栖息。

鸟蛤科 Cardiidae

77. 中华鸟蛤 *Cardium sinense* Sowerby

Cardium sinense, Sowerby, 1941. Proc. Zool. 13: 105.

Cardium sinense Sowerby. 徐凤山 , 1964. 6: 85, pl. 1, fig. 5.

地理分布 南海,越南、暹罗湾、菲律宾及爪哇等地。

78. 镶边鸟蛤 *Cardium coronatum* Spengler

Cardium (*Pectunculus*) *coronatus* Spengler H. & A. Adams. 2: 454.

Cardium coronatum Spengler. 徐凤山 , 1964. 6: 84, pl. 2, fig. 11.

地理分布 南海,越南、暹罗湾、印度洋也有分布。

79. 澳洲薄壳鸟蛤 *Fulvia australis* (Sowerby)

Cardium australe, Sowerby, 1941, 13: 105.

Cardium pulchrum, Reeve, 1845. 2, pl. 19, fig. 98.

Fulvia australis (Sowerby). 徐凤山 , 1964. 6: 89, pl. 1, fig. 4.

地理分布 标本采集于海南岛,我国台湾也有报道。为印度 – 西太平洋广分布种。

帘蛤科 Veneridae

80. 美女蛤 *Circe scripta* (Linnaeus)

Venus scripta, Linnaeus 1758. ed. 10: 689, no. 121.

Circe scripta Linnaeus. 庄启谦 , 1964. 5: 70, pl. 3, figs. 10–11.

地理分布 南海,为印度 – 西太平洋暖水种。

81. 文蛤 *Meretrix meretrix* (Linnaeus)

Venus meretrix Linnaeus, 1758. ed. 10: 686, no. 102.

Meretrix meretrix Linnaeus. 庄启谦 , 1964. 5: 74, pl. 4, figs. 2, 3.

地理分布 我国南北沿海皆有分布,日本、菲律宾、印度洋也有分布。

82. 鳞杓拿蛤 *Anomalodiscus squamosa* (Linnaeus)

Venus squamosa, Linnaeus, 1758. ed. 10: 688, no. 111.

Anomalodiscus squamosa Linnaeus. 庄启谦 , 1964. 5: 82, pl. 5, fig. 4.

地理分布 东海、南海,菲律宾、澳大利亚、安达曼群岛。

83. 粗雪蛤 *Chione* (*Timoclea*) *scabra* (Hanley)

Venus scabra, Hanley, 1844. Proc. Zool. Soc. London: 161.

Chione (*Timoclea*) *scabra* (Hanley). 庄启谦, 1964. 5: 84, pl. 6, figs. 5–6.

地理分布 南海,日本、菲律宾也有分布。

84. 美叶雪蛤 *Chione* (*Clausinella*) *calophylla* (Philippi)

Venus calophylla, Philippi, 1836. Archiv Naturgesch.: 229, pl. 8, fig. 2.

Chione (*Clausinella*) *calophylla* (Philippi). 庄启谦, 1964. 5: 84, pl. 6, fig. 4.

地理分布 东海和南海,越南、暹罗湾、菲律宾、澳大利亚、孟买等地分布。

85. 环沟格特蛤 *Katelysia* (*Hemitapes*) *rimularis* (Lamarck)

Venus rimularis, Lamarck, 1818. Hist. Nat. Anim. sans Vert.: 367.

Katelysia (*Hemitapes*) *rimularis* (Lamarck). 庄启谦, 1964. 5: 89, pl. 7 fig. 1.

地理分布 东海和南海,印度–西太平洋。该种与裂纹格特蛤形状有些近似,但较短较圆。

86. 日本格特蛤 *Katelysia* (*Hemitapes*) *japonica* (Gmelin)

Venus japonica Gmelin, 1790. Syst. Nat. ed. 13: 3279.

Katelysia (*Hemitapes*) *japonica* (Gmelin). 庄启谦, 1964. 5: 90, pl. 6, fig. 8.

地理分布 南海,日本、菲律宾、新加坡、爪哇及印度洋的尼科巴。

87. 裂纹格特蛤 *Katelysia* (*Hemitapes*) *hiantina* (Lamarck)

Venus hiantina, Lamarck, 1818. Hist. Nat. Anim. Sans Vert.: 593, n. 32.

Katelysia (*Hemitapes*) *hiantina* (Lamarck). 庄启谦, 1964. 5: 90, pl. 7, fig. 8.

地理分布 东海和南海。从赤道向北至24°N为其分布范围,向南大洋洲也有记载。

88. 织锦巴非蛤 *Paphia* (*Paratapes*) *textile* (Gmelin)

Venus textile, Gmelin, 1790. Syst. Nat. ed. 13: 3280.

Paphia (*Paratapes*) *textile* (Gmelin). 庄启谦, 1964. 5: 95, pl. 9, fig. 10.

地理分布 南海,为印度–西太平洋暖水种。

89. 波纹巴非蛤 *Paphia* (*Paratapes*) *undulata* (Born)

Tapes undulata, Reeve, 1864. 14: pl. 3, fig. 8.

Paphia (*Paratapes*) *undulata* (Born). 庄启谦, 1964. 5: 94, pl. 8, fig. 7.

地理分布 东海和南海,为印度–太平洋广分布种。

90. 锯齿巴非蛤 *Paphia* (*Protapes*) *gallus* (Gmelin)

Venus gallus, Gmelin, 1790. Syst. Nat. ed. 13: 3277.

Paphia (*Protapes*) *gallus* (Gmelin). 庄启谦, 1964. 5: 95, pl. 10, fig. 2.

地理分布 东海、南海,越南、菲律宾,南至托雷斯海峡,以及印度热带海区均有。从潮间带至48米水深均有发现。

91. 薄片镜蛤 *Dosinia* (*Lamellidosinia*) *laminata* (Reeve)

Artemis laminata, Reeve, 1850. 6: pl. 8, fig. 41.

Dosinia (*Lamellidosinia*) *laminata* (Reeve). 庄启谦, 1964. 5: 64, pl. 1, fig. 12.

地理分布 在我国南北沿海,菲律宾、暹罗湾、安达曼群岛等地都有分布。

蛤蜊科 Mactridae

92. 西施舌 *Mactra antiquata* Spengler

Mactra antiquata, Spengler, 1802. Skeivt. Nat. Selsk. Ⅴ: 102.

Mactra spectabilis Deshaves. 张玺，齐钟彦，李洁民，1955: 52, pl. 15, fig. 1.

Mactra antiquata Spengler. 张玺，齐钟彦，等，1960: 180, fig. 148.

地理分布 我国南北沿海，印度支那半岛、日本等地都有分布。

93. *Mactrinula dolabrata* Reeve

Mactra dolabrata, Reeve, 1854. 8: pl. 19, fig. 107.

Mactrinula dolabrata (Reeve). Habe, 1977: 179, pl. 34, figs. 3-4.

地理分布 南海，日本。

94. *Lutralia* cf. *impar* Reeve

Lutralia impar, Reeve, 1854. 8: pl. 3, fig. 10.

地理分布 在我国福建平潭以南发现。

95. *Raeta rostralis* (Deshayes)

Mactra rostralis Deshayes. Reeve, 1854, 8: pl. 21, fig. 119.

贝壳呈三角卵圆形，长约 7 毫米，薄，透明，生长轮稀。

地理分布 南海。

紫云蛤科 Psammobiidae

96. 截形紫云蛤 *Gari truncata* Linnaeus

Tellina truncata, Linnaeus, 1767. ed. 12: 1118.

Gari truncata Linnaeus. 斯卡拉脱，1965. 8: 49, pl. 2, fig. 4.

地理分布 东海、南海，日本、菲律宾和印度洋也有分布。

97. 狭左吉蛤 *Zozia coarctata* (Gmelin)

Solen coarctata, Gmelin, 1790, Syst. Nat. ed. 13: 3227.

Zozia coarctata (Gmelin). 斯卡拉脱，1965. 8: 59, pl. 5, fig. 7.

地理分布 南海，日本也有分布。

樱蛤科 Tellinidae

98. 叶樱蛤 *Phylloda foliacea* (Linnaeus)

Tellina foliacea, Linnaeus, 1758. ed. 10: 675, no. 39.

Phylloda foliacea (Linnaeus). 张玺，齐钟彦，等，1960: 209, fig. 107; 斯卡拉脱，1965. 8: 81, pl. 8, fig. 2.

地理分布 南海，为印度洋太平洋暖水种。

99. 截形白樱蛤 *Mocoma* (*Psammacoma*) *praerupta* Salisbury

Macoma truncata Jonas. 张玺，齐钟彦，等，1960: 210, fig. 175.

Macoma (*Psammacoma*) *praerupta* Salisbury. 斯卡拉脱，1965. 8: 79, fig. 6.

地理分布 南海，日本、菲律宾、印度洋。

100. 美女白樱蛤 *Macoma* (*Psammacoma*) *candida* (Lamarck)

Psammotaea candida, Lamarck, 1818. Hist Nat. Anim. sans Vert., 5: 517.

Macoma galathaea Lamarck. 张玺，齐钟彦，等，1960: 211, fig. 176.

Macoma (*Psammacoma*) *candida* (Lamarck). 斯卡拉脱，1965. 8: 78, pl. 8, fig. 7.

地理分布 南海，日本、菲律宾、印度尼西亚等地。

竹蛏科 Solenidae

101. 大竹蛏 *Solen grandis* Dunker

Solen grandis, Dunker, 1851: 418.

Solen grandis Dunker. 张玺，黄修明，1964. 16(2): 194, pl. 3, fig. 1.

地理分布 我国南北沿海皆有分布，日本、菲律宾也有。

102. 直线竹蛏 *Solen linearis* Spengler

Soeln linearis Spengler. 张玺，黄修明，1964. 16(2): 196, pl. 2, fig. 4.

地理分布 南海，为印度－西太平洋广分布热带种。从潮间带至60米水深皆有栖息。

103. 花刀蛏 *Cultellus cultellus* (Linnaeus)

Solen cultellus, Linnaeus, 1758. ed. 10: 673, no. 27.

Cultellus philippianus Dunker. 张玺，齐钟彦，等，1960: 219, fig. 183.

Cultellus cultellus (Linnaeus). 张玺，黄修明，1964. 16(2): 198, pl. 3, fig. 7.

地理分布 南海，为印度－西太平洋暖水种。

篮蛤科 Corbulidae

104. *Corbula fortisulcata* Smith

Corbula fortisulcata Simith. Habe, 1977: 281, pl. 59, figs. 5–6.

两壳不等。右壳大，表面具有强的生长轮脉；左壳小，表面较光滑。

地理分布 东海和南海，日本也有分布。从潮间带至20米水深均有栖息。

105. *Corbula tunicata* Hindis

Corbula tunicata Hinds. Reeve, 1843. 2: pl. fig. 5.

贝壳的形状近似红齿篮蛤 *C. erythrodon* (Lamarck)，但这种较合部的齿与其他部分无色。

地理分布 南海，菲律宾。

开腹蛤科 Gastrochaenidae

106. 舟形开腹蛤 *Gastrochaena* (*Cucurbitula*) *cymbium* Spengler

Gastrochaena cymbium, Spengler, 1783: Nye Saml. Dansk Vid. Selsk. Skirfer, 2: 180, figs. 12-17.

Gastrochaena lagenula Sowerby, Reeve, 1878. 20: pl. 3, fig. 18.

Gastrochaena ovata Sowerby. 张玺，齐钟彦，等，1960: 228, fig. 191.

Cucurbitula cymbium (Spengler). Kuroda, Habe & Oyama. 1971. 710, 468, pl. 102, fig. 19.

Gastrochaena (*Cucurbitula*) *cymbium* Spengler, Habe, 1977: 287, pl. 60, figs. 1-4.

地理分布 在南海较常见，向北可至山东，但很少见。日本也有分布。

海笋科 Pholadidae

107. 东方海笋 *Pholas* (*Monothyra*) *orientalis* Gmelin

Pholas (*Monothyra*) *orientalis* Gmelin. 张玺，齐钟彦，李洁民，1960: 12(1): 65, fig. 1.

地理分布 南海，为热带性的种类，仅分布于印度洋、太平洋的亚洲沿岸。

鸭嘴蛤科 Laternulidae

108. 鸭嘴蛤 *Laternula anatina* Linnaeus

Solen anatinus, Linnaeus, 1758, ed. 10: 673, no. 30.

Laternula valenciennesii (Reeve). 张玺，齐钟彦，等，1960: 269, fig. 222.

Laternula (*Laternula*) *anatina* (Linnaeus). Habe, 1977: 311, pl. 65, figs. 13-14.

地理分布 我国南北沿海，西太平洋有分布。从潮间带至 60 米水深沙质的海底栖息。

头足纲 CEPHALOPODA

耳乌贼科 Sepiolidae

109. 双喙耳乌贼 *Sepiola birostrata* Sasaki

Sepiola birostrata Sasaki, 1918. 10: 235; 张玺，齐钟彦，李洁民，1955: 88, pl. 30, fig. 1-2; 董正之，1963. 4: 143.

地理分布 我国南北沿海，日本也有分布。

参考文献

[1] 马绣同 . 中国近海宝贝科的研究 . 动物学报，1962，14（增刊）：1-30.

[2] 马绣同 . 中国近海凤螺科种类的初步记录 . 海洋科学集刊，1976（11）：355-370.

[3] 王祯瑞 . 中国近海钳蛤科的研究 . 海洋科学集刊，1980（16）：131-141.

[4] 齐钟彦，马绣同 . 中国近海冠螺科的研究 . 海洋科学集刊，1980（16）：83-96.

[5] 庄启谦 . 中国近海帘蛤科的研究 . 海洋科学集刊，1964（5）：43-106.

[6] 林光宇，张玺 . 中国侧鳃科动物的研究 . 海洋与湖沼，1965，7（3）：265-276.

[7] 张玺，齐钟彦 . 中国海岸的几种新奇角贝 . 中国动物学杂志，1950（4）:1-11.

［8］ 张玺，楼子康．中国牡蛎的研究．动物学报，1956，8（1）：55-93.
［9］ 张玺，齐钟彦，李洁民．中国的海笋及其新种．动物学报，1960，12（1）：63-87.
［10］ 张玺，齐钟彦，等．南海的双壳类软体动物．科学出版社，1960.
［11］ 张玺，齐钟彦，等．中国动物图谱——软体动物．科学出版社，1962.
［12］ 张玺，黄修明．中国海竹蛏科的研究．动物学报，1964，16（2）：193-206.
［13］ 张玺，齐钟彦，马绣同，楼子康．西沙群岛软体动物前鳃类名录．海洋科学集刊，1975（10）：105-140.
［14］ 张福绥．中国近海骨螺科的研究 1. 骨螺属、翼螺属及棘螺属．海洋科学集刊，1965（8）：11-24.
［15］ 徐凤山．中国近海鸟蛤科的研究．海洋科学集刊，1964（6）：82-92.
［16］ 董正之．中国近海头足纲分类的初步研究．海洋科学集刊，1963（4）：125-157.
［17］ 波部忠重，小管贞男．标准原色图鉴全集，贝，第 3 集．日本保育社，1967.
［18］ 斯卡拉脱．中国海双壳类软体动物的樱蛤总科．海洋科学集刊，1965（8）：27-114.
［19］ Abbott R T. Monographs of marine Mollusca. 1978(1): 42, 69 (Cerithiidae).
［20］ Adams A. Monographs of *Acteon* and *Solidula*, two genera to Gasteropodous Mollusca with description of several new species from the Cumingian collection, Proc. Zool. Soe. London, 1854.
［21］ Crosse H. Diagnoses Mollscorus novorum, J. de Conchy, 1869, 17: 188.
［22］ Dall W H, Bartsch P. Notes on Japanese, Indo-Pacific, and American Pyramidellidae, Proc. U. S. Nat. Mus., 1906, 30: 323, pl. 25.
［23］ Demond J. Micronesian reef-associated Gastropods, Pacific Science, 1957, 11(3): 275-341.
［24］ Dunker W. Solenacea nova collections Cumingian descript, Proc. Zool. Soc. London, 1861: 418.
［25］ Gould A A. Descriptions of new Species of shells brought home by the North Pacific Exploring Expedition. Proc. Bost.Soc. Nat. Hist., 1859, 7: 138-142.
［26］ Habe T. On some species of Cephalaspidea Mollusca found in Japan. Venus 1946, 14: 183-190.
［27］ Habe T. A List of the Cephalaspid Opisthobranchia, Bull. Biogeogr. Soc. Jap., 1955, 16/19: 54-79, pl. 4.
［28］ Habe T. Description of four new Cancelariid species, with a list of the Japanese species of the family. Venus, 1961, 21(4): 431-441.
［29］ Habe T. Fauna Japonica Scaphopoda (Mollusca). Japan. 1964.
［30］ Habe T. Systematics of Mollusca in Japan Bivalvia and Scaphopoda. Japan. 1977.
［31］ Houbrick R S. The family Cerithiidae in the Indo-Pacific. Monographs of marine Mollusca, 1978, 1: 42, 69.
［32］ Kiener L C. Species genera et iconographie des coquilles vivantes, 1835-1841, 2-4.

［33］ King S（金叔初）, Ping C（秉志）. The molluscan shells of Hong Kong, Nat. 1931-1936, 2(4): 272; 4(2): 101; 7(2): 129.

［34］ Kuroda T. A catalogue of molluscan shells from Taiwan (Formosa). with descriptions of new species, Mem. Fac. Sci. Agr. Taihoku Imp. Univ. 1941, 22(4): 65-197.

［35］ Kuroda T, Habe T, Oyama K. The sea shells of Sagami Bay, Japan. 1971.

［36］ Küster C H. In Martini und Chemnitz's systematisches conchyliencabinet. 1841-1888, 4(2): 282(Conus); 5(2): 62(Mitya); 7(2): 255 (Spondylus).

［37］ Lamy E. Revision des Arca vivats du Museum d'Histoire naturelle de Paris, J. de Conchy, 1907, 55: 253-255.

［38］ Linnaeus C. Systema Naturae, 1758, ed. 10.

［39］ Linnaeus C. Ibid., 1767, ed. 12.

［40］ Lischcke C E. Japanieche Meeres-Conchylien, 1871, 2.

［41］ Melvill J C. Revision of the Turridae (Pleurotomidae) occuring in the Persian Gulf, Gulf of Oman, and North Arabian Sea, as evidenced mostly through the results of dredgings carried out by Mr. F. W. Townsend, 1893-1914, Proc. Malac. Soc. London, 1917, 12: 140-201.

［42］ Nomura S. Notes on some Opisthobrachiata based upon the collection of the Saito Hun Kai, Mus. chiefly collected from North east Honshu, Jap. Jour. Geol. Geogr. 1939, 19(1/2): 11-27, pl. 2-3.

［43］ Pilsbry J A. Manual of conchology, 1895, 16.

［44］ Powell A W B. The family Turridae in the Indo-Pacific, Indopacific Mollusca, 1964, 1(5): 312; 2(10): 238.

［45］ Reeve L. Conchologia Iconica, 1843-1878, vol. 1-20.

［46］ Sasaki M. *Inioteuthis inioteuthis* (Naef) and *Sepiola birostrata* n. sp. に就まて. Zool. Mag. Japan. 1918.

［47］ Schepman M M. The Prosobranchia of the Siboga Expedition Part, Siboga-Expeditie. Mon. 1911, Vol. 49'd, Livr. Vol. 58.

［48］ Sowerby G B. On some new species of the genus *Cardium*, chiefly from the collection of H. Cuming Hso. Proc. Zool. Soc. London, 1841,13: 105.

［49］ Sowerby G B. Theseaurus Conchliorum, Vol. 2.

［50］ Sowerby G B. Description of five species of shells, Proc. Zool. Soc. London. 1874: 598-600.

［51］ Takeyama T. Review of the Ringiculidae of Japan. Venus, 1935, 5(2/3): 69-90, pls. 5-6.

［52］ Tryon G W. Manual of conchology, 1882-1885, Vol. 4 and 7.

［53］ Waston R B. Report on the Scaphopoda and Gasteropoda, Rep. Scientific Result of the voyage of H. M. S. Challenger. 1886, 15: 625-675.

［54］ Yen T C（阎敦建）. The molluscan fauna of Amoy and its vicinal regions, 2nd Ann.

Report marine Biol. Assoc., Peiping, China. 1933.

［55］ Yen T C（阎敦建）. Notes on some marine gastropod of Peihai and Weichow Island, Notes Malac. Chinoise 1935, 1(2): 1-47.

［56］ Yen T C（阎敦建）. The marine Gastropoda of Shantung Peninsula, Contr. Inst. Zool. Nat. Acad. Peiping, 1936, 3(5): 165-255.

［57］ Yen T C（阎敦建）. Review of Chinese gastropoda in the British Museum. Proc. Malac. Soc. London, 1942, 24: 170-289.

［58］ Yokoyama M. Fossils from the Miura Peninsula and its immediate North, Jour. Coll. Sci. Imp. Univ. Tokyo, 1920, 39(6): 26-31.

A PRELIMINARY SURVEY ON THE BENTHIC MOLLUSKS FROM SANYA HARBOR, HAINAN ISLAND

Qi Zhongyan, Ma Xiutong, Lin Guangyu
(*Institute of Oceanology, Academia Sinica*)
Lin Biping
(*South China Sea Institute of Oceanology, Academia Sinica*)

ABSTRACT

From September to October 1981, we have made a preliminary survey on benthic mollusks by a small vessel in Sanya harbor. The area dredged is limited between the east coast of Dongmaochow and the cape of Sanya to Sanya town. The bottom of these area is sand or coral sand. All specimens collected have been identified. 55 species of Gastropods, 51 species of Lamellibranchs, 2 species of Scaphopods and 1 species of Cephalopods are found. Among which 12 species are widely distributed along China coast, 52 species are limited in Donghai (East China Sea) and Nanhai (South China Sea) and 57 species are only occurred in Nanhai. All the species together with their distributional data are given on the table.

中国近海鹑螺科的研究[①]

鹑螺科是中腹足目鹑螺总科中的一个小科，包括的种类不多，数量也不大，但是它的贝壳较大，又较有光泽，而且具有整齐的肋纹和色彩，所以是人们喜爱搜集的贝类之一。它们的肉均可食用，贝壳常同其他贝类的贝壳和在一起烧制建筑用灰。这一科动物全部是暖水种，世界各暖海区都有分布，而以印度－西太平洋区的种类为最多，化石出现于第三纪。

本科动物的贝壳通常较薄，呈球形或卵圆形，螺旋部短，体螺层膨大，各层表面具有平滑的螺肋。壳口宽大，内面具沟纹，外唇薄或增厚形成一个具齿的环，水管沟宽短。成体不具厣。软体部分头大，前端膨大，触角长，呈圆柱状，眼位于其基部外侧的一个短柄上。吻极长，不能完全缩入壳内，呈管状，末端扩张形成蔷薇花状的唇部，伸展时长度可超过贝壳。水管长，伸展时可直立于贝壳的背部。雄性交接器极长大，弯弓形，全长具沟，末端有一尖钩。为肉食性动物，常以海参等动物为食。

我国鹑螺科的种类过去金叔初、秉志、张玺、阎敦建等曾有零星记载，国外学者也有一些记载，但对各种的分布地点记载不详。我们根据中国科学院海洋研究所历年来采集保存的标本和全国海洋综合调查所采得的底栖动物标本进行了整理研究，共鉴定 10 种，其中 1 种仅在东海发现，4 种为东海和南海共有，5 种仅分布于南海。有一种，即黄口鹑螺，在我国沿海尚系首次记录。

种的记述

鹑螺属 *Tonna* Brunnich

Tonna Brunnich, 1772: Fundum. Zool., p. 248.

Cadus Röding, 1798: Mus. Bolten. 2: 150.

Dolium Lamarck, 1801: Syst. Anim. S. Vert.: 79.

模式种 *Buccinum galea* Linnaeus（1913, Suter 指定）

1. 中国鹑螺 *Tonna chinensis*（Dillwyn, 1817）（图版Ⅱ：4）

Buccinum chinensis Dillwyn, 1817: Cat. Rec. Sh. 2: 585, nr. 7; Reference to Martini und Chemnitz, 11, figs. 1804, 1805.

---

① 齐钟彦、马绣同(中国科学院海洋研究所)：载《海洋科学集刊》，1984 年，第 23 期，131 ～ 141 页，科学出版社。中国科学院海洋研究所调查研究报告第 828 号。本文图版及插图分别由宋华中、王公海同志拍照及绘制。

Dolium chinensis: Reeve, 1849: 5, pl. 6, figs. 10a, 10b; Wood, 1856: 111, pl. 22, fig. 7; Küster, 1857, 3(1b): 60, taf. 56, figs. 1–2; Dunker, 1882: 57; Melvill & Stander, 1898, 9: 44; Vredenbury: 1919: 7, 185; Yen, 1933: pt. 1: 56; 张玺，齐钟彦，等，1962: 47, fig. 30.

Dolium variegatum var. *chinense* Dillwym: Tryon, 1885, 7: 262, pl. 3, fig. 14.

Dolium australe Mörch: Winckworth & Tomlin, 1933, 20(4): 208.

Tonna chinensis (Dillwyh): Yen, 1942, 24: 217; Kira, 1971: 35, pl. 22, fig. 1.

模式标本产地 中国。

标本采集地 福建省平潭、东山，广东省南澳岛、海门、汕尾，海南岛（三亚、新村）。共67个标本。

特征 贝壳近球形，壳质薄而坚，螺层约7层，膨圆，螺旋部短，呈低圆锥形，体螺层膨大，缝合线呈细沟状。贝壳表面具有宽圆的螺肋，体螺层上约有20条螺肋，其上部各条间具细的间肋。壳面淡黄白色，并有稀疏的褐色斑点和薄的黄色壳皮，此外还有界限不清的很淡的黄褐色色带，体螺层上有6条色带。壳口大，半圆形，深处为淡褐色。外唇薄，边缘有与壳口螺肋相应的缺刻。内唇上部滑层薄，下部较厚并向外翻卷与扭曲的绷带共同形成假脐。前水管沟短，稍向背部扭曲。

标本测量（毫米）						
	壳高	81	73	67	64	57
	壳宽	66	53	49	52	45

习性和地理分布 生活在浅海沙或泥沙质海底。为东海、南海我国近海习见的种类，亦为印度–西太平洋广分布种，如日本、新加坡、印度尼西亚（爪哇，化石）、澳大利亚（北部）和印度等地均有记录。

附记 Kuroda（1941）记载我国台湾的 *Tonna deshayesii* Reeve 和 Yen（阎敦建）（1942）报道中国海产的 *Tonna chinensis angusta* (Hanley) 可能都是本种，因未见到他们的标本，尚不能完全确定。

2. 丽鹑螺 *Tonna magnifica*（Sowerby, 1904）（图版Ⅱ：3）

Dolium magnificum Sowerby, 1904, 6: 7, fig. 1.

Dolium chinensis var. *magnificum*: Winckworth & Tomlin, 1933: 20(4): 210; Kira, 1971: 55, pl. 22, fig. 2.

Tonna magnifica (Sowerby): Yen, 1942, 24: 218, pl. 19, fig. 115.

模式标本产地 中国近海。

标本采集地 福建省平潭，广东省南澳岛、海门。共3个标本。

特征 贝壳近球形，壳质较薄。螺层6.5层，螺旋部低小，体螺层大而膨圆，缝合线呈细沟状。胚壳2.5层，光滑，其余各层有宽而低平的螺肋，肋间均具有较明显的间肋，因此形成许多细的螺沟。生长线细，使低平的螺肋上形成不明显的凹陷。壳面灰白色，具断续的纵走波状褐色花纹，并有6条明显、较宽的褐色色带。壳口大，近半圆形，内灰白色，深处淡褐色。外唇薄，边缘有弱的缺刻。轴唇前半部扭曲，前端与绷带共同形成假脐。水管沟短，呈窦状。

标本测量（毫米）　壳高　95　92　50

壳宽　78　75　37

习性和地理分布　生活于水深40～60米的海底，较少见。除我国东海、南海近海分布外，在日本本州以南也有分布。为中、日共有种。

附记　1904年Sowerby根据中国的标本建立本种。1933年Winckworth和Tomlin将它归为*T. chinensis*的变种，以后日本作者Kira也延用。但我们的标本同中国鹑螺的形态有较明显的区别，它的螺旋部更低，体螺层更膨大，螺肋更低平，各螺肋间都有明显的间肋，壳面的6条褐色色带更为明显。而且它同中国鹑螺同分布于东海、南海的我国近海。因此，我们仍将它作为一个单独的种处理。

3. 斑鹑螺 *Tonna lischkeana*（Küster, 1857）（图版Ⅰ：2）

Dolium lischkeanum Küster, 1857, 3(1b): 71, taf. 62, fig. 1; Lischke, 1871, 2: 57.

Dolium costatum var. *lischkeanum* Küster: Tryon, 1885: 7: 264, pl. 3, fig. 18.

Dolium (*Eudolium*) *tessellatum* Vredenbury, 1919, 7: 186, pl. 6, fig. 7, pl. 7, figs. 8-10, pl. 8, figs. 11-13.

Dolium chinense: King & Ping, 1933, 4(2): 101, fig. 16.

Dolium maculatus: King & Ping, 1936, 7(2): 129, fig. 3.

Tonna lischkenana (Küster): Kuroda, 1941, 22(4): 107, no. 505; Kuroda, Habe & Oyama, 1971: 207, 136, pl. 37, fig. 1.

Tonna tesselata: Kira, 1971: 56, pl. 22, fig. 9.

模式标本产地　菲律宾。

标本采集地　广东省硇洲岛，海南岛（新村、三亚、莺歌海）。共104个标本。

特征　贝壳近球形，壳质薄。螺层约8层，螺旋部呈低圆锥形，体螺层膨大，缝合线呈浅沟状。壳顶3.5层光滑，其余各层具有整齐精致的螺肋，体螺层上约有15～17条螺肋，次体层有3条。螺肋的间隔在上部较宽，有的具1～2条细的间肋。壳白色，具光泽，被有一层薄的暗黄色壳皮。各螺层的螺肋上有近方形的褐色斑。壳口大，半圆形，外唇边缘有缺刻，内缘有时具齿状突起。内唇上部滑层薄，下部稍厚，覆盖脐部。水管沟短，稍曲。

标本测量（毫米）　壳高　122　102　86　81　66

壳宽　100　80　65　60　51

习性和地理分布　栖息在水深10～50米的沙质海底。除我国台湾、广东沿海外，日本、菲律宾、马来群岛、安达曼群岛、尼科巴群岛等地也有分布。

4. 葫鹑螺 *Tonna allium*（Dillwyn, 1817）（图版Ⅰ：1）

Buccinum dolium allium, Dillwyn, 1817, Descr. Cat. Rec. Sh. 2: 585.

Bucciunum allium Dillwyn; Winckworth & Tomlin, 1933, 20(4): 208.

Dolium costatum Reeve, 1849, 5: pl. 5, fig. 8; Küster, 1857, 3(1b): 61, taf. 56, fig. 3, taf. 57, fig. 3; Tryon, 1885, 7: 263, pl. 4, fig. 19; Schepman, 1909, 49 1b, Livr. 43: 125; Salmon, 1948: 88: 165.

Dolium costatum var. *maculatum* Lamarck: Tryon, 1885: 7: 264, pl. 4, fig. 21.

Dolium faciatum var. Kiener, 1843, 2: 11, pl. 4, fig. 6.

Dolium allium (Dillwyn): Alcasid, 1936, 61(4): 494, pl. 2, fig. 4.

Tonna nipponensis Osima, 1943, Conch. Asiatica. 1: 124, pl. 2, fig.4.

Tonna allium (Dillwyn): Allan, 1950: 120, pl. 18, figs. 10–11; Hayasaka, 1961, 33(1): 79, pl. 10, figs. 9a, 9b; Kira, 1971: 55, pl. 22, fig. 3; Kuroda, Habe & Oyama, 1971, 208, 137, pl. 38, fig. 4.

模式标本产地 印度。

标本采集地 广东省汕尾,海南岛(三亚)。共 90 个标本。

特征 贝壳近球形,壳质薄而坚。螺层约 7 层,螺旋部圆锥形,体螺层大而膨圆,缝合线浅。壳顶 2.5 层光滑,其余各层具有较稀疏而精致的螺肋。体螺层有 13 条螺肋,次体层有 3 条,各螺层上部的肋间隔较宽。壳顶 2.5 层为褐色,少数个体螺肋上有较清晰的斑点。壳口近半圆形,内部白色,深处褐色。壳口背缘增厚,边缘向外扩张,具齿状缺刻,内缘具有成对的齿状突起。内唇上部滑层薄,下部稍厚,覆盖脐部。水管沟短,稍弯曲。

标本测量(毫米)	壳高	67	64	57	49	49
	壳宽	50	49	40	35	35

习性和地理分布 生活在水深 10 ~ 50 米的沙和泥沙质海底,为印度 – 西太平洋广分布种。日本、菲律宾、印度尼西亚、澳大利亚(北部)、新喀里多尼亚岛、印度、毛里求斯、桑给巴尔等地都有分布。

5. 沟鹑螺 *Tonna sulcosa*(Born, 1778)(图版Ⅱ:5)

Buccinum sulcosum Born, 1778, Index Mus. Vindob.: 230.

Dolium fasciatum Lamarck: Kiener, 1835, 2: 11, pl. 3, fig. 5; Reeve 1849, 5: pl. 6, figs. 11a, 11b; Küster, 1858, 3(1b): 62, taf. 56, fig. 4; Lischke, 1871: 2: 58; Tryon, 1885: 7: 263, pl. 3, fig. 16; Melvill & Stander. 1898, 9: 44; Schepman, 1909, 49'b, Livr. 43: 125; King & Ping, 1939, 2(4): 266, fig. 1; Salmon, 1848, 88: 165.

Dolium (*Eudolium*) *fasciatum* (Bruguière): Vredenbury, 1919, 7: 186, pl. 2, figs. 1–3, pl. 3, figs. 4–5.

Dolium sulcosum (Born): Alcasid, 1936, 61(4): 493, pl. 2, fig. 2; 张玺,齐钟彦,等, 1962, 48, fig. 31.

Tonna fasciata (Bruguière): Kira, 1971, 56, pl. 22, fig. 7.

Tonna sulcosa (Born): Yen, 1942, 24: 218, Kuroda, Habe & Oyama, 1971, 207, 137, pl. 38, fig. 3.

模式标本产地 不详。

标本采集地 福建省常乐、崇武、晋江,广东省南澳岛、海门、汕尾、宝安、珠海、广海、上川岛,海南岛(新村、三亚、莺歌海),广西北海、涠洲岛。共 106 个标本。

特征 贝壳近球形,壳质薄而坚,螺层约 7 层,螺旋部圆锥形,体螺层膨大,缝合线浅沟状。壳顶约 2.5 层深紫色、光滑,其余各层有较低平的螺肋。体螺层上有 17 ~ 20 条螺肋,有的具有一条细的间肋。生长线细密,壳表被有一层薄的黄色壳皮。壳白色或黄白色,具有宽的褐色色带,体螺层上通常有4条色带。壳口大,半圆形,内面白色,外唇厚,向外翻卷,内缘具有成对的齿状突起。内唇上部滑层薄,下部滑层较厚,覆盖脐部。螺轴前端略扭曲。前水管沟短宽,稍向上曲。

标本测量(毫米) 壳高 128 105 98 78 53

壳宽 92 80 69 59 37

习性和地理分布 栖息在水深 10 ~ 60 米的海底。除我国近海分布外,越南、日本、菲律宾、印度尼西亚、印度、斯里兰卡等地也有分布。

6. 黄口鹑螺 *Tonna luteostoma* (Küster, 1858)(图版Ⅰ:4)

Dolium luteostomum Küster, 1858, 3(1b): 66, taf. 58, fig. 2; Lischke, 1869. and 1871, Ⅰ & Ⅱ: 65 & 57; Tryon, 1885, 7: 261, pl. 1, fig. 6, pl. 2, fig. 7; Yokoyama, 1919, 39(Art. 6): 66, pl. 4, fig. 2; Salmon, 1948, 88: 165.

Tonna luteostoma (Küster): Hayaska, 1961: 33(1): 79, pl. 10, figs. 7a, 7b; Kuroda, Habe & Oyama, 1971, 206, 136, pl. 37, fig. 23; Kira, 1971, 56, pl. 22, fig. 8; Gardner, 1973, 7(2): 41.

Dolium japonicum Dunker, 1858: 104, pl. 35, 36.

模式标本产地 印度洋。

标本采集地 东海(钓鱼岛西方)。共 3 个标本。

特征 贝壳较大,近球形,壳质稍厚,结实。螺层约 7 层,螺旋部低,体螺层大,膨圆。壳顶光滑,其余各层具有宽而低平的螺肋。体螺层约有 17 条螺肋,肋间具有较细的间肋。缝合线深,生长线细密。壳皮黄褐色,被有薄的黄色壳皮,螺肋上有紫色和白色斑。壳口大,半圆形,内面光泽,黄褐色,有与壳面螺肋相应的成对或单一的肋纹。外层边缘有成对或单一的齿状突起,内唇滑层较厚,扩张,覆盖脐部。前水管沟短,窦状。

标本测量(毫米) 壳高 148 135 114

壳宽 120 100 87

习性和地理分布 我们的标本采自东海钓鱼岛附近水深 50 ~ 120 米的泥沙质海底,均系空壳(内有寄居蟹)。据 Kuroda 等 1971 年的记载,在水深 10 ~ 200 米的细沙质海底也有分布。本种在我国沿海是首次记录,在日本、新西兰(北部)和印度洋也有分布。

7. 带鹑螺 *Tonna olearium* (Linnaeus, 1758)(图版Ⅰ:3)

Buccinum olearium Linnaeus, 1758, ed. 10: 734, no. 376; and 1767, ed. 12: 1196, no. 438.

Dolium zonatum Green: Reeve, 1849, 5, pl. 7, figs. 12a, 12b; Küster, 1858, 3(1b): 75, taf. 57, fig. 2 and taf. 63, fig. 3; Lischke, 1871, 2: 58; Tryon, 1885, 7: 263, pl. 3, fig. 17; Vredenbury, 1919, 7: 182; Alcasid, 1936: 61(4): 492, pl. 1, fig. 3; 张玺,齐钟彦,等, 1962: 46, fig. 29.

Dolium crenulatum Philippi, 1845, Zeitschr. Malak., 2: 148, pl. 1; Winckworth & Tomlin, 1933, 20(4): 209.

Dolium (*Dolium*) *zoantum* Green: Salmon, 1948, 88: 165.

Dolium olearium Linnaeus: Wood, 1856, 110, pl. 22, fig. 1.

Tonna olearium (Linnaeus): Winckworth & Tomlin, 1933, 20(4): 211, Kuroda, 1941, 22(4): 107; Kira, 1971, 56, pl. 22, fig. 10; Kuroda, Habe & Oyama, 1971, 207, 136, pl. 36, fig. 1; Gardner, 1973, 41.

模式标本产地 印度洋。

标本采集地 浙江省苗子湖，福建省霞浦（三沙）、厦门，广东省南澳岛、珠海（唐家）、闸坡、东平、上川岛，海南岛（三亚）。共30个标本。

特征 贝壳较大，近球形，壳质较薄。螺层约6层，膨圆。螺旋部低小，体螺层膨大，缝合线呈沟状，壳顶约2.5螺层光滑，其余各层均有较宽而低平的螺肋，螺肋具有2～4条细小的间肋。生长纹细密，壳表被有黄褐色壳皮，胚壳为紫褐色，其余部分为褐色或黄褐色。螺肋的颜色较浓，围绕缝合线处为白色。壳口内面灰白色，具有与壳面螺肋相应的螺沟。外唇内缘具齿，内唇滑层薄，脐部被滑层覆盖。前水管沟短，窦状。

标本测量（毫米）	壳高	225	225	142	110	67
	壳宽	180	175	109	85	50

习性和地理分布 栖息在水深20～160米的泥沙质海底。除在我国沿海习见外，在印度－西太平洋也广泛分布。

8. 深缝鹑螺 *Tonna canaliculata* （Linnaeus, 1758）（图版Ⅰ：5）

Bulla canaliculata Linnaeus, 1758, ed. 10: 727, no. 339 and 1767, ed. 12: 1185, no. 384; Refers Martini und Chemnitz, 1777, 3: 117, figs. 1076, 1077.

Dolium olearium var. Kiener, 1835, 2: 6, pl. 1, fig. 1a.

Dolium olearium Reeve, 1949, 5: pl. 8, fig. 14; Tryon, 1885, 7: 262, pl. 2, fig. 8; Vredenbury, 1919, 7: 185; Alcasid, 1936, 61(4): 491, pl. 1, fig. 2.

Cadus cepa Röding; Winckworth & Tomlin, 1933, 24(4): 208; Demond, 1957, 11(3): 308, fig. 17.

Tonna canaliculata (Linnaeus): Kuroda, 1941, 22(4): 107, no. 510; Tinker, 1949, 3, 306, fig. and 1959: 104, fig.; Habe, 1964, 2: 76, pl. 24, fig. 6; Maes, 1967, 119: 128; 张玺，齐钟彦，等，1975, 10: 119, pl. 6, fig. 9.

模式标本产地 不详。

标本采集地 海南岛（新村、三亚）、西沙群岛（永兴岛、东岛、中建岛）。共11个标本。

特征 贝壳近圆形，较薄而结实。螺层约7.5层，膨圆，螺旋部低小，体螺层膨大。缝合线深呈沟状。壳顶部3.5层光滑，其余各层具浅而窄的螺旋沟纹，在次体层约有4条，在体螺层有14～16条。生长线明显，壳面光滑，被有薄的壳皮。壳色黄褐，沟纹内色较浓，并有自顶部放射的褐色屈曲斑块及灰白色斑块。壳口大，呈卵圆形，外唇缘薄，易破损。内唇上部滑层薄，下部滑层稍厚，覆盖脐部。前水管沟短宽，窦状。

标本测量（毫米）	壳高	94	77	73	39	40
	壳宽	65	59	50	30	29

习性和地理分布 从潮间带低潮线附近至水深34米的泥沙质底及珊瑚砂质的海底都

有发现。除我国台湾岛、海南岛和西沙群岛分布外，还广泛分布于印度－西太平洋暖水区域，如日本、菲律宾、印度尼西亚、密克罗尼西亚、夏威夷群岛，及印度洋的斯里兰卡、安达曼群岛、尼科巴群岛、可可群岛等地都有记录。

9. 鹧鸪鹑螺 *Tonna perdix* (Linnaeus, 1758) (图版Ⅱ:2)

Buccinum perdix Linnaeus, 1758, ed. 10: 734.

Dolium perdix: Kiener, 1843, 2: 4, pl. 5, fig. 9; Reeve, 1849, 5: pl. 6, fig. 9; Wood, 1856, 110, pl. 22, fig. 3; Küster, 1857, 3(1b): 69, taf. 61, fig. 2; Tryon, 1885, 7: 264, pl. 3, fig. 15: Murray, 1886, 15: 412; Melvill & Stander, 1898, 9: 45; Vredenburg, 1919, 7: 186; Alcasid, 1936, 61(4): 490, pl. 1, fig. 1.

Tonna perdix (Linnaeus): Tinker, 1949: 3(4): 304; and 1959, 102, figs.; Demond, 1957, 11(3): 309; Spry, 1961: pt. 1; 18, no. 127; Kuroda, Habe & Oyama, 1971, 206, 135, pl. 38, fig. 5; Maes, 1976, 119: 129; Gardner, 1973, 7(2): 42; 张玺，齐钟彦，等 . 1975, 10: 119, pl. 6, fig. 7.

Catus rufus Allan, 1950, 120, pl. 19, fig. 4.

模式标本产地 印度尼西亚(安汶)。

标本采集地 西沙群岛的永兴岛、北岛、东岛、金银岛、琛航岛、晋卿岛、中建岛。共 25 个标本。

特征 贝壳卵圆形，壳较薄。螺层约 7 层，螺旋部小，体螺层膨大，其高度约占壳高的 90%。缝合线呈沟状。胚壳光滑，其余各螺层有较低的螺肋，在体螺层上约有螺肋 20 条。生长线细密，壳面光滑，被薄的黄色壳皮。胚壳肉色，其余各螺层白色，有近方形的黄褐色或淡咖啡色斑块。壳口大，卵圆形，内黄白色。外唇薄，边缘略呈齿状缺刻。内唇上部滑层薄，下部滑层较厚，遮盖部分脐孔。前水管沟短，呈窦状。

标本测量(毫米)						
	壳高	119	110	105	78	72
	壳宽	85	70	70	51	51

习性和地理分布 生活于从潮间带低潮区至水深 50 米的细沙质海底。广泛分布于世界各暖海区，除我国台湾岛和西沙群岛分布外，从夏威夷群岛向南经波利尼西亚，再向西越过太平洋，经印度尼西亚、印度洋至非洲沿岸，向东至西印度群岛以及大西洋热带沿岸都有记录。

附记 本种以往记载为环热带分布，然而 Abbott (1974)将大西洋的标本定为 *Tonna maculosa* (Dillwyn)，并指出这不是印度－西太平洋的 *T. perdix*，他认为 *T. perdix* 的螺旋部更尖，有更清楚的色斑和较少的肋。但是，许多作者认为 *T. maculosa* 仅是 *T. perdix* 的同物异名。将 Abbott 的图同我们的标本比较，两者基本一致，因此我们暂认为它们是一个种。

苹果螺属 *Malea* Valenciennes, 1833

10. 苹果螺 *Malea pomum* (Linnaeus, 1758) (图版Ⅱ:1)

Buccinum pomum Linnaeus, 1758, ed. 10: 735, no. 379 and 1767, ed. 12: 1197, no. 441.

Dolium pomum Linnaeus: Kiener, 1843, 2: 12, pl. 5, fig. 7; Reeve, 1848, 5, pl. 4, figs. 6a,

6b; Küster, 1856, 3(1b): 63, taf. 56, figs. 5, 6; Wood, 1856, 110, pl. 22, fig. 4; Tryon, 1885, 7: 265, pl. 5, fig. 26; Schepman, 1909, 491b, Livr. 43: 125.

Dolium (*Malea*) *pomum* Linnaeus: Vredenbury, 1919, 7: 187; Alcasid, 1936, 61(4): 495, pl. 2, fig. 3.

Malea pomum (Linnaeus): Tinker, 1949, 3: 306, figs. and 1959, 106, fig.; Demond, 1957, 11(3): 309; 张玺，齐钟彦，等，1975: 10: 119, pl. 6, fig. 8.

Malea (*Quimalea*) *pomum* (Linnaeus): Habe, 1964, 2: 76, pl. 24, fig. 6.

Quimalea pomum (Linnaeus): Alian, 1950, 120, text-fig. 26, fig. 10; Maes, 1967, 119: 129.

模式标本产地 印度尼西亚(爪哇)。

标本采集地 西沙群岛的永兴岛、石岛、东岛、北岛、赵述岛、琛航岛、金银岛、森屏滩、中建岛。共86个标本。

特征 贝壳卵圆形，壳质坚厚，螺层约8层，各层壳面膨胀，缝合线浅，螺旋部低矮，体螺层大。壳顶光滑，其余螺层具有较宽、钝的螺肋。体螺层上螺肋约12条。壳面呈淡黄色或淡褐色，并有白色或褐色斑点及纵走的黄色花纹，其肋间沟延至壳口背缘，多呈橘黄色。壳面有光泽，美观。壳口窄长，呈柳叶形，内橘黄色。外唇宽、厚，白色，向背缘反曲呈龙骨状，内缘有发达的齿约12枚。内唇滑层薄，轴唇具有肋状褶襞，无脐。

标本测量(毫米)						
	壳高	69	61	50	44	41
	壳宽	45	43	34	29	27

习性和地理分布 生活在珊瑚礁间沙质海底，由潮间带低潮区至水深约20米的浅海都有发现。除我国台湾岛和西沙群岛外，也广泛分布于印度－西太平洋暖水区，如日本、菲律宾、新加坡、印度尼西亚、澳大利亚(北部)、萨摩亚、夏威夷群岛、社会群岛、新喀里多尼亚岛，以及印度洋的斯里兰卡、毛里求斯、坦桑尼亚、安达曼群岛、拉克代夫群岛、马尔代夫群岛、红海等地都有记录。

参考文献

[1] 张玺，齐钟彦，等．中国经济动物志——海产软体动物．科学出版社，1962: 46–49.

[2] 张玺，齐钟彦，马绣同，等．西沙群岛软体动物前鳃类名录．海洋科学集刊，1975,10: 119.

[3] Abbott R T. American sea shells. New York. 1974: 167.

[4] Adams H & A. The Genera of the recent mollusca. Ⅰ and Ⅲ. London. 1958: 195–197, pl. 20.

[5] Alcasid G L. Philippine recent shells. Ⅰ. *Philipp. Journ. Sci. Manila*,1936,61(4): 489–499, pls. 1–2.

[6] Allan J. Australian shells. Melbourne: Georgian House,1950: 119.

[7] Demond J. Micronesian reef-associated Gastropoda. *Pacif. Sci.*,1957,11(3): 308–309.

[8] Dunker W. Novitates Conchologicae. Cassel,1858, 70:104–116.

[9] Fischer P. Sur la coquille embrvonnaire du *Dolium perdix*. *J. de Conchy*,1863,11: 147–

149, pl. 6.

[10] Gardner N W. Tun shells (Tonnidae) which occur around Northern New Zealand. *Poirieria,* 1973,7(2): 39–42, figs.

[11] Habe T. Shells of the Western Pacific in color. vol. 2. Hoikusha, Japan,1964: 76.

[12] Hayasaka S. The geology and paleontology of the Ataumi Peninsula, Aichi Prefecture, Japan. *Sci. Rep. Tohoku Univ.* second series (Geology),1961,33(1): 79.

[13] Ito K. A catalogue of the marine molluscan shellfish collected on the coast of and off Tajima Hyago Prefecture. *Bull. Jap. Sea. Reg. Fish. Res. Lab.*,1976,18: 39.

[14] Kanamaru T. Molluscan fauna in the southern part of Ise Sea. *Venus*,1935,5(5): 288.

[15] Kiener L C. Species General et Icongaraphie des Coquilles Vivantes. Paris, vol. 2 (*Dolium*),1843: 1–16.

[16] King S G (金叔初), Ping C (秉志). The molluscan shells of Hong Kong. *Hong Kong Nat.*,1931,1933 and 1936,2(4): 266; 4(2): 101–102; 7(2): 129.

[17] Kira T. Coloured Illustrations of the Shells of Japan. Enlarged and revised edition. Japan,1971:44.

[18] Kuroda T. A catalogue of molluscan shells from Taiwan, with descriptions of new species. *Mem. Fac. Sci. Agr. Takoku Imp. Univ.*,1941,22(4): 107.

[19] Kuroda T, Habe T. Check list and bibliography of the Recent Marine Mollusca of Japan. Hosokawa, Tokyo, Japan,1952:90.

[20] Kuroda T, Habe T, Oyama K. The sea shells of Sagami Bay. Maruzen, Tokyo,1971: 205–208, 135–137.

[21] Küster C H. Systematisches Conchylien-Cabinet,1857,3(1b):59–77 (*Dolium*).

[22] Linnaeus L. Systema naturae. London. ed,1758,10: 727, 734.

[23] Linnaeus L. *Ibid*. London. ed,1767,12: 1185, 1196.

[24] Lischke C E. Japanische Meeres-Conchylien. Cassel,1869,1: 65.

[25] Lischke C E. *Ibid.*,1871,2: 57–58.

[26] Maes V O. The littoria marine molluscs of Cocos-keeling Islands (Indian Ocean). *Acad. Nat. F. H. W. Sci. Philad.*,1967,119: 128–129.

[27] Martini F H W, Chemnitz J H. Neues systematisches Conchylien-Cabinet,1777–1795, 3: 9, 11.

[28] Melvill J C, Stander R. The marine mollousca of Madras and the immediate neighbourhood. *J. of Coch.*,1898,9: 44–45.

[29] Murray J. Report Voyage of H. M. S. challenger. *Zool.*,1886,15: 412.

[30] Reev L. Conchologia Iconica. Ashford, Kent., Vol. 5 (*Dolium*),1849.

[31] Salmon E. Catalogue des Cassididés Doliidés et Pirudilés du muséum, avec description d'une espece et d'une variété nouvelles. *J. de Conchyl.*,1948,88: 165.

[32] Schepman M M. The Prosobranchia of the Siboga-Expedition. *Siboga-Expeditie*. 491b, Livr,1909,43: 125.

[33] Sowerby G B. Descriptions of *Dolium magnificus* n. sp. and *Murex multispinsus* n. sp. *Proc. Malac. Soc. Lond.*,1904,6: 7.

[34] Spry T F. The sea shells of Dar es salaam. Pt. 1. *Tanganyika Notes and Records*. suppl, 1961 and 1968, 18(56, suppl): 18 and 35.

[35] Thiele J. Handbuch systematischen Meichtierkunde. Jona, Bd,1931,1: 285.

[36] Tinker S. The Hawaiian Tun Shells. *Pacif. Sci.*, 1949, 3(4): 202–206, pl. 1.

[37] Tinker S. Pacific sea shells. Charles E. Tuttle Comoangy of Rutland. Vermont and Tokyo, 1959:102–106.

[38] Tryon G W. Manual of conchology. Philadelphia. 1885, 7: 257–265.

[39] Vredenbury E W. Observations on the shells of the Family Doliidae. *Mem. Ind. Mus.*, 1919, 7: 145–190, pls. 2–8.

[40] Winckworth R, Tomlin J R. Recent species of the genera *Tonna* (= *Dolium*). *Proc. Malac. Soc. Lond.*, 1933, 20(4): 206–213.

[41] Wood W. Index Testaceologicus, British and foreign shells. London, 1856: 110–111.

[42] Yen T C (阎敦建). The Molluskan fauna of Amoy and its vicinal regions. *Fan. Mem. Inst. Biol. Peiping, China*, 1933, 1: 56–58.

[43] Yen T C (阎敦建). Review of Chinese gastropod in the British Museum. *Proc. Malac. Soc. London*, 1942, 24: 217–218.

[44] Yokoyama M. Fossils from the Miura Peninsula and its Immediate North. *J. Coll. Sci. Imp. Tokyo.*, 1916–1919, 39(6): 66, pl. 4.

STUDIES ON THE FAMILY TONNIDAE (PROSOBRANCHIA, GASTROPODA) OF CHINA

Qi Zhongyan (Tsi Chung-yen) and Ma Xiutong (Ma Siu-tung)
(*Institute of Oceanology, Academia Sinica*)

ABSTRACT

The present paper deals with the species of the Family Tonnidae found from the China Seas. The materials were collected mainly by the Institute of Oceanology, Academia Sinica in the past years. It includes 10 species, belonging to 2 genera, of which 1 species is found only in the East China Sea, 4 species are common to the East China Sea and the South China Sea, 5 species occur only in the South China Sea. One species, *Tonna luteostoma* (Küster) is recorded for the first time from China Seas. Most of the species are also widely distributed in the tropical Indo-Pacific regions. the species are as follows.

1. *Tonna chinensis* (Dillwyn) (Pl. Ⅱ, fig. 4)

This species is rather common on the coast of Eastern and Southern China. We have collected 67 specimens with shell height ranging from 81 mm to 35 mm. It is also widely distributed in the Indo-West-Pacific Region. *Tonna deshayesii* Reeve recorded from Taiwan by Kuroda (1941) and *Tonna chinensis angusta* (Hanley) recorded from China coast by Yen (1942) are probably all belonging to this species.

2. *Tonna magnifica* (Sowerby) (Pl. Ⅱ, fig. 3)

This is a rare species common to Chinese and Japanese waters. Winckworth and Tomlin, as well as Kira, considered it as a variety of *T. chinensis*. After examination of our specimens, we found that this species is quite different from *T. chinensis* in shape of costae, color patterns, especially in the brown color band. Furthermore they are distributed in the same area. Therefore we considered it as a distinct species.

3. *Tonna lischkeana* (Küster, 1857) (Pl. Ⅰ, fig. 2)

This is a very common species along our coasts. We have collected 104 specimens from sandy bottom at the depth 10 m–50 m.

4. *Tonna allium* (Dillwyn, 1817) (Pl. Ⅰ, fig. 1)

This species is rather common along the coasts of Guangdong Province. It is found from sandy or sandy mud bottom at the depth 10 m–50 m.

5. *Tonna sulcosa* (Born, 1778) (Pl. Ⅱ, fig. 5)

This rather common species occurs from the coasts of Fujian southward to Hainan Island.

6. *Tonna luteostoma* (Küster, 1858)(Pl. Ⅰ, fig. 4)

This is a very rare species. We found only 3 specimens in the East China Sea at the depth of 50 m–120 m. It is first recorded from China.

7. *Tonna olearium* (Linnaeus, 1758)(Pl. Ⅰ, fig. 3)

This large tun shell is the only species which reaches its north limit to the coast of Zhejiang Province in China. It was found from sandy bottom at the depth 20 m–160 m.

8. *Tonna canaliculata* (Linnaeus, 1758)(Pl. Ⅰ, fig. 5)

This species was found only from Taiwan, the southern coast of Hainan Island and the area southward in China. It occurs from low tide mark to the depth of 34 m on muddy sand and coral sandy bottoms.

9. *Tonna perdix* (Linnaeus, 1758)(Pl. Ⅱ, fig. 2)

This species is found only from Taiwan and Xisha Islands in our country. It is a species distributed over the entire world in warm water. Dr. Abbott (1974) designated the Atlantic specimens as *T. maculosa*. But some authors, such as Winckwith and Tomlin, regard *T. maculosa* as a synonym of this species. Abbott's plate 6 fig. 1784 is also exactly the same as our specimens.

10. *Malea pomum* (Linnaeus, 1758)(Pl. Ⅱ, fig. 1)

This is a tropical species found only from Taiwan and Xisha Islands in our country. It occurs from intertidal zone to the depth of 20 m.

图版 I

1. 葫鹑螺 *Tonna allium*（Dillwyn）×0.9； 2. 斑鹑螺 *Tonna lischkeana*（Küster）×1.0；3. 带鹑螺 *Tonna olearium*（Linnaeus）×0.45； 4. 黄口鹑螺 *Tonna luteostoma*（Küster）×0.44； 5. 深缝鹑螺 *Tonna canaliculata*（Linnaeus）×0.84

图版Ⅱ

1. 苹果螺 *Malea pomum*（Linnaeus）×0.88； 2. 鹧鸪鹑螺 *Tonna perdix*（Linnaeus）×0.6； 3. 丽鹑螺 *Tonna magnifica*（Sowerby）×0.87； 4. 中国鹑螺 *Tonna chinensis*（Dillwyn）×0.78； 5. 沟鹑螺 *Tonna sulcosa*（Born）×0.6

STATUS OF MOLLUSCAN RESEARCH IN CHINA①

Qi Zhongyan (C. Y. Tsi)
(*Institute of Oceanology, Academia Sinica*)

In China, much valuable information on Mollusca has been recorded in various books published in the Past. It was not, however, until the 1930s that several Chinese scientists, e.g. C. Ping, Tchang-si and T. C. Yen commenced systematic studies on this group of animals. These studies were limited to the cities of Qingdao, Xiamen (Amoy), and Hong-Kong (including its surrounding areas. The numbers of species reported upon at that time were limited. Since the 1950s, under the guidance of Professor Tchang-si, one of the pioneers of molluscan research in China, much progress in malacology studies has been made in China. A series of a scientific survey on both marine and non-marine molluscs were carried out in China by the Institute of Oceanology and the Institute of Zoology, Academia Sinica. A great number of specimens were collected. Based on this collection many families and genera were studied, thousands of species, including some new, were reported upon in papers by different authors. Several reports on regional species, such as "The Economic Mollusca from North China", "Bivalves of South china Sea", and "The Economic Fauna of China (Marine and freshwater Mollusca)," etc., were also published.

Based on the analysis of the distribution trends of marine mollusks, we had already discussed the molluscan faunal regions of China and its adjacent water. We delineate the Chinese Seas and its adjacent waters into 3 faunal regions:

1. The region of Huanghai and Bohai: In this region the water temperature varies greatly in different season. The temperature of the surface water during the warmest period, that is in August, is 25–28 ℃, but in the coldest month it varies between 0–5 ℃ (the southern part usually 3–5 ℃ and the northern part only 1–2 ℃ or lower). The molluscan fauna of this region is poorly developed as compared with the other two regions. The main element is composed of wide spread Indo-West Pacific species. Most of these species are also distributed in the south China coast. Certain species which are found in large quantities, such as *Scapharca subcrenata* (Lischke), *Meretrix meretrix* Linnaeus, *Ruditapes philippinarum* (Adams et Reeve), *Mactra veneriformis* Reeve etc., are the most important economic members in this area. Another element most is boreal species, they are restricted in this region. Their southern limit of distribution has never passed the mouth of Changjiang (Yangtze River) and its

① 1983年8月匈牙利布达佩斯第八届国际软体动物联合会讲稿。

adjacent area. Some of these species e.g. *Haliotis discus hannai* Ino, *Neptunea cumingi* Crosse, *Mytilus edulis* Linnaeus, *Chlamys farreri* (Jones et Prestons), *Crassostrea talienwanensis* Crosse, and *Saxidomus purpuratus* (Sowerby) etc., are also very important economic species. Considering the rather apparent close faunal relationship of this region with that of the northern coast of Japan, it would seem appropriate to consider this region as belonging to the same zoogeographical region as the Far East subregion of the temperate North Pacific Region.

It must be emphasized that, owing to the influences of the Huanghai Sea (Yellow Sea) current, the south-eastern part of the Huanghai is warmer. Some sub-tropical species, e.g. *Oliva mustelina* Lamarck, *Hemifusus tuba* (Gmelin), *Ficus subintermedius* d'Orbigny may reach here. It seems better to consider the fauna of this part as subtropical.

2. The region of the mainland coast south of the Changjiang, the north-western coast of Taiwan and the northern coast of the Hainan Island: This region covers an enormous area extending from the coast of Zhejiang Province to the coast of Beibuwan (Gulf of Tonkin). The water temperature is slightly varied from north to south. In the warmest season it is about 24–26 ℃ at the coast of Zhejiang and Fujian, 25–29 ℃ at the coast of Guangdong, but in the coldest season it is 10 °C at Zhejiang, 13 ℃ in Fujian and 15–18 ℃ in Guangdong. This region has a very rich molluscan fauna. Many warm water species, as well as warm water genera or families inhabiting in this region are never found in the preceeding region. Both the boreal species commonly distributed in Huanghai and Bohai and the strictly tropical species distributed south of this region do not reach here. The molluscan fauna of this region is closely allied to that of subtropical Japan delineated by Ekman 1935. Therefore, we think it is better to combine the two subtropical regions into one zoogeographical unit designated as the Sino-Japanese subregion as a part of the Indo–West-Pacific region.

3. The region of the south-eastern coast of Taiwan, the southern coast of Hainan Island and the area southward: This region has comparatively higher water temperature, The surface temperature is about 22 ℃ in winter, 24–29 ℃ in summer at the southern coast of Hainan Island. Around the Xisha Island (Paracel Island), it is 24–29 ℃ year around. This region has a favorable condition for the growth of coral reefs. Many species associated with coral reefs are found in this region. The strictly tropical species, *Hippopus hippopus* (Linnaeus), *Tridacna* spp., *Trochus niloticus* Linnaeus, *Cassis cornutus* (Linnaeus) and many species of the families of Cypraeidae, Strombidae, Conidae, etc., are limited only in this Region. This is apparently a tropical region belonging to the Indo-Malayan subregion of the Indo–West-Pacific Region.

In the field of marine molluscan culture, many species such as *Haliotis discus hannai* Ino, *H. diversicolor* Reeve, *Anadara granose* Linnaeus, *Mytilus edulis* Linnaeus, *Perna viridis* Linnaeus, *Pinctata martensii* (Dunker), *Chlamys farreri* (Jones et Preston), *Crassostrea rivularis* (Gould), *Pycnodonta plicatula* (Gmelin), *Ruditapes philippinarum* Reeve, *Sinonovacula constricta*

Lamarck, etc., are cultured along China coast. Among which the ostriculture and mytiliculture are more important.

In China, there are about 20 species of oyster, but mainly 2 species are cultured. One is *Crassostrea rivularis*, which mostly cultivated in the area near the mouth of Pearl River in Guangdong Province. The people arranged the stones or pillar made by cement in lines for collecting seeds and growing adult oyster. Just like the conventional methods of French oyster culture, there is a fattening period before harvest time. During this period the oyster meat increases in size and weight quickly. The another is the small oyster, *Pycnodonta plicatula*, which mostly cultured in Fujian Province. For collecting seeds and growing adult oyster, the culturists arrange stone pillars or anchor bamboo stakes in the sea bottom. Recently some types of raft culture is developed.

The commercial mytiliculture was initiated only in recent years. There are three species of commercial mussel found along the China coast: The common edible mussel, *Mytilus edulis*, the thick shell mussel, *M. coruscus* Gould, and the green mussel, *Perna viridis* Linnaeus. The thick shell mussel is a temperate species, being quite abundant on rocks around most of the offshore islands in the Yellow Sea and the East China Sea. A Small amount of production has been harvested yearly, notable from Zhoushan Islands, Zhejiang Province. As this mussel lives in relatively deeper waters, there is no commercial cultivation done on it. The green mussel is a warm-water species, occurring in the South China Sea and the southern part of the East China Sea. Experimental spat collection and growing have been initiated in the 1950s. A small amount of hatchery spats could be produced in the last decade or so, but has never become a significant culture industry because of the demolishing effect of typhoon on rafts and of serious predation of young mussels.

The common edible mussel is a cold-water species, its southernmost limit along the mainland coast of China used to be situated in the northern part of the southern Yellow Sea, where they occurred sparsely just on wharves and on the under-side of ship bottoms. But now it has become a big culture industry all along Shandong Province as well as Liaoning Province. While the commercial mytiliculture was initiated in the early 1970s, the problem or seed mussel shortage was confronted. A scientific research group in the Institute of oceanology had carried out on the problem of collection of natural seeds with the aim of increasing the reproduction and on hatchery techniques aimed at attaining large-scale rearing. Letting the kelp longline rafts stay in the water after their harvest to serve as an effective attaching substrata for collecting large number of spats and maintaining sufficient adult mussels are two indispensable prerequisites that brought about the successful establishment of seed grounds along the Shandong Peninsula. Achievement have been also obtained from studies on the artificial rearing of spats. As a result, over 10 million spats averaging 350–400 micron in length could be steadily produced per cubic meter of tank water. Off bottom culture with glass globes as float is 50 or 60 meters long. Mussel are cultured for a period of about six months or one year and are harvested in March–April or in September–October. An output of 750–2 500 kg of fresh products could be attained per raft.

Besides oyster and mussel, the Chinese razor clam, *Sinonovacula constricta* and the short neck clam, *Ruditapes philippinarum*, are also very important species for cultivation. The former is cultured in Zhejiang and Fujian Provinces and the latter mainly cultured in Fujian Province. In the Chinese razor clam culture, the culturists know the exact period of producing spats by detail studies of its reproductive biology. For the settling of large number of seeds, they manage the beaches just before or during the period when spats sink to the bottom. Of the Ruditapes, the people in Fujian Province develop a new method for obtain large number of seed clam. They build ponds by surrounding it with an earthen dike like that of shrimp pond and feed enough parent clams in it. The parent clam spawning, developing spats and growing a lot of seed clam in the pond. These seed clams are removed to the beaches in the next spring, to be cultivated till harvest. By this method, the shortage of seed supply is solved.

Biological and experimental ecology studies on the native scallop, *Chlamys farreri*, are conducted, which result in the method of rearing larvae to adult state in large-scale. Recently, two species, *Argopecten irradians* and *Pactinopecten yessoensis* are introduced from U.S.A. and Japan, respectively. Success have been also achieved in rearing of the larvae to the adult state. But the commercial cultivation of scallop is still not developed.

On the other hand, the common edible mussel and the freshwater mussel, *Limnoperna fortunei*, are the most troublesome among the fouling organisms in conduits supplying sea water for cooling purposes. The problem on the elimination of mussel growth in pipelines is also studied with some success.

Shipworms are one of the most serious marine wood destroyers found on the coast of China.

Based on the collection of the Institute of Oceanology, a total of 16 species are described and published, among which the more destructive species are *Teredo nabalis* Linnaeus, *Bankia philippinensis* Barstsch, *B. saulii* (Wright), *B. carinata* (Gray), and *Dicyathifer manni* (Wright). In China several traditional methods to prevent the shipworms were used by the fishermen. The methods of forcing pieces of cast iron into the bottom of wooden boats and charring the wooden surface of ship-bottom were more common. Beginning from 1952, our scientists spent around 5 years in studying their taxonomy and distribution, life history, food habit and general ecology. Finally, we found that several chemicals were successful enough against shipworms to come into general use.

Concerning the studies of non-marine mollusks, besides the describing of species from different districts of the mainland of China, special attention is given to the study of snails known for their medicinal value. Many works on the systematics, morphology, ecology and epidemiology of Oncomelania, the intermediate host snail of the human blood fluke have been published. Also, some new intermediate host snails of importance in human and animal diseases are discovered and studied.

第八届国际软体动物学会议在匈牙利举行[①]

在联合国教科文组织、匈牙利科学院和匈牙利自然博物馆的赞助下，第八届国际软体动物学会议在匈牙利首都布达佩斯举行。参加会议的有来自35个国家和地区约200名软体动物学者。提交大会的论文有161篇，包括了软体动物研究的各方面内容。

会议进行了论文报告和讨论。作者在会上做了题为《中国贝类学研究现状》的报告，介绍了我国贝类学研究的成就，会议期间我还介绍了我国贝类学会的一些情况，这些都引起了许多代表的兴趣和注意。

学术讨论分两组进行。一组讨论第四纪软体动物、非海产软体动物地理、软体动物分类区系等方面问题；另一组讨论球蚬科、淡水、陆生贝类的应用和寄生虫学，以及软体动物的生态、生理、繁殖、遗传等方面的问题。有些论文的水平是比较高的，希望有关学者注意本届会议论文集的发表。

总的看来，会议论文内容广泛，质量较好，但内容偏重于非海产软体动物方面，海产软体动物方面较少，会议的组织者及有关学者都有此同感。会议确定，1986年在英国爱丁堡召开的下届国际软体动物学会议将着重安排有关海洋软体动物的学术讨论，希望我国届时派人参加会议。

在本届会议上，作者被接纳为“软体动物联合会”会员。

本届会议的时间是1983年8月29日—9月3日。

---

① 载《海洋科学》，1984年，第1期，科学技术文献出版社。

中国贻贝科种类的记述①

贻贝科(Mytilidae)是双壳类软体动物中种类较多的一科。按其分布而论,有世界广分布种,有分布于高纬度地区的冷水种,也有局限于低纬度地区的暖水种。按其生活方式而论,有的固着于岩石上,有的穴居于泥沙或岩石中,也有的是与其他动物共生。它们大多生活在海洋中(自潮间带上区至数千米深的海底皆有发现),仅有少数种生活在淡水里。这一科动物出现很早,化石多发现于古生代的泥盆纪和中生代的侏罗纪。

贻贝科的种类贝壳多呈楔形,亦有长、圆或三角形。两壳对称,两侧不等,具有各种颜色。一般壳表可分三部分:①前部——壳顶及小月面,一般光滑,有些种有放射肋;②中部——光滑,具光泽,极少种有放射肋;③后部——光滑,有些种有放射肋或毛。贝壳内面一般肌痕较明显,铰合齿不发达或缺。韧带细长,褐色,韧带脊明显。

此外,外套膜、闭壳肌及足的收缩肌等,在本科亦有独有的特征。Soot-Ryen (1955) [88] 认为这些特征是划分种上单元的主要依据。贻贝科包括的种类,外套膜为二孔型,一般不具水管,只有一个肛水孔。外套隔膜的形状随不同种属而异。虽有些种有发达的水管,然其鳃水管的腹缘永不愈合。足呈棒状,腹面具有足丝沟,基部具有足丝腺。前闭壳肌小,后闭壳肌大。前足丝收缩肌小,位于壳前端背侧。后足丝收缩肌大,多呈带状,并与后闭壳肌相连(图 1)。

贻贝科的种类,在林奈时代就已有不少记载,但最早只有几个属,这些属包括的种类很多。之后随着研究的深入,建立了许多新属,但对属的划分、种的归属均有不同意见。

Ihering (1900) [46] 在其《南美洲贻贝科》一文中,首先提出在 *Mytilus* 属和 *Modiolus* 属中成立亚属。Jukes-Browne (1905) [53] 对贻贝科的属做了评述,他对亚属的安排和其特征的判断,为后来贻贝科的分类研究提供了必要的资料。Prashad (1932) [85] 报道了 Siboga Expedition 的材料,他虽然提出了一些看法,但在判断种的根据上,仍未超越原有范围,仅对某些种的分布做了较详细的记录。Lamy[66] 研究法国博物馆保存的标本,记载了数百种,分隶于 10 个属,并对每一种的形态特征及地理分布做了较详细的叙述,对同物异名也进行了整理,然而他却没有注意研究和比较其内部形态。黑田德米和波部忠重(1931—1981)多次报道日本沿海贻贝科的种类,提出了一些新属、新种,但缺少讨论。Soot-Ryen[88] 在对美洲西岸的种类进行报道时,也对整个贻贝科做了比较全面的论述和分析,尤其对种上分类提出了一些新的见解,对每一种的内外部特征也做了较详细的观察和比较,重新考

---

① 王祯瑞、齐钟彦(中国科学院海洋研究所):载《海洋科学集刊》,1984 年,第 22 期, 199 ～ 244 页,科学出版社。中国科学院海洋研究所调查研究报告第 742 号。图版照片由宋华中同志拍摄,特此致谢。

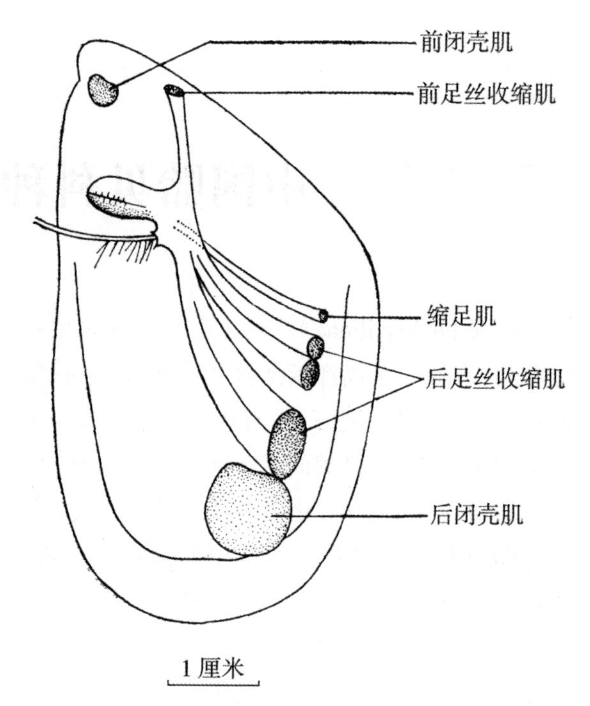

图 1 贻贝闭壳肌及缩足肌的位置

虑了一些属的系统位置,并结合地理分布、生活环境以及化石方面的材料,阐述了种属间的亲缘关系。Newell[21]根据世界各地化石和现代生活的种类,把贻贝科分为三个亚科,并记述了科属的特征、出现年代及其分布,并简述了它们的亲缘关系。

在进行贻贝科的分类时,我们同意以外部形态为主,但这并不意味着对其他性状的忽视。尤其在区分近似种和确定种上单元时,仅以外部形态为依据并不能全面说明问题,综合考虑各方面的情况是十分必要的。

贻贝科的许多种类,不仅量大,生长速度也快。其肉富有营养,可鲜食,其干制品称“淡菜”,是著名海味。此外肉、壳、珠等,又可做药用原料,是具有一定经济价值的水产资源。1949 年以来,贻贝的增殖和利用受到各地生产部门的重视,已得到很大的发展。但对我国这一科动物的种类,过去研究报道极不充分,仅有张玺、相里矩[4]、Benson[19]、Reeve[87]、Lamy[66]、Kuroda[54] 等的一些零星记录,还未有人做过系统的研究。为了进一步了解我国贝类资源,就需要搞清其种类、分布和利用情况,特别对一些经济价值较大的种类进行系统的研究。为此,我们对 1950—1976 年在全国(除台湾地区)沿海潮间带及底栖生物拖网所采得的贻贝科材料(有 1 种材料采自淡水),进行了鉴定分析,初步整理出 46 种,分隶于 18 属,其中有 13 种在我国为首次记录,并在 *Crenella* 属中发现一新种。

中国贻贝科属的检索表

1\. 壳顶位于贝壳的最前端……………………………………………………………………2
   壳顶不位于贝壳的最前端…………………………………………………………………7
2\. 壳表光滑……………………………………………………………………………………3
   壳表具有雕刻或黄毛…………………………………………………………………………4
3\. 壳呈绿色,无前闭壳肌,中、后足丝收缩肌不连接成带状……………股贻贝属 *Perna*
   壳呈黑褐色,有前闭壳肌,中、后足丝收缩肌连接成带状……………贻贝属 *Mytilus*
4\. 壳表具有放射肋……………………………………………………………………………5
   壳表无放射肋……………………………………………………………扭贻贝属 *Stavelia*
5\. 壳表具有丛密而不易脱落的栉状黄毛……………………………毛贻贝属 *Trichomya*
   壳表无丛密而不易脱落的栉状黄毛…………………………………………………………6

6. 贝壳内面、壳顶下方具有隔板……………………………………隔贻贝属 *Septifer*
  贝壳内面、壳顶下方无隔板…………………………………………索贻贝属 *Hormomya*
7. 贝壳内缘具有细缺刻…………………………………………………………………8
  贝壳内缘无细缺刻…………………………………………………………………12
8. 壳表具有细黄毛,近背缘之放射肋粗………………………………………………9
  壳表光滑,近背缘之放射肋不粗……………………………………………………10
9. 壳呈方形,后端宽;附着生活……………………………毛肌蛤属 *Trichomusculus*
  壳呈锥形,后端尖细;穴居……………………………………绒贻贝属 *Gregariella*
10. 前、后区放射肋明显,中区细弱或无,前区放射肋少而后区多……肌蛤属 *Musculus*
  放射肋不分前后区而被于整个壳面…………………………………………………11
11. 壳近球形,白色;足大,呈棒槌形……………………………………安乐蛤属 *Solamen*
  壳呈椭圆形,淡黄褐色;足不呈棒槌形…………………………锯齿蛤属 *Crenella*
12. 壳呈柱状,背腹缘平行…………………………………………………………………17
  壳不呈柱状…………………………………………………………………………………13
13. 壳形扁,壳表光滑具光泽,半透明……………………………………杏蛤属 *Amygdalum*
  壳形凸,壳表粗糙,不透明………………………………………………………………14
14. 壳呈黑色,鳃水孔具有触手………………………………………………黑蛤属 *Vignadula*
  壳不呈黑色,鳃水孔无触手………………………………………………………………15
15. 壳表具黄毛,海产…………………………………………………………………………16
  壳表无黄毛,淡水产…………………………………………………沼蛤属 *Limnoperna*
16. 壳小、薄,细长形…………………………………………………………艾达蛤属 *Idasola*
  壳大、厚,壳后端较宽圆……………………………………………偏顶蛤属 *Modiolus*
17. 壳短,外套隔膜为三个分枝状的穗……………………………………肌蛤属 *Botula*
  壳长,外套隔膜无分枝状的穗……………………………………石蛏属 *Lithophaga*

贻贝属 Genus *Mytilus* Linnaeus, 1758

Mytilus Linnaeus, 1758. 10: 704.

Eumytilus Ihering, 1900.

模式种 *Mytilus edulis* Linnaeus, 1758

贝壳呈楔形,壳顶位于贝壳的最前端。铰合部具有 2 ～ 5 个粒状小齿。韧带细长,位于背缘。韧带脊呈白色,具有小细孔。前闭壳肌小,位于壳前端腹面。前足丝收缩肌位于壳顶之后。缩足肌及中、后足丝收缩肌呈长带形,与大而圆的后闭壳肌相连,构成“6”字形。外套缘厚,具有触手。生殖腺成熟时能分布到外套壁上。肛水孔明显,无鳃水孔。

这一属的贝壳在形状、颜色以及厚度等方面皆有较大变化。有很多学者曾根据不同的变化情况,在种下确定了许多亚种和型。据 Newell（1968）的记载,这一属最早出现在上侏罗纪。

目前在我国,贻贝属中只发现贻贝 *Mytilus edulis* Linnaeus 及厚壳贻贝 *M. Coruscus* Gould 两种,其主要区别如下:

壳表光滑,壳质较轻薄,小月面清楚;铰合齿有变化,多为 2 ~ 5 个………贻贝 *M. edulis*

壳面粗糙,较重厚,小月面与壳皮分不清;铰合齿明显,多为 1 ~ 2 个较强的突起……………………………………………………………………………厚壳贻贝 *M. Coruscus*

1. 贻贝 *Mytilus edulis* Linnaeus

Mytilus edulis Linnaeus, 1758: 705; Forbes et Hanley, 1853; 170, pl. 48, figs. 1–4; pl. q, fig. 5; Reeve, 1858: pl. Ⅷ, figs. 33a–b; Jeffreys, 1869: 171, pl. 27, fig. 1; Clessin, 1889: 45, pl. 4, figs. 11–13; Lamy, 1920: 523; Grabau & King, 1928: 169–170, pl. 4, fig. 23; 黑田德米, 1932: 126–128, fig. 137; Moore, 1934: 213–216, pl. 22; Lamy, 1936: 83–93; 张玺, 等, 1955: 38, pl. 9, fig. 1 (紫贻贝); Soot-Ryen, 1955: 19–22, pl. 1, figs. 1–2; Скарлато, 1960: 92–94, pl. 5, fig. 2; Kuroda, 1971: 542, pl. 72, figs. 1, 2.

Mytilus chiloensis: Reeve, 1857: pl. Ⅵ, fig. 21.

Mytilus grunerianus: Reeve, 1857: pl. Ⅶ, fig. 29.

Mytilus obesus: Reeve, 1858: pl. Ⅷ, fig. 31.

Mytilus septentrionalis: Clessin, 1889: 50, 159.

Mytilus violaceus: Clessin, 1889: 60, pl. 18, figs. 1–2 (non Lamarck, 1819).

Mytilus planulatus: Laseron, 1956: 264–265, figs. 1–2.

标本采集地 辽宁省海洋岛、大连、小长山岛,河北省山海关、北戴河,山东省蓬莱、烟台、威海、荣成、石岛、青岛。

壳呈楔形、壳顶前方具有小月面。一般壳长 56.3 毫米,高 35.5 毫米,宽 23.5 毫米,壳长最大可达 100 多毫米。壳表较光滑,呈黑褐色或黑绿色,生长纹细密。铰合部具有 2 ~ 5 个粒状小齿,这些小齿一般多与小月面上的放射肋相对应。前闭壳肌小,位于壳顶下方腹侧。后闭壳肌大,与后足丝收缩肌相连。出水管呈孔状,足丝较发达。

贻贝在壳形、颜色、肌痕等方面有较大变化。有些个体壳形较粗短,有的则较细长。多呈黑褐色,也有黄褐色者。不仅不同地区的个体是这样,即是同一地区生长的个体(如在同一水管中)也是这样(图 2)。

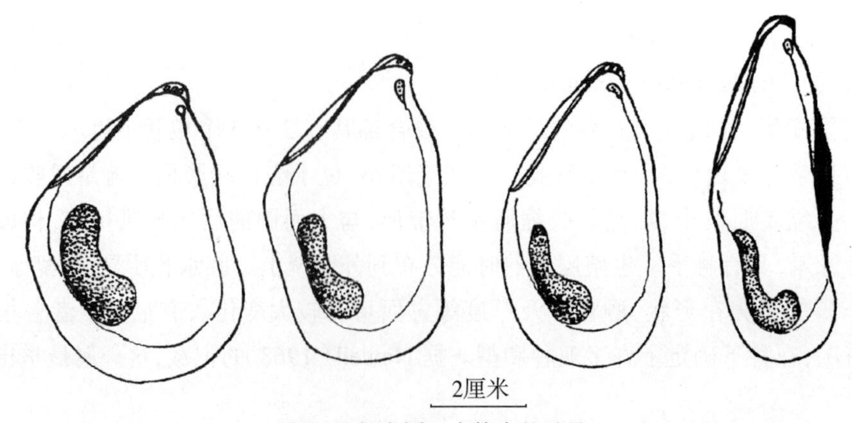

图 2 生长在同一水管中的贻贝

习性和地理分布 这种贻贝生长快,生命力强,对温度、盐度变化的适应力较强。是一种良好的养殖对象,目前我国沿海已大量养殖。但贻贝又能大量附着生长在船底、浮标及沿海工业冷却系统的水管中,对航海和某些沿海设施有一定的危害,故在管道附着生物研究中占有重要地位。

广分布于世界南北半球寒温带。北半球自北冰洋向南至太平洋东岸的加利福尼亚,太平洋西岸经鄂霍次克海、日本、朝鲜到中国北部沿海,大西洋西岸至古巴沿海,东岸至地中海及非洲北岸。南半球以阿根廷、新西兰及南大西洋的马尔维纳斯群岛等地分布较普遍。

2. 厚壳贻贝 *Mytilus coruscus* Gould(图版Ⅱ:13)

Mytilus coruscus Gould, 1861: 38; 波部忠重, 1960: 4, pl. 5, fig. 10; Kuroda, 1971: 542, pl. 72, figs. 3, 4; 波部忠重, 1977: 51.

Mytilus crassitesta: Lischke, 1868: 221; Lischke, 1869: 151, pl. X, figs. 1–2; Dunker, 1882: 221; Clessin, 1889: 67; 158, pl. 19, figs. 1–2 et pl. 20, figs. 1–2; Lamy, 1936: 123–124; 波部忠重, 1951: 54; 张玺, 等, 1955: 36–38, pl. 8, fig. 2; 1962: 96, fig. 58.

Mytilus (*Eumytilus*) *crassitesta*: Jukes-Browne, 1905: 215, 218.

Mytilus dunkeri: 张玺, 相里矩, 1936: 24.

Mytilus grayanus: 张玺, 等, 1955: 36–38, pl. 8, fig. 1; 吴宝华, 1956: 302, pl. 3, figs. 1–2 (non Dunker, 1853).

Mytilus edulis: 吴宝华, 1956: 303, pl. 3, figs. 3–4.

标本采集地 辽宁省海洋岛、小长山岛、大连,山东省砣矶岛、大钦岛、蓬莱、烟台、威海的刘公岛及鸡鸣岛、成山角、俚岛、镆铘岛,浙江省嵊泗列岛、舟山岛、朱家尖、鱼山列岛,福建省平潭、厦门。

壳形大,呈楔形,成体壳高可达60多毫米,壳长120～130毫米。壳质重厚,外被有棕黑色壳皮。随年龄的增长形状有变化,一般较幼小的个体壳较粗短,背角比较明显,老成个体壳形较长,背角不明显。贝壳内面呈浅灰色或灰蓝色,肌痕明显。左壳铰合部有2个明显的铰合齿,右壳1个,但亦有变化。壳表生长纹明显、粗糙,多为苔藓虫及管栖多毛类所固着。

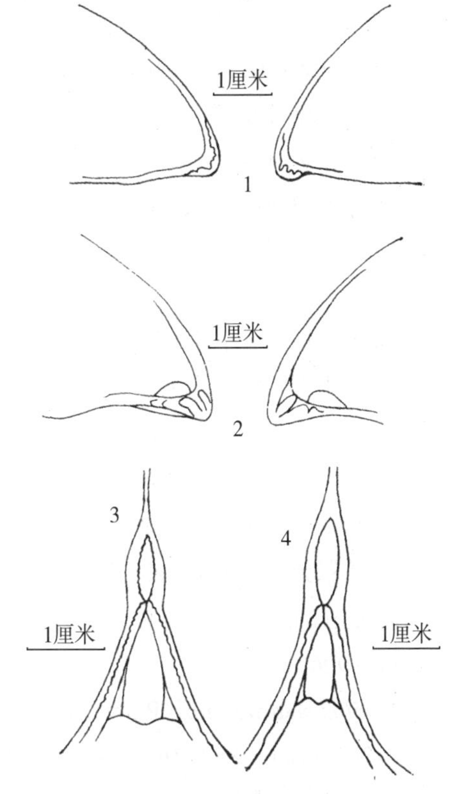

图3 贻贝与厚壳贻贝的形态比较
1. 贻贝的铰合部;2. 厚壳贻贝铰合部;3. 贻贝的肛水孔及外套隔膜;4. 厚壳贻贝的肛水孔及外套隔膜

讨论 较小的个体易与贻贝相混淆,但本种壳质较重、厚,壳顶尖细而略弯向前端,小月面极不明显。此外,两者铰合齿的形状和齿数,壳后端肛水孔及外套隔膜等的形状均不同(图3)。较大的个体过去又常易与重贻贝 *Mytilus grayanus* Dunker 相混，Soot-Ryen（1955）认为在 *M. grayanus* 壳腹缘处有极细小的突起，而 *M. coruscus* 却是光滑的。在中国沿海至今尚未发现 *M. grayanus*，过去张玺等(1955)报道的 *M. grayanus*，应该是厚壳贻贝 *M. coruscus* 的较老个体，而不是真正的 *M. grayanus*。

本种的模式标本产地是日本函馆，在 Gould（1861）定名以后，Lischke（1869）亦根据日本的标本发表了 *M. crassitesta*。波部忠重(1960)研究了两者的模式标本，认为是同物异名，根据优先律，采用了 *M. coruscus* 的名称。我们比较了 Gould 和 Lischke 对这两种的描述和图，看不出比较明显的差别，因此同意波部忠重的意见。我们过去将本种定为 *M. crassitesta*，应予改正。本种的中文名称——厚壳贻贝，是根据 *crassitesta* 的原意译出的，而 *coruscus* 是闪烁或光辉的意思，本应另译，但为了避免造成混乱，我们保留了原名。从我国这一属的种类看，本种的贝壳确比其他种厚，称之为厚壳贻贝也是合适的。

习性和地理分布 此贝一般自低潮线附近至潮线下20多米处都有分布，但在潮线下10米左右生长较密。以足丝固着生活在外海浪击带的岩石上，较大的个体还能产生小珍珠，也是一种较好的养殖对象。

日本(北海道、本州、四国、九州)、朝鲜、中国(北部沿海至福建厦门一带)均有分布。

股贻贝属 Genus *Perna* Retzius, 1788

Perna Retzius, Diss. Hist. Natur. Nova. Test., 1788: 20.* ①

Chloromya Mörch, 1853.

Mytiloconcha Conrad, 1862.

模式种 *Perna magellanica* Retzius, 1788 = *Mya perna* Linaeus, 1758

壳较大，呈楔形。壳表光滑，生长纹细密，呈翠绿色。壳顶细，略呈喙状。无前闭壳肌。足丝发达，呈丝状。

Lamy（1936）曾以 *Chloromya* 的名称，将这一属归于 *Mytilus* 属而为一亚属，Soot-Ryen及波部等则将它立为独立的属。我们认为它在外形和内部构造上均与 *Mytilus* 属不同，故采用 Soot-Ryen 等的意见。

Perna 的名称，曾被 Bruguière（1792）用于 *Pedalion* 属(即 *Isognomon* 属)，亦被 Adanson（1857）用于 *Modiolus* 属，根据优先律，这个名称应用于本属。

3. 翡翠贻贝 *Perna viridis* (Linnaeus)

Mytilus viridis Linnaeus, 1758: 706; Clessin, 1889: 88, pl. 1, figs. 9-10; Dautzenberg et Fischer, 1906: 211.

Mytilus smaragdinus: Reeve, 1857: pl. Ⅶ, sp. 28; Clessin, 1889: 31, pl. 3, fig. 5 et pl. 13, figs. 1-2; Morlet, 1889: 161; Lamy, 1920: 420; 张玺，等，1960: 19-20, fig. 15; Talavera & Faustino, 1933: 23, pl. 11, fig. 1; pl. 13, figs. 1-3.

---

① 标以*号者为间接参考的文献，下同。

Mytilus (*Chloromya*) *smaragdinus*: Jukes-Browne, 1905: 215–218.

Mytilus (*Chloromya*) *viridis*: Lynge, 1909: 129; Lamy, 1936: 139–141.

Mytilus opalus: Lamy, 1920: 420.

标本采集地 福建省连江、晋江、厦门、东山，广东省南澳、达濠、海门、甲子、碣石、汕尾、平海、澳头、宝安(盐田)、广海、上川岛、东平、乌石、海康、徐闻，海南岛博鳌、新盈。

贝壳外形与前两种有些近似，但壳顶略弯向腹缘。壳表生长纹细密，呈翠绿色，有些个体呈褐色而壳缘呈绿色。贝壳内面白瓷状，具光泽。一般壳长98毫米，高44毫米，宽34毫米。前闭壳肌缺，中、后足丝收缩肌不连接成带状，分前后两部分，后部(即后足丝收缩肌)与后闭壳肌相接。铰合齿一般在左壳有两个，右壳有1个(图4)。足丝丝状，较发达。

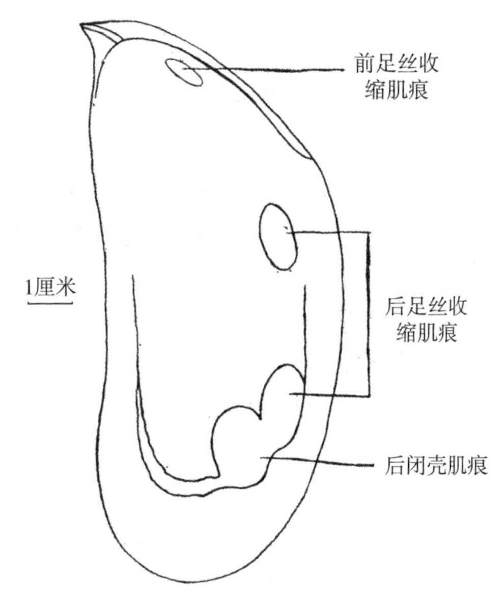

图4 翡翠贻贝肌痕的位置

习性和地理分布 以足丝固着生活在岩石上，或相互固着成块状生活。垂直分布在低潮线下1～17米间，而以4～5米间为最多。在食物丰富、水流通畅的水域生长较好。贝壳内面珍珠层较厚，具光泽，可作药用。生长快、产量大，是我国南部沿海重要的贝类养殖对象，现在福建、广东沿海已进行人工养殖。

在印度洋、暹罗湾、越南、菲律宾及印度尼西亚一带最为普遍。

扭贻贝属 Genus *Stavelia* Gray, 1858

Stavelia Gray, 1858: 90.

模式种 *Mytilus tortus* Dunker, 1858

贝壳较大，略呈楔形。壳表生长纹细密，后端部具有粗短黄毛。铰合部无齿，韧带较短。壳形略扭曲。

这一属既具有 *Modiolus* 属壳顶无齿、壳面有毛的特征，又具有 *Mytilus* 属贝壳楔形、壳顶尖细的特征，所以过去有人把它放在 *Mytilus* 属或 *Modiolus* 属中。Gray (1858)根据它没有前闭壳肌，又具有特殊的壳顶和扭曲的壳形等特征，建立了 *Stavelia* 属。

4. 扭贻贝 *Stavelia subdistorta* (Recluz)(图版Ⅰ:2)

Mytilus subdistortus Recluz, 1852: 159, pl. 8, figs. 6–7.

Mytilus horridus: Dunker, 1856: 359; Reeve, 1857: pl.Ⅲ, fig. 9; Clessin, 1889: 32, pl. 14, figs. 1–2.

Mytilus tortus: Dunker, 1856: 359; Reeve, 1857: pl. Ⅲ, fig. 6; Clessin, 1889: 161, pl. 10, figs. 7–8.

Stavelia torta Gray, 1858: 90, pl. 41, figs. 1–1a; Jakes-Browne, 1905: 219.

Mytilus (*Stavelia*) *horridus*: Smith, 1885: 274.

Modiola subdistortus: Lamy, 1936: 275–277.

Stavelia subdistorta: Iredale, 1924: 196.

Stavelia horida: Iredale, 1939: 410–411.

标本采集地 广西壮族自治区企沙(数量少)。

贝壳呈楔形,两壳不等,略扭曲。一般壳长 48.8 毫米,高 24.5 毫米,宽 21.5 毫米。壳表生长纹明显,呈褐色或杂有蓝褐色。贝壳后端具有粗短的锯齿状黄毛,此毛极易脱落。铰合部光滑,无铰合齿或任何小突起。贝壳内面壳顶下具有深洼。韧带较宽,略弯曲,韧带脊细。前闭壳肌缺,后闭壳肌呈长带形(图 5)。

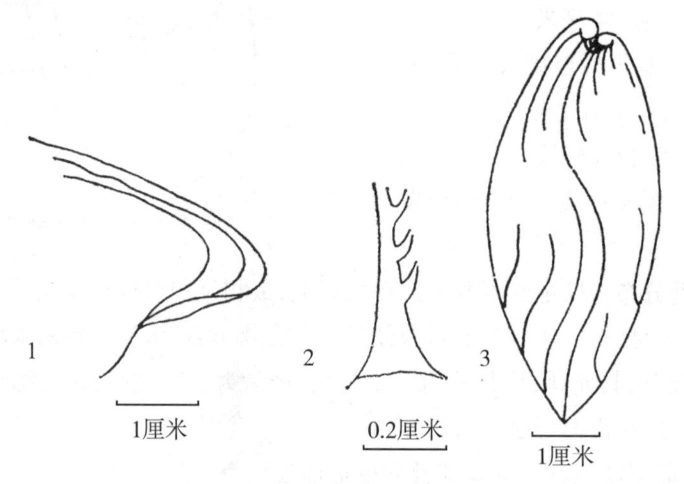

图 5 扭贻贝的形态
1. 铰合部;2. 壳表的黄毛;3. 壳腹缘

Reclus(1852)以中国的材料发表了这一种,其后 Lamy(1936)将 Dunker 等的 *Mytilustortus* 及 *M. horidus* 皆并入这一种中。Iredale(1939)怀疑这个产自中国的新种与 *M. horidus* 是同一种,仅将澳大利亚的标本定为 *Stavelia horida*。我们认为,区别不大的 *M. subdistortus*、*M. horidus* 及 *M. tortus* 应当是一种,那些形状上的微小差别,仅是不同个体间的差异,而不能成为定种的根据。

地理分布 菲律宾、澳大利亚及中国(南部沿海)。

毛贻贝属 Genus *Trichomya* Ihering, 1900

Trichomya Ihering, 1900: 87.

模式种 *Mytilus hirsutus* Lamarck, 1819

壳前端细,呈楔形。壳表面被有细放射肋,除顶部外,整个壳面被有丛密的黄毛。铰合齿不明显,有 1 ~ 3 个小突起。多数种壳内缘除足丝孔外,皆具有细缺刻。

Ihering（1900）以 *Mytilus hirsutus* 为模式种建立 *Trichomya*，作为 *Brachidontes* 属的一个亚属，其后 Iredale（1939）将其提升为属。Laseron（1956）及波部忠重等均沿用为属。

5. 毛贻贝 *Trichomya hirsuta*（Lamarck）（图版Ⅱ：15）

Mytilus hirsutus Lamarck, 1819: 120; Reeve, 1857: pl. Ⅲ, fig. 8; Lischke, 1869: 154; 1871: 146; Dunker, 1882: 222; Smith, 1885: 273; Clessin, 1889: 10, pl. 7, fig. 6; Lamy, 1920: 332.

Mytilus (*Trichomya*) *hirsutus*: Ihering, 1900: 87.

Brachydontes (*Hormomya*) *hirsutus*: Jukes-Browne, 1905: 223; Lamy, 1936: 191–193; 张玺，等，1960: 28–29, fig. 23（栉毛短齿蛤）.

Trichomya hirsutus: 黑田德米，1932: 125, fig. 140; 波部忠重，1951: 53, figs. 100, 101; Laseron, 1956: 267, figs. 8–10; Kuroda, 1971: 545, pl. 74, figs. 1,2.

标本采集地 福建省霞浦、平潭、崇武、厦门、东山，广东省南澳、海门、汕尾、平海、闸坡、乌石、硇洲岛，广西壮族自治区企沙、涠洲岛。

壳呈楔形、较宽，壳形略有变化。一般壳长 34 毫米，高 12 毫米，宽 19 毫米。壳表呈褐色，具细放射肋，且被丛厚不易脱落的栉状黄毛（图 6）。贝壳内面肌痕较明显，铰合部具有 1 ~ 3 个齿状突起。韧带较宽，呈褐色。壳内缘具有细缺刻。成熟时生殖腺能分布到外套壁上。

习性和地理分布 以足丝附着在潮间带的岩石上生活，因壳表有厚密的黄毛，又常相互固着成团，常为多毛类、甲壳类等动物的栖息场所。分布在日本（房总半岛、能登半岛以南）、澳大利亚、印度尼西亚及中国（东部和南部沿海）。

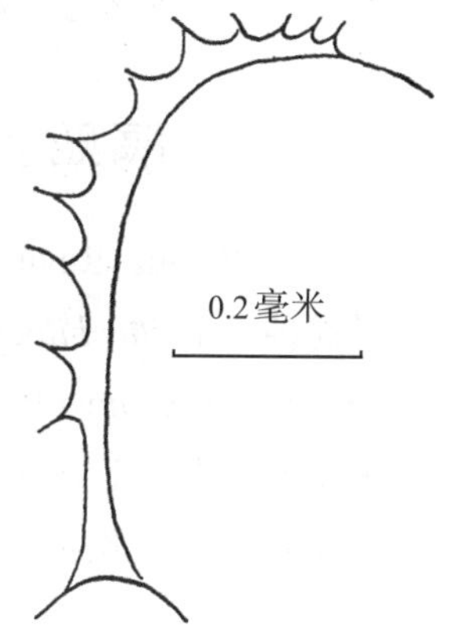

图 6 毛贻贝壳表的黄毛

索贻贝属 Genus *Hormomya* Mörch, 1853

Hormomya Mörch. Cat. Conch. Yoldi, 1853: 53*.

模式种 *Mytilus execustus* Linnaeus, 1758

壳形较小，壳表具有分支的放射肋。铰合部具有 4 ~ 5 个齿状突起。细壳内缘具有细缺刻，有的在韧带后面缺刻较粗大。后足丝收缩肌与后闭壳肌相接，但不呈“6”字形。壳顶略近贝壳的最前端。

Hormomya 原被作为 *Mytilus* 的亚属，Jukes–Browne（1905）根据壳表具有放射雕刻而将其改作 *Brachidontes* 属的亚属。Soot–Ryen（1955）认为 *Hormomya* 与 *Brachidontes* 不同，特别是前者背部放射肋的刻纹粗，腹部的刻纹细，而且腹部的放射纹常有 4 ~ 5 个分支，与后者显然不同，故把 *Hormomya* 分立为一个独立的属。

6. 曲线索贻贝 *Hormomya mutabilis*（Gould）（图版Ⅱ：6）

Mytilus mutabilis Gould, 1861: 39.

Mytilus curvatus: Dunker, 1856: 361; Reeve, 1858: pl. 11, fig. 53; Clessin, 1889: 34, pl. 13, figs. 7–8.

Brachidontes (*Hormomya*) *curvatus*: Jukes-Browne, 1905: 223; 黑田德米, 1932: 129, fig. 136; Lamy, 1936: 196; 张玺, 等, 1960: 27–28, fig. 22 (曲线短齿蛤).

Hormomya mutabilis: 波部忠重, 1977: 55, pl. 11, figs. 9, 10.

标本采集地 广东省澳头、徐闻、乌石,海南岛琼山、清澜、新盈、崖县、干冲,广西壮族自治区企沙。

壳呈三角形,较小。一般壳长20.8毫米,高12.6毫米,宽7.3毫米。壳表有与隔贻贝相似的放射肋,呈褐色或紫褐色。放射肋细,具有许多分支。贝壳内面呈淡紫褐色,铰合齿1～4个,肌痕明显。壳内缘具细缺刻,韧带后的缺刻较强。后足丝收缩肌背缘与闭壳肌相连接处略低。外套缘具有突起,生殖腺能分布到外套壁上。肛水孔小、孔状(图7)。本种壳形和颜色略有变化。

习性和地理分布 以足丝固着生活在潮间带上区的岩石或牡蛎等贝壳上,有时在红树上也可采到。日本房总半岛以南及中国南部沿海有发现。

隔贻贝属 Genus *Septifer* Recluz, 1848

Septifer Recluz. Revue Zool., 1848: 275*.

模式种 *Mytilus bilocularis* Linnaeus, 1758

壳形与 *Hormomya* 属相似,壳顶位于贝壳的最前端,有的种贝壳后端具有稀疏的细黄毛。贝壳内面壳顶下方具有隔板,前闭壳肌固着在隔板上。

隔贻贝属的种类最早发现在三叠纪。现生种主要分布在热带或亚热带,我国沿海目前发现3种。

隔贻贝属种的检索表

1. 壳呈紫褐色,无黄毛……………………………………条须隔贻贝 *Septifer virgatus*
   壳不呈紫褐色,具黄毛……………………………………………………………………2
2. 壳形凸,黄褐色或黄色,隔板呈弯月形…………………………隆起隔贻贝 *S. excisus*
   壳近方形,呈蓝绿色,有时杂有红、白色,隔板呈三角形………隔贻贝 *S. bilocularis*

7. 隔贻贝 *Septifer bilocularis* (Linnaeus)

Mytilus bilocularis Linnaeus, 1758: 705.

Mytilus nicobaricus: Reeve, 1857: pl. Ⅸ, fig. 42.

Septifer bilocularis: Lischke, 1869: 156; Lischke, 1871: 147; Smith, 1885: 271; Dautzenberg et Fischer, 1905: 450; Hedley, 1906: 464; Lynge, 1909: 135; Lamy 1920:334; Dautzenberg, 1929: 571; 黑田德米, 1932: 123–124, fig. 139; Dautzenberg et Bouge, 1933: 434; Lamy, 1936: 240–243; 张玺, 等, 1960: 20–21, fig. 16; Barnard, 1964: 393–394.

Brachidontes (*Septifer*) *bilocularis*: Prashad, 1932: 69–71, figs. 21–24.

标本采集地 广东省澳头、宝安,海南岛新村、崖县,西沙群岛赵述岛、金银岛、东岛、琛航岛、全富岛。

壳呈长方形，前端细，后端宽。壳长 38.5 毫米，高 24 毫米，宽 20.4 毫米。壳表具细放射肋，且被以稀疏的细黄毛，在老成个体中细黄毛易脱落。壳呈蓝绿色，有时杂有白色。贝壳内面壳顶下方具有三角形的隔板。后闭壳肌呈弯月形，其凹入部与后足丝收缩肌相接（图 8）。足小，外套缘无触手。

习性和地理分布 以足丝固着在潮间带的岩石或珊瑚礁上生活。主要分布在印度－西太平洋区。

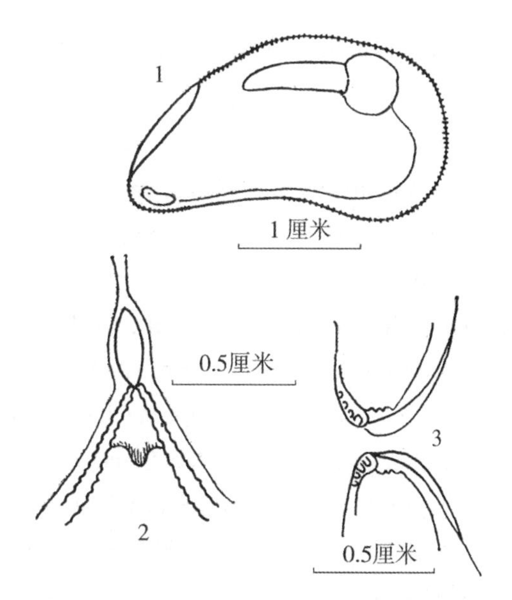

图 7 曲线索贻贝内外部形态
1. 肌痕的位置；2. 肛水孔及外套隔膜；3. 铰合部

8. 隆起隔贻贝 *Septifer excisus*（Wiegmann）（图版Ⅱ:9）

Trichogonia excisa Wiegmann, Archiv Naturges., 1837: 49*.

Mytilus excisus: Reeve, 1857: pl. Ⅳ, fig. 13.

Tichogonia (*Septifer*) *siamensis* Clessin, 1889: 10, pl. 15, figs. 8–9.

Trichogonia (*Septifer*) *troscheli* Clessin, 1889: 22, pl. 15, figs. 10–11.

Tichogonia (*Septifer*) *excisa* Clessin, 1889: 24.

Septifer excisa: Smith, 1819: 430; Crosse et Fischer, 1892: 75; Lynge, 1909: 135; Dautzenberg, 1929: 571.

Septifer excisus: Lamy, 1919: 45; 1936: 246–248; 波部忠重, 1951: 53; 张玺，等, 1960: 21–23, fig. 17; Habe, 1964: 168, pl. 50, fig. 21.

标本采集地 福建省厦门、东山，广东省南澳、海门、汕头，西沙群岛金银岛，广西壮族自治区企沙。

贝壳凸，呈长形。一般壳长 34.4 毫米，高 15.0 毫米，宽 22.5 毫米。壳表放射肋较粗，呈土黄或黄褐色。壳质极坚厚。因两壳较凸，故由腹面观常呈心脏形。贝壳内面隔板呈弯月形，闭壳肌痕光滑而凸起。本种壳形、颜色变化很大。幼小个体常有稀疏黄毛，老成个体多易脱落（图 8）。

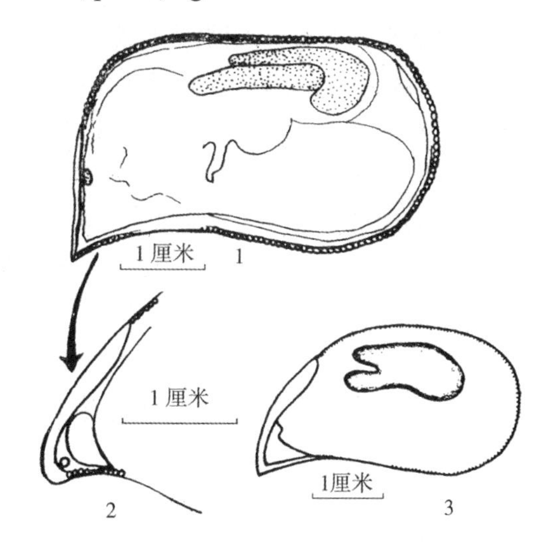

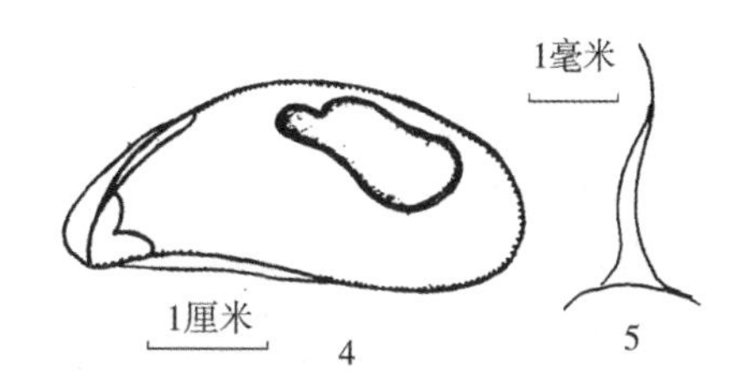

图 8 隔贻贝属各种的形态
1. 隔贻贝软体部；2. 隔贻贝壳顶隔板；3. 条纹隔贻贝肌痕及隔板；4. 隆起隔贻贝肌痕及隔板；5. 隆起隔贻贝壳表的黄毛

习性和地理分布 以足丝固着在潮间带岩石或珊瑚礁上生活。分布在印度－西太平洋区。

9. 条纹隔贻贝 *Septifer virgatus* (Wiegmann)

Tichogonia virgata Wiegmann, Archiv f. Naturg. 1837: 49*.

Mytilus crassus: Reeve, 1857: pl. Ⅶ , fig. 25.

Septifer virgatus: Lischke, 1869: 155; Dunker, 1882: 227; 黑田德米, 1932: 124–145, Lamy, 1936: 248–249; 波部忠重, 1951: 53; 张玺, 等, 1960: 23–24, fig. 18.

Tichogonia crassa: Clessin, 1889: 13, pl. 12, figs. 15–16.

Tichogonia (Septifer) virgata Clessin, 1889: 27.

Septifer virgata: Melvill et Standen, 1906: 799.

Septifer (Mytilisepta) virgatus: Kuroda, 1971: 543–544, pl. 74, figs, 14, 15.

标本采集地 浙江省嵊泗列岛、普陀、朱家尖、象山、石浦、南田、温岭、石塘、玉环(坎门)、洞头，福建省霞浦、三沙、平潭、东庠岛、东澳、厦门、古雷头、东山，广东省海门、南澳、平海、汕尾、遮浪、上川岛、闸坡。

壳呈楔形，一般壳长 45.5 毫米，高 26 毫米，宽 21 毫米。壳表具有细放射肋，呈黑褐色或紫褐色。贝壳内面壳顶下方具有三角形小隔板，铰合部齿状突起有变化，肌痕略显。外套缘较薄，无触手(图 8)。

本种壳形、颜色及放射肋等均有较大的变化：形状有的略长，有的较短圆；放射肋有的清楚，有的极不明显；颜色有的较深，有的较浅；铰合齿的形状和数目也不同。但这些变化都有一定的连续性，很难断然分开，且常发现这些不同的变异个体生长在同一地方，因此，我们将其定为一种。

习性和地理分布 以足丝固着在潮间带的岩石上生活，为我国浙江沿海数量较多的习见种。生长较快，生命力强，可考虑作为养殖对象。非洲好望角、日本北海道南部以及中国东南沿海都有分布。

偏顶蛤属 Genus *Modiolus* Lamarck, 1799

Modiolus Lamarck, Mem. Soc. Hist. Nat. Paris, 1799: 87*.

Volsella Scopoli, 1777.

Modiola Lamarck, 1801.

Perna H. and A. Adams, 1858.

Eumodiolus Ihering, 1900.

模式种 *Mytilus modiolus* Linnaeus, 1758

壳顶不位于贝壳的最前端，偏向背缘。前闭壳肌位于壳顶前方腹缘，前足丝收缩肌位于壳顶凹入处，后足丝收缩肌呈带状，与后闭壳肌相接。壳表光滑或具黄毛。铰合部无齿，韧带细长。这一属较古老，出现在泥盆纪。

Volsella 的名称早于 *Modiolus*，所以曾被接受，但 *Modiolus* 的名称过去使用较广，故

1955年国际动物命名委员会已确定保留*Modiolus*的名称。

Lamy（1936）曾根据壳形以及毛之有无等特征，将该属分为3个亚属（*Modiolus*、*Amygdalus*、*Limnoperna*），Soot-Ryen（1955）等则将其提升为属，并将水管长的种类放在*Lioberus*属中。近来，黑田德米和波部等又将其分为4个亚属（*Modiolus*、*Fulgida*、*Modiolusia*、*Modiolatus*）。我们根据它的内外部形态，将中国的种分属于2个亚属。

偏顶蛤亚属 Subgenus *Modiolus* Lamarck, 1799

特征同属。壳呈长卵圆形，后端具有黄毛。本亚属在我国发现有5种。

偏顶蛤亚属种的检索表

1. 左右两壳不对称……………………………耳偏顶蛤 *Modiolus* (*Modiolus*) *auriculatus*
   左右两壳对称…………………………………………………………………………………2
2. 背角尖，毛细密………………………………………………………角偏顶蛤 *M.* (*M.*) *metcalfei*
   背角圆，毛粗稀…………………………………………………………………………………3
3. 壳中等大，壳顶近前端，毛呈栉状…………………………带偏顶蛤 *M.* (*M.*) *comptus*
   壳大，壳顶不近前端，毛光滑………………………………………………………………4
4. 壳重、厚，背角不明显，毛有时明显…………………………偏顶蛤 *M.* (*M.*) *modiolus*
   壳较轻、薄，背角明显，毛多易脱落……………菲律宾偏顶蛤 *M.* (*M.*) *philippinarum*

10. 偏顶蛤 *Modiolus*（*Modiolus*）*modiolus*（Linnaeus）

Mytilus modiolus Linnaeus, 1758: 706; Linnaeus, 1767: 1158.

Modiola modiolus: Forbes et Hanley, 1853: 182, pl. 44, fig. 14; Reeve, 1858: pl. Ⅰ, fig. 2; Jefferys, 1869: 171, pl. 27, fig. 2; Lischke, 1869: 156; Dunker, 1882: 222.

Volsella modiolus: Ihering, 1900: 87; 黑田德米, 1932: 131, fig. 141; 张玺, 等, 1955: 38–39, pl. Ⅸ, fig. 2.

Modiolus modiolus: Oldroya, 1924: 68; Lamy, 1936: 254–259; Soot-Ryen, 1955: 66–67, text-figs. 47, 48, 52; Ziegelmeier, 1957: 9, pl. 5, figs. 4a,b,c; 张玺, 等, 1962: 99–100, fig. 60.

标本采集地 辽宁省东沟、皮口、海洋岛、大连，山东省南、北长山岛、俚岛、青岛。黄海和东海（从大连到温州）外海，水深28 ~ 90米。

壳较大，呈长椭圆形。壳长90毫米，高50.5毫米，宽37.0毫米。壳表呈褐色，壳后端具有细长黄毛，老成个体黄毛多易脱落。壳顶粗钝，铰合部无齿，韧带细长。足丝收缩肌细。外套薄，外套缘略厚，无外套触手，生殖腺成熟时不分布到外套壁上（图9）。

讨论 1950年黑田德米和波部忠重曾将日本的种定为一新种*Modiolus difficilis*，但当时只做了简单的描述，没有与相近种比较和讨论，而Soot-Ryen（1955）认为*M. modiolus*在日本有分布。后来Скарлато（1960）将苏联远东的种分为*Modiolus modiolus modiolus*和*M. modiolus difficilis*两个地理亚种：前者粗圆，分布偏北，后者宽扁，分布偏南。我们的标本有粗圆者也有宽扁者，但它们在我国沿海的分布并无一定规律，在同一海域有时两种类型都有分布。经过大量标本的详细比较,我们的材料无论是壳形、毛或是外套隔膜等的形态,皆与 Soot-Ryen(1955)所记载的 *M. modiolus* 相似。

习性和地理分布 此贝多以足丝相互固着在泥沙质的海底上,虽然一般由低潮线附近直到水深 10 米左右处皆可采到,但数量不多,个体也较小。通常栖息在较深一些的水域,如在黄海,水深 50 多米处可大量采到,在大连附近一次拖网即得 1 600 多个。此贝多与布氏蚶(*Arca boucardi*)固着在一起生活。仅分布在北半球,由北冰洋向南,太平洋西岸到北纬 28°,东岸到加利福尼亚,大西洋西岸到佛罗里达,东岸到地中海一带。

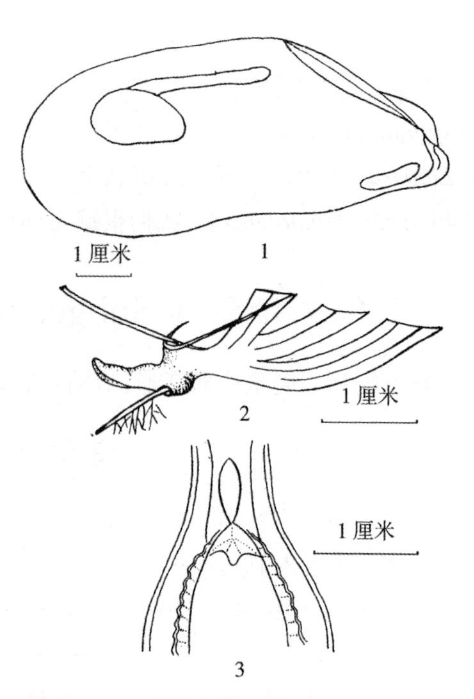

图 9 偏顶蛤的形态
1. 肌痕的位置;2. 足丝收缩肌;3. 肛水孔及外套隔膜

11. 带偏顶蛤 *Modiolus*(*Modiolus*)*comptus* Sowerby

Modiola compta Sowerby, 1915: 168, pl. 10, fig. 10.

Modiolus barbatus: 张玺,等, 1962: 31–32, fig. 26(须偏顶蛤).

Modiolus comptus: Habe, 1964: 167, pl. 50, fig. 17.

Modiolus(*Modiolus*)*comptus*: 波部忠重, 1977: 54; Kuroda & Habe, 1981: 46.

标本采集地 中国沿海(北自大连,南至海南岛)潮间带及北部湾底栖生物拖网(水深 22 ~ 62 米)。

贝壳较小,略呈三角形。一般壳长 38 毫米,高 21 毫米,宽 20 毫米。两侧不等,左右两壳略不等。壳表呈红褐色或紫色,后端具有易脱落的栉状黄毛。贝壳内面呈灰蓝色,无铰齿。韧带较粗短,褐色。外套薄,外套缘稍厚但无触手。后闭壳肌及后收缩肌发达。肛水孔较小。足细长,足丝细软。本种在壳形、颜色等方面有一些变化,尤其是较小的个体与偏顶蛤的幼体较难区分(图 10)。

习性和地理分布 营附着生活,以足丝固着在潮间带的岩石上。主要分布在日本(本州至九州)及中国沿海。

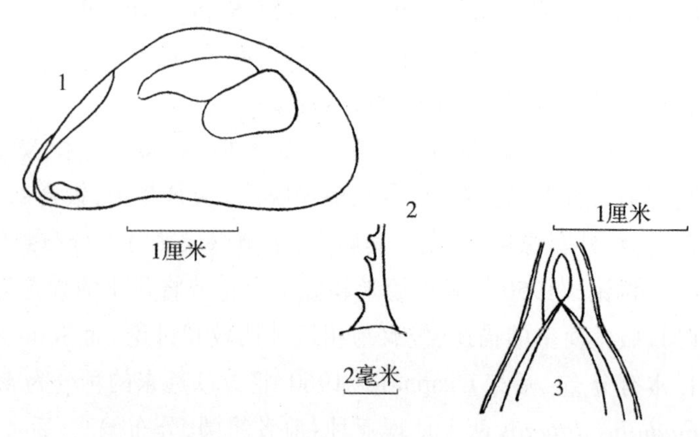

图 10 带偏顶蛤的形态
1. 肌痕的位置;2. 壳表的黄毛;3. 肛水孔及外套隔膜

12. 菲律宾偏顶蛤 *Modiolus* (*Modiolus*) *philippinarum* (Hanley)

Modiola philippinarum Hanley, 1844: 15; Reeve, 1858: pl. Ⅰ, fig. 1; Smith, 1906: 254; Hedley, 1906: 464; Lynge, 1909: 132; Iredale, 1914: 173; Talavera & Faustine, 1933: 22, pl. 10, fig. 3; pl. 11, fig. 4.

Volsella philippinarum: 黑田德米, 1932: 133; 波部忠重, 1951: 50.

Modiolus (*Modiolus*) *philippinarum*: Prashad, 1932: 72, pl. 2, figs. 25, 26.

Modiolus philippinarum: Lamy, 1919: 110; 1936: 284–287; 张玺, 等, 1960: 29–30, fig. 24; Barnard, 1964: 393.

标本采集地 广东省澳头、宝安(盐田),海南岛新村、黎安、崖县。

贝壳较大,三角形。一般壳长 83 毫米,高 45 毫米,宽 40 毫米。壳质轻薄,较坚韧。壳顶凸,偏向背缘,前缘突出较大。背缘略直,背角明显。壳表呈褐色,生长纹明显,壳后端黄毛易脱落。贝壳内面略呈灰蓝色,无铰合齿,肌痕略显。外套薄,肛水孔较大(图 11)。

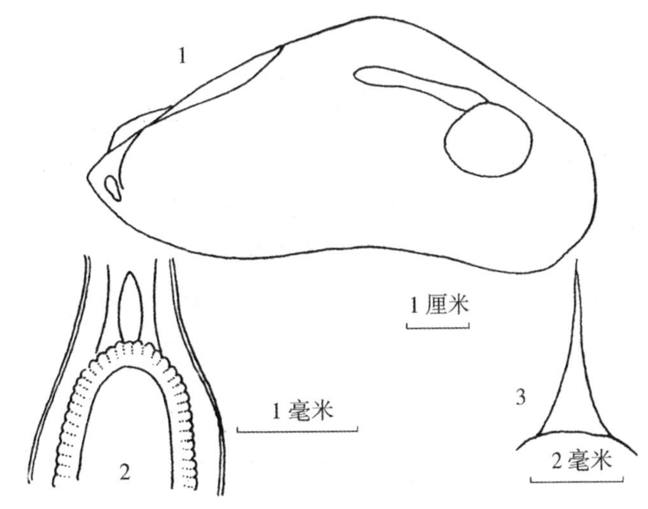

图 11 菲律宾偏顶蛤的形态
1. 肌痕的位置;2. 肛水孔及外套隔膜;3. 壳表的黄毛

习性和地理分布 栖息在低潮线附近的泥沙中,以足丝固着在沙粒上生活。暖水种,分布于印度 – 西太平洋区。

附记 本种的中文名在《无脊椎动物名称》中以人名译为菲氏偏顶蛤,因其模式标本产地为菲律宾,故沿用张玺等[6,7]所拟名称。

13. 角偏顶蛤 *Modiolus*(*Modiolus*)*metcalfei* Hanley(图版Ⅱ:8)

Modiola metcalfei Hanley, 1844: 14; Reeve, 1857: pl.Ⅳ, figs. 16a–b; Lischke, 1869: 158; Dunker 1882: 223; Clessin, 1889: 116, pl. 32, figs. 3–4; Morlet, 1889: 161.

Volsella metcalfei: 黑田德米, 1932:133; 波部忠重, 1951: 50; 张玺, 等, 1955: 39, pl. 8, fig. 4.

Modiolus metcalfei: Lamy, 1936: 288–289; 张玺, 等, 1960: 30–31, fig. 25 (麦氏偏顶蛤); Habe, 1964: 168, pl. 50, fig. 26.

标本采集地 中国沿海潮间带,北部湾底栖生物拖网采到少量(水深 22 ～ 39.2 米)。

贝壳中等大,壳长 51.5 毫米,高 25 毫米,宽 23.5 毫米。壳呈三角形,壳顶偏向背缘。背缘直,背角明显,约于中部形成明显的钝角。贝壳前端和后端较细、圆。壳表黄褐色,有的有紫色带。黄毛多生于壳背侧,腹侧平滑具光泽。外套薄,外套缘光滑,无触手。肛水孔大。外套隔膜较大,中央凸出,呈细锥形(图 12)。

习性和地理分布 以足丝固着在沙粒上，贝壳半埋在潮间带或潮下带的泥沙中生活。日本房总半岛以南、菲律宾以及印度洋有分布。

14. 耳偏顶蛤 *Modiolus*（*Modiolus*）*auriculatus*（Krauss）（图版Ⅰ:21）

Modiola auriculata Krauss, 1848: S. Afr. Moll. 20, pl. 2, fig. 4*; Dunker, 1890: 96, pl. 29, figs. 1,2.

Modiolus agripedus Iredall, 1939: 419, pl. 6, fig. 21.

Modiolus (*Modiolus*) *auriculatus*: 波部忠重, 1977: 54; Kuroda & Habe, 1981: 45.

标本采集地 福建省平潭，海南岛新盈、新村，崖县，西沙群岛永兴岛、琛航岛、金银岛、中建岛、石岛、东岛、赵述岛。

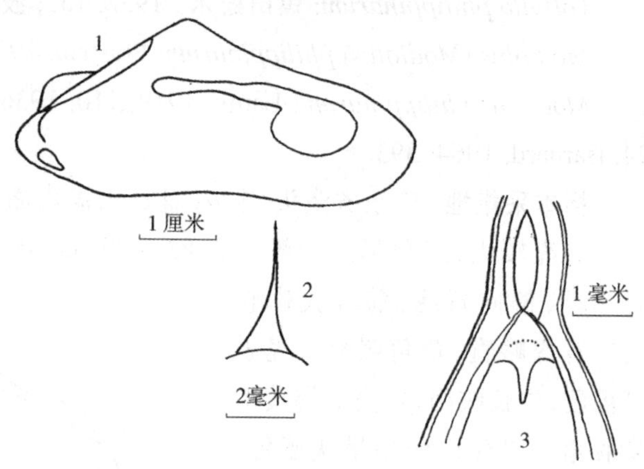

图 12 角偏顶蛤的形态
1. 肌痕的位置；2. 壳表的黄毛；3. 肛水孔及外套隔膜

贝壳略扭曲，呈不规则的长方形。一般壳长 54 毫米，高 27.5 毫米，宽 20 毫米。壳顶圆，微偏向背缘。壳表粗糙，呈褐色，顶部多呈蓝褐色。生长纹细密，较明显。贝壳后端被有稀疏易脱落的黄毛。足丝孔略显。外套薄，外套缘无触手，肛水孔较大。后闭壳肌较大，与后收缩肌相连接。足细长，足丝细，较发达（图 13）。

习性和地理分布 以足丝固着生活在潮间带的岩石上，壳表多为苔藓虫、水螅等动物所固着。暖水种，分布在土阿莫土群岛、日本本州以南、澳大利亚昆士兰、我国南部沿海及岛屿。

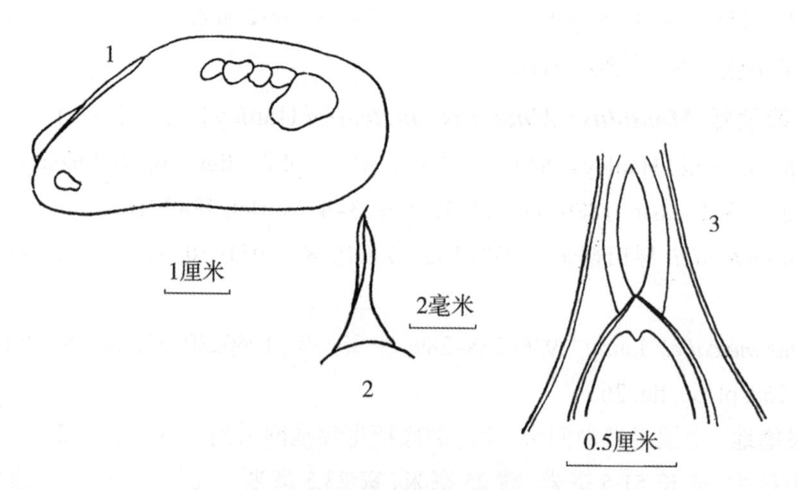

图 13 耳偏顶蛤的形态
1. 肌痕的位置；2. 壳表的黄毛；3. 肛水孔及外套隔膜

光蛤亚属 Subgenus *Lioberus* Dall, 1898

该亚属的主要特征是壳顶偏向背缘，壳面放射肋缺或退化，鳃水管及肛水管较长，且长度相等或几乎相等。

Dall（1898）曾认为 *Lioberus* 是 *Modiolaris* 属中的一个组，Soot-Ryen（1955）将其定为独立的属。我们认为该亚属的种类在外形上与 *Modiolus* 亚属有些相似，但壳表光滑无毛，内部形态也有不同，特别是水管较长，立为亚属较宜。中国沿海已发现有 4 种。

光蛤亚属种的检索表

1. 壳面呈规则的高低波浪状……………………褶偏顶蛤 *Modiolus* (*Lioberus*) *plicatus*
   壳面平，不呈高低波浪状……………………………………………………………2
2. 水管长……………………………………………………………鞘偏顶蛤 *M.* (*L.*) *vagina*
   水管较短……………………………………………………………………………3
3. 壳形较细长，背角明显………………………………长偏顶蛤 *M.* (*L.*) *elongatus*
   壳形较粗短，背角圆…………………………………短偏顶蛤 *M.* (*M.*) *flavidu*

15. 褶偏顶蛤 *Modiolus*（*Lioberus*）*plicatus*（Lamarck）（图版Ⅱ：2）

Mytilus plicatus Lamarck, 1819: 115.

Modiola plicata: Clessin, 1889: 160, pl. 2, figs. 4–5; Lamy, 1920: 234.

Modiolus plicatus: Lamy, 1936: 319–321.

标本采集地 雷州半岛西岸、海南岛北岸及珠江口外海，水深 20 ～ 26 米，软泥底。

贝壳扁，略呈长方形。一般壳长 40 毫米，高 22 毫米，宽 18 毫米。壳质极薄脆，壳呈淡黄色，光滑具光泽，壳面具有与生长线平行的波状纵褶。贝壳内面略显灰蓝色，韧带细长，铰合部无齿。肌痕不明显。外套薄，外套缘无触手。闭壳肌及缩足肌皆较细小，水管发达，但鳃水管腹面不愈合。足细长，呈蠕虫状（图 14）。

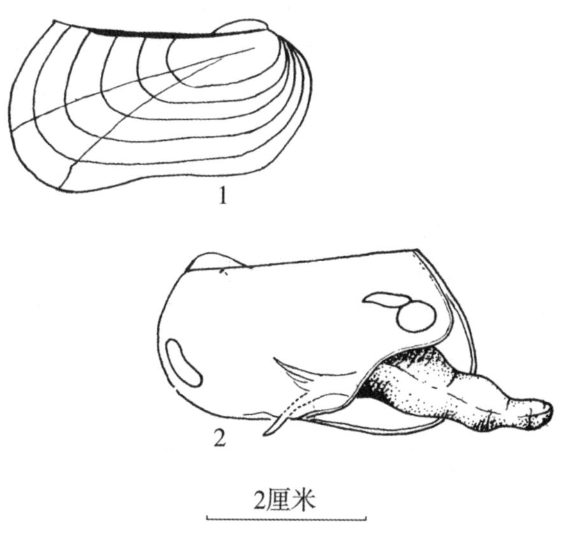

图 14 褶偏顶蛤的形态
1. 贝壳内面；2. 水管及闭壳肌位置

习性和地理分布 为少见种，栖息在潮下带 30 米以内的水域中。新加坡及中国南部沿海有分布。本种在我国是首次记录。

16. 鞘偏顶蛤 *Modiolus*（*Lioberus*）*vagina*（Lamarck）（图版Ⅱ：1）

Modiola vagina Lamarck, 1819: 149; Reeve, 1858: pl. 1, fig. 3; Clessin, 1889: 95, pl. 26, fig. 1.

Modiolus vagina: Dautzenberg et Bouge, 1933: 435; Lamy, 1936: 329–331; 张玺，等，1960: 32–33, fig. 27.

Volsella (Fulgida) vagina: 波部忠重，1951: 51.

标本采集地 海南岛新盈。

贝壳较大，略呈圆筒形。壳长95.8毫米，高38.0毫米，宽32.8毫米。壳顶偏向背缘，微有螺旋。壳质薄脆，壳表呈黄褐色，具光泽。生长纹细密，明显。贝壳内面呈灰蓝色，肌痕不明显。韧带细长，无铰合齿。外套薄，收缩肌较小，水管较长。足扁，足丝极细软（图15）。

习性和地理分布 营穴居生活，它像竹蛏一样，穴居于潮间带细沙中，有时潜入很深，能迅速垂直移动，也是一种较好的养殖对象。日本南部沿海、我国的海南岛、菲律宾、澳大利亚均有分布。

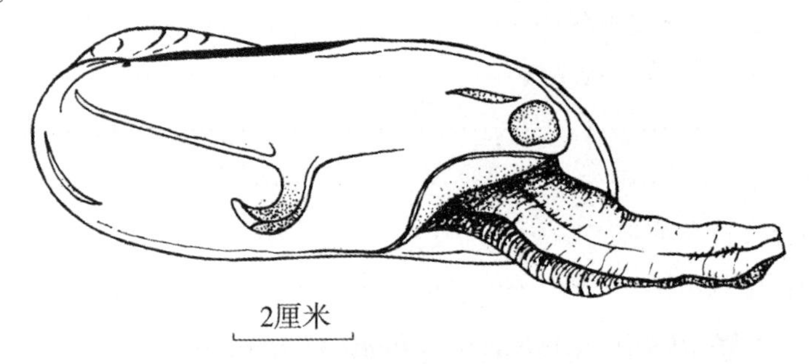

图15 鞘偏顶蛤的内部形态

17. 长偏顶蛤 *Modiolus*（*Lioberus*）*elongatus*（Swainson）（图版Ⅱ：11）

Modiola elongata Swainson, Exotic Conch. 1821: pl. 1*; Reeve, 1858: pl. 2, fig. 4; Clessin, 1889: 97, pl. 27, figs. 1–2; Lynge, 1909: 131.

Modiolus elongatus: Prashed, 1932: 71; Lamy, 1936: 322–324.

Modiola subrugosa Grabau & King, 1928: 170–171, pl. 4, fig. 24; 张玺，相里矩，1936: 25, pl. 3, fig. 9.

Volsella subrugosa: 张玺，等，1955: 39–40, pl. 7, fig. 3（直线偏顶蛤）.

Modiolus (Modiolusia) elongatus: 波部忠重，1977: 54–55, pl. 10, fig. 10.

标本采集地 我国沿海，潮下带10～90米，泥沙底。

贝壳略呈长方形，壳顶偏向背缘，腹缘略直，背缘韧带部直，在壳后端形成一个明显的钝角。一般壳长66毫米，高30毫米，宽22毫米。壳面光滑具光泽，生长纹明显。贝壳内面灰蓝色，具光泽。韧带细长，无铰合齿。闭壳肌及收缩肌较发达，水管较长，但仅超出壳外。足细长，呈蠕虫状，足丝细软（图16）。

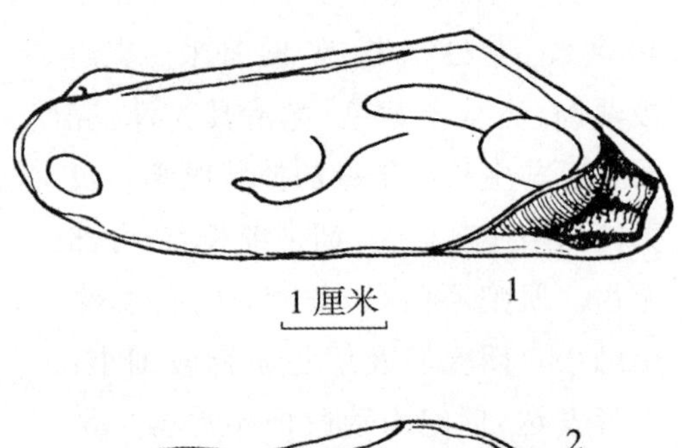

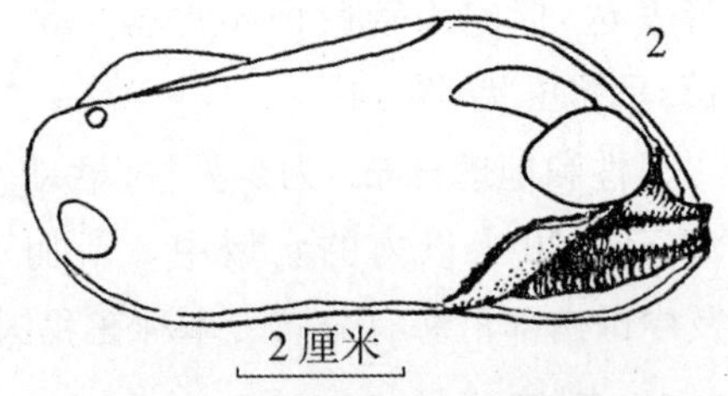

图16 偏顶蛤的内部形态
1. 长偏顶蛤；2. 短偏顶蛤

习性和地理分布 栖息在潮线下百米以内的浅海，以足丝与泥沙混合将贝壳包起，或半埋在泥沙中生活。分布在印度－西太平洋区。

18. 短偏顶蛤 *Modiolus*（*Lioberus*）*flavidus*（Dunker）（图版Ⅱ：5）

Volsella flavida Dunker, 1856: 364.

Perna flavida: Adams, 1858: 517.

Modiola flavida: Reeve, 1857: pl. 10, fig. 77; Dunker, 1882: 223; Clessin, 1889: 112, pl. 28, fig. 5.

Modiola arata Pelseneer, 1911: 16, pl. Ⅳ, fig. 4.

Modiolus flavidus: Lamy, 1936: 327–328.

Volsella (*Fulgida*) *flavida*: 波部忠重, 1951: 51, figs. 96, 97.

Modiolus (*Fulgida*) *flavida*: 波部忠重, 1977: 54, pl. 11, fig. 8.

标本采集地 福建省厦门，广东省南澳、上川岛，海南岛铺前、琼山、崖县。海南岛南部外海（水深 19 ～ 50.5 米）及北部湾（水深 8 ～ 76 米），泥沙底。

贝壳呈长方形，外形与 *Modiolus*（*Lioberus*）*elongatus* 较近似，但较粗短，韧带也较短，背角钝而呈弧形。壳长 39.5 毫米，高 20.8 毫米，宽 17 毫米。壳表呈褐色，有的壳面隆起处呈黄褐色。贝壳内面呈灰白色，肌痕略显。外套薄，外套缘略厚，无触手，水管较长，固定后占体长的 1/4 ～ 1/3（图 16）。本种与 Knudsen（1970）的 *Modiolus abyssucola* 相似，但壳表无毛，足呈圆柱形。

习性和地理分布 它以足丝与泥沙混合而将整个体躯包起，在我国沿海多发现于潮下带 75 米以内泥沙底的浅海区。日本（本州、四国、九州）、菲律宾以及印度洋有分布。本种在我国是首次记录。

杏蛤属 Genus *Amygdalum* Megerle von Mühlfeld, 1811

Amygdalum Megerle von Mühlfeld, Ges. Naturf. Fr. Berlin, 1811, 5(1): 69*.

Modiella Monterosato 1884.

模式种 *Amygdalum dendriticum* Megerle von Mühlfeld, 1811

贝壳呈卵圆形，壳质薄脆，具光泽。壳表多呈灰白色。贝壳内面肌痕不明显，铰合部无齿。韧带细、呈褐色。前闭壳肌细长，后闭壳肌小而圆，后缩足肌有一细的前分支和一较粗的后分支。外套薄，肛水孔呈圆孔状。

这一属的种类在较深一些的水域中生活，中国沿海发现有 3 种。

杏蛤属种的检索表

1. 壳表有花纹……………………………………………………………………2
   壳表无花纹…………………………………………大杏蛤 *Amygdalum watsoni*
2. 壳表花纹规则，呈白色网状…………………………………白点杏蛤 *A. soyoae*
   壳表花纹不规则，呈淡褐色………………………………………花杏蛤 *A. peasei*

19. 大杏蛤 *Amygdalum watsoni* (Smith)(图版Ⅱ:10)

Modiola watsoni Smith, 1885: 275, pl. 16, figs. 5–5c; Pelseneer, 1911: 17.

Modiola (*Amygdalum*) *watsoni*: Smith, 1906: 254; Prashad, 1932: 74, pl. 11, figs. 32–33.

Volsella (*Amygdalum*) *watsoni*: 黑田德米 , 1933: 135, figs. 157–158.

Modiolus (*Amygdalum*) *watsoni*: Lamy, 1936: 357–358; 张玺 , 等 , 1960: 35, fig. 29 (瓦氏偏顶蛤).

Brachidontes (*Amygdalum*) *watsoni*: 波部忠重 , 1951: 52, fig. 92.

Amygdalum watsoni: 波部忠重 , 1977: 60, pl. 11, fig. 7.

标本采集地 东海(从长江口以南到温州外海),水深 11 ～ 95 米,南海(从广东省沿海到海南岛和北部湾),水深 16 ～ 177 米,软泥底。

贝壳扁,略呈长卵圆形。一般壳长 40.6 毫米,高 18.7 毫米,宽 12.3 毫米。壳质薄脆,略透明。壳表呈乳白色,较大个体呈金黄色,光滑具光泽。壳顶偏向后缘,无铰齿,韧带细长。后闭壳肌较小,位于体后端,呈圆形。后缩足肌具有小的前分支。外套薄,边缘无触手,具有小褶。肛水孔呈小葫芦形(图 17)。

习性和地理分布 它以足丝与泥沙混合筑巢而穴居其中。分布在大西洋西岸(从北纬 45° 到西印度群岛)、东岸(从比斯开湾到几内亚湾),印度洋(阿拉伯海、孟加拉湾、苏门答腊),太平洋西岸(日本纪伊半岛以南及菲律宾)。Knudsen[58] 认为本种的垂直分布范围是在 330 ～ 1 886 米间,他对 Melvill (1928)报道的 73 米有怀疑。但在我国沿海采得的 200 多个活标本中,多数发现于水深 100 米左右,少数在 70 米以内,个别也有在 20 米左右的。

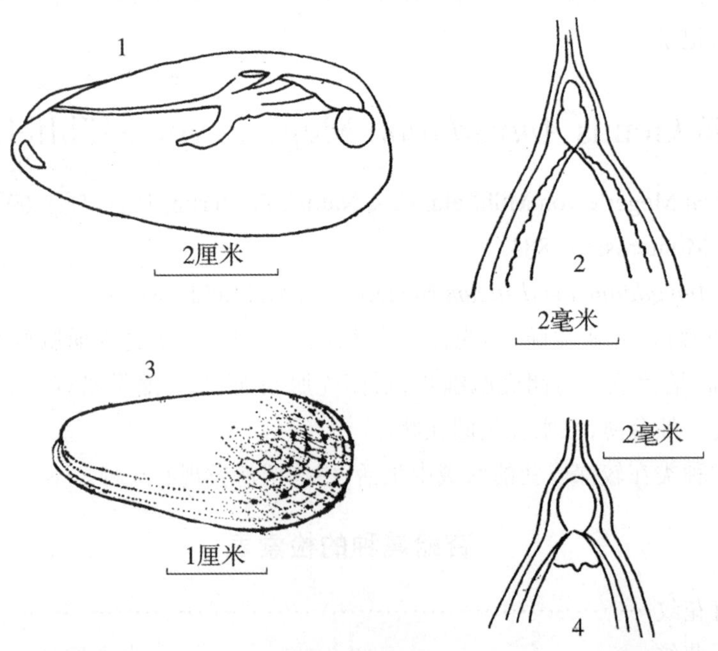

图 17 杏蛤属各种形态

1. 大杏蛤的闭壳肌和缩足肌;2. 大杏蛤的外套隔膜;3. 花杏蛤外形;4. 花杏蛤的外套隔膜

20. 花杏蛤 *Amygdalum* peasei（Newcomb）（图版Ⅱ：4）

Modiola peasei Newcomb, 1870: 163, pl. 17, fig. 2.

Volsella (*Amygdalum*) *peasei*: Dall, Bartsch & Rehder, 1938: 45, pl. 8, figs. 11–14.

Amygdalum plumeum Kuroda & Habe, 1971: 533, pl. 73, fig. 17.

Amygdalum peasei: Kuroda & Habe, 1981: 50, pl. 4, fig. 4.

标本采集地 南海（从大亚湾到海南岛南部外海），水深 26 ~ 270 米，泥沙底。

贝壳形状与前种相似，但壳小，壳表后端部具有淡褐色波状花纹。壳长 27.5 毫米，高 12.8 毫米，宽 8.5 毫米。壳呈白色，生长纹极细，不明显。外套薄，外套缘及肛水孔处皆有褐色素，肛水孔呈圆形，光滑。外套隔膜较大，中间微凸出而较尖细。足细小，足丝较发达（图 17）。

习性和地理分布 它以足丝与泥沙混合将贝壳包起而穴居。为少见种。红海、南太平洋、印度尼西亚、日本等地有发现。本种在我国是首次记录。

21. 白点杏蛤 *Amygdalum soyoae* Habe（图版Ⅱ：12）

Amygdalum soyoae Habe, 1958: 21; 黑田德米, 1971: 553, pl. 73, fig. 7; 波部忠重, 1977: 60; Kuroda & Habe, 1981: 51, pl. 4, fig. 3.

标本采集地 南海（北纬 19°，东经 112°30′），水深 270 米。为少见种，只采得一个活标本。

壳扁，前端略细，后端较宽，略呈长椭圆形。一般壳长 15.5 毫米，高 8.0 毫米，宽 6.2 毫米。壳顶偏向背缘，腹缘较直，后缘圆形。足丝孔不明显。壳表光滑具光泽，呈洁白色，壳后端具有白色网状花纹。生长纹细密、不明显。

地理分布 日本相模湾以南、四国、九州及我国南部沿海有发现。本种在我国是首次记录。

沼蛤属 Genus *Limnoperna* Rochebrune, 1881

Limnoperna Rochebrune, Bull. Soc. Philom. Paris, (7) 6: 102*.

Modiola Martens, 1875.

模式种 *Dreissens siamensis* Morele = *Volsella fortunei* Dunker, 1857

贝壳小，略呈三角形。壳质较薄，壳顶不位于贝壳的最前端，壳表光滑，呈苍绿色。

这一属均分布于东南亚地区，种类不少，但因为我们在淡水水域很少采集，目前仅有一种。

22. 沼蛤 *Limnoperna fortunei*（Dunker）（图版Ⅱ：3）

Volsella fortunei Dunker 1856:361

Modiola fortunei: Reeve, 1858: pl. X, fig. 75; Dunker, 1882: 224; Clessin, 1889: 108, pl. 30, fig. 7 et pl. 31, fig. 2.

Modiola lacustris: Annandale et Prashad, 1924: 41.

Modiola (*Limnoperna*) *lacustris*: Martens, 1875: 186; Lamy, 1936: 361–362.

Modiola (*Limnoperna*) *fortunei*: Lamy, 1936: 362–363.

Limnoperna fortunei: 波部忠重, 1977: 55.

标本采集地 湖南、湖北、江苏、广东等省的湖泊和河流。

贝壳小,呈三角形。一般壳长22毫米,高11.5毫米,宽9.7毫米。壳顶偏向背缘,壳背缘凸,腹缘略凹入,后缘略圆。壳质较薄脆,壳面略有龙骨,呈黄绿或苍绿色。前闭壳肌小,细长。后闭壳肌大而圆。前足丝收缩肌位于壳顶凹入处,后足丝收缩肌为分支状。外套薄,外套缘光滑,无触手。肛水管略呈管状。外套隔膜大,中间略凸出,较尖。足丝细软,较发达(图18)。

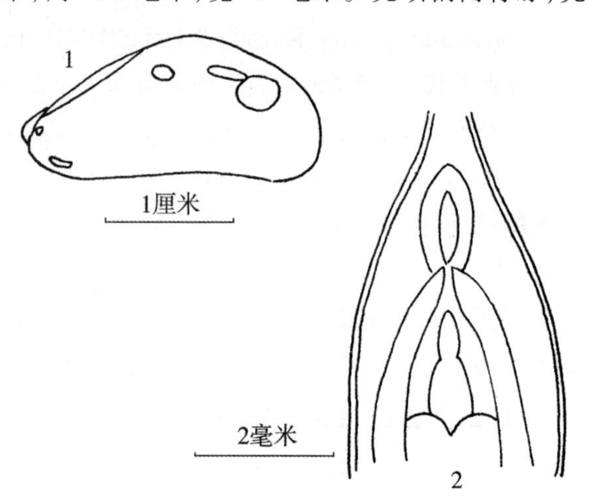

图18 沼蛤的形态
1. 肌痕的位置;2. 肛水孔及外套隔膜

习性和地理分布 以足丝固着生活在淡水湖泊及河流中。由于它生命力较强,能大量繁殖生长,和贻贝一样能堵塞管道,对某些工业设施和淡水养殖等有一定危害。

为中、日特有种,在我国台湾及其他南部各省分布较普遍。

肌蛤属 Genus *Musculus* Röding, 1798

Musculus Röding, Mus. Bolten., 1798: 156*.

Modiolaria Beck in Robert 1838, 1840.

模式种 *Mytilus discors* Linnaeus, 1767

贝壳呈长方形或卵圆形,壳顶偏向背缘。壳面前后两端具有细放射肋或线,中部放射肋弱或缺。壳内缘呈锯齿状,前足丝收缩肌位于壳顶前面,水管较长。本属的种类有筑巢穴居的习性。这一属在我国沿海共发现7种。

肌蛤属种的检索表

1. 壳形长,壳表具放射线……………………………………………………2
   壳短,椭圆形,壳表具放射肋…………………………………………3
2. 壳较扁平,壳长约为壳高的3倍……………………日本肌蛤 *Musculus japonicus*
   壳较凸,壳长约为壳高的2倍……………………………凸壳肌蛤 *M. senhousei*
3. 贝壳较大……………………………………………………………………4
   贝壳较小……………………………………………………………………5
4. 壳扁平,呈绿褐色………………………………………………黑肌蛤 *M. nigra*
   壳较凸,后端尖细,壳表呈黄褐色……………………………心形肌蛤 *M. cumingiana*

5. 壳表放射肋不明显，壳后端较细……………………………云石肌蛤 *M. marmoratus*
   壳表放射肋明显，壳后端宽圆………………………………………………………6
6. 壳表具有波状花纹，呈淡黄色………………………………细肋肌蛤 *M. mirandus*
   壳表无花纹，壳中区常呈紫褐色……………………………………小肌蛤 *M. nanus*

23. 凸壳肌蛤 *Musculus senhousei* (Benson)(图版Ⅰ:5)

Modiola senhousia Benson, 1842: 489.

Modiola senhausi: Reeve, 1857: pl.Ⅴ, fig. 33; Debeaux, 1863: 243; Lischke, 1871: 147; Lischke, 1874: 109; Dunker, 1882: 224; Clessin, 1889: 106, pl. 29, fig. 9.

Brachydontes senhausi: Jukes-Browne, 1905: 223; 张玺，等，1960: 24–25, fig. 19 (寻氏短齿蛤).

Modiola aquarius: Grabau & King, 1928: 171–172, pl. 4, figs. 25a,b.

Modiolus senhourseі: Lamy, 1936: 347–348.

Brachydontes aquarius: 张玺，等，1955: 41, pl. 4, fig. 4(水彩短齿蛤).

Musculus senhousei: Скарлато, 1960: 89–90, pl. 4, fig. 9; Soot–Ryen, 1955: 74–75.

Musculista senhousia: 波部忠重，1977: 59, pl. 10, fig. 5.

标本采集地 我国沿海潮间带及潮下带(水深20米左右)。

贝壳较小，略呈三角形。一般壳长25毫米，高12毫米，宽9毫米。壳面较凸，具有龙骨。壳表呈草绿色或绿褐色。壳面具有放射纹，前区放射纹少，后区多，中区无。贝壳后端常有波状褐色花纹。贝壳内面颜色与壳表略同，肌痕不明显。韧带细长，前后端具小齿。水管较长。足细小。足丝细软，极发达。

习性和地理分布 为习见种，量大，栖息在潮间带及低潮线下20米以内的泥沙滩上。有些地方生长密度大，除可食用外，又可做饲料或饵料，是一种较重要的经济贝类。又因其足丝与泥沙能粘连成片，群栖于底质表面，致使其他双壳类不能与地表相通，对某些贝类养殖又有一定的危害。北半球太平洋东西两岸均有分布。

24. 日本肌蛤 *Musculus japonica* (Dunker)(图版Ⅱ:7)

Volsella japonica Dunker, 1856: 363; 黑田德米，1932: 135, fig. 145.

Modiola japonica: Reeve, 1857: pl.Ⅵ, fig. 26; Lischke, 1871: 173; Lischke, 1874: 110; Dunker, 1882: 224; Clessin, 1889: 130, pl. 33, fig. 13.

Modiolus japonica: Lamy, 1936: 349–350.

Brachydontes japonicus: 张玺，等，1960: 25–26, fig. 20 (日本短齿蛤).

Musculista japonica 波部忠重，1977: 59–60.

标本采集地 广西壮族自治区涠洲岛、广东省水东港、海南岛崖县。自广东沿海至北部湾底栖生物拖网，水深11～65.7米，软泥或沙质泥底。

壳较细长，壳长32.3毫米，高12.2毫米，宽8.8毫米。壳质薄，壳面龙骨低。颜色与前种极相似，但壳较长扁。韧带细长，铰合齿不明显。后闭壳肌较小，呈圆形，与后收缩肌相连。后收缩肌瘦小，分为两支。足小，足丝发达。

习性和地理分布 栖息于潮下带，以足丝与泥沙、碎草等混合筑巢穴居。日本房总半岛以南和我国南部沿海有分布。

25. 黑肌蛤 *Musculus nigra* (Gray) (图版 Ⅰ : 17)

Modiola nigra Gray, Suppl. Voy. Parry., 1824: 244; Reeve, 1857: pl. 9, fig. 62.

Modiola nexa: Reeve, 1857: pl. Ⅸ, fig. 67.

Modiolaria nigra: Clessin, 1889: 142, pl. 6, figs. 11–12; pl. 36, fig. 9; Oldroyd, 1924: 74, pl. 13, fig. 21; pl. 39, fig. 9; Lamy, 1937: 12–16.

Musculus niger: 波部忠重, 1951: 55; Ziegelmeier, 1957: 9, pl. 3, figs. 4a,b.

Musculus nigra: Скарлато, 1960: 78–80, pl. 3, fig. 1.

Musculus (*Musculus*) *niger*: 波部忠重, 1977: 59.

标本采集地 黄海(北纬 33°30′ ~ 38°45′, 东经 122° ~ 124°), 水深 44 ~ 95 米, 软泥底。

贝壳呈椭圆形, 较扁平。壳长 21.5 毫米, 高 12.5 毫米, 宽 7.2 毫米。壳质较薄、脆。壳顶圆, 偏向背缘。壳背缘呈圆弧形, 腹缘略直或微凸。壳表呈橄榄绿色, 有的呈黑色。贝壳内面颜色浅, 肌痕略显。壳表具有放射肋, 前区放射肋 12 条左右, 中区光滑, 后区 50 ~ 60 条。韧带短, 呈褐色。后闭壳肌圆形, 与后收缩肌相连。后收缩肌较细小。外套缘无触手, 水管较发达。足较宽扁, 足丝细(图 19)。

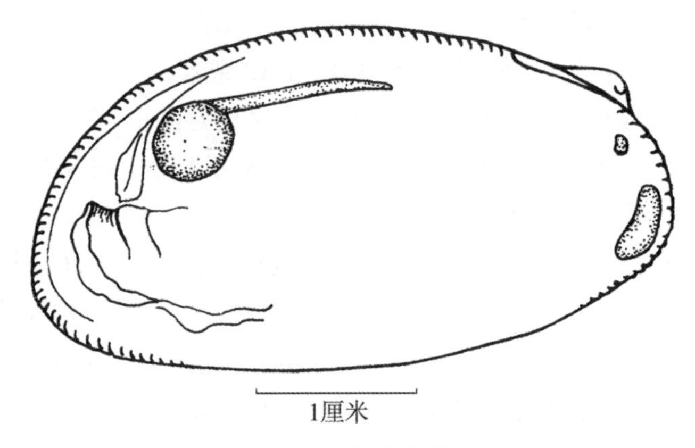

图 19 黑肌蛤内部形态

地理分布 环北极分布, 如新地岛、格陵兰岛、鄂霍次克海, 并分布于日本北海道以北及我国黄海近海。为少见种。本种在我国是首次记录。

26. 云石肌蛤 *Muscuclus marmoratus* (Forbes) (图版 Ⅰ : 9)

Mytilus (*Modiola*) *marmorata* Forbes, Malac. Monensis, 1838: p. 44.

Crenella marmorata: Forbes et Hanley, 1853: 198, pl. 14, fig. 4.

Modiola marmorata: Reeve, 1858: pl. Ⅺ, figs. 81 et 87.

Modiolaria marmorata: Jeffreys, 1863: 122; 1869: 171, pl. 28, fig. 1; Clessin, 1889: 147, pl. 36, fig. 6; Smith, 1891: 393–394; Oldroyd, 1924: 77; Lamy, 1937: 17–21.

Musculus marmoratus: Ziegelmeier, 1957: 9, pl. 3, figs. 4a,b.

标本采集地 中国黄海、东海沿海, 水深 1 ~ 75.5 米。

贝壳小、较凸，略呈椭圆形。一般壳长 11.3 毫米，高 6.5 毫米，宽 5.5 毫米。壳顶偏向背缘，腹缘略直，壳后缘略细。壳表呈青绿色，有的略带白色。壳表放射肋前区有 15 ～ 20 条、中区无，后区有 25 ～ 30 条。贝壳内面颜色与壳表同，肌痕不明显。韧带短，呈褐色。前收缩肌细小，位于壳顶下方。后收缩肌分为两支，前支粗大，后支细小而与后闭壳肌相连接。足细长，呈棒状。足丝细软、发达（图 20）。

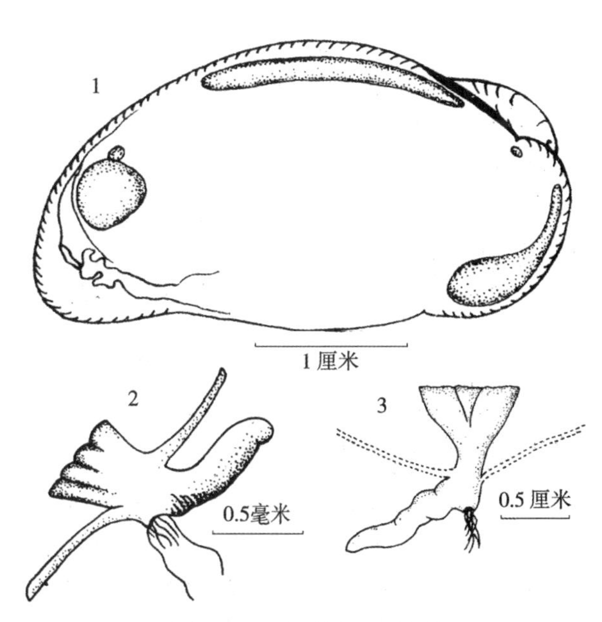

图 20　心形肌蛤与云石肌蛤
1. 心形肌蛤内部形态；2. 心形肌蛤足及缩足肌；3. 云石肌蛤足及缩足肌

习性和地理分布　有巢居习性，多生长在海鞘动物的被囊中和养殖绳架之缝隙中，或以足丝与泥沙混合筑巢穴居。因个体太小，食用价值不大。本种在我国是首次记录。地中海、印度洋及太平洋暖温带有分布。

27. 心形肌蛤 *Musculus cumingiana* (Dunker)(图版 Ⅰ :6)

Modiola cumingiana: Reeve, 1857: pl. Ⅸ, figs. 63a, b.

Mytilus (*Modiolarca*) *coenobita*: Vaillant, 1865: 115.

Modiolaria cumingiana: Smith, 1885: 278; Clessin, 1889: 146 et 160, pl. 34, figs. 2–3; Smith, 1891: 398; Hedley, 1906: 464; Lynge, 1909: 139; Lamy, 1937: 24–27.

Musculus cumingiana: Lamy, 1919: 175; Iredale, 1924: 197.

标本采集地　福建省平潭、崇武、东山以及北部湾（水深 21 ～ 56 米），沙泥底。

贝壳中等大，略呈椭圆形。一般壳长 31 毫米，高 18.5 毫米，宽 16 毫米。壳顶偏向背缘，前端圆，后端较尖细。壳面极凸，背缘圆，腹缘略直。壳表呈淡黄色或黄绿色，有的具褐色花纹。放射肋细，前区少，15 ～ 19 条，中区无，后区多，35 ～ 42 条。贝壳内面色较浅，肌痕略显。韧带短、褐色。铰合部无齿。前闭壳肌大、细长，近前腹缘。后闭壳肌小，呈圆形，位于体后端。前收缩肌小，位于壳顶下方。后收缩肌分为两部分，前部肥大，位于背缘，后部细小，与后闭壳肌相连。水管较长。足细，呈棒状，腹面具有足丝沟。足丝细，较发达（图 20）。

习性和地理分布　多栖息在海鞘动物的被囊中。日本、澳大利亚、东非及南非均有分布。本种在我国是首次记录。

28. 细肋肌蛤 *Musculus mirandus* (Smith)(图版 Ⅰ :15)

Modiolaria miranda Smith, Rep. Zool. Coll. "Alert", 1884: 108, pl. 7, fig. n*; Hedley, 1906: 464; Lynge, 1909: 140; Lamy, 1937: 31–32.

Musculus mirandus: Prashad, 1973: 75.

标本采集地 北部湾,水深 18 ~ 63.3 米,泥沙底。

壳小,呈椭圆形。壳长5毫米,高3毫米,宽2毫米。壳顶偏向背缘,腹缘较直,后缘宽圆。壳面略平,呈淡黄色,生长纹明显。放射肋在壳前、后区明显,较细密。有的贝壳具有浅褐色花纹。壳质极薄脆。

地理分布 印度尼西亚、澳大利亚(昆士兰)有分布。为少见种。在我国是首次记录。

29. 小肌蛤 *Musculus nanus*(Dunker)(图版Ⅰ:16)

Lanistina nana Dunker, 1856: 365.

Crenella paulucciae: Crosse, 1863: 88–90, pl. 1, fig. 8.

Modiolaria nana: Lamy, 1937: 27.

Musculus (*Modiolarca*) *nanus*: 波部忠重, 1951: 53.

Musculus (*Modiolarca*) *nanus*: 波部忠重, 1977: 59.

标本采集地 海南岛东北及西南方海域,水深 26 ~ 28 米,泥沙底。

贝壳极小,略呈椭圆形。壳长 3.8 毫米,高 2.5 毫米,宽 1.0 毫米。壳顶偏向背缘,壳前端较细,背缘圆,腹缘略直。壳表放射肋前区少,中区弱,后区多。放射肋与生长线交织成栅栏状。壳质极薄脆,呈淡黄绿色,中区多呈紫褐色。

地理分布 日本房总半岛以南及澳大利亚有分布。为少见种。在我国是首次记录。

绒贻贝属 Genus *Gregariella* Monterosato, 1883

Gregariella Monterosato, Natural Sicil., 1883 (3): 90*.

Botulina Dall, 1889.

Tibialectus Iredale, 1939.

模式种 *Modiolus sulcatus* Bisso, 1826

这一属的种类,铰合部及放射肋的情况皆与 *Modiolus* 属相似,但壳面具黄毛,壳前端圆而后端细,壳面凸。多数种穴居于石灰石中。在我国沿海发现2种,它们的主要区别如下:

壳表近背缘之放射肋呈粒状,毛较稀少…………珊瑚绒贻贝 *Gregariella coralliophaga*

壳表近背缘之放射肋不呈粒状,毛较多…………………………丽肋绒贻贝 *G. splendida*

30. 珊瑚绒贻贝 *Gregariella coralliophaga*(Gmelin)(图版Ⅰ:3)

Mytilus coralliophagus: Gmelin, 1791, Syst. Nat., XIII: 3559.

Lithodomus divaricatus: Reeve, 1858: pl. V, fig. 34.

Modiolaria divaricata: Lischke, 1871: 148; Dunker, 1882: 225.

Mytilus semen: Clessin, 1889: 160, pl. 4, figs. 8–9.

Modiolaria (*Gregariella*) *coralliophaga*: Lynge, 1909: 141; Lamy, 1937: 42–45.

Modiola (*Gregariella*) *opifex*: Oldroyd, 1924: 70.

Trichomusculus divaricatus: 黑田德米, 1933: 136–137, fig. 142.

Botulina coralliophaga: 波部忠重, 1951: 56.

标本采集地 山东省青岛及日照外海，福建省东山，广西壮族自治区涠洲岛，海南岛海口外海、新盈，西沙群岛的金银岛、华光礁。

贝壳小，呈菱形，壳前端粗圆而后端尖细。壳长 15.2 毫米，高 7.8 毫米，宽 7.6 毫米。生长纹细、明显。放射肋前区细，中区无，后区近背缘呈粗粒状，而至体两侧者逐渐变细。壳表呈淡黄色而中部为浅褐色。贝壳后端部具有细绒毛。壳内面略显灰蓝色，壳内缘具有细缺刻。无铰合齿，肌痕不明显。韧带褐色、较粗。足丝孔略明显，足丝细软（图 21）。

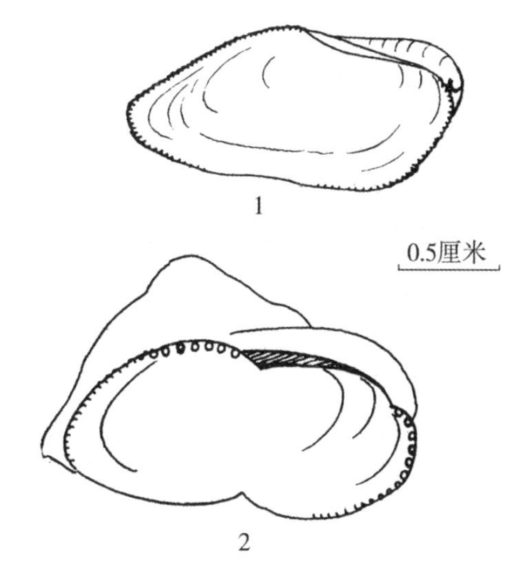

图 21 绒贻贝属各种壳形
1. 珊瑚绒贻贝；2. 丽肋绒贻贝

习性和地理分布 栖息在潮间带及潮下带 30 米以内的浅海，穴居于珊瑚礁或石灰石中。因软体部小，多不食用。日本房总半岛以南、菲律宾、西印度群岛、南美均有发现。

31. 丽肋绒贻贝 *Gregariella splendida* (Dunker)（图版 Ⅰ：13）

Volsella splendida Dunker, 1856: 365.

Modiola opifex: Reeve, 1857: pl. Ⅷ, sp. 39.

Lithodomus splendidus: Reeve, 1858: pl. Ⅴ, fig. 31.

Lithophaga opifex: Dunker, 1882: 26, pl. 6, fig. 16.

Modiolaria (*Gregariella*) *opifex*: Lynge, 1909: 140.

Modiolaria (*Gregariella*) *splendida*: Lamy, 1937: 45–49.

Botulina splendida: 波部忠重, 1951: 56.

Gregariella splendida: 波部忠重, 1977: 56.

标本采集地 福建省平潭。

壳小，形状与前种近似，但壳较粗短，壳后端较宽。壳长 16.5 毫米，高 8.5 毫米，宽 11.0 毫米。壳表黄毛多与泥混合，致使贝壳形成小舟形。壳质较坚厚，壳表呈淡褐色。放射肋细，一般近背缘者不呈粗粒状。贝壳内面略显浅灰色，韧带褐色，肌痕不明显。壳内缘具有细缺刻。足丝孔略明显（图 21）。

习性和地理分布 为少见种。我们的标本多发现在石灰石中。日本奄美大岛以南和暹罗湾有分布。本种在我国是首次记录。

毛肌蛤属 Genus *Trichomusculus* Iredale, 1924

Trichomusculus Iredale, 1924: 196.

Modiolaria arcuata Gould, 1861.

模式种 *Lithodomus barbatus* Reeve, 1858

壳较小，呈长椭圆形，壳后端较前端宽。放射肋在壳前、后区明显，中区无或弱。贝壳

表面具有黄毛。我国沿海发现有2种,其主要区别如下:

壳表中区无放射肋,毛细、分支少………………沟纹毛肌蛤 *Trichomusculus subsulcata*

壳表中区具细放射肋,毛分支多…………毛肌蛤 *T. barbatus*

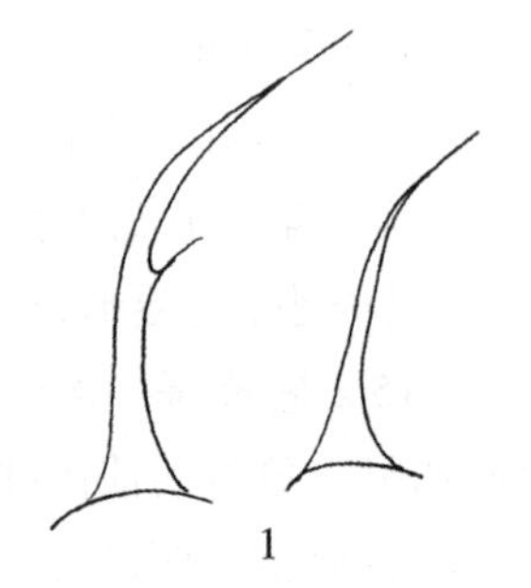

32. 毛肌蛤 *Trichomusculus barbatus* (Reeve)(图版Ⅰ:19)

Lithodomus barbatus Reeve, 1858: pl. 5, fig. 27.

Modiolaria barbata: Lamy, 1937: 41, 48, 192.

Trichomusculus barbatus: Iredale, 1939: 416; Laseron, 1956: 269, figs. 16–18.

标本采集地 海南岛新盈。

壳形小,壳表呈淡黄色,前端略呈蓝紫色,后端多呈褐色。壳长13毫米,高6.0毫米,宽6.0毫米。贝壳具细放射肋,前、后区放射肋粗,中区极细。壳后端具有丛厚的分支黄毛。生长纹细密、明显。足丝孔狭小(图22)。

地理分布 澳大利亚及中国海南岛有分布。为少见种。在我国是首次记录。

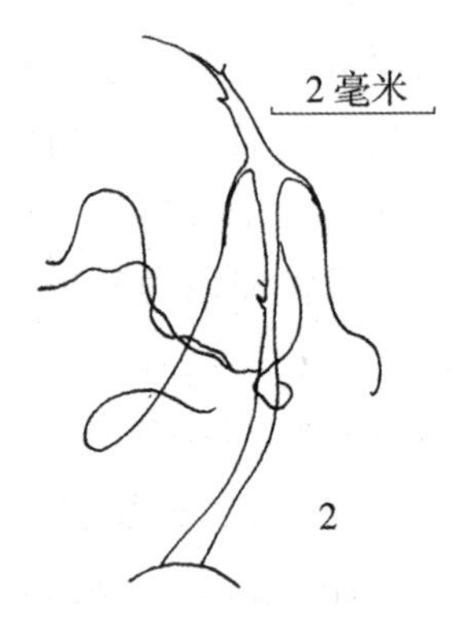

图22 贝壳表面的黄毛
1. 沟纹毛肌蛤;2. 毛肌蛤

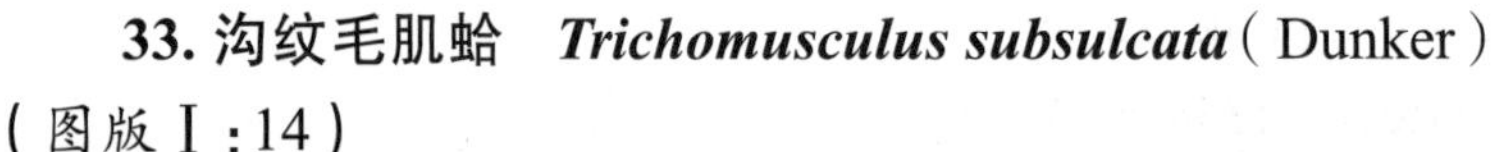

33. 沟纹毛肌蛤 *Trichomusculus subsulcata* (Dunker)(图版Ⅰ:14)

Volsella subsulcata Dunker, 1856: 364.

Modiola subsulcata: Reeve, 1857: pl. 8, fig. 47; Clessin, 1889: 113, pl. 28, figs. 7–8.

Modiolaria (*Gregariella*) *subsulcata*: Lamy, 1937: 38–39.

Brachydontes emarginatus: 张玺,等, 1960: 26–27, fig. 21. (non Reeve, 1858)(刻缘短齿蛤).

标本采集地 广西壮族自治区涠洲岛,广东省澳头、乌石,海南岛博鳌、新盈、新村、崖县。

贝壳略呈长形,较小。壳长25.4毫米,高11.5毫米,宽10.4毫米。壳表呈黄褐色,具光泽。生长纹细密,明显。壳前区放射肋少,中区光滑,后区肋多,约占整个壳面的2/3。贝壳内面韧带细,肌痕略显。壳内缘具细缺刻。壳表具有稀疏的细黄毛。外套薄,外套缘具有突起。水管较长,足丝细软(图22)。

习性和地理分布 以足丝固着生活在潮间带的泥沙滩或碎石上。分布于红海、吉布提、亚丁湾及中国南部沿海。

锯齿蛤属 Genus *Crenella* Brown, 1827

Crenella Brown, Illust. Conch. Great Brit., 1827: p. 31, figs. 12–14*.

Stalagmium Conrad, 1833.

Myoparo Lea, 1833.

Nuculecardia Orbigny, 1845.

模式种 *Crenella elliptica* Brown, 1827 = *Mytilus decussatus* Montagu, 1808

壳小,近椭圆形。壳顶约近中央。壳顶下有小齿,此小齿延至整个韧带上。全壳面被有细放射肋,有些放射肋具有分支。足细长,末端有较粗的顶。中国沿海发现1种。

34. 中华锯齿蛤(新种)*Crenella sinica* sp. nov.(图版Ⅰ:11)

正模标本 标本号:C90B-44a,壳长5.6毫米,高4.5毫米,宽3.4毫米,1959年12月6日采自黄海(东经123°,北纬33°30′)。

副模标本 标本号:C71B-43b(10个),1959年10月25日采自黄海(东经123°,北纬33°30′);C12A-15c(1个),1959年7月4日采自黄海(东经123°,北纬30°30′)。正、副模标本均保存在中国科学院海洋研究所。

壳小,略呈椭圆形。壳顶略偏向前端,壳腹缘略直而背缘弯。壳表呈淡黄或乳白色,具有淡褐色花纹。整个壳面被有极细的放射肋,此放射肋有的有明显分支。贝壳内面放射肋也较明显,壳顶下方具有小齿,韧带细长,其前、后方的小列齿渐次变成与壳面放射肋相对应的缺刻状壳缘。前闭壳肌细长,位于腹缘。后闭壳肌呈圆形。前足丝收缩肌极细小,后足丝收缩肌与后闭壳肌相连。足细长,末端具有较粗的顶,足丝极细软(图23)。

本新种与 *Crenella decussata* Montagu 有些相似,但有明显的差别。前者壳较大,略呈椭圆形,壳顶近前缘,壳两侧不等,壳表放射肋有的有分支,呈乳白或灰白色,且具淡褐色花纹;后者壳略近圆形,较小,壳顶近中央,壳两侧略等,壳表放射肋分支明显,壳呈灰褐色而无花纹。*C. decussata* 是分布在大西洋和太平洋北部的冷水种,而本新种则分布在黄海南部及东海北部,是一暖水性种。

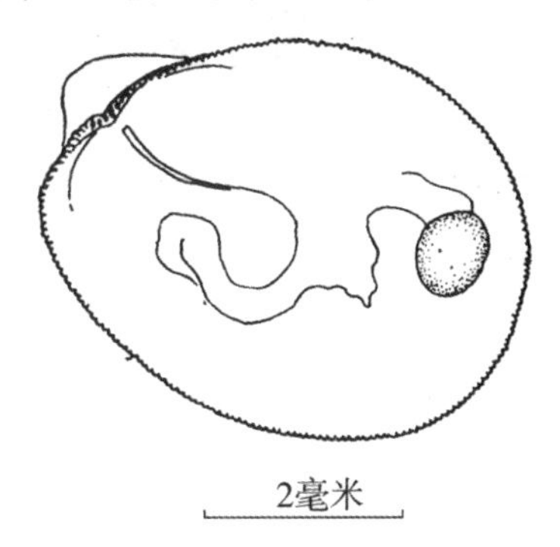

图23 中华锯齿蛤内部形态

习性及地理分布 以足丝附着生活在水螅或碎沙粒上。黄海及东海(北纬28°～34°,东经122°～124°),水深45～86米,泥沙或软泥底。

安乐贝属 Genus *Solamen* Iredale, 1924

Solamen Iredale, 1924:198

Crenella diaphana Dall, 1907.

模式种 *Solamen rex* Iredale, 1924

贝壳较薄脆,半透明。略呈球形,放射肋极细,壳内面周缘具有细缺刻,铰合部无齿,足较粗大。

35. 绢安乐贝 *Solamen spectabilis*(A. Adams)(图版Ⅱ:18)

Solamen spectabilis Adams, 1862: 228; Kuroda, 1971: 540, pl. 74, figs. 7, 8; 波部忠重, 1977: 57.

Solamen sacossericata 波部忠重, 1951: 48; 吉良哲明, 1971: 115, pl. 45, fig. 14.

标本采集地 黄海(从我国沿岸到东经 124°)水深 44 ~ 83 米,软泥底。

贝壳呈卵圆形,极凸,壳前端圆而后端略细。壳长 32.2 毫米,高 18.5 毫米,宽 19.8 毫米。壳呈灰白色。壳质极薄脆,半透明。两壳略等,壳两侧不对称。整个壳面被有细放射肋,生长纹密。铰合部无齿。韧带细,呈淡黄色。后闭壳肌小而圆,位于体后端。前、后足丝收缩肌皆较细小。足较粗大,呈棒状而末端膨大,略呈球形,外套薄,肛水孔不呈圆形。外套隔膜大而形状特殊,前端具小褶(图 24)。本种壳形略有变化,一般较小的个体略呈圆形,大个体则较长。

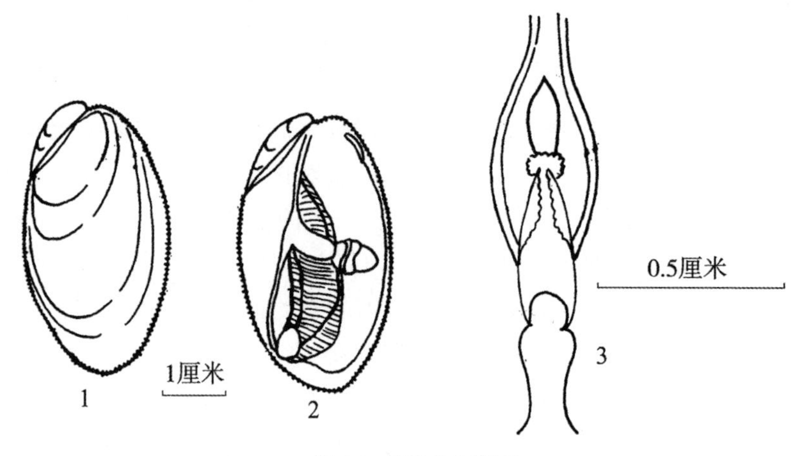

图 24 绢安乐贝形态
1. 贝壳内面;2. 软体部;3. 肛水孔及外套隔膜

地理分布 日本(本州、九州)、日本海、我国黄海及东海。本种在我国是首次记录。

艾达蛤属 Genus *Idasola* Iredale, 1918

Idasola Iredale, 1918: 340.

Idas Jeffrays, 1876.

模式种 *Idas argentens* Jeffrays, 1876

壳小、呈细长方形。壳顶偏向后缘,前缘圆。壳后端具有较长的细黄毛。贝壳内面呈灰蓝色,具光泽。壳顶下方具有白色带细刻纹的突起。本属在我国只发现 1 种。

36. 日本艾达蛤 *Idasola japonica* (Habe)(图版Ⅰ:12)

Idasola japonica Habe, 1976: 37, pl. 1, figs. 15, 16; 波部忠重,1977: 60; Kuroda & Habe, 1981: 51, pl. 4, fig. 2.

标本采集地 东海(东经 125°,北纬 26°20′),水深 550 米,软泥底。

壳小,略呈细长方形。壳长 9 毫米,高 4 毫米,宽 3 毫米。壳质薄脆,半透明。壳顶偏向背缘,壳前缘圆,腹缘略凹,背缘后端圆。壳表呈淡黄褐色,生长纹细密。贝壳后端的黄毛细长,不分支。贝壳内面呈浅灰蓝色,具光泽。铰合部无齿,壳顶下方具有白色细长突起,其上有细刻纹。韧带细长,呈褐色。后闭壳肌略近圆形,位于后背缘。水管较长,肛水孔大,鳃水孔略具小细褶。足丝细软(图 25)。

地理分布 为中、日共有种,日本本州有分布。本种在我国是首次记录。

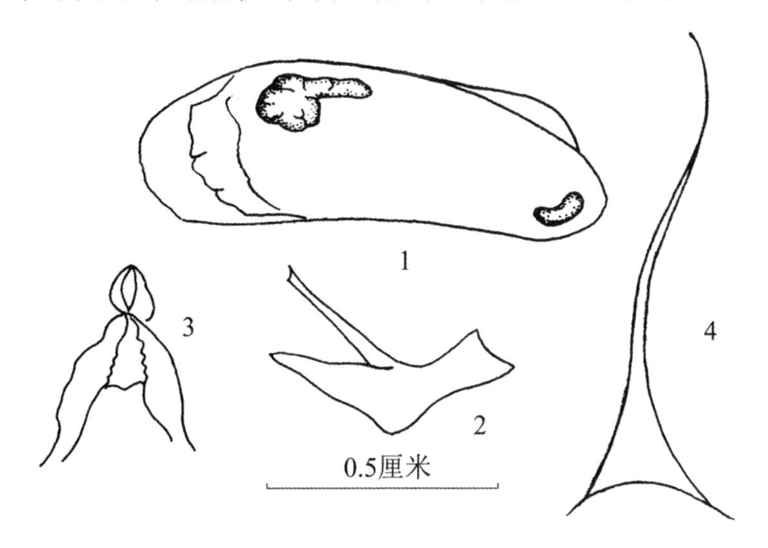

图 25 日本艾达蛤的形态
1. 软体部;2. 足;3. 肛水孔及外套隔膜;4. 毛

荞麦蛤属 Genus *Vignadula* Kuroda & Habe, 1971

Vignadula Kuroda & Habe, 1971: 549.

模式种 *Mytilus atratus* Lischke, 1871

贝壳小,呈三角形。壳顶近前端,壳表光滑,呈黑色。水管较长,鳃水孔处具有较发达的触手,生殖腺能分布到外套壁上。

37. 黑荞麦蛤 *Vignadula atrata* (Lischke)(图版Ⅱ:14)

Mytilus atrata Lischke, 1871: 146, pl. 10, figs. 4, 4a, 5, 5a; Dunker, 1882: 222; Clessin, 1889: 71–72, pl. 24, figs. 3–6.

Modiola atrata: Lischke, 1871: 173, pl. Ⅹ, figs. 4–5; 张玺 , 等 , 1936: 25–26, pl. 3, fig. 10.

Volsella atrata: 黑田德米 , 1932: 134; 张玺 , 等 , 1955: 40–41, pl. 9, fig. 3 (黑偏顶蛤).

Modiolus atrata: 张玺 , 等 , 1960: 34, fig. 28.

Vignadula atrata: 波部忠重 , 1971: 61, pl. 6, fig. 14.

标本采集地 我国沿海潮间带中、上区的岩石上。

壳小,呈三角形。壳长 15 毫米,高 7.3 毫米,宽 7.0 毫米。壳顶近前方,壳背缘弯,腹缘略直,后缘圆。壳表光滑,无放射肋,呈黑色。贝壳内面肌痕略显,韧带细长,无铰齿。后足丝收缩肌与后闭壳肌相连接。肛水孔小,圆孔状。鳃水孔具有发达的触手,并具黑色素,外套隔膜较小,边缘呈圆形。生殖腺成熟时分布到外套壁上(图 26)。

习性及地理分布 它以足丝固着在潮间带中、上区的岩石上,营群栖生活,有些个体附着生活在死藤壶中。为常见种,分布在日本及中国沿海。

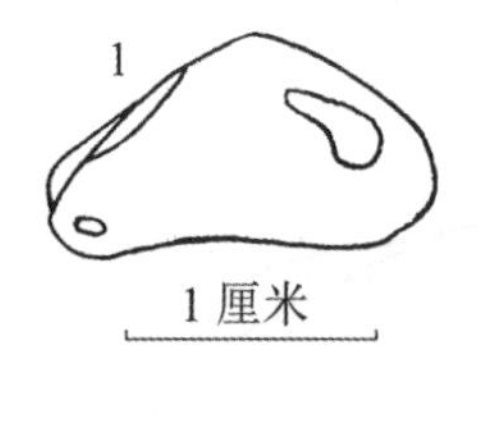

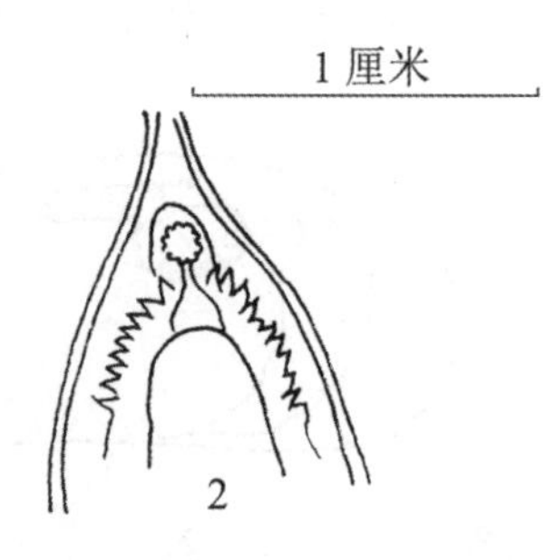

图 26 黑荞麦蛤形态
1. 肌痕位置；2. 肛水孔及外套隔膜

肠蛤属 Genus *Botula* Mörch, 1853

Botula Mörch, Cat. Conghyl. Yolde, 1853: 55*.

模式种 *Mytilus fuscus* Gmelin, 1791

壳呈褐色，壳表光滑具光泽。壳顶略弯，偏向背缘。前足丝收缩肌位于壳顶下的边缘上，后足丝收缩肌在较小的后闭壳肌上方留有一小肌痕。水管较长，鳃水管基部下方的外套隔膜有三个分支状的穗。由于有穴居石灰石的习性，对港湾建筑等有一定的危害。

38. 短壳肠蛤 *Botula silicula* (Lamarck) (图版 Ⅰ：8)

Modiola silicula Lamarck, 1819: 115.

Lithodomus cinnamoninus: Reeve, 1858: pl. 1, fig. 5.

Modiola cinnamomea: Fischer, 1871: 213; Lamy, 1920: 233.

Lithophaga fusca: Dunker, 1882: 25, pl. 6, figs. 8–9.

Lithodomus einnamomea: Crosse et Fischer, 1889: 291; Hedley, 1906: 464.

Lithodomus cinnamomea: Hedley, 1906: 464.

Lithodomus (*Botula*) *cinnamomea*: Lynge, 1909: 132; Prashad, 1932: 79.

Lithophaga (*Botula*) *cinnamonina*: Lamy, 1919: 348; Dautzenberg et Bouge, 1933: 436; Lamy, 1937: 179–184; 张玺，等，1960: 42–43, fig. 36 (肉桂石蛏) .

Botula cinnamomea: 黑田德米，1933: 141, figs. 148, 149.

Lithodomus (*Botula*) *cinnaminus*: Lamy, 1929: 204.

Botula silicula: 波部忠重，1951: 56, figs. 106, 107; 波部忠重，1977: 63, pl. 10, figs. 3, 4.

标本采集地 广西壮族自治区涠洲岛，广东省澳头、遮浪、汕尾、平海、乌石、硇洲岛，海南岛港北港、新盈、新村、崖县，西沙群岛华光礁。

贝壳短，呈圆柱状。壳长 28 毫米，高 11.6 毫米，宽 11.8 毫米。壳顶微有螺旋，腹缘略凹，后缘圆。壳表呈栗褐色，有的呈黄色或淡褐色，光滑具光泽。壳质较薄脆。后闭壳肌圆形，较小，与细小的后收缩肌相连接。外套缘光滑。无触手。水管较长，鳃水管的外套隔膜有三个分支枝的穗。生殖腺能分布到外套壁上。足小，具黑斑(图 27)。

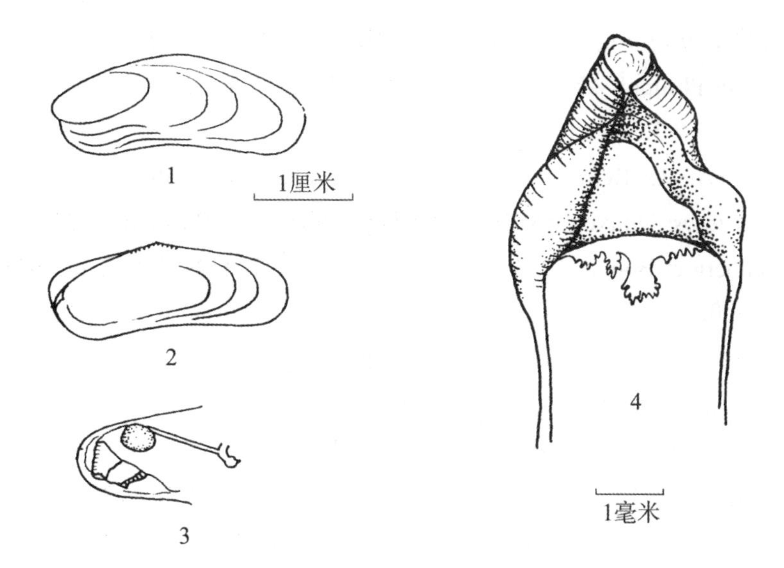

图 27 短壳肠蛤的形态
1. 贝壳外形；2. 贝壳内面；3. 闭壳肌及缩足肌；4. 肛水孔及外套隔膜

习性及地理分布 穿孔穴居于石灰石及珊瑚礁中，对海港建筑和某些贝类养殖有一定的危害。分布于日本的能登半岛、纪伊半岛以南，印度洋、大西洋热带海域。

石蛏属 Genus *Lithophaga* Röding, 1798

Lithophaga Röding, Mus. Bolten., 1798: 158*.

Lithophaga Megerle von Mühlfeld, 1811.

Lithodomus Cuvier, 1817.

Dactylus Lang, 1722, Klein, 1753, Mörch, 1861.

模式种 *Lithophaga mytiloides* Röding, 1798

壳呈柱状，壳表光滑或被以石灰质的外膜，外套缘光滑，外套缘内褶形成较明显的水管。前闭壳肌形长、较大，后闭壳肌小、圆形。足小，具有足丝沟(图28)。穴居于石灰石、珊瑚礁或其他贝壳中。这一属的种类由于能钻石穴居，对港湾建筑、珍珠贝养殖等有一定的危害。中国沿海发现有 4 个亚属 8 种。

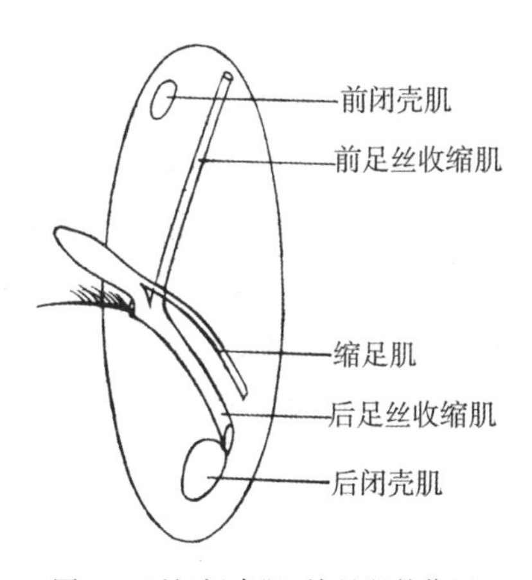

图 28 石蛏闭壳肌、缩足肌的位置

石蛏亚属 Subgenus *Lithophaga* Röding, 1798

贝壳表面无石灰质外膜，在我国发现有 2 种。

壳呈栗褐色……………………………………………………光石蛏 *Lithophaga* (*L.*)*teres*

壳呈黄色……………………………………………………………金石蛏 *L.* (*L.*) *zitteliana*

39. 光石蛏 *Lithophaga*（*L.*）*teres*（Philippi）（图版Ⅰ:1）

Modiola teres Philippi, Abbild. Conch., 1848: 148, pl. 1, fig. 3.

Lithodomus teres: Reeve, 1857: pl. 3, fig. 13.

Lithodomus gracilis: Reeve, 1858: pl. 1, fig. 4; Lynge, 1909: 136.

Lithophaga teres: Dunker, 1882: 13; Hedley, 1906: 464; Prashad, 1932: 77, pl. 2, figs. 38, 39; Dautzenberg et Bouge, 1933: 437; Lamy, 1937: 111–114; 波部忠重,1951: 57; 张玺，等,1960: 35–36, fig. 30.

Lithophaga lithoglypha: Clessin, 1889: 160, pl. 2, fig. 1.

Lithophaga malayena: 黑田德米, 1933: 143.

Lithophaga（*Lithophaga*）*teres*: 波部忠重, 1977: 61.

标本采集地 广西壮族自治区涠洲岛，广东省澳头，海南岛新盈、北黎、新村、崖县、清澜。

壳细长，呈柱状。壳长 81.8 毫米，高 21.3 毫米，宽 17.3 毫米。壳表光滑，褐色，生长纹明显。贝壳内面呈蓝灰色，肌痕不明显，无铰合齿。前闭壳肌小，位于腹缘。后闭壳肌大，椭圆形。足丝收缩肌细，水管较发达。

习性及地理分布 穴居于石灰石及珊瑚礁中，对海港建筑有危害。广布于印度–西太平洋区，我国海南岛分布较普遍。

40. 金石蛏 *Lithophaga*（*L.*）*zitteliana* Dunker（图版Ⅰ:20）

Lithophaga zitteliana Dunker, 1882: 226, pl. 14, figs. 1–2, 8–9; Dunker, 1882: 18, pl. 5, figs. 17–18; 黑田德米, 1932: 142, fig. 155; Lamy, 1937: 108–111; 波部忠重,1951: 57; 张玺，等,1960: 37, fig. 31; 吉良哲明, 1971: 116, pl. 45, fig. 13（漆氏石蛏）.

Lithophaga（*Lithophaga*）*zithophaga*: 波部忠重, 1977: 61.

标本采集地 广西壮族自治区涠洲岛，广东省南澳、宝安，海南岛新盈、北黎、崖县、清澜。

壳形与前种有些相似，但壳较高一些。壳长 61.4 毫米，高 18.0 毫米，宽 15.5 毫米。壳质薄、脆。壳表呈金黄色，生长纹及垂线较明显，具光泽。贝壳内面浅灰色，肌痕略显，韧带淡褐色，无铰合齿。后闭壳肌圆形，较小，水管较发达。

习性及地理分布 穴居于石灰石及珊瑚礁中生活，对港湾建筑有危害。分布在南太平洋、法国沿岸、日本本州以南及我国南部沿海。

膜石蛏亚属 Subgenus *Lieosolenus* Carpenter, 1856

贝壳表面被有石灰质外膜，外膜较光滑，不超出贝壳后缘。

41. 短石蛏 *Lithophaga*（*Leiosolenus*）*curta*（Lischke）（图版Ⅰ:18）

Lithophagus curtus Lischke, 1874: 112, pl. 9, figs. 14–17; Dunker, 1882: 226; Dunker, 1882: 18, pl. 6, figs. 2–3; 黑田德米, 1932: 142, fig. 159.

Lithophaga（*Leiosolenus*）*curta*: Lamy, 1937: 121; 波部忠重, 1951: 57, fig. 112; 张玺，等,1960: 39–40; Kuroda, 1971: 554, pl. 74, figs. 12, 13.

标本采集地 浙江省嵊山、石州塘、青浜、玉环，福建省霞浦、平潭、厦门、东山，广东省南澳、宝安。

贝壳前端圆而后端略细，壳表呈淡褐色，外被以石灰质外膜。外膜较光滑，除有生长纹外，无任何颗粒与花纹。一般壳长 40.5 毫米，高 11.2 毫米，宽 13.2 毫米。壳质薄，易碎。闭壳肌较小，收缩肌不发达，水管略长。

习性及地理分布 穴居于石灰石、珊瑚礁或贝壳中，对港湾建筑有危害。吉布提、亚丁湾、日本（从陆奥湾到冲绳）及我国东南沿海均有分布。

花膜石蛏亚属 Subgenus *Diberus* Dall, 1898

贝壳具有石灰质的外膜，外膜多数超出壳后缘。具有两个或多个自壳顶斜向壳后方的沟，沟中多为羽毛状花纹或呈粗粒状。该亚属自第三纪有记载，现生种发现在热带及亚热带海。

我国沿海发现 3 种，其主要区别如下：

1. 外膜超出壳后缘 3 毫米左右，呈羽状花纹………………羽膜石蛏 *Lithophaga* (*Diberus*) *malaccana*
   外膜不超出壳后缘，或略超出…………………………………………………………2
2. 壳中等大，后端宽，外膜呈粒状、规则……………………………锉石蛏 *L.* (*L.*) *lima*
   壳大，后端略窄，外膜具不规则的粒状………………………肥大石蛏 *L.* (*L.*) *obesa*

42. 羽膜石蛏 *Lithophaga*（*Diberus*）*malaccana* Reeve（图版Ⅰ：10）

Lithodomus malaccanus Reeve, 1857: pl. 4., fig. 20; Smith, 1885: 277; Melvill et Standen, 1906: 802; Lynge, 1909: 137.

Lithodomus subula Reeve, 1857: pl. 4, fig. 26.

Lithophaga subula Dunker, 1882: 21, pl. 5, figs. 11-13.

Lithophaga cavernosa Dunker, 1882: 7, pl. 2, figs. 5-6, pl. 5, figs. 15, 16.

Lithophaga reticulata Dunker, 1882: 19, pl. 5, figs. 9-10.

Lithophaga malaccana: Dunker, 1882: 20, pl. 5, fig. 1.

Lithophaga levigata Hedley, 1906: 464; Prashad, 1932: 78, pl. 2, figs. 42-43.

Lithophaga (*Diberus*) *malaccana*: Lamy, 1937: 127-128; 波部忠重, 1951: 58; 张玺, 等, 1960: 41-42, fig. 35（羽状石蛏）; 波部忠重, 1977: 62.

标本采集地 广西壮族自治区涠洲岛，广东省汕头、汕尾，海南岛新盈、北黎、新村、崖县，西沙群岛的琛航岛、金银岛、羚羊礁。

贝壳较细，圆柱状。壳长 23 毫米，高 10 毫米，宽 9 毫米。壳前端粗圆，后端较细。壳表淡褐色，外被以石灰质外膜。自壳顶斜向壳后端外膜呈羽毛状花纹，外膜超出壳后缘 4 毫米左右，但有的个体不很明显。从腹面观，超出壳外之石灰膜形成一长形的开孔（图 29）。

习性及地理分布 穴居于石灰石及珊瑚礁中。日本四国以南、中国南部沿海、新喀里多尼亚均有分布。

43. 锉石蛏 *Lithophaga*（*Diberus*）*lima*（Lamy）（图版Ⅰ:7）

Lithophaga nasuta Dunker, 1882: 5, pl. 1, figs. 5-6; pl. 2, figs. 7-8; 1932: 114, figs. 160-161 (non Phil. 1847, nec Reeve 1857).

Dactyplus lima Lamy, 1919: 257.

Lithophaga (*Leiosolenus*) *lima* Lamy, 1937: 119-120; 波部忠重，1951: 57; 张玺，等，1960: 40-41, fig. 34.

Lithophaga (*Diverus*) *lima*: 波部忠重，1977: 62.

标本采集地 福建省东山，广西壮族自治区涠洲岛，广东省南澳、宝安，海南岛新盈。

贝壳中等大，前端圆而后端较宽。壳长 38.5 毫米，高 14.5 毫米，宽 12 毫米。石灰质外膜在壳后端呈放射状花纹，略超出壳后缘。收缩肌较小，前闭壳肌小，后闭壳肌大，略呈椭圆形。鳃水管具褶，较长。足细长。本种外膜花纹有变化，有的个体外膜不完整（图 29）。

习性及地理分布 穴居于石灰石及珊瑚礁中。吉布提、亚丁湾、日本纪伊半岛以南及我国福建、广东、广西沿海均有分布。

44. 肥大石蛏 *Lithophaga*（*Diberus*）*obesa*（Philippi）（图版Ⅰ:4）

Modiolus (*Lithophagus*) *obesa* Philippi, 1847: 118.

Lithodomus obesus: Reeve, 1858: pl. 1, fig. 6.

Lithophaga obesus: Dunker, 1882: 6, pl. 1, figs. 9–10; pl. 3, figs. 1–2; 黑田德米，1932: 144.

Lithophaga (*Leiosolenus*) *obesa*: Lamy, 1937: 118–119; 波部忠重，1951: 57; 张玺，等，1960: 38–39, fig. 32.

标本采集地 广西壮族自治区涠洲岛，海南岛新盈、崖县。

贝壳较大，壳长 64.5 毫米，高 21.8 毫米，宽 15.8 毫米。壳前、后两端较细，背缘及腹缘略向外突出。壳质薄、脆，呈淡褐色。石灰质外膜在壳后端呈不规则的粗粒状。水管长，具有褐色素。外套缘较厚，呈褐色。足小、棒状，具足丝沟。软体部肥厚（图 29）。

习性及地理分布 穴居于珊瑚礁中。暖水种，分布于印度 – 西太平洋区。

光膜石蛏亚属 Subgenus *Stumiella* Soot-Ryen, 1955

壳表具石灰膜，自壳顶斜向后腹缘形成一坚硬的三角带。石灰膜超出壳后缘，且在背、腹面有一明显的圆孔。本亚属在我国发现有 2 种。

壳大，石灰膜硬、光滑……………………………硬膜石蛏 *Lithophaga* (*Stumpiella*) *lithura*

壳小，石灰膜不光滑………………………杯石蛏 *Lithophaga* (*Stumpiella*) *calyculatus*

45. 硬膜石蛏 *Lithophaga* (*Stumpiella*) *lithura* (Pilsbry)（图版Ⅱ:16，17）

Lithophaga lithura Pilsbry, 1905: 119, pl. 5, figs. 37–39.

Lithophaga (*Labis*) *lithura*: Lamy, 1937: 179.

Lithophaga (*Doliolabis*) *lithura*: 波部忠重，1951: 58, 波部忠重，1977: 62.

Lithophaga (*Stumpiella*) *lithura*: Kuroda & Habe, 1981: 53.

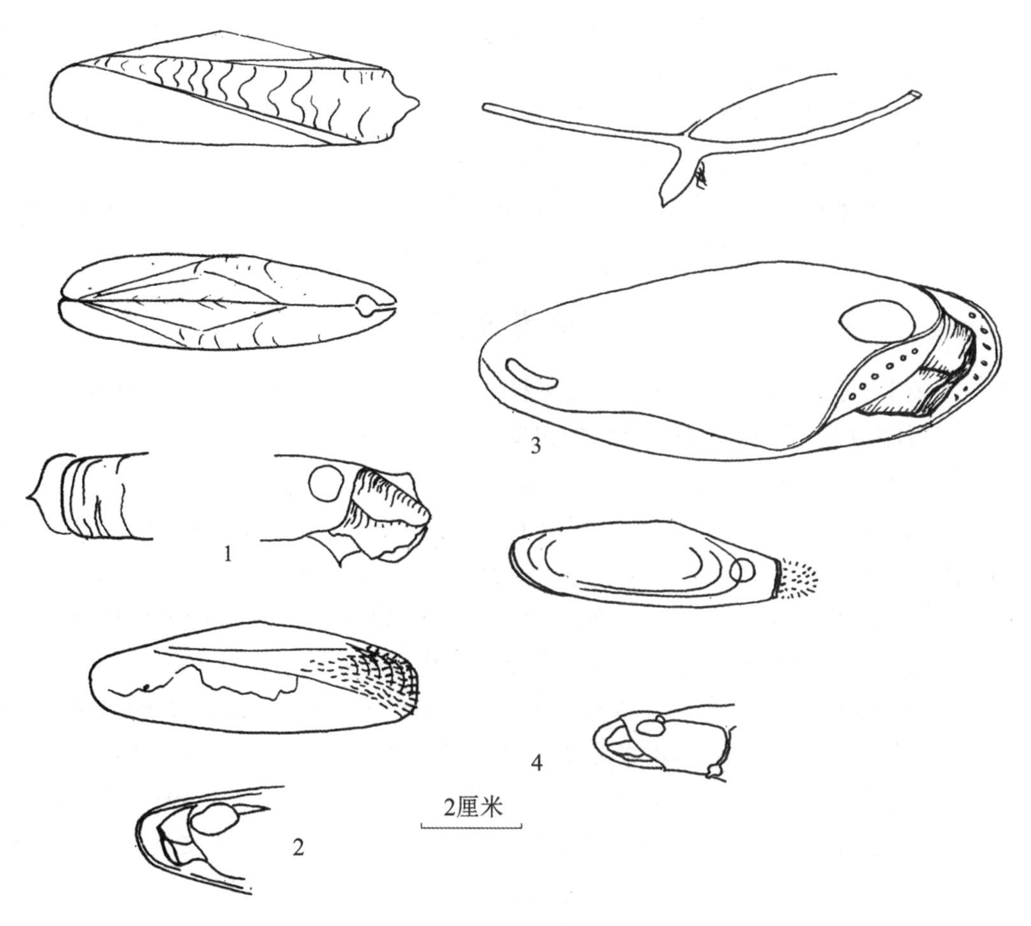

图 29 石蛏属各种形态
1. 硬膜石蛏外形及水管；2. 锉石蛏外形及水管；3. 肥大石蛏足及水管；4. 羽膜石蛏肌痕及水管

标本采集地 海南岛北黎、新村，西沙群岛的赵述岛、永兴岛、东岛、金银岛、广金岛、羚羊礁。

贝壳呈细圆柱状，前端圆，后端略细。壳长 38 毫米，高 13.2 毫米，宽 11.5 毫米。石灰质膜光滑、坚硬，突出于壳后缘，且于壳背面和腹面形成一个相通的圆孔，有些个体因石灰质膜脱落而孔多不完整。壳表呈淡黄褐色，贝壳内面呈淡灰蓝色，具光泽。韧带短，黄褐色。前闭壳肌形长，位于前腹缘。后闭壳肌近圆形，位于壳后端。收缩肌小，外套缘厚，水管较发达。足细，蠕虫状，具足丝沟（图 29）。

习性及地理分布 穴居于石灰石、珊瑚礁及贝壳中。生长数量大，在海港建筑及某些贝类养殖时应特别注意。日本（从纪伊半岛至冲绳）及中国南部沿海有分布。

46. 杯石蛏 *Lithophaga* (*Stumpiella*) *calyculatus* (Carpenter)（图版 Ⅰ：22）

Lithophaga calyculatus Carpenter, Cat. Reigen Coll. Mazatlan Moll., 1856: 124–125*.

Lithophaga (*Stumpiella*) *calyculatus* Soot-Ryen, 1955: 93–94, pl. 10, figs. 61–63.

标本采集地 广东省大亚湾，海南岛新盈，西沙群岛的晋卿岛、珊瑚岛、琛航岛。

贝壳小，呈柱状或杯状。壳长 9.8 毫米，高 4.7 毫米，宽 4.2 毫米。壳质极薄、脆。壳表呈淡黄色或淡褐色，外被以石灰质薄膜。此外膜无花纹和颗粒，但也不光滑，一般超出贝壳的后缘，而于壳背缘和腹缘形成一个相通的圆孔。多数个体外膜易脱落，孔多不完整。贝壳内面呈浅灰蓝色，肌痕不明显，无铰合齿。

习性及地理分布 穴居于珊瑚礁、石灰石及某些贝壳中，对珍珠贝的养殖和海港建筑有害。暖水种，北澳大利亚及东太平洋暖水区均有分布。

参考文献

[1] 王祯瑞 . 贻贝的形态习性和我国习见种类 . 动物学杂志，1959，7（2）：60–62.

[2] 李国藩 . 广东汕尾海产软体动物的初步调查报告 . 中山大学学报，1956，2：74–91.

[3] 吴宝华 . 浙江舟山蛤类的初步报告 . 浙江师范学院学报，1956，2：302–305.

[4] 张玺，相里矩 . 胶州湾及其附近海产食用软体动物之研究 . 北研动物汇刊，1936,16：23–25.

[5] 张玺，齐钟彦，李洁民 . 中国北部海产经济软体动物 . 科学出版社，1955：36–41.

[7] 张玺，等 . 南海的双壳类软体动物 . 科学出版社，1960：18–43.

[7] 张玺，齐钟彦，等 . 中国经济动物志海产软体动物 . 科学出版社，1962：90–104.

[8] 黑田德米 . 日本有壳软体动物总目录 . 贝类学杂志，第三卷，1931–1933：126–134.

[9] 黑田德米 . 日本有壳软体动物总目录 . 贝类学杂志，第四卷，1933–1934：136–140.

[10] 波部忠重 . 日本产贝类概说，斧足纲（二枚贝类）. 第一册，贝类文献刊行会，1951：47–58.

[11] 波部忠重 . 尻岸内临海实验所近海的生物相 .2 册，北海道尻岸内附近の贝类相（1）斧足纲（二枚纲）. 北海道，1960：3–4.

[12] 波部忠重 . 日本产软体动物分类学，二枚贝纲，掘足纲 . 北隆馆，1977：50–63.

[13] 吉良哲明 . 原色日本贝类図鑑 . 保育社，1971：115–116.

[14] Abbott R T. American seashells. New York,1954：349–357.

[15] Adams H & A. The genera of recent Mollusca, arranged according to their organization. vol. 2. London,1858: 511–519.

[16] Annandale T N & B. Prashad. Report on a small collection of molluscs from the Chekiang Province of China. *Proc. Malac. Soc. London*, 1924–1925,16: 41.

[17] Adams A. On some new species of Acephalous mollusca from the Sea of Japan. *Ann. Mag. Nat. Hist. Ser.*,1862,3,9(51): 223–230.

[18] Barnard K H. Contribution to the knowledge of South African marine mollusca. Part. Ⅴ. Lamellibranchiata. *Ann. S. Afr. Mus,* 1964,47: 390–406.

[19] Benson M S. General features of Chusan, with remarks on the flora and fauna of that island. *Ann. Mag. Nat. Hist*,1842, 9: 486–490.

[20] Clessin S. Mytilacea in Martini F. H. W. and J. H. Chemnitz: Systematisches Conchylion-Cabinet. Nürnberg. 1889, 8(3): 1–170, pls. 1–36.

[21] Cox L R, Newell N D, et al. Systematic descriptions, In Moore, R. C. (Edit.): Treatise on invertebrate paleontology. Part. N. Mollusca, 6. Bivalvia. Gelo. Soc. of America, 1969, N271–280.

[22] Crosse M H. Description d'èspèces nouvelles de la Guadeloup. *Journ. de Conchyl*, 1863, 11: 89–90, pl. 1, fig. 8.

[23] Crosse H, Fischer P. Note sur la faune conchyliologique marine de l'Annam. *Journ. de Conchyl.*, 1889, 38: 291.

[24] Crosse H, Fischer P. Note sur les mollusques marins du Golfe. *Journ. de Conchyl.*, 1892, 11: 75.

[25] Dall W H. Diagnoses of new species of marine bivalve mollusks from the northwest coast of America in the collection of the United States National Museum, *U. S. Nat. Mus. Proc.*, 1916, 52: 393–417.

[26] Dall W H, Bartsch P, Rehder H A. A manual of the recent and fossil marine pelecypod mollusks of the Hawaiian Islands. *Bernice P. Bishop Mus. Bull,* 1938, 153: 42–60, pls. 7–15.

[27] Dautzenberg P, Fischer H. Contr. faune malac. Indo-China. *Journ. de Conchyl*, 1906, 54: 211–213.

[28] Dautzenberg P, Fischer H. Liste des mollusques recoltes par M. H. Mansuy en Indo-Chine et au Yunnan et description d'especes Nouvelles. *Journ. de Conchyl*, 1905, 53: 450–451.

[29] Dautzenberg P, Bouge J L. Les mollusques testacés marins des etablisments Francais de L'océanie. *Journ. de Conchyl*, 1933, 77: 434–437.

[30] Dautzenberg P. Moll. Test Mar. Madagascar. Paris, 1929: 569–573.

[31] Debeaux O. Notice sur la Malacologie de quelques points du littoral de l'empire chinois. *Journ. de Conchyl*, 1863, 11: 239–252.

[32] Dunker W. Mytilacea nova collectionis cumingianae descripta a giul. *Zool. Soc. London Proc*, 1856, 24: 358–366.

[33] Dunker G. Index Molluscorum maris Japonici. Casselis cattorum, 1882: 221–228, pls. 10–14.

[34] Dunker W. Die Gattung *Lithophaga*. In Martini, F. H. W. und J. H. Chemnitz: Systemisches Chonchylien-Cabinet. Nürnberg. 1882, 8(3a): 1–32, pls. 1–6.

[35] Fischer P. Faune conch. Suez. *Journ. de Conchyl,* 1871 , 19: 213.

[36] Fischer P. Manuel de Conchy. et de Paliontologie Conchyliologique. Paris, 1887: 965–971.

[37] Fleming C A. Notes on New Zealand recent and tertiary mussels (Mytilidae). *Trans. Roy. Soc. N. Z*,1959,87(1/2): 165–178.

[38] Forbes E, Hanley S. A history of British mollusca and their shells. vol. 2. London, 1853: 162–213, pls. Q 44–48.

［39］ Gould A A. Description of new shells collected by the North Pacific Exploring Expedition. *Proc. Boston Soc. Nat. Hist*, 1861, 8: 14–40.

［40］ Grabau A W, King S G. Shells of Peitaiho. Peking, 1928: 169–172.

［41］ Gray J E. On a new genus of Mytilidae, and on some distorted forms which occur among Bivalve shells. *Zool. Soc. London Proc*,1858,26: 90–92.

［42］ Habe T. Shells of the Western Pacific in colour. vol. 2. Koikusha, 1964: 166–168, pl. 50.

［43］ Habe T. Eight new Bivalves from Japan. *The Japanese journal of Malacology*, 1976, 35(2): 37.

［44］ Hanley S. Discription of new species of Mytilacea. *Proc. Zool. Soc. London,* 1844, 12: 14–18.

［45］ Hedley C. The mollusca of Mast Head Reef. *Proc. Linn. Soc. N. S. Wales*, 1906, 31: 464.

［46］ Ihering H. On the South American species of Mytilidae. *Malacol. Soc. London Proc*, 1900, 4: 84–98.

［47］ Iredale T. On some invalid molluscan generic names. *Malacol. Soc. London Proc*, 1914,11(3): 170–173.

［48］ Iredale T. Results from Roy Bell's molluscan collections. *Linn. Soc. New South Wales Proc*, 1924, 49(3): 195–198, pls. 33, 35.

［49］ Iredale T. Mollusca, Part 1. In British Museum (Nat. Hist): Great Barrier Reef Expedition. *Sci. Rpts*, 1939,5(6): 409–425, pl. Ⅵ.

［50］ Iredale T. Notes on the names of some British marine mollusca. *Malacol. Soc. London Proc*, 1915, 11(6): 329–340.

［51］ Jeffreys G. British conchology. vol. Ⅱ. London, 1863: 102–137.

［52］ Jeffreys G. *ibid*, 1869, 5: 171–172, pl. 27–28.

［53］ Jukes-Browne A J. A review of the genera of the Family Mytilidae. *Malacol. Soc. London Proc*, 1905, 6: 211–224.

［54］ Kuroda T. A catalogue of molluscan shells from Taiwan (Formosa), with descriptions of new species. *Memoir of the Faculty of Science Agriculture Taihoku Imperial University,* 1941, 22 (4): 151–153.

［55］ Kuroda T. The Sea Shells of Sagami Bay. Tokyo, 1971: 541–555, pls. 72–74, 117.

［56］ Kuroda T, Habe T. Nomenclatural notes. *Illust. Cataloque Japanese*, 1950, 4: 30.

［57］ Kuroda T, Habe T. A catalogue of molluscs of Wakayama Prefecture, the Province of KII. 1. Bivalvia, Scaphopoda and Cephalopoda. Kyoto, Japan,1981: 44–54, pls. 1–4.

［58］ Knudsen J. The deep sea bivalvia, *Scient. Rep. John Murray Exped*,1967,11(3): 269–272.

［59］ Knudsen J. Scientific results of the Danish Deep-Sea Expedition round the world 1950–1952. *Galathea Report*, 1970, 2: 92–94.

［60］ Lamy E. Les Moules et les Modioles de la Mer Rouge (d'après les Materiaux recucillis par M. le Dr. Jousseaume). *Paris. Mus. Nat. d'Hist. Nat. Bull*,1919,25: 40–45, 109–114,

173–178.
[61] Lamy E. Les Lithodomus de la Mer Rouge (d'après les Materiaux recueillis par M. le De Jousseaume). *ibid*, 1919, 25: 252–348.
[62] Lamy E. Notes sur les éspèces de *Mytilus* decrites par Lamarck. *ibid*, 1920, 26: 330–335, 415–422, 520–526.
[63] Lamy E. Notes sur les éspèces tanges par Lamarck dans son genre *Modiola*. *ibid*, 1920, 26: 61–67, 148–154, 231–238.
[64] Lamy E. Notes sur quelques Lamellibranches de la Martinique. *ibid*, 1929, 35: 201–208.
[65] Lamy E. Quelques notes sur la *Lithophaga* chez les Gasteropodes. *Journ. de Conchyl*,1930,74(1): 1–34.
[66] Lamy E. Revison des Mytilidae vivantes de Museum National d'Histoire Naturelle de Paris. *ibid*, 1936–1937, 80: 66–102, 107–108, 229–295, 307–363; 81: 5–71, 99–132, 167–197.
[67] Lamarck J. Histoire Naturelle des Animaux sans Vertebres. vol. 6. Paris, 1819: 108–128.
[68] Laseron C F. New South Wales mussels. A taxonomic review of the family Mytilidae from the Peronian Zoogeographical Province. *Aust. Zool*,1956,12(3): 263–283, figs. 1–52.
[69] Linnaeus C. Systema Naturae per Regna Tria Naturae. vol. 1. ed. 10. Holmiae, 1758: 704–706.
[70] Linnaeus C. Systema Naturae per Regna Tria Naturae. vol. 1. ed. 12, Holmiae, 1767: 2, 1158.
[71] Lischke C E. Diagnosen neuer Meers-Konchylien von Japan. *Malakozool. Blätter*, 1868, 15: 218–222.
[72] Lischke C E. Japan. Meer. Conch. vol. 1. Cassel, 1869: 150–159, pl. Ⅹ.
[73] Lischke C E. Japan Meer. Conch. vol. 2. Cassel, 1871: 145–152; 173, pl. Ⅹ.
[74] Lischke C E. Japan Meer. Conch. vol. 3. Cassel, 1874: 109–112, pl. Ⅸ.
[75] Lynge H. Danish Exp. Siam Mar. Lamellibr. *Mem. Acad. R. Zett. Danemark*. S. 7, 1909, 4: 129–141.
[76] Martens E V. Binnen-Mollusken aus dem mittlern China. *Malakozool. Blä*,1875, 22: 186.
[77] Melvill J C, Standen R. Moll. Persian Gulf. *Proc. Zool. Soc. London*, 1906: 799–802.
[78] Morlet L. Coq. rec. Pavie Siam. *Journ. de Conchyl*, 1889, 37: 161.
[79] Moore H B. On "Ledging" in Shells at port Erin. *Malac. Soc. London Proc*, 1934, 21: 213–216, pl. 22.
[80] Newcomb M D. Descriptions of new species of marine mollusca. *American Journal of Conchology*, 1869, 5: 163–164, pl. 17.
[81] Oldroya I S. The marine shells of the west coast of North America. *Standford Univ. Pubs. Univ. ser. Geol. Sci*, 1924, 1(1): 65–81.

［82］ Pelseneer P. Les Lamellibranches de Expedition du Siboga. Partie anatomique. *Siboga-Expeditie. Mon*, 1911, 53a: 16.

［83］ Philippi R A. Testaceorum novorum centuria. *Ztschr. f. Malakozool*, 1847, 4: 71–77; 84–96; 113–127.

［84］ Pilsbry H A. New Japanese marine mollusca. Pelecypoda. *Proc. Acad. Nat. Sc. Philad*, 1905, 57: 119, pl. Ⅴ, figs. 37–39.

［85］ Prashad B. Pelecypoda of the Siboga Expedition. *Siboga-Expeditie. Mon. Leiden,* 1932, 53c: 66–81, pl. 11.

［86］ Recluz M. Description d'une éspèce nouvelle du genre Moule (*Mytilus*) Linn. *Journ. de Conchyl*, 1852, 3: 159, pl. 8.

［87］ Reeve L A. Conchologia Iconica, or illustrations of the shells of Molluscous Animals. vol. 10, *Mytilus, Modiola, Lithodomus.* London, pls, 1856–1858, 1/11; 1–10; 1–5.

［88］ Soot-Ryen T. A report on the family Mytilidae. *Allan Hancock Pacif. Exped,* 1955, 20(1): 1–174, pls. 1–10.

［89］ Soot-Ryen T. Some nomenclatural changes in the family Mytilidae. *Malacol. Soc. London Proc*,1962,35(4): 127–128.

［90］ Smith E A. Report on the Lamellibranchiata collected by H. M. S. Challenger during the years 1873–1875. in Report on the Scientific Results of the Voyage of H. M. S. Challenger during the years, 1885, 1873–1876, *Zool.* 13: 271–282, pls. 16–17.

［91］ Smith E A. On a collection of marine shells from Aden, with some remarks upon the relationship of the Molluscan Fauna of the Red Sea and the Mediterranean. *Proc. Zool. Soc. London,* 1891 : 390–399.

［92］ Smith E A. Natural history notes from R. I. M. S., "Investigator"...S. 3. No. 10. On mollusca from the Bay of Bengal and the Arabian Sea. *Ann. and Mag. Nat. Hist. s*, 1906, 7, 18(106): 254–256.

［93］ Thiele J. Handbuch der Systematischen Weichtierkunde. vol. 2. Jena, 1935: 797–801.

［94］ Talavera T , Faustino L A. Edible mollusks of Manila, The Philippines. *Journ. of Science Manila*, 1933, 50: 22–24, pls. 11–13.

［95］ Vaillant L. Rech. faune Malac.Suez. *Journ. de Conchyl.* 1865,13: 114–115.

［96］ White K M. *Mytilus,* Liverpool Univ. Marine Biol. Sta., Port Erin. Mem. 31. London, 1937: 1–117, pls. 1–10.

［97］ Ziegelmeier van E. Die Muscheln (Bivalvia) der deutschen Meeresgchiete (Systematik) und bestimmung der heimischen Arten nach ihren schalemnerkmalen helgolarder Wissenscha-fthch Meeresuntersuchungen harausgaben von der Biologischen Anatolt Helgolond. Band, 1957, 6(1): 8–9.

［98］ Скарлато О А. Двустворчатые моллюски Dysodonta. Ленинград, стр, 1960 : 59–97.

STUDY OF CHINESE SPECIES OF THE FAMILY MYTILIDAE (MOLLUSCA, BIVALVIA)

Wang Zhenrui, Qi Zhongyan
(*Institute of Oceanology, Academia Sinica*)

ABSTRACT

In the present article, a study of Chinese species of the family Mytilidae was made. The materials studied were collected by the Institute of Oceanology, Academia Sinica during 1950-1976. A total of 46 species belonging to 18 genera were identified, of which one species is new to science, 13 species are recorded for the first time from Chinese waters.

The species studied are enumerated as follows:

1. *Mytilus edulis* Linnaeus
2. *Mytilus coruscus* Gould
3. *Perna viridis* (Linnaeus)
4. *Stavelia subdistorta* (Recluz)
5. *Trichomya hirsuta* (Lamarck)
6. *Hormomya mutabilis* (Gould)
7. *Septifer bilocularis* (Linnaeus)
8. *Septifer excisus* (Wiegmann)
9. *Septifer virgatus* (Wiegmann)
10. *Modiolus* (*Modiolus*) *modiolus* (Linnaeus)
11. *Modiolus* (*Modiolus*) *comptus* Sowerby
12. *Modiolus* (*Modiolus*) *philippinarum* (Hanley)
13. *Modiolus* (*Modiolus*) *metcalfei* Hanley
14. *Modiolus* (*Modiolus*) *auriculatus* (Krauss)

*15. *Modiolus* (*Lioberus*) *plicatus* (Lamarck)

16. *Modiolus* (*Lioberus*) *vagina* (Lamarck)

17. *Modiolus* (*Lioberus*) *elongatus* (Swainson)

*18. *Modiolus* (*Lioberus*) *flavidus* (Dunker)

19. *Amygdalum watsoni* (Smith)

*20. *Amygdalum peasei* (Newcomb)

*21. *Amygdalum soyoae* Habe

22. *Limnoperna fortunei* (Dunker)

23. *Musculus senhousei* (Benson)
24. *Musculus japonica* (Dunker)
*25. *Musculus nigra* (Gray)
*26. *Musculus marmoratus* (Forbes)
*27. *Musculus cumingiana* (Dunker)
*28. *Musculus mirandus* (Smith)
*29. *Musculus nanus* (Dunker)
30. *Gregariella coralliophaga* (Gmelin)
*31. *Gregariella splendida* (Dunker)
*32. *Trichomusculus barbatus* (Reeve)
33. *Trichomusculus subsulcata* (Dunker)
34. *Crenella sinica* sp. nov.
*35. *Solamen spectabilis* (A. Adams)
*36. *Idasola japonica* Habe
37. *Vignadula atrata* (Lischke)
38. *Botula silicula* (Lamarck)
39. *Lithophaga* (*Lithophaga*) *teres* (Philippi)
40. *Lithophaga* (*Lithophaga*) *zitteliana* Dunker
41. *Lithophaga* (*Leiosolenus*) *curta* Lischke
42. *Lithophaga* (*Diberus*) *malaccana* Reeve
43. *Lithophaga* (*Diberus*) *lima* (Lamy)
44. *Lithophaga* (*Diberus*) *obesa* (Philippi)
45. *Lithophaga* (*Stumpiella*) *lithura* Pilsbry
46. *Lithophaga* (*Stumpiella*) *calyculatus* (Carpenter)

The species marked with an asterisk are recorded for the first time from China.

Crenella sinica sp. nov.

Holotype C90B–44a: Length 5.6 mm, height 4.5 mm, breadth 3.4 mm, collected from Yellow Sea (123°E, 33°30′ N) on Dec. 6, 1959.

Paratypes C71B–43b: collected from Yellow Sea (123°E, 33°30′ N) on Oct. 25, 1959, 10 specimens; C12A–15c: collected from Yellow Sea (123°E, 45°N) on July 4, 1959, one specimen; C189–18d: collected from Yellow Sea (123°E, 30°N) on Apr. 22, 1959, two specimens.

Holotype and paratypes are deposited in the Institute of Oceanology, Academia Sinica.

Description Shell small, elliptical, inequilateral, umbo nearer to the anterior end. Ventral margin straight, dorsal margin curved. Shell yellowish or milk-white, sometimes with pale brown stripes, radial ribs fine, sometimes with an additional second rib. Hinge crenulated. Ligament thin and long. Anterior muscle scar narrow, elongate, situated near the ventral margin. Posterior muscle scar rounded. Anterior retractor muscle scar of foot small, posterior retractor muscle scar of foot united with posterior adductor muscle scar. Foot slender, with stout end, byssus soft and long (Fig. 23).

This new species is related to *Crenella decussata* Montagu, but it differs from the latter by the larger, inequilateral and elliptical shell, the milk-white colour, with pale brown stripes and by the fine radial ribs which sometimes with additional ribs. Furthermore, *Crenella decussata* is a cold water species distributed in north Atlantic and Pacific, whereas *Crenella sinica* is a warm water species occurred only in the south part of the Yellow Sea and the north part of the East China Sea.

图版 I

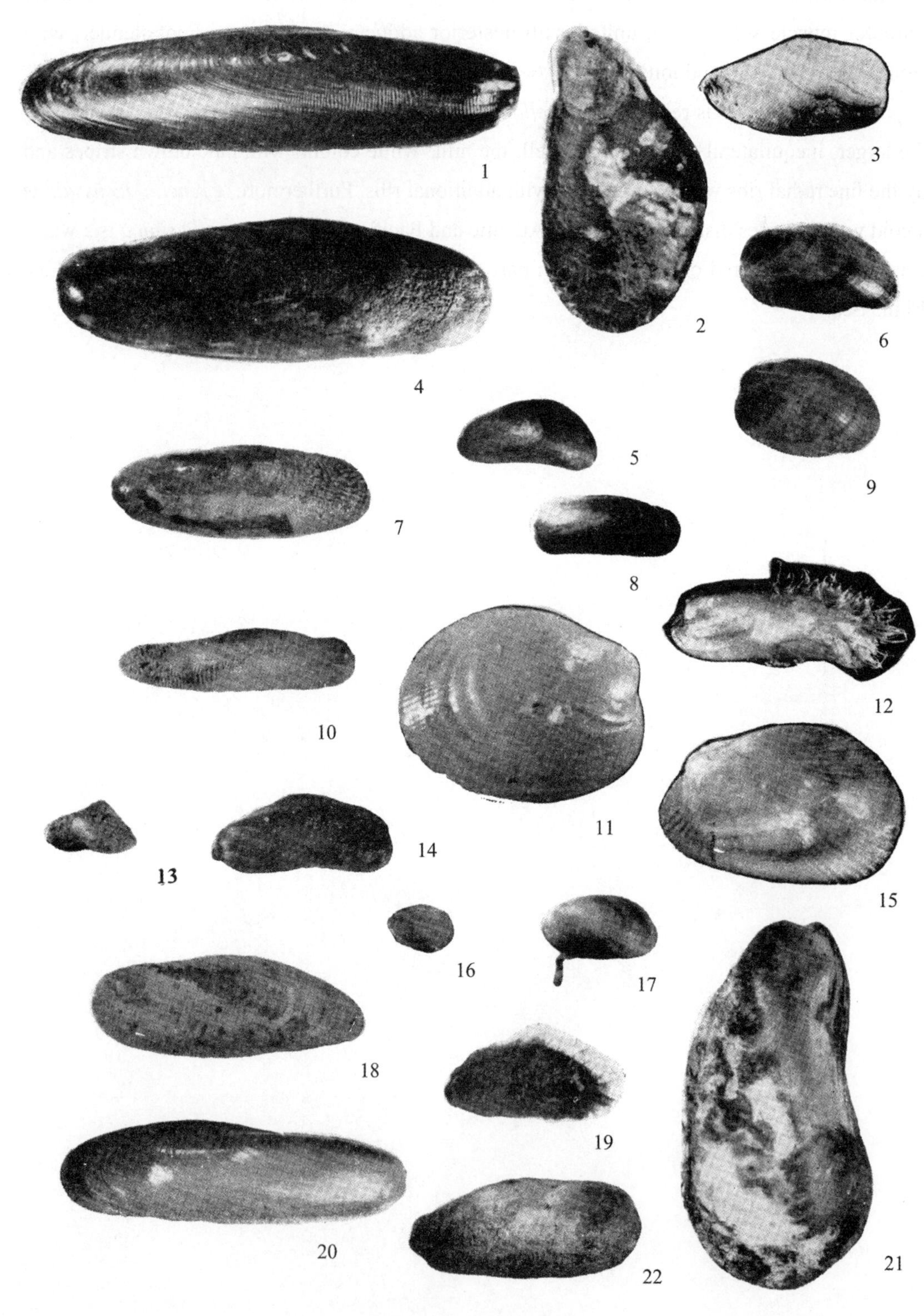

图版Ⅱ

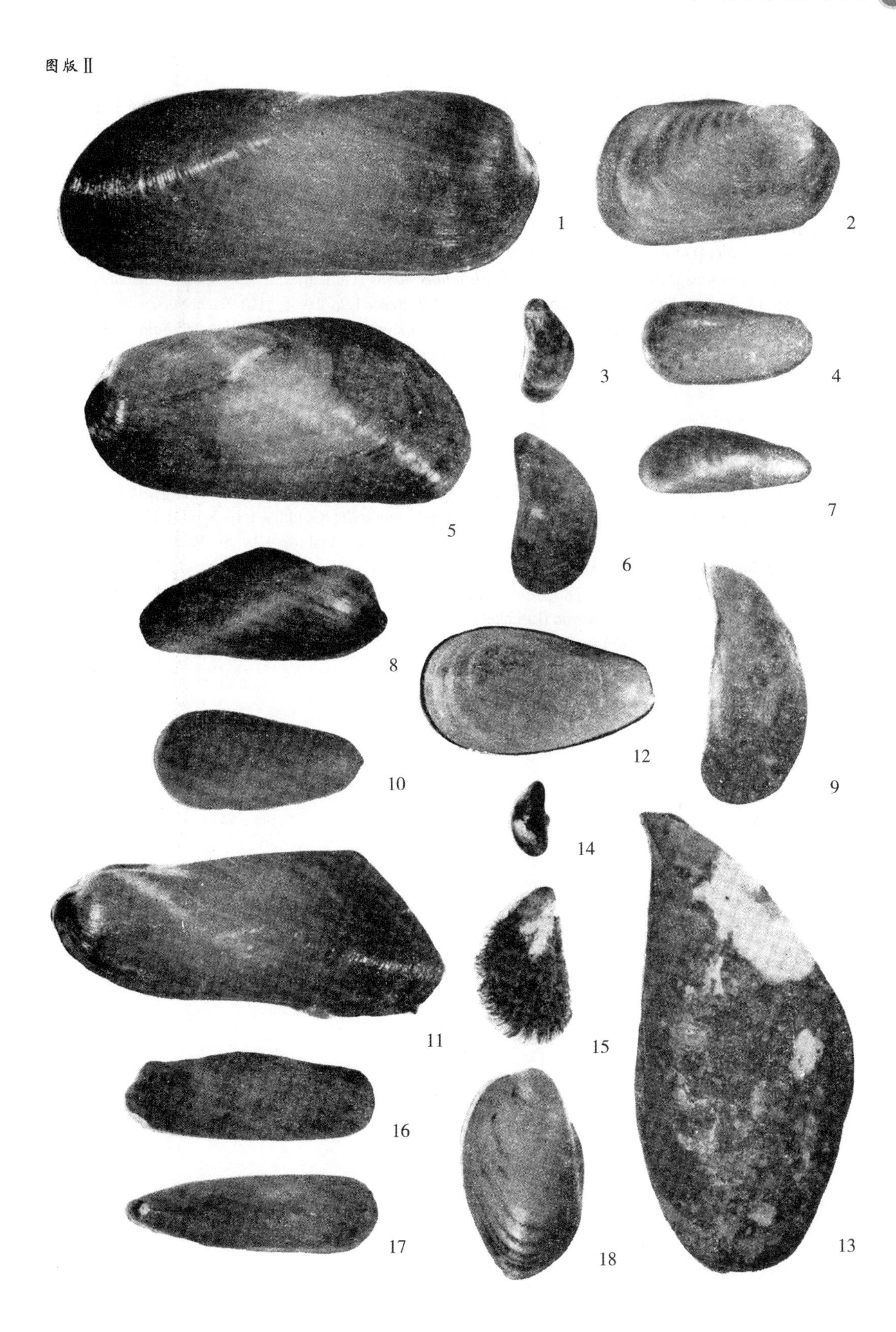

图版Ⅰ

1. 光石蛏 *Lithophaga* (*Lithophaga*) *teres* (Philippi) × 1.1; 2. 扭贻贝 *Stavelia subdistora* (Recluz) × 1.1; 3. 珊瑚绒贻贝 *Gregariella coralliophaga* (Gmelin) × 2.3; 4. 肥大石蛏 *Lithophaga* (*Diberus*) *obesa* (Philippi) × 1.2; 5. 凸壳肌蛤 *Musculus senhousei* (Benson) × 1; 6. 心形肌蛤 *Musculus cumingiana* (Dunker) × 1.1; 7. 锉石蛏 *Lithophaga* (*Diberus*) *lima* (Lamy) × 1.2; 8. 短壳肠蛤 *Botula silicula* Lamarck × 1; 9. 云石肌蛤 *Musculus marmoratus* (Forbes) × 2; 10. 羽膜石蛏 *Lithophaga* (*Diberus*) *malaccana* Reeve × 1.9; 11. 中华锯齿蛤 *Crenella sinica* sp. nov. × 7.6; 12. 日本艾达蛤 *Idasola japonica* (Habe) × 4; 13. 丽肋绒贻贝 *Gregariella splendida* (Dunker) × 0.75; 14. 沟纹毛肌蛤 *Trichomusculus subsulcata* (Dunker) × 0.9; 15. 细肋肌蛤 *Musculus mirandus* (Smith) × 8; 16. 小肌蛤 *Musculus nanus* (Dunker) × 3; 17. 黑肌蛤 *Musculus nigra* (Gray) × 0.9; 18. 短石蛏 *Lithophaga* (*Leiosolenus*) *curta* Lischke × 1.2; 19. 毛肌蛤 *Trichomusculus barbatus* (Reeve) × 0.9; 20. 金石蛏 *Lithophaga* (*Lithophaga*) *zitteliana* Dunker × 1; 21. 耳偏顶蛤 *Modiolus* (*Modiolus*) *auriculatus* (Krauss) × 1.2; 22. 杯石蛏 *Lithophaga* (*Stumpiella*) *calyculatus* (Carpenter) × 3

图版Ⅱ

1. 鞘偏顶蛤 *Modiolus* (*Lioberus*) *vagina* (Lamarck) × 1; 2. 褶偏顶蛤 *Modiolus* (*Lioberus*) *plicatus* (Lamarck) × 1.2; 3. 沼蛤 *Limnoperna fortunei* (Dunker) × 1; 4. 花杏蛤 *Amygdalum peasei* (Newcomb) × 1.1; 5. 短偏顶蛤 *Modiolus* (*Lioberus*) *flavidus* (Dunker) × 1.3; 6. 曲线索贻贝 *Hormomya mutabilis* (Gould) × 1.1; 7. 日本肌蛤 *Musculus japonica* (Dunker) × 1.4; 8. 角偏顶蛤 *Modiolus* (*Modiolus*) *metcalfei* Hanley × 1.1; 9. 隆起隔贻贝 *Septifer excisus* (Wiegmann) × 1.1; 10. 大杏蛤 *Amygdalum watsoni* (Smith) × 0.8; 11. 长偏顶蛤 *Modiolus* (*Lioberus*) *elongatus* (Swainson) × 1.1; 12. 白点杏蛤 *Amygdalum soyoae* Habe × 2.7; 13. 厚壳贻贝 *Mytilus coruscus* Gould × 0.7; 14. 黑荞麦蛤 *Vignadula atrata* (Lischke) × 1; 15. 毛贻贝 *Trichomya hirsuta* (Lamarck) × 0.9; 16–17. 硬膜石蛏 *Lithophaga* (*Stumpiella*) *lithura* Pilsbry) × 1.2; 18. 绢安乐贝 *Solamen spectabilis* (A. Adams) × 1.3

中国近海衣笠螺科的研究①

衣笠螺是热带和亚热带海区潮下带陆架和陆坡区泥沙底生活的底栖生物，属于中腹足目的衣笠螺总科。它的贝壳形状与马蹄螺相似，但质薄，无珍珠层。其最显著的特点是在贝壳表面，围绕缝合线，不同程度的黏附有死贝壳和小沙砾等外物，有的种类黏附物甚至可将贝壳完全覆盖。因此，西方称它为“Carrier Shells”，我国则称之为衣笠螺。

对这一科动物的亲缘关系，Gray（1840）认为它们同帆螺（*Calyptraea*）相似，但Reeve（1842）从贝壳的形态和有厣的特征，认为它们与马蹄螺（*Trochus*）相近。由于衣笠螺的足的形态和功能与凤螺（*Strombus*）相似，所以Thiele（1931）和他以前的一些作者将它们归于凤螺总科。Morton（1958）则认为衣笠螺与凤螺科的这些相似是趋同现象，从贝壳结构和食性考虑应将它们置于帆螺总科，Tryon和Sohl（1962）采用了这一意见，然而Ponder（1983）则是采用Pozelintzer和Rorobkov（1960）的意见，将这类动物单独列为衣笠螺总科，我们也采用了这一意见。

衣笠螺属（*Xenophora*）是1807年由Fischer de Waldhein建立的，当时他描述的4种都是*Xenophora trochiformis*（＝*X. conchyliophora*）的变异类型，以后Reeve（1845）记载9种，Philippi（1851）记载12种，Fischer（1879）和Tryon（1886）均记载16种，但都是彼此相同的种，最近Ponder（1983）整理研究了世界衣笠螺科的现生种，共描述了25种和亚种。在这些工作中都记载有产自我国的种类。此外，黑田德米（1941）报告了台湾的4种，阎敦建（1942）根据英国博物馆的标本报道了产自我国海的一种，李国藩（1956）报道广东省汕尾的2种，张玺等（1961）和作者（1980，1984）报道我国东南沿海的2种，但报道的这些种类大多是重复的。总结以往的记载，记录产于我国的衣笠螺共有以下11种：

1. *Xenophora* (*Xenophora*) *cerea* (Reeve). Ponder（1983）记载中国海；
2. *Xenophora* (*Xenophora*) *japonica* Kuroda & Habe. Ponder（1983）记载中国海：东沙群岛；
3. *Xenophora* (*Xenophora*)*mekranensis konoi* Habe. Ponder（1983）记载中国海：香港；
4. *Xenophora* (*Xenophora*) *pallidula* (Reeve). 李国藩（1956）报道广东省汕尾；
5. *Xenophora*(*Xenophora*) *solarioides* (Reeve). 黑田德米（1941）记载台湾，阎敦建（1942）记载中国海；
6. *Xenophora* (*Xenophora*) *granulosa*. Ponder（1983）记载南中国海（336米）；

---

① 齐钟彦，马绣同（中国科学院海洋研究所）：载《贝类学论文集》2辑，科学出版社，1986年，1～9页。中国科学院海洋研究所调查研究报告第1104号。

7. *Xenophora* (*Stellaria*) *solaris* (Linnaeus). 张玺等(1961)及齐钟彦等(1980，1984)记载广东西部、海南岛和香港，赖景阳(1979)记载台湾；

8. *Xenophora* (*Stellaria*) *sinensis* (Philippi). Philippi (1841)报道产地中国，黑田德米(1941)报道台湾(*calculifera*)，Ponder (1983)报道南中国海(5°4′N，110°45′E，130 米；3°34′N，110°13′E，115 米)、香港(Off Cape St. Mary 22°25′N，114°25′E，20 米)、海南岛；

9. *Xenophora* (*Stellaria*) *gigantea* Schepman. Ponder (1983)报道台湾；

10. *Xenophora* (*Onustus*) *indica* (Gmelin). 黑田德米(1941)报道台湾(*helvacea*)，Ponder (1983)报道香港；

11. *Xenophora* (*Onustus*) *exuta* (Reeve). Reeve (1845)和 Philippi (1851)均报道产地中国，黑田德米(1941)报道台湾，张玺等(1961)报道东、南海，齐钟彦、马绣同(1980)报道香港，Ponder (1983)报道东沙岛、香港、台湾，齐钟彦等(1984)报道海南岛。

我们根据历年来在我国沿海采集的标本和 1958—1959 年全国海洋普查以及近年来在东海大陆架调查采集的标本，共鉴定这一科动物 6 种，其中有一新种。上述报道的我国的种类中，李国藩的 *X. pallodula*，因无描述和图，尚难肯定，不过根据这一种的分布范围，我国是应当有的。其他作者记载采自台港、香港、东沙群岛和南中国海南部的标本我们尚未采到。

衣笠螺科 Xenophoridae Philippi, 1853

同物异名：Onustidae H. & A. Adams, 1854

特征：贝壳中等大，呈低圆锥形，笠状，沿缝合线不同程度地黏附有贝壳、石砾等外物，有的将贝壳完全覆盖。通常具脐孔。贝壳基部中凹，具同心肋纹。

衣笠螺属 *Xenophora* Fischer von Waldheim, 1807

模式种 *Xenophroa laevigata* Fischer von Waldheim, 1807, *Trochus conchyliophorus* Born, 1780

特征 同科。

衣笠螺亚属 *Xenophora*

特征 贝壳周缘凸出窄，简单，腹面无瓷光，脐中等至关闭。背部的黏附物通常覆盖全部或 1/3 多。

1. 小衣笠螺(新种) *Xenophora* (*Xenophora*) *minuta* sp. nov.

模式标本产地 正模标本采自南海中国海域(北纬 21°4′，东经 129°7′)，1959 年 4 月 20 日，采集者沈寿彭，标本编号 05728；副模标本采自南海中国海域(北纬 19°5′，东经 113°0′)，1960 年 2 月 10 日，采集者沈寿彭，标本编号 25561。正、副模标本均保存于中国科学院海洋研究所。

标本采集地 中国东海和南海海域。

描述 贝壳小型，呈圆锥形，壳质较薄，螺层约8层。壳面被缝合线上黏附的碎贝壳、石砾等物覆盖，仅壳顶1～2层清晰可见。壳面白色，胚壳呈淡褐色。贝壳基部平、中凹，多呈黄白色，较老的贝壳染有黄色色彩，个别的标本基部呈黄褐色，有不均匀的、以脐孔为中心的放射状线纹，线纹由细小颗粒状突起组成。脐孔窄而深，有的部分被内唇滑层遮盖。贝壳周缘加厚，呈多角形。壳口斜，内、外唇薄，简单。

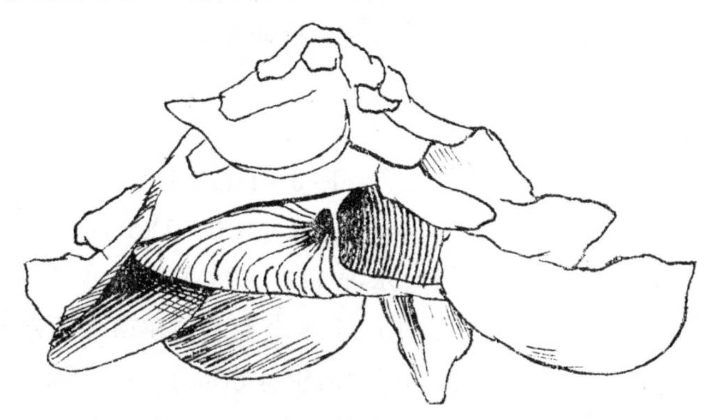

图1 小衣笠螺（新种）

标本测量（毫米）

壳高	14	13	11	8.5	8
壳径	26	23	22	15	18

习性及地理分布 生活在潮下带，为较少见的种类，曾在南海水深12.5～210米沙质和泥沙质的海底采到（东海水深110～150米），但绝大多数标本采自100米左右深的海底，在12.5米仅采到2个标本。

讨论 新种与*Xenophora* (*Xenophora*) *japonica* Kuroda et Habe近似，但不同的是新种个体小，基部具细颗粒状的突起，脐孔明显，可以较清楚地区分。

2. 拟太阳衣笠螺 *Xenophora* (*Xenophora*) *solarioides* (Reeve, 1845)（图版Ⅰ，图9）

Phorus solarioides Reeve, 1845 pl. 3, fig. 8.

Xenophora solarioides Philippi, 1851. 346, pl. 46, fig. 6; H. et A. Adams, 1854. 363, pl. 40, figs. 2a, 2b; Fischer, 1879. 447, pl. 44, fig. 3; Tryon, 1886. 159, pl. 44, fig. 77; Watson, 1886. 464; Melvill & Sykes, 1898. 227, sp. 48; Schepman, 1909. 202; Kuroda, 1941. 96, no. 342; Yen, 1942. 209; Habe, 1964. 57, pl. 16, fig. 3; Habe & Kosuge, 1979. 27, pl. 8, fig. 3.

Xenophora (*Phorus*) *australis* Soverbie et Montrouzier, 1870. 423, pl. 14, fig. 4.

Xenophora australis Fischer, 1879. 436, pl. 66, fig. 2.

Xenophora cerea Fischer, 1879. 440, pl. 44, fig. 2 non Reeve, 1845.

Xenophora (*Xenophora*) *solarioides* (Reeve), Ponder, 1983. 47, figs. 10a, 12b, 27a–j, 37.

模式标本产地 菲律宾。

标本采集地　中国南海海域。

描述　贝壳较小型，呈圆锥状，壳质坚固，螺层约8层，螺塔稍高，壳顶光滑，缝合线不明显，除壳顶两条缝合线外，其他均黏附有小石块及各种碎贝壳（多为双壳类）等，这些黏附物几乎将壳背部完全覆盖。壳面白色，从露出的少部分可见到布纹状刻纹。贝壳基部中凹，呈黄白色，老成的贝壳围绕脐孔有同心环状排列的粒状突起和生长皱褶，幼年的贝壳则仅在脐孔周围有2条或3条同心环状的粒状突起。脐孔深。贝壳基部周缘加厚，呈波状多角形。壳口斜，呈椭圆形，外唇薄，内唇稍厚，内面光滑，有瓷光。厣角质，黄褐色，长卵圆形。

标本测量（毫米）

壳高	14.0	13.5	13.0	11.5	11.0
壳径	25.3	23.0	22	21.0	22.5

习性及地理分布　生活在潮下带，水深12～194米的泥沙质的海底，通常以水深20～50米出现的次数较多，曾一次拖网采到98个标本。在南海较常见。向北可分布到我国浙江沿海（北纬29°5′），但很少见。我国台湾也有分布。此外，日本、菲律宾、缅甸、泰国、越南、印度尼西亚、巴布亚新几内亚、新喀里多尼亚、斐济、澳大利亚、安达曼群岛、印度、红海、桑给巴尔、塞舌耳群岛等地也有分布。

星螺亚属 *Stellaria* (Schmidt MS) Möller, 1832 (non *Stellaria* Nardo, 1834 or Bonaparte, 1838)

模式种（独模）　*Trochus solaris* Linnaeus, 1764

特征　贝壳大，周缘宽，简单或伸展有中空的棘，附着的外物少，仅覆盖贝壳小部分。

3. 太阳衣笠螺 *Xenophora* (*Stellaria*) *solaris* (Linnaeus, 1764)（图版Ⅰ，图8）

Trochus solaris Linnaeus, 1764. 645; 1767. ed. 12: 1229, no. 593; Philippi, 1851. 51, taf. 11, figs. 2, 3.

Phorus solaris Linnaeus,Reeve,1843. pl. 2,fig. 5a,5b; Wood,1856. 144, pl. 29,fig. 66.

Onustus solaris (Linnaeus), H. & A. Adams, 1858. 362, pl. 40, fig. 1c.

Xenophora (*Haliphoebus*) *solaris* Linnaeus, Fischer, 1879. 428, pl. 3, fig. 1.

Xenophora (*Onustus*) *solaris* Linnaeus. Tryon, 1886. 162, pl. 47, figs. 1, 2; Schepman, 1909. 205.

Xenophora solaris (Linnaeus). Melvill & Stander, 1898. 48; 赖景阳，1979.61; 齐钟彦，马绣同，1980. 436.

Haliphoebus solaris (Linnaeus). Habe, 1953. 179, text-fig. 14.

Xenophora solaris, Kensley,1973. Sea-Shells of Southern Africa. Gastropodes: 94, fig. 321.

Stellaria solaris (Linnaeus). Habe & Kosuge, 1979. 27, pl. 8, fig. 5. 齐钟彦，等，1983. 12.

Xenophora (*Stellaria*) *solaris* (Linnaeus). Ponder. 1983. 50, figs. 4e, 6a, 10b, 13e, 29k–m,39.

模式标本产地 爪哇。

标本采集地 中国南海海域。

描述 贝壳呈笠状，薄而坚，螺层约8层，宽度增长较快，微隆起。缝合线明显，第3～5螺层缝合线处黏附有碎小的贝壳及石砾等，其他螺层无。壳面黄褐色，雕刻呈布纹状，壳顶光滑。贝壳基部平，自脐孔向四周放射出呈波纹状的、由细小颗粒组成的肋纹。脐孔深，部分被内唇遮盖。壳口斜，唇简单。贝壳周缘加厚，其上有突出的管状棘约17个，呈星状。

标本测量（毫米）

壳高	32	35	30	30	27
壳径	84	77	66	65	66

习性及地理分布 生活在潮下带，曾在水深25～120米的泥沙质海底采到，通常以水深50～70米栖息的较多。为近岸栖息的种类，在南海较习见。分布于印度、波斯湾、红海、莫桑比克、菲律宾、泰国、马来西亚、马六甲海峡、印度尼西亚（爪哇）及新加坡等地。

4. 中华衣笠螺*Xenophora* (*Stellaria*) *sinensis* (Philippi, 1841)（图版Ⅰ，图5～6）

Trochus sinensis Philippi, 1841. Jahrb. Ver. Naturk. Cassel. no. 5: 8 (*non Trochus sinensis* Gmelin, 1791).

Phorus calculiferus Reeve, 1843. pl. 1. fig. 2.

Xenophora sinensis Philippi, 1851. 348, taf. 49, fig. 1.

Onustus calculifera (Reeve). H. & A. A. Adams, 1858. 362.

Xenophora (*Onustus*) *calculifera* Reeve. Fischer, 1879. 438, pl. 7, fig. 1.

Xenophora calculifera Reeve, Tryon, 1886. 159, pl. 44, figs. 75, 76; Kuroda, 1941. 96, no. 343; Habe, 1953. 177. text-figs. 16, 17; Habe, 1964. 57, pl. 16, fig. 4; 齐钟彦，马绣同，等，1983. 11.

Xenophora (*Tugurium*) *calculifera* (Reeve). Schepman, 1909. 205.

Xenophora (*Stellaria*) *chinensis* (Philippi). Ponder: 55, figs. 10c, 14n, 29c–g, 40.

模式标本产地 中国。

标本采集地 中国南海海域。

描述 贝壳呈低圆锥形，薄而坚。螺层约8层，缝合线明显，除壳顶部分外其上均黏附有较小的碎贝壳、石砾及有孔虫等。壳面淡黄色，向上逐渐呈淡黄紫色，壳顶光滑，其余各层表面呈布纹状。贝壳基部中凹呈盘状，脐孔大而深。生活标本在脐孔内被有层层片状壳皮覆盖着。片状物在靠内唇部黏附着。脐孔的周围约有10条同心排列、由小的粒状突起组成的肋纹，其余部分呈布纹状。贝壳周缘有钝三角形凸出，薄脆常破损，壳口大、斜、光滑、黄白色。

标本测量（毫米）

壳高	37	31	28	25	24
壳径	74.5	73	63	60	57

习性及地理分布 标本在42～160米水深的泥沙和碎贝壳质的海底采到，通常在水深80米左右或100余米出现，为南海习见的种类，台湾地区（高雄）也有记载。日本（本州）、

菲律宾、印度尼西亚、新加坡、澳大利亚西岸、安德曼群岛、波斯湾、红海等地也有分布。

轻装螺亚属 *Onustus* Swainson 1840

模式种 *Onustus indica* (Gmelin, 1791) (= *Trochus indicus* Gmelin, 1791)

特征 贝壳较薄,贝壳基部周缘凸出物简单或呈片状。壳背部黏附的外物少或不明显。脐孔窄到宽,有时有胼胝。

5. 印度衣笠螺 *Xenophora* (*Onustus*) *indica* (Gmelin, 1791) (图版Ⅰ,图1～2)

Trochus indicus Gmelin, 1791. Syst. Nat. ed. 13: 3575.

Phorus indicus Gmelin, Reeve, 1843. pl. 1, fig. 1; Wood, 1856. 143, pl. 29, fig. 64.

Xenophora helvacea Philippi, 1851. 343, taf. 47, fig. 1; Allan, 1950. 96, pl. 17, fig. 21; Watson, 1886. 463.

Xenophora (*Tugurium*) *helvacea* Philippi, Fischer, 1879. 432, pl. 53; Tryon, 1886. 162, pl. 47, fig. 96; Kuroda, 1941. 96, no. 345.

Xenophora wagneri Philippi, 1851. 345, taf. 47, figs. 2–3.

Xenophora indicus, Philippi, 1851. 344, taf. 47, figs. 4–5.

Xenophora (*Tugurium*) *indica* Gmelin, Fischer, 1879. 433, pl. 9, fig. 1; Tryon, 1886. 161, pl. 46, figs. 92, 93; Schepman, 1909. 205.

Onustus indicus (Gmelin), Habe, 1953. 180, text-fig. 15.

Onustus indicus helvacea (Philippi), Habe & Kosuge, 1979. 27, pl. 8, fig. 4.

Xenophora (*Onustus*) *indica* (Gmelin), Ponder, 1983. 59, figs. 4a–b, 6b, 11a, 12a, 14s, 31c–f, 41.

模式标本产地 印度。

标本采集地 中国南海海域。

描述 贝壳较大,笠状,壳质薄而坚。螺层约8层,其宽度增长较快。缝合线浅,自3～6螺层黏附有小的石砾及碎贝壳等。螺层中部微隆起,壳表黄褐色,呈布纹状。贝壳基平,中凹,颜色较背部淡,基部以脐孔为中心放射出细弱而呈波状的皱纹。脐孔深,一小部分为内唇遮盖。贝壳,基部周缘有一条不明显的淡橘黄色色带。壳口斜,椭圆形,内唇稍厚,外唇薄。

标本测量(毫米)

壳高	28.0	20.5	19.0	18.5	18.0
壳径	61.0	53.0	52	47	44.5

习性及地理分布 生活在潮下带,为暖水种,在我国沿海较少见。我们共采到5个不完整的干贝壳标本,其中一个是在广东省珠江口外水深39米的海底采到的,其余4个是在海南岛三亚、新村港附近渔船拖上来的。此种在我国台湾也有报道。印度、安德曼群岛、马尔代夫、桑给巴尔、澳大利亚、印度尼西亚、马来半岛、菲律宾、日本、越南、泰国、缅甸等地也有分布。

6. 光衣笠螺 *Xenophora* (*Onustus*) *exuta* (Reeve, 1842)（图版 Ⅰ，图 3 ～ 4）

Phours exutus Reeve, 1842. 161, pl. 215. figs. 9, 10; Reeve. 1843, pl. 2, figs. 7a, 7b.

Xenophora exuta Philippi, 1851. 348, taf. 48, fig. 4; Uchiyama, 1902. 2, pl. 22, figs. 7–9. 潘次农 ,1958. 49, fig.7; 齐钟彦 , 马绣同 , 1980. 436.

Xenophora (*Tugurium*) *exuta* Reeve, Fischer, 1879. 430, pl. 22, figs. 1–2; Tryon, 1886. 161, pl. 46, figs. 90, 91; Schepman, 1909. 204; Kuroda, 1941. 96, no. 344.

Onustus exutus (Reeve), Habe, 1953. 179, text-figs. 7, 8; Ito, 1967. 53.

Tugurium exutum (Reeve), Kuroda, Habe & Oyama, 1971. 139, 92, pl. 20, figs. 1–2.

Xenophora (*Onustus*) *exuta* (Reeve), 1983. 62, figs. 11b, 13f, 14q–r, 31i–k, 41.

模式标本产地　中国(Reeve, 1843)。

标本采集地　东海和南海。

描述　贝壳呈低圆锥形，螺层约 9 层，缝合线浅，多数标本背部无黏附物，有的个体在壳顶下面黏附有小的碎贝壳等物，壳表面有斜走的波状细肋。螺层周缘有凸出齿状薄片，壳面黄褐色，周缘色较淡。基部中凹，表面有以脐孔为中心的放射状皱纹，在基部的外围，通常有五六条由细结节组成的环形肋纹。壳口斜，外唇薄，内唇中部有些内陷。脐孔大，深，其周缘常有 2 ～ 3 条不明显的肋纹。

标本测量(毫米)

壳高	35	33	30	25	25
壳径	85.5	74.5	69.0	59.0	59.0

习性及地理分布　此种为我国在南海和东海常见的种类，生活在潮下带，曾在水深 12 ～ 260 米的泥沙质海底采到，但通常以水深 20 ～ 50 米栖息的较多(在东海栖水多在 40 米以上)，在我国沿海向北可分布到北纬 31°5′。日本、菲律宾、印度尼西亚(帝汶海)、巴布亚新几内亚及澳大利亚北部和西部也有分布。

参考文献

[1] 齐钟彦，马绣同，楼子康，张福绥 . 中国动物图谱——软体动物 . 科学出版社，1983：11–12.

[2] 齐钟彦，马绣同，谢玉坎，林碧萍 . 海南岛沿海软体动物名录 . 热带海洋研究 . 海洋出版社，1984：1–22.

[3] 李国藩 . 广东汕尾软体动物的初步调查 . 中山大学学报(自然科学版)，1956：76–79.

[4] 张玺，齐钟彦 . 贝类学纲要 . 科学出版社，1961：135.

[5] 潘次农 . 南海栉鳃目(腹足纲)志：天津大学生物学系脊椎动物教研组编，1958：49.

[6] 赖景阳 . 台湾的贝类 . 台湾自然科学文化事业公司，1979：54, 61.

[7] Adams H and A. The genera of the recent mollusca Ⅰ and Ⅲ. London, 1858：362–363.

[8] Allan J. Australian shells. Melbourne Georeian. House, 1950：96.

[9] Fischer P. Monograph of the *Xenophora* in Kiener. Spécies général et iconographie coquilles vivantes. Paris. 1879, 7: 424–450.

［10］ Fulton H. Descriptions of and figures of the Japanese marine shells. *Proc. Malac. Soc. Lond*, 1938-1939, 23: 55-56.

［11］ Habe T. Monograph of the *Xenophora* in Kuroda. *Illust. Cata. Japan She*, 1953, 1(23): 173-180, text-figs.

［12］ Habe T. Shells of the western Pacific in color. Hoikusha, Japan. 1964, 2: 57.

［13］ Habe T, S. Kosuge Shells of the world in colour. Hoikusha, Japan, 1979, 2: 27.

［14］ Ito K. Catalongue of the marine molluscan shell-fish collected on the coast of and off Tajima, Hyogo Prefecture. *Bull. Jap. Sea Reg. Fish. Lab*, 1967, 18: 53.

［15］ Kuroda T. A catalogue of molluscan shells from Taiwan (Formosa) with descriptions of new species. *Mem. Fac. Sci. Agr. Taihoku Imp. Univ*, 1941, 22(4): 96.

［16］ Kuroda T, Habe T, Oyama K. The sea shells of Sagami Bay. Tokyo, Japan, 1971: 138-140. 91-92.

［17］ Linnaeus C. Museum Reginae Ludovicae Ulricae reginae etc. stockholm, 1764: 722.

［18］ Linnaeus C. Sytstema naturae. London. ed, 1767, 12: 1229.

［19］ Melvill J C, Stander R. The marine mollusca of Madras and the immediate neighbourhood. *J. of Conch,* 1898, 9: 48.

［20］ Melvill J C, Sykes E R. Notes on a third collection of marine shells from the Andaman Islands, with descriptions of three new species of Mitra. *Proc. Malac. Soc. Lond.*, 1899, 3(4): 220-229.

［21］ Morton J E. The adaptation and relationship of the Xenophoridae (Mesogastropoda). *Proc. Malac. Soc. Lond*, 1958, 33: 89-101.

［22］ Philippi R A. Kreiselschnechen oder Trochoideen in *Systematisches Conchylien-Cabinet* von Martini und Chemnitz. Bd. 2, Abtn 3-4. 2nd Edit.,1846-1855: 372 pp., 49 pls (*Xenophora* 1855).

［23］ Ponder W F. A revision of the recent Xenophoridae of the world and of the Australian fossil species (Mollusca: Gastropoda). *The Australian Museum Memoir*, 1983, 17: 1-126, figs.

［24］ Reeve L. 1941-1942. Conchologia systematica, or complete system of conchology etc. Vol. 2 (Gastropoda) part 9 (June 1842). London, Brown, Green and Logmans, 337 pp., 300 pls. (in 2 vol.)

［25］ Reeve L. Conchologia Iconica. Ashford, Kent. Vol. Ⅰ (Phorus), 1843-1845.

［26］ Schepman M M. The Prosobranchia of the Siboga expedition. *Siboga-Expeditie*, 1909, 49 (Livr. 43): 202-205.

［27］ Souverbie M,Montrouzier R P. Descriptions d'espéces nouvelles de l'Archipel; Calédonien. *J. Conchyl Paris*, 1870, 18: 423.

［28］ Tryon G W. Manual conchology. Philadelphia. 1886, 8: 156-162.

［29］ Tsi C Y（齐钟彦）, Ma S T（马绣同）. A preliminary checklist of the marine Gastropoda and Bivalvia (Mollusca) of Hong Kong and Southern China. *The marine flora and fauna of*

Hong Kong and Southern China. 1980, 1: 431–458.

[30] Uchiyama R. Illustrated monograph of Japanese mollusks. *Zool. Mag. Tokyo*, 1902, 14(2): 2.

[31] Vignon P. Sur l'agglutination de corps étrangers par les gastéropodes du G. Xenophora Fischer. *J. Conchyl. Paris*. 1923, 68: 5–13.

[32] Watson R B. Report on the Scaphopoda and Gastropoda cellected by H. M. S. "Challenger" during the years 1873–1876. *Rep. scient. Results voy. Challenger* 1873–1876. *Zoology*, 1886, 15: 462–464.

[33] Wood W. Index testaceologicus, British and foreign shells. London, 1856: 143–144.

[34] Yen T C（阎敦建）. A review of Chinese gastropods in the British Museum. *Proc. Malac. Soc. Lond*, 1942, 24: 209.

STUDIES ON CHINESE SPECIES OF XENOPHORIDAE (MOLLUSCA: GASTROPODA)

Qi Zhongyan, Ma Xiutong
(*Institute of Oceanology*, *Academia Sinica*)

ABSTRACT

The Xenophoridae is a small family of mesogastropoda found on continental shelves and slopes of most tropical and subtropical regions of the word. The notable characteristic of it is the habit of fixing foreign objects, such as shells, pebbles etc. to the dorsal surface of their shells. Though the shape of its shell and operculum are somewhat like that of Trochus, the shape and function of its foot is like that of Strombus, but in view of its shell structure and feed habits, this family is more related to Calypraiedae.

Ponder (1983), in an extensive revision of the recent Xenophoridae of the world, described 25 species and subspecies, of these 8 species are found from China Seas. Together with the species reported by the previous authors, a total of 11 species were recorded from the coast of China.

The present paper deals with the descriptions of 6 species belonging to 3 subgenera of the genus *Xenophora*, one of which is considered as new species. The materials of study were collected by the Institute of Oceanology, Academia Sinica in the past years. The species are enumerated as follows.

1. *Xenophora* (*Xenophora*) *minuta* sp. nov.
2. *Xenophora* (*Xenophora*) *solarioides* (Reeve)
3. *Xenophora* (*Stellaria*) *solaris* (Linnaeus)
4. *Xenophora* (*Stellaria*) *sinensis* (Philippi)
5. *Xenophora* (*Onustus*) *indica* (Gmelin)
6. *Xenophora* (*Onustus*) *exuta* (Reeve)

All the species are Indo-West-Pacific species. In China, they are mainly found from South China Sea, only 1 species, i.e. *X. solarioides*, is also found from East China Sea. Among the 11 species recorded in China by the previous authors, 6 species are still not collected.

Description of the new species:

Xenophora (*Xenophora*) *minuta* sp. nov.

Type locality: South China Sea.

Holotype: No. 05728. April, 20, 1959. Deposite in the Institute of Oceanology, Academia Sinica.

Shell small and conical in shape, thin, whorls about 8. Foreign object large, cover nearly all of dorsal surface. Colour white on the shell surface, brownish on the apical part. Base flat, concave, yellowish white or yellowish brown in color, with many fine radial granular striates around the umbilicus. Umbilicus narrow, deep, covered by reflexed callus of inner lip in part. Peripheral thick, angulate rounded. Aperture widely ovate, oblique, outer and inner lips simple, with operculum corneous.

The new species is very similar to *Xenophora* (*X.*) *japonica* Kuroda & Habe, but differs by its base with numerous small granulars, rather deep umbilicus and small size.

图版 I

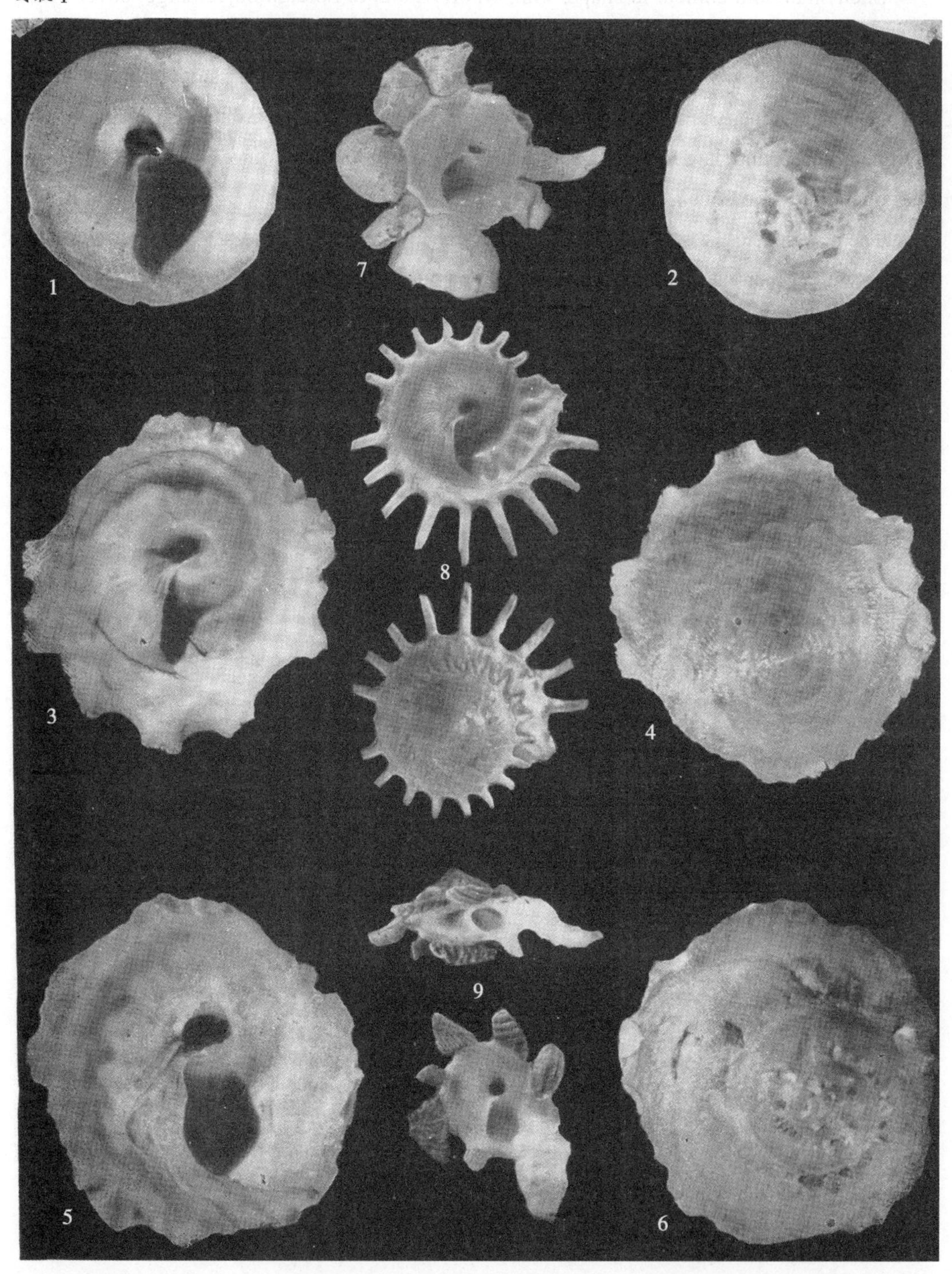

1–2. 印度衣笠螺 *Xenophora* (*Onusta*) *indica* (Gmelin) × 0.7； 3–4. 光衣笠螺 *Xenophora* (*Onusta*) *exuta* (Reeve) × 0.6； 5–6. 中华衣笠螺 *Xenophora* (*Stellaria*) *sinensis* (Philippi) × 0.72； 7. 中国衣笠螺 *Xenophora* (*Xenophora*) *chinensis* sp. nov. × 0.8； 8. 太阳衣笠螺 *Xenophora* (*Stellaria*) *solaris* (Linnaeus) × 0.33； 9. 拟太阳衣笠螺 *Xenophora* (*Xenophora*) *solarioides* (Reeve) × 0.76。

《黄渤海的软体动物》序

1955 年，我们写了《中国北部海产经济软体动物》，因当时掌握材料不多，而且仅含经济种类，故仅有 86 种。以后经过调查研究逐渐对一些类别做了研究，陆续以全国近海的种类发表，这期间我们又先后出版了《中国动物图谱——软体动物》第 1 ～ 3 册，描绘了全国腹足类中的前鳃类和后鳃类的种类共计 657 种，其中黄渤海的种类有 111 种。双壳类和头足类图谱虽尚未出版，但其经济价值较高，在研究时，做了全国的科、属、种的研究，这些研究虽然比较完整，但论文比较分散，使用不便。因此近年来各方面要求鉴定标本的日益增多，我们遂感到有编著本书之必要。

本书系根据中国科学院海洋研究所历年来搜集的标本，参考国内、外的资料写成，内容包括黄、渤海区的软体动物 379 种，其中有 47 种是这一海区首次发现的。在绪论中，对软体动物的经济意义，黄、渤海软体动物的研究历史及黄、渤海软体动物区系特点做了简要的叙述。在种类描述之前首先对纲、目、科的形态特征、生活习性做了扼要说明，而后对每种的主要参考文献、形态特征、生态习性和地理分布以及经济利用等做了描述。对过去发表过的种类均认真地做了校对，修订了一些种类的名称，有些种名混乱的种类还做了讨论，澄清了问题。这是一本迄今为止，描述这一海区软体动物的最为齐全的书。

本书中文命名原则上以拉丁文的字义命名，个别亦使用特征命名。以前曾发表过的、已习惯使用的中文名称，虽拉丁名已更改亦未更正。属的模式种原则上以属名命名，个别以前发表过，且已习惯使用的，亦未更改。

本书插图及图版分别由王公海、李孝绪、张虹同志所作，张素萍同志协助整理索引及文献工作，谨表谢意！

本书难免有错误和不当之处，诚恳欢迎读者批评指正。

齐钟彦

1987 年 3 月

《黄渤海的软体动物》序　农业出版社

《黄渤海的软体动物》简介[①]

《黄渤海的软体动物》系中国科学院海洋研究所齐钟彦主编,由农业出版社出版的一本专著,它是根据在我国沿海采集、调查所获得的标本,经多年研究鉴定的结果而写成的。共包括379种,其中多板纲9种,腹足纲201种,掘足纲2种,双壳纲153种,头足纲14种,分隶于22目129科。对门、纲、目、科、种的特征、生态以及经济价值等均做了描述,每种并附有图版或插图可供参考,共有图版13幅,其中彩色图版3幅。本书是目前这一海区最全面的软体动物种类的叙述。其中大多数种类可以食用,有些是养殖或捕捞的重要种类,有些是虾类、家禽的饲料,也有些是有害的种类。是供从事软体动物研究、海洋调查、大专院校、水产干部、博物馆工作人员以及贝类爱好者参考的一本手著。本书已排版印刷,不日即可出版。

① 载《动物学杂志》,1988年第5期,中国动物学会主办,科学出版社。

STUDY ON THE EGG MASSES OF 12 SPECIES OF CYPRAEIDAE ①

Qi Zhongyan, Ma Xiutong
(*Institute of Oceanology, Academia Sinica, Qingdao*)

Received July 31, 1987

ABSTRACT

Researchers of the Institute of Oceanology, Academia Sinica, collected 46 species and subspecies of Cypraeidae during their 1955–1978 surveys on the marine mollusks along the coasts of Guangdong, Guangxi and Hainan Provinces and Xisha (Paracels) Islands in the South China Sea. Twelve species belonging to 7 genera with their egg masses were collected mainly from the intertidal zone where the animals were laying their eggs. The collection dates of each of the species and a preliminary description of their egg masses are given in this paper.

The preliminary description of the egg masses of 12 intertidal species of Cypreidae is given as follows:

1. *Erosaria erosa* (Linnaeus) (Fig. 1)

Materials: 7 specimens collected from Hainan Island in April 21–24, 1955; April 2, 1958; July 11, 1957 and November 20, 1959.

The egg masses of this species roundish, yellow or greyish-yellow, about 15 mm in diameter. Egg capsules about 320, arranged in 1–2 layers in the margin and 5–6 layers in the center area. The individual egg capsules pyriform, 2.3 mm–3 mm long and 1.3 mm–1.5 mm wide. Average

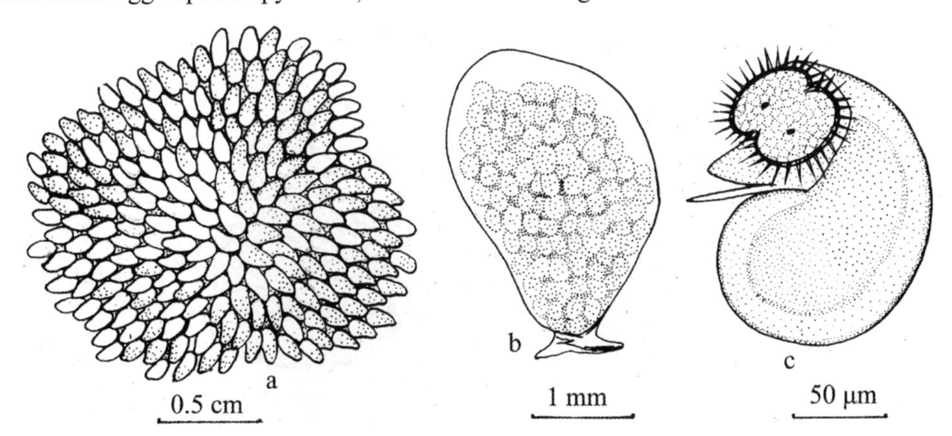

Fig. 1 *Erosaria erosa* (Linnaeus)
a. Egg mass b. Capsule c. Veliger larva

① 载《中国海洋湖沼学报》，1988 年，第 6 期。中国科学院海洋研究所调查研究报告第 1484 号。

egg content 641. Eggs 0.08 mm–0.1 mm in diameter. In some specimens the veliger shells about 0.14 mm long.

2. *Erosaria milliaris* (Gemlin) (Fig. 2)

Materials: 1 specimen collected from Hainan Island on January 1, 1960.

Egg mass yellow with about 550 egg capsules. Capsules elongate oval, 2 mm–2.4 mm long and 1.2 mm–1.4 mm wide, containing about 1 000 veligers of 0.13 mm–0.14 mm.

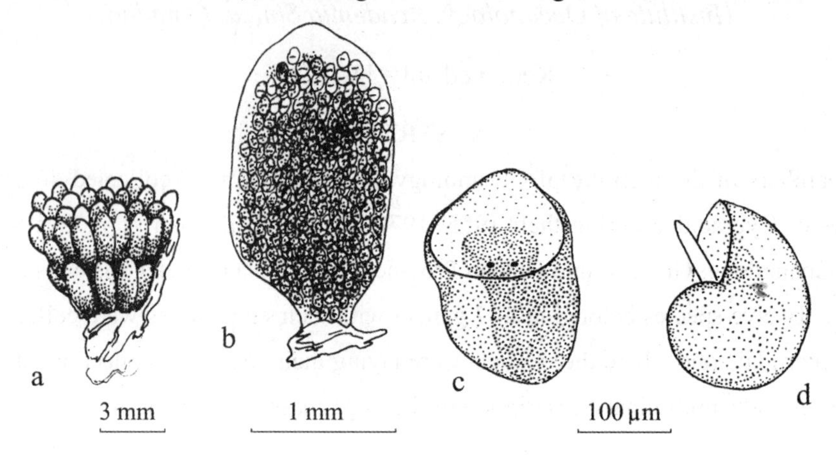

Fig. 2 *Erosaria miliaria* (Gemlin)
a. Egg mass b. Capsule c. Veliger larva d. Operculum

3. *Erosaria helvola* (Linnaeus) (Fig. 3)

Materials: 1 specimen collected from Hainan Island on November 19, 1959.

Egg mass oblong, dark yellow, about 15 mm long and 10.5 mm wide, containing about 263 capsules arranged in 2 or 3 layers. Egg capsules ovate, about 1.3 mm long and 1 mm wide. Egg in 2 individual capsules were counted; one containing 380 eggs the other 652 eggs, measuring 0.1 mm–0.12 mm in diameter.

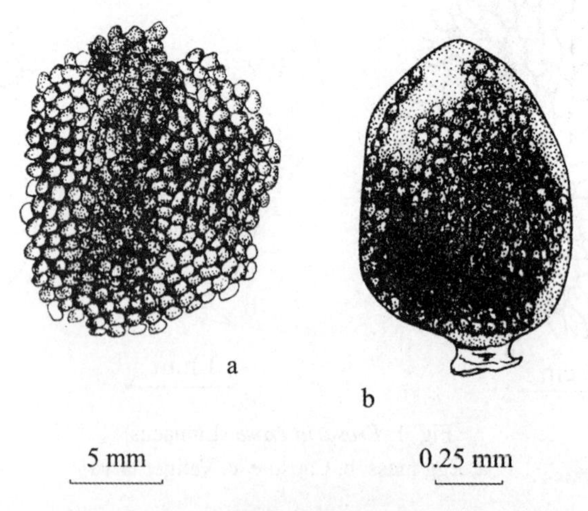

Fig. 3 *Erosaria helvola* (Linnaeus)
a. Egg mass b. Capsule

4. ***Erosaria caputserpentis*** (Linnaeus) (Fig. 4)

Materials: 2 specimens collected from Xisha Islands on April 30, and May 15, 1957; 1 specimen collected from Hainan Island on April 20, 1958.

Egg masses yellowish, with about 220 2.58 mm−2.8 mm long and 1.2 mm−1.6 mm wide capsules. The eggs well developed to veliger stage, 0.12 mm−0.14 mm in size. The average veliger content 722.

Ostergaard (1950) reported that the egg mass of this species had only 100 capsules and that ova per capsule was 200.

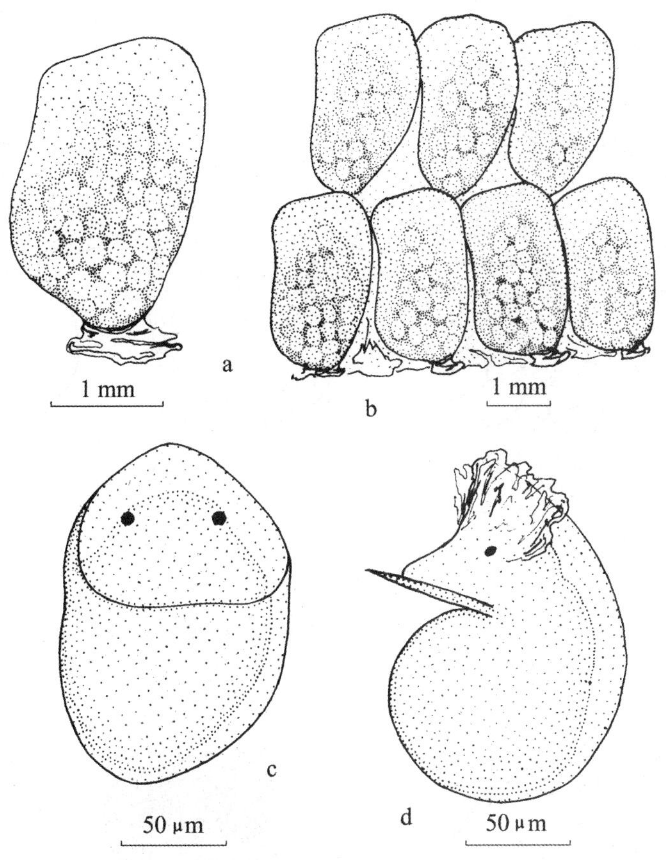

Fig. 4 *Erosaria caputserpentis* (Linnaeus)
a. Capsule b. Arrange of capsules c and d. Veliger larva

5. ***Monetaria moneta*** (Linnaeus) (Fig. 5)

Materials: 6 specimens collected from Hainan Island on April 7−12, 1955; November 17 and December 6−20, 1959. 1 specimen collected from Xisha Islands on April 19, 1958.

Egg masses roundish, fresh or dark yellow. The egg capsules about 260, pyriform, 2.2 mm −2.5 mm long and 1.4 mm −1.7 mm wide. The average content of eggs or veligers per capsule is 730, eggs measuring 0.08 mm−0.09 mm, veligers 0.10 mm−0.13 mm.

6. *Monetaria annulus* (Linnaeus) (Fig. 6)

Materials: 6 specimens collected from Hainan Island on April 9–11, 1955, 1958 and July 11, 1957, 1 specimen from Xisha Islands on April 12, 1957.

Egg masses nearly round, yellowish, about 17 mm long and 15 mm wide with about 260 egg capsules arranged in 1 to 3 layers. Egg capsules pyriform, 1.6 mm –1.8 mm in length and 1 mm –1.2 mm in width. 3 capsules counted, average egg content 389. Eggs 0.09 mm –0.1 mm in diameter.

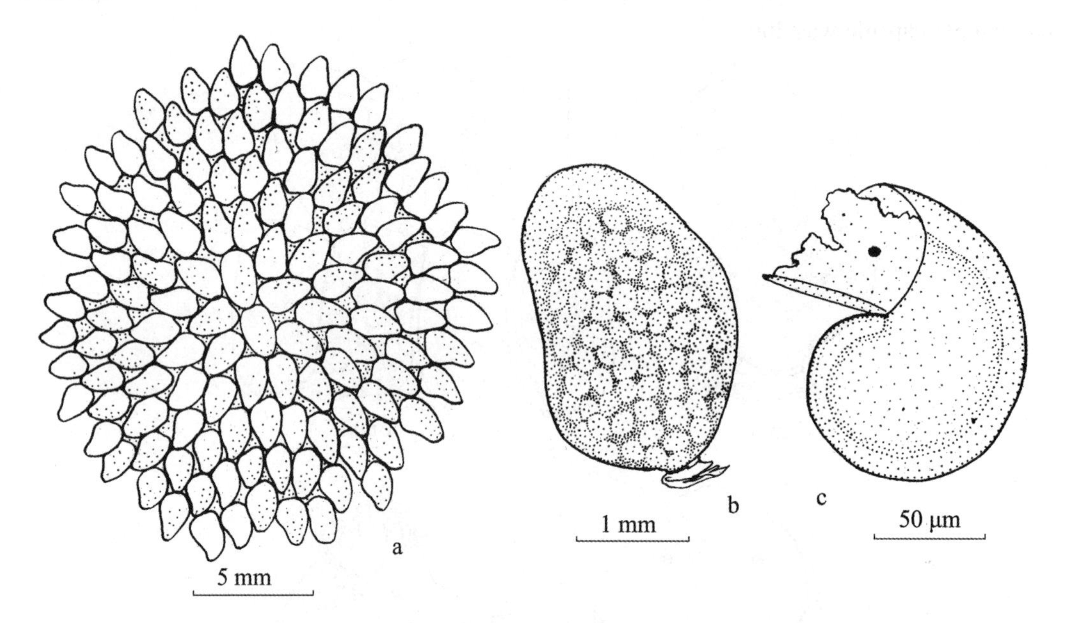

Fig. 5 *Monetaria moneta* (Linnaeus)
a. Egg mass b. Capsule c. Veliger larva

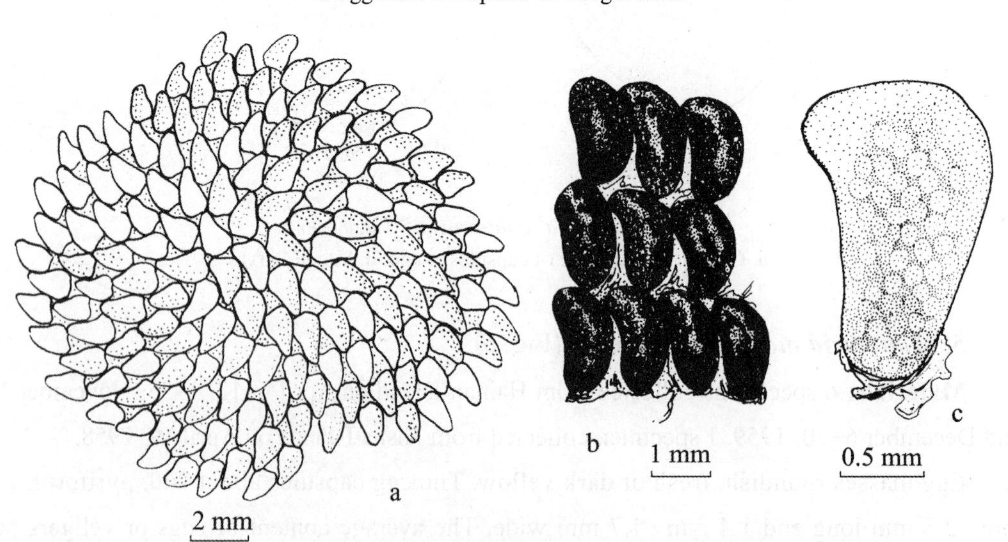

Fig. 6 *Monetaria annulus* (Linnaeus)
a. Egg mass b. Arrangement of capsules c. Capsule

7. *Erronea errones* (Linnaeus) (Fig. 7)

Materials: 31 specimens collected from the coasts of Hainan and Guangdong Provinces on March 18–24, 1958, 1962; April 2–25, 1955, 1956, 1958, 1975 and 1978; May 6–29, 1955, 1958 and 1978; June 15–26, 1975; September 16, 1962.

Egg masses somewhat circular, yellow, about 22 mm in diameter. Egg capsules about 280, arranged in 3 layers. Capsules 2.6 mm –2.8 mm long and 1.4 mm –2 mm wide. Average egg or veliger contents is 42. Eggs 0.23 mm –0.28 mm in diameter, the veligers 0.34 mm –0.38 mm in length in some specimens.

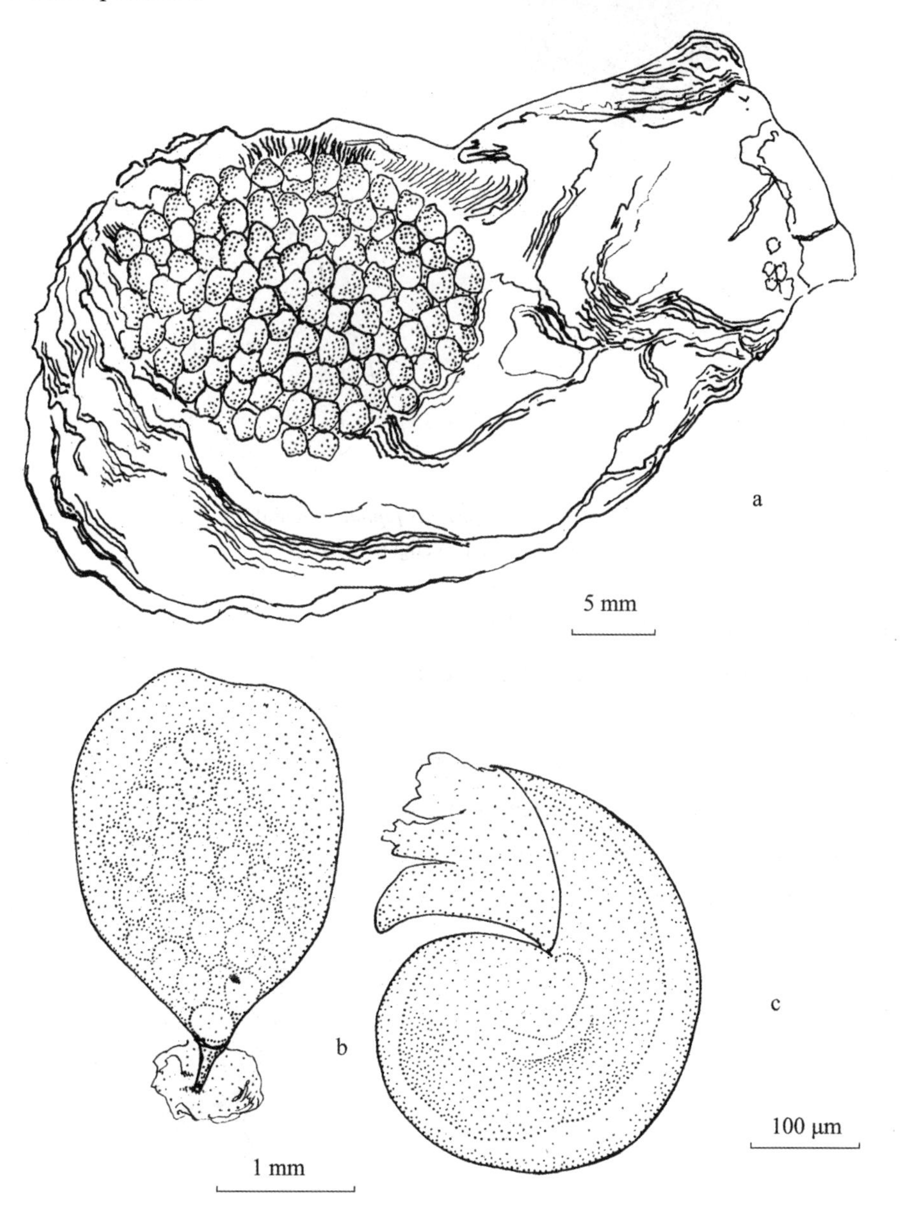

Fig. 7 *Erronea errones* (Linnaeus)
a. Egg mass b. Capsule c. Veliger larva

8. *Palmadusta gracilis japonica* Schilder (Fig. 8)

Materials: 1 specimen collected from Wizhoudao, Guangxi Province.

Only a portion of the egg mass was collected. Egg capsules almost round, about 17 mm in diameter. Eggs already developed to 0.25 mm -0.3 mm veligers. Average veliger content is 65 in 3 capsules counted.

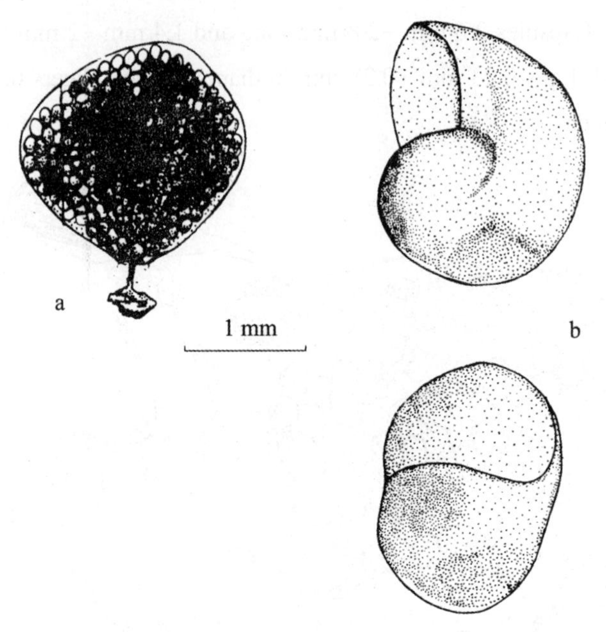

Fig. 8 *Palmadusta gracilis japonica* Schilder
a. Capsule b. Veliger shells

9. *Luria isabella* (Linnaeus) (Fig. 9)

Materials: 1 specimen collected from Xisha Islands on May 1, 1958.

Egg mass yellow. Egg capsules about 300, overlapped in 4 layers. Capsules somewhat pyriform, 2.6 mm−3 mm long and 1.3 mm−1.5 mm wide. Egg content about 1 000, measuring 0.11 mm−0.12 mm in diameter.

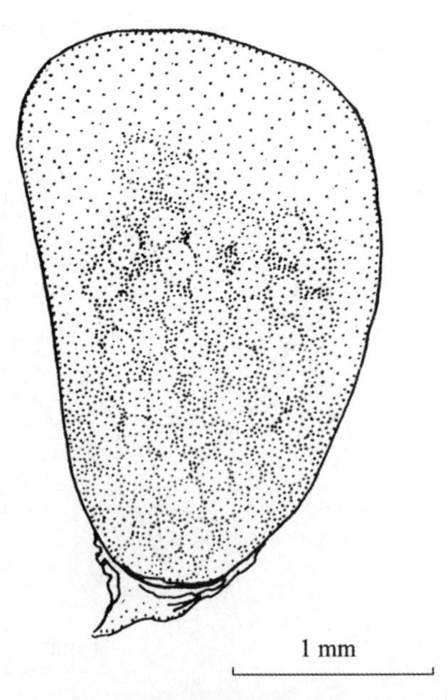

Fig. 9 Capsule of *Luria isabella* (Linnaeus)

10. *Mauritia arabica* (Linnaeus) (Fig. 10)

Materials: 3 specimens collected from Hainan Island on April 19–21, 1955; June 29, 1957.

Egg masses nearly square, yellow or orange-yellow, about 40 mm long and 33 mm wide. About 1 100 egg capsules arranged in 5 layers in the thickest area. Capsules pyriform, 2.5 mm–3 mm long and 1.3 mm–1.6 mm wide. Eggs per capsule about 520. Egg diameter, 0.13 mm–0.14 mm.

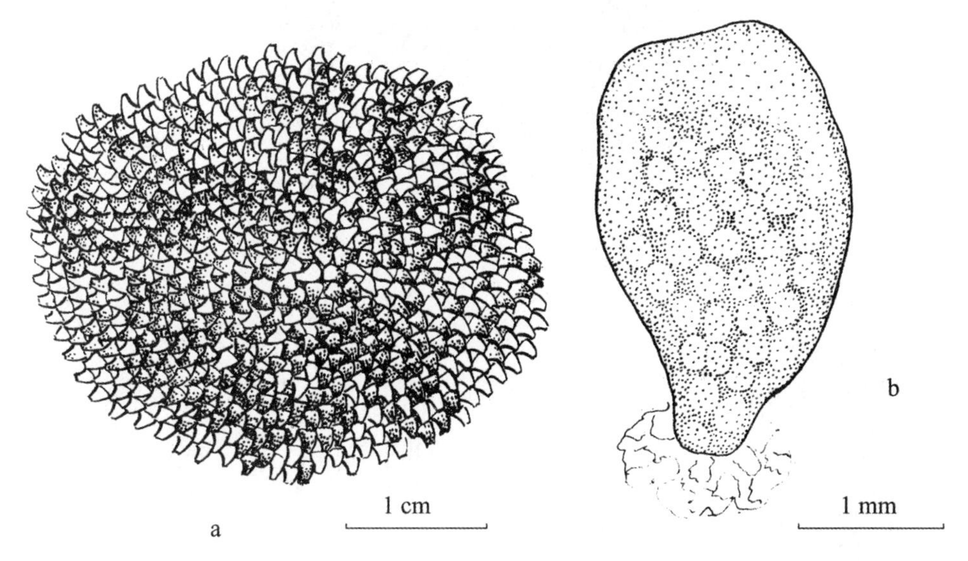

Fig. 10 *Mauritia arabica* (Linnaeus)
a. Egg mass b. Capsule

11. *Cypraea tigris* Linnaeus (Fig. 11)

Materials: 1 specimen collected from Xisha Islands on May 15, 1957.

Egg mass large, almost round, greyish brown, 68 mm long and 60 mm wide. About 5 000 capsules arranged in about 10 layers. Capsules oblong, 4.5 mm–5 mm long and 2.6 mm–2.8 mm wide, containing about 1 000 veligers 0.21 mm–0.24 mm long. In some capsules, some veligers had escaped from the opening on the top.

12. *Cypraea lynx* Linnaeus (Fig. 12)

Materials: 1 specimen collected from Hainan Island on April 29,1958. 1 specimen collected from Hainan Island on April 14, 1962.

Egg mass yellow, almost round, about 30 mm in diameter. About 900 egg capsules arranged in 6 layers in the thickest area. Capsules triangular, 1.5 mm–2 mm long and 1.5 mm–1.6 mm wide, each containing about 400 veligers 0.14 mm–0.16 mm long.

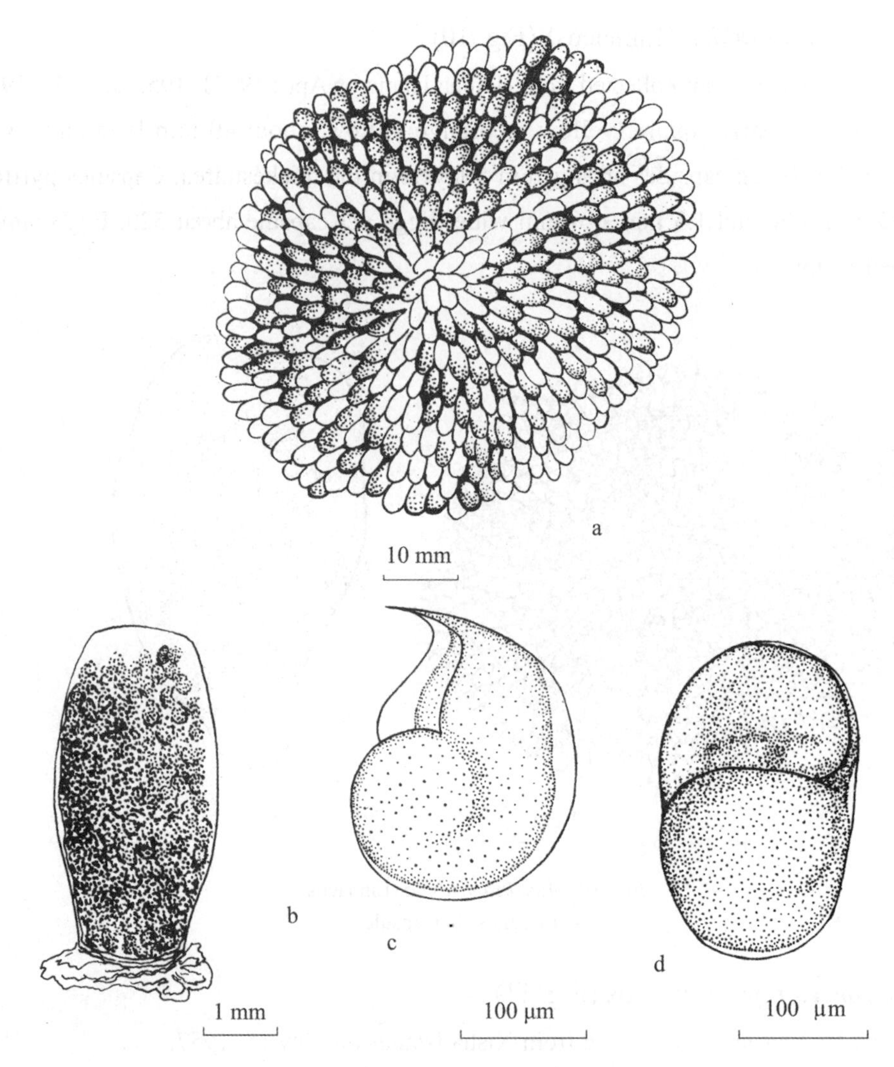

Fig. 11 *Cypraea tigris* Linnaeus
a. Egg mass b. Capsule c and d. Veliger shells

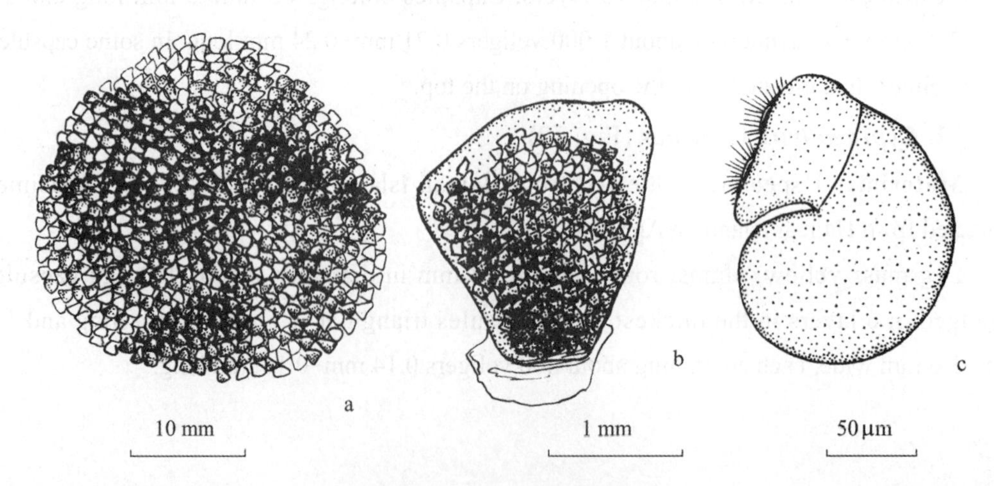

Fig.12 *Cypraea lynx* Linnaeus
a. Egg mass b. Capsule c. Veliger larva

REFERENCES

[1] Lamy E. La ponte les Gasterpodes Prosobranches. *J. de Conchyl.*,1928, 72: 115–119. (in French)

[2] Ma X. Cowries from the China coasts. *Acta Zoologica Sinica*, 1962, 14(Supplement): 1–22. (in Chinese with English abstract)

[3] Ma X. Some new records of Cypraeacea (Prosobranchia) of Xisha Islands, Guangdong Province, China. *Studia Marina Sinica*, 1979, 15: 93–98. (in Chinese with English abstract)

[4] Natarajan A V. Studies on the egg masses and larval development of some prosobranches from the Gulf of Mannar and the Palk Bay. *India Acad. Sci*, 1957, 46: 170–228.

[5] Ostergasrd J M. Spawning and development of some Hawaiian marine Gastropods. *Pacific Sci*, 1950, 4(2): 76–86.

中国近海芋螺科的研究 I ①

芋螺科(Conidae)为暖水性较强的一类软体动物,系珊瑚礁生物群落的一个组成部分。它们遍及世界各暖海区,以印度 - 西太平洋热带海域的种类最为丰富。我国近海的芋螺科绝大多数见于西沙群岛、海南岛南部及台湾,为典型的热带种类,仅有少数种类分布到海南岛北部以北的广西和广东大陆沿岸,个别种延伸到东海(124° E, 29° 30′ N)。它们生活在潮间带和潮下带浅水区,也有少数种类我们采自水深几十米至 200 米左右。

本科种类贝壳通常为圆锥形、双圆锥形、倒圆锥形、陀螺形和圆柱形。螺旋部随种类不同而有高、低或扁平形状,螺层上有小结节或无。体螺层膨大,壳面有螺旋肋、螺旋沟纹或平滑,肩部光滑或有疣状突起。壳口狭长,厣小。壳面多饰有色彩鲜艳的美丽图案,其上被一层薄的稻草色或厚的褐色壳皮。它们是以蠕虫、鱼和其他软体动物为食的肉食性种类,并且具有毒腺,分泌的毒素不仅能伤害它所捕食的对象,有些种类还可使人有致命危险。

这个科所包括的种类绝大多数为色彩艳丽,图案绮丽多姿,十分引人喜爱,所以吸引了古今中外不少人搜集它和研究它。早在 Linnaeus(1758)时代就有不少记载,Bruguière(1792)和 Hwass(1792)为许多标本定了名称并进行了精心的描述,随后 Reeve(1843—1849)、Kienere(1845)、Sowerby(1857—1887)、Tryon(1884)以及后来的 Tomlin(1937)、Cotton(1945)、Kohn(1959—1975)、Wilson and Gillett(1974)、Ceernohorsky(1978)、Coomans、Moolenbeek & Wils(1979)等,对本科的研究都做出了贡献,尤其 Walls(1979)对本科进行了全面系统研究,既有详细的种类描述,又有个体变异、与相近种的比较和完美的图,并且归并和搞清了一些种类,为研究本科提供了完整的资料。本科的分属,我们采纳了 Tomlin(1937)、Walls(1979)、Abbott and Danc(1983)等人的观点,用单一的芋螺属 Genus *Conus*,种类排列则基本上按照 Abbott and Dance(1983)。

我国海域的芋螺科种类,以往报道多在国外,除 Kuroda(1941)外,还有 Bruguière(1792)、Reeve(1843—1849)、Kiener(1845)、Sowerby(1870)等,以及后来的 Habe and Kosuge(1970)、Walls(1979)、Shikama(1979)等都有一些零星记载。目前据不完全统计他们所报道的种类,除我们现有的以外,约有 37 种我们尚未采到标本,其中约 17 种记载产于台湾。它们是:

1. *Conus axelrodi* Walls, 1979
2. *Conus boeticus* Reeve, 1844

---

① 齐钟彦、马绣同、李凤兰(中国科学院海洋研究所):载《热带海洋研究》(三),海洋出版社,1988 年,61 ～ 94 页。中国科学院海洋研究所调查研究报告第 1479 号。图版由王公海同志绘制,特此致谢。

3. *Conus capitanellus* Fulton, 1938
4. *Conus chiangi* (Azuma, 1972)
5. *Conus comatosa* Pilsbry, 1904
6. *Conus connecteus* A. Adams, 1855
7. *Leporiconus cylindraceus* Broderip & Sowerby, 1830
8. *Conus duplicatus* Sowerby, 1823
9. *Conus eugrammatus* Bartsch & Rehder, 1943
10. *Conus excelsus* Sowerby, 1908
11. *Rhizoconus floccatus* Sowerby, 1839
12. *Conus fulmen* Reeve, 1843
13. *Conus glaucus* Linnaeus, 1758
14. *Conus grangeri* Sowerby, 1900
15. *Conus hirasei* (Kira, 1956)
16. *Conus ichinoseana* (Kuroda, 1956)
17. *Conus ione* Fulton, 1938
18. *Conus kashiwajimensis* Shikama, 1971
19. *Conus kermadecensis* Iredale, 1913
20. *Conus kimioi* (Habe, 1965)
21. *Conus kinoshitai* (Kuroda, 1956)
22. *Conus lynceus* Sowerby, 1857—1858
23. *Profundiconus lani* Crandall, 1979
24. *Conus memiae* (Habe & Kosuge, 1970)
25. *Conus milneedwardsi* Jousseaume, 1894
26. *Asprella oishii* Shikama, 1977
27. *Conus otohimeae* Kuroda & Ito, 1961
28. *Conus pergrandis* (Iredale, 1937)
29. *Conus sieboldii* Reeve, 1848
30. *Profundiconus smirna* Bartsch & Rehder, 1943
31. *Conus stupa* (Kuroda, 1956)
32. *Conus stupella* (Kuroda, 1956)
33. *Conus sugimotonis* Kuroda, 1928
34. *Conus taeniatus* Hwass, 1792
35. *Conus tegulatus* Sowerby, 1870
36. *Conus teramachi* (Kuroda, 1956)
37. *Conus tribblei* Walls, 1977

在国内也曾有一些学者对本科的种类报道过，如张玺、齐钟彦、马绣同、周近明、台湾学者蓝子樵等，但都没有进行全面系统研究。本文根据中国科学院海洋研究所历年来在潮间带及底栖生物调查中所获标本进行整理研究，共鉴定67种。本文为第一部分，共检查标本493号，计有个体1 178个，为35种，其中3种为我国首次记录，即细线芋螺（*Conus tenuistriatus* Sowerby）、烤芋螺（*Conus artoptus* Sowerby）、斯氏芋螺（*Conus schepmani* Fulton）。

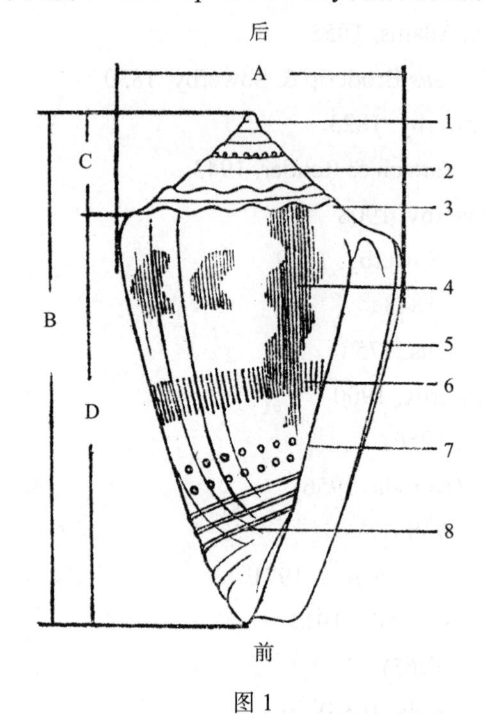

图1

A壳宽 B壳高 C螺旋部 D体螺层

1. 胚壳 2. 缝合线 3. 疣状突起 4. 花纹 5. 外唇 6. 环状色带 7. 内唇 8. 螺肋

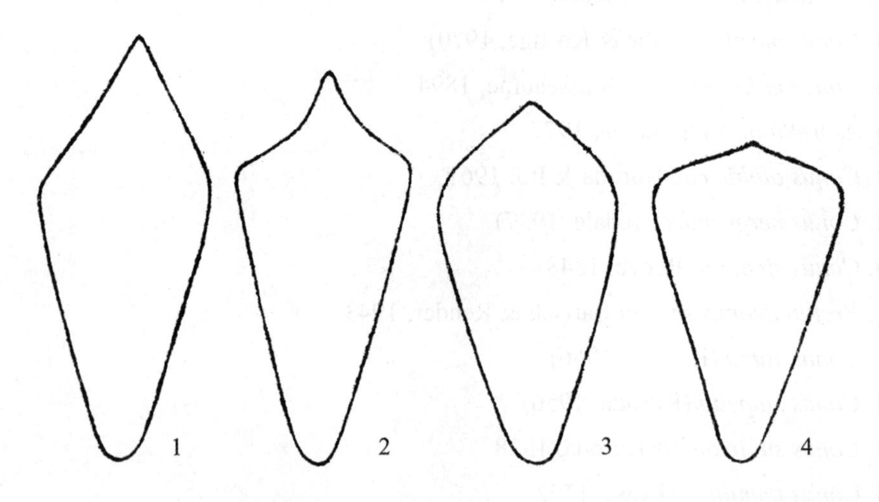

图2

1. 双圆锥形 2. 陀螺形 3. 圆锥形 4. 倒圆锥形

表 1 中国近海芋螺科的地理分布

种类	中国近海								日本	菲律宾	马来西亚	澳大利亚	中太平洋	夏威夷	东太平洋	印度洋	红海
	西沙群岛	海南岛南部	海南岛北部	广东大陆沿岸	广西	福建	浙江	台湾									
1 黑芋螺 (*Conus marmoreus* Linnaeus)	+							+	+	+	+	+	+	+		+	
2 堂皇芋螺 (*Conus imperialis* Linnaeus)	+							+	+	+	+	+	+	+		+	
3 织锦芋螺 (*Conus textile* Linnaeus)	+	+	+	+	+			+	+		+	+	+	+		+	+
4 使节芋螺 (*Conus legatus* Lamarck)	+								+	+	+	+	+				
5 主教芋螺 (*Conus pennaceus* Born)	+			+				+	+	+	+	+	+	+		+	+
6 峡谷芋螺 (*Conus canonicus* Hwass), in Bruguiere	+									+	+	+	+			+	+
7 宫廷芋螺 (*Conus aulicus* Linnaeus)		+			+				+	+	+	+	+			+	
8 华丽芋螺 (*Conus magnificus* Reeve)	+							+	+	+	+		+			+	
9 地纹芋螺 (*Conus geographus* Linnaeus)	+	+		+					+	+	+	+	+			+	
10 马兰芋螺 (*Conus tulipa* Linnaeus)	+	+						+	+	+	+	+	+			+	+
11 笋芋螺 (*Conus terebra* Born)	+	+						+	+	+	+	+	+			+	+
12 笔芋螺 (*Conus mitratus* Hwass), in Bruguiere	+	+						+	+	+		+	+			+	
13 橡实芋螺 (*Conus glans* Hwass), in Bruguiere	+		+		+			+	+	+	+	+	+			+	
14 豆芋螺 (*Conus scabriusculus* Dillwyn)	+							+	+	+		+	+				
15 细线芋螺 (*Conus tenuistriatus* Sowerby)	+								+			+	+			+	
16 烤芋螺 (*Conus artoptus* Sowerby)	+									+	+	+	+				
17 信号芋螺 (*Conus litteratus* Linnaeus)	+							+	+		+	+	+			+	+
18 豹芋螺 (*Conus leopardus* Roeding)	+								+		+		+	+		+	
19 象牙芋螺 (*Conus eburneus* Hwass), in Bruguiere	+	+	+					+	+	+	+	+	+			+	
20 方斑芋螺 (*Conus tessulatus* Born)	+	+	+					+	+		+	+	+	+	+	+	
21 槲芋螺 (*Conus quercinus* Solander), in Lightfoot	+							+	+		+		+	+		+	+
22 桶形芋螺 (*Conus betulinus* Linnaeus)	+	+	+	+				+	+	+	+	+	+			+	
23 陶芋螺 (*Conus figulinus* Linnaeus)		+								+	+		+			+	
24 菖蒲芋螺 (*Conus vexillum* Gmelin)	+	+						+	+	+	+	+	+	+		+	+
25 大尉芋螺 (*Conus capitaneus* Linnaeus)	+	+						+	+	+	+	+	+	+		+	
26 卷芋螺 (*Conus voluminalis* Reeve)		+						+		+	+					+	
27 将军芋螺 (*Conus generalis* Linnaeus)	+	+						+	+				+			+	

续表

种类	中国近海								日本	菲律宾	马来西亚	澳大利亚	中太平洋	夏威夷	东太平洋	印度洋	红海
	西沙群岛	海南岛南部	海南岛北部	广东大陆沿岸	广西	福建	浙江	台湾									
28 南方芋螺 (*Conus australis* Holten)		+	+	+			+	+	+	+	+						
29 尖角芋螺 (*Conus acutangulus* Lamarck)		+	+	+	+				+	+		+	+	+		+	+
30 肿胀芋螺 (*Conus praecellens* A. Adams)		+	+	+				+	+	+	+	+?	+				
31 格芋螺 (*Conus cancellatus* Hwass), in Bruguiere	+	+	+	+				+	+	+		+?					
32 梭形芋螺 (*Conus orbignyi* Audouin)		+	+	+		+	+	+	+	+		+				+	
33 雕刻芋螺 (*Conus insculptus* Kiener)		+	+	+						+	+		+			+	
34 尖锥芋螺 (*Conus aculeiformis* Reeve)		+	+	+	+			+		+	+	+	+			+	+
35 斯氏芋螺 (*Conus schepmani* Fulton)		+	+		+				+	+	+		+				

种类记述

1. 黑芋螺 (*Conus marmoreus* Linnaeus)(图版Ⅲ:14)

Conus marmoreus Linnaeus, 1758: 712; Reeve, 1843, pl. 14, sp. 74; Sowerby, 1866: 2; fig. 5; Dautzenberg, 1929: 356; Tomlin, 1937: 273; 熊大仁, 1949: 21–22, fig. 24; Demond, 1957: 329; 张玺, 齐钟彦, 等, 1975: 127, pl. 6, fig. 2; Kira, 1975: 103, pl. 37, fig. 6; Kohn, 1978: 316, fig. 55; Walls, 1979: 694–695, 698–699, 702. 441, figs. (Above); Habe and Kosuge, 1979: 94, pl. 37, fig. 10; 齐钟彦, 马绣同, 等, 1983: 129, pl. 4, fig. 3; Abbott and Dance, 1983: 244, with fig.

Conus (*Marmorei*) *marmoreus*: Tryon, 1884: 7, pl. 1, fig. 1; Schepman, 1913: 377–378.

Conus (*Conus*) *marmoreus*: Kuroda, 1941: 130.

模式标本产地 亚洲。

标本采集地 西沙群岛的金银岛、琛航岛、珊瑚岛、广金岛、羚羊礁、永兴岛、石岛、赵述岛、东岛。共18号，33个标本。

贝壳较高大、重厚，低圆锥形至倒圆锥形，通常侧边直、中部略显凹。螺旋部低矮、稍高出体螺层，有的几乎与体螺层肩部成一平面，上面多附有石灰藻或被腐蚀，缝合线不明显，每个螺层都有较大的齿状突起。体螺层长而大，在其基部向上生有一些排列紧密、扁平的螺肋，此肋在有的个体中较多，超过体螺层中部。壳面黑褐色，饰有大小不一的三角形和形状不规则的白色或略显淡粉红色的斑块，它们排列较整齐，螺旋部的每个螺层上有一列整齐的、大小较均匀的近方形白斑，壳表被黄褐色壳皮。壳口狭长，其长度与贝壳的高度近等，前端较后端明显宽，内面为淡粉红色，内唇基部白色，前沟宽短，后沟为一 U 形窦。

标本测量（毫米） 壳高 108.7 99.6 87.9 73.7 47.8

壳宽 61.2 52.5 45.4 40.6 28.5

本种花纹变化较大，壳形也常有程度不同的变异，一些作者根据壳面白斑分布的稀密以及有无，肩部齿状突起的强弱，体螺层的宽窄以及个体的大小，分出数个变种或型。检查了我们的标本，花纹与 Walls (1979) p. 441 figs (Above) 相似，即本种的 Typical 型；而壳形则与 p. 441 figs (Below)相近，即 var. *nocturnus* 和 var. *vidua*，肩部较窄，贝壳较细长，体螺层中部微凹。尽管壳形略有差异，我们认为这些标本仍然属于 *C. marmoreus* 的 Typical 型。

生活于低潮线至数米水深的沙滩上或珊瑚礁间，为习见种类。

地理分布 广泛分布于印度 – 太平洋热带海域。从马达加斯加和毛里求斯向东穿过印度洋到夏威夷和波利尼西亚，从琉球向南到菲律宾、澳大利亚北部和新喀里多尼亚。我国台湾和西沙群岛也有分布 .

2. 堂皇芋螺 (*Conus imperialis* Linnaeus) (图版Ⅱ:8)

Conus imperialis Linnaeus, 1758: 712; Reeve, 1843: pl. 12, sp. 60; Sowerby, 1866: 1–2, pl. 1, fig. 2; Demond, 1957: 328; Kohn, 1959: 379–380, pl. 1, fig. 7; Thinker, 1959: 170, with figs.; Wilson & Gillett, 1974: 144, pl. 97, fig. 7; 张玺 , 齐钟彦 , 等 , 1975: 127, pl. 5, fig. 13; Walls, 1979: 571, 574–575, 369, figs. (Above); Cernohorsky, 1978: 126, pl. 3, fig. 6; 齐钟彦 , 马绣同 , 等 , 1983: 128, with fig.; Abbott and Dance, 1983: 244, with fig.

Conus (*Marmorei*) *imperialis*: Tryon, 1884: 9, pl. 1, figs. 11–12.

Rhombus imperialis: Cotton, 1945: 235, pl. 1, fig. 3; Kira, 1975: 104, pl. 37, fig. 8; Habe and Kosuge, 1979: 92, pl. 36, fig. 13.

模式标本产地 不详。

标本采集地 西沙群岛的中建岛、金银岛、琛航岛、晋卿岛、广金岛、珊瑚岛、永兴岛、石岛、北岛、东岛。共 13 号 ,21 个标本。

贝壳呈倒圆锥形，壳质坚厚，侧边直或体螺层中部略显凹。螺旋部低平或略高出体螺层，缝合线浅，线状，几乎每一螺层上都有一列规则的结节状突起，此突起在体螺层肩部通常为 12 个，并呈现为疣状。体螺层上部较宽大，向下缓慢收窄，呈三角形，基部有细的螺肋，有时其上有不甚明显的小结节，肩部呈棱角状。壳面为乳白色或灰白色，饰有许多褐色和黑色或红褐色和褐色断续的环形点线条纹，在体螺层中部之上和下各有一条绿褐色色带；色带由许多不规则纵列的长形斑块所组成，构成了美丽的图案，其花纹常有变化，基部为暗灰色或紫色，螺旋部有褐色小斑和断续、微弱的环形点线花纹。壳口狭长、前端稍宽，内面白色，有时显褐色斑点或斑块，前沟部呈灰褐色或灰色。

标本测量（毫米） 壳高 81.2 67.5 62.7 47.3 41.8

壳宽 46.0 35.4 34.8 26.9 22.0

生活在低潮线附近至水深数米的沙滩上或珊瑚礁间，为习见种类。

地理分布 从非洲东海岸、毛里求斯通过印度洋到波利尼西亚和夏威夷，从日本南部、菲律宾到昆士兰和新喀里多尼亚。我国台湾和西沙群岛都有分布。

3. 织锦芋螺 (*Conus textile* Linnaeus) (图版Ⅲ:9)

Conus textile Linnaeus, 1758: 717; Reeve, 1843, pl. 38, sp. 209; Kohn, 1959: 393–394, pl. 1, fig. 2; 1978: 323, figs. 70–71; Wilson and Gillett, 1974: 146, pl. 98, figs. 3–3a; 张玺，齐钟彦，等，1975: 128; Walls, 1979: 900–903, 664, figs. (Above); 齐钟彦，马绣同，等，1983: 129, pl. 4, fig. 2; Abbott and Dance, 1983: 244, with fig.

Conus (*Cylinder*) *textile*: Melvill and Standen, 1901: 433.

Conus (*Texti*) *textile*: Schepman, 1913: 369.

Conus (*Darioconus*) *textile*: Kuroda, 1941: 130.

Darioconus textile: Kira, 1975: 107, pl. 38, fig. 15; Habe and Kosuge, 1979: 92, pl. 36, fig. 12.

Conus verriculum Reeve, 1843, pl. 38, sp. 208.

Conus panniculus Lamarck, 1810, in Kohn, 1981: 325, fig. 52.

模式标本产地 班达。

标本采集地 广东省的遮浪、盐田、水东，海南岛的新盈、保平、三亚、榆林、新村，西沙群岛的中建岛、琛航岛、东岛，广西壮族自治区的涠洲岛、企沙。共26号，66个标本。

贝壳呈纺锤形，壳质较薄，具光泽。螺旋部中等高，壳顶尖，通常被腐蚀。螺层上面有3～5条或更多的轻微螺纹和纵行曲线纹，缝合线清楚。体螺层上部膨大，侧边凸，除基部有数条至10余条不明显的螺肋外，其余通常几乎是平滑的，有时呈现微弱螺纹和轻重不一的生长纹和生长褶痕，肩部较宽，圆钝。壳面白色或灰白色，上面饰有许多纵行褐色或黑褐色波纹或锯齿状线条，它们不规则的重复出现，因此构成不很规则的三角形覆鳞状花纹，在体螺层中部之上和下各有一条由橙褐色断续的斑块所形成的宽的环带，肩和螺旋部具有与体螺层近似的花纹和斑块。壳口较宽，前端较后端明显宽大，外唇尖、脆、稍凸或近直，内面白或淡蓝色，内唇稍扭曲。

标本测量(毫米)						
	壳高	97.0	87.5	68.3	55.8	37.1
	壳宽	52.9	47.1	34.2	27.0	17.5

本种壳形和花纹变化较大，过去许多作者把不同类型个体分别给了名称，后来如Wagner and Abbott (1977)、Walls (1979)等将过去的名称进行归并，分为若干变种或型，我们的标本比较单一，均为本种的Typical型。

生活于低潮线附近的浅水区，为常见种。据记载本种所分泌的毒素可使人致命。

地理分布 从马达加斯加经过塞舌尔、红海，向东通过印度洋到太平洋中部的波利尼西亚和夏威夷，从日本南部通过马来西亚到澳大利亚北部和新喀里多尼亚。我国台湾及南海诸岛均有分布。

4. 使节芋螺 (*Conus legatus* Lamarck) (图版Ⅲ:2)

Conus legatus Lamarck, 1810, Ann. du Mus. Hist. Nat. (Paris), 15: 437; Reeve, 1843, pl. 16, sp. 85; Kiener, 1845: 323, pl. 89, fig. 3; Weinkauff, 1875: 237, taf. 39, fig. 6; Melvill, 1898–1900: 309; Tomlin, 1937: 267; Walls, 1979: 630–631, 404, figs. (Above).

Conus (*Texti*) *textile* var. *legatus*: Tryon, 1884: 90, pl. 30, fig. 5.

Conus (*Texti*) *legatus*: Schepman, 1913: 396.

模式标本产地 印度洋。

标本采集地 西沙群岛的琛航岛、永兴岛、石岛。共3号,4个标本。

贝壳较小,壳质厚,近圆柱形或钝的双圆锥形。螺旋部中等高,侧边直。体螺层较细长,上部稍膨大,向下缓慢收缩至基部,似乎基部生有数条螺肋,肩部圆钝,与螺旋部无明显界限。壳面为美丽的粉红色,上面印有橙褐色似网状线纹,并有非常分明的褐色纵行不规则条斑,螺旋部有分散、不规则的褐色线纹,有时印有几个暗斑,早期螺层为深粉红色。壳口狭长,内面略显淡粉红色。我们仅有的4个标本均为破旧磨损之干壳,故有些特征不甚清楚,无法仔细描述。

标本测量(毫米) 壳高 26.2 21.0 15.1

壳宽 13.6 10.3 7.6

生活于浅水区,在我国为稀少种。

地理分布 从琉球群岛、菲律宾和印度尼西亚一带,南至昆士兰,东至波利尼西亚,有作者报道印度洋也有记录。我国仅见于西沙群岛。

5. 主教芋螺 (*Conus pennaceus* Born) (图版Ⅲ:8)

Conus pennaceus Born, 1778, Index Rerum Naturalium Musei Caesari Vindobonensis, 1: 152; Walls, 1979: 786–789. 529, figs.(Below); Abbott and Dance, 1983: 245, with fig. (Below).

Conus omaria: Wagner and Abbott, 1977: 25–24, pl. 4, figs. 3, 5.

Conus (*Texti*) *omaria*: Tryon, 1884: 92–93, pl. 31, fig. 24.

Conus episcopus: 张玺,齐钟彦,等,1975: 126, pl. 6, fig. 4; 齐钟彦,马绣同,等,1983: 129, pl. 4, fig.1.

模式标本产地 中国。

标本采集地 广东省的硇洲岛,西沙群岛的晋卿岛。共2号,2个标本。

贝壳狭长为低圆锥形,壳质坚厚,具光泽。螺旋部较低,侧边直,缝合线清楚,壳顶圆钝,螺层上无明显的螺纹。体螺层延长,侧边略凸,但在中部微凹,从基部至肩部密布螺旋线纹,用手指即可触摸到,肩部窄较圆钝。壳面为红褐色或淡褐色,上面印有大小不等的近三角形白色斑块,它们分布不均匀,体螺层肩下、中部和基部此斑块较密集,螺旋部具有同样白色斑块,壳顶为粉红色。壳表被一层薄的淡黄褐色壳皮。壳口中等宽,前端宽于后端,内面瓷白色,外唇较薄,中部稍凹,边缘有很细密的齿状缺刻,内唇基部略扭曲。

标本测量(毫米) 壳高 85.5 57.2

壳宽 39.0 27.7

本种颜色、花纹以及壳形都有变化,因此其命名比较混乱,种的范围也有争论,有作者认为本种有3个变种,有的把其中的变种提为种,在其中又有几个型。总之本种的名称是较混乱的,即使同一名称在文献中所示的图也不全一致。我们的2个标本,一个与Walls (1979) p. 529 fig (Below: Right) var. *omaria* 和 Wagner and Abbott (1977) pl.4 fig. 2 & 5 的 *C. omaria* typical form 相似,另一个与Walls(1979)p. 528 fig. (Below: Right)var. *episcouus*

的花纹相似，但壳形有些不同：其体螺层肩部宽并呈现棱角状，贝壳近倒圆锥形，而我们的标本肩部窄而圆钝，贝壳呈低圆锥形或近筒状，同 Wagner and Abbott (1977) pl. 4 fig. 3 *C. ormaria* forma *episcopus* 相近，尤其与 Abbott and Dance (1983) p. 245 fig. (Below)*C. pennaceus*（曾采用过 *C. episcopus* 名称的一个型）在壳形和花纹上非常相似。虽然我们的标本同有的文献上所示的图不完全相符，但根据目前所掌握的材料判断，我们的两个标本很可能分别属于 var. *omaria* Hwass 和 var. *episcopus* Hwass。

生活于低潮线下的沙滩上或珊瑚礁间。在我国为稀见种类。

地理分布 主要分布于印度－西太平洋热带海域，我国见于硇洲岛、西沙群岛和台湾。

6. 峡谷芋螺 (*Conus canonicus* Hwass), in Bruguiere（图版Ⅲ：7）

Conus canonicus Hwass, in Bruguiere, 1792, Cone, in Ency, Method., Hist. Nat des Vers, 1: 749; Reeve, 1843, pl. 29, sp. 165; Walls, 1979: 270–271, 274. 188, fig. (Below: Right): Coomans, Moolenbeek and Wils, 1983: 79–80, figs. 296, 326–328; Abbott and Dance, 1983: 245, with fig.

Conus (*Texti*) *cononicus*: Schepman, 1913: 397.

Conus legatus: 张玺，齐钟彦，等，1975: 128, pl. 7, fig. 13.

模式标本产地 东印度。

标本采集地 西沙群岛的东岛、北岛。共 3 号，3 个标本。

贝壳较小，近圆柱状，壳质中等厚，坚实，具光泽。螺旋部中等高，侧边直，缝合线浅但清楚。早期螺层具弱的结节，螺层上还有数条细螺纹。体螺层从基部至肩部以下遍布细弱的螺肋，基部者较凸，明显；肩部窄，圆钝略显棱角。壳为白色，印有许多细密而大小不一的红褐色近三角形的网状图案，并有数条褐色或红褐色纵行条斑，它们多集中在体螺层中部上下，因此产生了两条较暗的环带。螺旋部和肩部有许多不规则红褐色纵行线和深色横置的条斑、小斑块。壳顶粉红色。壳口中等宽，前端较宽，外唇厚但尖，内面瓷白色，内唇基部稍扭曲。

标本测量（毫米）				
	壳高	39.0	36.8	28.3
	壳宽	19.2	18.4	14.3

生活于岩石下或岩礁上。在我国为稀少种。

地理分布 遍及印度－太平洋热带海域，从非洲东海岸和印度洋北部通过太平洋西部和中部到社会群岛和马克萨斯。我国仅发现于西沙群岛。

7. 宫廷芋螺 (*Conus aulicus* Kinnaeus)（图版Ⅲ：11）

Conus aulicus Linnaeus, 1758: 717, Reeve, 1843, pl. 24, sp. 134; Wilson and Gillett, 1974: 146, pl. 98, fig. 4; Cernohorsky, 1978: 122, pl. 1, fig. 5; Walls, 1979: 155, 158.124, figs.; Coomans, Moolenbeek and Wils, 1981: 29, figs. 101, 153a–153b; Abbott and Dance, 1983: 245, with fig.

Conus (*Texti*) *aulicus*: Tryon, 1884: 93, pl. 31, fig. 29.

Regiconus aulicus: Cotton, 1945: 256.

Darioconus (*Regiconus*) *aulicus*: Kira, 1975: 107, pl. 38, fig. 14.

模式标本产地 亚洲。

标本采集地 海南岛的三亚，广西壮族自治区的涠洲岛。共4号，4个标本。

贝壳较大，壳质薄但结实，呈狭长的筒状。螺旋部中等高，侧边直，缝合线明显。螺层粗糙，无明显螺纹，只见略起皱的纵行曲线，在后来的螺层上明显，早期螺层无结节。体螺层侧边几乎是平行的，近基部稍收缩，其最宽处为肩部以下或近中部。整个体螺层布满稠密的螺旋线纹，用手指即可触摸到，基部有不甚规则的螺肋、螺沟。肩圆，上面微凹。壳面为红褐色或金黄褐色，印有大小不一、分布不均匀的近三角形白色斑块，在肩下和体螺层中部各有几处白斑密集，致使肩下和中部各形成一条界线不分明的环带。基部白斑稠密，又形成第三条环带，它们中的白斑有几处纵向延伸，互相连接。螺旋部亦具白斑。壳口长，前端宽而后端窄，外唇稍凸，内面瓷白色。

标本测量(毫米) 壳高 115.2 105.6 67.2

壳宽 46.0 43.0 26.7

生活于潮间带下浅水区的沙滩、石头下或珊瑚礁间。在我国沿海较少见。据报道本种能刺伤人。

地理分布 本种遍及印度－太平洋，从非洲东海岸、斯里兰卡、印度尼西亚到土阿莫土群岛，从琉球群岛向南到昆士兰。在我国发现于海南岛和涠洲岛。

8. 华丽芋螺 (*Conus magnificus* Reeve) (图版Ⅲ:5)

Conus magnificus Reeve, 1843, pl. 6, sp. 32; Tomlin, 1937: 271; Walls, 1979: 678–679.682, 432 figs. (Above); Abbott and Dance, 1983: 245, with fig.

Conus (*Darioconus*) *magnificus*: Kuroda, 1941: 131; Shikama and Chino, 1970: 41.

Darioconus magnificus: Kuroda, 1955: 291.

模式标本产地 菲律宾。

标本采集地 西沙群岛的琛航岛。1号，1个标本。

贝壳近伸长的圆筒状，壳质较重厚、坚固。螺旋部中等高，壳顶钝，通常被腐蚀，侧边直或微凸，螺层上面有几条弱的螺纹痕迹。体螺层上部稍膨大，向下缓慢收缩逐渐缩窄至基部；其壳面自基部至体螺层的2/3或至肩下刻有细密明显的螺纹，大部分用手指即可触摸到，肩窄、圆。壳面白色或略显淡黄橙色，上面饰有橙色细线纹，构成网状图案，在体螺层中部，上、下分别由几个不规则的红褐色大斑块组成不明显的两个螺旋列。我们的标本各由三个大斑块组成，上、下两列斑块纵向拉长在中部连接，在这些大斑块中出现许多白色斑点，有的形成细的网状花纹，此现象出现在大斑块的边缘；肩和螺旋部有与体螺层相近的花纹，早期螺层为粉红色。壳口较狭长，外唇直或略凸，内面白色。

标本测量(毫米) 壳高 38.9 壳宽 17.8

我们虽仅有1个标本，但它尚完好。与Reeve(1843)的*C. magnificus*所示的图基本相似，但其壳形略宽；而Walls(1979) p. 432 figs. (Above)图的详细描述和与相近种的比较以及Abbott and Dance(1983)所示的图均跟我们的标本相似。

生活于浅水区。在我国沿海为稀有种。

地理分布 分布于印度－太平洋热带海域，从非洲东海岸到波利尼西亚、日本南部、菲律宾等。我国台湾和西沙群岛也曾发现。

9. 地纹芋螺 (*Conus geographus* Linnaeus) (图版Ⅲ：12)

Conus geographus Linnaeus, 1758: 718; Reeve, 1843, pl. 23, sp. 130; Tomlin, 1937: 254; Wilson and Gillett, 1974: 144, pl. 97, fig. 1; 张玺，齐钟彦，等，1975: 126; Kohn, 1978: 311, fig. 39; Cernohorsky, 1978: 137, pl. 7, fig. 4; Walls, 1979: 506–507, 510.325, figs; 齐钟彦，马绣同，等，1983: 130, pl. 4, fig. 4; Abbott and Dance, 1983: 247, with fig.

Conus (*Tulipae*)*geographus*: Tryon,1884:88,pl. 28,fig. 84; Schepman,1913:396.

Rollus geographus: Cotton,1945:255.

Gestridium geographus: Kira,1975:108,pl. 38,fig. 20.

Conus intermedius Reeve,1843,pl. 23,sp. 129(Non *Conus intermedius* Lamarck,1810).

模式标本产地 印度。

标本采集地 广东省的宝安、海南岛的三亚、西沙群岛(东岛、石岛)。共5号,6个标本。

贝壳较大,呈卵圆筒状,壳质非常薄而轻。螺旋部低矮,略突出体螺层,侧边凹,缝合线细。除早期螺层外,在每一螺层缝合线的上方和体螺层肩部均有一列竖直的齿状突起。螺层中部凹,螺纹微弱不甚明显。体螺层有稀疏、不规则的纵行沟纹或皱痕,基部有几条不甚清楚、倾斜的脊或皱褶,肩呈明显的角度。壳面为乳白色或淡紫灰色,上面覆有红褐色网状细小花纹,花纹有时清楚,有时破碎,或为斑纹、斑点。通常在体螺层中部上、下各有一环状排列的红褐色不规则、断续或连接的云状斑,因此形成两条环带,有的个体在肩下和基部也有一些小的不规则红褐色斑状物。螺旋部有与体螺层相近的花纹,早期螺层为粉红色。壳口较宽大,前方扩张,内面淡紫灰色或白色,内唇稍扭曲。

标本测量(毫米)				
	壳高	123.3	112.4	73.3
	壳宽	58.0	55.0	34.1

生活于低潮线以下浅水区的沙滩上或珊瑚礁间。本种所分泌的毒素,可使人致命,采集者应非常小心谨慎。

地理分布 广泛分布于印度–太平洋热带海域,如毛里求斯、斯里兰卡、印度、印度尼西亚、琉球南部、菲律宾、澳大利亚、新喀里多尼亚、波利尼西亚等。我国南海也有发现。

10. 马兰芋螺 (*Conus tulipa* Linnaeus) (图版Ⅲ：10)

Conus tulipa Linnaeus, 1758: 717; Reeve, 1843, pl. 23, sp. 128; Demond, 1957: 332; Kohn, 1959: 398; Wilson and Gillett, 1974: 144, pl. 97, fig. 2; 张玺，齐钟彦，等，1975: 128, pl. 5, fig. 12; Cernohorsky, 1978: 137, pl. 7, fig. 5; Walls, 1979: 917–919. 684, figs. ; Abbott and Dance, 1983: 247, with fig.

Conus (*Tulipae*) *tulipa*: Tryon, 1884: 87–88, pl. 28, fig. 80.

Conus (*Gastridium*) *tulipa*: Kuroda, 1941: 130.

Tuliparia tulipa: Cotton, 1945: 256.

Gastridium tulipa: Kira, 1975: 108, pl. 38, fig.19.

模式标本产地 不详。

标本采集地 海南岛的三亚、榆林,西沙群岛的东岛、永兴岛、北岛。共5号,14个标本。

贝壳中等大，壳形、花纹同地纹芋螺相近，为卵圆筒状，壳质薄而轻。螺旋部较矮小，侧边近直，缝合线明显。螺层中部凹，上面有细密的螺纹。早期螺层有小结节，后来逐渐不明显至微弱的波纹状。体螺层除基部有数条螺肋外其余光滑，但尚能见到极细密的螺纹和纵行生长纹。肩部窄，较圆钝。壳面通常为白底略显紫色或紫灰色，体螺层有 2 ~ 3 行红褐色云状斑，它们通常上下连接，自基部到肩下有由红褐色和白色小斑点组成紧密排列的螺旋线，有的个体清楚，有些个体不完全或不明显。螺旋部有少量较小的红褐色斑块和小斑，在其中部和早期螺层缝合线上方有整齐排列的红褐色小斑点，早期螺层为粉红色。壳口宽，在伸向前方时逐渐扩张，故前端更为宽大，外唇薄、直或凸，内面淡紫色，内唇略扭曲。

标本测量（毫米）	壳高	63.7	61.6	41.5	34.9
	壳宽	30.4	29.1	21.3	16.2

本种与地纹芋螺(*C. geographus* Linnaeus) 相近，但本种早期螺旋部和中部螺层仅有小结节，后来螺层微显波状，体螺层有由红褐色和白色小斑点组成的紧密排列的螺旋线。而后者螺旋部除早期螺层外，均有一列竖直的齿状突起，体螺层无螺旋线，出现网目状细小花纹。

生活于浅水域岩石下或珊瑚礁间。本种的毒液可使人致命，采集时要非常小心。

地理分布 从红海、塞舌尔和马达加斯加向东通过印度洋和太平洋到社会群岛和土阿莫土群岛，从琉球、菲律宾到澳大利亚北部和新喀里多尼亚，印度尼西亚一带也有记录。我国台湾和南海也有分布 .

11. 笋芋螺 (*Conus teredra* Born) (图版Ⅰ：12)

Conus terebra Born, 1778, Index Rerum Naturalium Musei Caesari Vindobonensis, 1 (Testacea): 146; Dautzenberg, 1929: 362; Tomlin, 1937: 321; Kohn, 1964: 159, pl. 2, fig. 12; 1978: 322, fig. 68; 张玺 , 齐钟彦 , 等 , 1975: 128, pl. 8, fig. 1; Wagner and Abbott, 1977: 25–28, fig. 26–606; Walls, 1979: 894–896. 657, figs. (Above, Below: Right); Abbott and Dance, 1983: 248, with fig.

Hermes terebra: Adams, 1858: 256.

Conus (*Terebri*) *terebra*: Tryon, 1884: 80, pl. 25, fig. 31; Schepman, 1913: 394.

Conus (*Hermes*) *terebra*: Kuroda, 1941: 131; Shikama and Chino, 1970: 42.

Conus terebellum: Reeve, 1843, pl. 7, sp. 38.

模式标本产地 不详。

标本采集地 海南岛的三亚，西沙群岛的中建岛、永兴岛、东岛。共 7 号，8 个标本。

贝壳中等大小，低圆锥形或近圆筒形，壳质坚厚，无光泽。螺旋部较低，但膨胀，侧边稍凸，缝合线较深。螺层上有微弱不清楚的螺纹，多数标本不见此螺纹。壳顶多被腐蚀或被石灰藻覆盖。体螺层上部较膨大，向下缓慢收缩，从基部至肩部壳面布满细而光滑、几乎是均一的螺肋。肩部圆钝。壳面白色或略显淡黄色，体螺层基部为淡紫色或紫色，通常有两条宽的淡黄色或淡黄褐色环带，分别在体螺层中部上、下，有些标本明显，而有些标本模糊，也有个别的仅在体螺层中部下方有一条。壳顶部有时显淡紫色。壳口狭长，前端较后端稍宽，外唇直或中部略凹，内面瓷白色，内唇基部多少扭曲。

标本测量（毫米）	壳高	82.8	81.6	60.4	59.6	47.9
	壳宽	37.8	34.4	27.3	27.4	22.2

据 Walls（1979）所述本种可分出一个变种 *C. terebra* var. *thomasi*，这个变种似乎局限于印度洋西北部。它的肩部比较宽，呈棱角状，螺旋部侧边较直，体螺层后端螺肋较弱，内面紫色。我们现有的标本均不属此变种。

生活在浅水域。在我国为稀少种。

地理分布 广泛分布于印度 – 太平洋热带海域，从非洲东海岸到红海，向东到波利尼西亚，从日本南部、菲律宾到澳大利亚北部、新喀里多尼亚和斐济，印度尼西亚一带也有记录。我国台湾、海南岛和西沙群岛都有分布。

12. 笔芋螺 (*Conus mitratus* Hwass), in Bruguiere（图版Ⅲ：1）

Conus mitratus Hwass, in Bruguiere, 1792, Cone, Ency. Method., Hist. Nat. des Vers, 1: 738; Reeve, 1843, pl. 18, sp. 100; Dautzenberg, 1929: 358;Tomlin, 1937: 277; Wilson and Gillett, 1974: 152, pl. 101, figs. 7–7a; Wagner and Abbott, 1977: 25–022, fig. 26–128; Walls, 1979: 734–735. 469, figs.

Conus (*Terebri*) *mitratus*: Tryon, 1884, 83, pl. 26, fig. 51.

Conus (*Hermes*) *mitratus*: Kuroda, 1941: 131.

Conus (*Leporiconus*) *mitratus*: Shikama and Chino, 1970: 42.

Hermes (*Leporiconus*) *mitratus*: Habe, 1975: 116, pl. 37, fig. 1.

Conus mitraeformis var. *pupaeformis* Sowerby, 1870: 256, pl. 22, fig. 2.

模式标本产地 印度洋。

标本采集地 海南岛的三亚、亚龙湾，西沙群岛的珊瑚岛。共 3 号，4 个标本。

贝壳小，壳质较厚，结实，呈延长的圆柱状或两端尖细的纺锤形，具光泽。螺旋部高，侧边凸，壳顶尖，缝合线深而明显。螺层稍倾斜，几乎为直立，上面有 2 ~ 5 条螺纹，其上有排列整齐的颗粒状小结节。体螺层上部较膨大，侧边稍凸，整个壳面密生规则的呈线状的螺纹，其上亦有颗粒状小结节，幼小个体小结节仅在体螺层的前半部可见到。没有明显的肩部。壳面为淡黄褐色至米色，体螺层基部之上及体螺层中部和肩部都有规则排列的暗褐色纵向斑块，它们组成 3 条宽的环带。螺旋部有同体螺层相近的斑块，但较小近方形，壳顶部为白色。壳口窄，前端较后端略宽，外唇较厚，稍凸，内面瓷白色。本种以它的壳形和花纹很容易辨认。

标本测量（毫米）	壳高	35.3	34.3	27.3	21.0
	壳宽	14.0	13.6	11.2	8.6

生活于浅水至中等水深的海域。为我国稀见种类。

地理分布 印度 – 太平洋热带海域，从马达加斯加岛、毛里求斯到波利尼西亚，从日本（奄美以南）、菲律宾、澳大利亚到新喀里多尼亚。我国台湾、海南岛和西沙群岛都有发现。

13. 橡实芋螺 (*Conus glans* Hwass), in Bruguiere（图版Ⅰ：8）

Conus glans Hwass, in Bruguiere, 1792, Cone, in Ency. Method., Hist. Nat. des Vers, 1: 735; Reeve, 1843, pl. 26, sp. 145b; Wilson and Gillett, 1974: 148, pl. 99, fig. 1; 张玺，齐钟彦，

等, 1975: 127, pl. 7, fig. 10; Walls, 1979: 515, 518–519.332, figs. (Below); 齐钟彦,马绣同,等, 1983: 126, with fig.; Abbott and Dance, 1983: 248, with fig.

Conus (*Terebri*) *glans*: Tryon, 1884: 79, pl. 25, fig. 26; Schepman, 1913: 394.

Leporiconus glans: Cotton, 1945: 268, pl. 2, fig. 12; Kuroda, 1955: 292.

模式标本产地 毛里求斯。

标本采集地 海南岛的新盈,西沙群岛的琛航岛、北礁、东岛、永兴岛、石岛、北岛,广西壮族自治区的涠洲岛。共 12 号,14 个标本。

贝壳小,壳质不甚厚,两端尖细,中部膨大,呈长卵圆锥形或橡实状。螺旋部中等高,肿胀,侧边凸,壳顶小,突出。早期螺层有明显的颗粒状突起,螺层凸,上面有几条螺纹,其上有不甚明显的小突起。没有明显的肩部。体螺层侧边稍凸,整个壳面刻有细致明显的螺肋,有的个体螺肋上生有微细的小结节突起。壳面紫色或淡黄褐色,在体螺层中部上、下各有一条暗紫色或黄褐色宽的环带,前端的一条通常延伸到基部,还有几条纵行的暗紫色带,基部暗紫色。螺旋部隐约可见界限模糊的紫色方斑。壳顶白色,有时被它物覆盖。壳表被黄褐色壳皮。壳口窄,前端宽于后端,外唇厚,较凸,内面紫色,前沟短小。

标本测量(毫米)						
	壳高	37.5	31.5	31.0	29.9	25.2
	壳宽	16.2	14.6	13.2	13.5	11.9

生活在低潮线下至水深数米的珊瑚礁间。

地理分布 从非洲东部到波利尼西亚,从日本南部、菲律宾到澳大利亚和新喀里多尼亚。我国台湾及南海诸岛都有分布。

14. 豆芋螺 (*Conus scabriusculus* Dillwyn)(图版 Ⅰ:6)

Conus scabriusculus Dillwyn, 1817, Descr. Catalogue Recent Shells, 1: 406; Tomlin, 1937: 305; Wilson and Gillett, 1974: 150, pl. 100, figs. 10–10a; 张玺, 齐钟彦, 等, 1975: 127, pl. 7, fig. 18; Walls, 1979: 841–842. 592, figs.; 齐钟彦, 马绣同, 等, 1983: 123, with fig.; Abbott and Dance, 1983: 248, with fig.

Conus (*Terebri*) *scabriusculus*: Tryon, 1884: 80, pl. 25, fig. 29.

Conus (*Leporiconus*) *scabriusculus*: Shikama and Chino, 1970: 42.

模式标本产地 几内亚。

标本采集地 西沙群岛的金银岛、琛航岛、北礁、石岛。共 3 号,6 个标本。

贝壳小,结实,具光泽,呈卵圆锥形。螺旋部中等高,侧边直或凸,壳顶尖细,竖高。早期螺层具小结节,通常螺层稍凸,有 4 ~ 6 条微细螺纹并密布纵曲线纹。肩部凸,圆钝。体螺层上部膨大,基部细小,整个壳面密布均匀而细的螺肋,其上有许多颗粒状小结节,基部螺肋及小结节较粗大,明显。壳面白色或略显淡紫色,体螺层基部至约 1/3 处为褐色或紫褐色,它是由云状斑融合而成,在其肩部之下印有几块与基部同色的大的云状斑,它们之间互相连接,在体螺层中部之上形成一不甚规则的环带,又常向前伸与基部云状斑连接。螺旋部有时全为白色,有时则印有不多的云状斑或较小的斑块,壳顶为粉红色。壳口较窄,外唇厚、尖,内面有紫色云彩。

标本测量(毫米) 壳高 29.9 26.1 19.3 18.1

壳宽 15.6 13.9 10.4 10.5

本种与橡实芋螺(*C. glans* Hwass)相近。两者区别在于,本种壳形较矮胖,体螺层上部侧边明显的凸,肩部圆钝,但相当明显,螺旋部的螺纹细弱平滑,通常不见小结节状突起。而后者壳形较细长,肩部不明显,几乎难以与螺旋部区分,螺旋部的螺纹粗糙或有小结节状突起,壳面无大块的白色区域。

生活于低潮线下的珊瑚礁间。在我国较为稀少。

地理分布 广泛分布于西太平洋热带海域,从琉球和菲律宾到澳大利亚、新喀里多尼亚,太平洋中部的一些岛屿,如波利尼西亚等也有记录。我国台湾和西沙群岛也有分布。

15. 细线芋螺 (*Conus tenuistriatus* Sowerby)

Conus tenuistriatus Sowerby Ⅱ, 1857–1858. Thesaurus Conchyliorum 3 (Conus): 46, pl. 22 (208), figs. 532–533; Tomlin, 1937: 320; Walls, 1979: 890–892.653, figs. (Above: Right); Abbott and Dance, 1983: 248, with fig.

Leporiconus tenuistriatus: Cotton, 1945: 268.

Conus (*Leporiconus*) *tenuistriatus*: Shikama and Chino, 1970: 47, pl. 5, figs. 21–24.

模式标本产地 菲律宾。

标本采集地 西沙群岛的金银岛、琛航岛。共 2 号,2 个标本。

贝壳较小,为延长的卵圆锥形,壳质较厚,具光泽。螺旋部中等高,侧边凸,呈圆顶状。早期螺层有微弱结节,缝合线凹,螺层上有不甚规则和不甚清楚的螺纹。体螺层上部较胀大,向下缓慢收缩至基部,从基部至肩部壳面上布满细而低的螺肋,其上面有颗粒状突起。肩较窄而圆,不明显。体螺层为褐色,略显紫色,尤其基部较为明显,在其肩下和中部有数块环状排列的白色云状斑,形成了 2 条白色环带,整个基部至 1/3 处为褐色并显淡紫色。肩部和螺旋部为白色,上面印有大小不一的褐色方斑,壳顶为粉红色。壳口狭长,内面淡紫色,基部颜色较深。

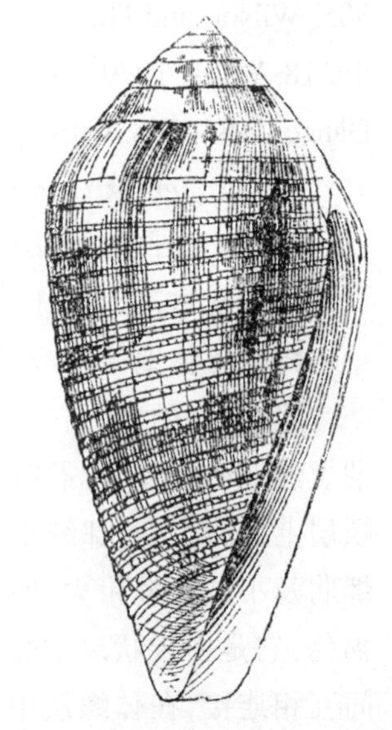

图 3 细线芋螺

标本测量(毫米) 壳高 42.0 38.9

壳宽 20.6 19.8

本种与 *C. scabriusculus* Dillwyn 很相似,但本种壳形稍窄长,体螺层上部向下收缩较缓慢,肩部较窄而圆,不明显,与螺旋部难以区分,体螺层螺肋上的颗粒状突起较强壮、明显。后者壳形较为宽短,体螺层上部较宽,向下收缩较迅速,肩部较宽,圆钝,相当明显,体螺层螺肋上的颗粒状突起较弱。

生活于浅水区。我们仅采到 2 个干壳标本,为我国稀少种类。

地理分布 从非洲东海岸至少到马绍尔群岛和波利尼西亚,也发现于我国的西沙群岛。本种在我国为首次记录。

16. 烤芋螺 (*Conus artoptus* Sowerby) (图版 Ⅰ :11)

Conus artoptus Sowerby Ⅰ, in Sowerby Ⅱ, 1833, Conchological Illustrations: pt. 33, fig. 35; Reeve, 1843, pl. 13, sp. 71; Tomlin, 1937: 215; Walls, 1979: 142–143.113, fig. (Below: Left); Coomans, Moolenbeek and Wils, 1981: 23, figs. 142–143; Abbott and Dance, 1983: 248, with fig.

模式标本产地 南海。

标本采集地 西沙群岛的金银岛。1 号, 1 个标本。

贝壳呈圆柱状,壳质中等厚。螺旋部高度中等,侧边直,缝合线深,螺层凸。体螺层两侧边平行,呈圆筒状,基部略收缩,从基部至肩下生有螺肋,螺肋有些粗糙和不平的感觉,此外能清楚地看到较深的纵行生长褶痕。肩窄,圆钝。壳面灰白色,在螺肋上饰有一行环状排列的红褐色斑点,此外尚能隐约见到壳面有些部位出现淡黄褐色。壳口后端窄,前端宽。我们仅有一个陈旧的干壳标本,颜色大部已脱落,一些较细微的结构已看不清,但贝壳尚完整。

标本测量(毫米) 壳高 60.3 壳宽 25.6

我们仅有的一个干壳标本与 Walls (1979)等的图相比较,我们的标本较为宽而圆钝,与 Reeve (1843)的图相似。

生活于浅海沙质和珊瑚碎石底。为我国稀见种类。

地理分布 本种局限于太平洋西部热带海域。从菲律宾、印度尼西亚、新几内亚、所罗门,南到昆士兰和澳大利亚北部,也发现于我国的西沙群岛。本种在我国为首次记录。

17. 信号芋螺 (*Conus litteratus* Linnaeus) (图版 Ⅱ :7)

Conus litteratus Linnaeus, 1758: 712, Reeve, 1843, pl. 33, sp. 183; Kiener, 1845: 65, pl. 19, figs.1–1a; Dautzenberg, 1929: 357; Cotton, 1945: 232, pl. 1, fig. 1; Demond, 1957: 328–329; 张玺 , 齐钟彦 , 等 , 1975; 127, pl. 6, fig. 1; Cernohorsky, 1978: 129, pl. 5, fig. 9; Kohn 1978: 313–314, fig. 49; Walls, 1979: 647, 650.416, figs. (Above; Below; Left); 齐钟彦 , 马绣同 , 等 , 1983: 130, with fig.; Abbott and Dance, 1983: 249, with fig.

Conus (*Literati*) *litteratus*: Tryon, 1884: 10, pl. 2, fig. 17.

Lithoconus litteratus: Kira, 1975; 103, pl. 37, fig. 3.

Conus gruneri Reeve, 1843, pl. 43, sp. 231.

模式标本产地 亚洲。

标本采集地 西沙群岛的金银岛、琛航岛、晋卿岛、珊瑚岛、中建岛、永兴岛、石岛、东岛、二坑,东沙群岛。共 20 号, 41 个标本。

贝壳大,壳质重厚,呈倒圆锥形,具光泽。螺旋部非常低矮或扁平,有的甚至略凹于体螺层肩角部,壳顶略突出。螺层上未见螺纹,仅有极细密而微弱的倾斜线纹,壳顶部通常被腐蚀,甚至整个螺旋部都被腐蚀或覆盖他物。体螺层侧边直或中部稍凹。基部尖细,在基部有几条低的不甚明显的螺肋,肩部呈棱角。壳面瓷白色,上面布满褐色或黑褐色排列整齐的方形或长方形小斑,在体螺层约有 19 横列,并且常出现 3 条淡黄褐色或黄色环带,分别在体螺层上、中和下部。每条环带通常由 2 ～ 5 条细的环状条纹组成,此带有时不明显。基部为紫褐色。螺旋部除早期螺层外，均有与体螺层同样的但稍大的斑；壳表被一层黄褐色壳皮。壳口狭长，其长度与壳高近等或相等，内面瓷白色，内唇基部为紫褐色。

标本测量（毫米） 壳高 101.4 94.6 90.5 80.4 69.9

壳宽 60.2 54.8 54.2 47.4 40.8

我们同意 Walls（1979）等的意见，Reeve（1843）的 *C. gruneri* 是本种的一个非常明显的年幼小个体。

生活在低潮线附近及水深 10 米左右的沙滩上或珊瑚礁间。本种较普通。

地理分布 广泛分布于印度 - 太平洋热带海域。从非洲东海岸到波利尼西亚，从琉球群岛到澳大利亚北部和新喀里多尼亚，也见于我国台湾和东、西沙群岛。

18. 豹芋螺 (*Conus eburneus* Hwass)(图版Ⅲ：13)

Cucullus leopardus Roeding, 1798, Museum Boltenianum: 41.

Conus leopardus: Demond 1957, 328; Kohn, 1959: 380, pl. 1, fig. 10; Cernohorsky, 1978: 129, pl. 43, fig. 1; Walls, 1979: 638–639.409, figs. (Above); 周近明，1983: 102–103, pl. 1, fig. 9.

Conus (*Literati*) *literatus* var. *millepunctatus*: Tryon, 1884: 10, pl. 2, fig. 19.

Conus millepunctatus: Reeve, 1843, pl. 32, sp. 178.

Lithoconus pardus: Kira, 1975: 103, pl. 37, fig. 4.

模式标本产地 不详。

标本采集地 西沙群岛的石岛、赵述岛，东沙群岛。共 4 号，5 个标本。

贝壳粗大，非常笨重，呈倒圆锥形。螺旋部很低或扁平，早期螺层通常被腐蚀，我们的标本几乎整个螺旋部覆盖他物或被腐蚀，但尚能见到缝合线，螺层上有 2 ～ 3 条低的螺纹。体螺层上部宽大。向下收窄，除基部略显有不甚规则的凹凸外，还有许多细微纵行的和环形的线纹，并有稀疏的褶皱；肩宽，上部稍凹，呈角状。壳面瓷白色，上面印有密集的褐色或黑灰褐色圆或方形小斑，小斑组成许多横列；有的标本每间隔数列稍大斑组成的横列，出现一列小斑，也有的标本间隔一列；肩部和螺旋部基部螺层有一列褐色或黑灰褐色旋转条斑；壳表被有较厚的褐色壳皮。壳口狭长，其长度与壳高几乎相等或相似，前端较后端略宽；外唇薄，通常中部稍凹，内面瓷白色，内唇基部扭曲形成一折叠。

标本测量（毫米） 壳高 153.0 130.4 128.3 122.2

壳宽 95.8 74.1 79.1 75.6

本种与信号芋螺(*C. litteratus* Linnaeus)极相近。但本种体螺层上无环形色带，体螺层基部和内唇基部为白色而不是紫褐色，螺旋部的螺层上有 2 ～ 3 条螺纹；而后者体螺层上有明显或不甚明显的环形色带，其基部及内唇基部均为紫褐色，螺旋部的螺层上不见螺纹。

本种生活于浅水区。在我国为稀少种类。

地理分布 广泛分布于印度 - 太平洋热带海域。我国西沙、东沙群岛都有发现。

19. 象牙芋螺 (*Conus eburneus* Hwass), in Bruguiere (图版Ⅰ：9)

Conus eburneus Hwass, in Bruguieue, 1792., Cone, in Ency. Method., Hist. Nat. des Vers, 1: 640; Reeve, 1843, pl. 19, sp. 106; Dautzenberg, 1929: 350; Cotton, 1945: 232; Demond,

1957: 327; 张玺，齐钟彦，等，1975: 126, pl. 7, fig. 4; Kohn, 1978: 310, fig. 35; Walls, 1979: 419, 422–423. 276, figs. (Above; Below: Right); 齐钟彦，马绣同，等，1983: 127, with fig.

Conus (*Literati*) *eburneus* Tryon, 1884: 11, pl. 2, fig 24; Schopman, 1913: 378.

Conus (*Lithoconus*) *eburneus* Kuroda, 1941: 129.

Lithoconus eburneus Kira, 1975: 103, pl. 37, fig. 2.

模式标本产地 东印度。

标本采集地 海南岛的新盈、崖县、三亚、新村，西沙群岛的金银岛、琛航岛、中建岛、永兴岛、石岛、东岛。共 17 号，58 个标本。

贝壳中等大小，壳质坚厚，结实，呈低圆锥形或倒圆锥形。螺旋部低平，与体螺层肩部几乎为一平面，仅壳顶尖端部凸出，缝合线细。螺层上有 2 条与缝合线近似的沟纹，在中部和基部螺层上明显。体螺层上部粗大，基部有 10 余条不甚整齐的螺肋，壳面还出现数条纵行不规则的生长褶皱，在成体和老个体中尤为明显。壳面白色或灰白色，上面饰有许多暗褐色或淡褐色的方或圆形小斑块或斑点，呈环状排列，通常集中在体螺层中部上、下，各有 2 ～ 3 列或 3 ～ 4 列，有时在基部也出现 1 ～ 2 列。另一类型其小斑块较大，排列也较密集，约有 10 列或更多，布满整个体螺层。螺旋部亦有此斑，在前一类型此斑小而少，后一类型较大而多。壳口窄，前后端宽度近等，外唇厚、尖，内面灰白色，内唇基部扭曲。

标本测量（毫米）	壳高	60.5	50.9	45.9	35.4	26.3
	壳宽	38.5	31.2	30.7	21.9	15.8

本种壳面斑块或斑点的大小、疏密、列数以及分布情况均有变化。Walls（1979）等根据花纹和壳形的差异认为有 2 个变种，目前我们所掌握的标本尚未发现他们所述之变种。

生活在低潮线附近至 20 米左右的浅水区。本种在我国较为普通。

地理分布 广泛分布于印度 – 太平洋热带海域。从马达加斯加岛和毛里求斯，向东通过印度洋到波利尼西亚，从琉球、菲律宾、马里亚纳和马绍尔群岛，南到澳大利亚北部和新喀里多尼亚，印度尼西亚一带。我国台湾、海南岛、西沙群岛也有分布。

20. 方斑芋螺 (*Conus tessulatus* Born)(图版Ⅱ I：3)

Conus tessulatus Born, 1778, Index Rerum Naturalium Musei Caesari Vindobonensis, 1: 131; Reeve, 1843, pl. 28, fig. 163; Dautzenberg, 1929: 363; Tomlin, 1937: 321; Cotton, 1945: 232; Kohn, 1959: 393, pl. 2, fig. 22; 1964: 159, fig. 13; 1978: 322–323, fig. 69; Cernohorsky, 1978: 125, pl. 3, fig. 5; Walls, 1979: 898–899.661, figs. (Above); 齐钟彦，马绣同，等，1983: 125, with fig.; Abbott and Dance, 1983: 249, with fig.

Conus (*Literati*) *tessulatus* Tryon, 1884: 11, pl. 2, figs. 26–27.

Conus (*Lithoconus*) *tessulatus* Melvill and Standen, 1901: 430; Kuroda, 1941: 129.

模式标本产地 非洲。

标本采集地 海南岛的新盈、三亚、新村、榆林，西沙群岛的金银岛、晋卿岛、森屏滩、中建岛、北礁、树岛。共 16 号，24 个标本。

贝壳呈倒圆锥形，壳质厚，坚实。螺旋部低平，仅壳顶部突出于体螺层。缝合线浅，线状。肩部与缝合线之间为一平面，其间刻有与缝合线近似的 2 条螺沟。肩角平或多少呈现微弱的波状突起。体螺层粗壮，基部有数条明显的螺肋，此外还有数条生长褶皱。壳面为白色或黄白色，体螺层饰有大小不等和分布不均匀的长方形橘红色或淡红色斑块，它们在体螺层中部上、下较密集，形成2条环带，基部为鲜艳的紫色。肩和螺旋部也有橘红色或淡红色斑，它们常纵向连接。壳顶部为白色，无色斑。壳口中等宽，前后端宽度近等，外唇尖直或稍凸，内面白色或略带粉红色。内唇直，前端略扭曲，基部淡紫色。

标本测量（毫米） 壳高 48.1 46.4 40.4 35.8 29.9

壳宽 33.8 30.9 25.4 21.1 18.6

生活于低潮线下浅水区的沙滩上或珊瑚礁间。

地理分布 自马达加斯加、毛里求斯、塞舌尔、波斯湾到夏威夷，从日本南部到托雷斯海峡和昆士兰，并可到达墨西哥西海岸，也见于我国台湾、海南岛和西沙群岛。

21. 槲芋螺 (*Conus quercinus* Solander), in Lightfoot (图版Ⅰ:7)

Conus quercinus Solander, in Lightfoot, 1786, Catalogue Portland Museum: 67; Reeve, 1843, pl. 26, sp. 148; Kiener, 1845: 93, pl. 32, fig. 1; Dautzenberg, 1929: 361; Demond, 1957: 331; Tinker, 1959: 166, pl. 167, figs. Kohn, 1959: 388, pl. 1, fig. 4; 1964: 163; 1978: 320, fig. 63; Walls, 1979: 822–823.568, figs. (Above).

Conus(*Lithoconus*) *quercinus* Kuroda, 1941: 129.

Cleobula quercinus Kira, 1975: 106, pl. 38, fig. 7.

模式标本产地 不详。

标本采集地 西沙群岛的琛航岛、永兴岛。共3号，5个标本。

贝壳呈倒圆锥形，壳质重厚，坚固。螺旋部低矮或近乎扁平，稍突出于体螺层或仅壳顶及数个早期螺层形成的尖锥突出体螺层，缝合线明显。螺层扁平，上面有密集的螺纹。体螺层上部膨大，向下方迅速收缩，基部尖窄，在其中部以下刻有细的微弱螺肋，基部者较清楚，肩部宽，呈棱角状。体螺层通常为淡黄褐色或淡黄色，上面饰有细而均匀，紧密排列的黄褐色环形线纹，在体螺层中部有时可隐约看到一条稍宽的淡色环带；螺旋部多被腐蚀，尤其壳顶部周围；壳表被一层褐色或淡褐色壳皮。壳口宽度中等，前后端宽度近等，外唇厚直或稍凸，内唇基部略扭曲，内面灰白色。

标本测量（毫米） 壳高 56.7 55.5 53.4 48.5

壳宽 35.8 36.3 35.4 31.7

生活于浅水至中等深水域。在我国为稀少种类。

地理分布 本种自非洲东部（包括红海和波斯湾）向东通过印度洋到社会群岛、土阿莫土和马克萨斯群岛，自日本南部到马来群岛和新喀里多尼亚，夏威夷也有记录。我国台湾和西沙群岛都有发现。

22. 桶形芋螺 (*Conus betulinus* Linnaeus) (图版Ⅱ:2)

Conus betulinus Linnaeus, 1758: 715; Kiener, 1845: 74, pl. 38, figs. 1–1b; Tomlin, 1937: 219; Kohn, 1978: 304, fig. 27; Walls, 1979: 218–219.157, figs.; Coomans, Moolenbeek and Wils, 1982: 21, fig. 219; Donald and Eloise, 1982: 131, with fig.; 齐钟彦，马绣同，等，1983:

133, with fig.; Abbott and Dance, 1983: 250, with fig.

Conus (*Dendroconus*) *betulinus*: Melvill and Standen, 1901: 430.

Conus (*Cleobula*) *betulinus*: Kuroda, 1941: 131; Kira, 1975: 106, pl. 38, fig. 8.

模式标本产地 不详。

标本采集地 广东省的汕尾、水东，海南岛的莺歌海、保平港、三亚、新村，西沙群岛的晋卿岛。共 27 号，157 个标本。

贝壳较大，呈倒圆锥形或陀螺形，壳质坚厚。螺旋部低矮，常以尖细的壳顶突出于体螺层，缝合线明显。螺层扁平或稍凸，上面仅有细微的纵曲线纹而无螺纹。体螺层上部宽大，向下方迅速收缩，基部尖细；在基部有 10 余条宽窄不甚规则的螺肋，此外壳面还有几条生长褶皱，尤其在成体或老个体中更为明显；肩宽，圆钝，但明显。壳面淡黄色，也有少数为瓷白色，体螺层饰有几行至许多行环状排列的小或稍大的淡褐色至黑褐色斑点，它们通常是规则排列的，但不同个体，斑点的大小、形状、颜色以及排列的疏密都有程度不同的变化；螺旋部除早期螺层外，每个螺层上都有一列稀疏的较大的长形斑块或条纹；壳表被黄褐色至褐色壳皮。壳口中等宽，前后端宽度近等，外唇薄而尖，内面瓷白色，有时有淡橘红色彩，内唇基部稍扭曲。

标本测量（毫米） 壳高 81.4 78.3 67.7 60.7 53.5

壳宽 52.4 48.6 42.3 41.1 30.6

生活在低潮线附近或水深数米的沙质海底。为南海习见种类。

地理分布 从非洲东海岸遍及印度洋，到太平洋西部的马来群岛；从琉球群岛和菲律宾向南到昆士兰等；波利尼西亚很稀少。我国台湾和南海均有分布。

23. 陶芋螺 (*Conus figulinus* Linnaeus) (图版 Ⅱ :4)

Conus figulinus Linnaeus, 1758: 715; Walls, 1979: 470–471, 474.304, fig. (Below: Left).

Conus (*Figulini*) *figulinus* var. *loroisi*: Tryon, 1884: 16–17, pl. 4, fig. 58.

Conus loroisii Kiener, 1845: 91, pl. 65, fig. 1.

模式标本产地 不详。

标本采集地 广东省的海南岛。1 号，1 个标本。

贝壳较大，非常重厚，呈倒圆锥形。螺旋部低平，缝合线深，清楚，螺层上隐约显现数条螺纹。壳顶被腐蚀；肩部宽，扁平，圆钝，但明显。体螺层上部宽大，向下收缩而中部略凹，基部短小；壳面无明显的螺肋，有微弱不规则的螺纹，但可清楚地看到纵行的生长纹和强壮而不规则的生长褶皱。贝壳表面为灰白色，无花纹图案。壳口稍宽，前端稍宽于后端，外唇厚而尖，中部稍凹，内唇基部扭曲形成一明显的折叠。我们仅有一个较老而失去色彩的干壳标本，但贝壳完整无缺。

标本测量（毫米） 壳高 106.6 壳宽 70.7

我们的标本与 Walls（1979）所述的 *C. figulinus* var. *loroisii* 相似。它与 *C. figulinus* Typical 型的区别是前者壳面为灰白色，缺少螺旋线或非常不发达，体螺层基部较短，通常贝壳较大而且重厚；后者通常为褐黄色或褐色，有明显的褐色螺旋线，基部较细长，贝壳较小，壳质较薄而轻。我们的标本与前面列出的 Tryon（1884）、Kiener（1845）、Walls（1979）的图及描述均相符，我们的标本属于 *C. figulinus* var. *loroisii* Kiener。

生活于浅水区。在我国为稀有种。

地理分布 从印度洋北部到菲律宾和印度尼西亚，我国仅在海南岛发现 1 个干壳标本。

24. 菖蒲芋螺 (*Conus vexillun* Gmelin)（图版Ⅱ：5）

Conus vexillun Gmelin, 1791, Syst. Nat., ed. 13, p. 3397; Dautzenberg, 1929: 364; Demond, 1957: 332; Kohn, 1959: 394, pl. 1, fig. 11; 1978: 323, fig. 72; Wilson and Gillett, 1974: 144, pl. 97, fig. 10; Walls, 1979: 933–935.701, figs. (Below); 齐钟彦，马绣同，等，1983: 134, with fig..

Conus (*Capitanei*) *vexillum*: Tryon, 1884: 39, pl. 11, fig. 12a.

Rhizoconus vexillum: Cotton, 1945: 251; 冈田要，等，1971: 142, with fig.; Kira, 1975: 106, pl. 38, fig. 5.

模式标本产地 不详。

标本采集地 海南岛的保平港、三亚，西沙群岛的金银岛、广金岛、永兴岛、石岛、东岛，东沙群岛。共 10 号，13 个标本。

贝壳大，近倒圆锥形，壳质较薄。螺旋部较低，壳顶钝，微突出，缝合线明显。在螺层上有 7～8 条细密螺纹，在基部螺层上尤为明显。体螺层粗大，基部细窄，壳面上除基部有数条较细的螺肋外，其余光滑，生长纹细密；肩部圆钝但明显。壳面黄褐色，基部颜色较深；体螺层中部出现一条由黄白色或白色，不规则的斑块连接形成的环带或仅见一条黄白色环带；在肩部亦有一条近似的环带。当壳皮脱落后在壳面上还可清楚地见到深黄褐色或褐色纵行波状细条纹。螺旋部淡黄褐色至灰白色，上面有较大的似放射状的黄褐或红褐色方斑，有时斑块能延伸到体螺层中部。壳口较宽而长，内面灰白色或略显淡紫色，内、外唇均直，近平行；外唇薄而尖，内唇基部有几条褶皱。

标本测量（毫米）						
	壳高	105.3	91.9	83.1	71.3	63.8
	壳宽	63.1	57.0	50.9	40.3	36.6

生活在低潮线附近沙滩上或珊瑚礁间，据记载其幼小个体似乎出现在比较深的水域里。

地理分布 本种遍及印度－太平洋热带海域。从马达加斯加岛、毛里求斯和红海，向东通过印度洋到社会群岛和土阿莫土群岛，并从日本南部和夏威夷向南到新南威尔士和新喀里多尼亚，也见于我国台湾、海南岛和东、西沙群岛。

25. 大尉芋螺 (*Conus capitaneus* Linnaeus)（图版Ⅱ：1）

Conus capitaneus Linnaeus, 1758: 713; Reeve, 1843, pl. 11, sp. 54; Tomlin, 1937: 225; Kohn, 1959: 373–375, text-fig. 2; Wilson and Gillett, 1974: 146, pl. 98, fig. 10; 张玺，齐钟彦，等，1975: 126, pl. 7, fig. 7; Cernohorsky, 1978: 127, pl. 5, fig. 1; Walls, 1979: 278–279, 282.192, figs.; Coomans, Moolenbeek and Wils, 1983: 82–84, figs. 298, 337–339; 齐钟彦，马绣同，等，1983: 131, with fig.; Abbott and Dance, 1983: 250, with fig.

Conus (*Capitanei*) *capitaneus*: Schepman, 1913: 385.

Rhizoconus capitaneus: Cotton, 1945: 252; Kira, 1975: 106, pl. 38, fig. 1.

模式标本产地 亚洲。

标本采集地 海南岛的三亚、新村，西沙群岛的金银岛、北礁。共 13 号，25 个标本。

贝壳呈倒圆锥形，壳质稍薄，具光泽。螺旋部低矮至近乎扁平，螺层上有 4 ~ 5 条较宽扁的螺纹，螺纹间隙中有似针刺的小刺点，通常早期螺层被腐蚀或被他物覆盖。体螺层基部有数条明显但不甚规则的螺肋，其间隙亦有小刺点，有的个体其螺肋和小刺点可延续到中部，也有的幼小个体可达到肩部。通常随着个体生长，体螺层中部和上部的螺肋和小刺点也逐渐不明显或消失。肩部宽，呈圆角状。体螺层为黄褐或灰褐色，在其中部和肩部各有一条白色环带，在中部环带上下缘各有一列不甚规则的褐色或深褐色小斑块，它们有时上下连接；其肩部的一条印有不规则的长斑，有时可伸长至体螺层中部。体螺层尚有许多横列较规则的褐色斑点，有时它们组成多条断续的斑纹。螺旋部白色，饰有黄褐或紫褐色斑块或火焰状花纹。壳表被一层长有横列毛状物的壳皮。壳口中等宽，内面淡紫色。

标本测量（毫米）	壳高	65.4	55.1	51.9	35.5	26.5
	壳宽	41.1	36.5	33.5	23.1	17.5

生活于低潮线附近的岩礁间。

地理分布 从非洲东部到夏威夷、斐济、印度尼西亚、日本、昆士兰等，我国台湾和南海也有分布。

26. 卷芋螺 (*Conus voluminalis* Reeve) (图版 Ⅰ :1)

Conus voluminalis Reeve, 1843, pl. 37, sp. 206; Sowerby, 1866: 13, pl. 16, fig. 378; Tomlin, 1937: 329; Walls, 1979: 949–951.724, figs. (Above); Abbott and Dance, 1983: 250, with fig.

Conus (*Leptoconus*) *voluminalis*: Tryon, 1884: 35, pl. 10, fig. 77.

Leptoconus voluminalis: Adams, 1858: 252.

Conus macarae Bernardi, 1857: 56, pl. 2, fig. 2.

模式标本产地 马六甲海峡。

标本采集地 北部湾(底栖生物拖网，水深分别为 32 米和 42 米)。共 2 号，3 个标本。

贝壳较小，瘦而高，壳质较薄但坚固，具光泽。螺旋部基部螺层低矮或扁平几乎与体螺层肩部成一平面，壳顶部及以下数个螺层升高凸出，其边缘有小结节并隐约可见 1 ~ 3 条螺纹，其余螺层上部扁平或稍凹，无螺纹，但有明显的纵行曲线纹。体螺层肩部宽，龙骨状，向下逐渐收缩拉长，呈细长的倒圆锥形；在基部有 6 ~ 8 条较弱的螺肋，有生长线纹。壳面为淡黄色，体螺层自基部之上到肩部饰有很细密的褐色或红褐色螺旋线，两条宽大的黄褐色环带分别在体螺层中部上、下，致使其中部显现出一条明显的窄的淡黄色环带，此带之上边缘有一列不规则的褐色斑。体螺层基部亦有此类斑，肩下也显现一窄的界限不分明的色带，在其中有不整齐的褐色火焰状斑纹。螺旋部有密集的褐色斑纹或斑块。壳口细长。

标本测量（毫米）	壳高	49.8	48.2	35.5
	壳宽	24.6	24.5	17.8

我们的3个标本与Reeve（1843）的图的花纹不完全一致，而与Walls（1979）和Bernardi（1857）所给予的图一致。

据记载本种生活于深水区，我们仅有的2号标本各采自水深32米的沙砾底和42米的泥质沙底。

地理分布 本种出现于印度洋东部和太平洋西部。从孟加拉湾到印度尼西亚，向北到菲律宾和我国台湾，也见于我国北部湾。

27. 将军芋螺 (*Conus generalis* Holten) (图版Ⅱ:6)

Conus generalis Linnaeus, 1767, Systema Naturae per Regna Tria Naturae, ed. 12, 1(2): 1166; Kiener, 1845: 122, pl. 30, fig. 1; Tomlin, 1937: 253; 张玺，齐钟彦，等，1975: 126, pl. 6, fig. 6; Cernohorsky, 1978: 124, pl. 3, fig. 3; Walls, 1979: 498–499, 502.320, figs. (Below); 齐钟彦，马绣同，等，1983: 132, with fig.; Abbott and Dance, 1983: 250, with fig.

Leptoconus (*Rhizoconus*) *generalis*: Adams, 1858: 252.

Conus (*Rhizoconus*) *generalis*: Kuroda, 1941: 129.

Leptoconus generalis: Kira, 1975: 105, pl. 37, fig. 21.

模式标本产地 东印度。

标本采集地 海南岛的三亚，西沙群岛的赵述岛。共2号，2个标本。

贝壳高而瘦，与前种相近，但个体较大，壳质重厚，具光泽。螺旋部上端尖细，壳顶及以下数个螺层尖而高起，其余螺层低矮，几乎与体螺层肩部成一平面，缝合线明显；肩部呈棱角状，肩角与缝合线之间形成一条宽的弧形螺旋凹槽。体螺层上部较宽大，向基部缓慢均匀地收缩，基部有数条细弱的螺肋，整个体螺层布有许多细弱的生长线纹。壳面灰白或黄白色，基部为紫褐色，体螺层上饰有两条红褐色环带，上方的一条宽大。在环带之间，即体螺层中部及基部之上的灰白或黄白色壳面上有环状排列的红褐色点线。肩部下方有界限不分明并且不规则的、与环带连接的斑纹或斑块；螺旋部有稀疏而不大的黑褐色斑。壳口非常狭长，前、后端宽度近等；内面淡蓝色，基部紫色。

标本测量（毫米） 壳高 69.6 壳宽 33.9

生活于低潮线下浅水区的珊瑚礁间。

地理分布 本种分布于印度–太平洋热带海域，也发现于我国台湾和南海岛屿。

28. 南方芋螺 (*Conus australis* Holten) (图版Ⅰ:10)

Conus australis Holten, 1802, Enumeratio Systematica Conchyl. beat Chemnitzii: 39, no. 487; Kohn, 1978: 303, fig. 24; 1981: 285, figs. 5–6; Walls, 1979: 178–179, 182.136, figs. (Below); Coomans, Moolenbeek and Wils, 1981: 40, figs. 104, 168; 齐钟彦，马绣同，等，1983: 136, with fig.; Abbott and Dance, 1983: 252, with fig.

Conus (*Asperi*) *australis*: Tryon, 1884: 73, pl. 23, fig. 77.

Hermes australis: Adams, 1858: 255.

Asprella australis: Kira, 1975: 109, pl. 39, fig. 6.

模式标本产地 不详。

标本采集地 东海、南海（底栖生物拖网，水深 85 ～ 202 米）。共 14 号，20 个标本。

贝壳中等大小，两端尖，中部膨大近纺锤形，壳质稍薄但坚固。螺旋部较高，缝合线浅，每个螺层上约有 6 条明显而较粗大的螺纹，早期螺层隐约可见结节状突起或略显波纹状。体螺层近圆柱状，基部较细窄，肩部倾斜，棱角状。整个体螺层壳面上刻有明显的宽而扁或圆而凸的螺肋，其上有颗粒状结节，此结节通常在下半部较明显，也有的个体遍布整个体螺层。壳面黄白色，印有排列不规则的褐色或淡黄褐色斑点和形状不规则的纵行斑块和斑纹，斑纹伸长，通常部分地与上、下斑块连接。体螺层中部上、下以及肩下有由斑块、斑点和斑纹密集而形成的 3 条环带，肩下的一条通常不甚明显。螺旋部有大小不一、形状不规则的褐色或淡黄褐色斑块和斑纹。壳口较狭长，外唇薄，锐利，内面灰白色，内唇基部稍扭曲。

标本测量（毫米） 壳高 85.3 72.1 61.9 58.4 46.4

壳宽 31.3 26.6 25.1 20.1 17.8

生活在数十米至百余米水深的沙质海底，我们的标本多采自百余米的沙泥底。

地理分布 本种局限于西太平洋热带海域。日本南部、菲律宾、加里曼丹，还有我国台湾、东海（仅有 1 个标本）、南海（中国近岸）。

29. 尖角芋螺 (*Conus acutangulus* Lamarck)（图版Ⅲ：4）

Conus acutangulus Lamarck, 1810, Ann. Du Mus. Hist. Nat., 15: 286, Reeve, 1843, pl. 37, sp. 200; Sowerby, 1866: 11, pl. 16, fig. 356; Kohn, 1959: 371–372, pl. 2, fig. 37; 1978: 297, fig. 20; 1981: 309–310, figs. 29–30; Walls, 1979: 54–55.60, figs. (Above).

Leptoconus acutangulus: Adams, 1858: 251.

Conus(*Asperi*) *acutangulus*: Tryon, 1884: 76, pl. 24, fig. 5.

Conasprella acutanqulus: Cotton, 1945: 272.

Conus turriculatus Sowerby, 1866: 328, pl. 27, figs. 643–644.

Conus gemmulatus Sowerby, 1870: 257, pl. 22, fig. 8.

模式标本产地 印度洋。

标本采集地 南海（底栖生物拖网，水深 10 ～ 70 米）。共 94 号，159 个标本。

贝壳小，结实，两端尖中间膨大，呈双圆锥形或纺锤形。螺旋部高，通常占壳高的 30% ～ 40%，侧边直或稍凹，壳顶及其以下的数个螺层尖细，升高。除胚壳外每个螺层均有明显的小结节，它们随着贝壳生长逐渐变弱，此外螺层上还有 2 ～ 3 条深的螺沟和密集的纵行小脊，致使螺层上出现格子状小突起和小刺点。整个体螺层布满凸的螺肋，肋间隙中有密布凸起的纵线纹，使其呈现小刺点；肩呈龙骨状，平滑或波状。壳面为白色或米色，饰有许多大小不均、形状不规则的红褐色斑块和纵向条斑或火焰状花纹，在体螺层中部上、下密集，致使形成明显或不明显的两条宽大色带，通常贝壳为红褐色；螺旋部有与体螺层同样的花纹图案，但较稀疏。壳口窄，前、后端宽度近等，外唇薄，易碎，内面瓷白色。

标本测量（毫米） 壳高 33.1 29.4 27.3 26.4 24.9

壳宽 17.4 15.3 14.9 13.8 11.8

生活于水深十米至百米左右的水域，我们的标本多采自 30 ～ 50 米的泥质沙或沙质软泥底。为南海近岸拖网的习见种。

地理分布 从非洲东海岸(包括红海),通过印度洋到日本南部、菲律宾、澳大利亚北部、社会群岛和土阿莫土群岛以及夏威夷。南海(中国近岸)也有分布。

30. 肿胀芋螺 (*Conus praecellens* A. Adams)(图版Ⅲ:6)

Conus praecellens A. Adams, 1854, Proc. Zool. Soc., 119; Tomlin, 1937: 295; Walls, 1979: 807–808.552, figs.; Abbott and Dance, 1983: 258, with fig.

Conus sinensis: Reeve, 1843, pl. 15, sp. 77a.

Conus sowerbii Reeve, 1849: 2 (Conus Suppl).

Conus sowerbyi var. *subaequalis* Sowerby, 1870: 257, pl. 22, fig. 5.

Conus (*Asperi*) *sowerbyi*: Schepman, 1913: 391.

模式标本产地 中国海。

标本采集地 南海(底栖生物拖网,水深 88 ~ 219 米)。共 14 号,36 个标本。

贝壳呈高的双圆锥形,壳质较薄但结实。螺旋部高,超过壳高的 1/3,侧边直,早期螺层的肩角上有微弱的小结节,其余螺层无此小结节,此外在每个螺层上有 4 ~ 6 条明显的螺纹和许多纵曲线。体螺层上部宽大,基部尖细,整个体螺层布满明显的螺肋和细的生长线纹,并且常有几条生长褶皱;肩部宽。龙骨状。壳面为乳白色,体螺层通常饰有纵行的或倾斜的红褐色或淡褐色不规则的花纹和小斑块,由于它们的密集或稀疏似乎形成了 3 条环状色带,分别在肩下和体螺层中部上、下;此带在有些标本不明显或不出现。螺旋部有与体螺层同色的纵行细花纹、斑块和斑点。壳口窄,外唇薄,内面瓷白色,外唇边缘显现与外部相对应的花纹。

标本测量(毫米)						
	壳高	45.7	40.9	38.8	30.0	24.5
	壳宽	19.6	16.5	16.0	12.1	9.9

本种的命名比较混乱,根据 Walls(1979), *Conus praecellens* A. Adams 似乎是首先有效名称。比较早的名称 Sowerby(1833)的 *C. sinensis* 已被 Gmelin(1791)的 *C. sinensis* 占用, Reeve(1849)又给了一个新名称 *C. sowerbii*,但这个名称被 Nyst(1836)的一个化石种占用,所以最后用了 A. Adams 的 *C. praecellens* 名称。Sowerby(1870)的 *C. sowerby* var. *subaequalis* 是本种的年幼个体。

本种与近似种尖角芋螺(*C. acutangulus*)是不难区分的。螺旋部的基部和中部螺层上没有结节,另外其侧边非常直,这是本种与其相似种的明显区别。

据记载,本种生活于深水区,我们的标本多采自百米至 200 米左右的沙泥质和泥沙质底。

地理分布 本种局限于太平洋西部热带海域。从日本南部通过菲律宾到新几内亚–所罗门,并且很可能到昆士兰,也见于我国台湾、南海(中国近岸)。

31. 格芋螺 (*Conus cancellatus* Hwass), in Bruguiere(图版Ⅰ:2)

Conus cancellatus Hwass, in Bruguiere, 1792, Cone, in Ency. Method., Hist. Nat. des Vers, 1: 712; Sowerby, 1866: 11–12, pl. 16, fig. 372; Tomlin, 1937: 224; Walls, 1979: 267, 270.185, figs. (Above); Coomans, Moolenbeek and wils, 1983: 77, figs. 333a–333b.

Conasprella cancellatus: Cotton, 1945: 271; Kuroda, Habe and Oyama, 1971: 237/374, pl. 58, fig. 3.

Asprella (*Conasprella*) *cancellatus*: Kira, 1975: 109, pl. 39, fig. 1.

Conus pagodus: Kiener, 1845: 310, pl. 70, fig. 4; Abbott and Dance, 1983: 252, with fig..

模式标本产地 夏威夷。

标本采集地 南海(底栖生物拖网,水深 69.7 ~ 194 米)。共 30 号,54 个标本。

贝壳较小,两端尖细中部宽大,呈双圆锥形,壳质薄但结实。螺旋部高,尖细,侧边凹,缝合线明显。螺层上部凹,边缘棱角状,呈现阶梯状,其上有 3 ~ 4 条明显的螺纹和凸的纵曲线纹;早期螺层有小结节,向下的数个螺层通常略显波纹状。体螺层上部宽大,向下缓慢收缩,近基部收缩迅速,使基部尖细;整个体螺层布满明显的螺肋和生长线纹,致使肋间隙中出现小格子状;肩宽,龙骨状,上面略凹。壳面白色或淡黄色,体螺层通常有黄褐色斑或模糊的斑,环状排列形成两条明显的或不明显的色带,通常肩下的一条较宽,有时在基部之上隐约可见到第三条;螺旋部亦有同体螺层相似的色斑,早期螺层为淡褐色,胚壳近半透明,具光泽。壳口稍宽,外唇薄,边缘有锯齿状突起,内面白色。

标本测量(毫米)	壳高	38.6	34.5	30.8	26.3	24.5
	壳宽	19.2	16.0	14.6	12.3	10.6

本种壳形和花纹均有程度不同的变化。Kiener(1845)的 *C. pagodus* 是本种的一个胖凸形个体,我们的标本也发现有近似这种壳形的个体。通常幼小个体较成体相对细长,螺旋部也相对高;体螺层常有 2 ~ 3 条色带,但也有的仅有一条在肩下或中部;也有的完全没有,整个体螺层为一色。

据记载本种生活于中等深的海区,我们的标本多采自百米至 200 米的沙质泥或泥沙底。

地理分布 本种分布于日本南部,向南至少到菲律宾、我国台湾、南海(中国近岸)。

32. 梭形芋螺 (*Conus orbignyi* Audouin) (图版 I :5)

Conus orbignyi Audouin, 1831. Mag. Zool., 1: pl. 20; Reeve, 1843, pl. 4, sp. 17; Kiener, 1845: 33, pl. 13, fig. 3; Sowerby, 1866: 12, pl. 16, fig. 368; Pilsbry, 1895: 14; Walls, 1979: 774–776.512, figs.; 齐钟彦, 马绣同, 等, 1983: 137, with fig.; Abbott and Dance, 1983: 252, with fig.

Conus (*Asperi*) *orbignyi*: Tryon, 1884: 75, pl. 23, fig. 95.

Conus (*Leptoconus*) *orbignyi*: Melvill and Standen, 1901: 431.

Asprella orbignyi: Cotton, 1945: 270; Kira, 1975: 109, pl. 39, fig. 5.

模式标本产地 中国。

标本采集地 东海、南海(底栖生物拖网,水深分别为 59 ~ 100 米、48.5 ~ 180 米)。共 62 号,120 个标本。

贝壳瘦高,两端尖细中部膨大呈纺锤形,壳质较薄但坚硬。螺旋部高,侧边直或稍凹,壳顶尖细,升高,缝合线细而明显。螺层呈梯级状,上面有 4 ~ 6 条螺纹,它们与纵行线纹相交呈现小格子状,此外其肩角上有明显的小结节状突起。体螺层基部细长;从基部至肩部满布较低平的螺肋,肋间隙中有被生长线相切的小方格或长方格;肩部倾斜,棱角状,通常肩角上有圆结节。壳面淡黄或灰白色，饰有红褐或褐色斑块和斑点，在螺肋上和肩角结节突起之间有方形斑点，此外在体螺层之上、中和下部各有一条由斑块或斑点密集而形成的环形色带，有的标本此色带模糊不明显，有的几乎不存在。螺旋部有与体螺层近似的斑，有时在肩角结节突起之间也有斑点。胚壳灰白色或黄褐色，具光泽。壳口狭长，外唇薄，锐利，内面灰白色。

标本测量（毫米） 壳高 47.6 41.2 36.6 33.2 23.1

壳宽 16.8 14.8 12.4 12.2 8.4

据记载本种为深水种，我们的标本多采自水深 70 米至百余米的沙质或泥沙质底。为南海近岸底栖拖网的习见种。

地理分布 本种广泛分布于印度－太平洋海域。东海和南海（中国近岸）及台湾都有分布。

33. 雕刻芋螺 (*Conus insculqtus* Kiener)（图版Ⅰ:4）

Conus insculptus Kiener, 1845: 309, pl. 99, fig. 2; Reeve, 1849, pl. 7, sp. 267 (Supp.); Sowerby, 1866: 12, pl. 16, fig. 363; Walls, 1979: 586–587.376, figs. (Below).

Conus (*Leptoconus*) *insculptus*: Melvill and Standen, 1901: 431.

Conus (*Asperi*) *insculptus*: Schepman, 1913: 394.

模式标本产地 中国海。

标本采集地 南海、北部湾（底栖生物拖网，水深分别为 59.6 ～ 144 米、62 ～ 88 米）。共 31 号，38 个标本。

贝壳两端尖细中部膨大，呈细长的双圆锥形或纺锤形，壳质薄。螺旋部高，侧边直或稍凹，壳顶高而尖细，缝合线细，明显。螺层呈梯级状，上部略凹，有 4 ～ 6 条凸起的螺纹，与纵线纹交叉，致使螺纹上呈现颗粒状突起；螺层边缘呈龙骨状，除胚壳外，其余螺层通常有不甚强壮的结节状突起，但基部数个螺层的突起非常微弱，甚至有时不见。体螺层基部细长，自肩部到基部有扁或圆的螺肋，还有生长线纹，在肋间隙中形成许多小刺点；肩部倾斜，棱角状，有不甚明显的结节或无。壳面淡褐或淡黄褐色，体螺层通常不见花纹；但也有的标本隐约可见较底色略深的斑点或纵行细斑纹，肩角上通常出现较深色斑点；螺旋部有较底色深的斑，除壳顶部的几个螺层外，其余螺层肩角上通常都有一列深色斑点。胚壳为淡褐色，半透明且具光泽。壳口狭长，外唇薄，有时中部略凹，内面瓷白色或淡黄灰色。

标本测量（毫米） 壳高 43.7 40.8 39.0 35.1 29.6

壳宽 15.9 14.1 13.4 12.4 9.7

据记载本种生活于深水域，我们的标本多采自水深 70 ～ 90 米的沙质泥或软泥底。

地理分布 从孟加拉湾通过南海（中国近岸）和菲律宾到新几内亚、所罗门、斐济。

34. 尖锥芋螺 (*Conus aculeiformis* Reeve)（图版Ⅰ:3）

Conus aculeiformis Reeve, 1844, pl. 44, sp. 240b; Tomlin, 1937: 207; Kohn, 1978: 297, fig. 19; Walls, 1979: 46–47, 50.53, figs. (Above) and text-fig. (Right); Abbott and Dance, 1983: 252, with fig.; Coomans, Moolenbeek and Wils, 1985: 162, figs. 588, 625.

Leptoconus aculeiformis: Adams, 1858: 251.

Conus (*Asperi*) *aculeiformis*: Tryon, 1884: 75, pl. 23, fig. 90.

Conus longurionis Kiener, 1845: 308, pl. 92, fig. 6.

Conus delicatus Schepman, 1913: 392–393, pl. 25, fig. 3.

模式标本产地 菲律宾。

标本采集地 南海、北部湾(底栖生物拖网,水深分别为 47 ~ 85 米、28 ~ 66 米)。共 116 号,218 个标本。

贝壳较小,细长,呈纺锤形,壳质较薄。螺旋部高,侧边直或稍凹,缝合线深;早期螺层尖细,升高,其上有明显的或不甚明显的一列念珠状结节;此外每个螺层均被一深而宽的沟将其分为两条脊,并有纵线纹。体螺层上部稍粗大,向下缓慢均匀地收缩,基部长而尖细,自基部到肩部刻有螺肋,肋间隙中有时出现小刺点;肩部倾斜,显棱角状或圆钝。壳面为米色、淡黄褐或略显灰色,上面饰有稀疏而暗淡的黄褐或红褐色斑纹、小斑块和许多斑点,通常斑纹或斑块多集中在体螺层中部之上、下形成两条环带,有时在肩下也出现此斑块或斑纹;螺旋部有时有稀疏的黄褐或红褐色小斑块或斑点,有时模糊不清。壳口狭长,外唇薄而脆,内面白色。

标本测量(毫米)						
	壳高	39.4	36.3	34.1	31.1	29.0
	壳宽	13.1	12.4	11.4	10.5	9.2

我们的标本壳形与 Reeve(1844)的图略有差异,他所示的 sp. 240b 与我们的标本相比,螺旋部较低,侧边较凹,并且肩部呈明显的棱角状;他所示的 sp. 240a 体螺层较短矮。我们的标本近似于 Walls (1979) p.53 figs. (Above),也有的标本肩部较圆钝,近似于 Walls (1979) p. 47 text-fig. (Right),即 *Conus aculeiformis* 和 *Conus longurionis* 之间的中间类型。

据记载本种生活于水深 20 米以上的浅水区,我们的标本多采自水深 40 ~ 60 米的泥沙质或沙泥质底。本种为北部湾底栖拖网的习见种。

地理分布 本种广泛分布于印度 - 西太平洋热带海域。由红海、阿拉伯海,向东至少到所罗门一带。由我国台湾、菲律宾和印度尼西亚到昆士兰,南海(中国近岸)也很普遍。

35. 斯氏芋螺 (*Conus schepmani* Fulton) (图版Ⅲ:3)

Conus schepmani Fulton, 1936: 7; Tomlin, 1937: 306; Walls, 1979: 844–845.596, figs.; Abbott and Dance, 1983: 264: with fig.

Conus elegans Schepman, 191: 3393, pl. 25, fig. 4.

模式标本产地 波根维尔海峡。

标本采集地 北部湾(底栖生物拖网,水深 44 ~ 69 米)。共 10 号,10 个标本。

贝壳两端尖细中间宽,为延长的双圆锥形,壳质薄但坚硬。螺旋部高而尖细,侧边凹,螺层呈阶梯状,缝合线清楚。早期螺层出现明显的小结节,其余螺层仅略显波纹状,也有的个体不出现波纹状,此外螺层上面有 3 ~ 4 条凸起的螺纹,并有纵曲线纹,二者交叉形成小格子状。体螺层上部宽,向下收缩形成一个细长的基部,整个体螺层布满明显的螺肋,并有强或弱的生长线纹;肩部宽,龙骨状,上面略凹。壳面淡黄褐或灰白色,体螺层饰有淡褐或褐色斑块和斑点，斑块在肩下、中部和下部较密集，形成3条环状色带，它们在不同个体中清晰程度不同；螺旋部淡褐色斑块较体螺层多。胚壳为淡红褐色，具光泽。壳口狭长，外唇薄，边缘有明显锯齿状突起，内面瓷白色或灰白色。

标本测量（毫米） 壳高 32.6 29.2 29.1 28.5 26.0

壳宽 12.0 11.8 11.2 11.6 10.8

由于 *Conus elegans* Schepman, 1913 名称已经被 Sowerby 先占用(*C. elegans* Sowerby 1895)，因此 Fulton 1936 年提出了这个新名称：*C. schepmani* Fulton。

本种与 *C. insculptus* Kiener 相近，但本种螺旋部早期螺层有明显的小结节，体螺层肩部较宽，呈明显的龙骨状，并有清楚的颜色图案。

据记载本种生活于中等深的水域，我们的标本采自水深50米左右的沙泥质底。

地理分布 本种局限于太平洋西部热带海域，如琉球、菲律宾、印度尼西亚、新几内亚、所罗门以及南海(中国近岸)。本种在我国为首次记录。

参考文献

[1] 齐钟彦，马绣同，楼子康，等．中国动物图谱——软体动物，科学出版社，1983：123-137.

[2] 冈田要，等．新日本动物图鉴［中］. 北隆馆，1971：142.

[3] 周近明．西沙群岛的芋螺属．南海海洋科学集刊，1983，4：102-103.

[4] 张玺，齐钟彦，马绣同，楼子康．西沙群岛软体动物前鳃类名录．海洋科学集刊，1975，10：126-128.

[5] 蓝子樵．台湾稀有贝类彩色图鉴，中华彩色印刷股份有限公司，1979：33-35.

[6] 熊大仁．西、南沙群岛贝壳类之初步调查。学艺，1949，18(2)：21-22.

[7] Abbott R T, Dance S P. Compendium of Seashells. Tokyo., 1983：244-264.

[8] Adams H, Adams A. The Genera of Recent Mollusca. Ⅰ. London, 1858：251-256.

[9] Bernardi M. Description d'especes nouvelles. Journ. Conchyl. (Paris),1857, 6：56.

[10] Cernohorsky W O. Tropical Pacific Marine Shells. Sydney, 1978：122-137.

[11] Coomans H E, Moolenbeek R G,Wils E. Alphabetical revision of the (sub) species in recent Conidae 4. aphrodite to azona with the deseription of *Conus arenatus bizona*, nov. subspecies. Basteria,1981, 45(1-3)：23, 29, 40.

[12] Coomans H E, Moolenbeek R G,Wils E. Alphabetical revision of the (sub) species in recent Conidae 5. baccatus to byssinus, including *Conus brettinghami* nomen novum. Basteria,1982, 46 (1-4)：21.

[13] Coomans H E, Moolenbeek R G,Wils E. Alphabetical revision of the (sub) species in recent Conidae 6. *cabritii* to *cinereus*. Basteria,1983, 47(5-6): 77-84.

[14] Coomans H E, Moolenbeek R G,Wils E. Alphabetical revision of the (sub) species in recent Conidae 8. *dactylosus* to *dux*. Basteria, 1985, 49 (4-6): 162.

[15] Cotton B C. A Catalogue of the Cone Shells (Conidae) in the South Australian Museum.

Rec. South Australian Museum,1945, 8(2): 232–235, 251–256, 268–272.
[16] Dautzenberg P. Mollusques testaces marins de Madagascar. Paris,1929: 350–364.
[17] Demond J. Micronesian Reef-associated Gastropods. Pacific Science, 1957, 11(3): 327–332.
[18] Donald, Bosch E. Seashells of Oman. Longman Group Limited, London and New York, 1982: 131.
[19] Fulton H C. Molluscan Notes. 6. Proc. Malac. Soc. London,1936, 22(1): 7.
[20] Habe T. Shells of the Western Pacific in Color. II . Hoikusha,1975: 116.
[21] Habe T,Kosuge S. Shells of the World in Colour. II . Hoikusha, Japan, 1979: 92–94.
[22] Kiener L C. Species Generale et Iconographie des Coquilles Vivantes. I . Paris, 1945: 33, 65, 74, 91, 93, 122, 309–323.
[23] Kira T. Shells of the western Pacific in Color. I . Hoikusha,1975: 103–109.
[24] Kohn A J. The Hawaiian Species of Conus (Mollusca: Gastropoda). Pacific Science, 1959, 13(4): 371–398.
[25] Kohn A J. Type specimens and identity of the described species of Conus II . The Species described by Solander, Chemnitz, Born and Lightfoot between 1766 and 1768. Journ. Linn. Soc. London (Zool.),1964, 45(304): 159, 163.
[26] Kohn A J. The Conidae (Mollusca: Gastropoda) of India. Journal of Natural History, 1978, 12(3): 297–323.
[27] Kohn A J. Type specimens and identity of the described species of Conus. 6. The species described 1801–1810. Zool. Journ. Linn. Soc., 1981, 71: 285, 309–310. 325.
[28] Kuroda T. A Catalogue of Molluscan Shells from Taiwan (Formosa), with Description of New Species. Mem. Fac. Sci. Agr. Taihoku Imp. Univ.,1941, 22(4): 129–131.
[29] Kuroda T. List of Japanese species of the Conidae. Venus,1955, 18(4): 291.
[30] Kuroda T. List of Japanese species of the Conidae. Venus,1956, 19(1): 82–83.
[31] Kuroda T, Habe T, Oyama K. The Sea Shells of Sagami Bay. Tokyo, Japan, 1971: 237–374.
[32] Linnaeus C. Systema Naturae per Regna Tria Naturae. ed. 10. Holmiae, 1758: 712–718.
[33] Melvill J C. A Revision of the textile Cones, with description of *C. cholmondeleyi*, n. sp. Journal of Conchology,1898–1900, 9(10): 309.
[34] Melvill J C, Standen R. The Mollusca of the Persian Gulf, Gulf of Oman and Arabian Sea, as evidenced mainly through the collections of Mr. F. W. Townsend. 1893–1900; with Descriptions of new Species. Proc. Zool. Soc. London, 1901: 430–433.
[35] Pilsbry H A. Catalogue of Marine Mollusks of Japan. Frederick Stearns, 1895: 14.
[36] Reeve L A. Conchologia Iconica. Ashford, Kent. 1843–1849, 1(Conns).
[37] Schepman M M. The Prosobranchia of the Siboga Expedition. Siboga-Expeditie. part. 5

Toxoglossa. Leyden, 1913: 377–397.

[38] Shikama T, Chino M. Notes on the Cone Fauna of the Shionomisaki Area, Southern Kii, Japan. Sci. Rep. Yokohama Nat. Univ. Section 2 Biological and Geological Sciences, 1970, 17: 41–42.

[39] Sowerby G B. Thesaurus Conchyliorum, or Monographs of Genera of Shells. Vol. 3 Conus. London,1866: 1–2, 11–13, 328.

[40] Sowerby G B. Descriptions of Forty-eight new Species of Shells. Proc. Zool. Soc. London, 1870: 256–257.

[41] Tinker S W. Pacific Sea Shells. Tokyo, Japan, 1959: 166, 170.

[42] Tomlin J R L. Catalogue of recent and fossil Cones. Proc. Malac. Soc. London, 1937, 22: 207–225, 253–295, 305–329.

[43] Tryon G W. Manual Conchology. Philadelphia,1884, 6(1): 7–16, 35–39, 73–93.

[44] Wagner R J L, Abbott R T. Standard Catalog of Shells. U. S. A., 1977: 25–022, 25–024, 25–028.

[45] Walls J G. Cone Shells. Neptune City. N. J. (T. F. H.), 1979: 961.

[46] Weinkauff H C. Systematisches Conchylien-Cabinet Von Martini und Chemnitz. Die Familie Coneae oder Conidae. Nurnberg: Bauer & Raspe, 1875: 237.

[47] Wilson B R, Gillett K. Australian Shells. Sydney, 1974: 144–152.

STUDIES ON CHINESE SPECIES OF THE FAMILY CONIDAE Ⅰ

Qi Zhongyan, Ma Xiutong, Li Fenglan
(*Institute of Oceanology, Academia Sinica*)

ABSTRACT

The present paper deals with the species of the Family Conidae Part Ⅰ. The materials studied comprise 493 samples collected by the Institute of Oceanology, Academia Sinica during 1950–1980. Out of about 1 178 specimens obtained, 35 species are identified. Of these, three species (marked with asterisk) are recorded for the first time from the Chinese coasts. These species are as follows:

1. *Conus marmoreus* Linnaeus
2. *Conus imperialis* Linnaeus
3. *Conus textile* Linnaeus
4. *Conus legatus* Lamarck
5. *Conus pennaceus* Born
6. *Conus canonicus* Hwass, in Bruguiere
7. *Conus aulicus* Linnaeus
8. *Conus magnificus* Reeve
9. *Conus geographus* Linnaeus
10. *Conus tulipa* Linnaeus
11. *Conus terebra* Born
12. *Conus mitratus* Hwass, in Bruguiere
13. *Conus glans* Hwass, in Bruguiere
14. *Conus scabriusculus* Dillwyn

*15. *Conus tenuistriatus* Sowerby

*16. *Conus artoptus* Sowerby

17. *Conus litteratus* Linnaeus
18. *Conus leopardus* (Roeding)
19. *Conus eburneus* Hwass, in Bruguiere
20. *Conus tessulatus* Born
21. *Conus quercinus* Solander, in Lightfoot
22. *Conus betulinus* Linnaeus
23. *Conus figulinus* Linnaeus
24. *Conus vexillum* Gmelin

25. *Conus capitaneus* Linnaeus

26. *Conus voluminalis* Reeve

27. *Conus generalis* Linnaeus

28. *Conus australis* Holten

29. *Conus acutangulus* Lamarck

30. *Conus praecellens* A. Adams

31. *Conus cancellatus* Hwass, in Bruguiere

32. *Conus orbignyi* Audouin

33. *Conus insculptus* Kiener

34. *Conus aculeiformis* Reeve

*35. *Conus schepmani* Fulton

Most of the species listed above are found to occur in the Xisha Islands, South of the Hainan Island and Taiwan, a few species have distribution extending to north of the Hainan Island and the coast of Guangdong and Guangxi. Of these species only two have distribution extending to the Fujian and Zhejiang off shore.

图版 I

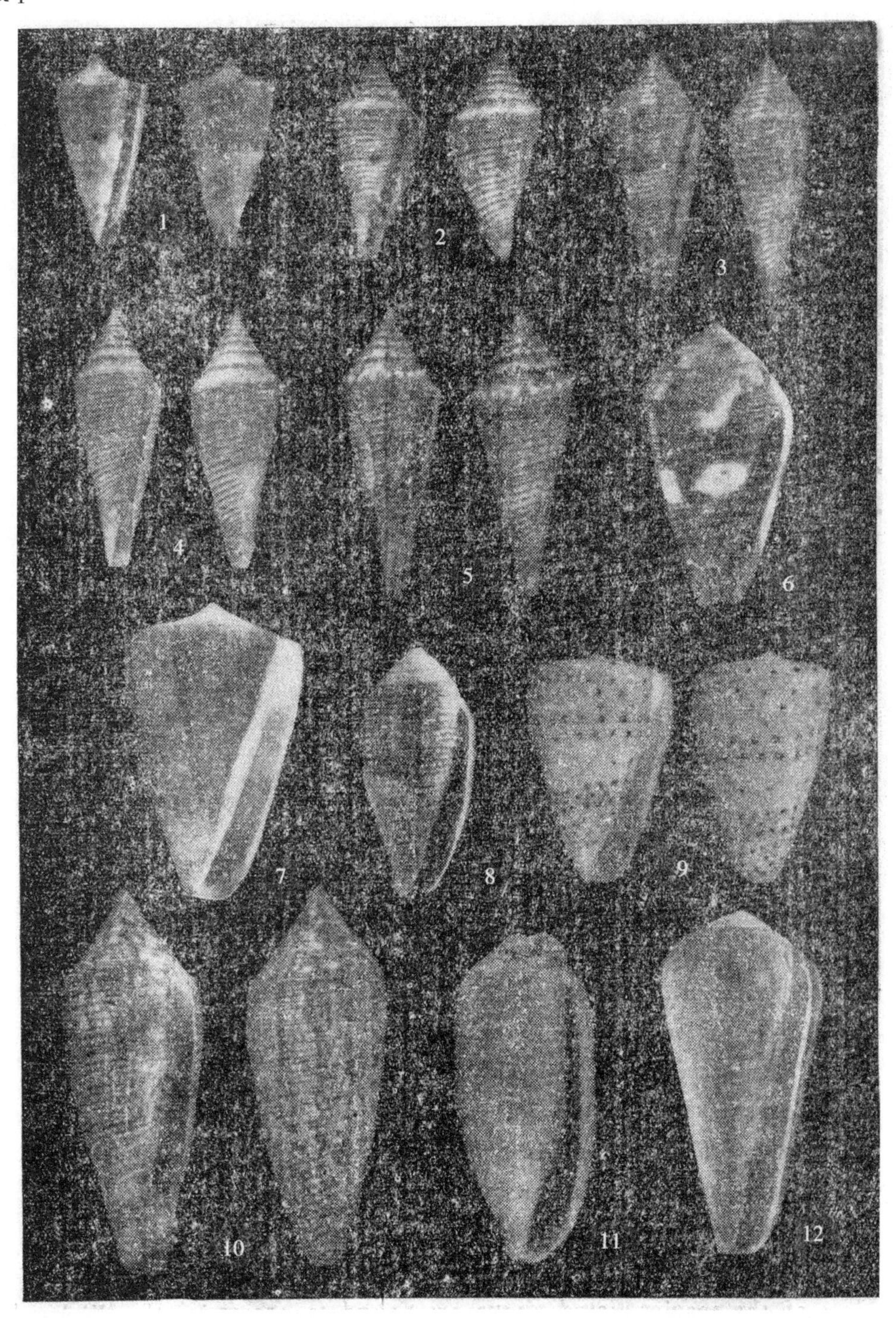

1. 卷 芋 螺（*Conus voluminalis* Reeve）； 2. 格 芋 螺（*Conus cancellatus* Hwass, in Bruguiere）； 3. 尖锥芋螺（*Conus aculeiformis* Reeve）；4. 雕刻芋螺（*Conus insculptus* Kiener）； 5. 梭形芋螺（*Conus orbignyi* Audouin）； 6. 豆芋螺（*Conus scabriusculus* Dillwyn）； 7. 槲芋螺（*Conus quercinus* Solander, in Lightfoot）； 8. 橡实芋螺（*Conus glans* Hwass, in Bruguiere）； 9. 象牙芋螺（*Conus eburneus* Hwass, in Bruguiere）； 10. 南方芋螺（*Conus australis* Holten）； 11. 烤芋螺（*Conus artoptus* Sowerby）； 12. 笋芋螺（*Conus terebra* Born）。

图版Ⅱ

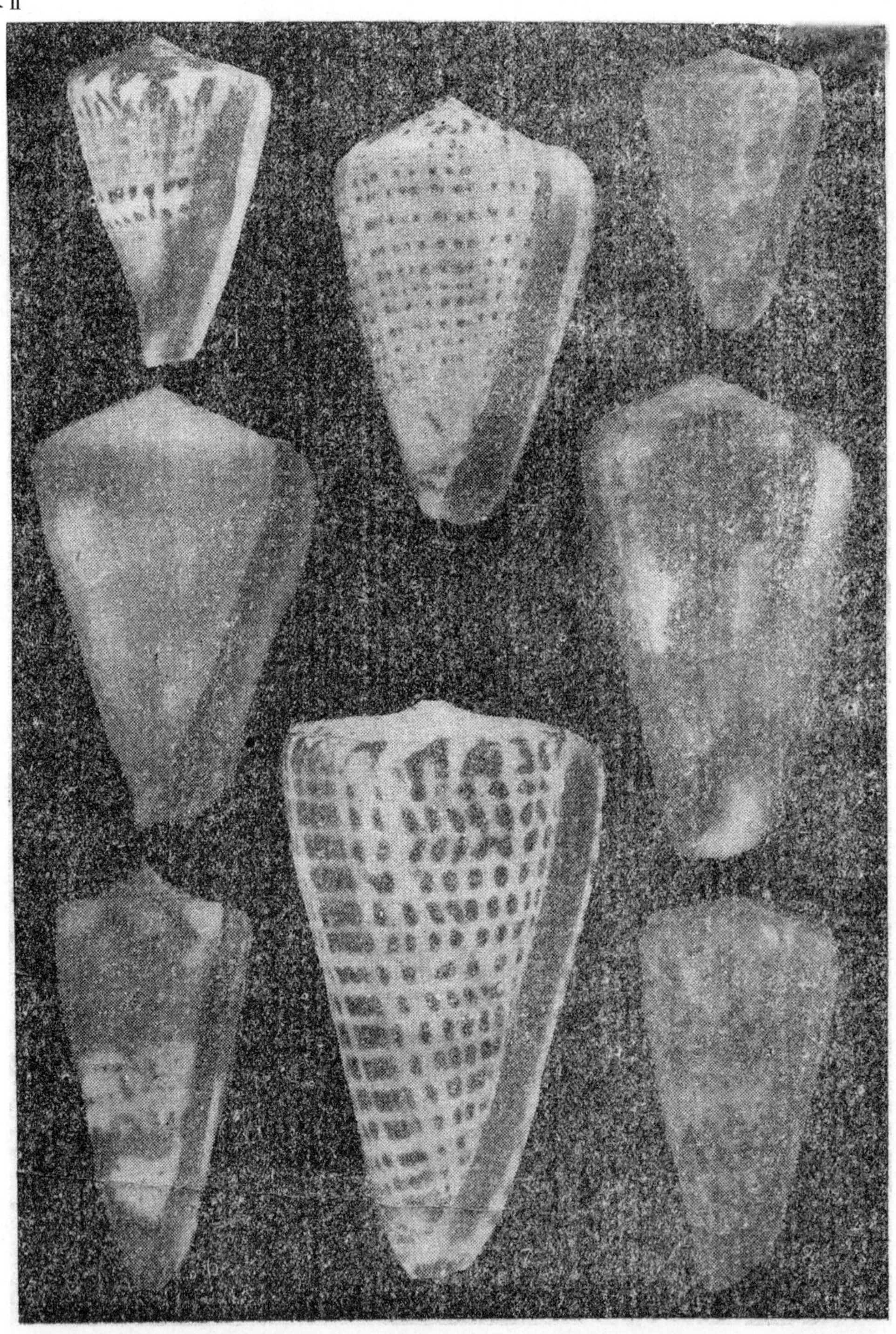

1. 大尉芋螺（*Conus capitaneus* Linnaeus）； 2. 桶形芋螺（*Conus betulinus* Linnaeus）； 3. 方斑芋螺（*Conus tessulatus* Born）； 4. 陶芋螺（*Conus figulinus* Linnaeus）； 5. 菖蒲芋螺（*Conus vexillun* Gmelin）； 6. 将军芋螺（*Conus generalis* Linnaeus）； 7. 信号芋螺（*Conus litteratus* Linnaeus）； 8. 堂皇芋螺（*Conus imperialis* Linnaeus）。

图版Ⅲ

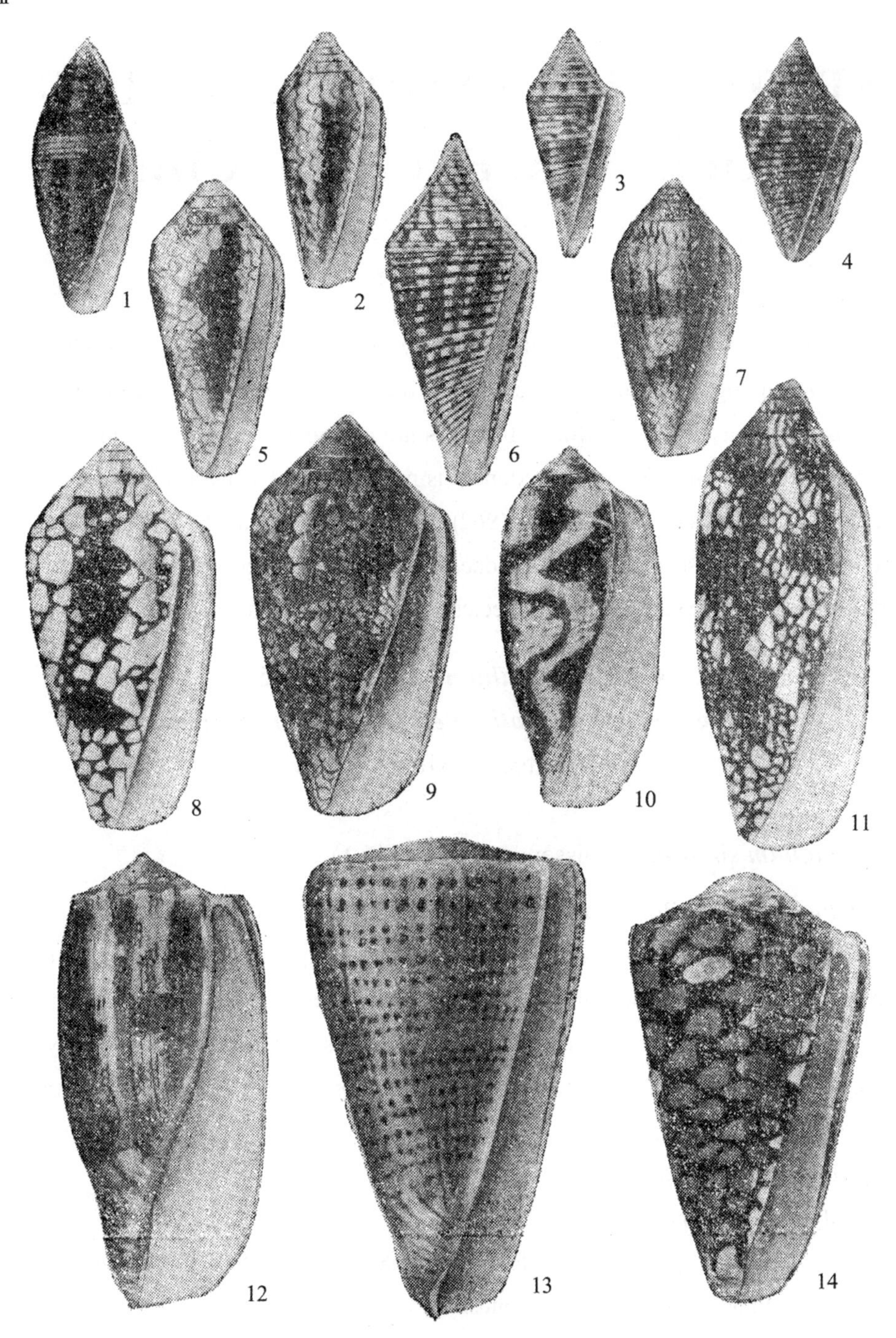

1. 笔芋螺(*Conus mitratus* Hwass, in Bruguiere)； 2. 使节芋螺（*Conus legatus* Lamarck）； 3. 斯氏芋螺（*Conus schepmani* Fulton）； 4. 尖角芋螺（*Conus acutangulus* Lamarck）； 5. 华丽芋螺（*Conus magnificus* Reeve）； 6. 肿胀芋螺（*Conus praecellens* A. Adams）； 7. 峡谷芋螺（*Conus canonicus* Hwass, in Bruguiere）； 8. 主教芋螺（*Conus pennaceus* Born）； 9. 织锦芋螺（*Conus textile* Linnaeus）； 10. 马兰芋螺（*Conus tulipa* Linnaeus）； 11. 宫廷芋螺（*Conus aulicus* Linnaeus）； 12. 地纹芋螺（*Couns geographus* Linnaeus）； 13. 豹芋螺（*Conus leopardus* Roeding）； 14. 黑芋螺（*Conus marmoreus* Linnaeus）。

A STUDY OF THE FAMILY DENTALIIDAE (MOLLUSCA) FOUND IN CHINA ①

ABSTRACT

This paper describes 14 species of the family Dentaliidae collected from China by the Institute of Oceanology, Academia Sinica during the surveys on marine invertebrate animals and benthos in the past years, of which 4 species are considered as new to science; 2 species are first recorded in China. The system adopted is mainly that of T. Habe (1964), but reference is also made to the works of W. Emerson (1962), P. Palmer (1974) and S. D. Chistikov.

About 20 Chinese species of Dentaliidae have been described. We consider our study is still not complete and are sure that more species shall be found in further studies.

Genus *Dentalium* Linnaeus, 1758
Type species: *Dentalium elephantinum* Linnaeus
(designated by Montfort 1819)

1. *Dentalium sinuosum* Boissevain, 1906 (Fig.1)

Dentalium sinuosum Boissevain, 1906. 44 (Livr. 32):28, pl. 6, Fig. 22.

The shell is medium in size, length 41.0 mm, diam. of aperture 2.3 mm and diam. of apex 0.5 mm, white, thin and slender, attenuated posteriorly, rather curved. The length of the shell is about 15 times of its diameter of aperture. The surface is sculptured with 9 slightly elevated longitudinal ribs at the apical portion and 18 at the anterior portion. The apex has a small notch on the ventral side.

Type locality: Indonesia.

Locality: South China Sea.

Distribution: This species is only found in the South China Sea, on the sandy or muddy bottom at the depth of 30–156 m, and Indonesia.

2. *Dentalium octangulatum* Donovan, 1804 (Fig.2)

Dentalium octangulatum Donovan, 1804, Nat. Hist .Brit. Shells, 5:162; Pilsbry et Sharp

---

① 齐钟彦、马绣同（中国科学院海洋研究所）：载《中国海洋湖沼学报》，1989 年，第 7 卷第 2 期，112 ～ 122 页。中国科学院海洋研究所调查研究报告第 1456 号。

1897. 17:16, Pl. 2, figs. 16–18, 22; Nomura, 1938. 8: 155–58; Hirase, 1931. 19:133, pl. 3, fig. l; Habe, 1963. 6:254, pl. 37, figs. l–2.

Dentalium (*Paradentalium*) *octangulatum* Donovan. Habe, 1964: 7, pl. 1, Fig. 1; Kira, 1971: 105, pl. 40, fig. 8; Qi et al., 1984: 90.

Dentalium octogonum Lamarck, 1818. Hist. Anim. s. Vert., 5: 344; Sowerby, 1860. 3:102, pl. 223, Fig. 9; Sowerby, 1872. 18: sp. 12; Lischke, 1874, 3:75, pl. 5, figs. 1–3; Dunker, 1882:153.

Dentalium hexagonum Gould, 1859. Proc. Boston Soe. Nat. Hist., 7:166; Sowerby, 1860. 3:103, pl. 223, fig. 10; Sowerby, 1872, 18: sp. 6; Lischke, 1874, 3:74, pl. 5, figs. 4–7; Pilsbry et Sharp, 1897. 17:18, pl. 2, figs. 20, 21 and var. 23, 24; Boissevain, 1906. 45 (Livr. 32): 12, pl. 1, fig. 14, pl. 6, fig. l; Hirase, 1931, 19: 133, pl. 3, fig. 2; Kira, 1971, 105, pl. 40, fig. 7.

Dentalium hexagonum sexcostatum Sowerby, Pilsbry et sharp, 1897. 17:19, pl. 2, figs. 27, 28; Boissevain, 1906. 45(Livr. 32): 13, pl. 6, fig. 2.

Dentalium sexcostatum Sowerby, 1860. 3: 103, pl. 223, fig. 11; Sowerby, 1872. 18; sp. 11.

Dentalium japonicum Dunker, 1882: 153, pl. 5, fig. 2; Pilsbry et Sharp, 1897, 17: 17, pl. 2, fig. 19.

Dentalium yokohamense Watson, 1879. 14: 517; Watson, 1886, 15:11, pl. 2, fig. 1; Pilsbry et Sharp, 1897. 17:16, pl. 2, figs. 29–31.

The shell is medium in size, length 53.4 mm, diam. of aperture 4.4 mm and diam. of apex 1.3 mm, curved, generally more curved and attenuated in young individuals. The shell length is about 10.7 times the diameter of aperture. The shell surface ornamented with 6–8 primary angulated longitudinal ribs usually with fine striates in the intervals. The apical orifice has a V–shaped notch, and a small plug sometimes.

Type locality: China Sea.

Locality: East and South China Seas.

Distribution: This species is widely distributed in the Indo–West–Pacific region. It is a common species occurring on muddy bottoms at depths of 6–61 m along the coasts of the South and East China Seas.

Remarks : Because the shape and number of costae are variable, i. e. the cross–section of the shell varies at different angles, Habe combined some allied species with this species and included *D. hexagonum*. Most of the 308 specimens we collected from the South China Sea had 6 angles (301 with 6 angles, 6 with 7 angles and 1 with 8 angles). On the other hand, most Japanese specimens have 8 angles (Numura, 1938). We agree with Habe that the specimens with 6 and 8 angles are of the same species. We believe that if further studies are conducted on the specimens from China and Japan, these two forms may possibly be divided into two subspecies.

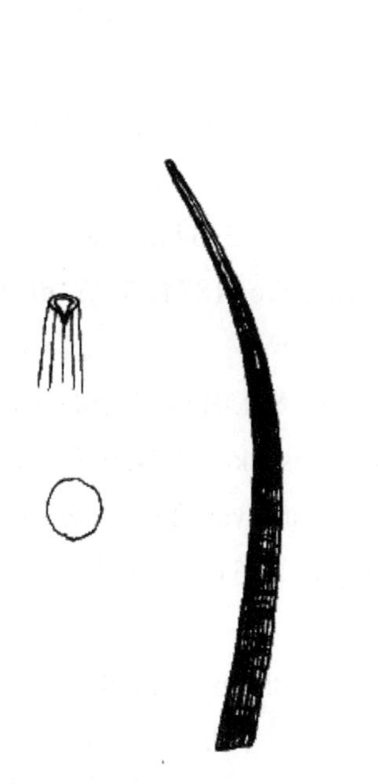

Fig. 1 *Dentalium sinuosum* Boissevain

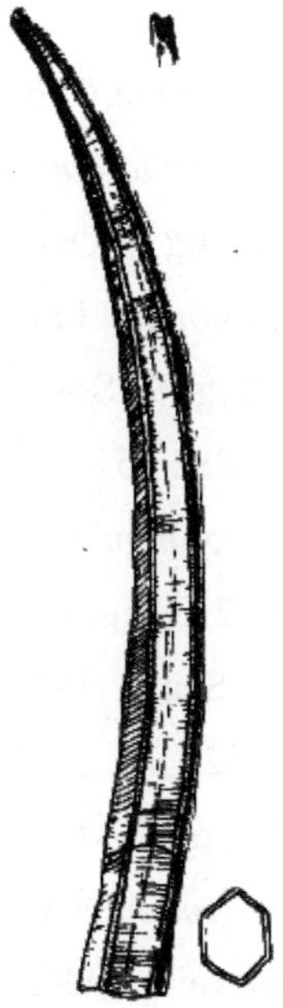

Fig. 2 *Dentalium octangulatum* Donovan

3. *Dentalium obtusum* sp. nov. (Fig.3)

The shell is medium in size, length 37.7 mm, diam. of aperture 4.3 mm and diam. of apex 1.7 mm: solid, slightly curved in adults, more curved in young shells, white, usually dyed with brownish or blackish dust at the posterior. The shell length is about 8 times its greatest diameter, surface ornamented with 9–10 longitudinal ribs gradually becoming vestigial while extending to the anterior part. Usually no riblet in the intervals. Apical orifice polygonal in outer side, circular in the inner edge, with small notch on the ventral side. The aperture is circular at the inner edge and crenulated at the outer edge.

Type locality: Zhejiang Province.

Locality: Zhejiang, Fujian, Guangdong and Hainan Provinces.

Distribution: East and South China Seas.

Remarks: This species is closely allied to *D. octangulatum*, but differs from the latter in the obscure ribs near the aperture and the non–polygonal shape of the aperture section. Furthermore the habitats of the two species are quite different. The new species is found only in the intertidal zone, while *D. octangulatum* occurs in the sublitoral (6–61 m in depth) zone.

Genus *Fissidentalium* Fischer, 1885

Type-species: *Dentalium ergasticum* Fischer (by monotype)

4. *Fissidentalium yokoyamai* (Makiyama, 1931) (Fig.4)

Dentalium complexus, Yokoyama, 1920. J. Coll. Sci. Imp. Univ. Tokyo, 39 (6): 101, pl. 6, fig. 27 (non Dall 1895).

Dentalium yokoyamai, Makiyama, 1931. 7(1):44, pl. 1, fig. 1.

Fissidentalium (*Fissidentalium*) *yokoyama* (Makiyama). Habe, 1963. 6:259, pl. 37, fig. 10; Habe, 1964:12, pl.1, fig. 10; Habe, 1981. 1:225.

Dentalium (*Fissidentalium*) *yokoyamai* Makiyama. Habe, 1957. 6(2): 127.

Fissidentalium yokoyamai (Makiyama). Kira, 1971:106, pl. 40, fig. 12.

The shell is medium in size, length 46.5 mm, diam. of aperture 6.4 mm and diam. of apex 1.6 mm, ashy white, nearly straight, but slightly curved posteriorly in the young stage, solid and thick. The shell length is about 7.2–7.5 times its greatest diameter. The surface of the shell is sculptured with about 22–38 longitudinal ribs at the posterior portion and 8–10 at the anterior portion. Apical orifice has a rather long slit on the ventral side and a small plug on the top.

Type locality: Koshiba, Japan.

Locality: East China Sea.

Distribution: This species was first recorded from China although it is common to Japan and China where it occurs only in the East China Sea on muddy bottoms at depths of 56–60 m.

5. ***Fissidentalium tenuicostatum*** sp. nov. (Figs. 5a, 5b)

The shell is rather large, length 72.0 mm, diam. of aperture 5.9 mm and diam. of apex 0.9 mm, white, solid, slightly curved in adults, more curved in the young pointed at posterior, increasing rather rapidly in diameter towards the aperture. The surface length is about 11.5 times its greatest diameter. The surface of the shell is sculptured with 34–45 very narrow longitudinal ribs at the anterior and 8–9 at the posterior. Apical orifice circular at the inner edge and slightly angled at the outer edge, with a short slit on the ventral side. Aperture round, slightly oblique, crenulated at the outer edge.

Type locality: South China Sea.

Locality: South China Sea.

Distribution: This new species is found in the South China Sea on mud-sandy bottoms at depths of 61–117 m. Uncommon.

Remarks: This species is similar to *F. profundorum* (Smith) in general shape, but differs from the latter by having fewer of the longitudinal ribs.

6. ***Fissidentalium formosum*** (A. Adams et Reeve, 1850) (Figs. 6a, 6b)

Dentalium fromosum A. Adams et Reeve, 1850. Zool. Samarang, Moll., p. 71, pl. 5, figs. 1a, b; Sowerby, 1860. 3:102, pl. 223, fig. 2; Sowerby, 1872. 18: sp. 7; Clessin, 1896. 6(5): 21, pl. 6, fig. 7; Pilsbry et Sharp, 1897. 17: 2, pl. 1, figs. 9, 10, 11; Boissevain, 1906. 45 (Livr. 32): 8, pl. 1, fig. 2.

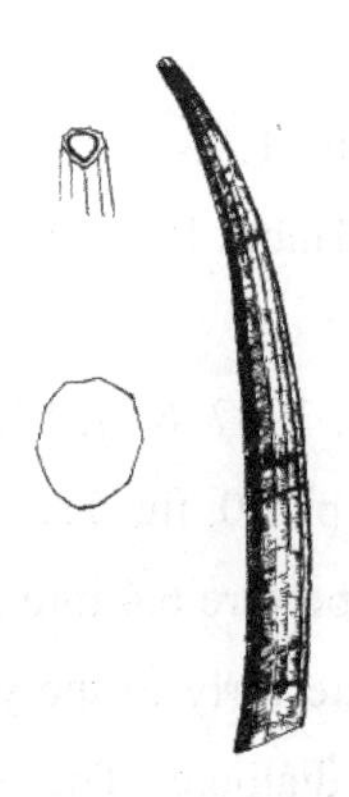

Fig. 3 *Dentalium obtusum* sp. nov.

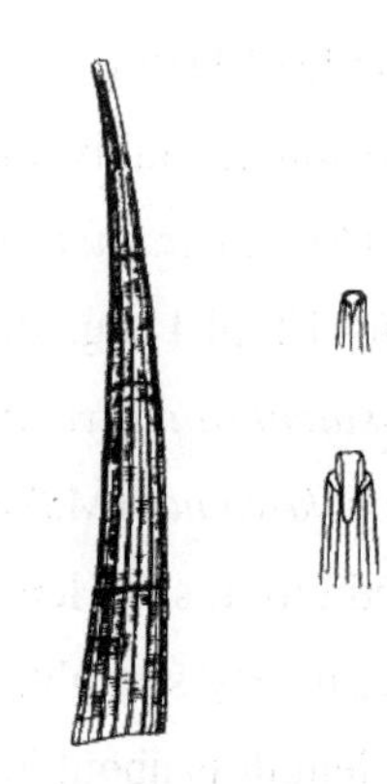

Fig. 4 *Fissidentalium yokoyamai* (Makiyama)

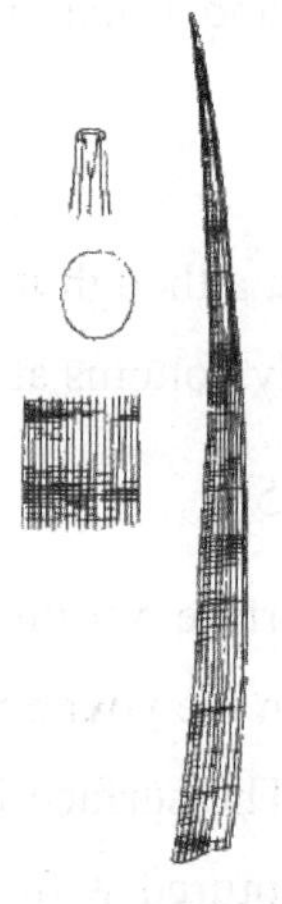

Fig. 5a *Fissidentalium tenuicostatum* sp. nov.

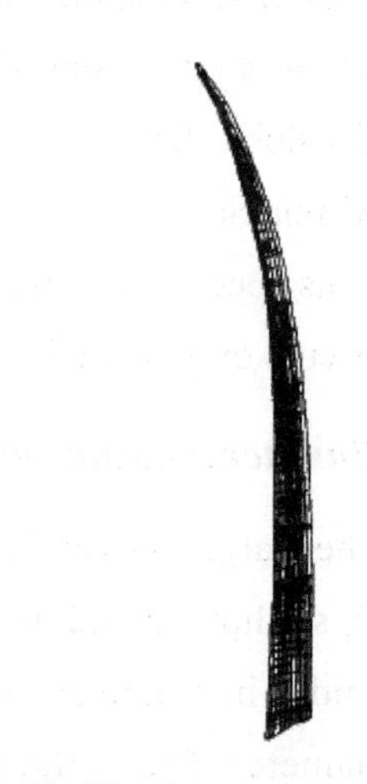

Fig. 5b *F. tenicostatum* sp. nov. (young)

Dentalium (*Dentalium*) *formosum* A. Adams et Reeve. Hirase, 1931. 19:135, pl. 3, fig. 3.

Dentalium festivum Sowerby, Kuroda, 1941. 22(4): 149, no. 1120.

Fissidentalium (*Pictodentalium*) *formosum* (A. Adams et Reeve). Habe, 1964: 15, pl. 1, figs. 4, 12, pl. 4, fig. 22.

Dentalium (*Pictodentalium*) *formosum hiraseri* (Kira). Kira, 1971: 105, pl. 40, fig. 11.

The shell is rather larger, length 30.7 mm, diam. of aperture 7.1 mm and diam. of apex 1.1 mm, usually reddish purple with white, green and red rings, curved posteriorly and rapidly increasing in diameter towards the aperture in the young stages and slightly curved and subcylindric in the fully grown specimens. The shell length is about 5 times its greatest diameter. The surface of the shell is ornamented with 16 broad longitudinal ribs. The apical orifice is circular at the inner edge, crenulated at the outer edge, with a long slit in young specimens. In larger specimens the apex is usually decollated to form a short V-shaped notch. The aperture is rounded and weakly crenulated at the outer edge.

Type locality: Philippines.

Locality: South China Sea.

Distribution: This species is widely distributed in Indo–West–Pacific region. In China it occurs only in the South China Sea on sand–muddy bottoms at depths of 77–145 m.

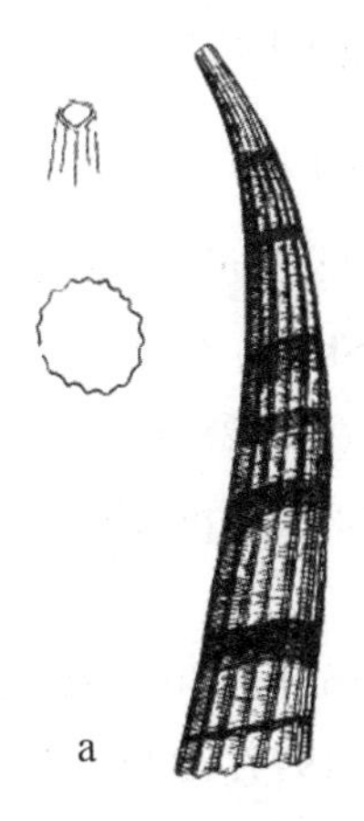

Fig. 6a *Fissidentalium formosum* (A. Adams et Reeve)

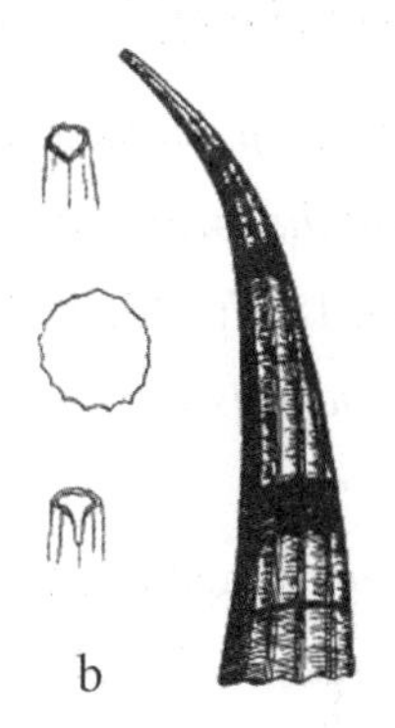

Fig. 6b *F. formosum* (A. Adams et Reeve) (young)

7. ***Fissidentalium vernedei*** (Sowerby, 1860) (Fig. 7)

Dentalium vernedei Sowerby, 1860, 3: 101, pl. 223, fig. 3; Sowerby, 1872. 18: sp. 3.

Dentalium (*Fissidentalium*) *vernedei* Sowerby, Pilsbry et Sharp, 1897. 17: 80, pl. 3, figs. 35, 43; Hirase, 1931. 19: 137, pl. 3, fig. 8; Kuroda, 1941. 22 (4): 149, no. 1125; Kira, 1971: 106, pl. 40, fig. 13.

Fissidentalium (*Fissidentalium*) *vernedei* (Sowerby). Habe, 1963. 6: 258, pl. 37, fig. 9, textifigs: 30, 31.

Fissidentalium (*Pictodentalium*) *vernedei* (Sowerby). Habe 1964: 16, pl. 1, fig. 9, pl. 4, figs. 30, 31; Habe, 1977: 332, pl. 68, fig. 9, pl. 72, fig. 1 (radula).

The shell is large, length 129.5 mm, diam. of aperture 12.6 mm and diam. of apex 3.3 mm, solid and stout, light yellow with brownish rings, moderately curved in juveniles and nearly straight in senescent stages. The shell surface is ornamented with 9–29 longitudinal ribs at the apical portion and 34–44 ribs and riblets at the apertural portion. The apical orifice is thick, with a long slit on the ventral side.

Type locality: Japan.

Locality: East and South China Seas.

Distribution: This is the largest species common to China and Japan. In China it is found on mud–sandy or sandy bottoms at depths of 55–128 m in the East and South China Seas.

Genus *Antalis* H. et A. Adams 1854
Type species: *Dentalium entalis* Linnaeus

(designated by Pilsbry et Sharp 1897)

8. *Antalis weinkauffi* (Dunker, 1877) (Fig. 8.)

Dentalium weinkauffi, Dunker, 1877. Malak. BI., 24: 68; Dunker, 1882: 153, pl. 5, fig. 1.

Dentalium (*Antalis*) *weinkauffi* Dunker. Pilsbry et Sharp, 1897. 17: 40, pl. 2, fig. 26; Hirase, 1931. 19: 135, pl. 3, fig. 4; Habe, 1957. 6 (2): 128, fig. 7.

Antalis septentrionalis Kuroda et Habe, Habe, 1963. 6: 262, pl. 38, fig. 34; Text-figs. 15–17.

Antalis weinkauffi (Dunker). Habe, 1963. 6: 261, pl. 36, fig. 30, text-fig. 27; Habe, 1964: 20, pl. 2, figs. 30, 34, pl. 4, figs. 15:17, 27; Habe, 1977, 333 pl. 70, figs. 1–4.

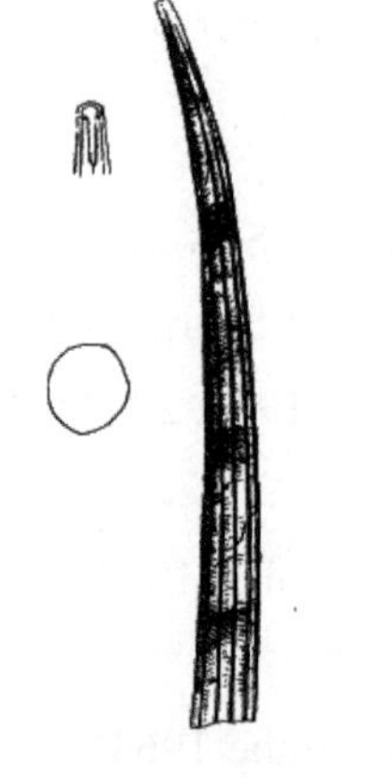

Fig. 7 *Fissidentalium vernedei* (sowerby)

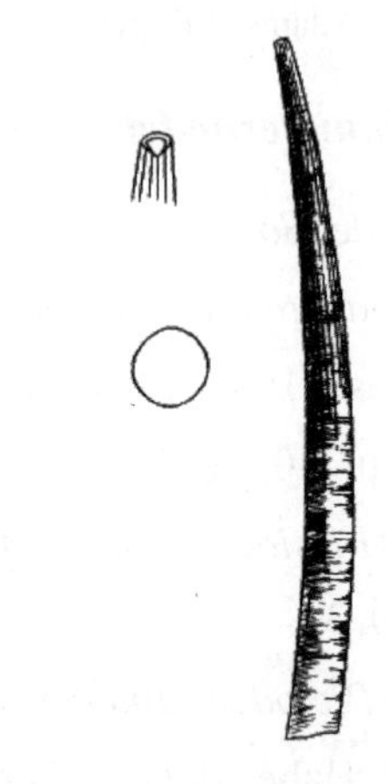

Fig. 8 *Antalis weinkauffi* (Dunker)

The shell is large, length 74.5 mm, diam. of aperture 5.9 mm and diam. of apex 1.5 mm, solid, tapering toward the apex, shell length is about 11 times its greatest diameter. Shell surface orange yellow in colour, ornamented with 9–18 longitudinal ribs and intercalated with riblets at the apical portion. Apical orifice thick, with a V–shaped notch in the ventral side. Anterior third of the shell is smooth. The aperture is circular and slightly oblique.

Type locality: Japan.

Locality: East and South China Seas.

Distribution: This is a species common to China and Japan. It is found on sandy or muddy bottoms at depths of 67–195 m in the East and South China Seas.

Genus *Striodentalium* Habe, 1964
Type species: *Dentalium rhabdotum* Pilsbry

9. *Striodentalium rhabdotum* (Pilsbry, 1905) (Fig. 9)

Dentalium rhabdotum Pilsbry, 1905. 57:116, pl. 5, figs. 45–47.

Dentalium (*Antalis*) *rhabdotum* (Pilsbry). Kuroda et Kikuchi, 1933. 4:8, pl. 1, figs. L, 2.

Dentalium (*Dentale*) *rhabdotum* (Pilsbry). Habe, 1957. 6(2): 129, fig. 11(radula).

Antalis rhabdotum (Pilsbry). Habe, 1964. 2: 157, pl. 47, fig. 12.

Striodentalium rhabdotum (Pilsbty). Habe, 1964: 22, pl. 2, figs. 17, 18; Ite 1967. 18:61, pl. 6, fig. 15; Kuroda, Habe & Oyama, 1971: 489, 307, pl. 65, figs. 4, 5; Habe, 1977: 334, pl.69, fig. 8; pl. 72, fig. 5 (radula).

The shell is moderately large, length 60.6 mm, diam. of aperture 3.3 mm and diam. of apex 1.5 mm, slender, rather straight. The shell length is about 16 times its greatest diameter. The shell surface is ornamented with 7–8 (generally 7) ribs at the posterior portion and 12–14 ribs at the anterior portion. The fine interstitial riblets are only present at the anterior portion. Apical orifice has a V–shaped notch. Aperture is round at the inner edge and finely crenulated, with numerous riblets.

Type: locality: Area off Izu Peninsula, Japan.

Locality: East and South China Seas.

Distribution: This is also a species common to China and Japan. It occurs on sandy or muddy bottoms at depths of 300–550 m in the East and South China Seas.

10. *Striodentalium sedecimcostatum* (Boissevain, 1906) (Figs. 10a, 10b)

Dentalium sedecimcostatum Boissevani, 1906. 45 (Livr. 32): 33, pl. 4, Figs. 8–11.

The shell is medium in size, length 46.3 mm, diam. of aperture 3.5 mm and diam. of apex 1.2 mm, solid, rather straight, gray white, usually dyed with blackish or rusty dust. The shell length is about 12 times its greatest diameter. Shell surface is ornamented with 14–17 longitudinal ribs at the posterior portion and 33–51 ribs and riblets at the anterior portion. Apical orifice circular at the inner edge and polygonal at the outer side, with a shallow V–shaped notch.

Type locality: Indonesia.

Locality: East China Sea.

Distribution: This species was first recorded in China. It is found on the muddy bottoms at depths of 550 m. In the East China Sea and also in Indonesia.

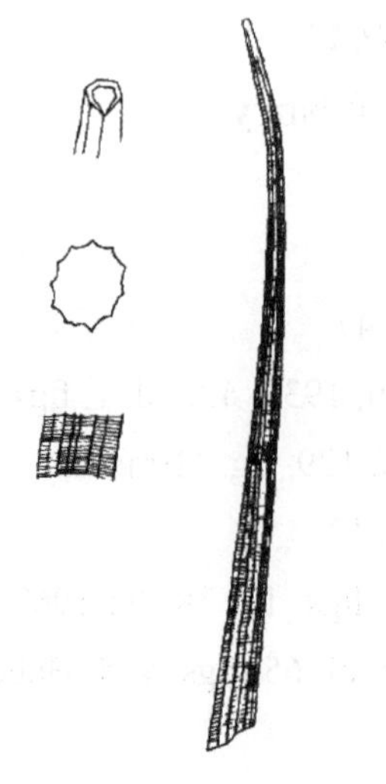

Fig. 9 *Striodentalium rhabdotum* (Pilsbry)

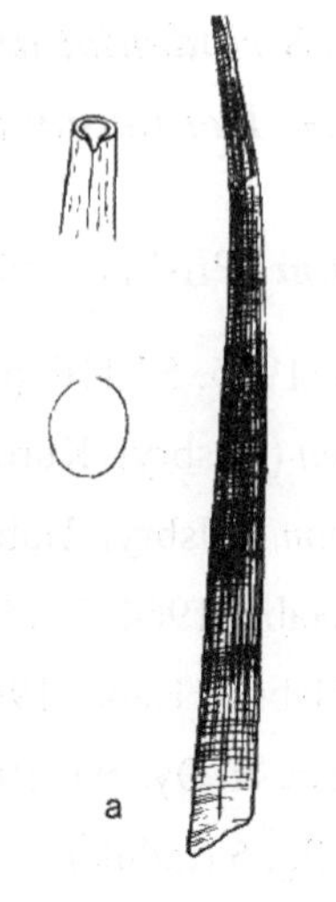

Fig. 10a *Striodentalium sedecimcostatum* Boissevain

Fig. 10b *S. sedecimcostatum* Boissevain (young)

11. *Striodentalium chinensis* sp. nov. (Fig. 11)

The shell is large and slender, length 75.0 mm, diam. of aperture 4.5 mm and diam. of apex 1.0 mm, moderately curved, the length of the shell is about 15 times its greatest diameter. Surface of the shell is yellowish, ornamented with 6–9 longitudinal ribs at the posterior portion, it becomes pale or white, with ribs and riblets increasing to 12–24 at the anterior portion. The interstitial riblets are very few. The apical orifice is generally hexagonal at the outer edge, has a short V-shaped notch on its ventral side. The aperture is circular inside and crenulated at the outer edge.

Type locality: East China Sea.

Locality: East and South China Seas.

Distribution: It is found in the East and South China Seas, on sandy or muddy bottom at the depth of 52–173 m. Common.

Remarks: This new species is similar to *Striodentalium rhabdotum* (Pilsbry) in shape, but differs from the latter by the large and slender shell and by having more longitudinal ribs and riblets.

12. *Striodentalium polycostatum* sp. nov. (Fig. 12)

The shell is medium in size, length 40.3 mm, diam. of aperture 3.8 mm and diam. of apex 1.0 mm, thin, milky white, rather straight but slightly curved posteriorly, the length of the shell is about 10 times its greatest diameter. The surface of the shell is sculptured with 7 strong longitudinal ribs at the posterior portion. These ribs become weak, increasing to 24–40 at the anterior portion. Apical orifice thick, seven angled at the outer edge, has a V-shaped notch on the ventral side. Aperture circular, slightly oblique, crenulated at outer edge.

Type locality: East China Sea.

Locality: East China Sea.

Distribution: It is found in the East China Sea, on sandy bottoms at depths of 184 meters.

Remarks: The new species is allied to *S. hosoi* and *S. totaensis* (Habe), but differs from them in having more longitudinal ribs and an apical V-shaped notch.

Genus *Graptacme* Pilsbry et Sharp, 1897
Type species: *Dentalium eboreum* Conrad 1846
(designated by Woodrind, 1925)

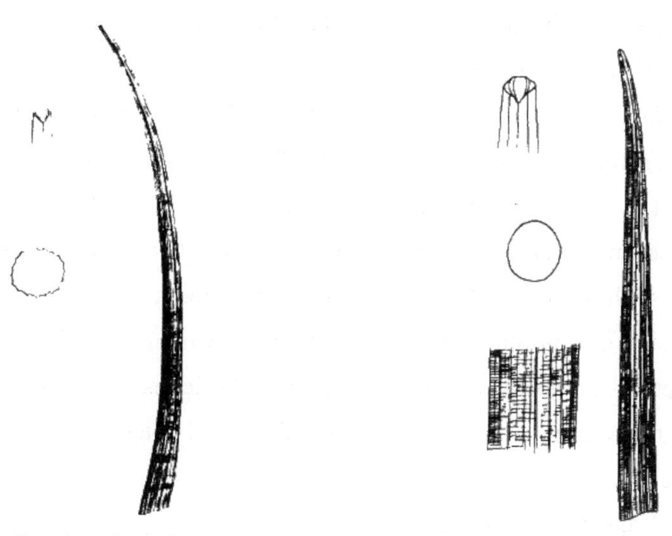

Fig. 11 *Striodentalium chinensis* sp. nov. Fig. 12 *Striodentalium polycostatum* sp. nov.

13. *Graptacme aciculum* (Gould, 1859) (Fig. 13)

Dentalium aciculums Gould, 1859. Proc. Boston Sco. Nat. Hist., 7: 165; Sowerby, 1872. 18: sp. 52 (Hong Kong).

Dentalium (*Graptacme*) *aciculums* Gould, Pilsbry et Sharp, 1897. 17: 93, pl. 17, figs. 65–67; Boissevain, 1906. 45 (Livr. 32): 46, pl. 2, fig. 36, pl. 5, figs. 13, 14; Hirase, 1931, 19: 139, pl. 3, fig. 10.

Graptacme aciculum Gould. Habe, 1963. 6: 265, pl. 38, figs. 4, 5, text-figs. 7, 8; Habe, 1964: 24, pl. 2, figs. 4, 5, pl. 4, figs. 7, 8 (Dall's *luchuanum*); Habe, 1964. 23: 140, pl. 9, figs. 5–6. Habe. 1977: 334, pl. 69, fig. 4.

The shell is rather small, length 35 mm, diam. of aperture 2.7 mm and diam. of apex 1.0 mm, white and shiny, slightly curved, attenuated posteriorly. The length of the shell is about 11 times of its greatest diameter. The apical part of the shell is ornamented with very fine longitudinal ribs. The apical orifice has a notch on its ventral side.

Type locality: South China Sea.

Locality: East and South China Seas.

Distribution: This species is widely distributed in the Indo–West–Pacific region. It is found in the East and South China Seas on sandy or muddy bottoms of intertidal zones at depths of 50 m.

14. *Graptacme buccisulum* (Gould, 1859) (Fig. 14)

Dentalium buccinulum Gould, 1859. Proc. Boston Socm Nat. Hist., 7:166; Sowerby, 1872. 18: sp. 50 (Hong Kong); Clessin, 1896. 6 (5): 21, pl. 6, fig. 4; Pilsbry et Sharp, 1897. 17: 14, pl. 5, figs. 74–76, pl. 6, fig. 84.

Dentalium (*Antalis*) *buccinulum* Gould. Hirase, 1931. 19:136, pl. 3, fig. 5.

Dentalium semipolitum, Yokoyama, 1931. J. Fac. Sci. Univ. Tokyo, (2) 1 (10): 427, pl. 48, fig. 7 (non Broderip et Sowerby 1829).

Dentalium modidukii Otuka, 1935. Bull. Earthq. Res. Inst., 8:879, pl. 45, fig. 89.

Graptacme buccinulum (Gould). Habe, 1964: 25, pl. 2, figs. 9–11; pl. 4, fig. 3; Kuroda, Habe & Oyama,1971: 489, 308, pl. 65, figs. 22–23; Habe, 1977: 334, pl.69, fig. 3.

The shell is rather small, length 19.0 mm, diam. of aperture 2.0 mm and diam. of apex 0.8 mm, milky white, shiny, slightly curved, the length of the shell is about 9 times its greatest diameter, the surface of the shell is smooth at the anterior portion, with 12–17 fine longitudinal ribs and interstitial riblets at the posterior portion. The apical orifice is small and thick, circular at the inner edge and finely crenulated outside, with a V–shaped notch on the ventral side and a terminal pipe on the top.

Type locality: Kagoshima Bay, Japan.

Locality: East and South China Seas.

Distribution: This species is common to China and Japan. It occurs on sandy or muddy bottoms of the intertidal zone to 42 m in the South China Sea.

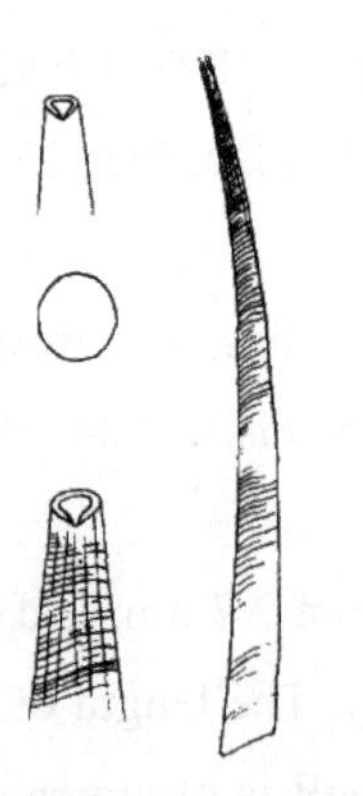

Fig. 13 *Graptacme aciculum* (Gould)

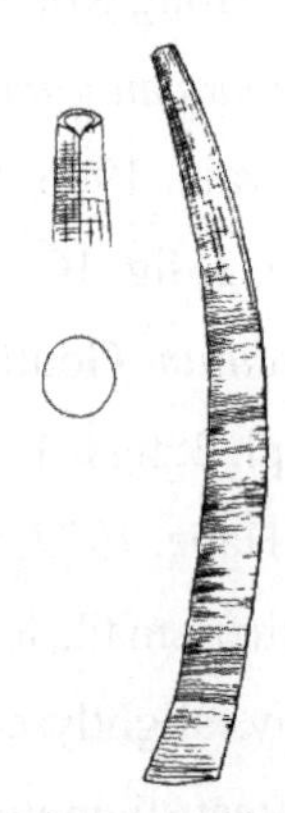

Fig. 14 *Graptacme buccisulum* (Gould)

References

[1] Boissevain M. 1906. The Scaphopoda of the Siboga expedition. *Siboga-Expeditie. Mon.*, 45 (Livr. 32) 1–76, pls. 1–6.

[2] Clessin S. 1896. Die Familie Dentaliidae. *Systematisches Conchylien-Cabinet*, 6 (5): 1–48, pls. 1–11.

[3] Dunker G. 1882. Index Molluscorum Maris Japanici. Dedicat. p. 153.

[4] Emerson W K. 1962. A classification of the Scaphopod Mollusks. *Journal Paleontology*, 36 (3): 461–482, pls. 76–80.

[5] Habe T. 1957. Report on the Mollusca chiefly collected by the S. S. Soyo-Maru of the Imperial Fisheries Experimental Station on the continental shelf bordering Japan during the years 1922–1930. *Publ. Seto Mar. Biol. Lab.*, 6(2): 127–136, with figs.

[6] Habe T. 1963. A classification of the Scaphopod mollusks found in Japan and its adjacent areas with plates and 56 text-figures. *Bull. Nat. Sci. Mus.*, (Tokyo). 6(3): 252–281.

[7] Habe T. 1964. Identification of three Asiatic tusk shells. *Venus*, 23(3): 140–142.

[8] Habe T. 1964. Fauna Japonica Scaphopoda (Mollusca). Biogeographical Society of Japan, Tokyo. 59 pp.

[9] Habe T. 1970. A new subspecies of *Fissidentlium formosum* (A. Adams & Reeve) from the South China Sea. *Jour. Malac. Soc. Aust.*, 2(1): 95–96, illustr.

[10] Habe T. 1977. Systematics of Mollusca in Japan Bivalvia and Scaphopoda. Japan: pp 327–343.

[11] Habe T. 1981. A catalogue of Molluscs of Wakayama prefecture, the Province of Kii. I. Bivalvia, Scaphopoda and Cephalopoda. 1: 225–232.

[12] Habe T, Kosuge S. 1964. A list of the Indo-Pacific Molluscs, concerning to the Japanese molluscan fauna class Scaphopoda. *Nat. Sci. Mus. Ueno Park*, Tokyo, Japan: pp 1–12.

[13] Hirase S. 1931. Scaphopoda mollusks found in Japan. *Jour. of Conch.*, 19: 132–141, pl. 3.

[14] Ito K. 1967. A catalogue of the marine Molluscan shellfish collected on the coast of and off Tajima, Hyogo Prefecture. Bull. Japan Sea. Ret. Fish. Res. Lab., 18: 61.

[15] Kira T. 1971. Coloured illustrations of the shells of Japan. Enlarged and revised edition. Japan. pp. 104–106, pl. 40.

[16] Kuroda T. 1941. A catalogue of molluscan shells from Taiwan (Formosa) with descriptions of new species. *Mem. Fac. Sci. Agr. Taihoku Imp. Univ.*, 22(4): 149.

[17] Kuroda T K, Kikuchi. 1933. Studies on the Molluscan Fauna of Toyama Bay (1). *Venus*, 4 (1): 1–14, pl. 1.

[18] Kuroda T. Habe T. Oyama K. 1971. The sea shells of Sagami Bay. *Maruzer Tokyo*, pp. 486–490, 305–308.

[19] Lischke C E. 1874. *Japanische Meeres-Conchylien.*, 3: 74–75.

[20] Makyama J. 1931. Stratigraphy of the Kakegawa pliocen in Totomi. *Mem. Coll. Sci. Kyoto Imp. Univ.*, (B) 7(1): 44, pl. 1.

[21] Nomura S. 1938. Variation of ribs in *Dentalium octangulatum* Donovan. *Venus*, 8 (3–4): 155–158.

[22] Okutani T. 1964. Report on the Archibenthal and abyssal Scaphopod Mollusca mainly collected from Sagami Bay and adjacent waters by the R. Soyo-Maru during the years 1955–1963, with supplementary notes for the previous report on Lamellibranchiata. *Venus*, 23(2): 72–81.

[23] Palmer G P. 1974. A supraspecific classification of the Scaphopod Mollusca. The *Veliger*, 17 (2): 115–123.

[24] Pilsbry H A. 1905. New Japanese marine Mollusca. *Proc. Acad. Nat. Sci, Phila.*, 57: 101–122, pls. 2–5.

[25] Pilsbry H A, Sharp B. 1897–1898. Scaphopoda. *Man. Conch.*, 17: 1–348.

[26] Qi Z Y, Ma X T, Lin G Y, Lin R P. 1984. A preliminary survey on the benthic Mollusks from Sanya Harbor, Hainan Island. *Nanhai Studia Sinica*, 5: 90 (in Chinese).

[27] Shikama T, Habe T. 1963. A strange tusk shell, *Fissidentlium*, *laterischismum* sp. nov. from Hokkaido. *Bull. Nat. Sci. Mus.*, 6(3): 249, Text-figs.

[28] Sowerby G B. 1860. *Dentalium*. Thesaurue Conchyliorum, 3: 97–104, pls. 1–3.

[29] Sowerby G B. 1872. *Dentalium*. Conchologia Iconica. Illustrations, 18: pls. 1–7. Kent.

[30] Watson B A. 1879. The solenoconchia comprising the genera *Dentalium*, *Siphodentalium* and *Cadulus*. *Jour. Linn. Soc. Lond. Zool.*, 14: 517.

[31] Watson B A. 1886. The Voyage of H. M. S. Challenger. *Zool. Scaphopoda.*, 15: 1–24, pls. 1–3.

[32] Winckworth R. 1927. Marine mollusca from India and Ceylon. Ⅰ. *Denialium. Proc. Malac. Soc. London.*, 17: 167–169, fig.

《大珠母贝及其养殖珍珠》(增订本)序①

中国科学院南海海洋研究所在建所之初,张玺所长便提出南海所在生物学方面的研究重点应是珍珠贝和珊瑚礁。因此,在他的具体安排下,确定由谢玉坎等同志负责珍珠贝的研究。以后经过同志们的努力,对珍珠贝的调查、培育、养成及育珠等关键性问题进行了研究,取得了丰硕的成果;建立了一整套流程,从而促使我国南方沿海建立了众多的珍珠养殖场,生产了大量的珍珠。至70年代,根据需要又提出了大型珍珠的培育问题。培育大型珍珠所用的母贝主要是大珠母贝,我国海南岛既有大珠母贝的资源。因此,便在海南岛进行了调查,同时利用海口市的海南水产研究所的条件开展了大珠母贝的育苗、养成及养殖珍珠的研究。经过几年的艰苦努力,在大珠母贝的幼苗培育及养成方面获得了成果,并应用于珍珠的养殖,与1978年养成了游离有核的大型珍珠。1979年中国科学院海南热带海洋生物实验站开始筹建后,为提高大珠母贝及其养殖珍珠的水平,提供了新的条件。实验站的主要任务是进行大珠母贝及其养殖珍珠的研究,10年来先后收获了大珠母贝大型养殖珍珠的第二代和第三代产品,形成了鹿回头大型珍珠的特色。

过去专门研究大珠母贝及其养殖珍珠的资料很少,为促进大型珍珠的养殖,1985年由海洋出版社出版了《大珠母贝及其养殖珍珠》一书,是第一本研究大珠母贝及其养殖珍珠的专著。但是,那时研究刚开始不久,有些问题的探讨还不够完善,现在随着研究工作的进展,又有了一些新的工作成果出现,因此出版增订本是很有必要的。希望在研究工作的继续发展中,我国南海将成为养殖大型珍珠的中心,使我国珍珠养殖事业不断向前发展,取得辉煌成就,使南海珍珠放射出更灿烂的光辉!

齐钟彦

1989年10月20日,青岛

---

① 载《大珠母贝及其养殖珍珠》(增订本),海洋出版社,1990年6月。

献身海洋生物研究五十年①

——记中国科学院海洋研究所高级工程师马绣同

马绣同先生自1933年开始就跟随我国著名海洋生物学家张玺教授从事海洋生物调查研究工作,迄今已有五十多年了。

1949年中国科学院建立,青岛成立了海洋生物研究室,马绣同先生随张玺教授来到青岛,一直管理无脊椎动物标本室,兼做软体动物的分类工作。四十年来他兢兢业业,为无脊椎动物标本室的建树和软体动物分类工作洒下了辛劳的汗水。在标本室的建设和发展方面,他与研究室的其他同志一道,北从鸭绿江入海口,南至南海诸岛,在全国沿海各地搜集了大量的标本。在马绣同等人的努力下,海洋所的无脊椎动物标本室从原先只有北平研究院和水生生物研究所遗留的极少数标本发展到今天,已成为拥有二十多万件标本的全国独一无二的标本室。马绣同先生每年暑期都为来青岛进行海洋生物实习的大专院校生物系师生讲课。他发现临海实习缺乏有用的参考资料,于是将自己多年的工作经验汇集成册,1957年写成了《海滨动物的采集和处理》,全书八万余字,为大专院校生物系师生以及博物馆工作人员采集和处理标本提供了宝贵经验。马先生对贝类也有较深的研究,1982年写成二十万字的《我国的海产贝类及其采集》一书,是贝类工作者以及爱好者所必须参考的书籍。由于在野外调查采集所做出的贡献,1984年他获得了“竺可桢野外科学工作奖”。

马绣同先生只是高中毕业,但他在张玺所长的热情培养下,通过长期不懈的艰苦学习,掌握了生物科学的基本知识和分类学研究方法,在软体动物分类方面做出了很好的成绩。他的第一篇著作《中国近海宝贝科的研究》于1962年发表。之后他又对中国的凤螺科做了研究。多年来他发表的这些著作已为世界同行所欣赏,同行纷纷来函索要单行本。他专心致力于腹足纲前鳃类的研究,已有四十余篇论文发表。此外,海洋所贝类组发表的一些论文及著作中也有他的辛勤劳动。他由于刻苦努力,已获得高级工程师职称。

马绣同先生不仅业务成绩显著,而且为人处事亦极为诚恳,遇事总是身先士卒,做群众的榜样。他四十多年如一日,从无迟到、早退,还经常于周末或晚上加班。他管理标本室,对标本室的标本瓶、酒精、福尔马林及其他所用物品都极为爱护,精打细算,从不浪费,是勤俭节约的模范。马绣同先生是历届无脊椎动物室的先进人物,并两次被选为青岛市的先进工作者。退休后,年近八十高龄的他仍孜孜不倦地为科学事业而努力工作。

---

① 载《青岛科技》,1989年11月,总第144期。

山东半岛南部(丁字湾、崂山湾、胶州湾)潮间带贝类生态调查①

自1980年10月至1981年11月期间,我们对丁字湾、崂山湾、胶州湾每季度进行一次调查(2月、5月、8月、11月)。在生物繁殖季节还增加月份调查。由于调查范围大,潮间带面积广阔,故根据不同类型的潮间带,选择代表性地点(泥滩类型:丁字湾的北芦村;沙滩类型:崂山湾的鳌山卫;泥沙滩类型:胶州湾的红石崖;岩礁类型:青岛市的汇泉角),设置4条典型断面布设站位和若干辅助断面进行调查。

本调查范围内海岸类型多样,有硬、软底质,有开放性和半封闭性的潮间带,环境条件复杂。通过调查,我们初步了解了本调查区贝类的生态特点及主要经济种类的分布状况,为合理开发利用提供了基础资料。

一、自然环境概况

本调查区地处山东半岛的南端,濒临黄海,区系性质属暖温带,贝类组成较丰富,共采到168种;同时,生物量也较高(183.56克/米^2),有些种类充分发展,形成可以开发利用的资源。

本调查范围内的潮汐属于正规半日潮,最大潮差421厘米。海岸线曲折,形成许多大大小小的内湾,并出现一些小岛屿。因此,主要是淤泥质海岸和基岩海岸。主要内湾有丁字湾、崂山湾、胶州湾。湾内有许多河流注入,如五龙河、白沙河、大沽河、石桥河、羊毛河以及许多小河流。这些河流带来大量泥沙和有机物(如:大沽河年平均约有157万吨的泥沙注入胶州湾,五龙河年平均约有156万吨的泥沙注入丁字湾)。湾内滩涂泥质肥沃,底栖硅藻繁生,为滩栖经济贝类的生长和繁殖提供了条件,是泥蚶(*Arca granosa*)、菲律宾蛤仔(*Ruditapes philippinarum*)、四角蛤蜊(*Mactra veneriformis*)、缢蛏(*Sinonovacula constricta*)及长竹蛏(*Solen gouldii*)等种苗的天然产地。

内湾潮间带呈半封闭性,海水交换限于湾口进行,潮水涨落冲刷海涂缓慢,滩涂平坦,潮间带范围较大,高、低潮间距离较远(500米～2 000米)。

底质对潮间带贝类分布的影响往往超过有潮带对贝类分布的影响。丁字湾底质粒度由中砂、细砂、粉砂、黏土质粉砂组成,软泥沉积厚度可达30厘米～50厘米。胶州湾底质

---

① 齐钟彦、林光宇、庄启谦、李凤兰(中国科学院海洋研究所):载《贝类学论文集》第3辑,科学出版社,1990年,26～35页。

以黏土质粉砂为主，粉砂占45%～54%，东部粗砂占60%，北部为泥质沉积，西部黏土质粉砂占52%～60%，在低潮区有细砂、粗砂、贝壳；崂山湾底质为粉砂，黏土少于30%；丁字湾由于五龙河注入的沙在湾口和湾内堆积，在泥质滩涂上出现许多小沙丘，又为某些沙栖贝类如紫彩血蛤(*Sanguinolaria olivacea*)，在不同潮带的栖息提供了有利条件。

温度、盐度是影响底栖贝类栖息、生长、繁殖、数量变动的重要因子。在潮间带，温、盐度变化剧烈，因此，栖息在这里的贝类群落大多是以广温、广盐性种类组成的。胶州湾表层水温变化范围为2.42 ℃～26.38 ℃，8月最高，2月最低，冬季没有结冰现象，但在潮间带底表温度变化剧烈，如1981年8月3日，红石崖滩涂上底表水温高达32 ℃，1981年2月24日则下降到–2 ℃，在高潮区出现短暂的结冰。浅海表层盐度变化范围较小(31.19～32.25)，6月最高，10月最低。而潮间带底表盐度变化较大，如1981年5月在红石崖滩涂上底表盐度为32.15，1981年10月为34.00。另一方面，在河口区附近，因受河流影响，盐度偏低，又为喜淡水生活的河口性种类，如光滑狭口螺(*Stenothyra glabra*)、近江牡蛎(*Ostrea rivularia*)、渤海鸭嘴蛤(*Laternula marilina*)等低盐种类提供了栖息条件。丁字湾深度较小，受陆地气候影响较大，水温偏低，变化范围稍大于胶州湾，表层水温为1.56 ℃～27.25 ℃，8月最高，2月最低。而在潮间带滩涂上冬季水温低于1 ℃，以致滩涂上的泥蚶、四角蛤蜊等贝类出现冻僵的现象。夏季则和胶州湾相同，底表水温高达32 ℃。盐度变化范围与胶州湾基本相似，为31.24～32.39。

沿岸基岩潮间带大部分为岩石，也有一些为砾石和小沙滩，潮间带范围较小，通常只有几十米。岸段坡度大，特别是沿岸岛屿周围局部地方突然形成较深的水道。海水清澈，与外海水交换频繁，温、盐度变化范围小，表层水温为2.90 ℃～25.42 ℃，年变化是夏＞秋＞春＞冬季，全年不结冰，盐度变化范围为31.29～32.51，没有出现河口性贝类。沿岸开放性潮间带受潮水冲刷较急，局部地区受波浪影响较大，受潮流影响较小，是某些特定贝类如褶牡蛎、短滨螺、皱纹盘鲍(*Haliotis discus hannai*)、锈凹螺(*Chlorostoma rusticum*)和疣荔枝螺(*Thais clavigera*)等栖息、索饵、产卵、生长的良好场所。

二、生物量

本调查区潮间带贝类总生物量为183.56克/米^2，符合暖温带区高生物量的特点。

岩礁类型潮间带适于某些营附着生活和在硬底质下爬行的贝类栖息，主要经济贝类有褶牡蛎(*Crassostrea plicatula*)、贻贝(*Mytilus edulis*)、皱纹盘鲍等。

软底质类型(包括沙滩、泥滩、泥沙滩)潮间带滩涂面积广阔，适于许多滩栖贝类栖息。特别是在中、低潮带栖息着一些经济贝类，如泥蚶、缢蛏、泥螺、紫彩血蛤、菲律宾蛤仔、四角蛤蜊、青蛤(*Cyclina sinensis*)、文蛤(*Meretrix meretrix*)、镜蛤(*Dosinia* sp.)等，还有一些尚未充分利用的贝类，如彩虹明樱蛤(*Moerella iridescens*)、光滑河蓝蛤(*Potamocorbula laevis*)、托氏蜎螺(*Umbonium thomasi*)等，它们的种类多，数量大，是形成高生物量的主要成分，也是资源开发的主要经济种类。

(一)岩礁类型断面(青岛市汇泉角)

本断面总生物量平均715.21克/米^2，其中软体动物465.81克/米^2，占总生物量的

65.13%,主要是褶牡蛎起主导作用。

在大潮平均高潮线以上的第一站,只有短滨螺(*Littorina brevicula*)和粒屋顶螺(*Tectarius granularis*),种类虽简单,但栖息密度大,生物量平均为39.38克/米^2。

在小潮平均高潮线位置的第二站,贝类也只有短滨螺和黑荞麦蛤(*Vignadula atrata*),生物量20.75克/米^2,占本站总生物量的6.4%。

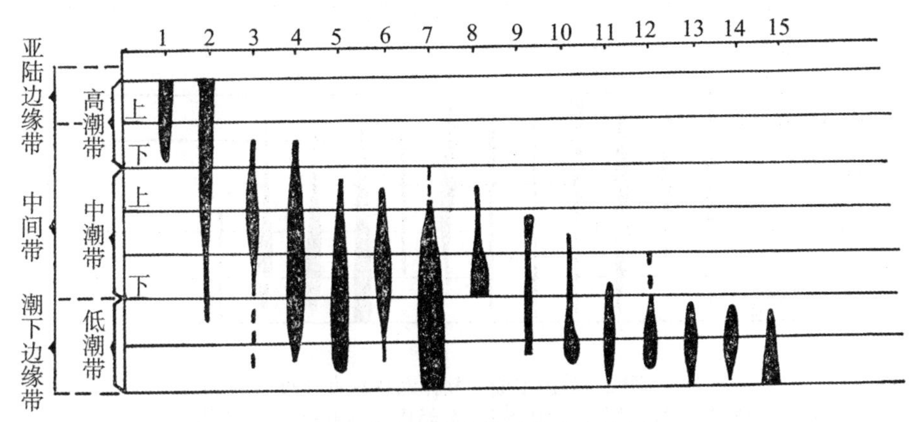

图1 汇泉角断面软体动物垂直分布

1. 粒屋顶螺;2. 短滨螺;3. 黑荞麦蛤;4. 矮拟帽贝;5. 疣荔枝螺;6. 褶牡蛎;7. 单齿螺;8. 日本菊花螺;9. 嫁䗩;10. 中国不等蛤;11. 双带核螺;12. 朝鲜花冠小月螺;13. 锈凹螺;14. 江户布目蛤;15. 皱纹盘鲍

在小潮平均高潮线下方的第三站,贝类种类有15种,生物量2 118克/米^2,占本站总生物量的86.89%。其中主要是褶牡蛎,栖息密度大,为810个/米^2,其生物量为2 051.35克/米^2,占总生物量的84.47%,具有较大的经济意义。

在小潮平均低潮线附近的第四站,贝类只有5种,生物量55.19克/米^2,占本站总生物量的9.4%。褶牡蛎的栖息密度仍相当大,为100个/米^2,也是形成本站高生物量的原因之一。实际上本站藻类繁茂,是贝类栖息最丰盛的地带,如皱纹盘鲍、贻贝、锈凹螺、单齿螺(*Monodonta labio*)、后鳃类等,都栖息在这一带,只是定量取样时没有采到罢了(图1)。

(二)沙滩类型断面(崂山湾鳌山卫)

本断面总生物量平均81.2克/米^2,其中软体动物75.89克/米^2,占总生物量的93.46%。

在小潮平均高潮线附近的第一站,出现托氏蜎螺和四角蛤蜊苗,生物量0.19克/米^2,占本站总生物量的48.72%。

在小潮平均高潮线稍下方的第二站,贝类有15种,托氏蜎螺起主导作用,生物量高达178.72克/米^2,占96.04%。

在中潮带的下层的第三站,贝类有11种,生物量8.07克/米^2,占本站总生物量的46.45%。托氏蜎螺、杜氏笋螺(*Terebra dussumieri*)起主导作用。

在小潮平均低潮线附近和下方的第四站和第五站,栖息的贝类基本相同,有13种,生物量9.66克/米^2,其中有不少长竹蛏苗(*Solen gouldii*),生物量3.46克/米^2,占本站总生物量的28.95%。

（三）泥滩类型断面（丁字湾北芦村—雄崖所）

本断面总生物量平均 60.61 克 / 米 ^{2}，其中软体动物 51.64 克 / 米 ^{2}，占总生物量的 85.20%。主要是泥蚶起主导作用。

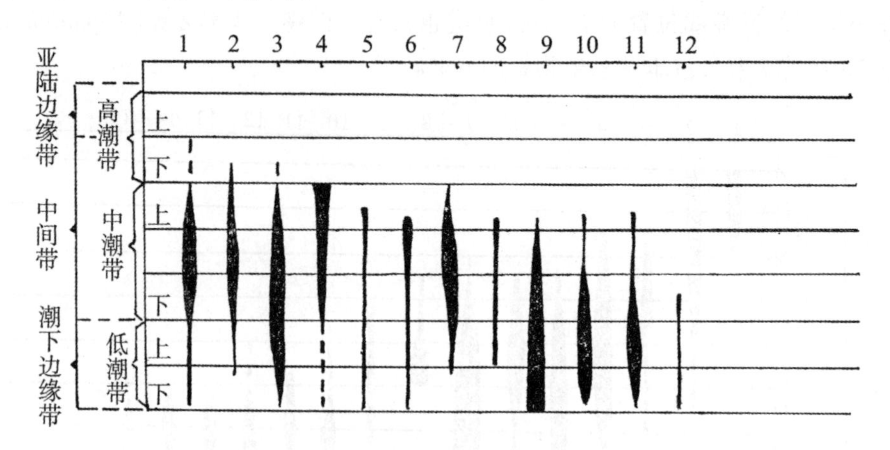

图 2　鳌山卫断面软体动物垂直分布

1. 托氏蜎螺；2. 四角蛤蜊；3. 杜氏笋螺；4. 经氏壳蛞蝓；5. 中国蛤蜊；6. 扁玉螺；7. 泥螺；8. 秀丽织纹螺；9. 文蛤；10. 日本镜蛤；11. 弯竹蛏；12. 毛蚶

在小潮平均高潮线附近的第一站，贝类有 17 种，生物量 5.35 克 / 米 ^{2}，占本站生物量的 37.57%。

在小潮平均高潮线下方的第二站，贝类有 13 种，生物量 69.44 克 / 米 ^{2}，占本站生物量的 86%，泥蚶起主导作用。

在中潮带的下层的第三站，贝类有 12 种，生物量 66.6 克 / 米 ^{2}，占本站生物量的 88. 95%。泥蚶的栖息密度比第二站明显增加（9.5 个 / 米 ^{2}）。

在小潮平均低潮线附近的第四站，贝类有 13 种，生物量 5.95 克 / 米 ^{2}，占本站生物量的 54.94%，出现的种类和第三站基本相似，泥蚶苗（5 毫米～ 7 毫米大小）数量更多，为 36 个 / 米 ^{2}（1980 年 10 月）。

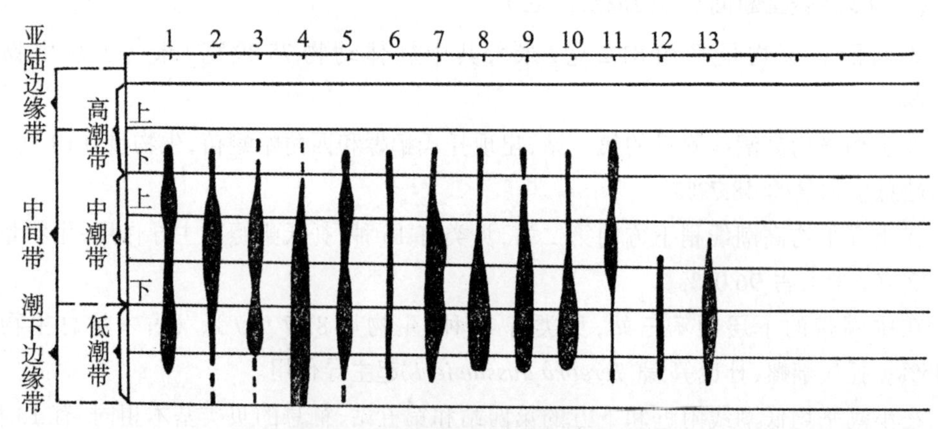

图 3　丁字湾断面软体动物垂直分布

1. 四角蛤蜊；2. 文蛤；3. 菲律宾蛤仔；4. 泥蚶；5. 泥螺；6. 经氏壳蛞蝓；7. 紫彩血蛤；8. 缢蛏；9. 秀丽织纹螺；10. 中国不等蛤；11. 珠带拟蟹守螺；12. 青蛤；13. 渤海鸭嘴蛤

在小潮平均低潮线下方的第五站和第六站，贝类有13种，生物量23.86克/米^2，占两站总生物量的72.39%。1毫米～3毫米的泥蚶苗高达72个/米^2（1980年10月）。

（四）泥沙滩类型断面（胶州湾红石崖）

本断面总生物量平均129.29克/米^2，其中软体动物115.8克/米^2，占总生物量的89.57%。主要是菲律宾蛤仔起主导作用。

在小潮平均高潮线上方的第一站，贝类有14种，生物量12.08克/米^2，占本站生物量的50.38%。菲律宾蛤仔苗（3 mm×2.3 mm～19.8 mm×9.4 mm大小）栖息密度36个/米^2（1980年10月）。

在小潮平均高潮线下方的第二站，贝类有9种，生物量112.1克/米^2，占本站生物量的98.83%。四角蛤蜊的栖息密度252个/米^2，泥螺（*Bullacta exarata*）栖息密度最高达288个/米^2（1980年10月）。

在中潮带下层的第三站，贝类有13种，生物量189.23克/米^2，占本站生物量的95.04%。此处是菲律宾蛤仔生长最好地方，栖息密度高达232个/米^2（1980年5月）。

在小潮平均低潮线上方的第四站，贝类有6种，生物量35.79克/米^2，占本站生物量的9.14%。菲律宾蛤仔数量仍然很多，最高达108个/米^2（1980年10月）。

在小潮平均低潮线的第五站，贝类有8种，生物量26.22克/米^2，占本站生物量的79.62%。菲律宾蛤仔栖息密度20个/米^2。

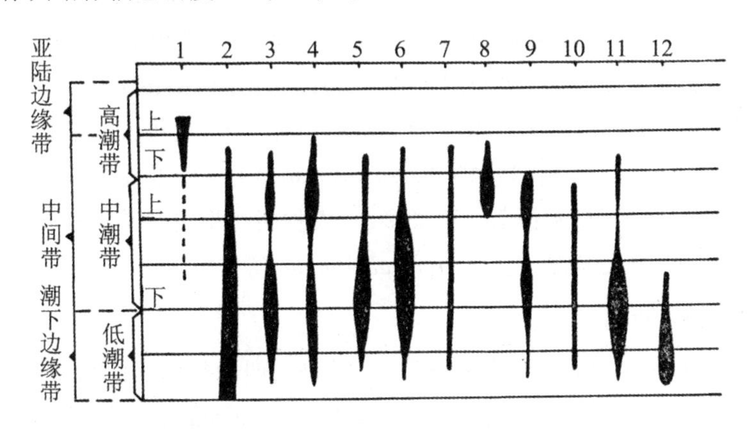

图4 红石崖断面软体动物垂直分布

1. 光滑河蓝蛤；2. 菲律宾蛤仔；3. 四角蛤蜊；4. 泥螺；5. 褶牡蛎；6. 秀丽织纹螺；7. 渤海鸭嘴蛤；8. 彩虹明樱蛤；9. 斑玉螺；10. 青蛤；11. 经氏壳蛞蝓；12. 中国不等蛤

三、种类组成和群落结构

海洋生物的分布和资源变动，在很大程度上是由栖息海区的环境条件决定的，潮间带生物受周围环境条件剧烈变化的影响较大。本调查区所处的地理位置和环境条件决定了在本调查区潮间带生活的贝类种类大多为广温、广盐，即适应性较强的种类。但也存在少数暖水性较强的种类如细小榧螺（*Olivella fulgurata*）。

本调查区共获得软体动物168种。

（一）岩礁类型断面

本断面共获得57种，优势种有短滨螺、粒屋顶螺、黑荞麦蛤、褶牡蛎、锈凹螺、麂眼螺（*Rissoa* sp.）和 *Lassaea undulla* 等。

（1）高潮带（上层）：粒屋顶螺－短滨螺群落。种类简单，稳定。

（2）中潮带（上层）：黑荞麦蛤－短滨螺－麂眼螺群落。出现的种类较多，但各季度月代表种无大变化，常见种有矮拟帽贝（*Patelloida pygmaea*）、日本菊花螺（*Siphonaria japonica*）、疣荔枝螺（*Thais clavigera*）、嫁䗩（*Cellana toreuma*）等。

（3）中潮带（下层）：褶牡蛎－黑荞麦蛤群落。出现的种类更多，变化大，代表种相对稳定，常见种有单齿螺、红条毛肤石鳖（*Acanthochiton rubrolineatus*）、贻贝（*Mytilus edulis*）等。

（4）低潮带：褶牡蛎－锈凹螺－短滨螺群落。本带为贝类最繁茂的地带，种类多，变化大，但各季度月出现的代表种相对稳定。常见种有朝鲜花冠小月螺（*Lunella coronata coreensis*）、函馆锉石鳖（*Ischnochiton hakodadensis*）、单齿螺、石磺海牛（*Homoiodoris japonica*）、皱纹盘鲍等。

（二）沙滩类型断面

本断面共获得75种，优势种有托氏蜎螺、竹蛏（*Solen arcuatus*）、文蛤（*Meretrix meretrix*）、经氏壳蛞蝓（*Philine kinglipini*）、泥螺、杜氏笋螺、四角蛤蜊等。

（1）高潮带（下层）：四角蛤蜊（苗）－托氏蜎螺群落。种类简单，稳定。

（2）中潮带（上层）：托氏蜎螺－弯竹蛏群落。出现的种类稍多，代表种相对稳定。常见种有经氏壳蛞蝓、菲律宾蛤仔、纵肋织纹螺（*Nassarius variciferus*）等。

（3）中潮带（下层）：托氏蜎螺－杜氏笋螺群落。种类多，变化大。常见种有弯竹蛏、中国蛤蜊（*Mactra chinensis*）、秀丽织纹螺（*Nassarius festiva*）、文蛤及泥螺等。

（4）低潮带：弯竹蛏－文蛤群落。种类多，代表种相对稳定。常见种有薄荚蛏（*Siliqua pulchella*）、托氏蜎螺、杜氏笋螺、毛蚶（*Arca subcrenata*）等。

（三）泥沙滩类型断面

本断面共获得贝类73种，优势种有菲律宾蛤仔、四角蛤蜊、泥螺、经氏壳蛞蝓、青蛤（*Cyclina sinensis*）、镜蛤（*Dosinia* spp.）、斑玉螺（*Natica trgrina*）、光滑河蓝蛤和秀丽织纹螺等。

（1）高潮带（下层）：泥螺－菲律宾蛤仔（苗）群落。出现种类少，相对稳定。常见种有秀丽织纹螺、四角蛤蜊（苗）、经氏壳蛞蝓等。

（2）中潮带（上层）：四角蛤蜊－泥螺－菲律宾蛤仔群落。种类稍多，各季度月无大变化。常见种有秀丽织纹螺、经氏壳蛞蝓、菲律宾蛤仔、青蛤、虹彩明樱蛤（*Moerella iridescens*）、凸镜蛤（*Dosinia gibba*）、斑玉螺等。

（3）中潮带（下层）：菲律宾蛤仔－四角蛤蜊－青蛤群落。种类繁多，但代表种相对稳定。常见种有泥螺、镜蛤（*Dosinia* spp.）、秀丽织纹螺、中国不等蛤、渤海鸭嘴蛤（*Laternula marilina*）及斑玉螺等。

（4）低潮带：菲律宾蛤仔－青蛤群落。出现种类多，变化大，但代表种稳定。常见种有中国不等蛤、经氏壳蛞蝓、织纹螺(*Nassarius* spp.)、褶牡蛎等。

(四)泥滩类型断面

共获得贝类53种。优势种有泥蚶、四角蛤蜊、紫彩血蛤、缢蛏、长竹蛏、泥螺及青蛤等。

(1)高潮带(下层):四角蛤蜊(苗)-文蛤-泥螺群落。种类较简单,稍稳定。常见种有菲律宾蛤仔、黑纹斑捻螺(*Punctacteon yamamurea*)、双齿蛤(*Diplodonta* sp.)等。

(2)中潮带(上层):四角蛤蜊-泥蚶-泥螺群落。种类稍多,变化大。常见种有文蛤、紫彩血蛤、珠带拟蟹守螺(*Cerithidea cinghlata*)等。

(3)中潮带(下层):泥蚶-紫彩血蛤群落。种类较多,变化大。常见种有泥螺、托氏蜎螺、菲律宾蛤仔、中国不等蛤、彩虹明樱蛤、珠带拟蟹守螺、中国蛤蜊和文蛤等。

(4)低潮带:泥蚶-缢蛏群落。出现种类繁多,各季度代表种无大变化。常见种有四角蛤蜊、秀丽织纹螺、彩虹明樱蛤、褶牡蛎、长竹蛏、渤海鸭嘴蛤、泥螺及中国不等蛤等。

四、季节变化

潮间带底层水温较浅海表层水温变化大,然而,调查区贝类种类组成和垂直分布带上的季节变化不如藻类明显,但亦表现了某些差异(图5)。

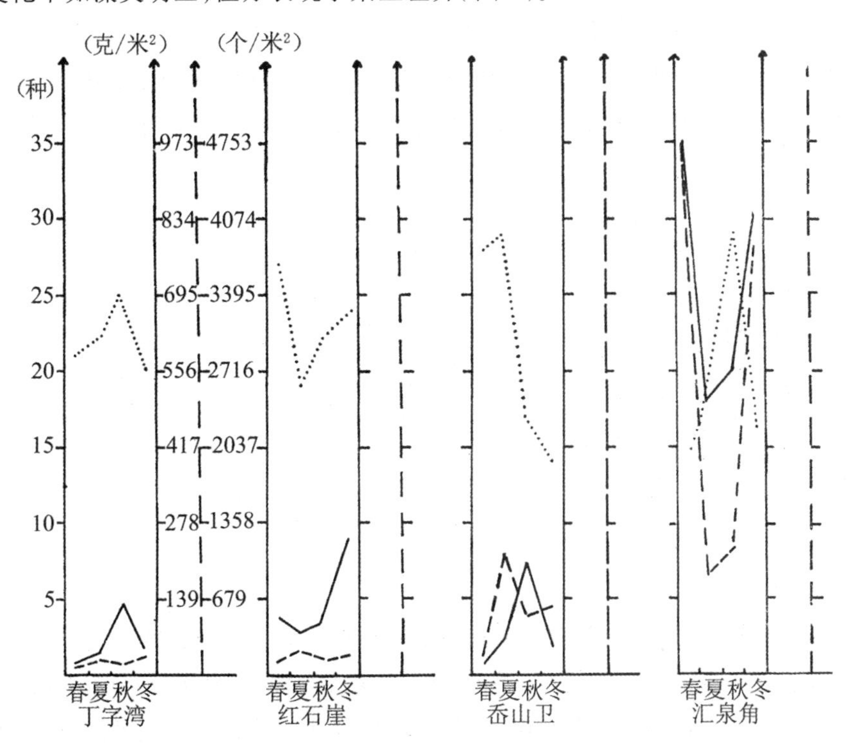

图5 四个典型断面四个季度软体动物生物量、密度和种类组成

……种数;——生物量;---- 密度

(一)种类组成的差异

总的看来,本调查区四个不同生态类型,不同季节贝类种类冬季较少,是由于低温,某些暖水性较强的种类没有出现(如异白樱蛤),以及潜入底内较深,取样时没采到(如

缢蛏)。此外,后鳃类的不同类群由于生命周期所限,表现出明显的季节性。如冬末春初,水温回升,潮间带藻类开始繁生。某些生活在潮下带的种类如斑叶海兔(*Petalifera punctalata*)夏末秋初在低潮带附近可以发现,而指状棍螺在中潮带找到,亮点舌片鳃[*Armina*(*Linguella*)*punctilucens*]则出现在秋末冬初,白斑马蹄鳃(*Hervia ceylonica*)、多枝鬈发海牛(*Caloplocamus ramosus*)则在夏季低潮带出现。另一方面,某些贝类的幼体和成贝在垂直分布上也有季节迁移,如短滨螺,冬末春初在高潮带,春季在中潮带发现幼体,夏季以后则向高潮带迁移,冬季向低潮带迁移。泥螺、壳蛞蝓,春初于中、低潮带发现卵群,初夏在高潮带发现幼体。菲律宾蛤仔、文蛤等春、秋季繁殖的幼体都有从高潮带下层向中、低潮带迁移的习性。这些都影响到不同季节,不同垂直分布带的贝类种类组成。

(二)生物量、栖息密度的差异

潮间带贝类在不同生态环境不同垂直分布带的代表种基本稳定,但亦有数量变动,但看不出明显的规律性,主要是由于人类活动(群众赶小海)的破坏以及取样的误差等。然而,随着时间的推移。贝类从幼苗附着到长成,个体由小变大,生物量明显增加,如岩礁断面第一站(高潮带上层)的短滨螺,在冬季和春季出现幼体,栖息密度较大(1 900 个/米^2),但生物量低(60 克/米^2),夏季栖息密度小(100 个/米^2),生物量 43 克/米^2。粒屋顶螺春季栖息密度 800 个/米^2,生物量 60 克/米^2,秋季栖息密度 300 个/米^2。生物量 78 克/米^2。第三站(中潮带)褶牡蛎春季栖息密度 3 200 个/米^2,生物量 536 克/米^2,夏季栖息密度 3 200 个/米^2,生物量 5 777 克/米^2,秋季栖息密度 3 400 个/米^2,生物量 9 882 克/米^2,冬季栖息密度 4 200 个/米^2,生物量 10 600 克/米^2。

在红石崖断面(泥沙滩),四角蛤蜊及菲律宾蛤仔等双壳类,生长速度相当快,生物量明显增加,1980 年 10 月菲律宾蛤仔苗长 4 毫米~5 毫米,到 1981 年 5 月已长到 10 毫米。

五、开发利用

海水增养殖是目前世界海洋水产业的发展趋势之一,主要是利用沿海港湾水域和海涂资源,发展人工养殖业。本调查区沿岸及其岛屿海涂,水产资源丰富(特别是三个湾),具有发展水产养殖的条件,特别是利用滩涂发展贝类养殖业是十分必要的。由于各岸段海涂质地有明显的差别,其开发利用的种类及价值亦随之有所不同。

(一)丁字湾

由于淤积冲刷较缓,海涂淤泥沉积厚度 30 厘米~50 厘米,底栖硅藻类繁生,水层浮游生物生物量较高,适于泥蚶、缢蛏、毛蚶、泥螺、宽壳全海笋(*Barnea dilatata*)等经济种类生长。又由于五龙河带来沙大量积累和扩散,部分地段的软泥上覆盖沙,适于泥沙质生活的种类栖息,如四角蛤蜊、青蛤、镜蛤、菲律宾蛤仔等经济种的生长、繁殖。所形成的沙丘、沙滩,又为沙栖生活的种类如文蛤、紫彩血蛤、长竹蛏等经济种的栖息提供了场所。这些种类在这里大都有充足的自然苗,是较理想的天然苗场和养殖场所。特别是在中、低潮带可根据不同的底质,扩大养殖泥蚶、缢蛏、紫彩血蛤、文蛤、长竹蛏、菲律宾蛤仔等经济贝类。

（二）崂山湾

底质为粉砂，滩涂是细沙滩，贝类种类较贫乏，但适于某些沙栖贝类栖息，如文蛤，在中潮带下层，低潮带数量相当多，可以发展文蛤养殖业。在中潮带上层，有薄泥沉积，有托氏蜎螺资源，栖息密度相当大(1981年5月，2 828个/米^2)，可开发利用作为对虾饵料。

（三）胶州湾

海涂底质粒度以黏土质粉砂为主，部分地段有粗砂、细砂、碎壳，海涂上底栖硅藻繁生，水层的浮游生物生物量高(1981年2、5、8、11季度月，浮游植物个体平均总数量7.845×10^6个/米^2，浮游动物生物量平均273.75毫克/米^2)。水产资源丰富，栖息有菲律宾蛤仔、四角蛤蜊、文蛤、镜蛤、青蛤、长竹蛏、褶牡蛎、密鳞牡蛎(*Ostrea denselamellosa*)、泥螺、玉螺、红螺等经济贝类，还有突壳肌蛤(*Musculus senhousei*)、彩虹明樱蛤、光滑河蓝蛤、托氏蜎螺等低值贝类资源。

胶州湾的菲律宾蛤仔资源量极丰富，从潮间带的上层到潮下带水深38米均有分布，是比较有开发前途的种类。在湾内潮下带的分布极不均匀，呈块状分布，各分布区的数量差异也很大，每平方米从0至8 000余个不等。从海洋所1980—1981年底栖生物调查资料来看，在胶州湾的东岸、西岸和中部均有分布密集区，但在东岸的密度较大。

胶州湾有菲律宾蛤仔的天然苗场，本次调查从红石崖—张戈庄—大石头一带滩涂的高潮带下层到低潮带均发现蛤仔苗，最大栖息密度每平方米达108个。在潮下带也存在蛤仔的天然苗场，但其分布区也不均匀。

胶州湾的东岸，沧口—双埠一带海涂，因工厂排污，严重威胁到潮间带底栖生物的生存，但我们1981年7月在双埠辅助断面调查时，发现菲律宾蛤仔却生长得很好，特别是在低潮带(4 608个/米^2)，生物量高达1 233.6克/米^2。而同月在西南岸红石崖—张戈庄断面调查，蛤仔的附苗量相对较少(2 704个/米^2)。这是因为干旱，工厂污水排入海中较少，而且在低潮带受影响较少，蛤仔能很快恢复，可见只要严格控制工厂排污，这一岸段的海涂仍然有开展蛤仔养殖的可能。

胶州湾北岸红岛20世纪60年代已从封滩护养进展到在滩涂上放养蛤仔并收到一定经济效益。但由于后来人为地修筑堤坝，改变了水流系统，使软泥沉积，改变了底质，蛤仔的附苗受到影响。1981年7月在我们设辅助断面调查时，发现仍有蛤仔附苗。因此，只要把废弃的堤坝拆除，还是可以恢复放养的。

胶州湾西南岸红石崖—张戈庄—大石头一带，自然条件较好，天然苗源充足，现已封滩护养。底质砂的比例占50%～70%，最适于蛤仔栖息，可以发展为稳产、高产的养殖基地。

胶州湾西北岸海涂为泥滩，底质颗粒为黏土质粉砂(粉砂占40%)，适合泥栖生活的种类如泥蚶、缢蛏、宽壳全海笋等经济贝类栖息、生长、繁殖，大力发展也是有前途的。

参考文献

[1] 齐钟彦 . 底栖无脊椎动物的分类区系研究 . 海洋科学(增刊), 1978:66–69.

[2] 庄启谦,任先秋 . 温州海区生物调查Ⅳ潮间带生物 . 全国海岸带和海涂资源综合调查温州试点区报告文集, 1981:350–359.

[3] 古丽亚诺娃 E Ф,刘瑞玉,等 . 黄海潮间带生态研究 . 中国科学院海洋生物研究所丛刊, 1958, 1 (2) :1–43.

[4] Stephonenson T A, Stephenson A. The universal features of zonation betwseen tide-marks on rocky coasts. Journ. Ecology, 1949, 37(2): 259–305.

[5] Dakh E. Some aspects of the ecology and zonation of the fauna of sandy beaches. Oikos, 1953, 4(1): 315–328.

ECOLOGICAL INVESTIGATION OF MOLLUSCA ALONG THE COAST OF SOUTHERN PART OF SHANDONG PENINSULA

Qi Zhongyan, Lin Guangyu, Zhuang Qiqian, Li Fenglan
(*Institute of Oceanology, Academia Sinica*)

ABSTRACT

From October 1980 to November 1981, an ecological investgation of intertidal mollusca was carried out along the coast of the southern part of Shandong Peninsula (involved Jiaozhou Bay, Dingzi Bay and Laoshan Bay) by the Institute of Oceanology, Academia Sinica.

The ecological constituents are served of rocky, muddy, sandy and mudsandy beaches as models for the environment in this region. The information was briefly given on the vertical distribution, species composition, biomass and seasonal variation of dominant species. The biological character, reasonable development and the utilization of several important economical species of mollusca along the coast are discussed.

In zoogeographic point of view, molluscan fauna of this area is a warm-temperate zone.

The results indicated that the number of species in this area is rather large. There were 168 species found in different sediments. Many of them were economical species (In rocky coast there are 57 species, in sand beach 75 species, in muddy beach 53 species, and in mudsandy beach 75 species). The quantities of biomass are comparatively high (In rock coast it is 715.21 g/m^2, in sand beach 81.2 g/m^2, in muddy beach 60.61 g/m^2, and mud-sandy beach 129.29 g/m^2 respectively).

The community structure is normal in this area.

The seasonal variation of organisms in this area could be attributed to the seasonal fluctuation of temperature and sediment variation.

青岛海洋生物研究室筹建纪实[①]

1949年后不久，中国科学院召开扩大会议，部署院所调整的工作，童第周[②]、张玺[③]、曾呈奎[④]等教授都应邀参加了会议。会议由李四光副院长主持，我做记录。会上童第周、张玺、曾呈奎以及一些关心海洋生物学的专家建议在青岛建立一个海洋生物研究机构。这个建议很快得到了批准。确定在水生生物研究所下建立青岛海洋生物研究室，以北平研究院动物学研究所[⑤]的海洋生物部分为基础，委派童第周、曾呈奎、张玺三位负责筹备。1950年春季院部派吴征镒[⑥]、张玺二位来青岛与童、曾共同筹划。经过他们几位的努力，最后选定莱阳路28号和57号为室址。从山东大学动物学系调童第周、吴尚勤、娄康后等同志组成动物胚胎实验组；从植物学系调曾呈奎、张峻甫等同志组成海藻研究组；北京动物所的张玺、齐钟彦、刘瑞玉、李洁民、张凤瀛、赵璞、马绣同、张修吉、王璧曾等同志组成无脊椎动物组；特约朱树屏[⑦]同志组织浮游生物组；特约赫崇本[⑧]同志组织海洋物理组。从1950年毕业的大学生中挑选了管秉贤、纪明侯、任允武、郭玉洁、孙继仁等五位同志来室工作。青岛海洋生物研究室于1950年8月1日正式成立。

北京动物所张玺等同志，因需从北京装运图书、标本、仪器，所以到10月才抵达青岛。临行前郭沫若院长、竺可桢、吴有训、陶孟和三位副院长在西四牌楼同和居举行宴会，为我们饯行。到达青岛之后，全室人员又在莱阳路28号研究室内举行联欢宴会，我当时作为一名海洋生物室的人员感到无限光荣。

建室以后，在童、曾、张三位室主任的领导下，全室人员积极地开展了我国第一个海洋机构的研究工作。那时每月全室举行汇报会，由各研究组汇报一个月来工作进展情况，大家互相评说。参加这样的会体会很深刻：它一方面可以督促自己的工作，如果这个月工作不认真，就无法汇报；另一方面如果工作中出现问题，还可以集思广益，改进自己的工作。当时的海洋生物室虽小，人员也不多，但彼此之间很融洽，能够互相帮助，取长补短，做出了不少成绩。大家都齐心协力，为办好研究室贡献了各自的才智。

---

① 载《海洋科学消息》，庆祝中国科学院海洋研究所建所40周年专号，1990年。

② 当时山东大学动物系主任。

③ 当时北京动物研究所所长。

④ 当时山东大学植物系主任。

⑤ 1949年后由中国科学院接管，当时称北京动物研究所。

⑥ 植物分类学家，当时植物研究所副所长。

⑦ 浮游生物学家，当时水产部黄海水产研究所所长。

⑧ 海洋物理学家，当时山东大学海洋系主任。

以后由于发展的需要，1954 年研究室由院部直接领导，1957 年扩建为海洋生物研究所，1959 年 1 月 1 日发展成为海洋研究所。由一个原来不足 30 人的研究室发展为一个拥有 1 000 多人的大所。缅怀 40 年，没有老一辈科学家艰苦创业的奋斗精神，这是不可能的。我们必须继续发扬海洋研究所的优良传统，学习老一辈科学家的治学态度和为海洋事业的拼搏精神，使海洋研究所永葆青春，为开发海洋、保护海洋做出应有的贡献。

南沙群岛海区的几种掘足纲软体动物[①]

提要 1987 年 5 月,中国科学院南沙综合科学考察队在南沙海区,进行底栖生物定性、定量采集,获得一批软体动物标本,经整理鉴定,计有掘足纲 6 种,隶属于 2 科 5 属,其中有 2 种在中国海尚属首次记录,对其特征进行了描述,并附有插图,还有 3 种为中国地方种,在邻近海区尚未见有报道。对已记载过的种类仅记述产地、习性、地理分布以及异名录。

本文是根据 1987 年 5 月中国科学院南沙综合科学考察队,采到的定性、定量样品掘足纲软体动物标本写成的,鉴定出 6 种,隶属于 2 科 5 属,其中有 2 种是中国海首次记录。

掘足纲 Scaphopoda

角贝科 Dentaliidae

1. 肋变角贝 *Dentalium octangulatum* Donovan, 1804

Dentalium octangulatum Donovan, 1804. Nat. Hist. Brit. Shells, 5: 162; 齐钟彦，马绣同，1989,7(2): 110, fig. 2.

Dentalium hexagonum Gould, 1859. Proc. Boston Soc. Nat. Hist., 7: 166.

Dentalium yokohamense Watson, 1886, 15: 11, pl. 2, fig. 1.

标本采集地 南沙群岛 114°10′E、5°15′N,水深 173 m,沙质泥底,1987 年 5 月 9 日,5 个标本。

习性和地理分布 本种生活于 6 m ～ 173 m 水深泥沙质的海底,在中国近海分布比较普通,从东海至南海都有发现,此外,并广泛分布于印度 – 西太平洋区。

2. 深栖缝角贝 *Fissidentalium* (*Fissidentalium*) *profundorum* (Smith, 1894)

Dentalium profundorum Smith, 1894. Ann. Mag. Nat. Hist., (6)16: 167, pl. 4, fig. 18; Pilsbry et Sharp, 1897, 17: 79, pl. 6, fig. 82; Boissevain, 1906, Livr 32: 37, pl. 4, figs. 14–16.

Fissidentalium (*Fissidentalium*) *lima* Kuroda et Habe, 1963. 6: 260, pl. 37, fig. 15.

Fissidentalium (*Fissidentalium*) *profundorum* (Smith), Habe, 1964: 13, pl. 1, fig. 15, pl. 5, fig. 59.

标本采集地 南沙群岛 113°52′E、6°27′N,水深 2 830 m,软泥底,1987 年 5 月 8 日,2

---

① 齐钟彦、马绣同(中国科学院海洋研究所):载《南沙群岛及其邻近海区海洋生物研究论文集(一)》,海洋出版社,1991 年,89 ～ 92 页。中国科学院海洋研究所调查研究报告第 1808 号。本文插图为张虹同志所绘,特此致谢。

个标本。

形态特征 贝壳中等大,壳质较薄。贝壳由前端向后逐渐弓曲和变细。壳白色,具有纵走带小锯齿状的细肋纹及环形生长纹。壳口圆形,边缘不整齐,末端口近圆形,腹面具呈V形缺刻。贝壳长54.5 mm,壳口直径8.5 mm,末端直径1.2 mm。

习性和地理分布 本种的分布深度是40 m ~ 2 830 m(斯里兰卡56 m ~ 1 215 m,印度尼西亚1 270 m ~ 1 301 m,日本,40 m ~ 100 m)。它在我国海属首次记录,此外,日本、斯里兰卡、印度尼西亚也有分布。

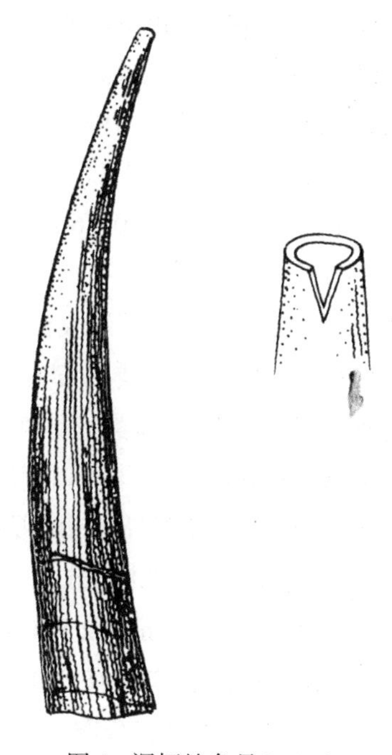

图1 深栖缝角贝(×1.5)

3. 细肋缝角贝 *Fissidentalium tenuicostatum* Qi et Ma, 1989

Fissidentalium tenuicostatum Qi et Ma, 1989. 7: 115, figs. 5a, 5b.

标本采集地 南沙群岛109°05′E、5°38′N,水深147 m,软泥底,1987年5月16日,1个标本。

习性和地理分布 生活于水深61 m ~ 147 m泥沙质及软泥质的海底,分布于中国南海,邻近海区尚未见过报道。

4. 中国沟角贝 *Striodentalium chinensis* Qi et Ma, 1989

Striodentalium chinensis Qi et Ma, 1989, 7: 119, fig. 9.

标本采集地 南沙群岛:112°17′E、4°58′N,水深105 m,软泥底,1987年5月11日,7个标本;112°14′E、4°29′N,水深78 m,软泥底,1987年5月11日,10个标本;111°17′E、5°00′N,水深110 m,软泥底,1987年5月14日,10个标本;108°46′E、5°16′N,水深111 m,泥质沙底,1987年5月16日,7个标本;109°60′E、4°02′N,水深99 m,泥质沙底,1987年5月15日,25个标本(有的不完整)。

习性和地理分布 生活在水深 52 m ~ 173 m 泥质沙及软泥质的海底,在中国东海和南海较为常见,邻近海区尚未见报道。

光角贝科 Laevidentaliidae

5. 象牙光角贝 *Laevidentalium eburneum* Linnaeus, 1767

Dentalium eburneum Linnaeus, 1767. Systema Naturae. ed. 12: 1264; Sowerby, 1860, 3: 98, pl. 225, fig. 53; Sowerby, 1878, 18: pl. 3, fig. 16; Pilsbry et Sharp, 1897, 17: 115, pl. 20, figs. 33, 34; Boissevain, 1906, Livr. 32: 52, pl. 2, fig. 31, pl. 4, figs. 10, 11.

标本采集地 南沙群岛:113°52′E、6°27′N,水深 2 830 m,软泥底,1987 年 5 月 8 日,3 个标本;112°14′E、5°59′N,水深 1 252 m,软泥底,1987 年 5 月 10 日,1 个标本(不完整);112°14′E、4°29′N,水深 78 m,软泥底,1987 年 5 月 11 日,2 个标本;111°16′E、3°33′N,水深 53 m,泥质沙底,1987 年 5 月 14 日,1 个标本,109°60′E、4°02′N,水深 99 m,泥质沙底,1987 年 5 月 15 日,1 个标本;另外 4 个标本无编号。

形态特征 贝壳较大,壳质结实,窄长,通常后端尖细,略弯曲,两侧微显压缩。贝壳表面多为乳白色或为很淡的黄白色,也有少数标本为淡杏黄色。壳面光滑,有光泽,并具有许多分布不均匀而光滑的环状肋,生长纹细密,清楚可见。末端壳口壁厚,近圆形,腹面具弱的三角形缺刻。壳口近圆形,微斜,周缘薄,易破损。贝壳高 62.2 mm,壳口直径 4.5 mm,末端直径 0.8 mm。

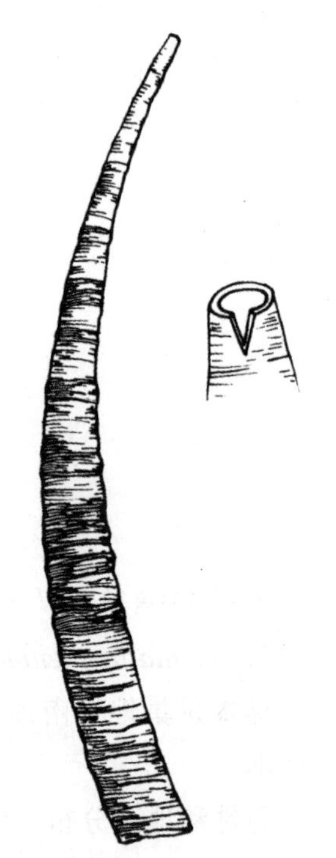
图 2 象牙光角贝(×1.5)

习性和地理分布 生活在潮下带,水深 38 m ~ 2 830 m。软泥、泥质沙质的海底,较为常见。我国东海和南海有分布,在我国海区为首次报道。此外,印度 – 西太平洋也有分布。

此种与 *Laevidentalium philippinarum* (Sowerby) 近似,但我们的标本较弯曲。

6. 竹节环角贝 *Anulidentalium bambusa* Chistikov, 1975

Anulidentalium bambusa Chistikov, 1975: 19.

标本采集地 南沙群岛:114°35′E、5°43′N,水深 119 m,沙质泥底,1987 年 5 月 9 日,2 个标本;113°41′E、4°59′N,水深 97 m,软泥底,1987 年 5 月 9 日,4 个标本;109°60′E、4°02′N,水深 99 m,泥质沙底,1987 年 5 月 15 日,1 个标本;109°25′E、6°00′N,水深 147 m,软泥底,1987 年 5 月 16 日,1 个标本。

习性和地理分布 生活在潮下带,水深 55 m ~ 168 m,泥沙及软泥质的海底,分布于我国东海和南海。模式标本产于北部湾。

参考文献

[1] Boissevevain M. The Scaphopoda of the siboga expedition. *Siboga Expedititie. Mon.* 45(Livr. 32), 1906: 1–76, with pls.

[2] Chistikov S D. Some problems of the taxonomy of Scaphopodd. pp. 18–21. In: Litharev I. M. (Ed.) Academy of Science USSR., Institute of Zool. Lzdatel'stvo 'Nauka'. Leningrad, 1975.

[3] Habe T. Aclassification of the Scaphopod mollusks found in Japan and its adjacent areas with plates and 56 text-figs. *Bull. Nat. Sei. Mus.* (Tokyo), 1963, 6(3): 252–281.

[4] Habe T. Fauna Japonica Scaphopoda (Mollusca). Biogeographical Society of Japan. Tokyo, 1964: 59.

[5] Pilsbry H A, shyarp B. Scaphopoda. *Man. Conch.* 1897–1898, 17: 1–348, with pls.

[6] Qi Z Y, Ma X T. A study of the Family Dentaliidae (Mollusca) found in China. *Chin. J. Oceanol. Limnol.*, 1989, 7(2): 112–122, with figs.

[7] Sowerby G B. Dentalium. Theseaurue Conchyliorum, 1860, 3: 97–104, pls. 1–3.

[8] Sowerby G B. Dentalium. Conchologia Iconica. Illustrations, 1872, 18: pls. 1–7, Kent.

[9] Watson B A. The Voyage of H. M. S. Challenger. *Zool.* Scaphopoda, 1886, 15: 1–24, pls. 1–3.

A STUDY OF SOME SPECIES OF SCAPHOPODA (MOLLUSCA) OF THE NANSHA ISLANDS, HAINAN PROVINCE, CHINA

Qi Zhongyan, Ma Xiutong

(*Institute of Oceanology, Academia Sinica*)

ABSTRACT

The present paper deals with the Scaphopoda collected from the Nansha Islands by Multidisciplinary Oceanographic Expedition Team of Academia Sinica to Nansha Islands, in 1987. 6 species belongling to 2 families and 5 genera are identified. of which 2 species are recorded for the first time from China Seas (marked with asterisk).

The species studied are drawn up list as follows:

Dentaliidae

Dentalium octangulatum Donovan

Fissidentalium (*Fissidentalium*) *profundorum* (Smith)*

Fissidentalium tenuicostatum Qi et Ma

Striodentalium chinensis Qi et Ma

Laevidentaliidae

Laevidentalium eburneum Linnaeus*

Anulidentalium bambusa Chistikov

南极半岛西北部海域前鳃类的研究①

中国首次南大洋考察队于1984年12月至翌年2月,在南极半岛西北部海域南设得兰群岛附近进行了底栖生物采泥及拖网调查,获得许多无脊椎动物标本。其中软体动物前鳃类经作者整理鉴定,共计有10个科17个属20种,其中2种仅鉴定到属,11种是该地区首次记录。此外,其中有3种②非拖网所获而是采于潮间带。

种类描述

蝛科 Patellidae

黑皿蝛属 *Patinigera* Dall, 1905

模式种 *Patella magellanica* Gmelin, 1791

1. 极地黑皿蝛 *Patinigera polaris* (Hombron & Jacquinot, 1841) (图版Ⅰ:1)

Patella polaris Hombron & Jacquinot, 1841, Ann. Sci. Nat. (Zool.), 16:191.

Nacella polaris: Pilsbry, 1891:120, pl. 49, figs. 21–27.

Nacella (*Patinella*) *polaris*: Lamy, 1906:10, Lamy, 1910:323.

Patinigera polaris: Strebel, 1908:81, pl. 5, figs. 77, 79–82; Powell, 1951:82–83; Powell, 1960:129.

标本采集地 中国南极长城站及其附近。

标本测量(mm)						
	壳长	52.0	38.8	38.0	37.3	27.4
	壳宽	38.0	26.8	26.8	26.4	20.3
	壳高	24.0	12.8	12.0	13.2	9.2

习性和地理分布 我们共采集11个标本,采于退潮后的岩石岸潮间带,从中潮区至水深60 m处均有栖息,为常见种类,肉可食用。在南乔治亚岛(S. Georgia I.)、南奥克尼群岛(S. Orkneys Is.)、帕默群岛(Palmer Arch.)、西摩岛(Seymour I.)和布韦岛(Bouvet I.)等地都有分布。

---

① 齐钟彦、马绣同(中国科学院海洋研究所),王慧珍(国家海洋局第二海洋研究所):载《海洋科学集刊》,科学出版社, 1991年,第32卷第10期,第161～173页。中国科学院海洋研究所调查研究报告第1825号。

② 标本为唐质灿、陈木同志采集,特此致谢。

口螺科 Stomatellidae

珠螺属 *Margarilla* Thiele, 1893

模式种 *Margarilla violacea* King, 1830

2. 南极珠螺 ***Margarilla antarctica*** Lamy, 1905（图版Ⅰ:3）

Margarita antarctica Lamy, 1905:481, text-figs.; Lamy, 1906:9, pl. 1, figs. 2,3,4; Powell, 1951:98; Powell, 1960:131.

Valvatella antarctica: Melvill & Standen, 1907:129; Lamy, 1910:322.

标本采集地 菲尔德斯半岛。

标本测量(mm) 壳高 7.3
壳宽 9.4

习性和地理分布 比较常见，生活在潮间带低潮线附近或岩石块重叠形成的稍深的洞穴内，常喜群栖，附着于岩石块的底面，潮下带水深 15 m 处的海藻上也有分布。据记载水深 36 m 处也有栖息。产卵季节自 11 月初至翌年 2 月底，生殖盛期为 12 月至 1 月底。在帕默群岛、彼得曼岛（Petermann I.）和南奥克尼群岛等地也有分布。

滨螺科 Littorinidae

光滨螺属 *Laevilitorina* Pfeffer, 1886

模式种 *Hydrobia caliginosa* Gould, 1848

3. 光滨螺 ***Laevilitorina caliginosa*** (Gould, 1848)（图版Ⅰ:2）

Littorina caliginosa: Gould, 1848, Proc. Bost. Soc. Nat. Hist., Ⅲ, p.83.

Hydrobia caliginosa: Watson, 1886:613.

Paludestrina caliginosa: Smith, 1898:22.

Littorina (*Laevilitorina*) *caliginosa*: Tryon, 1887, 9:254, pl. 46, fig. 29; Melvill & Standen, 1907:130.

Laevilitorina caliginosa: Peleseneer, 1903:8; Lamy, 1905:478; lamy, 1906:4; Strebel, 1908:50; Lamy 1911:8; Melvill & Standen 1914:118; Hedley, 1916:45; Powell, 1951:107, fig. 1, 26 (Radula); Gaillard, 1954:522; Powell, 1906:135.

标本采集地 中国南极长城站。

标本测量(mm)						
	壳高	4.5	4.0	4.3	3.8	3.5
	壳宽	3.2	2.8	2.6	2.5	2.4

习性和地理分布 为南极及其附近沿岸海域习见小型种类。在凯尔盖朗群岛（Kerguelen Is.）、火地岛、马尔维纳斯群岛、南设得兰群岛、南奥克尼群岛、南乔治亚岛、麦夸里岛（Macquarie I.）等地都有分布。

鹿眼螺科 Rissoidae

鹿眼螺属 *Rissoa* Desmarest, 1814

模式种 *Rissoa ventricosa* Desmarest, 1814

4. 裴氏鹿眼螺 *Rissoa pelseneeri* Thiele, 1912 (图版Ⅱ:6)

Rissoa (?*Ceratia*) *subtruncata* Pelseneer, 1903:21, pl. 5, figs. 59.

Rissoa pelseneeri Thiele, 1912:194, pl. 11, fig. 34; Powell, 1960:138; Egorova, 1982:25, fig. 115; Egorova, 1984:10, fig. 10.

标本采集地 测站 M_1, 62°12′2″S、58°55′0″W, 114 m,软泥,1 个空壳标本。

贝壳小,呈长卵圆形,壳质薄脆,螺层约 5 层,缝合线深,呈细沟状,螺层膨圆。螺旋部高起,呈圆锥形,体螺层膨圆。贝壳表面被淡黄色薄的壳皮,并具细的螺旋肋纹,这种肋纹在次体层约 5 条,在体螺层约 15 条,因细的生长线纹穿过而形成略显粒状的突起。壳皮脱落后壳面为白色。壳口大,呈卵圆形,简单,周缘及内面白色,外唇较宽厚,内唇微显高起,无脐孔,脐区仅有窄的缝隙。未见厣。

标本测量(mm) 壳高 2.8

壳宽 2

习性和地理分布 据记载自 25 m (Egorova,1982) 至 550 m (Pelseneer, 1903)均有栖息、比较少见。在南设得兰群岛为首次记录,在高斯站(Gauss Station)也有分布。

玉螺科 Naticidae

暗玉螺属 *Amauropsis* Mörch, 1857

模式种 *Natica helicoides* Johnson

5. 罗斯暗玉螺 *Amauropsis rossiana* Smith, 1907 (图版Ⅰ:8)

Amauropsis rossiana Smith, 1907, Nat. Antarct. Exped. ("Discovery") Nat. Hist. 2:5, pl. 1, figs. 6, 6a; Powell, 1951:116; Powell, 1960:144; Egorova, 1982:29, fig. 136, fig. 41 (Radula); Egorova, 1984:10, fig. 11.

Pellilitorina rossiana: Hedley, 1916:52.

标本采集地 测站 J, 62°07′5″S、57°57′0″W,450 m, 1 个空壳标本。

贝壳卵圆形,壳质较薄,缝合线明显,螺层膨圆,约 5 层,壳顶常腐蚀。螺旋部低,体螺层膨大。贝壳表面较平滑,在体螺层上布有不均匀的螺纹;生长线明显,在前部常形成皱褶。壳面具不均匀的深褐色壳皮,壳皮脱落后壳面呈灰白色。壳口大,约占壳高 1/2,近半圆形,内灰白色,外唇薄,已破损。内唇较厚,遮盖脐部,脐孔仅留有窄的缝隙;厣角质,未见。

标本测量(mm) 壳高 35

壳宽 27

习性和地理分布 冷水种,栖水较深,少见。本调查区首次报道,在麦克默多湾

(McMurdo Sound)、恩得比地到罗斯海也有分布。

6. 古氏暗玉螺 *Amauropsis godfroyi* (Lamy, 1910) (图版Ⅰ:4)

Natica godfroyi Lamy,1910:322; Lamy,1911:12, pl. 1, figs. 10–11.

Amauropsis godfroyi: Powell, 1960:144.

标本采集地 测站 R_2, 62°10′8″S、58°20′0″W, 520 m, 1个标本; L_5, 62°51′6″S、61°06′0″W, 217 m,软泥, 2个标本。

标本测量(mm) 壳高 10.8 3.0

壳宽 9.8 2.6

习性和地理分布 栖水较深,比较少见。模式标本获自水深520 m处;目前仅知分布于南设得兰群岛,他处尚未见报道。

凹线玉螺属 *Sinuber* Powell, 1951

模式种 *Natica sculpta* Martens,1878

7. 凹线玉螺 *Sinuber sculpta* (Martens, 1878) (图版Ⅰ:5)

Natica sculpta Martens, 1878, Sitzungsberichte de Gesellsch, Naturforschender Freunde, 1878:24; Martens and Thiele,1903:65,pl. 4, fig. 1; Strebel, 1908:62.

Sinuber sculpta: Powell,1951:120; Powell, 1960:145.

标本采集地 测站 L_5, 62°51′6″S、61°06′0″W, 217 m,软泥, 3个标本。

贝壳近圆形,壳质较薄,结实,螺层约4层,缝合线细,明显,螺层较膨凸。螺旋部低小,微凸起。体螺层膨大,占贝壳极大部分。贝壳表面不平滑,具有许多浅、细、距离不均匀的螺旋沟纹,沟缘具不太明显的曲折齿状缺刻。壳口高,高度约占壳高2/3。壳口外唇薄,弧形,边缘微显不整齐。内唇较厚,上部滑层遮盖部分脐孔,下部脐孔较大较深。厣角质,淡褐色,薄,少旋,核位近内侧的下部。

标本测量(mm) 壳高 5.4 4.1 2.3

壳宽 4.7 3.5 2.0

地理分布 此种在调查区为首次报道,在凯尔盖朗群岛、马尔维纳斯群岛、罗斯海、麦克罗伯逊地(MacRobertson Land)都有分布。

屋顶玉螺属 *Tectonatica* Sacco, 1890

模式种 *Natica tectula* Bonelli

8. 大屋顶玉螺 *Tectonatica impervia major* (Strebel, 1908) (图版Ⅰ:9)

Natica impervia major Strebel, 1908: 61, taf. 5, figs. 62a,b.

Tectonatica impervia major: Powell, 1960: 146.

标本采集地 测站 M_1, 62°12′2″S、58°55′0″W, 110 m,软泥1个标本; L_5, 62°51′6″S、61°06′0″W, 217 m,软泥, 1个标本。

标本测量(mm) 壳高 10.2 7.2 5.5

壳宽 9.8 6.5 5.0

习性和地理分布 生活在水深 100 m ~ 217 m 软泥质的海底，除南极半岛外，在保勒特(Paulet)岛也有分布。

片螺科 Lamellariidae

拟石磺属 *Onchidiopsis* Bergh, 1853

9. 拟石磺（未定种）*Onchidiopsis* sp.

标本采集地 测站 M_1, 62°12′2″S、58°55′0″W, 114 m, 软泥, 1 个标本。

动物身体似石磺。贝壳在背部被外套膜完全包埋，壳质呈薄膜状，半透明。螺层约 3.5 层，壳顶接近后端，螺旋部很小，微凸起。体螺层长大，呈拖鞋状。壳表面光滑，黄白色。外套膜发达。酒精固定标本体长约 22 mm，宽约 14 mm。前端中央具一近 V 形缺刻，其背部具稀疏而较小的疣状突起。足部发达，前端宽，向后逐渐收窄成尖形。具一对长的触角，眼位近基部的外侧。

尚未见到在南极有此属种类的报道。

骨螺科 Muricidae

腫螺属 *Trophon* Montfort, 1810

模式种 *Trophon magellanicus* Gmelin, 1792

10. 多片腫螺 *Trophon shackletoni paucilamellatus* Powell, 1951（图版Ⅰ:6)

Trophon shackletoni paucilamellatus Powell,1951:153,pl. 9,fig. 52; Powell,1960: 154.

标本采集地 测站 M_{24}, 63°22′5″S、60°34′3″W, 482 m, 泥质粉砂, 1 个标本。

贝壳中等大，壳质薄脆。螺层约 6 层，缝合线明显，螺层具肩部，其上方为平面，各螺层形成阶梯状。螺旋部高起，呈圆锥形。体螺层膨大，基部收缩。贝壳表面白色，生长纹明显。胚壳光滑，其余壳面具有发达的薄片状纵肋，纵肋在体螺层为 7 条，在次体层为 8 条，在其余各层为 9 ~ 12 条。壳口大，近呈三角卵圆形，外唇薄，后面具角，并有角状物突出，壳口外缘向外延伸呈片状，边缘不整齐。内唇滑层薄，中凹，光滑。前沟呈半管状，向前延长(有折损)，外侧有覆瓦状片状物。厣角质，褐色，少旋，核位于下端。

标本测量(mm) 壳高 40

壳宽 34.5

习性和地理分布 生活在水深 100 m ~ 482 m 泥质粉砂的海底。较少见。在南设得兰群岛为首次报道，在南乔治亚岛和南桑威奇群岛也有分布。

讨论 仅有 1 个标本，壳表面的片状纵肋数目与该亚种吻合，但我们标本的片状纵肋向内，弯度较轻。另外，我们的标本比该亚种稍宽。因标本较少，不易判断其有无变化，暂定此种。

蛾螺科 Buccinidae

线螺属 *Chlanidota* Martens, 1878

模式种 *Cominella* (*Chlanidota*) *vestita* Martens

11. 长线螺 *Chlanidota elongata* (Lamy, 1910) (图版Ⅱ :3)

Cominella (*Chlanidota*) *vestita* var. *elongata* Lamy, 1910:319; Lamy, 1911: 6, pl. 1, fig. 6.

Chlanidota elongata: Powell, 1951:140, Powell, 1960:150.

标本采集地 测站 S_6, 61°29′4″S、57°43′0″W, 482 m,泥质粉砂, 1 个标本; S_{24}, 63°22′5″S、60°34′3″W, 540 m,泥质粉砂, 2 个标本; L_5, 62°51′6″S、61°06′0″W, 217 m,软泥 , 1 个标本; M_4, 62°15′8″S、58°45′9″W, 478 m,软泥, 1 个标本; J, 62°07′5″S、57°57′0″W, 450 m,软泥, 1 个标本。

标本测量(mm)	壳高	26.2	19.0	15.3	14.5	11.6
	壳宽	13.0	11.5	10.0	9.3	7.4

习性和地理分布 栖水较深,生活于 200 m ～ 810 m (Powell, 1951)的泥质粉砂及软泥海底。除南设得兰群岛外,在乔治王岛也有分布。

12. 密雕线螺 *Chlanidota densesculpta* (Martens, 1885) (图版Ⅱ :1)

Cominella (*Chlanidota*) *densesculpta* Martens, 1885, S.B. Ges. naturf. Fr. Belin, p. 91.

Chlanidota densesculpta: Strebel, 1908:33; Powell, 1951: 140, pl. 8, figs. 31–33; Powell, 1960: 150.

标本采集地 测站 S_{24}, 63°22′5″S、60°34′3″W, 540 m, 泥质粉砂, 1 个标本; M_4, 62°15′8″W、58°45′9″W, 540 m, 泥质粉砂, 1 个标本; R_2, 62°10′8″S、58°20′0″W, 512 m, 3 个标本(其中 1 个空壳)。

贝壳呈长卵圆形,壳质薄,螺层约 6 层,膨圆,缝合线明显。螺旋部小,呈圆锥形,胚壳常因腐蚀而不存在。体螺层膨大。贝壳表面平滑,生长纹明显,老壳常出现皱褶。壳表面具淡黄色薄的壳皮,布有不均匀的细密螺旋肋纹,老成个体壳皮常因磨损而脱落,壳面变为灰白色,细密的螺旋纹常不明显。壳口呈长卵圆形,外唇薄,弧形,常破损。内唇稍厚,中凹,壳柱白色,光滑,绷带有的较发达,有时形成假脐。厣角质,褐色,少旋,核位于内侧下端。

标本测量(mm)	壳高	54.5	42.0	41.0	30.0	20.0
	壳宽	29.0	23.7	24.5	17.7	13.0

地理分布 在南设得兰群岛海域为首次记录,在南乔治亚岛也有分布。

涡螺科 Volutidae

镰涡螺属 *Harpovoluta* Thiele, 1912

模式种 *Harpovoluta vanhoffeni* Thiele, 1912

13. 镰涡螺 *Harpovoluta vanhoffeni* Thiele, 1912（图版Ⅱ:7）

Harpovoluta vanhoffeni Thiele, 1912:213, taf. 14, fig. 1; Hedley, 1916:53; Powell, 1960: 157; Egorova, 1982:36, fig. 163.

标本采集地 测站 S_{24}，63°22′5″S、60°34′3″W，540 m，泥质粉砂，6 个标本；L_5，62°51′6″S、61°06′0″W，217 m，软泥，3 个标本；M_1，62°12′2″S、58°55′0″W，101 m，软泥，7 个标本（4 次拖网）；R_2，62°10′8″S、58°20′0″W，512 m，软泥（？），6 个标本。

贝壳较大，呈卵圆形，壳质薄脆，极易破损。螺层约 5 层，缝合线不明显（被海葵的分泌物遮盖）。螺旋部小，呈圆锥形，壳顶突出。体螺层极膨大。贝壳表面平滑无肋，幼壳可见纤细的螺纹，成体则消失，老的个体生长纹较粗糙，常形成皱褶。壳表面被淡黄色薄的壳皮，壳皮脱落后壳面为灰白色。壳口大，近半圆形，内白色，外唇薄，边缘常破损。内唇近前部中凹，轴唇白色，有光泽，前端微曲，前沟宽短，有些中凹。无厣。足部肥大，不能缩入壳内。

标本测量（mm）						
	壳高	74.5	48.7	47.4	32.0	28.0
	壳宽	42.5	27.0	27.5	18.5	16.0

习性和地理分布 生活在不同深度的软泥及泥质粉砂的海底，足部肥厚，肉可食。每一生活动物贝壳的背部都附有一生活的海葵与其共生，海葵将贝壳背部完全包住。分布比较广泛，在默茨冰川岬威尔克斯地、沙克尔顿陆缘冰和戴维斯海均有分布。在南设得兰群岛为首次记录。

塔螺科 Turridae

阿弗螺属 *Aforia* Dall, 1889

模式种 *Pleurotoma circinata* Dall, 1908

14. 大阿弗螺 *Aforia magnifica* (Strebel, 1908)（图版Ⅱ:5）

?*Surcula magnifica* Strebel, 1908: 19, taf. 2, figs. 23a-d.

Aforia magnifica: Powell, 1951: 167; Powell, 1906: 158.

标本采集地 测站 M_4，62°15′8″S、58°45′9″W，478 m，软泥，1 个标本。

标本测量（mm）		
	壳高	89
	壳宽	31

地理分布 比较少见，除南设得兰群岛海底采到 1 个标本外，斯诺希尔岛（Snow Hill I.）、帕默群岛、南桑威奇群岛、马更些湾恩得比地都有分布。

15. 龙骨阿弗螺 *Aforia trilix* (Watson, 1881)（图版Ⅰ:7）

Pleurotoma (*Surcula*) *trilix* Watson, 1881, Prelim, Report, pt. 8, Jour. Linn. Soc. Lond., vol. 15: 390; Watson, 1886: 287, pl. 25, fig. 5.

Aforia trilix: Powell,1960:158.

标本采集地 测站 S_{24}，63°22′5″S、60°34′3″W，540 m，泥质粉砂，10 个标本（4 次拖

网）; L_5, 62°51′6″S、61°06′0″W, 217 m, 软泥, 1个标本。

贝壳两端尖瘦，近纺锤形，壳质较薄，但结实。螺层约7.5层，缝合线深。螺旋部高，呈尖圆锥形。体螺层高大，前端部分收缩。胚壳1.5层光滑外，其余各层具有细密的螺旋线纹。在每一螺层的上部（缝合线下面）呈带状面，比较光滑，除此之外具细的螺旋线。在各螺层上，均具两条明显的龙骨突起；螺旋部的龙骨，一条位于螺层中部，一条在缝合线上面。在次体层和体螺层两条龙骨之间的细螺线，其中央的一条略显凸出。贝壳表面灰白色，具淡黄色薄的壳皮。壳口长卵圆形，外唇薄，锋利，具角，后端缺刻呈U形。内唇薄，稍伸展，光滑，白色，微显中凹。前沟延长，半管状，微曲。厣角质，黄褐色，少旋，核位于下端的外侧。

标本测量（mm） 壳高 46.0① 37.5 24.0 21.0 19.0

壳宽 19.0 12.0 9.0 8.8 7.0

地理分布 在南设得兰群岛为首次报道，在凯尔盖朗群岛和赫德岛（Heard I.）等地也有分布。

讨论 此种在次体层和体螺层的两条龙骨中央有一条较明显的细肋（Watson, 1886），我们的标本这条细肋比较微弱而不明显，别无不同。

亮管螺属 *Leucosyrinx* Dall, 1889

模式种 *Pleurotoma verrilli* Dall

16. 泊尔亮管螺 *Leucosyrinx paratenoceras* Powell, 1951（图版Ⅰ:11）

Leucosyrinx paratenoceras Powell, 1951: 168, pl. 9, fig. 54; Powell, 1960: 159.

标本采集地 测站J, 62°07′5″S、57°57′0″W, 450 m, 沙质泥, 1个标本（空壳）。

标本测量（mm） 壳高 40.0

壳宽 12.3

习性和地理分布 栖水较深（200 m ～ 810 m）（Powell, 1951），在软泥质的海底采到。除分布于南设得兰群岛外，在帕默群岛和克拉伦斯岛也有报道。

康尔螺属 *Conorbela* Powell, 1951

模式种 *Bela antarctica* Strebel, 1908

17. 康尔螺 *Conorbela antarctica* (Strebel, 1908)（图版Ⅰ:10）

Bela antarctica Strebel, 1908: 16; taf. 3, figs. 30a–b.

Conorbela antarctica: Powell, 1951:170; Powell, 1960:159.

标本采集地 测站 S_{24}, 63°22′5″S、60°34′3″W, 540 m, 泥质粉砂, 3个标本（2次拖网）。

标本测量（mm） 壳高 32.8 22.4 11.5

壳宽 16.0 11.5 6.4

地理分布 比较少见。除南设得兰群岛外，南桑威奇群岛、斯诺希尔岛西南和克拉伦

---

① 前沟有折损。

斯岛等地也有分布。

箭索螺属 *Lorabela* Powell, 1951

模式种 *Bela pelseneri* Strebel, 1908

18. 大维箭索螺 *Lorabela davisi* (Hedley, 1916) (图版Ⅱ :4)

Oenopota davisi Hedley, 1916: 54, pl. 8, fig. 84.

Lorabela davisi: Egorova, 1982: 47, fig. 202; Egorova, 1984: 12, fig. 20; Powell,1960: 159.

标本采集地 测站 L_5, 62°51′6″S、61°06′0″W, 217 m, 软泥, 1 个标本; S_{24}, 63°22′5″S、60°34′3″W, 482 m, 泥质粉砂, 1 个标本。

贝壳呈长卵圆形,壳质很薄。螺层约 4.5 层,缝合线较深,螺层膨圆。螺旋部小,呈低圆锥形。体螺层极膨大,约占壳高 88%。胚壳小,光滑,常腐蚀,其他各螺层具低而细的螺旋肋纹,次体层的螺纹常腐蚀,体螺层的螺纹约 36 条。壳面被有明显的纵向生长线,并被淡黄色薄的壳皮,壳皮易脱落,脱落后壳面为白色。壳口大,其高度约占壳高 2/3;壳内面白色;外唇薄,边缘由于螺纹而有明显的齿状缺刻,其后端的凹刻不明显;内唇较厚,并向外伸展,遮盖脐部。前沟宽短,前端微曲。厣角质。

标本测量(mm) 壳高 14.5 9.0

壳宽 8.0 5.5

地理分布 比较少见,在阿黛利地(Adelie Land, 288 英寻[①])和恩德比地(193 m ~ 300 m)等地有分布,在南设得兰群岛水域为首次记录。

矛肋螺属 *Belalora* Powell, 1951

模式种 *Belalora thiele* Powell, 1951

19. 沟纹矛肋螺 *Belalora striatula* (Thiele, 1912) (图版Ⅱ :2)

Bela striatula Thiele, 1912:215, pl. 14, fig. 3; Powell, 1951:171.

Belalora striatula: Powell, 1960:159; Egorova, 1982:48, figs. 207,208, 61 (Radula); Egorova, 1984:12, fig. 21.

标本采集地 测站 L_5, 62°51′6″S、61°06′0″W, 软泥, 217 m, 1 个标本。

贝壳近呈长卵圆形,壳质薄。螺层约 4.5 层,缝合线明显,螺层膨圆,上部具钝的肩角。螺旋部低小,呈圆锥形。体螺层高大,约占壳高 75%。胚壳低圆,光滑,其余壳面具密集而均匀的细螺旋线及较稀疏的纵肋(壳面常因腐蚀而不明显或没有),纵肋在体螺层约有 16 条,腹面的纵肋距离不均匀。壳面灰白色。壳口窄,上端具角,外唇边缘薄,向内倾,后端缺刻较深而宽,呈 U 形。内唇中凹,光滑,前沟宽短。厣角质,少旋,核位于末端。厣小,不能遮盖壳口。

标本测量(mm) 壳高 5.8

壳宽 3.7

---

① 1 英寻合 1.8 米。

地理分布 比较少见，在戴维斯海和恩德比地（193 m）也有分布，在南设得兰群岛首次记录。

核塔螺属 *Turridrupa* Hedley, 1922

20. 核塔螺（未定种）? *Turridrupa* sp.（图版Ⅱ:8, 9）

标本采集地 测站 L_5，62°51′6″S、61°06′0″W，217 m，软泥，4 个标本（3 次拖网）。

贝壳两端尖细，近长纺锤形，壳质较结实。螺层约 7.5 层，缝合线清楚，螺层中部凸。胚壳呈乳头状，光滑；第 2 层具 3 条光滑的螺旋肋，其他各层具粗细不同的螺肋，通常肩部以上的螺肋较细。次体层具 5 条螺肋，中间一条凸出，发达而形成肩部；体螺层上的螺肋约 18 条，第 3 条特别发达，形成肩部。贝壳表面，在扩大镜下可清楚地看到稍斜走的细生长纹。壳面白色，具淡黄色薄的壳皮。壳口长卵圆形，外唇薄，具齿状雕刻，后端缺刻呈 U 形。轴唇白色，中凹，前沟微延伸，呈半管状，前端微曲，未见厣。

因文献不足，尚待进一步收集资料确定其种名。

标本测量（mm）					
	壳高	9.0	8.0	5.7	5.0
	壳宽	3.5	3.8	2.6	2.3

参考文献

[1] Abbott R T. American Seashells. New York, 1974: 28–190.

[2] Egorova E N. Molluscs of the Davis Sea. In: Exploration of the fauna of the seas 26(34), *Biolog. Res. of the Soviet Ant. Exped*. vol. 7, Leningrad, 1982: 1–142, with pls.

[3] Egorova E N. Gastropods of the Antarctica (Prosobranchia). *La Conchiglia*, 1984, 84(5): 10–15.

[4] Fischer P. Manuel de Conchyliologie et de Paléontologie. Paris, 1887: 1–1369.

[5] Gaillard J M. Gastropodes recueillis aux Iles Kerguelen et Heard Par M. M. Angot. Aretas, Aubert de La Rüe, Brown et Paulian. *Bull. Mus. Nat. Hist. Natur.*, Paris, ser. 2, 1954, 26(4):519–525.

[6] Hedley C. Mollusca. Australasian Antarctic Expedition 1911–1914. *Sci. Repts*. ser. C, 1916, 4(1): 36–66, with pls.

[7] Lamy E. Gastropodes prosobranches recucillis par l'expedition Antarctique Française du Dr. Charcot. *Bull. Mus. Nat. Hist. Natur.*, Paris, 1905, 11: 475–483.

[8] Lamy E. Gastropodes prosobranches et Pelecypodes. *Exped. Antarct. Franc*, 1907(1903/1905): 1–20.

[9] Lamy E. Mission dans l'Antarctique dirigee par Dr. Charcot. *Bull. Mus. Nat. Hiss. Natur.*, Paris, 1910, 6: 318–324.

[10] Lamy E. Gastropodes Prosobranches, Scaphopodes et Pelecypodes. *Deux. Exped. Antarct. Franc*, 1911(1908/1910): 1–32.

[11] Martens E. Vorläufige Mitteilung über de Mollusken-fauna von Süd-Georgien. *S. B.*

Ges. naurf. Fr. Berlin, 1885: 89–94.

[12] Martens E, Thiele J. Die beschalten Gastropoden. *Wiss. Ergebn. Deutschen Tiefsee-Expedition, 'Valdivia'* (1898–1899), 1903, 7: 1–146.

[13] Melvill J C, Standen R. The marine Mollusca of the Scottish National Antarctic Expedition. *Trans. Roy. Soc. Edinb.*, 1907, 46: 119–157.

[14] Melvill J C, Standen R. Notes on Mollusca collected in the North-West Falklands by Mr. Rupert Vallentin, F. L. S., with descriptions of six new species. *Ann. Mag. Nat. Hist.* (ser. 8), 1914, 13: 110–136, pl. 7.

[15] Pelseneer P. Mollusques (Amphineures, Gastropodes et Lamellibranches). Resultats du Voyage du S. Y. 'Belgic' Zool. Anvers, 1903: 1–85, with pls.

[16] Pilsbry H A. Manual of Conchology. *Philadelphia*, 1891, 13: 120.

[17] Powell A W B. Antarctic and subantarctic Mollusca, Pelecypoda and Gastropoda. *Disc. Rep.*, 1951, 26: 47–196.

[18] Powell A W B. Antarctic and subantarctic Mollusca. *Rec. Auck. Inst. Mus*, 1960, 5(3/4): 126–146.

[19] Smith E A. On a small collection of marine shells from New Zealand and Macquaris Island, with description of new species. *Proc. Malac. Soc. London*, 1898, 3: 22.

[20] Smith E A. Mollusca. Pt. 1 Gastropoda Prosobranchia, Scaphopoda and Pelecypoda. *Brit. Antarct.* ('Terra Nova') *Exped.* (1910), *Zool*, 1915, 2: 1–60.

[21] Strebel H. Die Gastropoden. *Wiss. Ergeb. Schwed. Süpolar-Exped.* (1901–1903), 1908, 6(1): 1–111, pls. 1–6.

[22] Thiele J. Die Antarktischen Schneken und Muscheln. *Deutsche Südpolar-Expedition* (1901–1903), 1912, 13: 185–217.

[23] Thiele J. Gastropoda. *Wiss. Ergebn. deutschen Tiefsee-Expedition* 'Valdivia' (1898–1899), 1925, 17(2): 36–382, with pls.

[24] Thiele J. Handbuch SystematischenWeichtierkunde. Bd, 1931, 1: 1–778. Jena.

[25] Tryon G W. Manual of Conchology. vol. 3 & 9, Buccinidae & Littorinidae, 1881 & 1887: 100–137, 240–255.

[26] Watson R. Report on the Scaphopoda and Gastropoda. *Rep. Res. Voy. H. M. S. Challenger Zool*, 1886, 15(42): 25–275, with pls.

STUDY ON PROSOBRANCHIA FROM THE NORTHWEST WATERS OFF THE ANTARCTIC PENINSULA

Qi Zhongyan, Ma Xiutong
(*Institute of Oceanology, Academia Sinica*)
Wang Huizhen
(*Second Institute of Oceanography, SOA*)

ABSTRACT

The report presents the Prosobranchia (Mollusca) collected from the northwest waters off Antarctic Peninsula by the China's First Southern Ocean Expedition during the years 1984–1985. All the grab and trawl samples include 20 species belonging to 17 genera and 10 families, of which 2 species were only identified to genera for lack of specimens and references, 11 species are recorded for the first time from this region (with *), and 3 species are collected in the intertidal zones.

A list of the species studied are drawn up as follows:

Patellidae

1. *Patinigera polaris* (Hombron & Jacquinot)

Stomatellidae

2. *Margarella antarctica* (Lamy)

Littorinidae

3. *Laevilitorina caliginosa* (Gould)

Rissoidae

*4. *Rissoa pelseneeri* Thiele

Naticidae

*5. *Amauropsis rossiana* Smith

6. *Amauropsis godfroyi* (Lamy)

*7. *Sinuber sculpta* (Martens)

8. *Tectonatica impervia major* Strebel

Lamellariidae

*9. *Onchidiopsis* sp.

Muricidae

*10. *Trophon shackletoni paucilamellatus* Powell

Buccinidae

11. *Chlanidota elongata* (Lamy)

*12. *Chlanidota densesculpta* (Martens)

Volutidae

*13. *Harpovoluta vanhoffeni* Thiele

Turridae

14. *Aforia magnifica* (Strebel)

*15. *Aforia trilix* (Watson)

16. *Leucosyrinx paratenoceras* Powell

17. *Conorbela antarctica* (Strebel)

*18. *Lorabela davisi* (Hedley)

*19. *Belalora striatula* (Thiele)

*20. ? *Turridrupa* sp.

图版 I

1. 极地黑皿蛾 *Patinigera polaris* (Hombron & Jacquinot) × 1； 2. 光滑滨螺 *Laevilitorina caliginosa* (Gould) × 6.2； 3. 南极珠螺 *Margarella antarctica* (Lamy) × 3； 4. 古氏暗玉螺 *Amauropsis godfroyi* (Lamy) × 2； 5. 凹线玉螺 *Sinuber sculpta* (Martens) × 4； 6. 多片膳螺 *Trophon shackletoni paucilamellatus* Powell × 1； 7. 龙骨阿弗螺 *Aforia trilix* (Watson) × 1.4； 8. 罗斯暗玉螺 *Amauropsis rossiana* Smith × 1.2； 9. 大屋顶玉螺 *Tectonatica impervia major* Strebel × 2； 10. 康尔螺 *Conorbela antarctica* (Strebel) × 1.4； 11. 泊尔亮管螺 *Leucosyrinx paratenoceras* Powell × 1.5。

图版Ⅱ

1. 密雕线螺 *Chlanidota densesculpta* (Martens) × 1.2； 2. 沟纹矛肋螺 *Belalora striatula* (Thiele) × 10； 3. 长形线螺 *Chlanidota elongata* (Lamy) × 2； 4. 大维箭索螺 *Lorabela davisi* (Hedley) × 2； 5. 大阿弗螺 *Aforia magnifica* (Strebel) × 0.9； 6. 裴氏麂眼螺 *Rissoa pelseneeri* Thiele × 10； 7. 镰涡螺 *Harpovoluta vanhoffeni* Thiele × 0.68； 8, 9. 核塔螺(未定种)？ *Turridrupa* sp. × 4.4。

南极半岛西北部海域软体动物双壳类的研究①

1984—1985 年中国首次赴南大洋考查期间，在南极半岛西北海域（62°06′8″S ～ 64°24′5″S，56°28′6″W ～ 62°31′0″W）进行了底栖生物调查，并在中国南极长城站附近进行了潮间带采集，共获得软体动物双壳类 100 余号近 500 个标本，经分类研究，共有 13 个科 24 种，其中 7 种为该调查海域首次记录，3 种只鉴定到属。它们大多数是壳小，壳质极薄脆的环南极分布的南极种和亚南极种，明显地显示出寒带高纬度海域的区系特点。

马雷蛤科 Family Malletiidae Adams & Adams, 1858

拟廷达蛤属 Genus *Tindariopsis* Verrill & Buch, 1897

1. 萨布拟廷达蛤 *Tindariopsis sabrina* (Hedley, 1916) （图版 Ⅰ:5)

Malletia sabrina Hedley, 1916:18, pl. 1,figs. 3,4; Soot-Ryen, 1951:9; Powell, 1960:171; Egorova, 1982:54, figs. 226–228; 1984:19, fig. 5.

标本采集地　测站 R_2（62°10′8″S，58°20′0″W），520 m；S_{24}（63°22′5″S，60°34′3″W），478 m；L（62°51′6″S，61°06′0″W），302 m；S_{23}（62°51′6″S，58°07′5″W），654 m；S_{26}（64°24′5″S，61°41′0″W），378 m；M_6（62°19′4″S，58°43′4″W），461 m；M_1（62°12′2″S，58°55′0″W），110 m；M_4（62°15′8″S，58°45′9″W），510 m；S_{25}（63°07′2″S，61°03′5″W），992 m；J（62°07′5″S，57°57′0″W），400 m。

贝壳小，一般壳长 8.5 mm，高 5.5 mm，宽 3.4 mm，扁平，壳质较薄，两壳相等，两侧不等，略呈长椭圆形，两端稍开口。壳顶圆，稍凸，近前方；壳前缘圆，后缘呈截形。壳表光滑具光泽；角质壳皮易脱落，呈深黄色，近壳顶处多呈淡黄色；生长纹粗，较规则，后背缘的斜面生长纹不清楚；自壳顶至前腹缘有一条不明显的突起。贝壳内面呈浅灰白色；铰合部齿多，呈“人”字形，分前后两列，前列有 11 个，后列有 13 个；韧带在壳顶下方两列齿之间，呈三角形，褐色；外套窦不明显。

Hedley（1916）在记载 *Malletia sabrina* 新种时未提及铰合部，只有外部形态的描述。1964 年 Dell 在报道 Malletiidae 科的种类时，特别讨论了 *Tindariopsis* 属铰合部韧带的构造，认为壳顶下有一韧带沟及一特化的次生韧带注，本种的韧带符合上述情况，故将其归

---

① 齐钟彦、王祯瑞（中国科学院海洋研究所），王慧珍（国家海洋局第二海洋研究所）：载《海洋科学集刊》，科学出版社，1991 年，第 32 卷第 10 期，173 ～ 184 页。中国科学院海洋研究所调查研究报告第 1826 号。唐质灿采集标本，特此致谢。

入 *Tindariopsis* 属中。

地理分布 主要分布在南极半岛的南部和东部。在本调查海域为首次发现。

吻状蛤科 Family Nuculanidae Adams & Adams, 1858

吻状蛤属 Genus *Nuculana* Link, 1807

2. 长尾吻状蛤 *Nuculana longicaudata* (Thiele, 1912) (图版Ⅰ:13)

Leda longicaudata Thiele, 1912: 229, pl. 17, fig. 22.

Poroleda longicaudata: Hedley, 1916: 18.

Nuculana (*Poroleda*) *longicaudata*: Soot-Ryen, 1951: 5.

Propeleda longicaudata: Powell, 1960:170; Dell, 1964:146; Egorova, 1982:56, figs. 238–241; 1984:19.

标本采集地 测站 M_3 (62°14′4″S, 58°51′7″W), 345 m; S_2 (62°33′1″S, 56°28′6″W), 278 m; M_4 (62°15′8″S, 58°45′9″W), 510 m; S_{14} (63°22′5″S, 60°34′3″W), 478 m; L_5 (62°51′6″S, 61°06′0″W), 302 m。

地理分布 为高纬度环南极分布种，如别林斯高晋海(Bellingshausen Sea)、罗斯海(Ross Sea)、阿黛利地(Adelie Land)、帕默群岛(Palmer Archipelago)至伊丽莎白公主地(Princess Elizabeth Land)等。

豆荚蛤属 Genus *Phaseolus* Monterosato, 1875

3. 罗氏豆荚蛤 *Phaseolus rouchi* (Lamy, 1910) (图版Ⅰ:3)

Silicula rouchi Lamy, 1910:394; Lamy, 1911: 30–31, pl. 1, figs. 24–25; Hedley, 1916: 18; Powel, 1960: 171; Dell, 1964: 147; Egorova, 1982: 56–57, figs. 242–244; 1984: fig. 28.

标本采集地 测站 S_{24} (63°22′5″S, 60°34′3″W), 478 m; S_9 (63°30′0″S, 62°31′0″W), 180 m; M_6 (62°19′4″S, 58°43′4″W), 461 m; L_5 (62°51′6″S, 61°06′0″W), 302 m。

地理分布 为环南极分布种，如南设得兰群岛(South Shetlands Is.)、帕默群岛、亚历山大群岛(Alexander Is.)、威廉二世海岸(Kaiser Wilhelm Ⅱ Land)、阿黛利地、乔治五世地(King George Ⅴ Land)、罗斯海。

注 Puri 认为 *Phaseolus* 属与 *Silicula* 属是同物异名(Moore, 1969)，但前者较早，故本文采用前者。

波特兰属 Genus *Portlandia* Morch, 1857

4. 南极波特兰蛤 *Portlandia antarctica* (Thiele, 1912) (图版Ⅰ:9)

Leda antarctica Thiele, 1912:229, pl. 17, fig. 21; Soot-Ryen, 1951:5; Powell, 1960:170; Dell, 1964:145.

Yoldiella antarctica: Egorova, 1982:55, figs. 230–231; 1984:18–19.

标本采集地 S_{26} (64°24′5″S, 61°41′0″W), 378 m; M_4 (62°15′8″S, 58°45′9″W), 510 m;

R_2（62°10′8″S, 58°20′0″W）, 520 m；M_1（62°12′2″S, 58°55′0″W）, 110 m；M_6（62°19′4″S, 58°43′4″W）, 461 m；S_{10}（62°48′2″S, 63°11′1″W）, 1 700 m。

贝壳小，略呈三角形或长椭圆形，一般壳长 4 mm，高 3 mm，壳质薄，两壳对称，壳两侧略不等。壳顶略突，位于背缘中部或略靠近后缘。壳前缘圆，后缘略窄，背缘稍弯，腹缘常呈弧形。壳表面光滑，略具光泽，呈淡黄绿色或乳白色；生长纹细密，不规则。贝壳内面呈白色，略具光泽，肌痕略显；内韧带位于壳顶下方，呈紫褐色；前齿列有小齿 6 ～ 7 个，后方有 7 ～ 8 个；齿呈“人”字形，较短。

Puri 认为 *Yoldiella* 是 *Portlandia* 属的亚属(Moore, 1969)，作者根据本种特征，将其归于 *Portlandia* 属。

地理分布 南极东部和南部。在本调查海域为首次发现。

云母蛤属 Genus *Yoldia* Müller, 1842

5. 埃氏云母蛤 *Yoldia* (*Aequiyoldia*) *eightsi* (Couthouy, in Jay, 1839) (图版 I :17)

Nucula eightsii Couthouy, in Jay, Cat. Recent Shells, 1839:113, pl. 1, figs. 12 and 13.

Yoldia woodwardi: Hanley, 1860:370; Sowerby, in Reeve, 1871:pl. 1, fig. 2; Pelseneer, 1903:10; Lamy, 1906a:19; 1910:393; Soot-Ryen, 1951: 6–8, pl. 1, figs. 1–6; Powell, 1960: 171.

Yoldia eightsii: Sowerby, in Reeve, 1871: pl. 5, fig. 26.

Yoldia (*Aequiyodia*) *eightsi*: Dell, 1963:247–249; 1964:146;1972:92.

标本采集地 测站 M_1（62°12′2″S, 58°55′0″W）, 110 m（1 个活标本）。

地理分布 为亚南极分布种，主要在南极半岛的西北海域。

拟锉蛤科 Family Limopsidae Dall, 1895

拟锉蛤属 Genus *Limopsis* Sassi, 1827

6. 李氏拟锉蛤 *Limopsis lilliei* Smith, 1915(图版 I :14)

Limopsis lilliei Smith, 1915:76, pl. 1, fig. 18; Powell, 1960: 172; Dell, 1964:158, pl. 3, figs. 1–2; Egorova, 1982:57–58, figs. 248–249; 1984:23, fig. 31.

标本采集地 测站 L_5(62°51′6″S, 61°06′0″W), 302 m；M_1（62°12′2″S, 58°55′0″W）, 110 m；M_2(62°11′7″S, 58°48′5″W), 230 m。

壳呈长方形或长椭圆形，壳质坚厚，两壳相等，两侧略不等，壳长 17 mm，高 16 mm，宽 9 mm。壳顶较突，约位于背缘中部，或稍趋近前方；壳腹缘较圆，背缘呈弧形。壳表呈白色，具棕色外皮，顶部壳皮易脱落，壳皮上具有细黄毛；黄毛具光泽，排列极紧密。贝壳内面呈灰白色；两肌痕等大，较明显。铰合部韧带大，呈三角形，位于背缘中部；韧带前后各具 4 ～ 6 个小齿，两端的齿小，中间的较大；壳内缘具细缺刻。足大；足丝愈合，较发达。外套缘厚，光滑无触手。

地理分布 为南极地方种，自罗斯海到恩得比地(Enderby Land)分布较普遍。为调查海域首次记录。

叶蛤科 Family Philobryidae Bernard, 1897

叶蛤属 Genus *Philobrya* Carpenter, 1872

7. 光膜叶蛤 *Philobrya* (*Hochstetteria*) *sublaevis* Pelseneer, 1903(图版 Ⅰ:18)

Philobrya sublaevis Pelsneer, 1903:25; pl. 7, figs. 93,94; Lamy, 1906a:18; Thiele, 1912:227, pl. 17, fig. 11; Dell, 1964:163–166, pl. 4, fig. 7.

Philobrya limoides Smith, 1907:4, pl. 3, figs. 2a,b.

Philippiela limoides: Hedley, 1916:20.

Philippiela lazei Hedley 1916:20, pl. 1, figs. 5–7.

Philippiela sublaevis: Soot-Ryen, 1951:12.

Hochstetteria sublaevis: Powell, 1960:173; Egorova, 1982: 60, figs. 257–259; 1984:18, fig. 9.

标本采集地　测站 S_2 (62°33′1″S, 56°28′6″W), 278 m; S_9 (63°30′0″S, 62°31′0″W), 180 m; M_1 (62°12′2″S, 58°55′0″W), 110 m。

地理分布　为南极地方种,环南极分布,如南乔治亚岛(South Georgia I)、伯德伍德浅滩(Burdwood Bank)、南设得兰群岛、帕默群岛、彼得一世岛(Peter Ⅰ I.)、布韦岛(Bouvet I.)等地分布较普遍。

拟蚶蛤属 Genus *Adacmarca* Pelseneer, 1903

8. 亮拟蚶蛤 *Adacnarca nitens* Pelseneer, 1903(图版 Ⅰ:10)

Adacnarca nitens Pelseneer, 1903:24, 41, pl. 7, figs. 83–88; Smith. 1907:5, pl. 3, figs. 6a,c; Thiele. 1912:228; Soot-Ryen, 1951:13; Powell, 1960:173; Dell, 1964:172; Egorova, 1982: 61–62, figs. 262–265.

标本采集地　测站 M_1(62°12′2′S, 58°55′0″W), 110 m(1 个活标本)。

地理分布　环南极分布,水深 80 m ～ 640 m。

类蚶蛤属 Genus *Lissarca* Smith, 1877

9. 光肋类蚶蛤 *Lissarca notorcadensis* Melvill & Sanden, 1907 (图版 Ⅰ: 19)

Lissarca notorcadensis Melvill & Standen, 1907:144, figs. 14,14a; Smith, 1915: 75, pl. 1, figs. 16, 17; Hedley, 1916: 19; Powell, 1960: 173; Egorova, 1982: 62–63, figs. 266–268.

Arca (*Bathyarca*) *gourdoni* Lamy, 1910:393; Lamy, 1911:28, pl. 1, figs. 21–22; Smith, 1915:75, pl. 1, figs. 16–17; Hedley, 1916:19.

Lissarca gourdoni: Thiele, 1912: 228, pl. 18, fig. 3.

标本采集地　测站 S_{23} (62°51′6″S, 58°07′5″W), 654 m; M_1 (62°12′2″S, 58°55′0″W), 110 m; M_4 (62°15′8″S, 58°45′9″W), 510 m。

地理分布　为环南极分布种,水深 18 m ～ 800 m。

锉蛤科 Family Limidae Rafinesque, 1815

平锉蛤属 Genus *Limatula* Wood, 1839

10. 贺氏平锉蛤 *Limatula hodgsoni* (Smith, 1907) (图版Ⅰ:8)

Lima (*Limatula*) *hodgsoni* Smith, 1907:6, pl. 3, figs. 8,8a; Thiele, 1912:226; Hedley, 1916:24; Soot-Ryen, 1951:20; Powell, 1960:176; Dell, 1964:184.

Limatula hodgsoni: Egorova, 1982: 66, figs. 285–287; 1984:19, fig. 20.

标本采集地 测站 M_1（62°12′2″S, 58°55′0″W）, 110 m（1 个标本）。

地理分布 罗斯海、阿黛利地、恩得比地、帕默群岛、南设得兰群岛、南奥克尼群岛、南乔治亚岛、沙格岩(Shag Rocks)、布韦岛。

11. 卵圆平锉蛤 *Limatula ovalis* (Thiele, 1912) (图版Ⅰ:6)

Lima (*Limatula*) *ovalis* Thiele, 1912:226, pl. 17, figs. 5a., b.

Lima ovalis: Hedley, 1916:24; Soot-Ryen, 1951:20; Powell, 1960:176.

Limatula ovalis: Dell, 1964:184; Egorova, 1982:66, figs. 289–290; 1984:19, fig. 15.

标本采集地 测站 L_5（62°51′6″S, 61°06′0″W）, 302 m（1 个标本）。

壳小，略呈椭圆形，长 3.8 mm，高 3.0 mm，薄，半透明。壳顶较凸，位于背缘中部，前、后两耳不明显；背缘直，较短；腹缘圆，前缘及后缘弯。壳表呈白色，边缘呈浅驼色，具有 20 余条细放射肋；中央沟宽、明显，略偏向腹缘；放射肋宽而低，肋间距离较小，在壳中部明显，至两侧不显明；肋上的小棘略低而较稀，排列整齐。贝壳内面有与壳表相应的肋纹；中央沟极明显，略偏向腹缘；壳缘具有细缺刻，肌痕不明显；外套触手粗短，发达。

地理分布 恩得比地及麦克罗伯逊地(Mac-Roberson Land)。在本调查水域为首次发现。

12. 柯氏平锉蛤 *Limatula closei* (Hedley, 1916) (图版Ⅰ:7)

Lima closei Hedley, 1916: 23, pl. 2, fig. 16; Lamy, 1930: 263.

Limatula closei: Soot-Ryen, 1951:20; Powell, 1960:176; Dell, 1964:184–185.

标本采集地 测站 L_5（62°51′6″S, 61°06′0″W）, 302 m（1 个标本）。

贝壳小，略呈卵圆形，壳长 3.4 mm，高 2.8 mm，壳质较前种厚，不透明，两壳相等，壳两侧不等。壳顶圆，稍歪，突出壳背缘，前、后两耳较明显。壳表呈白色，除两耳外整个壳面被有极细的放射肋，肋上布满小棘；棘排列紧密而整齐；肋间距离较宽；中央沟不明显。贝壳内面白色，略显与壳表相应的肋纹，中央沟明显，较宽，略偏向腹缘；铰合部韧带深陷，呈三角形；壳缘具细缺刻。

地理分布 多发现在南极半岛东南部海域，在本调查水域为首次发现。

13. *Limatula* sp.

标本采集地 测站 L_5（62°51′6″S, 61°06′0″W）, 302 m（1 个干壳）。

贝壳略呈圆三角形，壳长 10 mm，高 8 mm，宽 6.5 mm。壳面较凸，壳质较薄，背缘稍短。外形与贺氏平锉蛤(*Limatula hodgsoni*)较相似，但放射肋不同，本种肋数较少，肋宽、扁平，肋间距离较窄；肋上的小棘低，排列整齐。壳顶较凸，略弯；前后两耳不明显。背缘短，较斜。贝壳内面中央沟较明显，偏腹缘；壳缘微显缺刻。

索足蛤科 Family Thyasiridae Dall, 1901

索足蛤属 Genus *Thyasira* Leach, in Lamarck, 1818

14. 邦氏索足蛤 *Thyasira bongraini* (Lamy, 1910)（图版Ⅰ:11）

Axinus bongraini Lamy, 1910:389; 1911: 17, pl. 1, fig. 17.

Thyasira bongraini: Soot-Ryen, 1951:30; Powell, 1960:179; Dell, 1964:207, pl. 201, fig. 4; Egorova, 1982:70, figs. 311–313; 1984:20, fig. 21.

标本采集地 测站 M_1（62°12′2″S, 58°55′0″W）, 110 m；M_2（62°11′7″S, 58°48′5″W）, 230 m；M_3（62°14′4″S, 58°51′7″W）, 345 m；M_4（62°15′8″S, 58°45′9″W）, 510 m；M_5（62°15′5″S, 58°42′1″W）, 370 m；M_6（62°19′4″S, 58°45′9″W）, 461 m；R_2（62°10′8″S, 58°20′0″W）, 520 m；R_4（62°06′8″S, 58°23′5″W）, 400 m；R_2（62°10′8″S, 58°20′0″W）, 520 m；S_9（63°30′0″S, 62°31′0″W）, 180 m；S_{24}（63°22′5′S, 60°34′3″W）, 478 m；L_5（62°51′6″S, 61°06′0″W）, 302 m；L_6（62°44′9″S, 61°02′6″W）, 128 m；J（62°07′5″S, 57°57′0″W）, 400 m。

地理分布 帕默群岛、罗斯海、彼得曼岛（Petermann I.）。

凯利蛤科 Family Kelliidae Forbes & Hanley, 1848

拟凯利蛤属 Genus *Pseudokellya* Pelseneer, 1903

15. 蚶型拟凯利蛤 *Pseudokellya cardiformis* (Smith, 1885)（图版Ⅰ:12）

Kellia cardiformis Smith, 1885:202, pl. 2, figs. 6,6b; Lamy, 1911:20.

Pseudokellya cardiformis: Pelseneer, 1903: 48–50; Soot-Ryen, 1951:28; Powell, 1960:178; Dell, 1964:199–200, pl. 6, figs. 3,4.

标本采集地 测站 M_1（62°12′2″S, 58°55′0″W）, 110 m（1 个活标本）。

地理分布 南乔治亚岛、南设得兰群岛、帕默群岛、罗斯海、沙格岩等。

孟达蛤科 Family Montacutidae Clark, 1855

鞍蛤属 Genus *Mysella* Angas, 1877

16. 南极鞍蛤 *Mysella antarctica* (Smith, 1907)（图版Ⅰ:2）

Tellimya antarctica Smith, 1907:3, pl. 11, figs. 16–16b.

Mysella antarctica: Soot-Ryen, 195l:33; Powell, 1960:181.

标本采集地 测站 M_1（62°12′2″S, 58°55′0″W）, 110 m；M_4（62°15′8″S, 58°45′9″W）, 510 m。

贝壳小，壳长 4 mm，高 3 mm，扁平，质薄，两壳相等而两侧不等，略呈长卵圆形。壳顶圆，略突，近壳前端；前缘圆，后缘较前缘略窄，前背缘较后背缘短，腹缘稍呈弧形。壳表呈灰白色或淡土黄白色,无放射肋,生长纹细密。贝壳内面白色,光滑,略显生长纹的痕迹;壳缘厚,较光滑;左壳铰合部有2个很强的齿状突起,右壳无,中间为韧带;韧带短,呈褐色。前闭壳肌小,后闭壳肌呈梨形。

地理分布 仅见于南极半岛南部海域,在南极半岛西北海域为首次发现。

心蛤科 Family Carditidae Fleming, 1820

珠心蛤属 Genus *Cyclocardia* Conrad, 1867

17. 花珠心蛤 *Cyclocardia astartoides* (Martens, 1878) (图版Ⅰ:21)

Cardita astartoides Martens, S. B. Ges. naturf. Fr. Berlin, 1878:25; Smith, 1885: 212, pl. 15, figs. 2–2c; Lamy, 1906a:14; Smith, 1907:2; Lamy, 1911:21; Thiele, 1912: 230, pl. 18. fig. 10.

Venericardia astartoides: Hedley, 1916:30, pl. 3, figs. 33, 34.

Cyclocardia astartoides: Soot-Ryen, 1951:25; Powell, 1960:177; Dell, 1964:189; Egorova, 1982: 72–73; 1984:20.

标本采集地 测站 M_1 (62°12′2″S, 58°55′0″W), 110 m。

地理分布 环南极分布,如南乔治亚岛、沙格岩、南桑威奇群岛(South Sandwich Is.)、南设得兰群岛、南奥克尼群岛、帕默群岛、布韦岛、马塔公主海岸(Princess Martha Cst.)、沙克尔顿陆缘冰(Shackleton Ice-Shelf)、恩得比地、阿黛利地及罗斯海等。

盖玛蛤科 Family Gaimardiidae Hedley, 1916

凯地蛤属 Genus *Kidderia* Martens, 1885

18. 双色凯地蛤 *Kidderia bicolor* (Martens, 1885) (图版Ⅰ:16)

Modiolarca bicolor Martens, S. B. Ges. naturf. Fr. Berlin, 1885:93.

Kidderia bicolor: Soot-Ryen, 1951:29, fig. 9; Powell, 1960:179; Dell, 1964: 205–206.

标本采集地 中国南极长城站附近潮间带。

地理分布 南乔治亚岛、马尔维纳斯群岛。群栖于潮间带岩石或海藻上,南极夏季(12月—2月)生殖腺成熟,受精卵在鳃腔中孵化。

色雷西蛤科 Family Thraciidae Stoliczka, 1870

色雷西蛤属 Genus *Thracia* Blainville, 1842

19. 南方色雷西蛤 *Thracia meridionallis* Smith, 1885 (图版Ⅰ:20)

Thracia meridionalis Smith, 1885:68–69, pl. Ⅵ, figs. 4–6; Lamy, 1911:22; Hedley, 1916:29; Soot-Ryen, 1951:21, 39, 40; Powell, 1960:184; Dell, 1964:228–229; Egorova, 1982:69, figs. 304–306; 1984:21, fig. 23.

Mysella trucata Thiele, 1912: 230, pl. 18, fig. 18.

标本采集地 测站 M_1 (62°12′2″S, 58°55′0″W), 110 m; L_5 (62°51′6″S, 61°06′0″W), 302 m; L_6 (62°44′9″S, 61°02′6″W), 128 m; S_2 (62°33′1″S, 56°28′6″W), 278 m。

地理分布 环南极分布，凯尔盖朗群岛(Kerguelen Is.)、马里恩(Marion)、爱德华王子群岛(Prince Edward Is.)、戴维斯海(Davis Sea)、沙克尔顿陆缘冰、阿黛利地。

短吻蛤科 Family Periplomatidae Dall, 1895

短吻蛤属 Genus *Periploma* Schumacker, 1817

20. *Periploma* sp. 1

标本采集地 测站 M_1 (62°12′2″S, 58°55′0″W), 110 m (1 个活标本，右壳破)。

壳小，壳质较薄，略呈圆三角形，壳长 9 mm，高 6 mm。壳顶稍突，具裂缝，明显地突出壳背缘，略近后方。壳表呈白色，具细颗粒；无放射肋；生长纹细密，不规则。铰合部无齿，壳顶下方具匙状韧带槽；槽大，略斜向后方，且由锁骨支持。两水管较长、分离，能全部缩入壳内。

21. *Periploma* sp. 2

标本采集地 J (62°07′5″S, 57°57′0″W), 400 m (1 个活标本)。

贝壳大，壳长 40 mm，高 28 mm，宽 15 mm，壳质极薄脆，两壳略不等，两端无开口，略呈长方形。壳顶凸，稍近前方，具裂缝。壳表呈白色，具浅土黄色壳皮，具颗粒，后端微有放射褶。贝壳内面具珍珠质，铰合部无齿，壳顶下方有匙状韧带槽；槽小，明显；两水管分离，能全部缩入壳内。

杓蛤科 Family Cuspidariidae Dall, 1886

杓蛤属 Genus *Cuspidaria* Nardo, 1840

22. 同心杓蛤 *Cuspidaria concentrica* Thiele, 1912 (图版 Ⅰ:4)

Cuspidaria concentrica Thiele, 1912:233, pl. 18, fig. 29; Soot-Ryen, 1951:24; Powell,1960:184; Dell, 1964:231; Egorova, 1982:74, fig. 309.

标本采集地 测站 L_5(62°51′6″S, 61°06′0″W), 302 m; M_1(62°12′2″S, 58°55′0″W), 110 m。

贝壳小，壳长 4.0 mm，高 2.8 mm，两壳略不等，壳前端圆，膨胀；后端细长，呈吻状，略开口。壳顶小，稍圆，略突出壳背缘；壳前缘及腹缘呈圆形，背缘较直。壳表呈白色，具有细同心肋；肋凸，排列规则，等距离，有 10 余条，肋间距离宽。自壳顶斜向吻部末端有 2 条细而凸的脊。壳内面呈白色，肌痕不明显，壳缘光滑；铰合部有韧托，韧带小。

地理分布 戴维斯海、恩得比地、罗斯海有分布。在本调查海域首次发现。

23. 褶杓蛤 *Cuspidaria plicata* Thiele, 1912 (图版 Ⅰ:15)

Cuspidaria plicata Thiele, 1912:233, pl. 18, fig. 30; Soot-Ryen, 1951:23–24, fig. 6; Powell, 1960:185; Dell, 1964:230; Egorova, 1982:75, fig. 310.

标本采集地 S_2 (62°33′1″S, 56°28′6″W), 278 m (1 个活标本)。

地理分布 阿黛利地、马塔公主地 (Princess Martha Land)、恩德比地、麦克罗伯逊地。

24. 曲杓蛤 *Cuspidaria infelix* Thiele, 1912 (图版 I:1)

Cuspidaria infelix Thiele, 1912:233, pl. 18, fig. 28; Hedley, 1916:29; Soot-Ryen, 1951:23; Powell, 1960:184; Dell,1964:230; Egorova, 1982: 74, figs. 334–336.

标本采集地 测站 M_1 (62°12′2″S, 58°55′0″W), 110 m; L_2 (62°46′0″S, 60°26′5″W), 120 m; S_{24} (63°22′5″S, 60°34′3″W), 478 m。

地理分布 沙克尔顿陆缘冰、罗斯海、彼得一世岛、帕默群岛、南奥克尼群岛、南乔治亚岛、布韦岛。

参考文献

[1] Adams H & A. Genera of Recent Mollusca. London, 1853–1858.

[2] Dell R K. The identity of *Yoldia* (*Aequiyoldia*) *eightsi* (Couthouy, in May, 1839). *Proc. Malac. Soc. London*,1963, 35: 247–249.

[3] Dell R K. Antarctic and Sub-Antartic Mollusca: Amphineura, Scaphopoda and Bivalvia. *"Discovery" Rep*, 1964, 33: 99–250.

[4] Dell R K. Antarctic benthos. *Advances in Marine Biology. London*, 1972, 10: 91–104.

[5] Egorova E N. Mollusca of the Davis Sea. In: Exploration of the Seas, 26(34), Biolog. Res. of the Soviet Ant. Exped.,7, Leningrad, 1982: 54–89, figs. 222–340.

[6] Egorova E N. Bivalve Molluscs in Antarctica. *La Conchiglia*, 1984, 16: 18–23.

[7] Hanley S. On some species of Nuculaceae in the collection of Mr. Cuming. *Proc. Zool. Soc. London*,1860: 370–371.

[8] Hedley C. Mollusca. Austral. Ant. Exped. (1911–1914) *Sci. Rep. C.*,1916,4(1): 5–36, pl. 1–4.

[9] Lamy E. Gastropodes, Prosobranches et Pelecypodes: Expedition Antarctique Francaise (1903–1904) Commandeé par le Dr. J. Charcot. *Sciences Naturelles: documents scientifiques*, 1906a: 11–20, pl. 1.

[10] Lamy E. Sur quelques Moll. Orcades du Sud. *Bull. Mus.Hist. Nat.* Paris,1906b, 12: 125–126.

[11] Lamy E. Mission dans l'Antarctique dirigee par M. le Dr. Charcot (1908–1910). Collections recueillies par M. le Dr. Jacques Liouville,Pelecypodes, *Bull. Mus. Hist. nat.*, Paris,1910, 16: 389–394.

[12] Lamy E. Deuxieme Expedition Antarctique Francaise commandeé par le Dr. J. Charcot. Gastropodes prosobranches, *Scaphopodes et Pelecypodes. Sciences Naturelles*: *documents scientifiques*,1911: 17–31, pl. 1.

[13] Lamy E. Revision des Limidae vivants du Museum National d'Histoire Naturelle de Paris. *J. Conchyliol*,1930, 74: 245–267.

[14] Lamy E. Revision des *Anatina* du Museum National d'Histoire Naturelle de Paris. *J.*

Conchyliol, 1934, 78: 145–168.

[15] Melvill J C,Standen R. The marine Mollusca of the Scottish Antarctic Expedition. *Trans. Voy. Soc. Edinb*,1907, 46(1): 119–157.

[16] Moore R C. Treatise Invertebrate Paleontology. Part N, v. 1 & 2 (of 3), Mollusca, 6. Bivalvia. New York, 1969.

[17] Pelseneer P. Mollusques (Amphineures, Gastropodes et Lamellibranches). *Res. Voy. S. Y. Belgica Zool*, 1903: 10–50, pls. 6–9.

[18] Powell A W. B. Antarctic and Subantarctic Mollusca. *Rec. Auckland* (*N. Z.*) Inst,1960, 5: 169–193.

[19] Reeve L A. Conchologia Iconica. XIII, Yoldia, London, 1871:1–5.

[20] Smith E A. Report on the Lamellibranchiata collected during the Voyage of H. M. S. "Challenger". *Challenger Exped. Zool*, 1885, 13: 27–294.

[21] Smith E A. On a small collection of marine shells from New Zealand and Macquarie Island, with descriptions of new species. *Proc. Malac. Soc. Lond*, 1897, 3: 25.

[22] Smith E A. Lamellibranchiata. Nat. Ant. Exped. ("Discovery") *Nat. Hist.* Vol. II , Zool.,1907, 5: 1–6, pl. 2–3.

[23] Smith E A. Mollusca Pt. 1. Gastropoda Prosobrachia, Scaphopoda and Pelecypoda. Brit. Ant. ("Terra Nova") Exped. 1910. *Nat. Hist. Rep. Zool*, 1915, 2(4): 61–112.

[24] Soot-Ryen T. Antarctic Pelecypods. *Sci. Res. Nor. Ant. Exped*, 1951, 1927–1928, 32: 5–46.

[25] Sowerby G B. Characters of new genera and species of Mollusca and Conchifera collected by Mr Cuming. *Proc. Zool. Soc. Lond*, 1834: 87–89.

[26] Thiele J. Die Antarktischen Schnecken und Muscheln. *Dtsch. Sudpol-Exped Zool*, 1912, 1901–1903, 13(5): 183–285.

A STUDY OF BIVALVIA FROM THE NORTHWEST WATERS OFF THE ANTARCTIC PENINSULA

Qi Zhongyan, Wang Zhenrui
(*Institute of Oceanology, Academia Sinica*)
Wang Huizhen
(*Second Institute of Oceanography, SOA*)

ABSTRACT

The material dealt with in this paper was collected from the northwest waters off Antarctic Peninsula by the China's First Southern Ocean Expedition during the years 1984–1985. A total of 24 species belonging to 13 family are identified, of which 7 species are recorded for the first time from the north-west waters off Antarctic Peninsula.

The species studied are enumereted as follows:

Family Malletiidae

1. *Tindariopsis sabrina* (Hedley)

Family Nuculanidae

2. *Nuculana longicaudata* (Thiele)
3. *Phaseolus rouchi* (Lamy)
4. *Portlandia antarctica* (Thiele)
5. *Yoldia* (*Aequiyoldia*) *eightsi* (Couthouy, in Jay)

Family Limopsidae

6. *Limopsis lilliei* Smith

Family Philobryidae

7. *Philobrya* (*Hochstetteria*) *sublaevis* Pelseneer
8. *Adacnarca nitens* Pelseneer
9. *Lissarca notorcadensis* Melvill & Sanden

Family Limidae

10. *Limatula hodgsoni* (Smith)
11. *Limatula ovalis* (Thiele)
12. *Limatula closei* (Hedley)
13. *Limatula* sp.

Family Thyasiridae

14. *Thyasira bongraini* (Lamy)

Family Kelliidae

15. *Pseudokellya cardiformis* (Smith)

Family Montacutidae

16. *Mysella antarctica* (Smith)

Family Carditidae

17. *Cyclocardia astartoides* (Martens)

Family Gaimardiidae

18. *Kidderia bicolor* (Martens)

Family Thraciidae

19. *Thracia meridionalis* Smith

Family Periplomatidae

20. *Periploma* sp. 1

21. *Periploma* sp. 2

Family Cuspidariidae

22. *Cuspidaria concentrica* Thiele

23. *Cuspidaria plicata* Thiele

24. *Cuspidaria infelix* Thiele

图版 I

1. 曲 杓 蛤 *Cuspidaria infelix* Thiele×2； 2. 南 极 鞍 蛤 *Mysella antarctica* (Smith) ×5.5； 3. 罗 氏 豆 荚 蛤 *Phaseolus rouchi* (Lamy) ×2.2； 4. 同心杓蛤 *Cuspidaria concentrica* Thiele×4.7； 5. 萨布拟廷达蛤 *Tindariopsis sabrina* (Hedley) ×2.5； 6. 卵圆平锉蛤 *Limatula ovalis* (Thiele) ×6.6； 7. 柯氏平锉蛤 *Limatula closei* (Hedley) ×8； 8. 贺氏平锉蛤 *Limatula hodgsoni* (Smith) ×2.5； 9. 南极波特兰蛤 *Portlandia antarctica* (Thiele) ×6.5； 10. 亮拟蚶蛤 *Adacnarca nitens* Pelseneer×5； 11. 邦氏索足蛤 *Thyasira bongraini* (Lamy) ×4.6； 12. 蚶型拟凯利蛤 *Pseudokellya cardiformis* (Smith) ×5.3； 13. 长尾吻状蛤 *Nuculana longicaudata* (Thiele) ×2； 14. 李 氏 拟 锉 蛤 *Limopsis lilliei* Smith ×2.2； 15. 褶 杓 蛤 *Cuspidaria plicata* Thiele×1.4； 16. 双 色 凯 地 蛤 *Kidderia bicolor* (Martens) ×6； 17. 埃 氏 云 母 蛤 *Yoldia* (*Aequiyoldia*) *eightsi* (Couthouy, in Jay) ×2； 18. 光膜叶蛤 *Philobrya* (*Hochstetteria*) *sublaevis* Pelseneer×3.8； 19. 光肋类蚶蛤 *Lissarca notorcadensis* Melvill & Sanden×5.3； 20. 南方色雷西蛤 *Thracia meridionalis* Smith×2.5； 21. 花珠心蛤 *Cyclocardia astartoides* (Martens) ×1.3。

北平研究院动物学研究所小史①

内容提要

北平研究院动物学研究所建立于1929年，直到1937年主要作海洋动物的调查研究。抗日战争爆发后，迁往昆明，主要从事云南省各湖泊动物的研究。抗战胜利后，复员回到北平，除整理过去的资料外，并开展昆虫学研究。有两种出版物，外文者出至第5卷，中文者出了23号。

《中国科技史料》1989年[2]介绍了北平研究院的历史概况，对该院的创办、发展与结束做了论述，但对各研究所特别是北平解放(1949年1月31日)到中国科学院成立(1949年11月1日)这段时间的具体情况介绍得不够详尽。笔者曾在该院动物学研究所工作，愿就该所的历史做一些补充，有些是我们的经历，是依靠记忆写出的。

1929年9月9日北平研究院成立，即着手筹备各研究所，动物学研究所是最早筹备并成立者之一。所址在北平西直门外三贝子花园(今动物园)内。陆鼎恒任主任，初期属于北研院生物部。1935年7月北研院撤销了"部"一级的设置，各所直属院长领导，主任改称所长，动物学所仍由陆鼎恒担任所长。人员有张玺研究员，朱洗、汪德耀兼任研究员，周太玄特约研究员，助理员[3]前后有李象元、陈兆熙、陈宝钧、李落英、张修吉、张凤瀛、顾光中、相里矩、曹毓杰等，技术人员有周启曜、唐乐天、刘树芳、马绣同、褚士荣、刘永彬、徐克清等。1935年该所在山东烟台设置渤海海洋动物研究室，由张修吉常驻工作。1935—1936年该所与青岛市政府合作，成立胶州湾海产动物采集团，由张玺负责。两年的考察，不仅采集了大量动物标本，还同时测量了海的底质、水深、水温等，其规模在当时是空前的[4]。这个阶段的前期，还在东陵、白洋淀以及广东进行过以鸟类为主的动物采集。该所甚重视科普工作，设立较大的标本陈列室，供三贝子花园游人参观。

1937年抗日战事爆发，动物学所在北平已不可能工作，遂于1938年迁往昆明，所址在滇池边上的苏家村。该所还与云南省建设厅合组水产试验所，由张玺兼任所长。其主要工作是调查了滇池等湖泊的水生动物，如鱼类、甲壳动物、软体动物等，并做过云南杨宗海青鱼(*Matsya sinensis*)的人工繁殖等。1940年4月，陆鼎恒于昆明病逝，由张玺任所长。这

---

① 夏武平(中国科学院西北高原生物研究所)，齐钟彦、马绣同(中国科学院海洋研究所)：载《中国科技史料》12卷1期，中国科学技术出版社，1991年，43～45页。

② 林文照:《北平研究院历史概述》，载《中国科技史料》，1989年第1期。

③ 当时的助理员相当现今的研究实习员和助理研究员。

④ 马绣同:《忆五十四年前的一次胶州湾海产动物调查》，载《海洋科学消息》，1989年第2期。

个阶段是最困难的时期。仪器虽由北平经越南运到一些，并有一只调查用的小木船，房舍除借用当地小学三间外，只有自建的草房七间。人员至 1945 年抗日战争胜利时，也不过 6 名职员，研究员只有张玺一人，助理研究员有成庆泰一人，助理员[①]有齐钟彦、夏武平，技术人员有刘永彬、何清等。

1946 年复员，动物学所返回北平，所址仍在旧址三贝子花园内，并增聘研究员沈嘉瑞和朱弘复，助理员刘瑞玉、邓国藩、刘友樵及技术人员马绣同、王璧曾、王林瑶等人，已略具规模。由于解放战争关系，野外考察甚难开展，该所的工作主要是整理总结由昆明带回的材料。1948 年北平解放前夕，三贝子花园又成为国民党军队的前缘据点，对该园及动物学所等的破坏甚为严重。

北平和平解放后，北平研究院由军管会文教委员会接管。动物学所着力于恢复围城战争中所受的创伤。同时军管会非常重视科学研究工作，在解放战争最紧张时期，财政十分困难的情况下，给增加了张广学等人，维持了该所的出版物，并支持到白洋淀地区进行水生动物调查。参加调查者有夏武平、齐钟彦、刘瑞玉、马绣同四人，时间约一个月。调查报告分别发表于 1949 年[②]和 1951 年[③]。中国科学院成立，各所调整之前，该所还曾去北戴河和辽东半岛做海洋动物调查。

科学院调整各所，于 1950 年 9 月将北研院动物学所与中央研究院动物学所及其他单位的一些人，调整为水生生物研究所，原北研院动物学所的主要人员分别前往其青岛海洋生物研究室（童第周、曾呈奎、张玺负责）、厦门海洋生物研究室（沈嘉瑞负责，不久即撤销）和独立的昆虫研究室[④]（陈世骧、朱弘复负责）。对调整中遗留的标本（包括静生生物调查所的大量标本），特成立动物标本整理委员会[⑤]（陈桢负责）。当时进行鼠类研究的夏武平等二人也在此会。至此北平研究院动物学研究所的历史，即告结束。

一个研究所的成绩，很重要的一方面，表现在它的出版物上。北研院动物学所有两种刊物，均不定期出版，外文刊物称《国立北平研究院动物学研究所丛刊》（*Contributions from the Institute of Zoology, National Academy of Peiping*，以下简称《丛刊》），侧重学术方面，主要用于国际交换、宣传；中文刊物名《国立北平研究院动物学研究所中文报告汇刊》（以下简称《汇刊》），虽也有一定的学术价值，但侧重于国内宣传。《丛刊》1932—1937 年共出 3 卷，抗日战争时期停刊，胜利后于 1948 年和 1949 年各出一卷，共计 5 卷，每卷 4 ～ 6 号不等。《汇刊》在 1937 年出至 19 号，抗战期间，出版 3 号，1949 年又出 1 号，共计 23 号。发表于国外刊物上的文章，无法统计。一个人数不多的研究所，在长期战争的影响下，20 年内能出这样多卷、号的出版物，也是不容易的。今就各时期发表论文的篇数统计如下：

---

① 此时的助理员只相当现今的研究实习员。

② 夏武平：《河北白洋淀之鱼类》，载《国立北平研究院动物学研究所丛刊》第 5 卷第 5 号，1949 年。

③ 夏武平、齐钟彦、刘瑞玉、马绣同：《白洋淀及其附近的水生动物》，载《海洋湖沼学报》，1951 年第 1 期。

④ 1951 年成为昆虫研究所，1962 年元旦与动物研究所合并。

⑤ 后改称工作委员会，1953 年为动物研究室，1955 年成为动物研究所。

表 1 北平研究院动物学研究所《丛刊》和《汇刊》刊出文章统计

时期(年)	海洋动物	淡水动物	陆栖动物	其 他
1930—1937	28	0	5	3
1938—1945	0	3	0	0
1946—1949	5	9	5	0
合 计	33	12	10	3

该所有些论文,当时在国内外具有一定的影响,特别是关于脊索动物,因其是无脊椎动物向脊椎动物过渡的类型,历来受到重视。该所的研究发现了青岛文昌鱼(*Branchiostoma belcheri tsingtaoensis*)并与厦门文昌鱼(*B. b. belcheri*)做了系统的比较,又发现了黄岛柱头虫(*Doilichoglossus huangtaoensis*),贡献很大。此外,软体动物、棘皮动物的研究在国内均有开创性的意义,其与甲壳动物等多篇研究,都为我国的无脊椎动物学奠定了重要基础;胶州湾的动物分布研究也具有一定的生态地理学的意义。

综观该所的历史,可分为两个时期。抗日战争之前为一时期,主要从事海洋动物的研究,调查地点多在青岛和烟台,在我国近代科学发展上实为海洋生物学的主要奠基者。第二时期在抗日战争爆发以后,由于海洋不能去了,故转向淡水动物的研究,也有一定的收获,如螺蛳属(*Margarya*)的研究很系统,甲壳类的研究也较多。另外,抗日战争胜利后,又开展了昆虫学的研究,对昆虫幼虫及叶蜂的研究,取得较好的成绩。

A HISTORICAL SKETCH OF THE INSTITUTE OF ZOOLOGY, NATIONAL ACADEMY OF PEIPING

Xia Wuping, Qi Zhongyan, Ma Xiutong

ABSTRACT

This paper deals with the history of the Institute of Zoology, National Academy of Peiping. The Institute was founded in 1929, and until 1937 its chief work had been to research on marine animals. Due to the outbreak of the War of Resistance Against Japan, it was moved to Kunming and the freshwater animals of Yunnan Province became its main objects for study. After the victory of the war, the Institute was demobilized and moved back to Peiping in 1946. Apart from sorting out the materials collected in Yunnan Province, it started to work on entomology. There were two publications sponsored by the Institute, one in foreign languages with an issue up to five volumes, the other in Chinese with a total of twenty-three numbers being printed.

南沙群岛海区前鳃亚纲新腹足目和异腹足目的软体动物①

提要　1987—1989年，中国科学院南沙综合科学考察队，在南沙群岛水域进行了底栖生物调查采集，搜集了一批软体动物标本，经作者整理鉴定出前鳃亚纲新腹足目58种、异腹足目1种，隶属于13个科29个属，其中有9种在中国海区是首次记录。

本文是根据1987—1989年中国科学院南沙综合科学考察队采到的软体动物标本写成的，经整理鉴定出，前鳃亚纲新腹足目和异腹足目计59种，隶属于13个科和29个属，其中有9种，在中国海区是首次记录。

软体动物门 Mollusca

前鳃亚纲 Prosobranchia

新腹足目 Nograstropoda②

骨螺科 Muricidae

1. 浅缝骨螺 *Murex trapa* Roeding, 1798

Murex trapa 张福绥，1965: 12, pl. 1, f. 8; Radwin et D'Attilio, 1976: 72, pl. Ⅹ, f. 14; 齐钟彦，等，1983(2): 67.

Murex martinianus Reeve, 1845: 88; Schepman, 1911: 343.

Murex rarispinosus Sowerby, 1880: 3, pl. 1, f. 2.

Murex ternispina Tryon, 1880: 78–79, pl. Ⅺ, fig. 118.

标本采集地　南沙群岛：112°14′E、4°29′N，水深8 m，软泥质，1987年5月11日，2个标本；112°06′E、5°20′N，水深127 m，泥沙质，1988年7月31日，1个标本；112°17′E、4°58′N，水深56 m，泥沙质，1987年5月11日，3个标本；112°06′E、4°00′N，水深56 m，泥沙质，1988年8月1日，2个标本；112°14′E、4°29′N，水深78 m，软泥质，1987年5月11日，

---

① 齐钟彦、马绣同、吕端华（中国科学院海洋研究所），陈锐球（中国科学院南海海洋研究所）：载《南沙群岛及其邻近海区海洋生物研究论文集（一）》，海洋出版社，1991年，110～129页。中国科学院海洋研究所调查研究报告第1811号。本文插图为王公海、张虹同志所绘，特此致谢。

② 芋螺科和笋螺科除外。

4个标本;114°10′E、5°15′N,水深173 m,1987年5月9日,1个标本;112°06′E、4°00′N,水深127 m,泥沙质,1988年8月1日,1个标本;112°14′E、4°29′N,水深78 m,软泥质,1987年5月11日,2个标本;114°10′E、5°15′N,水深1 73 m,泥沙质,1987年5月9日,1个标本;112°03′E、4°00′N,水深56 m,泥质,1988年8月1日,4个标本;109°59′E、4°30′N,水深107 m,泥沙质,1987年5月15日,1个标本;109°56′E、4°02′N,水深99 m,泥沙质,1987年5月15日,2个标本。

习性和地理分布 生活于低潮线下100 m左右的软泥沙底质。分布于印度-西太平洋。

2. 钩棘骨螺 *Murex aduncospinosus* Reeve, 1845

Murex aduncospinosus Reeve, 1845: pl. ⅩⅩⅢ, fig. 93; 张福绥,1965: 14, pl. Ⅰ, f. 4.

Murex tribulus var. Sowerby, 1880: 2, pl. Ⅰ, f. 4.

Murex (*Tribulus*) *aduncospinosus* Schepman, 1911: 340.

标本采集地 南沙群岛:112°06′E、4°00′N,水深56 m,泥沙质,1988年8月1日,1个标本;112°03′E、4°00′N,泥质底,1987年5月5日,3个标本;111°16′E、3°33′N,水深53 m,泥沙质,1987年5月14日,5个标本;111°45′E、3°44′N,水深46 m,泥沙质,1987年5月13日,8个标本。

习性和地理分布 生活于潮下带50 m左右泥沙质海底。东海、南海和马尔加什岛均有分布。

3. 直吻骨螺 *Murex rectirostris* Sowerby, 1840

Murex rectirostris Sowerby, 1840: 147; Reeve, 1845, pl. ⅩⅫ, f. 91; Adams, 1858: 71; Yen, 1942: 222, pl. ⅩⅩ, f. 137; 张福绥,1965: 14, pl. Ⅰ, f. 1; Radwin et A. D'Attilio, 1976: 70, pl. Ⅺ, f. 3 pl. Ⅻ, 6.2 齐钟彦,等,1983(2): 66.

Murex recurvirostris Tryon, (non Brodrip) 1880: 80-82, p1. Ⅻ, f. 126.

标本采集地 南沙群岛:109°60′E、4°02′N,水深99 m,泥沙质,1987年5月15日,2个标本;112°14′E、5°59′N,水深105 m,软泥质,1987年5月11日,2个标本;111°16′E、5°00′N,水深110 m,软泥质,1987年5月14日,1个标本;110°16′E、5°28′N,水深110 m,软泥质,1987年5月15日,1个标本;110°16′E、5°28′N,水深107 m,沙泥质,1987年5月5日,1个标本;114°35′E、5°43′N,水深111 m,泥沙质,1987年5月9日,7个标本;117°00′E、9°08′N,水深98 m,软泥质,1987年5月11日,2个标本。

习性和地理分布 生活于水深50 m～150 m的软泥沙质海底。分布于我国东海、南海,日本,斯里兰卡。

4. 栉棘骨螺 *Murex pecten* Lightfoot, 1786

Murex pecten Linghtfoot, 1786, A. Cat. Protl. Mus. London. 1786: 188; 赖景阳,1979: 93; Radwin et D'Attilio, 1976: 69, pl. Ⅹ, f. 1; 齐钟彦,等,1983: 68.

Murex triremis 张福绥,1965: 12, pl. Ⅰ, f. 7.

标本采集地 南沙群岛114°10′E、5°15′N,水深173 m,泥沙质,1987年5月9日,1个标本。

习性和地理分布 本种栖息于浅海泥沙质海底，暖水性。印度－西太平洋皆有分布。

5. 三棘骨螺 *Murex tribulus* Linnaous, 1758

Murea tribulus Linnaeus, 1758: 746; Radwin and D'Attilio, 1976: 72, pl. 10, figs. 8–9; Abbott el Dance, 1983: 130.

Murex nigrispinosus Reeve, 1845: sp. 79.

Murex ternispina 张福绥，1965: 15, pl. Ⅱ, f. 1.

标本采集地 南沙群岛：109°24′E、6°00′N，水深 147 m，沙质，1987 年 5 月 17 日，1 个标本；111°05′E、3°33′N，水深 46 m，泥沙质，1987 年 5 月 13 日，1 个标本；半月礁，1987 年 5 月 5 日，2 个标本。

习性和地理分布 生活于浅海泥沙质海底，水深约 100 m，暖水种。分布于印度洋和太平洋。

6. 角核果螺 *Drupa cornus* (Roeding, 1798)

Drupalla cornus Cernohorsky, 1972: 125, pl. ⅩⅩⅩⅤ, f. 7.

Ricinula muricata Reeve, 1846 : pl. Ⅴ, f. 39.

Ricinula elata Reeve, 1846: pl. Ⅳ, f. 27.

Morula elata Cooke, 1918: 106.

Drupa elata 张福绥，1976: 340, pl. Ⅱ, f. 12, 13.

标本采集地 南沙群岛：信义礁，1987 年 5 月 12 日，1 个标本；美济礁，1988 年 7 月 20 日，1 个标本；半月礁，1988 年 5 月 5 日，1 个标本；仁爱礁，1987 年 4 月 26 日，1 个标本和 1988 年 7 月 21 日，2 个标本；华阳礁，1987 年 5 月 15 日，2 个标本；仙女礁，1987 年 4 月 29 日，1 个标本；113°21′E、4°55′N，水深 102 m，1988 年 8 月 1 日，1 个标本。

习性和地理分布 强暖水性，生活于低潮线附近的珊瑚礁间。印度洋和太平洋诸岛皆有分布。

7. 镶珠核果螺 *Drupa musiva* (Kiener, 1836)

Purpura musiva Reeve, 1846: pl. Ⅺ, f. 52.

Pentadactylus (*Sistrum*) *musivus* H. et A. Adams, 1858: 130.

Ricinula (*Sistrum*) *musina* Tryon, 1880: 192, pl. LⅨ, f. 284.

Morula musiva Yen, 1935: 39; Abbott et Dance, 1983: 72.

Drupa musiva 张福绥，1976: 346, pl. Ⅱ, f. 8.

标本采集地 南沙群岛：仙娥礁，1987 年 5 月 12 日，1 个标本；渚碧礁，1989 年 5 月 26 日，1 个标本；牛车轮礁，1988 年 7 月 23 日，1 个标本。

习性和地理分布 暖水性，生活在潮间带岩礁间。分布于我国东海南部和南海。

8. 葡萄核果螺 *Drupa uva* (Roeding, 1798)

Drupa uva Roeding, 1798: Mus. Bdt, pl. 2, p. 56; 张福绥，1976: 344, pl. Ⅰ, f. 7.

Ricinula morus Reeve, 1846: pl. Ⅱ, f. 10.

Morula uva Cernohorsky, 1972: 127, pl. 36, f. 3; Abbott et Dancc, 1983: 148.

标本采集地 南沙群岛：信义礁，1987 年 5 月 1 日—2 日，3 个标本；海口礁，1987 年 5 月 13 日，3 个标本；仙娥礁，1987 年 4 月 29 日，6 个标本；仙女礁，1987 年 4 月 23 日，1 个标本。

习性和地理分布 生活于低潮线附近珊瑚礁中。分布于印度 – 太平洋区。

9. 粗糙核果螺 *Drupa rugosa* (Born, 1778)

Murex concatenata Lamarck, 1882, Anim, Sans Vent., 7: 176.

Drupa concatenata 张福绥，1976: 341, pl. Ⅱ, figs. 1–2.

Drupella rugosa Cernohorsky, 1972: 126, pl. 35, f. 5.

标本采集地 南沙群岛仁爱礁，1988 年 7 月 21 日，1 个标本。

习性和地理分布 生活于低潮线附近珊瑚礁中。分布于印度 – 西太平洋区。

10. 刺核果螺 *Drupa grossularia* Roeding, 1798

Drupa grossularia Kira, 1978: 58, pl. XXIII, f. 3; 张福绥，1976: 339, pl. Ⅰ, f. 12, 赖景阳，1979: 96, f. 3.

Ricinula digitata Reeve, 1846: pl. 1, f. 2a; Tryon, 1880: 185, pl. LⅥ, f. 191.

标本采集地 南沙群岛牛车轮礁，1988 年 7 月 23 日，1 个标本。

习性和地理分布 生活于低潮线附近或珊瑚礁中。分布于我国南海、日本南部、夏威夷、澳大利亚。

11. 栉齿核果螺 *Drupa spathulifera* (Blainville, 1832)

Purpura spathulifera Blainville, 1832: Pourp. Nouv. Ann. du Mus., Ⅰ: 214.

Ricinula hystria var. *speciosa* Tryon, 1880: 183, pl. LⅥ, f. 194.

Drupa spathulifera 张福绥，1967: 338, pl. Ⅰ, f. 6.

标本采集地 南沙群岛仙娥礁，1987 年 4 月 29 日，1 个标本。

习性和地理分布 生活于低潮线附近及珊瑚礁中。分布于我国台湾、日本南部、夏威夷群岛及太平洋诸岛。

12. 球核果螺 *Drupa urbusidaeus* Roeding, 1798

Drupa rubusidaeus 张福绥，1976: 337, pl. Ⅰ, f. 3; 赖景阳，1979: p. 96, fig. 1.

Sistrum hystrix Schepman, 1911: 354.

Drupa (*Drupa*) *hystrix* Adam et Leloup, 1938: 163–164.

标本采集地 南沙群岛：海口礁，1987 年 5 月 5 日，1 个标本；仁爱礁，1988 年 7 月 21 日，1 个标本；仙娥礁，1987 年 4 月 29 日，1 个标本。

习性和地理分布 生活于珊瑚礁或石块下，印度洋、太平洋诸岛均有分布。

13. 核果螺 *Drupa morum* Roeding, 1798

Drupa morum 张福绥，1976: 336, pl. 1, figs. 8–9; 赖景阳，1979: p. 96, f. 7.

Ricinula horrida Reeve, 1846: pl. Ⅰ, f. 3; Tryon, 1880: 184, pl. LⅥ, figs. 201–202.

Sistrum horridum Schepman, 1911: 355.

Drupa (*Drupa*) *morum* Adam et Leloup, 1938: 164.

标本采集地 南沙群岛:海口礁,1987 年 5 月 3 日,2 个标本;仙娥礁,1987 年 4 月 29 日,1 个标本。

习性和地理分布 生活于潮间带岩礁和珊瑚礁中。分布于我国台湾、夏威夷群岛、克利帕顿岛、毛里求斯。

14. 窗格核果螺 *Drupa clathrata* (Lamarck, 1822)

Ricinula clathrata Reeve, 1846: pl. 96.

Ricinula miticula Tryon, 1880: 184, pl. LⅥ, f. 179.

Drupa clathrata, 张福绥, 1976: 338, pl. Ⅰ, f. 10; Cernohorsky, 1972: 125, pl. 35, f. 3.

标本采集地 南沙群岛 109°60′E、4°30′N,水深 107 m,沙泥质,1987 年 5 月 15 日,2 个标本。

习性和地理分布 生活于低潮线下珊瑚礁中和泥沙质的海底。分布于印度－西太平洋。

15. 粒核果螺 *Drupa granulata* (Duclos, 1832)

Purpura granulata Duclos, 1832, Ann. Des Scienc. Nat., 26: 111, pl. 2, f. 9.

Ricinula tuberculata Reeve, 1846: pl. Ⅱ, f.11.

Sistrum (*Morula*) *tuberculatum* Schepman, 1911: 355.

Morula granulata Cook, 1918: 106; Cernohorsky, 1972: 127, 36, f. 2.

Morula tuberculata Yen, 1935: 40.

Muricodrupa granulata, 赖景阳, 1979: 96, f. 12.

Drupa granulata 张福绥, 1976: 347, pl. Ⅰ, f. 1.

标本采集地 南沙群岛半路礁,1988 年 7 月 19 日,1 个标本。

习性和地理分布 生活于低潮线下岩礁和珊瑚礁上。我国台湾、西太平洋诸岛皆有分布。

16. 棘核果螺 *Drupa spinosa* (H. et A. Adams, 1853) (图 1)

Murex spinosum Adams, 1853: 74.

Ricinula chrysostoma Reeve, 1846: pl. Ⅱ, f. 12.

Morula ambusta Dall, 1923: 304.

Morula spinosa Cernohorsky, 1972: 128, pl. 36, f. 6.

标本采集地 蓬勃礁,1987 年 4 月 21 日,1 个标本。

贝壳高 11.7 mm,宽 5.8 mm。

贝壳小,呈纺锤形,螺旋部高,螺层约 9 层,具不规则高起的螺肋,各螺肋间有许多较细的螺纹,螺肋与纵肋交叉处呈棘状凸起 4～10 个。壳口长而窄。外唇内侧有 5 个小突起,内唇比较平滑,下面有 4～5 弱褶。壳表为淡黄白色,壳口为紫色。

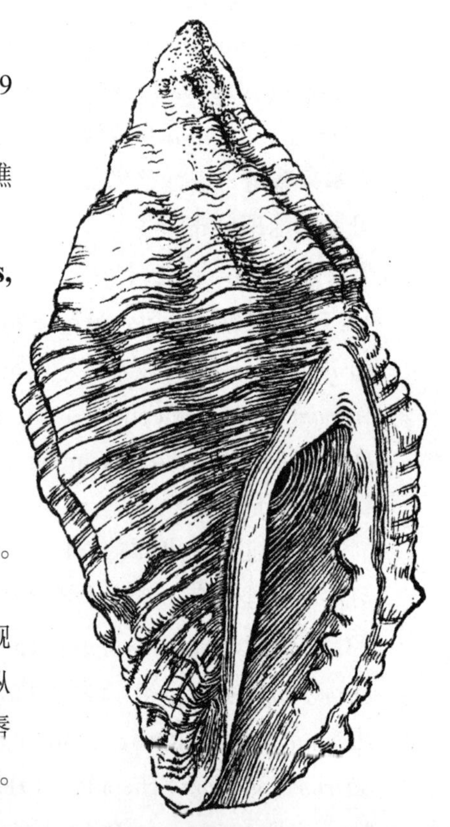

图 1 棘核果螺(×7.6)

习性和地理分布 生活于潮间带珊瑚礁间，分布于菲律宾，为我国首次记录。

17. 翼螺 *Pterunotus alatus* (Roeding, 1798)

Purpura alata Roeding, 1798: Mus. Bolt. 140.

Murex pinnatus Reeve, 1845: pl. XIV, f. 57; Kuroda et Habe, 1952: 69.

Pterynotus pinnatus Yen, 1942: 223; 张福绥，1965: 16, pl. II, f. 3.

Pterynotus alatus Radwin et A. D'Attilio, 1976: 98, pl. 9, f. 6; 齐钟彦，等，1983: 73.

标本采集地 南沙群岛113°12′E、5°48′N，水深241 m，泥沙质，1988年8月9日，1个标本。

习性和地理分布 生活在潮下带以下泥沙质海底。分布于我国台湾、西太平洋和东印度洋。

18. 多角荔枝螺 *Thais hippocastanum* (Linnaeus, 1758)

Murex hippocastanum Linnaeus, 1758, ed. 10: 751; Reeve, 1846, pl. VIII, f. 34.

Purpura hippocastanum (Linnaeus), 张玺，齐钟彦，等，1975, 10: 120, pl. 3.6.3.

Thais hippocastanum 齐钟彦，等，1983: 79; Abbott and Dance, 1983: 147.

标本采集地 南沙群岛信义礁，1987年5月2日，1个标本。

习性和地理分布 本种为暖水性种，生活于潮下带的岩石或珊瑚礁间。分布于西南太平洋。

延管螺科 Magilidae (= Coralliophilidae)

19. 宝塔肩棘螺 *Latiaxis* (*Tolema*) *pagodus* (A. Adams, 1853)

Murex pagodus A. Adams, 1853, proc. Zool. Soc. London, 19(1851): p. 269.

Latiaxis (*Baberomurex* (sic)) *gemmatus* Shikama, 1966, Venus, 25: 24, pl. 2, figs. 1–6; 蓝子樵，1980: 61, pl. 24, fig. 52(宝石珊瑚螺).

Latiaxis (*Baberomurex* (sic)) *pagodus multispinosus* Shikama, 1966, Venus, 25: 24, pl. 2, figs. 13–15.

Latiaxis (*Tolema*) *pagodus* (A. Adams), Kuroda, Habe et Oyama, 1971: 237, 154, pl. 43, fig. 3.

标本采集地 南沙群岛109°25′E、6°00′N，水深147 m，沙底，1987年5月17日，1个标本。

习性和地理分布 暖海产，生活于50 m～200 m沙质的海底，分布于我国台湾、南海，日本。

20. 唇珊瑚螺 *Rhizochilus madreporarum* (Sowerby, 1832)

Quoyula madreporarum (Sowerby), Cernohorsky, 1972, 2: 131, pl. 37, fig. 7.

Rhizochilus madreporarum (Sowerby), 齐钟彦，马绣同，等，1983, 2: 84, fig.

标本采集地 南沙群岛：仙宾礁，1987年4月22日，2个标本；牛车轮礁，1988年7月23日，1个标本。

习性和地理分布 热带海产，生活在低潮线附近或稍深的海底，常附着在生活的杯形珊瑚(*Pocillopora* sp.)基部枝杈上。分布于太平洋热带区。

21. 薄壳线纹螺 *Leptoconchus striatus* Rüppell, 1835

Leptoconchus striatus Rüppell, 1835, Trans. Zool. Soc. vol. I: 259, pl. 35, figs. 9, 10.

Magillus striatus (Rüppell), Sowerby, 1872, 18: pl. 3, figs. 6a, 6b.

Leptoconchus striatus Rüppell, Habe, 1964, 2: 85, pl. 27, fig. 23.

标本采集地 南沙群岛，1987年5月5日，3个标本。

贝壳小，卵圆形，壳质薄脆，螺层约4层，缝合线浅。螺旋部低小，体螺层极膨大，占贝壳绝大部分。壳面灰白色，不平滑，生长线常呈皱褶，螺纹细弱，不明显。壳口大，呈长卵圆形，外唇薄，简单。内唇向外扩展，光滑，前端略凸出。贝壳长11.5 mm，壳宽8.8 mm。

习性和地理分布 暖海产，喜穴居，较少见，为中国海区首次记录，印度－太平洋暖水区也有分布。

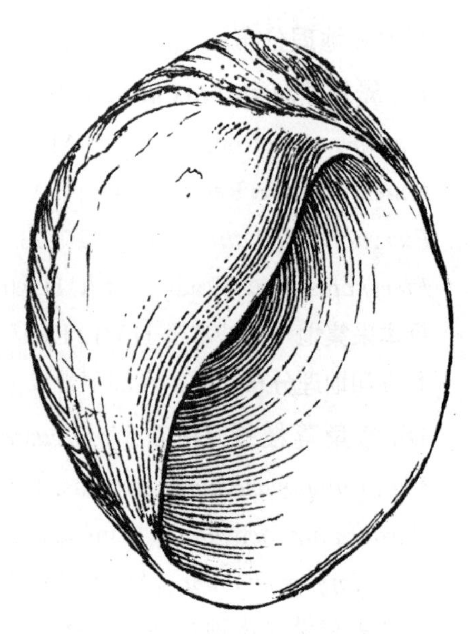

图2 薄壳线纹螺（×5.5）

牙螺科 Columbellidae

22. 斑鸠牙螺 *Columbella turturina* Lamarck, 1822

Columbella turturina Lamarck, 1822, Anim. sans Vert., 10: 273; Reeve, 1859, 11; pl. 16, fig. 83.

Pyrene (*Columbella*) *turturina* (Lamarck), Cernohorsy, 1972, 2: 133, pl. 40, fig. 5.

Columbella turturina Lamarck, 张玺等, 1975, 10: 121, pl. 3, fig. 1; 齐钟彦, 马绣同, 等, 1983, 2: 87, fig.

标本采集地 南沙群岛：海口礁，1987年5月3日，1个标本；航长礁，1987年5月4日，2个标本；半月礁，1987年5月5日，1个标本；109°60′E、4°02′N，水深99 m，泥质沙，1987年5月15日，1个标本；半路礁，1988年7月19日，1个标本；美济礁，1988年7月20日，4个标本。

习性和地理分布 多生活在潮间带，常在石块下面，比较普通。分布于热带太平洋区。

蛾螺科 Buccinidae

23. 中华海因螺 *Hindsia sinensis* Sowerby, 1842

Hindsia sinensis Sowerby, 1842, 3: 86, pl. 220, fig. 8–9; Habe, 1964, 2: 96, pl. 31, fig, 17; 齐钟彦, 马绣同, 等, 1983, 2: 93, fig.

标本采集地 南沙群岛：114°35′E、5°43′N，水深111 m，沙质泥底，1987年5月9日，1个标本；111°16′E、3°33′N，水深53 m，泥质沙底，1987年5月14日，1个标本。

习性和地理分布 生活在数十米至200余米水深泥质沙的海底。印度－西太平洋热带海区广有分布。

24. 玫瑰亮螺 *Phos roseatum* (Hinds, 1844)

Phos roseatus Hinds, Tryon, 1881, 3: 217, p1. 83, figs. 508–509; Cernohorsky, 1978; 78, pl. 23, fig. 7.

标本采集地 南沙群岛：111°45′E、3°44′N，水深 46 m，泥质沙底，1987 年 5 月 13 日，7 个标本；111°16′E、3°33′N，水深 53 m，泥质沙底，1987 年 5 月 14 日，1 个标本。

习性和地理分布 生活在潮下带泥沙的海底。分布于印度 – 西太平洋热带海区。

蛇形螺科 Colubrariidae

25. 带蛇形螺 *Colubraria compta* (Sowerby, 1874)

Triton (*Epidromus*) *compta* Sowerby, 1874: P. Z. S. 598, pl. 72, figs. 2, 2a.

Colubraria compta (Sowerby), Yen, 1942, 24: 217, pl. 19, fig. 113.

标本采集地 南沙群岛 114°10′E、5°15′N，水深 173 m，沙质泥底，1987 年 5 月 9 日，1 个标本。

习性和地理分布 生活在 40 m ~ 173 m 水深沙质泥的海底。日本和我国南海有分布。

26. 细长前肋螺 *Antemetula* cf. *elongata* (Dall, 1907)

Metula elongata Dall, 1907, Smithsonian Misc. Coll. vol. 50: 166.

Antemetual elongata (Dall), Habe, 1964, 2: 75, pl. 23, fig. 9.

标本采集地 112°17′E、4°58′N，水深 105 m，软泥底，1987 年 5 月 17 日，1 个标本。

习性和地理分布 此种栖水较深(100 m ~ 200 m)，分布于日本、我国南海。

织纹螺科 Nassariidae

27. 西格织纹螺 *Nassarius* (*Zeuxis*) *siquijorensis* (A. Adams, 1852)

Nassa siquijorensis A. Adams, 1852, Proc. Zool. Soc. London, 19(1851): 97.

Nassa caelata Adams, 1852, Proc. Zool. Soc. Locdon, 19(1851): 97.

Nassa euglypta, Sowerby, 1914, Ⅱ: 6, text-fig.

Nassarius siquijorensis (A. Adams), 齐钟彦，马绣同，等，1983, 2: 101, fig.

标本采集地 南沙群岛：114°35′E、5°43′N，水深 111 m，沙质泥底，1987 年 5 月 9 日，2 个标本；112°17′E、4°58′N，水深 105 m，软泥底，1987 年 5 月 11 日，2 个标本；111°17′E、5°00′N，水深 110 m，软泥底，1987 年 5 月 14 日，4 个标本；109°60′E、4°30′N，水深 107 m，泥质沙底，1987 年 5 月 15 日，2 个标本；108°46′E、5°16′N，水深 111 m，泥质沙底，1987 年 5 月 16 日，2 个标本；109°05′E、5°38′N，水深 147 m，软泥底，1987 年 5 月 16 日，7 个标本；112°06′E、5°20′N，水深 127 m，泥质沙底，1988 年 7 月 31 日，1 个标本；112°00′E、4°00′N，水深 56 m，泥质沙底，1988 年 8 月 1 日，1 个标本。

习性和地理分布 生活在数十米至 100 多米水深泥质沙及软泥质的海底。分布于日本、我国南海。

28. 光织纹螺 *Nassarius* (*Zeuxis*) *dorsatus* (Roeding, 1798)

Nassa rutilans Reeve, 1853, 8: sp. 147.

Zeuxis kiiensis Kira, 1978: 73, pl. 28, fig. 21.

Nassarius (*Zeuxis*) *dorsatus* (Roeding), Cernohorsky, 1972, 2: 150, pl. 43, fig. 8.

Nassarius rutilans (Roeding), 齐钟彦，马绣同，等，1983, 2: 101, fig.

标本采集地 南沙群岛：113°41′E、4°59′N，水深 96 m，软泥底，1987 年 5 月 9 日，1 个标本；109°60′E、4°02′N，水深 99 m，泥质沙底，1987 年 5 月 15 日，1 个标本。

习性及地理分布 生活在数十米至百余米水深软泥及泥沙的海底，分布于日本、我国南海。

29. 维提织纹螺 *Nassarius* (*Zeuxis*) *vitiensis* (Hombron et Jaquinot, 1853)

Nassarius (*Zeuxis*) *vitiensis* (Hombron et Jaquinot), Cernohorsky, 1972, 2: 150, pl. 43, fig. 6.

标本采集地 南沙群岛：111°16′E、3°33′N，水深53 m，泥质沙底，1987年5月14日，1个标本；109°60′E、4°02′N，水深 99 m，泥质沙底，1987 年 5 月 15 日，3 个标本。

贝壳卵圆形，壳质结实，螺层约 10 层，螺旋部较尖瘦，体螺层膨大，缝合线明显。贝壳表面除壳顶 1 ～ 2 层光滑外，其余壳面具明显的纵肋，纵肋在体螺层背部常较弱，在后部螺层纵肋由于螺线横过多形成粒状结节，在缝合线下方有串珠状的螺肋，在贝壳基部具细的螺肋。壳面有变化，通常白色或灰色，偶尔有完全褐色的。壳口卵圆形，内具肋纹，外唇薄，前部边缘约有 7 枚尖齿，内唇中凹，向外扩张，内缘具褶襞，前沟短，呈缺刻状，后沟小。厣角质。贝壳高 25.6 mm，宽 14 mm。

习性和地理分布 生活在潮下带泥质沙的海底，中国海区首次记录，斐济也有分布。

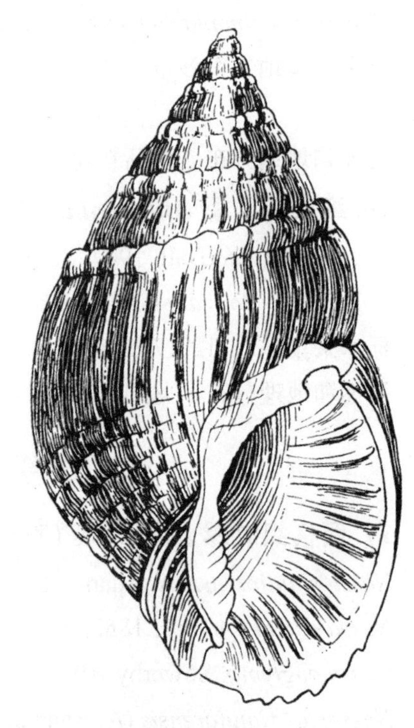

图 3 维提织纹螺（×4）

30. 方格织纹螺 *Nassarius* (*Ninoth*) *conoidalis* (Deshayes, 1832)

Nassarius (*Nioth*) *conoidalis* (Deshayes,in Belanger), Cernohorsky, 1978: 80, pl. 24, fig. 6; Abbott et Dance, 1983: fig.

Nassarius clathratus (Lamarck), 齐钟彦，马绣同，等，1983, 2: 102, fig.

标本采集地 南沙群岛 111°45′E、3°44′N，水深 46 m，泥质沙底，1987 年 5 月 13 日，1 个标本（不完整）。

习性和地理分布 栖息于 10 m ～ 100 m 泥沙质的海底。分布于印度 – 太平洋。

31. 尖圆织纹螺 *Nassarius* (*Alectrion*) *spiratus* (A. Adams, 1853)

Nassa spirata A. Adams Reeve, 1853, 8: pl. 2, fig. 13.

Nassarius (*Alectrion*) *spiratus* (A. Adams), Cernohorsky, 1978: 89, pl. 28, fig. 3.

标本采集地 南沙群岛 110°16′E、5°28′N, 水深 167 m, 泥质沙底, 1987 年 5 月 15 日, 1 个标本。

贝壳小, 结实, 螺层约 9 层, 缝合线深, 沟状。壳顶 1 ~ 2 层光滑, 其下面数层具明显的纵肋, 体螺层及以上两层壳面光滑, 在贝壳基部具有螺旋沟纹。壳色淡黄, 在体螺层上有呈波状黄褐色纵行花纹, 壳口卵圆形, 内具肋纹, 外唇弧形, 内唇中凹, 接近后端具一肋状突起。前沟短, 呈缺刻状, 后沟小, 明显, 贝壳高 17 mm, 宽 9.8 mm。

习性和地理分布 本种为中国海区首次记录, 生活于较深水, 东澳大利亚和新西兰也有分布。

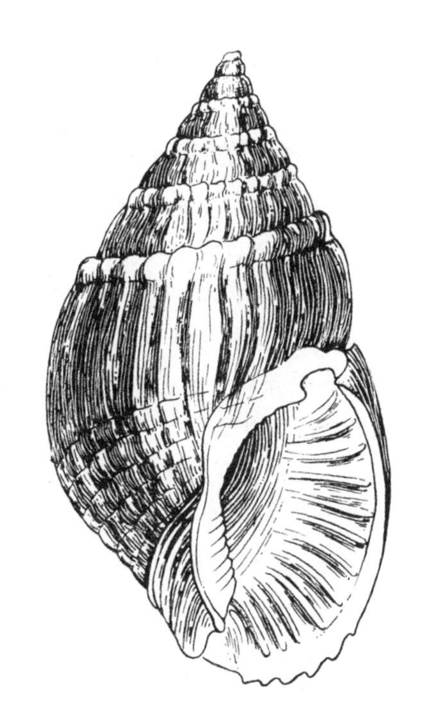

图 4 尖圆织纹螺(×5)

笔螺科 Mitridae

32. 肩棘笔螺 *Mitra papalis* (Linnaeus, 1758)

Voluta papalis Linnaeus, 1758, ed. 10: 732, no. 369.

Mitra papalis (Linnaeus), Cernohorsky, 1976, 3(17): 308, pl. 253, fig. 2; 齐钟彦, 马绣同, 等, 1983, 2: 109, fig.

标本采集地 南沙群岛半月礁, 1987 年 5 月 5 日, 1 个标本。

习性和地理分布 暖水产, 生活在低潮线附近或稍深的沙质的海底。分布于印度–太平洋。

33. 丽笔螺 *Mitra* (*Cancilla*) *praestantissima* Roeding, 1798

Mitra (*Cancilla*) *praestantissima* Roeding, Kurada, 1941, 22(4): 123, no. 773.

Tiara praestantissima (Roeding), Habe et Kosuge, 1979, 2: 77, pl. 29, fig. 5.

Cancilla praestantissima (Roeding), Abbott et Dance, 1983: 202, fig.

标本采集地 南沙群岛: 114°10′E、5°15′N, 水深 173 m, 泥质沙底, 1987 年 5 月 9 日, 1 个标本; 113°41′E、4°59′N, 水深 96 m, 软泥底, 1987 年 5 月 9 日, 1 个标本; 111°17′E、5°00′N, 水深 110 m, 软泥底, 1987 年 5 月 14 日, 3 个标本; 109°60′E、4°02′N, 水深 99 m, 泥质沙底, 1987 年 5 月 13 日, 1 个标本; 海口礁, 1987 年 5 月 3 日, 2 个标本。

习性和地理分布 生活在潮下带软泥及泥质沙的海底。分布于印度–太平洋。

34. 淡黄笔螺 *Mitra* (*Cancilla*) *isabella* (Swainson, 1931)

Tiara isabella Swainson, 1831, Zool, Illust. (3)2: pl. 50.

Tiara morchii Kira, 1978: 88, pl. 34, fig. 8.

Mitra isabella Reeve, 1844, 2: pl. 6, fig. 42; 齐钟彦, 马绣同, 等, 1983, 2: 111, fig.

标本采集地 南沙群岛: 113°41′E、4°59′N, 水深 96 m, 软泥底, 1987 年 5 月 9 日, 1 个标本; 111°45′E、3°44′N, 水深 46 m, 泥质沙底, 1987 年 5 月 13 日, 1 个标本; 112°00′E、

4°00′N，水深 56 m，泥质沙底，1988 年 8 月 1 日，1 个标本。

习性和地理分布 生活在潮下带软泥及泥质沙的海底，分布于中国海区、日本。

35. 深栖笔螺 *Mitra* (*Cancilla*) *abyssicola* Schepman, 1911

Mitra (*Scabricula*) *abyssicola* Shepman, 1911, 49, Livr. 58: 272, pl. 19, fig. 1.

Cancilla abyssicola (Schepman), Kuroda, Habe et Oyama, 1971: 288, 188, pl. 53, fig. 3.

标本采集地 114°10′E、5°15′N，水深 173 m，沙质泥底，1987 年 5 月 9 日，1 个 标 本；110°16′E、5°28′N，水 深 167 m，泥质沙底，1987 年 5 月 15 日，1 个标本；海口礁，1987 年 5 月 3 日，3 个标本。

贝壳呈长纺锤形，壳质结实，螺层约 11 层，缝合线沟状。壳顶 3 层光滑，其余各层具有均匀而精致，呈粒状的螺肋，螺肋在次体层为 6 条，体螺层约 19 条。壳黄色至黄褐色。壳口窄长，外唇薄，不整齐，内唇近直，轴唇具 5 个肋状褶襞，前端的很小，贝壳高 35.4 mm，宽 9.3 mm。

习性和地理分布 生活较深水，在 50 m ～ 420 m 沙质泥的海底。为我国首次记录。日本、印度尼西亚、菲律宾也有分布。

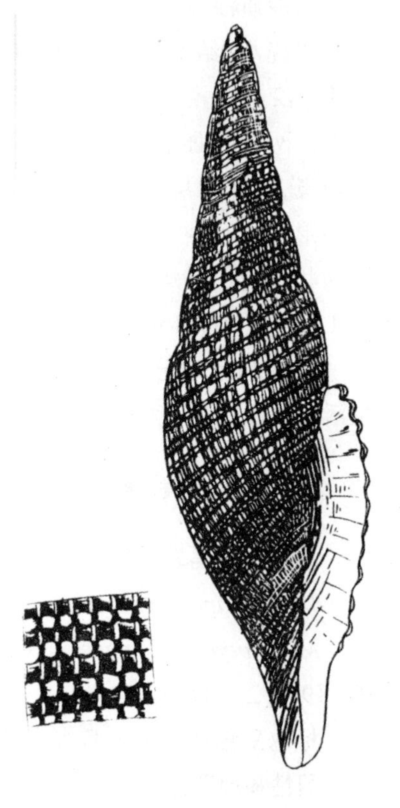

图 5 深栖笔螺（×3）

36. 尖塔笔螺 *Mitropifex obeliscus* (Reeve, 1844)

Mitra obeliscus Reeve, 1844, 2: pl. 15, fig. 107.

Mitropifex bronnii Habe, 1964, 2: 107, pl. 34, fig. 10 (non Dunker).

Mitropifex obeliscus (Reeve), Kuroda, Habe et Oyama, 1971: 293, 191, pl. 52, figs. 6, 7.

标本采集地 南沙群岛：114°10′E、5°15′N，水深 173 m，沙质泥底，1987 年 5 月 9 日，1 个标本；110°16′E、5°28′N，水深 167 m，泥质沙底，1987 年 5 月 15 日，1 个标本。

习性和地理分布 生活在 10 余米至 100 多米水深泥沙质的海底。除中国海区分布外，日本和菲律宾也有。

细带螺科 Fasciolariidae

37. 塔形纺锤螺 *Fusinus* cf. *forceps* (Perry, 1811)

Murex forceps Perry, 1811, Conchology, pl. 2, fig. 4.

Fusinus forceps (Perry), 齐钟彦，马绣同，等，1983. 2: 106, fig.

标本采集地 南沙群岛 109°60′E、4°02′N，水深 99 m，泥质沙底，1987 年 5 月 15 日，1 个标本（幼壳）。

习性和地理分布 生活在数十米至 100 余米泥沙质的海底。我国南海、日本均有分布。

38. 粗糙纺锤螺 *Fusinus fragosus* (Reeve, 1848)

Fusus fragosus Reeve, 1848: 4, pl. 19, fig. 71.

标本采集地 南沙群岛：海口礁，1987 年 5 月 3 日，1 个标本；114°10′E、5°15′N，水深 73 m，沙质泥底，1987 年 5 月 9 日，2 个标本；113°41′E、4°59′N，水深 96 m，软泥底，1987 年 5 月 9 日，1 个标本；115°35′E、6°24′N，水深 145 m ~ 148 m，泥沙质底，1988 年 7 月 27 日，1 个标本；112°06′E、5°40′N，水深 170 m，泥质沙底，1988 年 7 月 31 日，1 个标本。

习性和地理分布 生活在潮下带泥沙质及软泥质的海底。见于我国南海。

39. 长尾纺锤螺 *Fusinus longicaudus* (Lamarck)

Fusus longicaudus Reeve, 4: pl. 3, fig. 13.

Fusinus longicaudus (Lamarck), Kira, 1978: 75, pl. 29, fig. 3.

标本采集地 南沙群岛 111°16′E、3°33′N，水深 53 m，泥质沙底，1987 年 5 月 14 日，3 个标本。

习性和地理分布 生活在潮下带泥质沙底。分布于我国南海、日本。

40. 皮氏纺锤螺 *Fusolatirus pilsbryi* (Kuroda et Habe, 1952)

Fusus coreanicus Hirase, 1907, Conch. Mag. (Kyoto),1, p. 288, pl. 15, figs. 106,106 (non Smith, 1879).

Peristernia pilsbryi Kuroda, et Habe, 1952: 76.

Fusolatirus pilsbryi (Luroda et Habe), Kuroda, Habe et Oyama, 1971: 279, 183, pl. 50, figs. 1, 2.

标本采集地 南沙群岛：114°35′E、5°43′N，水深 111 m，沙质泥底，1987 年 5 月 9 日，1 个标本；111°45′E、3°44′N，水深 46 m，泥质沙底，1987 年 5 月 13 日，1 个标本。

习性和地理分布 生活于低潮线附近至水深 150 m 泥沙质的海底。分布于中国海区、日本。

41. 旋纹细带螺 *Fasciolaria filamentosa* (Roeding, 1798)

Fasciolaria filamentosa (Roeding), Reeve, 1847, 4: pl. 2, figs. 4a, 4b; 张玺，等，1975, 10: 213, pl. 4, fig. 10; 齐钟彦，马绣同，等，1983, 2: 104, fig.

Fasciolaria (*Pleuroploca*) *filamentosa* (Roeding), Kuroda, 1941, 22(4): 119, no. 700; Cernohorsky, 1972, 2: 153, pl. 45, fig. 3.

标本采集地 南沙群岛仙宾礁，1987 年 4 月 22 日和 1988 年 7 月 24 日，共 3 个标本。

习性和地理分布 生活在低潮线附近或稍深的沙质的海底。分布于印度 – 太平洋暖水区。

42. 宝石山黧豆螺 *Latirus* (*Latirolagena*) *smaragdula* (Linnaeus, 1758)

Buccnium smaragdulaa Linnaeus, 1758, ed. 10: 739, no. 404.

Latirus (*Mazzalina*) *smaragdula* (Linnaeus), Kuroda, 1941, 22(4): 119, no. 697.

Latirus (*Latirolagena*) *smaragdula* (Linnaeus), Cernohorsky, 1972, 2: 158, pl. 46, fig. 8.

Latirus smaragdula (Linnaeus), 张玺，等，1975, 10: 123, 4, fig. 7; 齐钟彦，马绣同，等，

1983, 2: 105, fig.

标本采集地 南沙群岛：仁爱礁，1987 年 4 月 25 日，1 个标本；仙娥礁，1987 年 4 月 29 日，2 个标本；信义礁，1987 年 5 月 1 日，1 个标本；海口礁，1987 年 5 月 3 日，1 个标本；舰长礁，1987 年 5 月 4 日，1 个标本；牛车轮礁，1988 年 7 月 23 日，1 个标本；另外 2 个标本无号。

习性和地理分布 生活在低潮线附近或稍深的岩礁质的海底，印度－太平洋广有分布。

43. 鸽螺 *Peristernia nassatula* (Lamarck, 1822)

Turbinella nassatula Lamarck, 1822, Anim. sans Vert. vol. Ⅸ: 387; Reeve, 1847, 4: p1. 9, figs. 45a, 45b.

Peristernia nassatula (Lamarck), Kuroda, 1941, 22(4): 119, no. 698; 张 玺，等，1975, 10: 123, pl. 4, fig. 8; Kira, 1978: 78, pl. 30, fig. 8; 齐钟彦，马绣同，等，1983, 2: 106, fig.

标本采集地 南沙群岛仙娥礁，1989 年 4 月 29 日，2 个标本。

习性和地理分布 暖海产，生活在潮间带或稍深岩礁质的海底，广布于印度－太平洋暖水区。

大齿螺科 Vasidae

44. 角大齿螺 *Vasum turbinellus* Linnaeus, 1758

Murex turbinellus Linnaeus, 1758, ed. 10: 750, no. 466; ed. 12: 1195, no. 430.

Vasum turbinellum (Linnaeus), Kuroda, 1941, 22(4): 124, no. 799; 齐钟彦，马绣同，等，1983, 2: 114, fig.

标本采集地 信义礁，1987 年 5 月 1 日，1 个标本；海口礁，1987 年 5 月 3 日，1 个标本；美济礁，1988 年 7 月 20 日，1 个标本；仁爱礁，1988 年 7 月 21 日，1 个标本；仙宝礁，1988 年 7 月 24 日，1 个标本。

习性和地理分布 生活在潮间带和稍深的岩礁质的海底，广布于印度－太平洋暖水区。

45. 西兰犬齿螺 *Vasum ceramicum* (Linnaeus, 1758)

Murex ceramicus Linnaeus, 1758, ed. 10: 751, no. 470, and ed. 12: 1995, no. 432.

Turbinella ceramica Linnaeus, Reeve, 1847, 4: pl. 9, fig. 46.

Vasum ceramicum (Linnaeus), Luroda, 1941, 22(4): 124, no. 800; 齐钟彦，马绣同，等，1983, 2: 114, fig.

标本采集地 南沙群岛，1988 年 7 月 21 日，1 个标本。

习性和地理分布 生活在潮间带或稍深的珊瑚礁间，广布于太平洋暖水区。

竖琴螺科 Harpidae

46. 玲珑竖琴螺 *Harpa amouretta* Roeding, 1798

Harpa amouretta Roeding, 1798, Mus. Bolt. pl. 150, refers to Martini, Conchylien-Cab, 3: 421, pl. 119, fig. 1097; Kuroda, 1941, 22(2): 125, no. 802; Cernohorsky, 2: 169, pl. 49, figs.

5–5a; 张玺 , 等 , 1975, 10: 125, pl. 4, fig. 3; 齐钟彦 , 马绣同 , 等 , 1983, 2: 116, fig; 赖景阳 , 1987, 2: 85, pl. 39, fig. 3(小杨桃螺).

标本采集地 南沙群岛 , 1 个标本(无详细地点)。

习性和地理分布 为热带和亚热带种 , 从潮间带低潮线附近至数十米水深都有栖息 , 分布于印度 – 西太平洋暖水区。

47. 节竖琴螺 *Harpa articularis* Lamarck, 1822

Harpa articularis Lamarck, 1822, Anim. sans Vert., 7: 256; Willson et Gillett, 1974: 110, pl. 72, figs. 1, 1a; 赖景阳 , 1987, 2: 85, pl. 39, fig. 5(斑节杨桃螺等).

标本采集地 南沙群岛 111°45′E、3°44′N, 水深 56 m, 泥质沙底 , 1987 年 5 月 13 日 , 1 个标本。

习性和地理分布 暖海产 , 生活在潮下带泥沙质的海底。分布于印度 – 西太平洋暖水区。

缘螺科 Marginellidae

48. 三带缘螺 *Marginella tricincta* Hinds, 1844

Marginella tricincta Hinds, 1844, Proc. Zool. Sco., p. 76; Reeve, 1866, 15: pl. 12, figs. 49a, 49b; 齐钟彦 , 马绣同 , 等 , 1983, 2: 120, fig.

标本采集地 南沙群岛 : 114°35′E、5°43′N, 水深 111 m, 沙质泥底 , 1987 年 5 月 9 日 , 1 个标本 ; 114°10′E、5°43′N, 水深 173 m, 沙质泥底 , 1987 年 5 月 9 日 , 8 个标本 ; 111°45′E、3°44′N, 水深 46 m, 泥质沙底 , 1987 年 5 月 13 日 , 1 个标本 ; 111°16′E、3°33′N, 水深 53 m, 泥质沙底 , 1987 年 5 月 14 日 , 5 个标本 ; 111°17′E、5°00′N, 水深 140 m, 软泥底 , 1987 年 5 月 4 日 , 2 个标本 ; 110°16′E、5°28′N, 水深 167 m, 泥质沙底 , 1 个标本 ; 109°60′E、4°30′N, 水深 107 m, 泥质沙底 , 1987 年 5 月 15 日 , 2 个标本 ; 108°46′E、5°16′N, 水深 111 m, 泥质沙底 , 1987 年 5 月 16 日 , 1 个标本 ; 109°25′E、6°00′N, 水深 147 m, 沙质底 , 1987 年 5 月 17 日 , 4 个标本。

习性和地理分布 生活在数十米至 100 多米水深沙质泥、软泥及沙质的海底。分布于我国东海、南海。

49. 指缘螺 *Marginella dactylus* Lamarck, 1822

Marginella dactylus Lamarck, 1822, Anim. sans Vert. 10: 412; Reeve, 1864, 15: pl. 10, figs. 42a, 42b (香港); Abbott et Dance, 1983: 237, fig.

标本采集地 南沙群岛 : 114°10′E、5°15′N, 水深 173 m, 沙质泥底 , 1987 年 5 月 9 日 , 1 个标本 ; 112°17′E、4°58′N, 水深 105 m, 软泥底 , 1987 年 5 月 11 日 , 2 个标本 ; 110°16′E、5°28′N, 水深 167 m, 泥质沙底 , 1987 年 5 月 15 日 , 1 个标本 ; 109°60′E、4°30′N, 水深 107 m, 泥质沙底 , 1987 年 5 月 15 日 , 1 个标本。

习性和地理分布 本种栖水较深 , 我们所获标本均在百米以上水深泥沙质及软泥质的海底。分布于我国南海。

塔螺科 Turridae

50. 美丽蕾螺 *Gemmula speciosa* (Reeve, 1843)

Pleurotoma speciosa Reeve, 1843, 1: pl. 2, fig. 9.

Turris (*Gemmula*) *guadurensis* Melvill, 1917, 12: 145.

Gemmula speciosa (Reeve), Powell, 1964, 1(5): 245, pl. 186, fig. 1; 齐钟彦，马绣同，等，1983, 2: 137, fig.

标本采集地 南沙群岛 112°14′E、4°29′N，水深 78 m，软泥底，1987 年 5 月 11 日，1 个标本。

习性和地理分布 生活于十余米至七八十米水深泥沙及软泥质的海底。分布于我国南海、日本、菲律宾、阿拉伯海。

51. 凯蕾螺 *Gemmula kieneri* (Doumet, 1840)

Pleurotoma kieneri Doumet, 1840, Mag. Zool., 2: 2; pl. 10.

Pleurotoma carinata Reeve (non Gray), 1843, 1: pl. 7, fig. 56.

Gemmula granoss (Helbling), Kira, 1978: 92, pl. 35, fig. 18.

Gemmula kioneri (Doumet), Powell, 1964, 1(5): 246, pl. 186, figs. 2, 3; 齐钟彦，马绣同，等，1983, 2: 138, fig.

标本采集地 南沙群岛：114°35′E、5°43′N，水深 111 m，沙质泥底，1987 年 5 月 9 日，1 个标本；112°17′E、4°58′N，水深 105 m，软泥底，1987 年 5 月 11 日，1 个标本；109°60′E、4°30′N，水深 107 m，泥质沙底，7 个标本；108°46′E、5°16′N，水深 111 m，泥质沙底，1987 年 5 月 16 日，8 个标本；109°05′E、5°38′N，水深 147 m，软泥底，1987 年 5 月 16 日，2 个标本；115°35′E、6°24′N，水深 145 m ~ 148 m，泥质沙底，1988 年 7 月 27 日，12 个标本。

习性和地理分布 从数十米至 200 米水深泥沙质及软泥质的海底都有栖息。分布于日本、我国南海。

52. 装饰蕾螺 *Gemmula cosmoi* (Sykes, 1930)

Turris cosmoi Sykes, 1930, 19: 82, text-figs.

Gemmula (*Gemmula*) *cosmoi* (Sykes), Kuroda, Habe et Oyama, 1971: 345, 222, pl. 57, fig. 1.

Gemmula congener cosmoi (Sykes), Abbott et Dance, 1983: 238, fig.

标本采集地 南沙群岛：海口礁，1987 年 5 月 13 日，1 个标本；114°35′E、5°43′N，水深 111 m，沙质泥底，1987 年 5 月 9 日，10 个标本；114°10′E、5°15′N，水深 173 m，沙质泥底，1987 年 5 月 9 日，1 个标本；113°41′E、4°59′N，水深 96 m，软泥底，1987 年 5 月 9 日，1 个标本；110°16′E、5°28′N，水深 167 m，泥质沙底，1987 年 5 月 15 日，8 个标本；108°46′E、5°16′N，水深 111 m，泥质沙底，1987 年 5 月 16 日，1 个标本；109°05′E、5°38′N，水深 147 m，软泥底，1987 年 5 月 16 日，1 个标本；115°35′E、6°24′N，水深 145 m ~ 148 m，泥质沙底，1988 年 7 月 27 日，2 个标本；112°06′E、5°20′N，水深 124 m，泥质沙底，1988 年 7 月 31 日，11 个标本，112°00′E、4°00′N，水深 56 m，泥质沙底，1988 年 8 月 1 日，1 个标本；113°20′E、

5°40′N，水深 102 m，泥质沙底，1988 年 8 月 1 日，2 个标本；另外 1 个标本无号。

习性和地理分布 生活于 56 m ～ 200 m 水深泥质沙及软泥质的海底，日本、我国南海有分布。

53. 环蕾螺 *Gemmula diomedea* Powell, 1964

Gemmula congener diomedea Powell, 1964, vol. 1(5): 253, pl. 191, fig. 5, 6.

Gemmula diomedea Powell, Abbott et Dance, 1983: 238, fig.

标本采集地 南沙群岛：110°16′E、5°28′N，水深 167 m，泥质沙底，1987 年 5 月 15 日，1 个标本；109°60′E、4°02′N，水深 99 m，泥质沙底，1987 年 5 月 15 日，1 个标本；115°35′E、6°24′N，水深 145 m ～ 148 m，泥质沙底；1988 年 7 月 27 日，2 个标本。

贝壳长纺锤形，壳质结实，螺层约 14 层，缝合线较深，螺层中部膨凸，胚壳光滑，第二层具光滑的纵肋，其余各层具有强弱不同的螺肋及细密的生长线，在每一螺层的中部具一凸起而且串珠状的龙骨，其上下并具 2 ～ 3 条细的螺肋。在缝合线下面具一由 2 条细螺肋合成而较强的螺肋。体螺层除主要螺肋外，并具细的螺线，但在基部有 4 条较强。壳白色，在缝合下面一条较强的螺肋呈褐色。壳口卵圆形，外唇薄，接近后端具一 V 形缺刻。内唇光滑，前沟长，前端略扭曲。贝壳高 53.8 mm，壳宽 16.2 mm。

习性和地理分布 本种栖水较深，我们在 99 m ～ 167 m 水深泥质沙的海底采到。我国南海首次记录，菲律宾也有分布（水深 106 m ～ 700 m）。

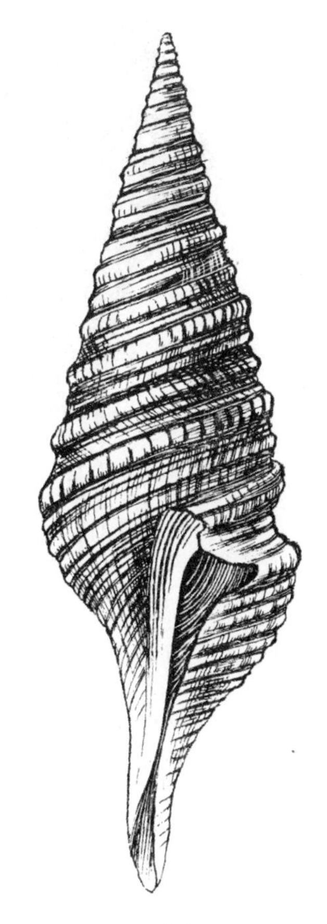

图 6 环蕾螺（×2）

54. 吕宋强蕾螺 *Pinquigemmula luzonica* Powell, 1964

Pinquigemmula luzonica Powell, 1964, vol. 1(5): 278, pl. 215, figs. 3, 4.

标本采集地 南沙群岛 113°46′E、4°53′N，水深 709 m，黏泥底，1988 年 7 月 29 日，1 个标本。

贝壳近长纺锤形，螺旋部宝塔形，基部收缩，前沟长。螺层约 11 层，胚壳（被腐蚀）及 2 ～ 3 层光滑，其余各层具有带结节突起的螺肋 3 条，第一条较第二条稍强，第三条最强，形成龙骨凸起。体螺层除上述 3 条螺肋外，在周缘的下方尚有细弱的螺肋，并延伸至水管上。壳面各肋之间呈沟状，生长纹细密。壳面灰白色，具较淡黄色壳皮。壳口卵圆形，外唇薄，接近后端具 V 形缺刻。内唇光滑，白色。前沟长而近直，呈半管状。厣未见。贝壳高 42.5 mm，壳宽 16.7 mm。

习性和地理分布 生活于较深水，在水深 709 m 的海底采到 1 个标本（模式标本水深

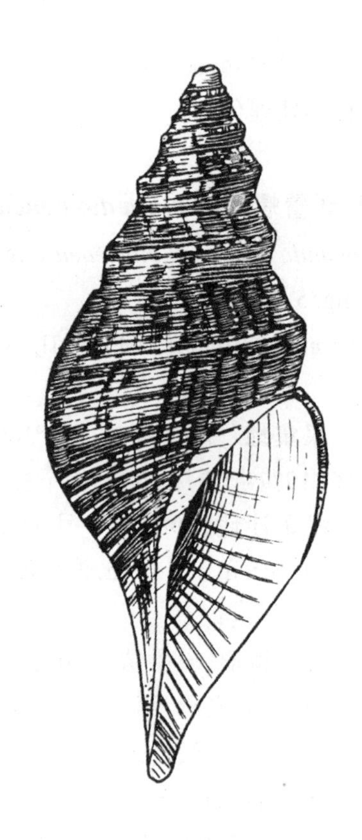

图 7 吕宋强蕾螺(×2)

图 8 菲律宾马绍尔螺(×3)

178 英寻～297 英寻)。我国南海首次报道,菲律宾也有。

55. 尖与飞螺 *Lophiotoma* (*Lophiotoma*) *acuta* (Perry, 1811)

Pleurotoma acuta Perry, 1811, Conchology, London, pl. 54, fig. 5.

Pleurotoma notata Sowerby, 1888, Proc. Zool. soc. p. 566, pl. 28, fig. 17(香港).

Turris tigrina (Lamarck), Kuroda, 1941, 22(4): 126, no. 816.

Lophiotoma acuta (Perry), Powell, 1964, 1(5): 303, pl. 180, pl. 233, pl. 234.

标本采集地 南沙群岛:111°16′E、3°32′N,水深 53 m,泥质沙底,1987 年 5 月 14 日,1 个标本;109°60′E、4°30′N,水深 107 m,泥质沙底,5 个标本。

习性和地理分布 生活在水深十余米至百余米泥质沙的海底,分布于印度 – 太平洋暖水区。

56. 菲律宾马绍尔螺 *Marshallena philippinarum* (Watson, 1882)

Fusus (*Metula*) *philippinarum* Waston, 1882, J. Linn. Sco. Lond., 16: 373 and 1886, 15: 210, pl. 12, fig. 1.

Sugitania reticulata Kuroda, 1958, Venus, 20(2): pl. 21, fig. 15 (仅名称及图).

Sugitanitoma philippiarum (Watson), Habe, 1964, 2: 126, pl. 40, fig. 6.

Marshallena philippinarum (Watson), Powell, 1969, 2(10): 369, pl. 277, figs. 7–11, pl. 278.

标本采集地 南沙群岛 113°46′E、4°53′N，水深 709 m，黏泥底，1988 年 7 月 29 日，1 个标本。

贝壳呈纺锤形，壳质薄。螺层约 8 层，缝合线较深，螺层膨凸，具肩角。壳顶 1 ～ 2 层光滑，其余螺层具纵横、细的肋纹，在螺层后部的这些肋纹发达并形结节，在体螺层表面形成不均匀的方格（雕刻有变化）。壳白色，具极淡黄色薄的壳皮。壳口长卵圆形，外唇薄，近后端的缺刻不明显。内唇微显中凹，前沟延长，前端微扭曲。未见厣。贝壳高 28.5 mm，壳宽 11.2 mm。

习性和地理分布 生活于较深水（100 m ～ 1 100 m），我国南海首次发现；分布于日本、菲律宾、安达曼群岛、亚丁湾和桑给巴尔。

57. 黄裁判螺 *Inquistor flavidula* (Lamarck, 1822)

Pleurotoma flavidula Lamarck, 1822, Anim. sans Vert., 7: 92; Reeve, 1843, 1: pl. 8, fig. 66.

Brachytoma flavidula (Lamarck), Yem, 1942, 24: 238; Kuroda, 1941, 22(4): 126, no. 821; 齐钟彦，马绣同，等，1983, 2: 142, fig.

标本采集地 南沙群岛：112°17′E、4°58′N，水深 105 m，软泥底，1987 年 5 月 11 日，1 个标本；111°16′E、3°33′N，水深 53 m，泥质沙底，1987 年 5 月 14 日，1 个标本；111°17′E、5°00′N，水深 110 m，软泥底，1987 年 5 月 14 日，1 个标本；109°60′E、4°30′N，水深 107 m，泥质沙底，1987 年 5 月 15 日，5 个标本；109°60′E、4°02′N，水深 99 m，泥质沙底，1987 年 5 月 15 日，3 个标本。

习性和地理分布 生活在数十米至百余米水深泥质沙及软泥质的海底。分布于我国南海、红海。

58. 美丽裁判螺 *Inquisitor vulpionis* Kuroda et Oyama, 1971

Inquisitor vulpionis Kuroda, Habe et Oyama, 1971: 322, 215, pl. 56, fig. 4, pl. 110, fig. 15.

标本采集地 南沙群岛 112°00′E、4°00′N，水深 56 m，泥质沙底，1988 年 8 月 1 日，1 个标本。

贝壳小，纺锤形，壳质不厚，但结实。螺层约 10 层，缝合线浅，螺层膨圆，中部具钝的肩角。壳顶 1 ～ 2 层光滑，其余各层具近似波状的纵肋及细的螺肋，螺肋在肩部以上则不显而为细密的螺纹，次体层肩部以下的螺肋为 5 条。壳面为淡褐色，纵肋之间色较浓呈褐色。壳口卵圆形，外唇薄，边缘不整齐，接近后端的缺刻呈 V 形，内唇近直，前沟略突出，前端微曲。贝壳高 22.5 mm，宽 7.4 mm。

习性和地理分布 生活在 10 m ～ 100 m 水深泥质沙底，我国南海为首次记录，日本也有。

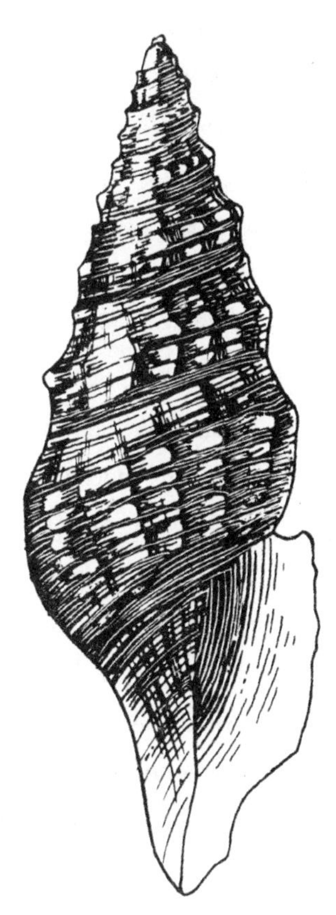

图 9 美丽裁判螺（×4）

异腹足目 Heterogastropoda

海蜗牛科 Janthinidae

59. 长海蜗牛 *Janthina globosa* Swainson, 1822

Janthina globosa Swainson, 1822, Zool. Illustr., (1) 2 (16): pl. 85 (Middle); Cernohorsky, 1972, 2: 198, pl. 56, fig. 9.

Janthina iricolor Reeve, Yen, 1942, 24: 219, pl. 20, fig. 123.

Janthina prolongata Blainvilla, 张福绥 , 1964, 5: 215, fig. 71.

标本采集地 南沙群岛 108°46′E、5°16′N, 1987 年 5 月 16 日, 1 个标本。

习性和地理分布 浮游生活于大洋的上层水,广布于世界三大洋暖水水域。

参考文献

[1] 齐钟彦,马绣同,楼子康,张福绥 . 中国动物图谱,软体动物第 2 册 . 科学出版社, 1983:16-142.

[2] 张玺,齐钟彦,马绣同,楼子康 . 西沙群岛软体动物前鳃类名录 . 海洋科学集刊, 1975, 10:105-140.

[3] 张福绥 . 中国近海的浮游软体动物 I,翼足类、异足类及海蜗牛类的分类研究 . 海洋科学集刊, 1964, 5:215.

[4] 张福绥 . 中国近海骨螺科的研究 I,骨螺属、翼螺属及棘螺属 . 海洋科学集刊, 1965, 8: 12-22.

[5] 张福绥 . 中国近海骨螺科的研究 II,核果螺属 . 海洋科学集刊, 1967, 11:336-348.

[6] 赖景阳 . 台湾的贝类 . 自然科学文化事公司出版部, 1979:81-140.

[7] 赖景阳 . 台湾的海螺第 2 集 . 1987:52-97.

[8] 蓝子樵 . 台湾稀有贝类彩色图鉴 . 台湾, 1980:61.

[9] Abbott R T, Dance S P. Compendium of Seashells. New York, 1983: 129-243.

[10] Adam W, Leloup E. Prosobranchia et Opisthobranchia. *Mem Mus. Ilist. Nat. Belg., Res. Sci. Voy*. Indes Orient. Neerl.,1938, 2(19): 1-196.

[11] Adams A. Descriptions of new shells from the collection of H. Cuming, Esp. *Proc. Zool. Soc. London*, 1853: 69-74.

[12] Adams A. On the species of Muricinae found in Japan. Ibid, 1862: 370-376.

[13] Adams H, A. The genera of recent Mollusca. London,1958, 1: 1-484.

[14] Allan J. Australian Shells. Melbourne, 1950: 139-193.

[15] Cernohorsky W O. Marine Shells of the Pacific. 1972, 2: 122-198.

[16] Cernohorsky W O. The Mintridae of the world part 1. The Subfamily Mitrinae. *Indo-Pacific Moll.* 1976, 3(17): 303, with pls.

[17] Cernohorsky W O. Tropical Pacific Marine Shell. Sydney: New York,1978: 64-173.

with pls.

[18] Cooke A H. The radula in *Thais, Drupa, Morula, Concholepas, Cronia, Iopas* and the allied genera. *Proc. Malac. Soc. London*, 1918, 13: 91–109.

[19] Dall W H. Notes on *Drupa* and *Morula. Proc. Acad. Nat. Sci*. Philad.,1923, 75: 303–306.

[20] Dautzenberg P. Contribution la Faune Malacologique de sumatra. *Ann. Soc. Roy. Mal. Belg*., 1899, 34: 3–26.

[21] Dautzenberg P. Mollusques Testaces martines de Madagascar, supplement. *Jour. Conch*., 1932, 68: 5–119.

[22] Habe T. Shells of the Western Pacific in Colour. 1964, 2: 78–128.

[23] Habe T, Kosuge S. Shells of the world in colour, The tropical Pacific vol, 1979, 2: 50–109, with pls.

[24] Hirase S, Taki I. An illustrated handbook of shells in natural colours from the Japanese Islands and adjacent territory. Tokyo, 1954: 1–134.

[25] Hirase S, Kuroda T. Illustrated encyclopedia of the fauna of Japan, revised edition, Hokuryukan, Tokyo, 1957: 1115–1121.

[26] Kira T. Coloured illustrations of the shells of Japan. Hoikusha, Japan, 1978：56–92, with pls.

[27] King S G (金叔初), Ping C (秉志).The molluscan shells of Hong Kong (Ⅱ). *Hong Kong Nat.*,1931, 2(4): 265–286.

[28] Küster C H, Kobelt W. Systematisches Conchylien-Cabinet von Martini und Chemnitz. 1878, 3(2): 1–122, with pls.

[29] Küster C H, Kobelt W. Systematisches Conchylien-Cabinet Von Martini und Chemnitz. 1858–1862,3(1a,1e): 91–201,1–34, with pls (Purpura and Ricinula).

[30] Kuroda T. A Catalogue of Molluscan Shells from Taiwan (Formosa) with description of new species. *Mem. Fac. Sci. Agr. Taihoku Imp. Univ.*,1941, 22(4): 108–128.

[31] Kuroda T. Two Japanese murices whose names have been preoceupied. *Venus*, 1942, 12(1, 2): 80–81.

[32] Kuroda T, Habe T. Checklist and Bibliography of the Recent Marine Mollusca of Japan. Hosokawa, Tokyo, Japan, 1952：37–98.

[33] Kuroda T, Habe T, Oyama K. The Sea Shells of Sagami Bay, Tokyo, Japan, 1971：210–432, 139–269, with pls.

[34] Linnaeus L. Systema Naturae ed, 1758,10: 750–756.

[35] Linnaeus L. Ibid. ed, 1767, 12: 1195.

[36] Lischke C I. Japanische Meeres-Conchylien,1869, Ⅰ: 1–192.

[37] Lischke C I. Ibid, 1917, 2: 1–184.

[38] Melvill J C. A revision of the Turridae (Pleurotomidae) occuring in the Persian Gulf,

Gulf of Oman, and North Arabian Sea as evidenced mostly through the results of dredgings carried out by Mr. F. W. Townsend, 1893–1914. *Proc. Malac. Soc. London,* 1917, vol. 12: 140–201, pls. 8–10.

[39] Pease W H. Synonymy of marine Gastropoda inhabiting Polynesia. *Amer. Jour. Conch.*,1868, 4: 103–132.

[40] Ping C, Yen T C. Preliminary notes on the Gastropoda shells of Chinese coast. *Bull. Fan Mem Inst. Biol.* Peiping,1932, 3(3): 37–52.

[41] Powell A W B. The Family Turridae in the Indo-Pacific Part 1. The subfamily Turrinae. *Indo-Pacific Moll*, 1964, 1(3): 227–345, with pls.

[42] Powell A W B. The Family Turridae in the Indo-Pacific Part 2. The subfamily Turriculinae. *Ibid*, 1969, 2(10): 369.

[43] Radwin G E, d'Attilio A. *Murex* shells of the world. An Illustrated. Guide to the Muricidae. Stanford University Press, California, 1976: 1–284, with pls.

[44] Reeve L A. Conchologia Iconica. 1843–1866, vol. 1–4, 8, 11, 15, Kent.

[45] Reeve L A. Description of new species of *Murex*. *Proc. Zool. Soc. London*, 1845: 85–88.

[46] Schepman M M. The prosobranchia of Siboga Expedition. *Siboga-Expeditie*. 49, Livr, 1911, 58: 247–363.

[47] Sowerby G B. Descriptions of some new species of *Murex* principally from the collection of H. Cuming Esq. *Proc. Zool. Soc. Lond.*,1840: 137–147.

[48] Sowerby G B. Theseaurue Conchyliorum. 1860–1880,vol. 3/4: 86, 1–55, with pls.

[49] Sowerby G B. Conchologia Iconica. 1872, 18. Kent.

[50] Sowerby G B. Description of new species of Mollusca from New Caledonia, Japan and other Localities. *Proc. Malac. Soc. Lond.* 1914, 11: 6, text-fig.

[51] Sykes E R. On a new species of *Turris* from Japan. *Proc. Malac. Soc. London.*, 1930, 19: 82.

[52] Tinker S W. Pacific Sea Shells. Tokyo,1959: 108–164, with pls.

[53] Tryon G W. Manual of Conchology. 1880–1881,2–3:1–289, 217. Philadelphia.

[54] Watson B A. The Voyage of H. M. S. Challenger, *Zool*, 1886, 15: 210. London.

[55] Willson B R, Gillett K. Australian Shells. Sydney, 1974: 82–138, with pls.

[56] Yen T C (阎敦建). Notes on some marine Gastropods of Pei-Hai and Wei-Show island. *Musee Heude, Notes de Malacologie chinoise*, 1935, 1(2): 1–47.

[57] Yen T C (阎敦建). Areview of Chinese Gastropods in the British Museum. *Proc. Malac. Soc. Lond.*, 1942, 24: 221–240.

STUDIES ON THE SPECIES OF NEOGASTROPODA AND HETEROGASTROPODA (PROSOBRANCHIA) OF THE NANSHA ISLANDS, HAINAN PROVINCE, CHINA

Qi Zhongyan, Ma Xiutong, Lü Duanhua
(*Institute of Oceanology, Academia Sinica*)
Chen Ruiqiu
(*South China Sea Institute of Oceanology, Academia Sinica*)

ABSTRACT

The present paper deals with the Neogastropoda① and Heterogastropoda (Prosobranchia) collected from the Nansha Islands by the Multidisciplinary Oceanographic Expedition Team of Academia Sinica to Nansha Islands, in 1987–1989. 59 species belonging to 13 families and 29 genera are identified. Of these, 9 species are recorded for the first time from China Sea (marked with asterisk).

The species are as follows:

Muricidae

Murex trapa Roeding

Murex aduncospinosus Reeve

Murex rectirostris Sowerby

Murex pecten Lightfoot

Murex tribulus Linnaeus

Drupa cornus (Roeding)

Drupa musiva (Kiener)

Drupa uva (Roeding)

Drupa regosa (Born)

Drupa grossularia Roeding

Drupa spathulifera (Blainville)

Drupa rubusidaeus Roeding

Drupa morum Roeding

Drupa clathrata (Lamarck)

Drupa granulata (Duclos)

---

① Except the Conidae and Terebridae.

Drupa spinosa (Adams)*
Pterunotus alatus (Roeding)
Thais hippocastanum (Linnaeus)

Magilidae

Latiaxis (*Iolema*) *pagodus* (A. Adams)
Rhizochilus madreporarum (Sowerby)
Leptoconchus striatus Rüppell*

Columbellidae

Columbella turturina Lamarck

Buccinidae

Hindsia sinensis Sowerby
Phos roseatum (Hinds)

Colubrariidae

Colubraria compta (Sowerby)
Antemetula cf. *elongata* (Dall)

Nassariidae

Nassarius (*Zeuxis*) *siquijorensis* (A. Adams)
Nassarius (*Zeuxis*) *dorsatus* (Roeding)
Nassarius (*Zeuxis*) *vitiensis* (Hombron et Jaquinot)*
Nassarius (*Nioth*) *conoidalis* (Deshayes)
Nassarius (*Alectrion*) *spiratus* (A. Adams)*

Mitridae

Mitra papalis (Linnaeus)
Mitra (*Cancilla*) *praestantissima* Roeding
Mitra (*Cancilla*) *isabella* (Swainson)
Mitra (*Cancilla*) *abyssicola* Schepman*
Mitropifex obeliscus (Reeve)

Faseiolariidae

Fusinus cf. *forceps* (Perry)
Fusinus fragosus (Reeve)
Fusinus longicaudus (Lamarck)
Fusolatirus pilsbuyi (Kuroda et Habe)
Fasciolaria filamentosa (Roeding)
Latirus (*Latirolagena*) *smaragdula* (Linnaeus)
Peristernia nassatula (Lamarck)

Vasidae

Vasum turdinellus Linnaeus

Vasum ceramicum

Harpidae

Harpa amouretta Roeding

Harpa articularis Lamarck

Margnellidae

Marginella tricincta Hinds

Margindlla dactylus Lamarck*

Turridae

Gemmula speciosa (Reeve)

Gemmula kieneri (Doumet)

Gemmula cosmoi (Sykes)

Gemmula diomedea Powell*

Pimquigemmula luzonida Powell*

Lophiotoma (*Lophiotoma*) *acuta* (Perry)

Marshallena philippinarum (Watson)*

Inquisitor flavidula (Lamarck)*

Inquisitor vulpionis Kuroda & Oyama

Janthinidae

Janthina globosa Swainson

《中国贝类论著目录》序[①]

这本贝类论著目录是为纪念中国贝类学会成立十周年而组织出版的,内容包括自1949年新中国诞生至1989年的四十年期间我国的贝类工作者所写的公开发表过的各项著作。本目录分为两部分,一部分是写有外文摘要或以外文发表的论文,一部分是没有外文摘要的论文或著作,分别以海产贝类、淡水陆生贝类、医学贝类及古生贝类四类排列。从这个目录可以看出,自新中国成立以后我国贝类的研究在党的领导下已有长足的发展,特别是近十几年来我国在贝类研究的各个方面都较以前有了很大的进步,诸如在形态学方面,在幼虫及成体生态方面,在染色体及遗传学方面以及实际应用方面都出现一些较好的论文。这说明贝类学的研究是朝着向实验阶段发展的,这是十分可喜的事。

这本贝类论著目录是在本会谢玉坎副秘书长主持从会员之间征集而编出的,有些虽非本会会员,我们知道的也尽量选入。编写过程由马绣同、刘月英、郭源华和黄宝玉同志分别整理完成。由于各位会员所提供的材料不尽相同,有些不够完整,在整理过程中有所取舍,故编写一定有不完善之处,请作者和读者见谅。

齐钟彦　理事长

1991年6月10日于青岛

---

① 载《中国贝类论著目录》,马绣同,谢玉坎主编, 1991年,海洋出版社。

THE INTERTIDAL ECOLOGY OF A ROCKY SHORE AT YANGKOU, QINGDAO, CHINA ①

Qi Zhongyan, Lin Guangyu, Yang Zongdai, Ren Xianqiu, Li Fenglan
(*Institute of Oceanology, Academia Sinica*)

ABSTRACT

One hundred and twenty-three species were obtained from rocky shores at Yangkou, Qingdao, China: Mollusca (36; 38.14%), Crustacea (10; 10.31%), Polychaeta (9; 9.27%). The remainder included representatives of the Platyhelminthes, Nemertea, Coelenterata, Echinodermata and Ascidiacea. There are no estuarine species. Twenty-six species of algae were obtained: Phaeophyta (10), Rhodophyta (9), and Chlorophyta (7).

The total biomass was 594.09 g/m^2: Mollusca (277.14 g/m^2; 38.28%), Algae(207.09 g/m^2; 44.06%), Crustacea (77.53 g/m^2; 13.06%), Polychaeta (0.6 g/m^2; 0.11%) and the others (21.33 g/m^2; 3.59%).

Five typical communities were identified as follows: ① Supra-intertidal zone, dominated by *Littorina brevicula* and *Nodilittorina radiata*; ② Upper mid-littoral zone, dominated by *Chthamalus challengeri*, *Xenotrobus atrata* and *L. brevicula*; ③ Lower mid-littoral zone (facing the sun), dominated by *Saccostrea cucullata*, *Rissoa* sp. and *Ulva pertusa*; ④ Lower mid-littorinal zone (in the shade) dominated by *Caulacanthus okamurai*; ⑤ Sub-littoral fringe zone, dominated by *Sargassum thunbergii*, *S. argassum pallidium* and *Temnopleurus hardwickii*.

Seasonal variations in community structure were evident although the animals showed less prominent community variations than the algae. Warm water species appeared in summer and autumn; cold water species in winter and spring.

INTRODUCTION

Intertidal ecology plays an important role in marine production, environmental preservation and in developing and using marine resources. Much work has been done on the

① The Marine Biology of the South China Sea. Proceedings of the First International Conference on the Marine Biology of Hong Kong and the South China Sea. ed. B. Morton. Hong Kong: Hong Kong University Press, 1993: 627-636.

rocky intertidal, and its division into zones. Although scientists have researched the ecology of the intertidal zone of China, very little research has been undertaken upon northern, open, rocky shores. This paper concerns itself with a seasonal (March, July, October and December) investigation of an open rocky shore at Yangkou, Qingdao, from 1981 to 1982 by the Institute of Oceanology, Academia Sinica. This work will supply basic scientific data for further study of the intertidal zone and for rationally developing potential resources.

MATERIALS AND METHODS

Sampling stations for transects were selected according to biological divisions identified by Stephensen and Stephensen (1949) and the vertical distribution of organisms down the transects investigated. Analyses of species composition, biomass and seasonal variations in community structure have been undertaken (Fig. 1).

RESULTS

Yangkou (120°43′E, 36°15′N) is located at the base of Laoshan Mountain on the coast of the Yellow Sea with steep rocks and clear water. The intertidal zone at Yangkou is open, exchanges frequently with the outer sea and is affected greatly by wave action. The intertidal zone is narrow (35 m) and the lower mid-littoral zone can be divided into two ecological categories, i.e., facing the sun and in the shade.

At Yangkou, the tide is semidiurnal with a range of 4.12 m. In summer and autumn, the tidal range is greater during the night than during the day, but the reverse is true in spring and winter.

Water temperature and salinity are also important factors influencing the distribution of organisms. The average of 15 years water temperature records show a range from 2.1 ℃ (January) to 25.1 ℃ (August) with no ice throughout the year. The salinity ranges from 29.62 to 31.24. There is no freshwater input.

Species composition

The intertidal zone investigated is located in the warm temperate zone so that the majority of species are eurytopic. No typically tropical, cold water or estuarine species occur.

Totally, 97 species of benthos were obtained and included representative of the Mollusca (36 species; 38.10%), Crustacea (10; 10.31%), Polychaeta (9; 0.27%), Echinodermata (5; 5.1%), with the remaining nine species comprising representatives of the Coelenterata, Nemertea, Platyhelminthes and Ascidia. Algae comprised 26 species as follows: Phaeophyta (10), Rhodophyta (9) and Chlorophyta (7) (Fig. 2).

The dominant species of the intertidal zone are *Littorina brevicula*, *Nodilittorina radiata*, *Saccostrea cucullata*, *Xenostrobus atrata*, *Chthamalus challengeri*, *Temnopleurus hardwickii*,

Sargassum thunbergii, *Ulva pertusa* and *Caulacanthus okamurai*.

Station 1 (above EHWST), is sprayed only during highest high water springs tides; the organisms which occur here are *Littorina brevicula* and *Nodilittorina radiata* which gregariously dwell in cavities and crevices. *Ligia exotica* occurs occasionally.

Station 2 (near HHWST). More species (12 species) appear and include the Mollusca (10), Crustacea (1) and Polychaeta (1). The dominant species are *Chthamalus challengeri*, *Xenostrobus atrata* and *Littorina brevicula*. Algae occur at this level seasonally.

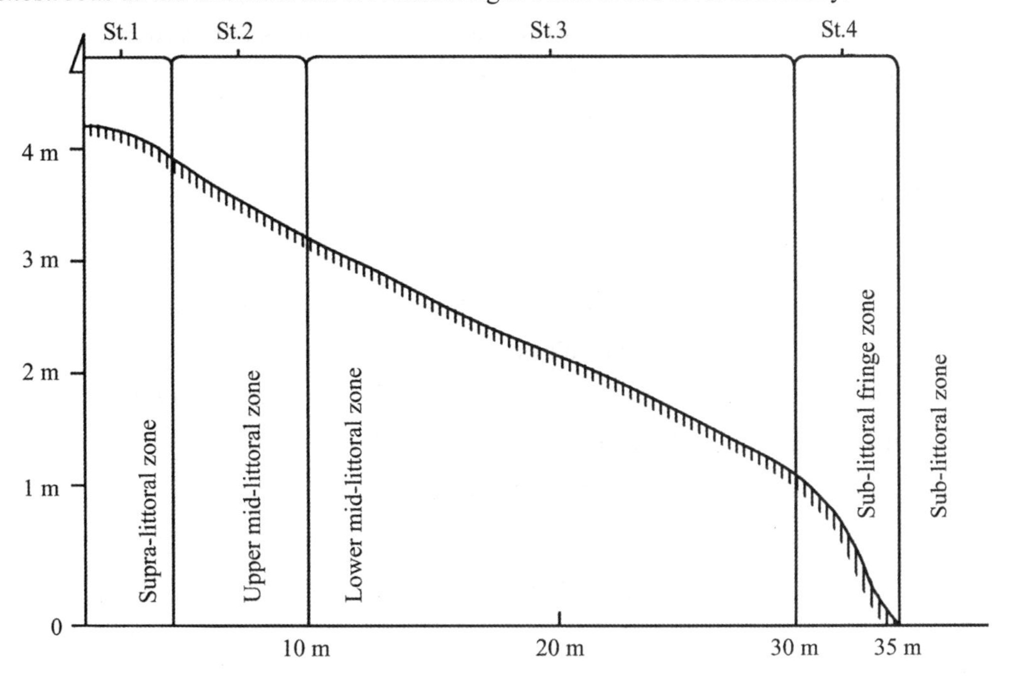

Fig. 1 The transect at Yangkou showing the stations

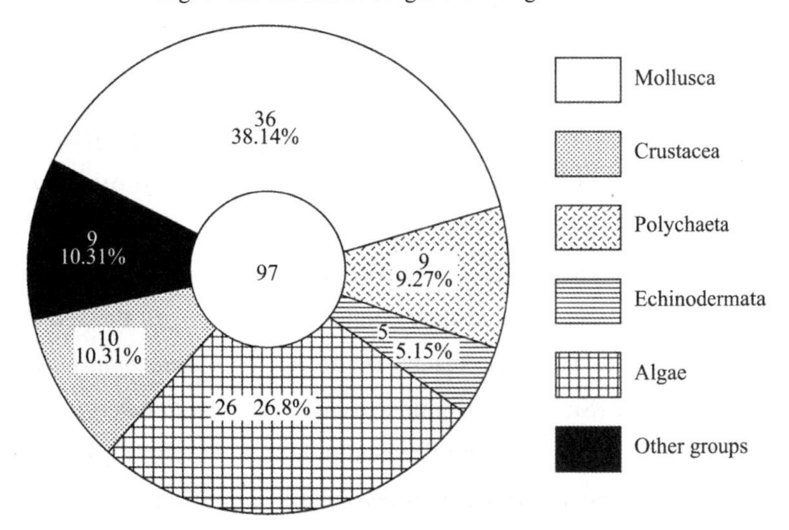

Fig. 2 The average percentage importance of organism groups in the transect investigated

Station 3 (below HHWNT). Twenty-five species were recorded from this level with the Mollusca dominant. Representatives of the Coelenterata, Nemertea and Ascidia began to occur at this station. There are two subcommunities: ① (facing the sun) *Saccostrea cucullata*, *Rissoa* sp., *Xenostrobus atrata* and *Ulva pertusa*; ② (in the shade) Algae dominate here and few animals occur. *Xenostrobus atrata* was occasionally recorded, but the dominant species is *Caulacanthus okamurai*.

Station 4 (MLWNT). Fifty-six species were recorded and a great many algae grow luxuriantly. Representative of the Echinodermata and Platyhelminthes were recorded. Dominant species included *Sargassum thunbergii*, *S. pallidum* and *Temnopleurus hardwickii*. The species representative of this zone extend into the sub-littoral zone.

Community structure

The frequency of occurrence of each species in the seasonal quantitative samples and additional quantitative sampling along the main and auxiliary transects have been used to analyse and classify the different communities.

Supra-littoral zone (Station 1). Dominated by only two species of Mollusca (*Littorina brevicula* and *Nodilittorina radiata*). *L. brevicula* is distributed downwards to the upper mid-littoral zone, lower mid-littoral zone and sub-littoral fringe.

Upper mid-littoral zone (Station 2). Dominated by *Chthamalus challengeri*, *Xenostrobus atrata* and *L. brevicula*. More species of animals appear and commonly include *Patelloida pygmaea*, *Acanthochiton rubrolineatus*, *Thais clavigera*, *Notoacmea schrencki* and *Lasaea undulata*. *L. brevicula* connects this region with the supra-littoral zone and *L. brevicula*, *X. atrata* and *Patelloida pygmaea* extend downwards to connect up with the lower mid-littoral zone.

Lower mid-littoral zone (Station 3, facing the sun). Dominated by *Saccostrea cucullata*, *Rissoa* sp. and *Ulva pertusa*. More species occur here and commonly include *L. brevicula*, *Cellana toreuma*, *Patelloida pygmaea*, *Lunella coronata coreensis*, *Siphonaria japonica*, *Perinereis fleridama* and *Caulacanthus okamurai*. *L. brevicula*, *X. atrata* and *C. okamurai* connect this region with the lower mid-littoral zone (in the shade). *Saccostrea cucullata*, *Lunella coronata coreensis* and *Ulva pertusa* connect this zone with the sub-littoral fringe. Lower mid-littoral zone (Station 3, in the shade). Dominated by *Caulacanthus okamurai*.

Sub-littoral fringe zone (Station 4). Dominated by *Sargassum thunbergii*, *S. pallidum* and *Temnopleurus hardwickii*. Other common species include *Siphonaria japonica*, *Patelloida pygmaea*, *Ulva pertusa*, *Lunella coronata coreensis*, *Haliotis discus hannai*, *Hemigrapsus penicillatus*, *Stichopus japonicus*, *Gracilaria textorii*, *G. verrucosa*, *Desmarestia viridis*, *Scytosiphon lomentarius*, *Colpomenia sinuosa*, *Enteromorpha intestinalis* and *Chorda filum*. Species composition is complex and varies seasonally. *Sargassum thunbergii*, *Gracilaria verrucosa*, *Stichopus japonicus*, *Haliotis discus hannai*, *Temnopleurus hardwickii* and *Monodonta labio* are distributed downwards to the sub-littoral zone.

Biomass

The total average biomass of the transect investigated was 594.09 g/m^2 which included Mollusca (227.14 g/m^2; 38.28%), Algae (267.09 g/m^2; 44.09%), Crustacea (77.53 g/m^2; 13.06%), Polychaeta (0.67 g/m^2; 0.11%) and others (21.31 g/m^2; 3.59%) (Fig. 3; Table 1). At Yangkou, the density of species such as *Saccostrea cucullata* and *Littorina brevicula* are much lower than on sheltered, estuarine, shore, but they appear in relatively greater quantities and cause the Mollusca to have a greater biomass than the other groups. Although *Chthamalus challengeri* is smaller than *Saccostrea cucullata*, its density is much greater, creating a clear zone of relatively high biomass. The large kelp, *Sargassum thunbergii*, is characteristic of the lower levels of the transect investigated. Although the economic species *Haliotis discus hannai* and *Stichopus japonicus* did not appear in the quantitative samples, they are important components of the shore fauna.

The average biomass of Station 1 was 120.98 g/m^2 and was reached by spray only during high spring tides and the community here comprises only two species of Mollusca: *L. brevicula* and *Nodilittorina radiata* which gregariously dwell in cavities and crevices in high densities.

The average biomass of Station 2 was 93.74 g/m^2 with the Crustacea dominant. The density of *Chthamalus challengeri* (685 g/m^2) was greater than that of the other species in spring and autumn. The Mollusca biomass was second because only three species occur here in low densities.

The average biomass of Station 3 (facing the sun) was 3 257.02 g/m^2 with high species numbers also. There were eight species of Mollusca with an average biomass of 3 214.02 g/m^2. *Saccostrea cucullata* had the greatest density and biomass which reached a maximum of 3 030.9 g/m^2 in winter (December). Only two species of algae appear, but their biomass was second highest, because they are large kelp. The biomass of Station 3 (in the shade) was low (42.4 g/m^2) and dominated by *Caulacanthus okamurai*. Only *Xenostrobus atrata* occurred with *Caulacanthus*.

The average biomass of Station 4 was 3 577.23 g/m^2 with a great species diversity. Dominated by four species of kelp, their biomass was high (256 g/m^2, in September). Seven species of Mollusca were recorded and their biomass was second (91.62 g/m^2). The biomass of Coelenterata was also important (12.8 g/m^2).

Seasonal variation

The shore at Yangkou is located in the warm temperate zone so that water temperature fluctuates greatly from 2.7 ℃ (February) to 26.5 ℃ (August). Water temperature increases from March to July and decreases from September to January. Water temperature is the main factor influencing the geographic distribution and quantitative fluctuations in organism occurrence. Most of the animals at Yangkou are eurythermic, euryhaline and eurytopic and show only a slight seasonal variation. Of the 25 species of Mollusca recorded, 19 occurred in summer, 17 in autumn, 11 in winter and 15 in spring. Of the ten species of Crustacea, nine occurred in winter with somewhat stable numbers recorded during the other three seasons (6–8 species). Of the 9 species of Polychaeta, 4 occurred in winter, 3 in spring and autumn and 2 in summer (Figs. 4 and 5).

Benthic biomass was greater in spring and autumn than in winter and summer. Density reached a maximum in spring and was stable during the other three seasons.

The seasonal sequence (from high to low) in biomass of the supra-littoral zone was spring > autumn > summer > winter; that of density was summer > spring > autumn > winter. Mollusca accounted for 100% of the samples.

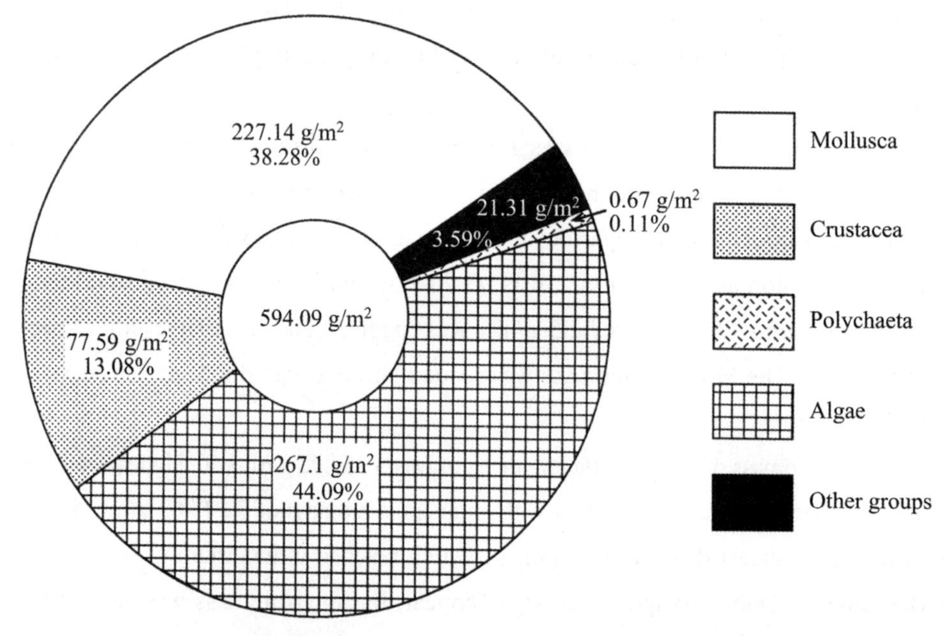

Fig. 3 Average percentage importance of organisms in the biomass of the transect investigated

The seasonal sequence in biomass of the mid-littoral zone was autumn > winter > spring > summer; that of density was winter > spring > autumn > summer. Mollusca accounted for 87%, Crustacea 12.7% and Polychaeta 0.3% of the samples.

The seasonal sequence in biomass of the sub-littoral fringe zone was winter > spring > autumn > summer; that of density was spring > autumn > winter > summer. Mollusca and Crustacea accounted for 82.3% and 17%, respectively.

The algae showed prominent seasonal variations in biomass. The number of Phaeophyta species fluctuated from 9 to 6 with only *Sargassum thunbergii* and *Ulva pertusa* occurring throughout the year. The warm water species *Dictyota indica* and *Padina crassa* appeared only

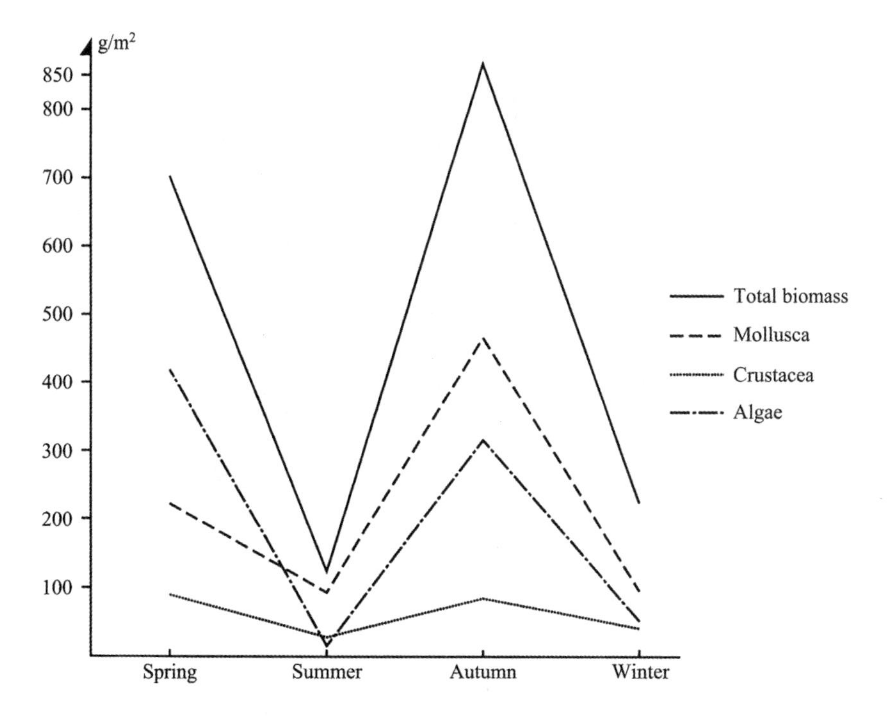

Fig. 4 The average biomass of important groups of organisms along the transect investigated

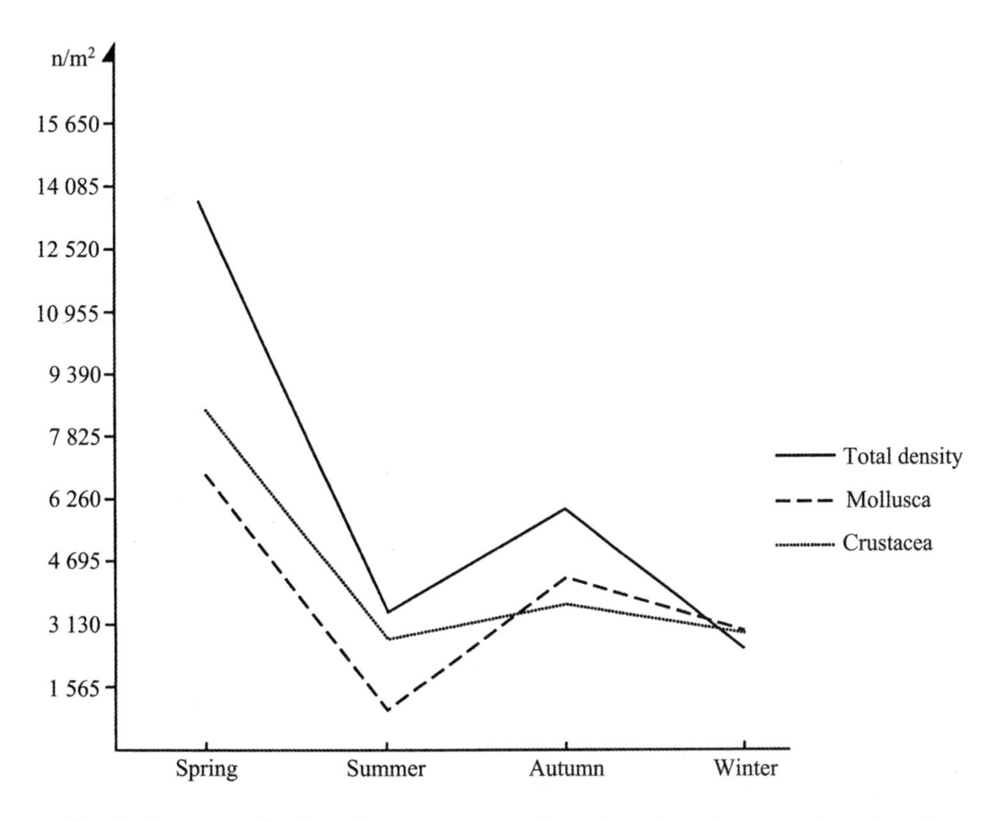

Fig. 5 The average density of important groups of organisms along the transect investigated

Table 1 Seasonal vertical distribution of biomass and density of important groups of organism on the shore at Yangkou

Transect	Zone / Season / Term / Group	Supra-littoral zone								Mid-littoral zone								Sub-littoral fringe zone							
		Spring		Summer		Autumn		Winter		Spring		Summer		Autumn		Winter		Spring		Summer		Autumn		Winter	
		g/m^2	n/m^2	g/m^2	n/m^2	g/m^2	n/m^2	g/m^2	n/m^2	g/m^2	n/m^2	g/m^2	n/m^2	g/m^2	n/m^2	g/m^2	n/m^2	g/m^2	n/m^2	g/m^2	n/m^2	g/m^2	n/m^2	g/m^2	n/m^2
Yangkou, Qingdao	Mollusca	6 700	49	2 140	61.8	2 650	9.5	140	0.6	2 140	71.8	1 340	284.6	13 000	1 825	6 720	342.42	2 950	8	380	1.11	2 200	5.3	5 580	66.42
	Crustacea									34 000	336.5	10 800	80	14 800	349	11 880	161.4	150	1.5	180	2			40	4
	Polychaeta											80	0.6	300	7.5										
	Algae										13		10.2				19.2		1 665.5		21.2		1 256		220
	Other																							20	256
	Total	6 700	49	2 140	61.8	2 650	9.5	140	0.6	36 140	421.3	12 220	375.4	28 100	2 181.5	18 600	523.02	3 100	1 675	560	24.31	2 200	1 261.3	6 640	546.42

in summer and autumn. The cold water species *Scytosiphon lomentarius* appeared in winter and spring when the water temperature nearly equalled that of the sub-cold zone. Although most of species of algae are distributed below the mid-littoral zone, *Gloiopeltis furcate* occurred on the upper mid-littoral zone in spring and in the sub-littoral fringe in summer.

DISCUSSION

The species occurring in the transects investigated at Yangkou are mostly eurythermal, euryhaline and eurytopic, and the fauna is typical of the temperate zone. This is similar to the conclusion of Morton (1990). At Qingdao, seawater temperature is higher than 20 ℃ in summer and autumn (close to the water temperature of the subtropics). Some warm water species occurring in summer, for example, *Dictyota indica* and *Padina crassa* (Morton, 1990) also occur in autumn. In spring and winter, the seawater temperature at Qingdao is lower than 2 ℃, (close to the water temperature of the subarctic) and some cold water species occurring in winter, for example, *Scytosiphon lomentatarius* (Morton, 1990) also occur in spring. Information on the seasonal species composition and distribution and variation in the intertidal zone can be learned only through seasonal investigations.

The biomass of the rocky intertidal at Yangkou is as high as 594.09 g/m^2, and is greater than that of the intertidal of the Yellow Sea, which usually ranges between 150 g/m^2–200 g/m^2, with the highest value of 600 g/m^2 being recorded by Gurjanova et al (1958). This is because Yangkou is far from the city and is disturbed by people to little extent. Another reason for this is that macroalgae such as *Sargassum thunbergii* have a large biomass. The biomass of Yangkou intertidal is lower than the sheltered or semi-sheltered intertidal zone of Jiaozhou Bay. For example, at Daheilian, Qingdao, where there is no human interference, the biomass is as high as 1 769.29 g/m^2(Gurjanova et al, 1958). From the above discussion, it is clear that human activity plays an very important role in the distribution of organisms. Yangkou intertidal is open and influenced by currents and waves. Here, vertical cross distribution of organisms is affected by the tide and is different from that of Jiaozhou Bay. One or more species connect the different communities of the Yangkou intertidal. Some species, such as *Saccostrea cucullata*, are distributed down to the sub-littoral fringe at Yangkou. But at Zhonggang, Qingdao, thus species is only distributed down to the mid-littoral zone and adults dwell at higher levels than smaller individuals. *Littorina brevicula* can be distributed down to the sub-littoral fringe at Yangkou. However, at Zhonggang, Qingdao, it is distributed down no more than the upper mid-littoral zone because of tides and currents.

The structure and fluctuations in intertidal communities are influenced by not only environmental factors, such as tides and waves, but also by competition between species for space and food (Chapman,1974). There are two apparently different communities in the Yangkou lower mid-littoral zone, i.e., facing the sun and in the shade. The surface of rocks in the shade is nearly wholly occupied by *Caulacanthus okamurai.* On the other side, facing the sun, *Saccostrea cucullata* and *Ulva pertusa* do not occur because there is no space for their settlement. This indicates that the competition between species directly affects the formation of biological zonation.

ACKNOWLEDGEMENT

We are indebted to Prof. B. Morton for providing grants for our paricipation in the International Conference on the Marine Biology of Hong Kong and South China Sea, 1990, and for his criticisms of the first draft of the manuscript of this paper.

REFERENCES

Chapman A R O. 1974. The ecology of macroscopic marine algae. *Annals of Ecology and Systematics*, 5: 65–80.

Gurjanova E F, Liu J Y, Scarlato Q A,Uschkov P V, Wu B L and Tsi C Y. 1958. A short report on the intertidal zone of the Shantong peninsula (Yellow Sea). *Bulletin of the Institute of Marine Biology, Academia Sinica*, 1:1–113. (In Chinese and Russian)

Morton B. 1990. The rocky shore ecology of Qingdao, Shandong Province, People's Republic of China. *Asian Marine Biology*, 7:167–87.

Stephenson T A, Stephenson A. 1949. The universal features of zonation between tide-marks on rocky coasts. *Journal of Ecology*, 37: 259–305.

张　玺[①]

张玺，字尔玉。1897年2月11日生于河北平乡；1967年7月10日卒于山东青岛。海洋生物学、湖沼学、贝类学。

张玺出身于农耕家庭。父亲张锡杰是清末秀才，因张玺的祖父去世较早，父亲一生操管农活及家庭生活。张玺幼年时在家乡邻村念私塾打下古文根底，农忙时在家帮做农活。他1911年上小学，1913年上高小，在校成绩优秀，深得师长赏识。1916年，他考入保定甲种农业学校育德勤工俭学留法班，后又在直隶公立农业专门学校农艺留法班学习。1922年，他以优异成绩公费到法国留学，在里昂大学学习农业。1927年获得硕士学位后，他在C. 瓦内(Vaney)教授指导下从事后鳃类软体动物的研究，1931年以论文《普鲁旺萨的后鳃类动物研究》获得法国国家博士学位。张玺在法国留学的10年中，除专心致力于学习、研究外，还同生物学家林镕、朱洗、贝时璋等共同发起创建了中国生物学会，同林镕、齐雅堂等创立了中国农学会，并组织了一些学术活动。

1932年回国后，张玺应聘到北平研究院动物研究所任研究员，从事海洋动物的研究，并在中法大学生物系兼任动物学及海洋生物学教授。

1937年抗日战争爆发后，北平研究院动物研究所迁往云南昆明，所长陆鼎恒逝世，张玺继任所长。在工作条件极端困难、经费严重短缺的情况下，张玺想尽一切办法开始了对湖泊及淡水、陆地动物的研究。

1945年抗日战争胜利后，动物研究所迁回北平。张玺聘请了沈嘉瑞研究甲壳类动物，朱弘复研究昆虫，并为他们聘请了助手，壮大了该所的研究力量，扩大了该所的研究范围。

1949年中华人民共和国成立之后，张玺精神百倍地投入新中国的科学事业。1950年，他与童第周、曾呈奎等一起筹建并领导了中国科学院水生生物研究所青岛海洋生物研究室。该研究室1954年独立，1957年扩大为海洋生物研究所，1959年进一步扩大为综合性的海洋研究所，张玺任副所长。1958年，他又和邱秉经一起筹建了中国科学院广州南海海洋研究所。他兼任该所所长，聘请了许多热心海洋事业的著名科学家对口指导研究工作，使该所有了很大的发展。他还兼任中国科学院动物研究所研究员，组织领导了淡水和陆地软体动物的研究，填补了我国这方面的空白，培养了一批研究人员。

张玺是第二、三届全国人大代表，曾任山东省政协副主席，九三学社中央委员，中国海洋湖沼学会理事长，中国动物学会常务理事，国家科委海洋组成员、水产组成员兼珍珠贝

---

① 载《中国现代科学家传记》第4集，科学出版社，1993年，240～246页。

研究组组长等职。

在40多年的科学生涯中，张玺不仅为中国海洋科学事业的发展做了大量的工作，他的科学研究工作为海洋生物学和湖沼学也做出了贡献。

一、海洋生物学研究

张玺从1927年起开始研究海洋生物，对法国普鲁旺萨和我国胶州湾、海南岛等附近海域的生物做了详细的调查。《在普鲁旺萨的后鳃类动物研究》(1931)这篇博士论文中，他详细而精确地研究了普鲁旺萨海区的环境、后鳃类动物的分布状况和每种(总计32种)的外部形态、解剖、交尾、产卵等特性；讨论了后鳃类动物的生物学和胚胎学；分析了后鳃类动物的食性、运动、防御、再生、变异和畸形、共生和寄生、幼体发育和影响因素，以及幼体变态等。这篇论文受到了各国学者的赞赏，直到20世纪80年代还有外国学者索要这篇文章。1934年，他发表《青岛沿岸后鳃类动物的研究》(法文)，首次记载了我国的后鳃类动物，对青岛附近海域8种后鳃类的外形、解剖、交尾、产卵及发育等做了详细的说明。

1935年，张玺领导由北平研究院和青岛市政府联合组织的胶州湾海洋动物采集团，对胶州湾的各类动物及海洋环境做了全面调查，发表了采集报告4辑和动物门类研究的论文数篇。这是我国第一次对海洋生物进行调查和研究，虽然涉及的范围仅限胶州湾及其附近海域，但这一区域的海洋环境和海洋动物区系在我国北部沿海很有代表性。他们的调查和研究，特别是对许多动物种类的记载，成了研究我国北部沿海动物区系的重要文献，为后人研究海洋资源变动和环境污染对比提供了宝贵的第一手资料。他和相里矩合写的《胶州湾及其附近的海产食用软体动物之研究》一文，对45种软体动物的形态、生态、分布、利用及捕捞方法等做了描述，并对腹足类、瓣鳃类、头足类的形态分别做了概述，考证了一些科、属和种的名称，成为后人研究我国软体动物的极好的参考资料。

在这次调查中，张玺还在我国首次发现了柱头虫，它是处于脊椎动物与无脊椎动物之间的一类动物，在学术上与教学上极为重要。在此之前中法大学生物系主任夏康农曾悬赏一百大洋，鼓励采集这种动物而未果。采集团成员马绣同采到这种动物后，张玺和顾光中鉴定命名为一个新种——黄岛柱头虫。同时，张玺还首次在我国北方海域发现了文昌鱼，在同厦门文昌鱼做了详细的比较后确定为厦门文昌鱼的一个变种。

1946年，张玺发表《中国海洋动物之进展》一文，对中国海洋动物的研究历史做了总结，并指出了进一步研究的方向。文章首先论述了我国各海的形质及其与海洋动物的关系，提出烟台、秦皇岛、威海、青岛、定海、厦门、海南岛为研究各海区海洋动物最适宜的地点。他将我国海洋动物研究的发展分为三个阶段：第一阶段自古昔至清嘉庆初年(1800年)，海产动物的记载见于我国儒家各种书籍中；第二阶段自嘉庆初年至1929年，外国动物学家偶尔涉及中国海洋动物的研究；第三阶段自1929年至1937年，我国海洋动物学家研究我国海洋动物。这是我国海洋动物学史的第一篇分析和评论文章。

张玺作为我国后鳃类研究的奠基人，先后发表了海兔科、侧鳃科和海南岛的后鳃类动物的论著。在大量调查资料的基础上，他与齐钟彦、张福绥、马绣同合写了《中国海软体动物区系区划的研究》(1963)，首次把中国海的软体动物分为暖温带性质的长江口以北的黄、渤海区，亚热带性质的长江口以南的大陆近海、台湾西北岸和海南岛北部沿海，热带性质的台湾南岸和海南岛以南的海区。在同邻近的日本比较后认为：黄、渤海区与日本北部相似，属太平洋温带区的远东亚区；长江口以南的地区同日本南部相似，属印度洋－西太平洋热带区的中－日亚区；海南岛以南与日本的奄美大岛以南相似，属印度洋－西太平洋热带区的印尼－马来亚区。

张玺在从事基础研究的同时，十分重视应用研究，坚持发展海洋动物分类学研究必须同资源调查和开发利用相结合，经济无脊椎动物的生物学和生态学研究应该为水产服务。他认为首先应该弄清我国近海主要动物的种类和它们的生物学特点。他亲自组织和领导了我国多次沿海无脊椎动物资源调查，北自鸭绿江口，南至西沙群岛，取得了大量的、比较完整的资料，基本上掌握了我国沿海各类无脊椎动物的种类、分布和利用情况。他选择同国民经济密切相关的类群首先整理研究，以软体动物为主，兼顾原索动物，负责编写了《中国北部海产经济软体动物》（1955，与齐钟彦、李洁民合著）、《中国经济动物志——海产软体动物》（1962，与齐钟彦等合著）、《南海的双壳类软体动物》（1960，与齐钟彦、李洁民等合著）等专著。他领导并参加了对我国沿海危害极为严重的船蛆和海笋的研究。他曾亲自到塘沽新港进行调查，了解海笋的繁殖季节、生活习性以及危害情况和防除方法，提出建港时不能用石灰石的建议。他对我国沿海船蛆的分类和主要种类的危害程度、繁殖季节及渔民的防治方法做了详细调查研究，为防除船蛆危害提供了可靠的科学依据。牡蛎是世界各国养殖的重要对象，张玺一直对牡蛎的养殖十分重视，他派人到深圳总结近江牡蛎的养殖经验，写成《牡蛎》和《近江牡蛎的养殖》两本著作，对开展我国牡蛎的养殖起了推动作用。为了解我国北方制造干贝的唯一种类——栉孔扇贝的繁殖季节和生长规律，他曾做了连续三年的研究，提出了繁殖保护的具体措施，为后来我国北方沿海大力繁殖这种动物提供了可靠的方法。对南海海洋研究所的生物研究工作，张玺提出重点应放在珍珠贝和珊瑚的研究方面。他亲自带队到广西合浦珍珠发祥地进行调查，了解珍珠的发展状况。在他的努力和支持下，南海海洋研究所培养了一批珍珠培养和珊瑚研究科技人员，并建立了一些培养珍珠的养殖场。

张玺曾在中法大学、山东大学、北京大学等多所学校任教，讲授海洋学、海洋生物学和贝类学等课程，为我国培养了大批海洋生物学人才。同时也写了大量的讲义和实验教材，其贝类学的讲义在有关同志的协助下经整理后以《贝类学纲要》（1961）出版。这本书以我国的材料为主，对贝类的各个方面做了叙述，是我国第一部贝类学专著。

二、湖沼学研究

1938—1945年在昆明期间，海洋动物学研究被迫中断，张玺开始了对湖泊及淡水动物的研究。他广泛搜集昆明湖的环境及各类动物的资料，发表了《昆明湖的形质及其动物之研究》，对昆明湖的地形、水面积、水深、水温、水的酸碱度、透明度及水色等做了调查，为我国研究湖沼学的先声。根据他的记载，昆明湖的总面积约为342平方千米；容积为17亿立方米；水深平均为5米，最深处为8.5米。根据1942—1945年每日两次的实测水表温度最高为30 ℃，最低为2.8 ℃；7月份水表温度最高，平均为32.5 ℃；1月份水表温度最低，平均为 11.6 ℃。这些资料为研究昆明湖的变化有重要的意义。他和成庆泰合写的《洱海渔业调查》和《抚仙湖渔业调查》,对洱海和抚仙湖的特征、鱼类以及湖周围渔村、渔具等做了详细的调查。此外,他还对滇池的养鱼业及青鱼的人工授精也做了研究。

张玺热爱祖国,热爱人民。他对工作积极认真,一丝不苟;对青年精心培养,诲人不倦;他德高望重,深为青年研究人员所爱戴。他为我国海洋生物科学事业的发展,为使海洋生物造福于人民贡献了自己的一生。

参考文献

[1] Tchang Si. Contribution à lêtude des mollusques opithobranches de la côte Provencale (Thèses pour obtenir le grade de docteur es sciences naturelles), 1931: 1–211.

[2] Tchang Si. Contribution à lêtude des opithobranches de la côte de Tsingdao, *Contr. Inst. Zool. Nat. Acad. Peiping*, 1934, 2: 1–148.

[3] 张玺,相里矩 . 胶州湾及其附近海产食用软体动物之研究 . 北平研究院动物研究所汇刊,第 16 号,1936:1–144.

[4] 张玺,顾光中 . 青岛文昌鱼与厦门文昌鱼之比较研究 . 胶州湾海产动物采集团专门论文集,第 5 号,1937:1–35.

[5] Tchang Si. Progress of investigations of the marine animal in China, *American Naturalists*, 1946, 80: 593–609.

[6] Tchang Si, Liu Y P. On the artificial propagation of Tsing-fish, *Matsya sinensis* (Bleeker) from Yang-tsung Lake, Yunnan Province, China Univ.

中国牡蛎的比较解剖学及系统分类和演化的研究①

牡蛎是世界性广布类群，也是世界各国都极为重视的海水养殖对象，具有很重要的经济意义。但牡蛎的种类等许多与养殖、资源开发密切相关的问题在国内外都未能得到很好的解决，限制了一些相关学科的发展。在我国，由于牡蛎种类比较混乱，甚至盲目引进了我国已有分布并开展养殖的种类，因此，尽快解决双壳类分类的难题之一——牡蛎的分类及系统演化等问题势在必行。

牡蛎的分类研究开始较早，但直到林奈（Linnaeus, 1758）时代才正式提出牡蛎属（*Ostrea*）的命名。以后许多学者如 Lamarck（1819）、Sowerby（1870—1871）、Lamy（1929）和 Thomson（1954）等分别对牡蛎进行了较系统的分类研究，提出了一些新的分类阶元。到 20 世纪 70 年代初，世界上记载的现存牡蛎已达 100 多种，然而牡蛎栖息的环境复杂，贝壳的形态变化极大，多数种类单纯依靠贝壳的形态特征是很难区分的。根据推测（Harry, 1985），这 100 多种牡蛎中有近 2/3 是同物异名。Stenzel（1971）总结了古贝类和现生贝类的分类成果，并结合原壳等特征将牡蛎亚目分为 2 个科 5 个亚科（其中 3 个现生亚科）。后来 Torigoe（1981）又根据牡蛎繁殖方式的不同修正了 Stenzel 的分类系统，提出了一个新的亚科——巨蛎亚科，并比较系统地报道了日本的 22 种现生牡蛎。Harry（1985）将现生牡蛎分为 2 个科 4 个亚科 24 属，共计 36 种，并提出了一些新的分类特征。以上两位学者都注意到了牡蛎的内部结构特征在分类上，特别是在亚科阶元上的应用。但在种类鉴定中，Torigoe 仍然过于强调贝壳的形态差异，因而导致了许多同物异名。而 Harry 则特别注重环境的影响，仅仅根据壳形差异的连续性又将一些种类不恰当地合为一种，如主要分布于印度 - 西太平洋区的小蛎属牡蛎，以往的记载大约有 7 种，Harry（1985）将其全部并为一种，而 Torigoe（1981）仅在日本海域就记述了 5 种。20 世纪 60 年代初就有一些学者开始借助其他手段来解决牡蛎分类中的疑难问题。Ranson（1960）研究了 34 种牡蛎原壳的形态，为 Stenzel（1971）对古代和现代牡蛎的系统分类奠定了基础，但在他的报告中很难看出种间差别。目前，国内外牡蛎染色体组型研究的文章有近 30 篇，报道了 21 种牡蛎（当然有些是同物异名）的染色体组型，除覆瓦牡蛎（*Parahyotissa imbricata*）外，其余 20

---

① 李孝绪、齐钟彦（中国科学院海洋研究所）：载《海洋科学集刊》，科学出版社，1994 年，第 35 卷，143 ～ 188 页。中国科学院海洋研究所调查研究报告第 1979 号。本研究分别得到国家自然科学基金和中科院区系分类基金资助。

种的染色体都为10对中着丝点或近中着丝点染色体，组型差异甚微，很难作为分类依据。Buroke等(1979a, b)和Torigoe (1978, 1975)等利用蛋白质及同工酶电泳分析的方法研究了牡蛎属间的遗传差异，取得了一定的进展，但由于涉及的种类有限，种内的遗传差异程度还了解甚微，因此，很难阐明种间的相互关系。到目前为止，在许多外形相似牡蛎的分类研究方面还没有找到比较满意的解决办法。

有关牡蛎解剖学的报道主要发表在20世纪30—60年代，Awati & Rai (1931)、Leenhardt (1926)和Galtsoff (1964)分别对僧帽牡蛎(*Saccostrea cucullata*)、欧洲牡蛎(*Crassostrea angulata*)和美洲牡蛎(*Crassostrea virginica*)进行了比较全面的解剖学研究，Nelson (1938)和Yonge (1926)对欧洲牡蛎、美洲牡蛎和食用牡蛎(*Ostrea edulis*)的消化系统进行了比较详细的组织学、解剖学研究。由于当时贝类生理学的迅速发展，人们更多地进行组织学的研究，而很少注意到各部分之间的相互关系。另外，这些研究涉及的种类有限，在许多方面已不能代表牡蛎亚目的全貌。

到目前为止，还未见任何现生牡蛎系统演化方面的报道，对化石种类虽有一些研究、讨论，但尚无一致的结论。

20世纪50年代前，我国一些学者(张玺，1937；叶希珠等，1954)只是记述了牡蛎的个别种类，直到1956年，张玺、楼子康才对牡蛎的分类进行了比较系统的研究，然而随着时代的前进，这些研究已远远不能满足科学发展的需要。李孝绪(1989)研究了中国常见牡蛎外套腔的形态，证实广东养殖的“红肉”“白肉”牡蛎应属于两个不同的种，但并没有解决它们的种名问题。Morris (1985)仅仅根据壳形记述了香港地区的6种牡蛎。

本文根据大量的资料，对我国的牡蛎(原20种)做了详细的解剖学研究，将其修正为15个种(含一新属、新种)，并在强蛎亚科中发现了第三个心耳和第三条回心静脉。文章还讨论了一些主要系统的演化过程，初步论证了现生牡蛎属间的演化关系，提出了一些新的分类依据，同时发现了一个具有重要演化意义的单行属种——爪蛎属猫爪牡蛎。通过对外套腔的形态比较，作者将中国的牡蛎分为3种类型6个组，在原有两种类型的研究基础上(李孝绪，1989)，又增加了一个新类型。

根据Harry (1985)的分类系统和作者的修正，中国的现生牡蛎应分别隶属于2科4亚科10属，共计15个种。

名录如下：

牡蛎亚目 Ostreina Ferussac, 1822

　牡蛎超科 Ostreacea Rafinesque, 1815

　　曲蛎科 Gryphaeidae Vyalov, 1936

　　　强蛎亚科 Pycnodonteinae Stenzel, 1959

　　　　舌骨蛎属 *Hyotissa* Stenzel, 1971

　　　　　舌骨牡蛎 *H. hyotis* (Linnaeus, 1758)

　　　　拟舌骨蛎属 *Parahyotissa* Harry, 1985

　　　　　覆瓦牡蛎 *P. imbricata* (Lamarck, 1819)

　　　　　中华牡蛎 *P. sinensis* (Gmelin, 1791)

牡蛎科 Ostreidae Rafinesque, 1815

冠蛎亚科 Lophinae Vyalov, 1936

冠蛎属 *Lopha* Röding, 1798

鸡冠牡蛎 *L. cristagalli* (Linnaeus, 1758)

齿蛎属 *Dendostrea Swainson*, 1835

薄片牡蛎 *D. folium* (Linnaeus, 1758)

缘齿牡蛎 *D. crenulifera* (Sowerby, 1871)

褶蛎属 *Alectryonella* Sacco, 1897

褶牡蛎 *A. plicatula* (Gmelin, 1791)

巨蛎亚科 Crassostreinae Torigoe, 1981

爪蛎属（新属）*Talonostrea* gen. nov.

猫爪牡蛎（新种）*T. talonata* sp. nov.

巨蛎属 *Crassostrea* Sacco, 1897

长牡蛎 *C. gigas* (Thunberg, 1793)

近江牡蛎 *C. rivularis* (Gould, 1861)

拟近江牡蛎 *Crassostrea* sp.

小蛎属 *Saccastrea* Dolfuss & Dautzenberg, 1920

僧帽牡蛎 *S. cucullata* (Born, 1778)

棘刺牡蛎 *S. echinata* (Quoy et Gaimard, 1835)

牡蛎亚科 Ostreinae Rafinesque, 1815

平蛎属 *Planostrea* Harry, 1985

鹅掌牡蛎 *P. pestigris*(Hanley, 1846)

牡蛎属 *Ostrea* Linnaeus, 1758

密鳞牡蛎 *O. denselamellosa* Lischke, 1869

一、各系统的比较解剖

（一）材料和方法

解剖所用的材料多数系 1989—1990 年间来自全国各地的新鲜或用酒精、福尔马林固定的标本。舌骨牡蛎、覆瓦牡蛎、中华牡蛎、鸡冠牡蛎、褶牡蛎、薄片牡蛎、缘齿牡蛎、僧帽牡蛎、棘刺牡蛎取自海南岛附近海域，密鳞牡蛎来自胶州湾及海南岛，长牡蛎取自海南岛、福建、山东及辽宁沿海，近江牡蛎为广东蛇口和山东羊角沟的材料，拟近江牡蛎采自蛇口，猫爪牡蛎拖网于胶州湾，鹅掌牡蛎为 1958 年福尔马林固定的广东乌石的标本。每个种解剖 3 ～ 4 个典型标本，然后再根据贝壳形态的变异程度辅助解剖数个至数十个个体。在解剖镜下观察各系统的结构特征及相互关系，绘制出解剖图或示意图。

生殖系统的研究采用饥饿法，即将接近成熟的牡蛎暂养在过滤流动海水培养缸中断食两个月左右，然后观察其生殖腺的走向。

用 Boin 液固定某些种类的鳃和肾脏等器官，石蜡包埋，7 μm 切片，显微镜观察后拍照或绘制出模式图。

牡蛎的方位用 Stenzel（1971）的标准，韧带所在的位置为背缘，其对面为腹缘，面向右壳，则右侧为前端，左侧为后端。壳长与韧带平行，高与韧带垂直。根据 Harry（1985）提出的标准，小型牡蛎壳高小于 3 cm，中型牡蛎壳高为 5 cm ～ 7 cm，大型牡蛎大于 7 cm。

（二）结果与讨论

各系统的比较解剖如下。

1. 外套腔

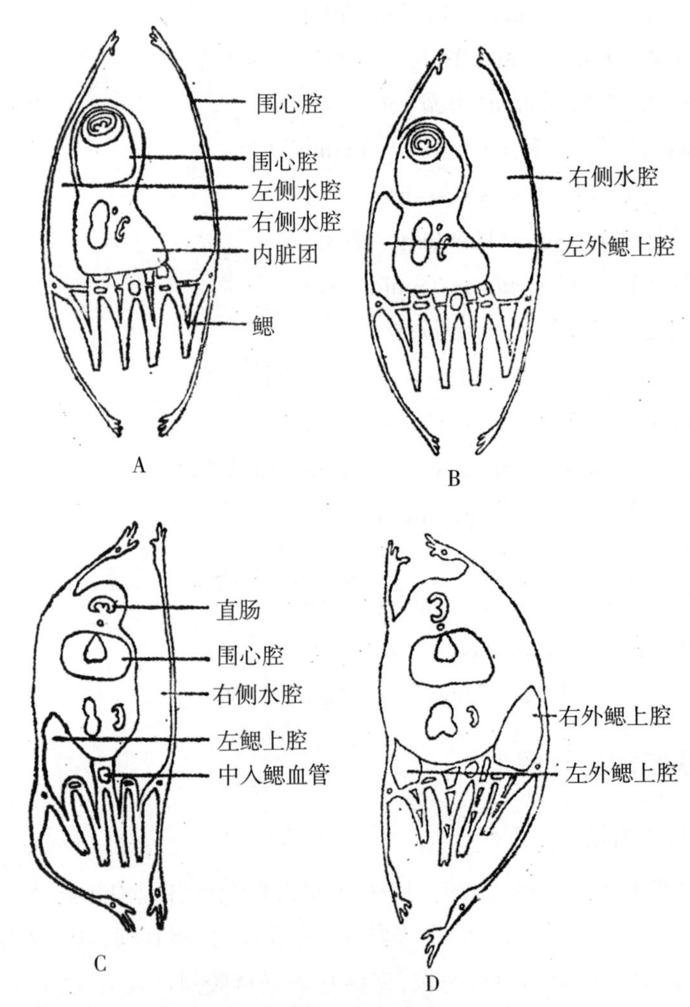

图 1　鳃与内脏团的关系图（沿闭壳肌背方穿心脏的横切面）
A. 第一种类型第一组（I_1）；B. 第二种类型第五组（II_5）；C. 第二种类型第四组（II_4）；
D. 第三种类型第六组（III_6）

可分为 3 种类型 6 个组：① 第一种类型左、右两侧都具有侧水腔。第一组（I_1，图 1A）的左、右鳃上腔再分为 2 个小腔，仅左、右外侧鳃上腔与左、右侧水腔直接相通。② 第二种类型仅右侧具有侧水腔。第二组（II_2，图 2A，B）左、右鳃上腔均与右侧水腔直接相通，但中入鳃血管在闭壳肌处与内脏团相连，其前方的一段与内脏团分离；第三组（$Ⅲ_3$，图 2B）左、右鳃上腔均与右侧水腔直接相通，中入鳃血管仅在近唇瓣处与内脏团相连，其余部分完全与内脏团分离；第四组（$Ⅱ_4$，图 1C）仅右侧的鳃上腔与侧水腔直接相通；第五组（$Ⅱ_5$，图 1B）左、右鳃上腔再分为 2 个小腔，仅最右侧的一个与侧水腔直接相通。③ 第三种类型不具侧水腔。第六组（$Ⅲ_6$，图 1D）鳃上腔分为 4 个小腔。

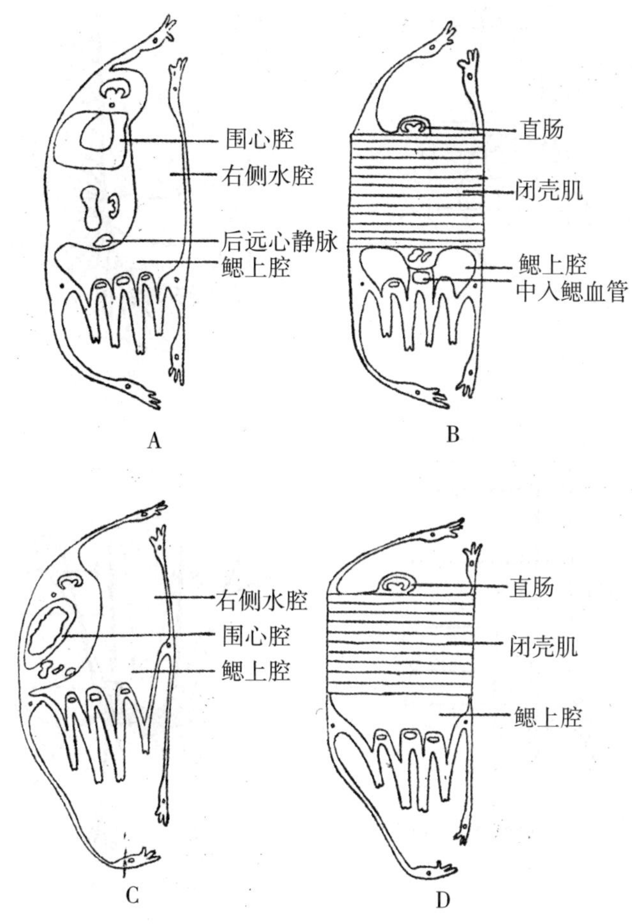

图 2 鳃与内脏团的关系图
A, C. 沿闭壳肌的背方穿心脏的横切面；B, D. 沿横纹肌中部的横切面；
A, B. 第二种类型第二组（$Ⅱ_2$）；C, D. 第二种类型第三组（$Ⅱ_3$）

1989 年作者报道了中国常见牡蛎外套腔的两种类型四个组。本文在此基础上再增加一种类型和一个组，即第一种类型和第二种类型的第二组。

牡蛎的外套触手的形态分为指状、瓣状和丘状 3 种（图 11）。

2. 肌肉（图 3B）

牡蛎的肌肉分为两种类型，一类以一端或两端连接在贝壳上，另一类为分散在体内的肌束。成体时前一类肌肉又可分为 3 种：① 后闭壳肌；② 外套肌；③ 昆泰肌（Quenstedt muscle）是一对细的肌肉束，一端固着在贝壳上，与贝壳成 50° 左右的角度向腹方斜行，终止在近唇瓣处鳃的背方，两侧的肌肉并不相连。

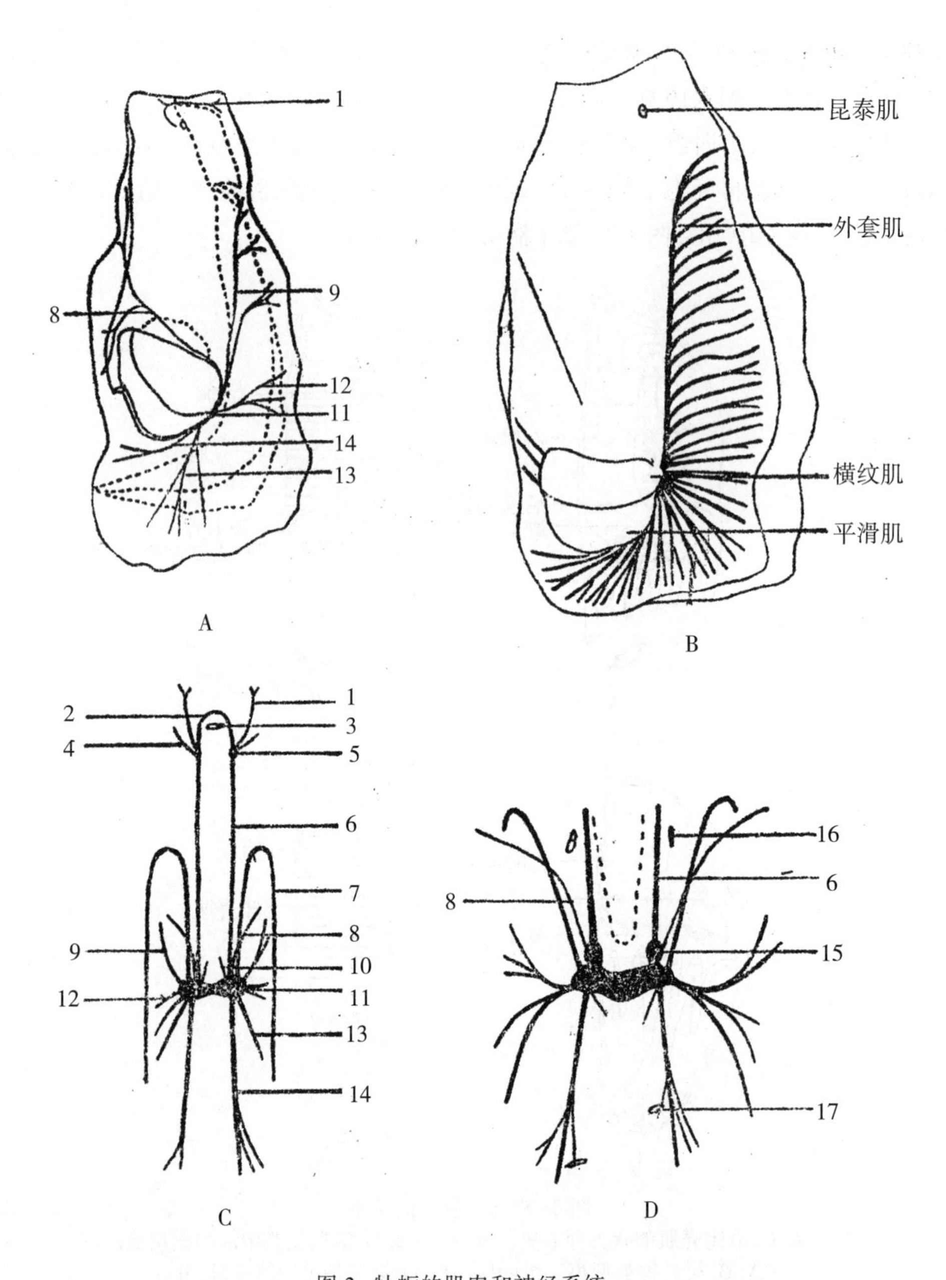

图 3 牡蛎的肌肉和神经系统

A. 长牡蛎侧神经在外套膜上的分布;B. 长牡蛎的肌肉;C. 长牡蛎的神经系统;D. 猫爪牡蛎的神经系统（1. 外套膜神经;2. 头神经节联络神经;3. 口;4. 唇瓣及昆泰肌神经;5. 头神经节;6. 头脏神经联络;7. 鳃神经;8. 背后神经;9. 前侧神经;10. 闭壳肌神经;11. 脏神经节;12. 侧神经;13. 腹侧外套神经;14. 腹后外套神经;15. 脏神经节侧节;16. 泄殖孔;17. 嗅检器）

3. 生殖及排泄系统（图 4A，B;图版Ⅰ B）

经两个月左右饥饿处理的牡蛎，其生殖腺的形态及生殖导管的分布十分清楚，两条生殖总导管分别沿围心脏的背前侧斜行，最后与肾围心脏导管重叠，并行开口于泄殖孔内侧（生殖孔在下）。牡蛎的排泄系统包括 3 部分：① 肾围心脏管（图 4B），多数种类其上端开口于围心腔的前侧，紧靠两条总静脉的背端（但僧帽牡蛎由于身体扭曲，右侧的开口随之前移，离总静脉较远），下端与生殖导管重叠；② 囊状部；③ 腺状部。不同的种类囊状部和腺状部的比例相差甚大，强蛎亚科的囊状部极大，而其余种类的囊状部均由许多大小不一的导管组成，在肾脏中所占比例小。泄殖孔的外侧为一瓣状盖（图4A），泄殖过程由它控制。

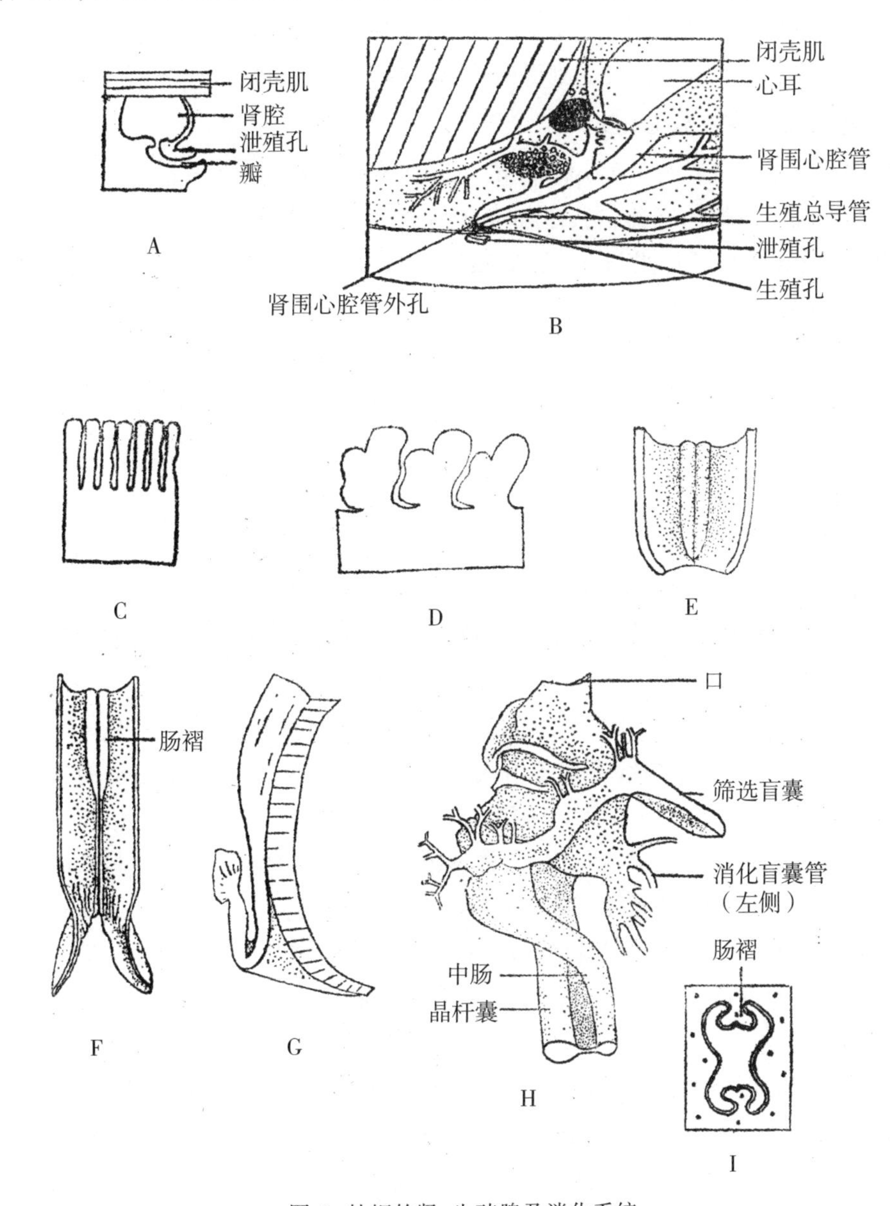

图4 牡蛎的肾、生殖腺及消化系统

A. 肾腔横切面；B. 长牡蛎肾和生殖腺的侧面观（去掉右侧肾腔壁）；C. 唇褶横切面（侧沟不明显）；D. 唇褶横切面（侧沟明显）；E. 肠褶延至末端；F. 肠褶不到肛门末端；G. 肛翼；H. 胃部整体（腹面观）；I. 筛选盲囊横切面

外套腔的结构属于第一种类型第一组、第二种类型第五组和第三种类型第六组的牡蛎，其泄殖孔位于闭壳肌前端两侧出鳃血管的内侧，其余各组的种类则位于闭壳肌前端内脏团的两侧。

Awati & Rai（1931）、Galtsoff（1964）和 Leenhardt（1926）分别对僧帽牡蛎、美洲牡蛎

和欧洲牡蛎的生殖排泄系统做过较详细的报道，本文结果与他们的报道基本一致，但生殖孔和肾围心腔外孔的位置与他们的不同。他们认为肾孔和生殖孔为同一开口，直接通向体外，而肾围心腔外孔与总肾管相通。作者研究的15种中国牡蛎的结果表明，肾围心腔管的末端与生殖总导管的末端并行，或离得很近，它们都开口于泄殖孔的内侧肾囊中，这样来自这两个导管的液体的排出都应受到泄殖孔的控制。

4. 神经系统（图3A，C，D）

牡蛎的神经系统主要由1对头神经节、1个脏神经节和与神经节相连的神经索组成。

头神经节位于唇瓣的基部，左、右各1个；脏神经节左右合并为一，位于闭壳肌前端平滑肌与横纹肌之间。上述结果与Awati & Rai（1931）、Galtsoff（1964）和Stenzel（1971）以小蛎属和巨蛎属为材料的研究结论一致。但较原始的种类，如猫爪牡蛎、覆瓦牡蛎等的脏神经节则由3个部分组成，即在主神经节的两侧各有1个小的神经节，推测这对小神经节可能来自幼虫期间的1对足神经节，由它们伸出两条神经——头脏神经联络和后背神经，其他神经由主节分出（图3D）。

5. 消化系统

牡蛎的消化系统主要包括唇瓣、口、食道、胃、肠和肛门。

牡蛎的外唇瓣愈合程度差别较大，可分为大于3/4、近于1/2和小于1/3三大类（图6D，F，G）。唇褶的前侧面具有选运食物的侧沟（图4D；图版1A），但也有的种类此沟不明显（图4C）。

胃的结构比较复杂，主要由胃盾、筛选区、消化盲囊和筛选盲囊组成（图4H，I；图7A，B，C）。筛选区和筛选盲囊由纤毛上皮组成。肠褶穿过筛选区，沿筛选盲囊的左侧通到顶端，折回后沿其右壁外行，终止于食道下端。

胃盾以锚区固定在胃壁上，盾区是晶杆囊搅拌的界面，不同种类锚区与盾区长度的比例不同，近于1/3（图6B）或近于1/2（图6A，C）。强蛎亚科在锚区齿凸上具有1个特殊的龙骨凸起（图6C）。消化盲囊开口的数目在不同种中有差异，3～11个不等。小蛎属胃的右侧具一特殊的胃盲囊（图7C）。鸡冠牡蛎右侧近肠端消化盲囊附近具一特殊的筛选区（图8D）。

牡蛎肠的走向可分为3种类型：① 肠呈Z形，不环绕胃，中肠与晶杆囊愈合（图5A，B，C）；② 肠环绕胃，中肠与晶杆囊愈合（图5D，E）；③ 肠环绕胃，中肠与晶杆囊分离（图5F，G）。Z形肠直肠在前大动脉下，而环形肠直肠在前大动脉上横过动脉（图12，14B）。

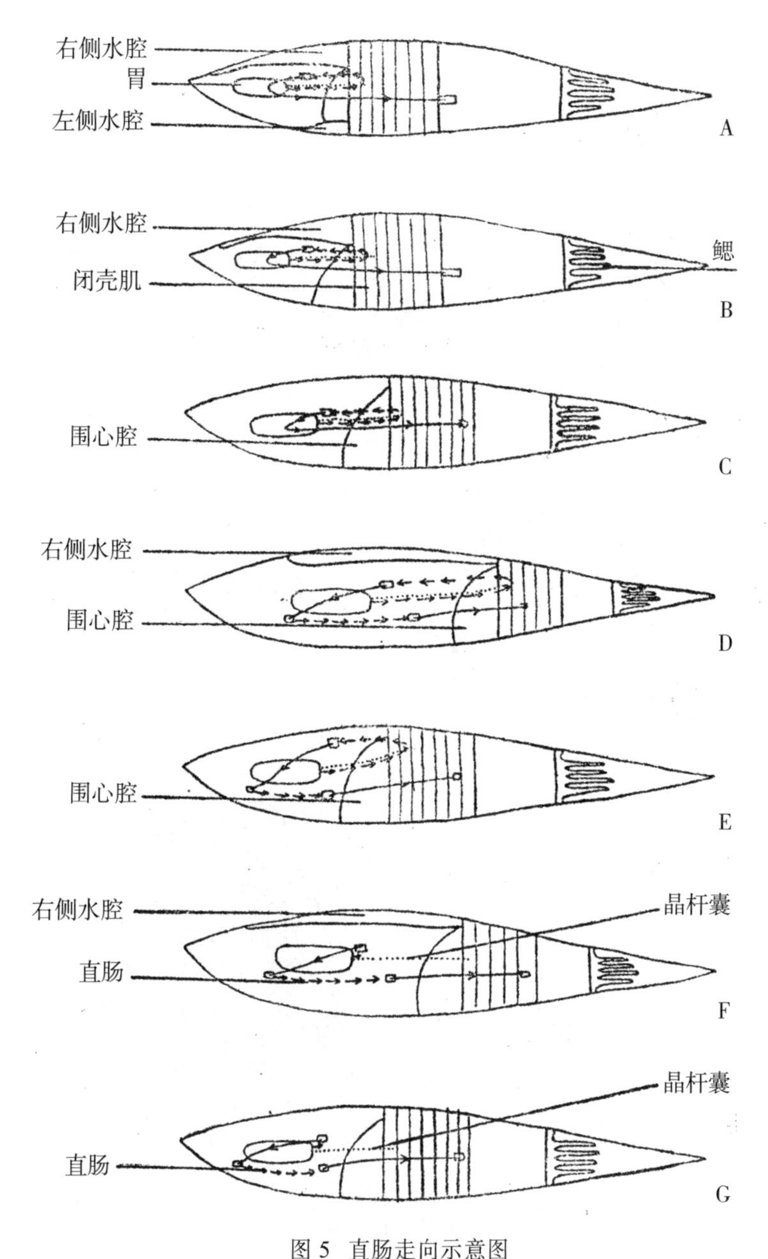

图 5 直肠走向示意图
A, B, C. 直肠呈 Z 形;D, E. 直肠呈环形,中肠与晶杆囊愈合;F, G. 直肠呈环形,中肠与晶杆囊分离

肛区游离段的长短变化较大(图 4E, F, G)。游离端较长的种类其肠沟一般不延至肛门末端(图 4F),个别种类肛门的外沿膨胀,形成肛翼。

Torigoe（1981）发现牡蛎肠道的走向分为两种类型,与本文讨论的第一种类型和第二种类型完全一致,并首次将它们用于分类学研究中。

6. 循环系统(图 8A, B, C;图 9;图 10)

牡蛎的循环系统属开管式,但比较复杂,不同种类相差较大。直肠与心脏的关系可分为 3 种:① 直肠穿过心室(图 9A) ;② 直肠部分穿过心室(图 9B) ;③ 直肠不穿过心室。其血液的循环过程可分为无附心脏型和附心脏型两种,与李孝绪等(1994)的报道一致。

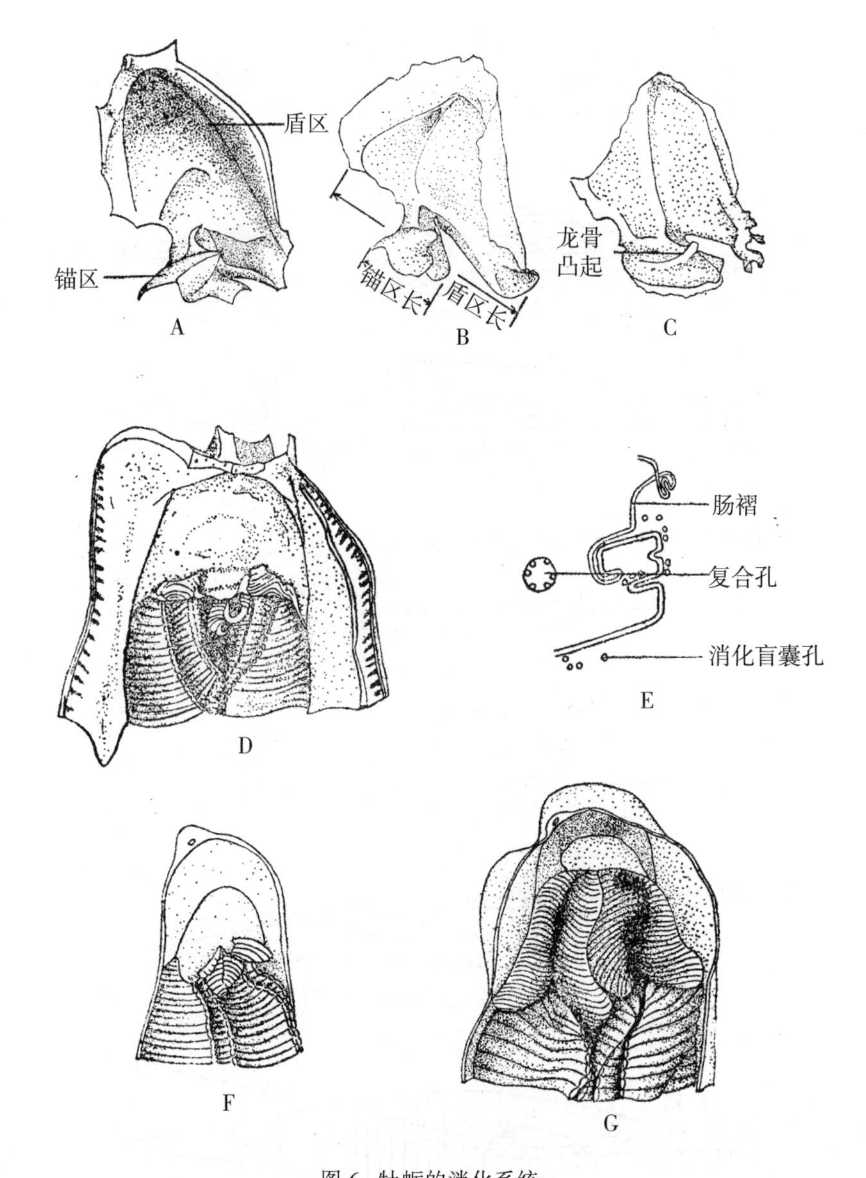

图 6 牡蛎的消化系统
A, B, C. 胃盾；D. 外唇瓣愈合大于 1/3（覆瓦牡蛎）；E. 肠褶及消化盲囊孔（近江牡蛎）；F. 外唇瓣愈合近 1/2（褶牡蛎）；G. 外唇瓣愈合小于 1/3（长牡蛎）

牡蛎的心耳有复叶状（图 9A，B）和囊状（图 9C，D；图 10A，B）两种。复叶状心耳的右侧心耳分为两部分，即右上心耳和右下心耳，它们分别与后静脉和右总静脉相通（图 9A，B）。

两侧心耳可以完全愈合，大部分愈合或很少愈合（图 9；图 10A，B）。

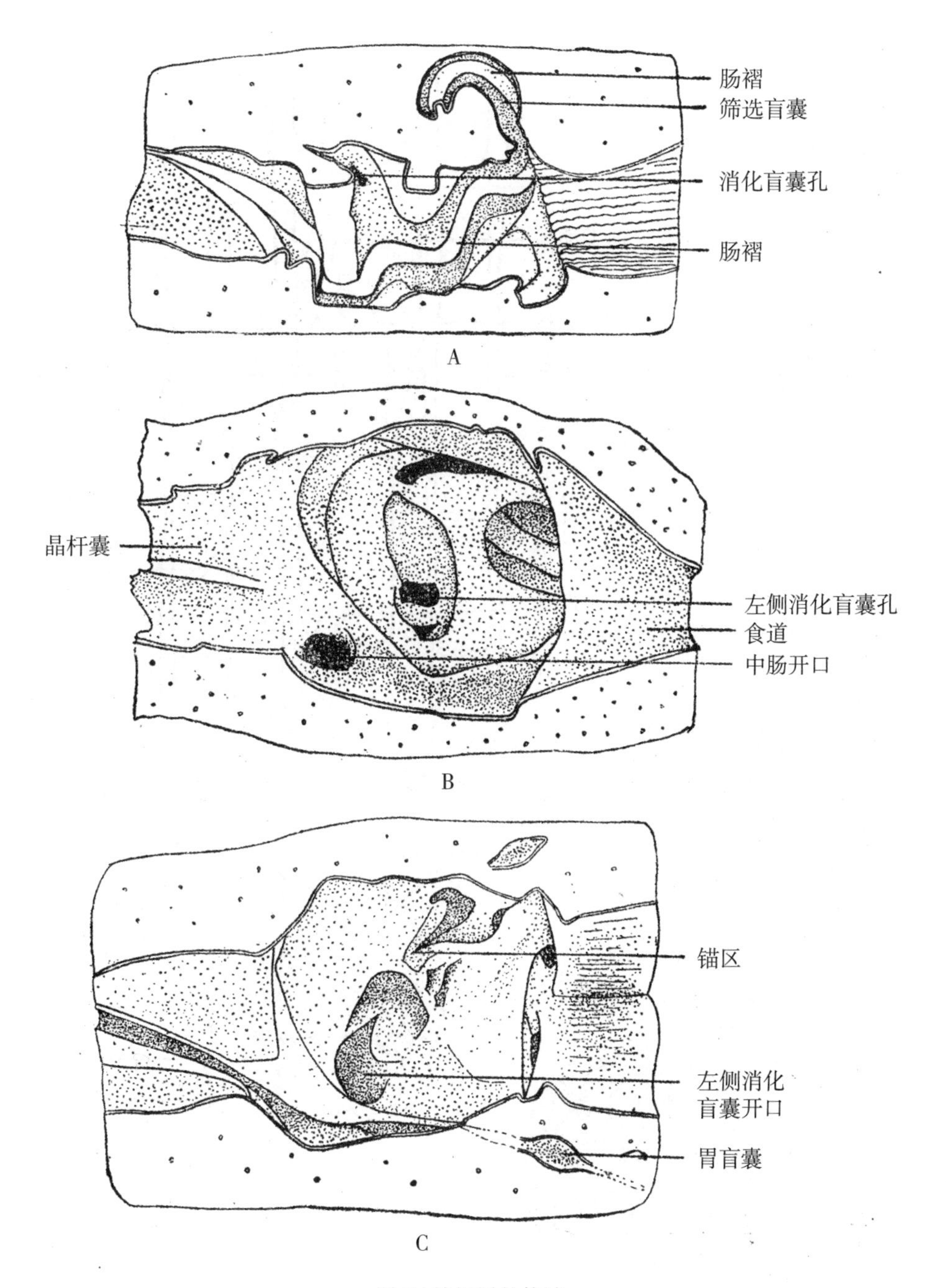

图 7 牡蛎胃的构造

A. 长牡蛎胃的矢切面 ×8；B. 鹅掌牡蛎的胃中线光学切面 ×14.5；C. 僧帽牡蛎的胃中线光学切面 ×8.5

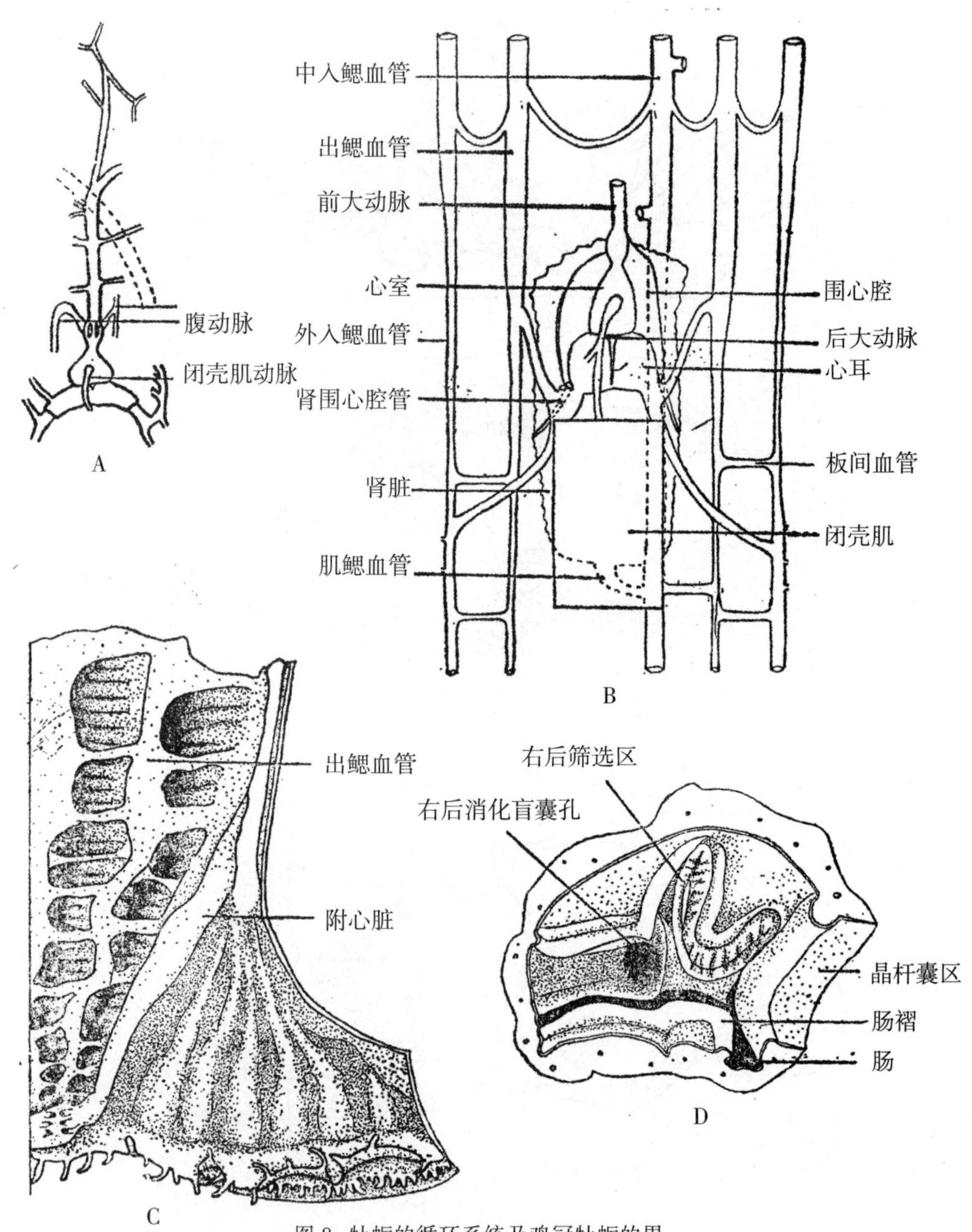

图 8 牡蛎的循环系统及鸡冠牡蛎的胃

A. 猫爪牡蛎的动脉；B. 长牡蛎的循环系统；C. 长牡蛎的附心脏 ×3.5；D. 鸡冠牡蛎的胃 ×14

牡蛎的鳃属于假瓣鳃，鳃板由鳃褶、主鳃丝、移行鳃丝、普通鳃丝、支持棒和鳃血管（图 10C，D，E）组成，某些种类的移行鳃丝不清楚（图 10D），猫爪牡蛎无鳃褶，鳃板上的出入鳃血管不明显，主鳃丝的横切面呈指状（图 10C）。

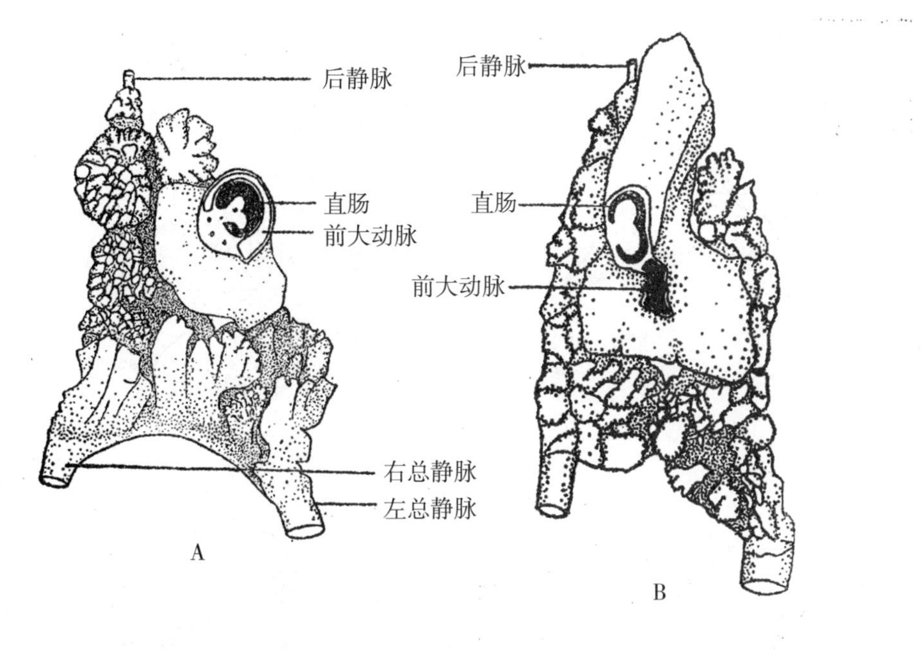

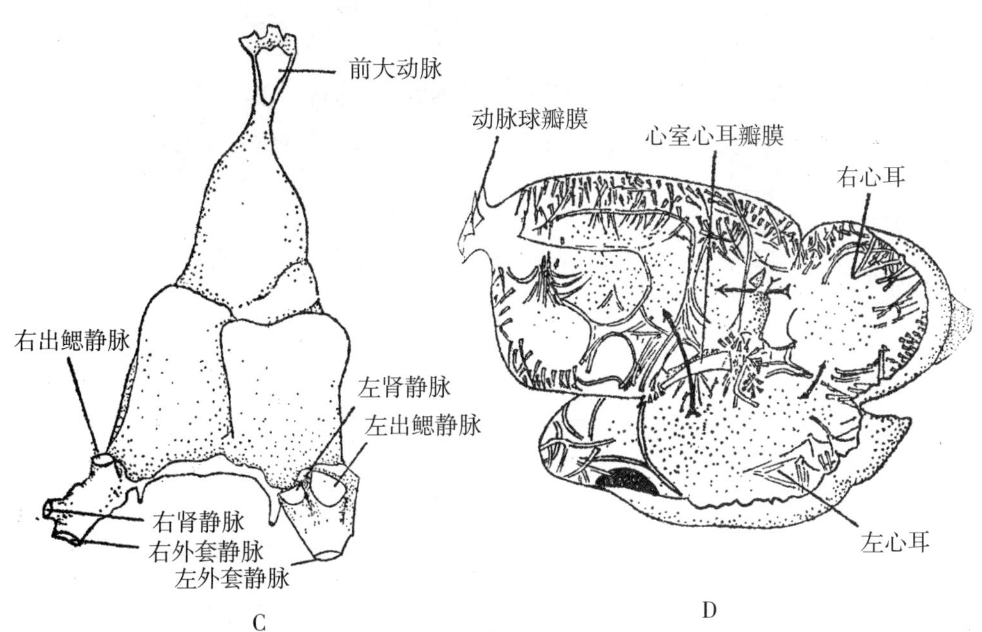

图 9 牡蛎的心脏

A. 舌骨牡蛎心脏腹面观(直肠穿过心脏,心耳复叶状) ×2.5; B. 中华牡蛎心脏腹面观(直肠部分穿过心脏) ×2.2; C. 拟近江牡蛎心脏腹面观(直肠与心室分离,心耳囊状,二心耳愈合小) ×4; D. 僧帽牡蛎心脏纵切面 ×7.5

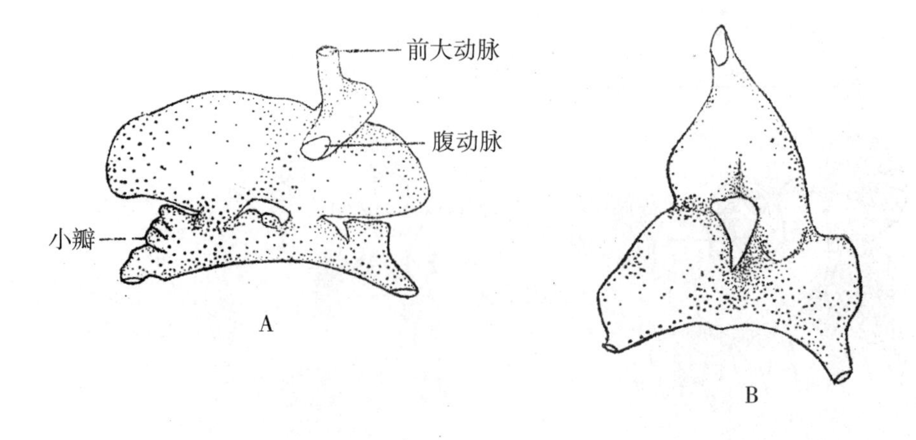

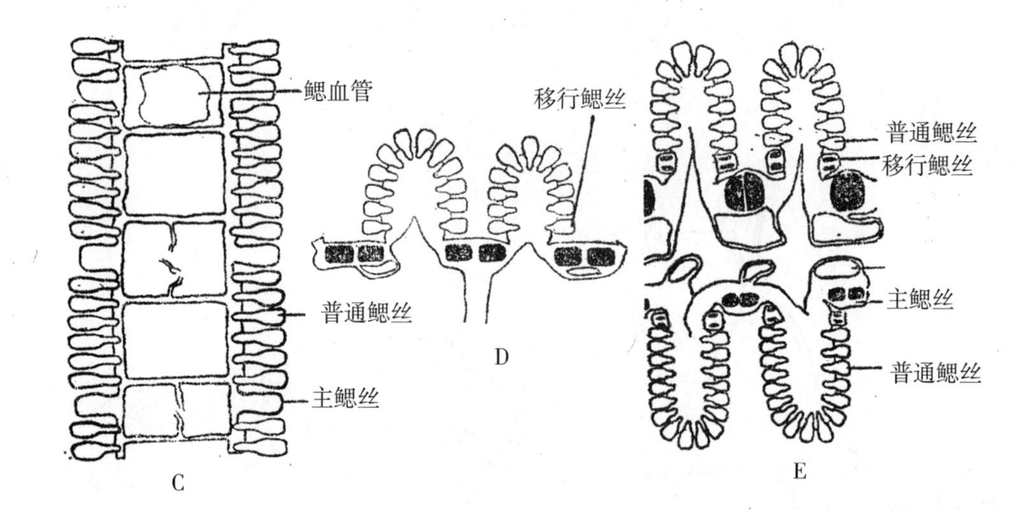

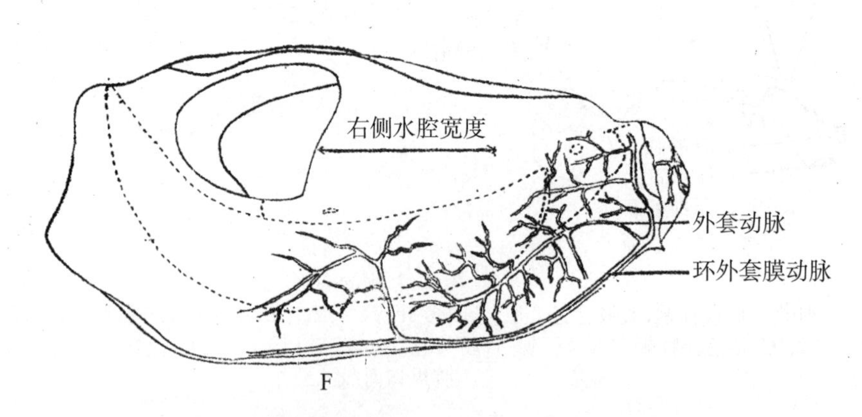

图 10 牡蛎的外套动脉、鳃和囊状心耳

A. 囊状心耳 ×4，示小瓣（鸡冠牡蛎腹面观）；B. 囊状心耳 ×4，愈合大（棘刺牡蛎腹面观）；C. 猫爪牡蛎的鳃；D. 舌骨牡蛎的鳃；E. 长牡蛎的鳃；F. 长牡蛎的外套动脉 ×1.5

二、中国牡蛎的系统分类

牡蛎超科的检索表

1. 壳具蜂窝状结构,直肠穿过或部分穿过心室……………………曲蛎科(强蛎亚科)2
   壳不具蜂窝状结构,直肠不穿过心室……………………………………………牡蛎科 4
2. 左、右侧都具侧水腔……………………………………………………舌骨牡蛎 *H. hyotis*
   仅右侧具侧水腔………………………………………………………………拟舌骨蛎属 3
3. 直肠部分穿过心脏、壳厚重………………………………………中华牡蛎 *P. sinensis*
   直肠穿过心脏、壳轻薄……………………………………………覆瓦牡蛎 *P. imbricata*
4. 肠呈 Z 形……………………………………………………………………………冠蛎亚科 5
   肠呈环形……………………………………………………………巨蛎亚科、牡蛎亚科 8
5. 壳内面具指纹………………………………………………………褶牡蛎 *A. plicatula*
   壳内面不具指纹…………………………………………………………冠蛎属、齿蛎属 6
6. 放射褶大、尖锐,仅具冠蛎型栉齿………………………………鸡冠牡蛎 *L. cristagalli*
   放射褶较平,具冠蛎型和牡蛎型栉齿…………………………………………齿蛎属 7
7. 壳薄,壳缘波纹状、棕色……………………………………………薄片牡蛎 *D. folium*
   壳较厚,壳缘锯齿状、绿色……………………………………缘齿牡蛎 *D. crenulifera*
8. 不具侧水腔……………………………………………………………………牡蛎亚科 9
   具右侧侧水腔………………………………………………………………巨蛎亚科 10
9. 中肠与晶杆囊分离……………………………………………………鹅掌牡蛎 *P. pestigris*
   中肠与晶杆囊愈合……………………………………………密鳞牡蛎 *O. denselamellosa*
10. 中肠与晶杆囊分离…………………………猫爪牡蛎(新种)*T. talonata* sp. nov.
    中肠与晶杆囊愈合……………………………………………………巨蛎属、小蛎属 11
11. 壳小型,具牡蛎型栉齿………………………………………………………小蛎属 12
    壳大型,不具栉齿………………………………………………………………巨蛎属 13
12. 软体部扭曲,中入鳃血管的大部分与内脏团分离……………僧帽牡蛎 *S. cucullata*
    软体部不扭曲,中入鳃血管的大部分与内脏团愈合…………棘刺牡蛎 *S. echinata*
13. 壳面鳞片多,不愈合,消化盲囊孔少于 8 个…………………………长牡蛎 *C. gigas*
    壳面鳞片少,多愈合,消化盲囊孔多于 10 个…………………………………………14
14. 中入鳃血管中段与内脏团分离…………………………拟近江牡蛎 *Crassostrea* sp.
    中入鳃血管与内脏团愈合…………………………………………近江牡蛎 *C. rivularis*

牡蛎亚目 Ostreina Ferussac, 1882

牡蛎超科 Ostreacea

单肌型。成体无足和足丝。以左壳附着或早期以左壳附着。底栖生活种类。除与鳃愈合外,外套膜边缘游离。外上行鳃板与外套膜相连。晚三叠纪至今种类。

曲蛎科 Gryphaeidae Vyalov, 1936

闭壳肌痕圆形或背部略平,位置靠近铰合部。本科共分 3 个亚科,所有现生种都属于强蛎亚科。

强蛎亚科 Pycnodonteinae Stenzel, 1959

壳缘面非常清楚,形成一环台(图版ⅢA),栉齿变化较大,呈波状、条状和波脊状(图版Ⅰ,ⅡE)。具蜂窝状结构(图版ⅠD)。壳面具粗厚的鳞片,其边缘多卷起,形成粗大的舌骨棘。

表 1 中国牡蛎的分布及贝壳的形态特征

亚科	属	种	南海	东海	黄、渤海	潮间带	浅海区	大型	中型	小型	左壳放射肋	右壳放射肋	舌骨棘	小棘	壳鳞竖起	壳鳞平	无壳鳞	壳缘面	蜂窝状结构	无白垩粉沉淀层	指纹	波纹齿	冠蛎型栉齿	牡蛎型栉齿	无栉齿	闭壳肌痕		
																										椭圆形	肾形	具颜色
强蛎亚科	舌骨蛎属	舌骨牡蛎	×				×	×			×	×	×		×			×	×			×				×		
	拟舌骨蛎属	覆瓦牡蛎	×			×			×		×	×	×		×			×	×			×				×		
		中华牡蛎	×				×	×			×	×	×		×			×	×			×				×		
冠蛎亚科	冠蛎属	鸡冠牡蛎	×			×	×		×		×	×					×			×			×				×	
	齿蛎属	薄片牡蛎	×			×			×		×	×			×					×			×	×			×	
		缘齿牡蛎	×			×	×		×		×	×					×			×			×	×			×	
	褶蛎属	褶牡蛎	×				×	×			×	×					×			×	×		×	×			×	
巨蛎亚科	爪蛎属	猫爪牡蛎		×	×	×	×			×	×						×								×		×	
	巨蛎属	长牡蛎	×	×	×	×	×	×			×					×									×		×	×
		近江牡蛎	×	×	×		×	×								×									×		×	×
		拟近江牡蛎	×				×	×								×									×		×	×
	小蛎属	僧帽牡蛎	×			×			×		×	×				×								×			×	×
		棘刺牡蛎	×	×		×			×		×			×		×								×			×	×
牡蛎亚科	平蛎属	鹅掌牡蛎	×				×		×		×						×	×						×			×	
	牡蛎属	密鳞牡蛎	×	×	×		×	×			×					×								×			×	×

表 2 中国牡蛎软体部的形态（1）

亚科	属	种	身体扭曲	直肠			二心耳			腹动脉			附心脏	肌套血管	前大动脉粗	前大动脉细	后静脉	肾静脉		鳃与内脏团的关系						外唇瓣愈合		
				穿过心室	部分穿过心室	不穿过心室	复合状	愈合大	愈合小	1条	2条	3条						左腹侧	右腹侧	I_1	II_2	II_3	II_4	II_5	III_6	大于3/4	近于1/2	小于1/3
强蛎亚科	舌骨蛎属	舌骨牡蛎		×			×	×		×				×		×	×			×						×		
	拟舌骨蛎属	覆瓦牡蛎		×			×	×		×				×		×	×							×		×		
		中华牡蛎			×		×	×		×				×		×	×	×						×		×		
冠蛎亚科	冠蛎属	鸡冠牡蛎				×		×		×			×			×									×		×	
	齿蛎属	薄片牡蛎				×		×		×			×			×									×		×	
		缘齿牡蛎				×		×		×			×			×									×		×	
	褶蛎属	褶牡蛎				×		×		×			×			×									×		×	
巨蛎亚科	爪蛎属	猫爪牡蛎				×		×			×		×		×								×					×
	巨蛎属	长牡蛎				×			×		×		×		×			×					×					×
		近江牡蛎				×			×		×		×		×			×					×					×
		拟近江牡蛎				×			×			×	×		×			×	×		×							×
	小蛎属	僧帽牡蛎	×			×		×				×	×		×							×						×
		棘刺牡蛎				×		×		×			×		×								×					×
牡蛎亚科	平蛎属	鹅掌牡蛎				×		×		×			×		×										×			×
	牡蛎属	密鳞牡蛎				×		×			×		×		×										×			×

表 3 中国牡蛎软体部的形态(2)

亚科	属	种	唇褶侧沟		无鳃褶	无移行鳃丝	鳃延至唇瓣中	鳃延至唇瓣末端	外套静脉与外入鳃血管		肠				肠沟到直肠末端	肠沟不到直肠末端	肛区游离段长	肛翼	胃盾锚区与盾区长度之比		胃盾锚龙骨	胃盲囊
			不明显	明显					直接相通	不直接相通	Z形	环形	与晶杆囊分离	与晶杆囊愈合					近 1/3	近 1/2		
强蛎亚科	舌骨蛎属	舌骨牡蛎	×			×	×			×	×			×	×		×			×	×	
	拟舌骨蛎属	覆瓦牡蛎		×		×	×			×	×			×		×	×			×	×	
		中华牡蛎	×			×	×			×	×			×	×		×			×	×	
冠蛎亚科	冠蛎属	鸡冠牡蛎		×				×	×		×			×	×			×	×			
	齿蛎属	薄片牡蛎		×				×		×	×			×		×		×		×		
		缘齿牡蛎	×					×	×		×			×		×		×		×		
	褶蛎属	褶牡蛎		×				×	×		×			×	×			×		×		
巨蛎亚科	爪蛎属	猫爪牡蛎	×		×	×		×	×			×	×		×					×		
	巨蛎属	长牡蛎		×				×	×			×		×	×					×		
		近江牡蛎		×				×	×			×		×	×					×		
		拟近江牡蛎		×				×	×			×		×	×					×		
	小蛎属	僧帽牡蛎		×				×	×			×		×	×					×		×
		棘刺牡蛎		×				×	×			×		×	×					×		×
牡蛎亚科	平蛎属	鹅掌牡蛎		×		×		×	×			×	×			×				×		
	牡蛎属	密鳞牡蛎		×				×	×			×		×	×					×		

表 4 中国牡蛎软体部的形态（3）

亚科	属	种	消化盲囊孔			脏神经节侧节		外套触手			感觉触手		肾脏		孵育型	浮养型
			小于等于4	等于5	大于等于7	明显	不明显	丘状	指状	瓣状	大于2排	1至2排	囊状	树枝状		
强蛎亚科	舌骨蛎属	舌骨牡蛎	×			×		×				×	×			×
	拟舌骨蛎属	覆瓦牡蛎	×			×		×				×	×			×
		中华牡蛎		×		×		×				×	×			×
冠蛎亚科	冠蛎属	鸡冠牡蛎	×			?	?		×			×		×	×	
	齿蛎属	薄片牡蛎		×			×		×			×		×	×	
		缘齿牡蛎	×			×			×			×		×	×	
	褶蛎属	褶牡蛎	×				×		×			×		×	×	
巨蛎亚科	爪蛎属	猫爪牡蛎			×	×				×		×		×		×
	巨蛎属	长牡蛎		×	×		×		×			×		×		×
		近江牡蛎			×		×		×			×		×		×
		拟近江牡蛎			×		×		×			×		×		×
	小蛎属	僧帽牡蛎	×	×			×		×			×		×		×
		棘刺牡蛎	×			×			×			×		×		×
牡蛎亚科	平蛎属	鹅掌牡蛎	×				×		×			×		×	×	
	牡蛎属	密鳞牡蛎			×		×		×		×			×	×	

浮养型。左、右侧都具侧水腔或仅右侧具侧水腔。肠呈Z形。直肠穿过或部分穿过心室。外套触手短，呈丘状(图11D)。外唇瓣愈合大于3/4。心耳复叶状，并与围心腔壁大面积愈合。肾脏囊状部极大。外套膜薄，无附心脏，前大动脉细，腹动脉1条。脏神经节具2侧节。鳃伸延至内、外唇瓣间，不具移行鳃丝。

舌骨蛎属 *Hyotissa* Stenezl, 1971

直肠穿过心室，左、右侧都具侧水腔。

1. 舌骨牡蛎 *Hyotissa hyotis* (Linnaeus, 1758) **(图11E, F, G;图版Ⅱ)**

Mytilus hyotis Linnaeus, 1758: 704.

Ostrea sinensis Gmelin, 1791: 3335; Sowerby, 1870: 18, fig. 5.

Ostrea hyotis (Linnaeus), Sowerby, 1870: 18, fig. 7; 张玺，等，1956: 70.

Pycnodonta hyotis (Linnaeus), Thomson, 1954: 195.

Hyotissa hyotis (Linnaeus), Habe, 1977: 107; Torigoe, 1981: 300; Harry, 1985: 130; Morris, 1985: 120.

壳大型，极坚厚，呈椭圆形或四方形，右壳自中央射出约11个巨大的放射褶，在壳缘形成相同数目的波状齿。壳内面灰白色，边缘灰紫色或棕色，壳顶两侧具波状栉齿，一些大个体还具条状栉齿。铰合面宽，韧带槽短。

鳃与内脏团的关系属第一种类型第一组(I_1)。消化盲囊开口4个，左侧总静脉不分支，唇褶侧沟不清楚。肠沟伸至肛区末端，肛门游离段较长。

产于海南岛，附着在低潮线附近及潮下带浅水区珊瑚礁上。

拟舌骨蛎属 *Parahyotissa* Harry, 1985

直肠穿过心室或部分穿过心室，仅具右侧侧水腔。

2. 覆瓦牡蛎 *Parahyotissa imbricata* (Lamarck, 1819) **(图13A;图版Ⅴ A, B)**

Ostrea imbricata Lamarck,1819: 213; Sowerby,1871: 18, fig. 36; 张玺，等，1956: 72.

Hyotissa hyotis forma imbricata, Stenzel, 1971: 967. fig. J5, 1026, fig. J49.

Pretostrea imbricata (Lamarck), Habe, 1977: 107.

Hyotissa imbricata (Lamarck), Torigoe, 1981: 322.

Parahyotissa imbricata (Lamarck), Harry, 1985: 132.

壳四方形，薄而脆，耳突大，自壳顶射出放射肋数条，壳顶两侧的波状栉齿明显，铰合面宽。

直肠穿过心室，鳃与内脏团的关系属第二种类型第五组(II_5)。消化盲囊具3个复合孔，左、右总静脉具分支，唇褶侧沟清楚，肠沟不到肛门末端，肛门游离段较长。

分布于南海，潮间带及潮下边缘带。

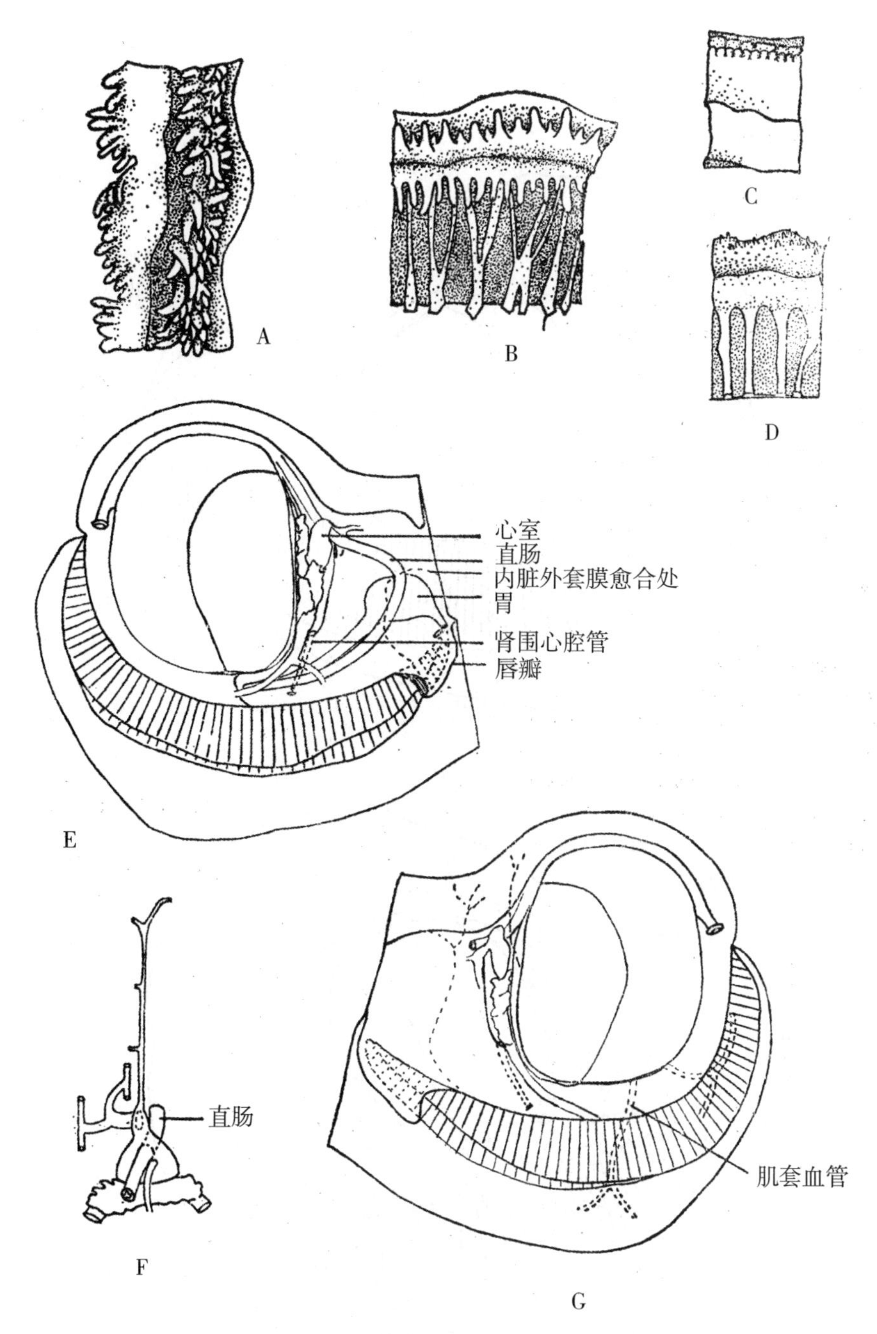

图 11 牡蛎的外套触手、侧面观及动脉系统

A. 数行指状触手（密鳞牡蛎）×4.5；B. 指状外套触手（鹅掌牡蛎）×5；C. 瓣状外套触手（猫爪牡蛎）×5；D. 丘状外套触手（舌骨牡蛎）×4；E. 舌骨牡蛎右侧面观 ×3/4；F. 舌骨牡蛎动脉系统；G. 舌骨牡蛎左侧面观（外套触手未示）×3/4

3. 中华牡蛎 *Parahyotissa sinensis* (Gmelin, 1791)（图 9b，图 12；图版Ⅲ C，ⅣA）

Mytilus hyotis Linnaeus, 1758: 704.

Ostrea sinensis Gmelin, 1791: 3335.

Ostrea hyotis (Linnaeus), Sowerby, 1870: 18, fig. 7; 张玺，等，1956: 70.

Ostrea sinensis (Gmelin), Sowerby, 1871: 18, fig. 5.

Pycnodonta hyotis (Linnaeus), Thomson, 1954: 195.

Hyotissa hyotis (Linnaeus), Stenzel, 1971: 1108; Habe, 1977: 107; Torigoe, 1981: 300; Harry, 1985: 130; Morris, 1985: 120.

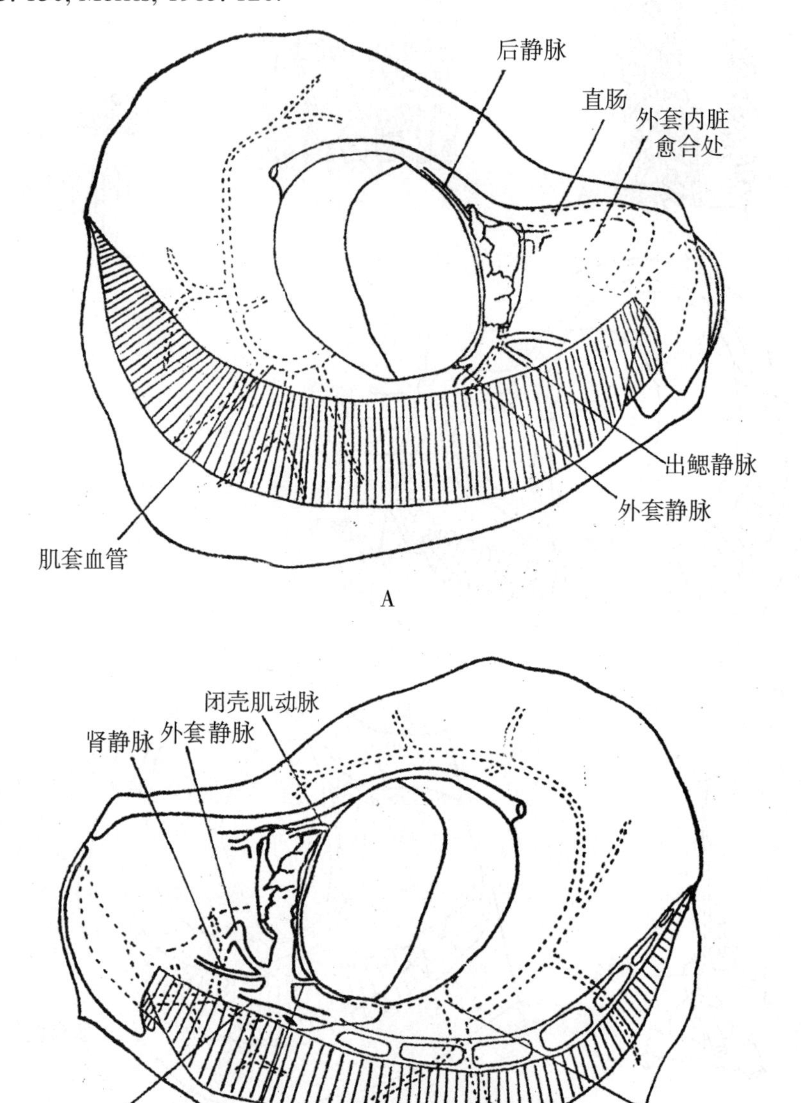

图 12 中华牡蛎的侧面观（未示外套触手）×3/4
A. 右侧面观；B. 左侧面观

壳大型，极坚厚，左壳自中央射出 11 个或 12 个巨大的放射褶，在壳缘形成相同数目的波状齿。壳内面灰白色，边缘灰紫色或紫棕色，壳顶两侧具波状栉齿，大型个体还具有条状栉齿。铰合面宽，韧带槽短。

鳃与内脏团的关系属第二种类型第五组(II_5)。直肠部分穿过心室，消化盲囊开口 5

个，左、右总静脉具多向分支。

产于海南岛，附着在低潮线附近及潮下带浅水区珊瑚礁上。

Harry（1985）根据左侧侧水腔的有无将舌骨蛎属分为两个属：舌骨蛎属和拟舌骨蛎属。与 20 世纪 70 年代以来的报道一样，他也认为中华牡蛎是舌骨牡蛎的同物异名。在形态与舌骨牡蛎完全相同的个体中，一部分个体并无左侧侧水腔，其循环系统也与舌骨牡蛎不同，直肠部分穿过心室，左、右总静脉都分支，这些个体应归于拟舌骨蛎属。然而其种名问题很难确定，因为过去舌骨牡蛎和中华牡蛎的定种描述都是根据贝壳形态进行的，为了不引起新的混乱，作者以软体部的形态重新订正中华牡蛎。

覆瓦牡蛎与本种的主要区别在于其壳薄，心室被直肠全部穿过。

牡蛎科 Ostreidae Rafinesque, 1815

闭壳肌肾形或新月形，位于壳的中部或近腹缘，除平蛎属外都不具缘面。不具蜂窝状贝壳结构。

爪蛎属和巨蛎属终生无栉齿，其余种类的栉齿分为明显的两种类型：冠蛎型栉齿（图版ⅣB）和牡蛎型栉齿（图版ⅨC 左）。

具附心脏和肌鳃血管，环外套动脉明显，心耳囊状，不与围心腔壁愈合。肾囊树枝管状。直肠不穿过心室。

冠蛎亚科 Lophinae Vyalov, 1936

壳面具有数个明显的放射褶和相应数目的壳缘波状齿。闭壳肌痕与壳内面颜色相同，贝壳不具白垩粉沉淀层。栉齿冠蛎型或牡蛎型，有的二者并存。

孵育型。外套膜薄，不具侧水腔，外唇愈合大于 1/2。肠呈 Z 形，与晶杆囊愈合。二心耳愈合大，呈棕色，腹动脉 1 条，具肛翼。外套触手指状。具鳃褶，鳃与内脏团的关系属第三种类型第六组（$Ⅲ_6$）。

冠蛎属 *Lopha* Röding, 1789

壳面具有数个尖锐的放射褶和相应的壳缘锯齿，左壳附着面小，栉齿冠蛎型，通常延至腹缘，肠沟延至肛门末端。主鳃丝横切面平。

4. 鸡冠牡蛎 *Lopha cristagalli* (Linnaeus, 1758)（**图 13B；图版ⅣB，C**）

Mytilus cristagalli Linnaeus, 1758: 704.

Ostrea cristagalli (Linnaeus), Sowerby, 1871: 18, fig. 22; Hirase, 1930: 19.

Ostrea folium, cristagalli type, Thomson, 1954: 146.

Lopha folium, ecomorph (1), Stenzel, 1971: 1157.

Topha cristagalli (Linnaeus), Habe, 1977: 111; Torigoe, 198l: 314; Harry, 1985: 135.

壳面无鳞片，呈紫红色。

消化盲囊具 3 个复合孔，右后孔处具有特殊的筛选区（图 8D），胃盾锚区与盾区的长度比约为 3 : 1（图 6B），唇褶侧沟明显，心耳具小瓣。

附着于南海低潮线附近岩石上。

此种为我国少见种，从壳形上有时很难与冠蛎亚科的其他种类相区别，但根据其巨大的波状壳褶、胃盾锚区与盾区的长度比，以及右侧近肠端消化盲囊开口处特有的筛选区便可区别。

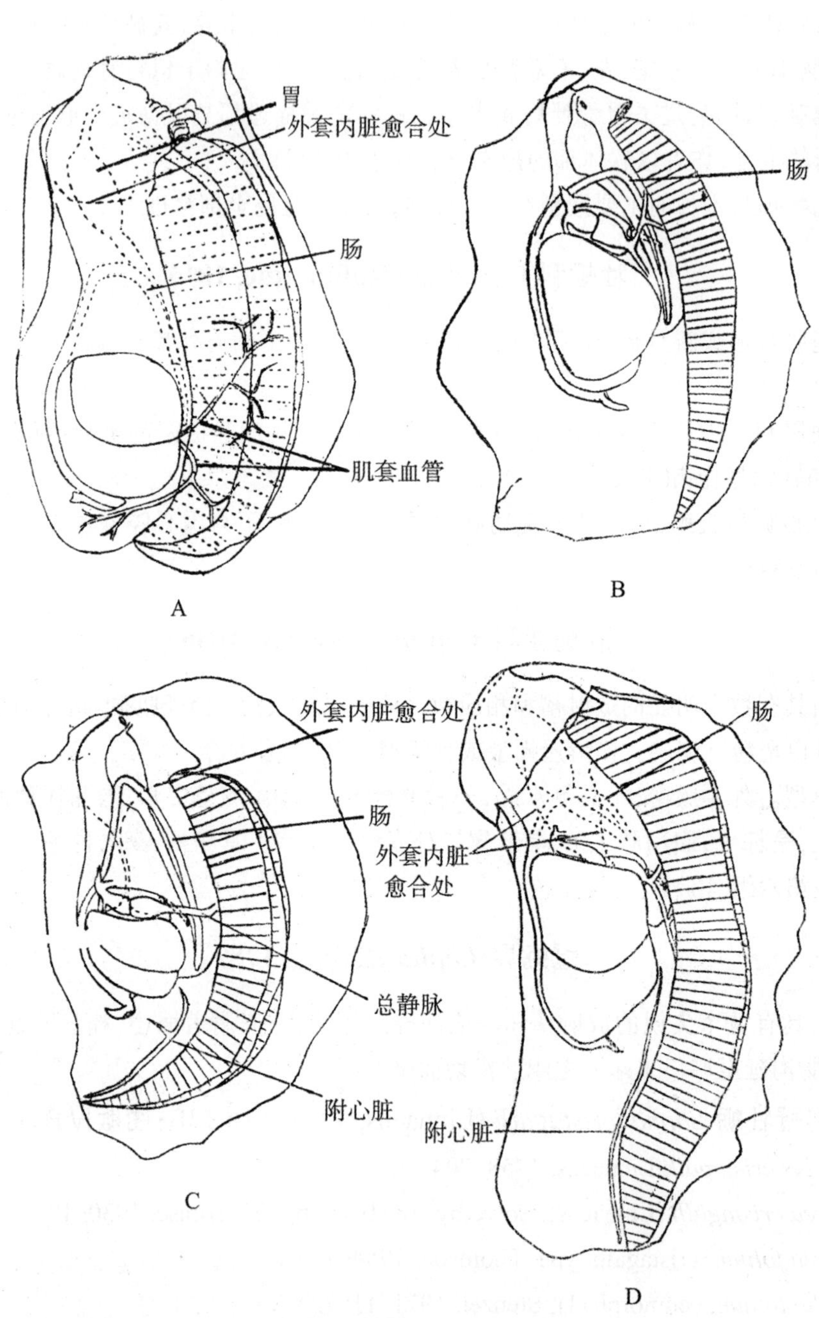

图 13 牡蛎的右侧面观（未示外套触手）
A. 覆瓦牡蛎 ×3/4；B. 鸡冠牡蛎 ×1，C. 薄片牡蛎 ×1.5；D. 缘齿牡蛎 ×2

齿蛎属 *Dendostrea* Swainson, 1835

壳面具有 10 个以上明显的放射褶和相应的壳缘齿,左壳附着面大,栉齿牡蛎型或冠蛎型,位于韧带两侧或延伸到腹缘,肠沟不到肛门开口处。

5. 薄片牡蛎 *Dendostrea folium* (Linnaeus, 1758) (**图** 13C**;图版**Ⅳ D**,**Ⅴ A)

Ostrea folium Linnaeus, 1758: 699; Sowerby, 1871: 18, fig. 40; Thomson, 1954: 146; 张玺,等, 1956: 6.

Lopha folium ecomorph (2), Stenzel, 1971: 1157.

Dendostrea folium (Linnaeus), Habe, 1977: 110; Torigoe, 1981: 315; Harry, 1985: 138.

壳较薄,圆形或椭圆形,壳面具有愈合的鳞片,呈紫红色或棕红色,壳内面颜色略淡。

消化盲囊孔 5 个,腹神经节完全愈合,无外套静脉,唇褶侧沟明显,二心耳不具小瓣。

附着于南海潮间带岩石上。

6. 缘齿牡蛎 *Dendostrea crenulifera* (Sowerby, 1871) (**图** 13D**;图版**Ⅴ B**,**C**,**D)

Ostrea crenulifera Sowerby, 1871: 67; Lamy, 1929: 250; Hirase, 1931: 217; 张玺,等, 1956: 79.

壳厚,背腹延长,壳面无鳞片,呈白色或淡绿色,壳内面翠绿色,富有光泽,壳缘呈锐齿状。

消化盲囊为 3 个复合孔,脏神经节具侧节,唇褶侧沟清楚或不明显。二心耳具有数个小瓣。

附着于南海潮间带岩石上。

Harry (1985) 认为薄片牡蛎和缘齿牡蛎为一种,都是薄片牡蛎。Torigoe (1981)则认为二者是独立的两种。从内部结构看,薄片牡蛎无外套静脉,而缘齿牡蛎有;其次薄片牡蛎壳薄,壳面呈棕色,而缘齿牡蛎壳较厚,壳面呈青绿色,因此作者同意 Torigoe 的意见,将二者定为两个种。

褶蛎属 *Alectryonella* Sacco, 1897

壳大形,较厚,呈椭圆形或背部突起,壳面具有 10 多个放射褶和相应的壳缘波齿。附着面大,壳内面具有特殊的指纹(图版ⅥB)。栉齿通常冠蛎型,伸延至腹缘,肠沟至肛门末端。

7. 褶牡蛎 *Alectryonella plicatula* (Gmelin, 1791) (**图** 14A**;图版**Ⅴ E**,**Ⅵ A**,** B)

Ostrea plicatula Gmelin, 1791: 336; Lamy, 1929: 82–89.

Ostrea solida Sowerby, 1871: 18, fig. 28.

Alectryonella plicatula (Gmelin), Stenzel, 1971: 1160; Torigoe, 1981: 318; Harry, 1985: 137.

壳大型,较厚,呈椭圆形或背部突起,壳面放射褶明显,附着面大,壳内面具有特殊的指纹。栉齿通常冠蛎型,壳面通常无鳞片,呈棕红色,壳内面颜色相同,但富有光泽。

消化盲囊孔 4 个,唇褶侧沟明显,脏神经节不分节,二心耳不具小瓣。

产于海南岛三亚,潮下带浅水区珊瑚礁上。

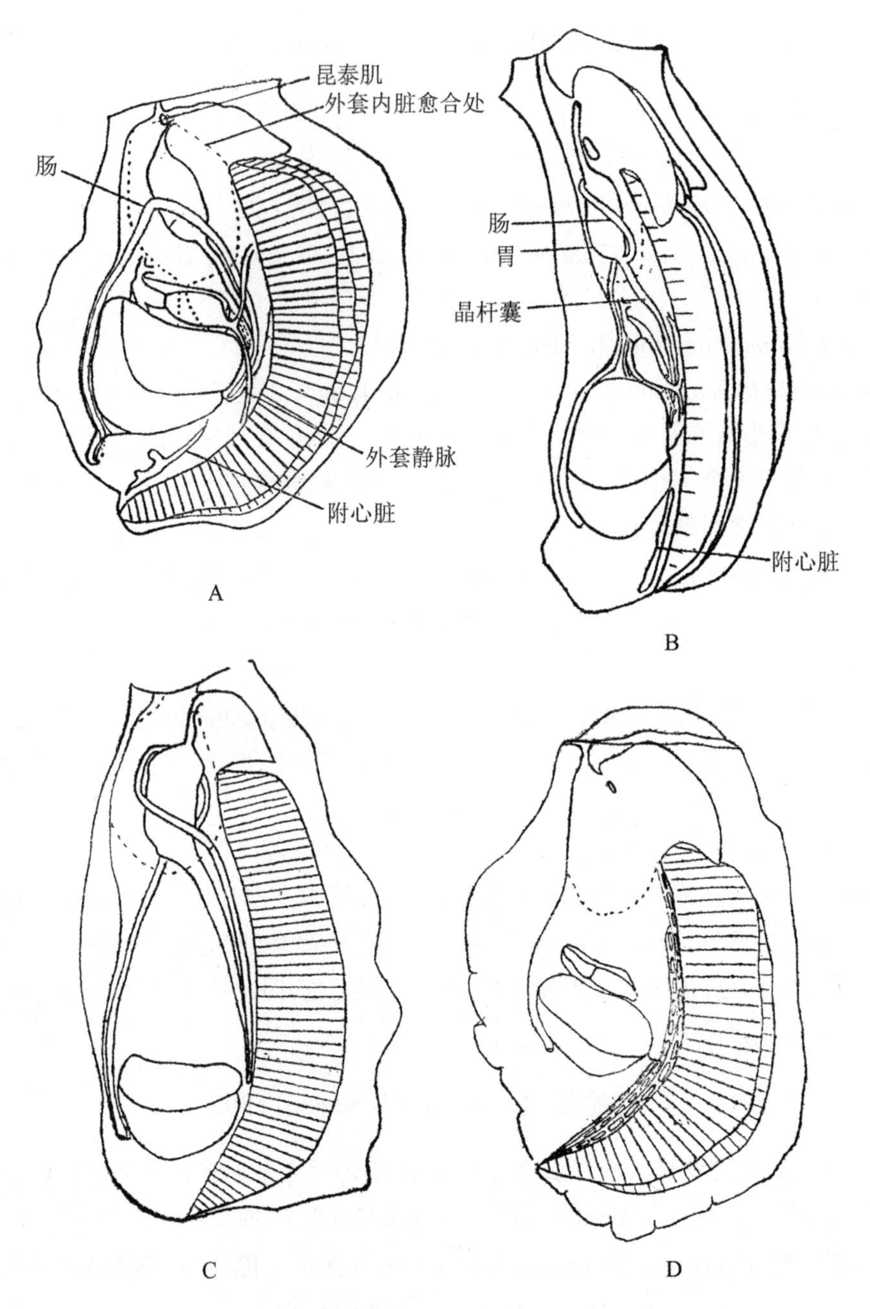

图 14　牡蛎的右侧面观（未示外套触手）
A. 褶牡蛎 ×3/4；B. 猫爪牡蛎 ×4；C. 长牡蛎 ×1.5；D. 近江牡蛎 ×3/4

在我国，以往的有关报道（非分类报告）中也出现过此种名，但都是将潮间带的长牡蛎误认为是此种。长牡蛎具右侧侧水腔，直肠呈环形；而本种无侧水腔，直肠呈 Z 形，生活于潮下带，它的贝壳结构更特殊，壳面具有独特的指纹。

巨蛎亚科 Crassostreinae Torigoe, 1981

贝壳一般背腹延长，呈白色或紫红色，闭壳肌痕多为紫色，与壳内面的颜色不同，贝壳具白垩粉沉淀层,牡蛎型栉齿或有或无。

浮养型。仅具右侧侧水腔,外唇愈合小于 1/3;肠环形,前大动脉粗,腹动脉 1 ~ 3 条,不具肛翼,肠沟延至肛门末端,肛区不游离,外套膜厚。

爪蛎属(新属) *Talonostrea* gen. nov.

壳小型,不具栉齿,中肠与晶杆囊分离(图 14B),不具鳃褶和移行鳃丝(图 10C)。唇褶侧沟不明显(图 4C)。二心耳愈合较大,外套触手瓣状(图 11C)。闭壳肌痕无特殊颜色,不具胃盲囊。代表种为猫爪牡蛎。

8. 猫爪牡蛎(新种) ***Talonostrea talonata*** sp. nov. (**图** 14B;**图版**Ⅵ C, D)

两壳扁平,呈爪状,薄。右壳面光滑,无放射肋,无鳞片,壳缘有 5 ~ 8 个缺刻,壳面通常紫红色,杂有深色的放射带 1 ~ 2 条;左壳附着面很小,壳面有 5 ~ 8 条放射肋。两壳内面呈白色或淡紫色。闭壳肌痕近后腹缘,韧带槽小而深。

脏神经节具有 2 侧节,腹动脉两条(图 8A),鳃板上的血管界限很不清楚(图 10C)。主鳃丝横切面呈指状,消化盲囊孔 9 个,其中 4 个复合孔,鳃与内脏的关系属第二种类型第四组($Ⅱ_4$,图 1C)。

模式标本产地 青岛胶州湾,水深 4 m。

张玺、楼子康(1956)曾将此种定为 *Ostrea pestigris*。而 Harry(1985)和 Morris(1985)的研究证明,*Ostrea pestigris* 与 *Ostrea paulucciae* 为同一种,视 *O. paulucciae* 为 *O. pestigris* 的同物异名。其形态特征与张玺、楼子康(1956)文章中所描述的 *O. paulucciae* 基本一致。为避免混乱,作者仍沿用猫爪牡蛎这一中文种名。

以往共报道过巨蛎亚科的 3 个属(Harry, 1985):巨蛎属、小蛎属和沟蛎属(*Striostrea*)。沟蛎属个体大,具有大的栉齿,附着面大。小蛎属个体小,具栉齿,中肠与晶杆囊愈合,具胃盲囊。巨蛎属不具栉齿,个体大,壳面具鳞片,中肠与晶杆囊愈合,不具胃盲囊。

作者根据猫爪牡蛎个体小、不具栉齿和鳞片、附着面小、中肠与晶杆囊分离、不具胃盲囊,以及无鳃褶等特点,将其定为新种,所属爪蛎属为新属。

巨蛎属 *Crassostrea* Sacco, 1879

壳大型,不具栉齿,中肠与晶杆囊愈合,具鳃褶,唇褶侧沟明显,二心耳愈合小,外套触手指状,闭壳肌痕呈紫色,与壳内面颜色不同,不具胃盲囊。

9. 长牡蛎 ***Crassostrea gigas*** (Thunberg, 1793) (**图** 14C, 10F, 7A, 6G, 8B;**图版**Ⅵ E, Ⅶ A)

Ostrea gigas Thunberg, 1793, Kongl, Vetenskaapa Akak, Nya Handl., 14: 140.

Ostrea laperousei Schrenck, Hirase, 1930: 49.

Ostrea talienwhanensis Crosse, 张玺,等, 1956: 78.

Ostrea cucullata Born, 张玺,等, 1956: 78–79, pl. 2, fig. 5–6.

Crassostrea gigas (Thunberg), Habe, 1977: 108; Torigoe, 1981: 304; Harry, 1985: 152.

壳厚,背腹延伸,形态变化极大,壳面具波纹状鳞片,左壳具有数条较强的放射肋,附着面大,壳面紫色或淡紫色,壳内面白色,但闭壳肌痕呈紫色,韧带槽长而深。

鳃与内脏团的关系属第二种类型第四组(II_4,图 1C),脏神经节不分节,腹动脉 2 条,消化盲囊开口数目变化大,一般 5 ~ 8 个,肾静脉 1 条,在左心耳腹侧。

全国沿海潮间带及潮下带浅水区均有分布,在岩石上附着。

10. 近江牡蛎 *Crassostrea rivularis* (Gould, 1861)(图 14D;图版Ⅶ B,C)

Ostrea rivularis Gould, 1861,Proc. Boston Soc. Nat. Hist., 8: 39; Lamy, 1929: 102–103; Hirase, 1930: 55–61; 张玺 , 等 , 1956:85–87.

Ostrea gigas Thunberg, 张玺 , 等 , 1956: 82–84, pl. 2, fig. 1–2.

贝壳形态变化大,通常呈卵圆形或长形。壳面环生同心鳞片,但趋于愈合,附着面较大,无放射肋,韧带槽较宽。壳面呈淡紫色,内面白色,边缘及闭壳肌痕呈淡紫色。

消化盲囊孔 10 ~ 11 个,肾静脉在左心耳腹侧,鳃与内脏团的关系属第二种类型第四组(II_4)。

分布于全国沿海河口附近低潮线以下。

11. 拟近江牡蛎 *Crassostrea* sp.(图 15A;图版Ⅷ A,B)

外部形态与近江牡蛎基本相似。

鳃与内脏团的关系属第二种类型第二组(II_2),腹动脉 3 条,消化盲囊孔 10 ~ 11 个,肾静脉在左心室腹面和右心耳背侧各 1 条(图 9C)。

产于深圳蛇口潮下带浅水区。

本属的分类在我国十分混乱。张玺、楼子康(1956)描述的僧帽牡蛎(*Ostrea cucullata*)和大连湾牡蛎(*Ostrea talienwhanensis*)应为长牡蛎(*Crassostrea gigas*),与 Torigoe(1981)的报道一致。他们报道的长牡蛎应为近江牡蛎(*C. rivularis*)。长牡蛎与近江牡蛎有时在外形上很难区别,但长牡蛎消化盲囊孔少于 8 个,而近江牡蛎则多于 10 个。长牡蛎的变态期幼虫的壳缘处有一紫色缘带,而近江牡蛎则无此缘带。两者的杂交幼虫在盐度为 34 的海水中不能发育到变态。另外,近江牡蛎生活在低盐的河口区,而长牡蛎一般生活在盐度较高的海水中。

拟近江牡蛎与近江牡蛎的生活环境相似。壳形差别很小,但二者在鳃与内脏团的关系上相差很大,拟近江牡蛎属第二种类型第二组,而近江牡蛎属第二种类型第四组。Li Gang 等(1988)通过对二者同工酶电泳的研究也认为它们应各为独立的种。由于作者对产于东南亚河口区的巨蛎属牡蛎 *C. iredli* 的内部结构不清楚,所以拟近江牡蛎的正确拉丁名还不能确定。

小蛎属 *Saccostrea* Dolfuss & Dautzenberg, 1920

壳小型,牡蛎型栉齿可伸延至壳腹缘。中肠与晶杆囊愈合。具有鳃褶,唇褶侧沟明显,二心耳愈合大,外套触手指状,闭壳肌痕呈紫色,与壳内颜色不同,具胃盲囊。

12. 僧帽牡蛎 *Saccostrea cucullata* (Born, 1778) (图 15B，C，D；图版Ⅷ C，D，E，Ⅸ A，B)

Ostrea cucullata Born, 1778: 114; Sowerby, 1871, fig. 34; Lamy, 1929: 153–155; Hirase, 1930: 25.

Ostrea mordax Gould, 1850, Proc. Boston. Soc. Nat. Hist., 346; 张玺，等，1956: 74–76.

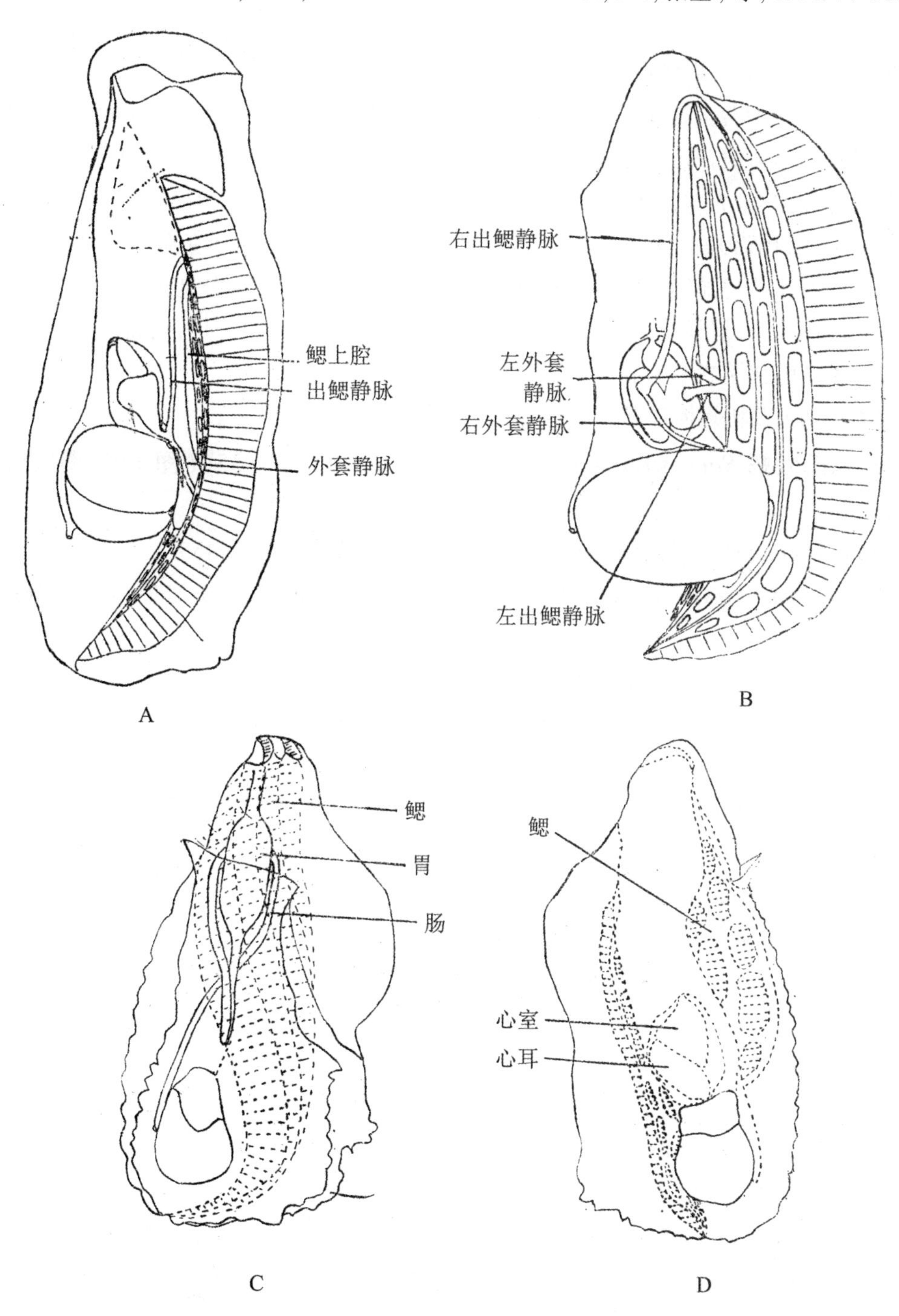

图 15 牡蛎的右侧面观（未示外套触手）
A. 拟近江牡蛎 ×1；B. 僧帽牡蛎 ×2.5；C，D. 僧帽牡蛎 ×1.5（D 为左侧面观）

Saccostrea cucullata (Born), Stenzel, 1971: 1134; Harry, 1985: 150; Morris, 1985: 125–128.

Saccostrea mordax (Gould), Habe, 1977: 109; Torigoe, 1981: 300.

二壳不等，具两种生态型：① 杯形（图版ⅨA），腹面观左壳呈杯状；② 三角形（图版ⅧC），腹侧面观左壳呈直角三角形。左右壳各具放射肋约10条，肋上覆有许多鳞片，排列密而整齐，壳缘呈波纹状。壳面紫色，壳内面白色或淡紫色，边缘及闭壳肌痕呈深紫色，韧带槽细而长，左壳前凹陷特别深。

鳃与内脏团的关系属第二种类型第三组（II_3，图2B）。身体扭曲（图15C），右侧外鳃瓣前端已移到身体的背后部（图15D），心脏偏至身体的左侧。在杯形个体中，左侧出鳃静脉与外套静脉愈合，先与出鳃血管相连，再分支到外入鳃血管（图15B）。由于鳃与内脏团大部分相分离，因而来自身体后部的混浊血液通过前远心静脉送到近唇瓣时才进入中入鳃血管。随着扭曲的加剧，右侧肾口和中肠回转处前移（图15C），分别离开后总静脉和闭壳肌。腹动脉3条，但只有消化盲囊动脉和晶杆动脉从动脉球中分出，而胃后区动脉在动脉球的前端。脏神经节不分节。消化盲囊孔4个，二心耳全部愈合。

附着在南海我国近海潮间带的岩石上。

13. 棘刺牡蛎 *Saccostrea echinata* (Quoy et Gaimard, 1835)（**图16C；图版ⅨC, D, E**）

Ostrea echinata Quoy & Gaimard, 1835, Voy. Astrolabe, Zool. 3: 455.

Ostrea glomerata Gould, 1850, Proc. Boston Soc. Nat. Hist. 3: 346; 张玺，等，1956: 81–82.

Ostrea forskali var. *echinata*, Lamy, 1929: 159.

Ostrea forskali var. *glomerata*, Lamy, 1929: 164.

Ostrea echinata Quoy et Gaimard, 张玺，等，1956: 76–78.

Saccostrea kegaki Torigoe & Inaba, Torigoe, 1981: 307.

Saccostrea malabonensis (Faustino), Torigoe, 1981: 308.

Saccostrea echinata (Qouy et Gaimard), Torigoe, 1981: 309.

Saccostrea glomerata (Gould), Torigoe, 1981: 310.

壳形变化极大，三角形、卵圆形及不规则形。鳞片的多少差异很大，有的还形成小棘（图版ⅨE），但大个体的鳞片几乎完全消失。放射肋的多少及强弱随不同个体而变化，左壳前凹陷较深。壳面一般呈深紫色，壳内面为白色，珍珠光泽较强，壳内缘和闭壳肌痕多为淡紫色。鳃与内脏团的关系属第二种类型第四组（II_4），身体不扭曲，腹动脉1条，腹神经节具侧节，消化盲囊为4个复合孔。二心耳大部分愈合。

附着于我国东海、南海近海潮间带的岩石上。

本属种类的鉴定在我国和世界上都很混乱。张玺、楼子康（1956）所报道的僧帽牡蛎应为长牡蛎（*C. gigas*），因为它不具栉齿，二心耳愈合小，不具胃盲囊，有两条腹动脉。他们文中还报道了团聚牡蛎（*Ostrea glomerata*）、棘刺牡蛎（*O. echinata*）和铰齿牡蛎（*O.mordax*）。同属中印度–西太平洋区已报道的种类还有 *Saccostrea kegaki*、*S. malabonensis* 和 *S.*

commercialis。Torigoe（1981）将他们分为独立种，而 Harry（1985）将他们都并为一个种——僧帽牡蛎（*S. cucullata*）。除 *S. commercialis* 外，在南海我国近海都可以找到与上述各种贝壳形态基本相同的个体，但彼此之间又都有中间类型出现。从内部的形态解剖看，以上诸种都归于两种，即僧帽牡蛎 [*Saccostrea cucullata*（Born），异名包括 *S. mordax*] 和棘刺牡蛎 [*Saccostrea echinata*（Quoy et Gaimard），异名包括 *S. glomerata*、*S. kegaki* 和 *S. malabonensis*]。二者的主要区别是僧帽牡蛎身体的各部分都出现不同程度的扭曲，鳃与内脏团的关系属第二种类型第三组；而棘刺牡蛎身体不扭曲，鳃与内脏团的关系属第二种类型第四组。

因无标本，所以无法确定产于大洋洲的 *S. commercialis* 的正确种名。Stenzel（1971）认为 *S. mordax* 和 *S. commercialis* 都是僧帽牡蛎的同物异名。

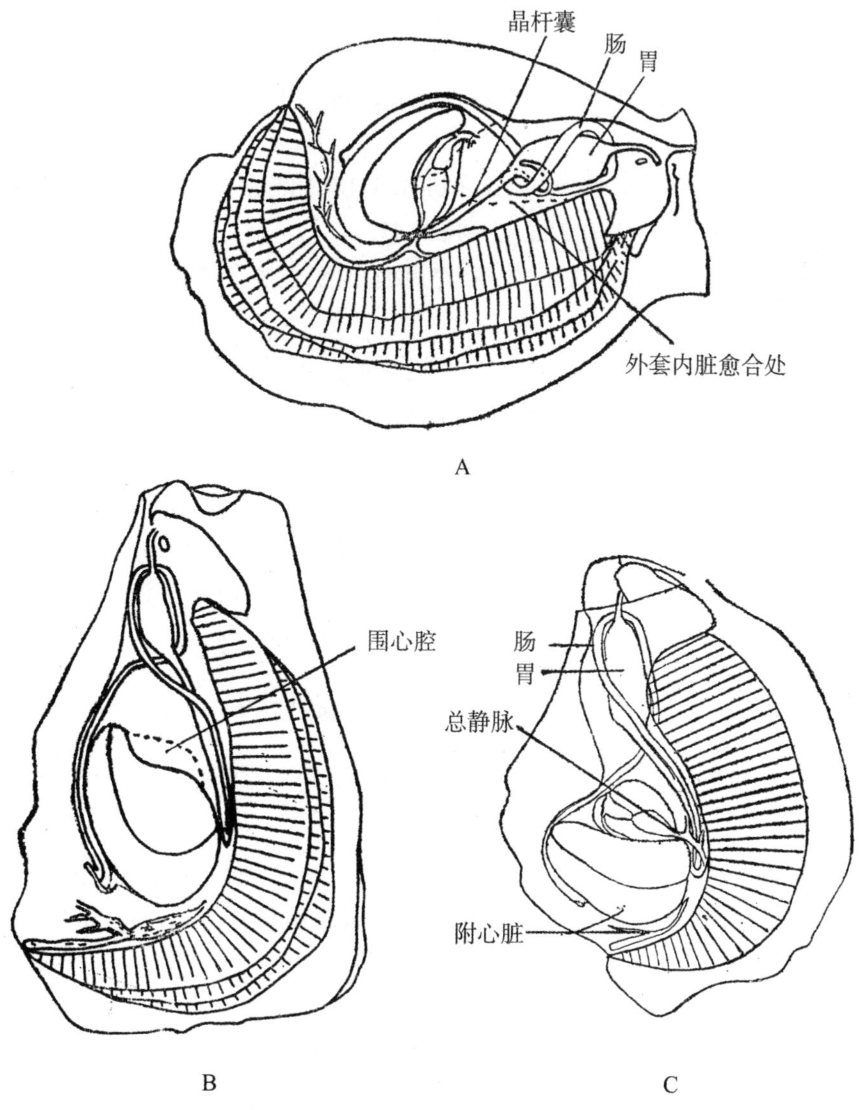

图 16　牡蛎的右侧面观（未示外套触手）

A. 鹅掌牡蛎 ×2；B. 密鳞牡蛎 ×0.75；C. 棘刺牡蛎 ×1.5

牡蛎亚科 Ostrienae Rafinesque, 1815

壳椭圆形，不具放射肋，壳面无小棘，壳顶小，牡蛎型栉齿，壳内面白色，闭壳肌痕无特殊颜色，具有白垩粉沉淀层。

孵育型。无侧水腔，外唇瓣愈合小于 1/3，肠环形，环绕胃部，前大动脉粗；不具肛翼，肛区不游离。外套膜厚，鳃与内脏团的关系属第三种类型第六组($Ⅲ_6$，图 1D)。唇褶侧沟明显。

平蛎属 *Planostrea* Harry, 1985

壳中等大小，极扁平，左、右壳几乎相等，略呈四方形，薄，易损坏，不具鳞片，具壳缘面。闭壳肌痕匙形。两侧外套膜与内脏团仅在中线附近愈合，两侧后部各留一侧腔(图 16A)。

14. 鹅掌牡蛎 *Planastrea pestigris* (Hanley, 1846) (图 16A；图版Ⅸ F，G，H)

Ostrea pestigris Hanley, 1846, Proc. Zool. Soc., 106–107; Sowerby, 1873: fig. 78; Lamy, 1929: 142; Morris, 1985: 128–130.

Ostrea paulucciae Crosse, 1869, Journ. Conchyl. 17: 188; 张玺，等，1956: 87–89.

Planostrea pestigris (Hanley), Harry, 1985: 143.

壳面呈淡紫色，具深紫色放射纹数条，壳内面白色，左壳附着面极小，并具有约 10 条放射肋至壳缘。韧带槽短小。

肠环形，与晶杆囊分离(图 16A)，肠沟不延至肛门末端。脏神经节不分节，主鳃丝横切面凸形。消化盲囊为 4 个复合孔，腹动脉 1 条。

分布于南海潮下带浅水区。

Lamy（1929）报道 *O. paulucciae* 和 *O. pestigris* 的模式标本都产于菲律宾，Harry（1985）认为二者应为同一种，*O. paulucciae* 为 *Planostrea pestigris* 的同物异名。Morris（1985）也有过同样的报道。为了避免混乱，本文仍保留其中文种名(鹅掌牡蛎)不变，只将学名 *O. paulucciae* 改为 *Planostrea pestigris* (Hanley)。

牡蛎属 *Ostrea* Linnaeus, 1759

壳大型，扁平近圆形，壳厚，壳面密生鳞片，但无小棘，不具缘面。闭壳肌痕新月形，内脏团与外套膜在外侧几乎全部愈合，无侧腔。

15. 密鳞牡蛎 *Ostrea denselamellosa* Lischke, 1869 (图 16B；图版Ⅹ A，B)

Ostrea denselamellosa Lischke, 1869, Malak. Blatt., 16: 109; Sowerby, 1871: 60; Hirase, 1930: 5; 张玺，等，1956: 68–70; Habe, 1977: 110; Torigoe, 1981: 311–312; Harry, 1985: 142

右壳放射肋不明显，左壳放射肋粗大，壳缘有粗大的波状齿。韧带槽呈三角形。牡蛎型栉齿较小，位于铰合部两侧。右壳面灰色，左壳面多为紫色，附着面较小。

外套触手数行(图 11A)，肠环形，与晶杆囊愈合。肠沟延至肛门末端，主鳃丝横切面平。脏神经节不分节。消化盲囊孔约 7 个。腹动脉 2 条。

全国沿海都有分布,低潮线附近及潮下带浅水区。

以往牡蛎的分类文章中,多数是以贝壳的形态结构为依据。而牡蛎生活的环境复杂,贝壳的变异极大,许多情况下仅仅根据壳上的特征很难鉴定到种,甚至亚科。通过比较解剖学研究,结合 Torigoe（1981）和 Harry（1985）的报道,作者发现很多内部结构特征在属以上的分类中具有更重要的意义,因为它相对稳定,不受外界环境的影响,在收集到的标本中,只要软体部完整,便可准确地进行鉴定。

曲蛎科与牡蛎科的主要区别为:前者直肠穿过或部分穿过心室,具 3 个复叶状的心耳和后静脉,胃盾锚区有龙骨突起;而后者直肠与心室分离,仅具 2 个囊状心耳,胃盾锚区不具龙骨突起。

曲蛎科只有一个现生亚科——强蛎亚科。产于中国的两个属,舌骨蛎属具左、右两个侧水腔,而拟舌骨蛎属仅具右侧侧水腔。

牡蛎科中,冠蛎亚科和牡蛎亚科都无侧水腔,巨蛎亚科具右侧侧水腔。冠蛎亚科肠呈 Z 形,具肛翼;而牡蛎亚科肠呈环形,不具肛翼。

冠蛎属的胃部右侧近肠处有一特殊的筛选区,胃盾锚区与盾区的长度之比约为 1∶3;而齿蛎属、褶蛎属则无此特殊结构,胃、盾二区的长度比约为 1∶2。

爪蛎属的肠与晶杆囊分离,无鳃褶,外套触手瓣状;而巨蛎属、小蛎属肠与晶杆囊愈合,具鳃褶,外套触手指状;小蛎属具有胃盲囊,巨蛎属无此囊。

平蛎属中肠与晶杆囊分离,牡蛎属中肠与晶杆囊愈合。

三、现生牡蛎的系统演化

目前世界上多数牡蛎的生物学及古生物学的资料还不完整,因而讨论牡蛎的系统演化还只能是初步的。但作者根据对中国现生牡蛎的解剖学研究发现,牡蛎的一些进化趋势是明显的。Reid（1956）报道贻贝(*Mytilus edulis*)和食用牡蛎(*Ostrea edulis*)的胃部结构都属于原胃型(Gastrotriteia),即消化盲囊多孔,并比较均匀地排列在肠褶的一侧。作者在实验中发现猫爪牡蛎的鳃无鳃褶,主鳃丝横切面呈指状,鳃板上的血管不明显,这些特征都说明该种牡蛎接近丝鳃类,而强蛎亚科的牡蛎又都不具附心脏,因此可以推测,牡蛎应起源于丝鳃类软体动物。根据 Yonge（1929）和李孝绪(1989)的报道,牡蛎稚贝早期的中肠与晶杆囊相互分离,这一点与现生丝鳃类不同,但与猫爪牡蛎、鹅掌牡蛎一致。在双壳类中,多数种类直肠穿过心室,不穿过心室的种类较少,比较特化(White, 1942)。从进化胚胎学或生态胚胎学(方向)角度来说,在同属(或相近属)中孵育型种类的演化应后于浮养型者。附心脏是双壳类中极其特化的器官,仅在高等牡蛎中存在,较原始的种类中只有肌套血管。舌骨牡蛎中每侧有两条肌套血管,而拟舌骨蛎属的中华牡蛎每侧只有一条肌套血管,根据此血管的位置和功能来看,附心脏很可能是由肌套血管演化而来。另外,中华牡蛎的直肠部分穿过心室,这说明拟舌骨蛎属比舌骨蛎属特化些。

在直肠与心脏分离的种类中都具有附心脏。冠蛎亚科的贝壳无白垩粉沉淀层,肠道呈 Z 形;而巨蛎亚科和牡蛎亚科都有白垩粉沉淀层,肠呈环形。环形肠是从前大动脉的背方绕过大动脉,并环绕胃部;而 Z 形肠是在动脉环的前端从底下横过前大动脉,在胃的右侧面折回。Z形肠如要像环形肠那样环绕胃部,则必须克服许多脏动脉的阻力,也许这是很难实现的。根据 White (1942)和曲漱惠、李嘉泳等(1980)报道的双壳类软体动物的心脏在发生过程中与直肠的不同位置关系,可以推测:在演化过程中,Z形肠道的牡蛎,其心脏是从右背侧与直肠分离,前大动脉在直肠的背部形成;而环形肠道的牡蛎,其心脏是从背侧与直肠分离,前大动脉在直肠的腹侧形成。

冠蛎亚科中的种类都为孵育型种,齿蛎属和褶蛎属都同时具有冠蛎型和牡蛎型栉齿,比较接近,而冠蛎属仅具冠蛎型栉齿。

根据 Dinamani (1967)、Purchon (1957) 和 Reid (1965) 的研究发现,双壳类的胃是从消化盲囊单孔多数向复合孔少数演化。爪蛎属保留了许多较原始的性状,它的消化盲囊开口多,中肠与晶杆囊分离,鳃更接近丝鳃类,无鳃褶和移行鳃丝。尽管平蛎属的中肠与晶杆囊分离,但其鳃已分化,繁殖方式为孵育型。

相对小蛎属而言,巨蛎属的消化盲囊开口较多,两属都为孵育型种。牡蛎属为孵育型种,其胃的结构和贝壳的特征更接近于巨蛎属和小蛎属。

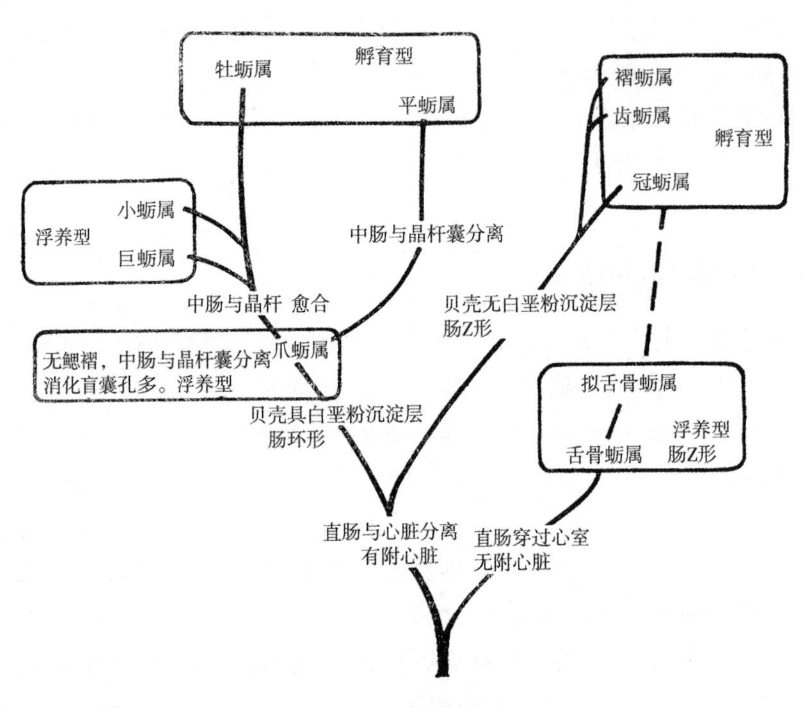

图 17 部分现生牡蛎各属间的演化关系

参考文献

[1] 叶希珠,等.厦门附近的牡蛎.厦门大学学报(海洋生物报),1954,3:56-80.

[2] 曲漱惠,李嘉泳,等.动物胚胎学.人民教育出版社,1980:57-80.

[3] 李孝绪.中国常见牡蛎外套腔的形态比较.海洋与湖沼,1989,20(6):502-507.

[4] 李孝绪.牡蛎鳃的发生与研究.海洋科学,1990,2:13-17.

[5] 李孝绪,齐钟彦,李凤兰.牡蛎循环系统的研究.海洋与湖沼,1994.

[6] 张玺,相里矩 . 中国海岸几种牡蛎 . 生物学杂志, 1937, 1 (4) : 29–5l.
[7] 张玺,齐钟彦 . 贝类学纲要 . 科学出版社, 1961: 1–526.
[8] 张玺,楼子康 . 中国牡蛎的研究 . 动物学报, 1956, 8 (1) : 65–94.
[9] 张玺,楼子康 . 牡蛎 . 科学出版社, 1959: l–156.
[10] 张玺,谢玉坎 . 近江牡蛎的养殖 . 科学出版社, 1959: 1–72.
[11] 周茂德,等 . 日本长牡蛎与近江牡蛎、褐牡蛎杂交的初步研究 . 浙江水产科技, 1981, 2: l–8.
[12] 今井丈夫,等 . 浅海完全养殖 . 恒星社厚生阁版, 1971: 85–152.
[13] 波部忠重 . 日本产软体动物分类学 . 北隆馆, 1977: 106–111.
[14] 柳钟生 . 原色韩国贝类图鉴 . 一志社, 1979: 120–121.
[15] Abbott R T. American Seashells, Van Nostrand Reinhold Co., New York, 2nd ed., 1974: 663.
[16] Ahmed M. Speciation in living oysters. *Adv. Mar. Biol*, 1975, 13: 357–397.
[17] Awati P N, Rai H S. *Ostrea cucullata* (The Bombay Oyster). *Indian Zool. Mem.*, 1931, 3: 1–107.
[18] Barnes R D. Invertebrate Zoology, 4th Edition. Philadelphia, 1980: 316–466.
[19] Buroker N E, Hershberger W K, Chew K K. Population genetics of the family Ostreidae. Ⅰ. Infraspecifics studies of *Crassostrea gigas* and *Saccostrea commercialis. Mar. Biol.*, 1979a, 54: 157–169.
[20] Baroker N E, Hershberger W K, Chew K K. Population genetics of the family Ostreidae Ⅱ. Infraspecific studies of the genera *Crassostrea* and *Saccostrea. Mar. Biol.*, 1979b, 54: 171–184.
[21] Carriker M R, Palmer R E. Ultrastructural morphogenesis of prodissoconch and early dissoconch valves. Oyster *Crassostrea virginica.*, *Proc. Natl. Shellfish Assoc.*, 1979, 69: 45–110.
[22] Crosse H. Description d'une espéce nouvelle du nord de la China. *J. de Conchyl.*, 1862, 10: 148–150.
[23] Crosse A. Diagnoses Molluscorum Novorum. *J. de Conchyl.*, 1869, 17: 188.
[24] Dinamanl P. Variation in the stomach structure of the Bivalvia. *Malacologia*, 1967, 5: 255–268.
[25] Galtsoff P S. The American oyster *Crassostrea viginica* Gmelin, *Fish. Bull. Fish. Wild Serv.*, U. S., 1964, 64: 480.
[26] Galtsoff P S, Philpott D E. Ultrastructure of the spermatozoon of the oyster, *Crassostrea virginica*, *Ultrastructure Res.*, 1960, 3: 241–253.
[27] Gould A A. Description of shells collected by the North Pacific Exploring Expedition, *Proc. Boston Soc, Nat. Hist.*, 1861, 8:39.
[28] Hanley. A description of new species of Ostrea, in the collection of H. Cuming, *Pro. Zool. Soc. London*, 1846:105–107.

[29] Harry H W. Nominal species of living oysters proposed during the last fifty years, *Veliger*, 1981, 24(1): 39–45.

[30] Harry H W. Synopsis of the supraspecific classification of living oysters, *Veliger*, 1985, 28(2): 121–158.

[31] Hirase S. On the classification of Japanese oysters, *Jap. J. Zool.*, 1930, 3: 1–65.

[32] Hopkins A E. Accessory hearts in the oyster *Ostrea gigas*, Biol. Bull, 1934, 67: 346–355.

[33] Lamarck. Histoire naturelle des animaux sans vertébres, Paris, 1819, 6: 200–223.

[34] Lamy F. Revision des Ostrea vivants du Museum National d'Histoire Naturelle de Paris, *Journ Conchyl.*, 1929, 73: 1–46, 71–108, 133–168, 233–275.

[35] Leenhardt H. Quelque etudes sur *Gryphaea angulata, Ann, Linst Oceano.*, 1926, N. S. 3: 1–90.

[36] Li Gang, et al. Population gene pools of big size cultivated oysters (*Crassostrea*) along the Guangdong and Fujian coast of China, *Proc. Marine Biology of South China Sea*, China Ocean Press, 1988: 51–70.

[37] Linnaeus L. Systema Naturae Per regna tria naturae, Holmiae, ed, 1758: 10.

[38] Menzel R W. Some phase of the biology of *Ostrea equestris* Say and a comparison with *Crassostrea virginica* (Gmelin), *Inst. Mar. Sci.*, 1955, 4: 69–153.

[39] Menzel R W. Portuguese and Japanese oysters are the same species, *J. Fish. Res*, 1974, 31:453–456.

[40] Morris S. Preliminary guide to the oysters of Hong Kong, *Asian Mar. Biol.*, 1985, 2: 119–138.

[41] Morton B. The biology and functional morphology of *Periploma angasai*, *J. Zool. London*, 1981, 193: 39–70.

[42] Nelson T C. The feeding mechanisms of the oyster. Ⅰ. On the pallium and branchial chambers of *O. virginica*, *O. edulis* and *O. angulata*. *J. Morph.*, 1938, 63: 1–61.

[43] Numachi K. Serological studies of species and races in oyster, *Am, Naturalist*, 1962, 96: 211–217.

[44] Owen G. Observation on the stomach and digestive diverticula of the Lamellibranchia, Ⅰ. The Anisomyaria and Eulamellibranchia, *Quart. Journ. Microscopical Science.*, 1955, 96: 517–537.

[45] Potts W T W. Excretion in the molluscs, *Biol. Rev.*, 1967, 42: 1–41.

[46] Purchon R D. The stomach in the Protobranchia and Septibranchia, *Proc. Zool. Soc. London*, 1956, 127: 511–525.

[47] Purchon R D. The stomach in the Filibranchia and Pseudolamellibranchia, *Proc. Zool. Soc. London*, 1956, 129: 27–60.

[48] Purchon R D. The stomach in the Eulamellibranchia, stomach type Ⅳ, *Proc. Zool. Soc. London.*, 1958, 131: 487–525.

[49] Purchon R D, Brown D. Phylogenetic interrelationships among families of bivalve molluscs, *Malacologia*,1969, 9: 163–171.

[50] Quoy J R T, Gaimard P. Voyage de L'Astrolabe, *Zoologie*, 1835, 3: 455–456.

[51] Ranson G. Les prodissoconques (coquilles larvaires) des ostréidés vivants, *Bull. Inst. Oceanogr. Monaco*, 1960, 1: 1–41.

[52] Reid R G B. The structure and function of the stomach in bivalve molluscs, *Journ. Zool. London*, 1965, 147: 156–184.

[53] Rodriguez-Romero F, et al. Distribution of "G" bands in the karyotype of *Crassostrea virginca*, Venus, 1979, 38(3): 180–184.

[54] Roughley T C. The life history of the Australian oyster (*Ostrea commercialis*). *Proc. Linnean Soc. New South Wales*, 1933, 58: 279–333.

[55] Sowerby G B. Monograph of the genus *Ostracea* in L. A. Reeves Conchologia Iconica, London, 1870–1871, 18.

[56] Stenzel H B. Oysters in R. C. Moores, Treatise on Invertebrate Paleontology, Geological Soc. America Inc. and Univ Kansas, Part N, 1971, 3: 953–1224.

[57] Thomson J M. The genera of oysters and the Australian species. *Australian J. Mar. Fresh. Res.*, 1954, 5: 132–168.

[58] Torigoe K. Electrophoretic variants of adductor muscle protein in *Crassostrea gigas*. Venus, 1978, 37(4): 241–244.

[59] Torigoe K, Inaba A. Electrophoretic studies on some oysters, Venus, 1975, 33(4): 177–183.

[60] Torigoe K. Oysters in Japan, *J. Sci. of Hiroshima Univ.*, Ser, B, Div. 1 (Zool), 1981, 29(2): 291–419.

[61] White K M. Mytilus, Memoirs of the Liverpool Marine Biological Committee., 1937, 31.

[62] White K M. The pericardial cavity and the pericardial gland of the Lamellibranchia, *Proc Malacol. Soc. Lond.*, 1942, 25(2): 37–88.

[63] Yonge C M. The structure and physiology of the organs of feeding and digestive in *Ostrea edulis*, *J. M. B. Assoc.*, U. K., 1926, 14: 295–386.

[64] Yonge C M. The pallial organs in the Aspidobranch Gastropoda and their evolution throughout the Mollusca, *Phil, Trans.*, 1945, 232: 443–518.

STUDIES ON THE COMPARATIVE ANATOMY, SYSTEMATIC CLASSIFICATION AND EVOLUTION OF THE CHINESE OYSTERS

Li Xiaoxu, Qi Zhongyan
(*Institute of Oceanology, Academia Sinica*)

ABSTRACT

This paper details the comparative anatomical studies on Chinese oysters. According to the presence or absence of promyal chambers and the connections between the body and the gills, Chinese oysters can be divided into three types and subdivided into six groups. Type 1, with left and right promyal chambers, including one group; Type 2, with right promyal chamber only, including four groups; and Type 3, without promyal chamber, including one group.

The evolution trends in the digestive, nervous, circulatory, and other systems, are discussed on the basis of anatomy, and the evolution through the living oysters is suggested. Many new soft part characters are found, and some are first used in oyster classifications. The world-wide confusions in species of *Hyotissa*, *Parahyotissa*, *Saccostrea* and *Crassostrea* are clarified to some extent. The old problems in identifying Chinese oysters are solved this time. One new monotypic genus *Talonostrea* and its species *T. talonata*, which are very important in the evolution lines, and a newly recorded species *Alectryonella plicatula* is described. The 20 previously species are now re-identified as 15 species (*Hyotissa hyotis*, *Parahyotissa imbricata*, *P. sinensis*, *Lopha cristagalli*, *Dendostrea folium*, *D. crenulifera*, *Alectryonella plicatula*, *Talonostrea talonata*, *Crassostrea gigas*, *C. rivularis*, *Crassostrea* sp., *Saccostrea cucullata*, *S. echinata*, *Planostrea pestigris* and *Ostrea denselamellosa*), belonging in two families, Grypheidae and Ostreidae, and four subfamilies, Pycnodonteinae, Lopheinae, Crassostreinae and Ostreinae.

图版Ⅰ

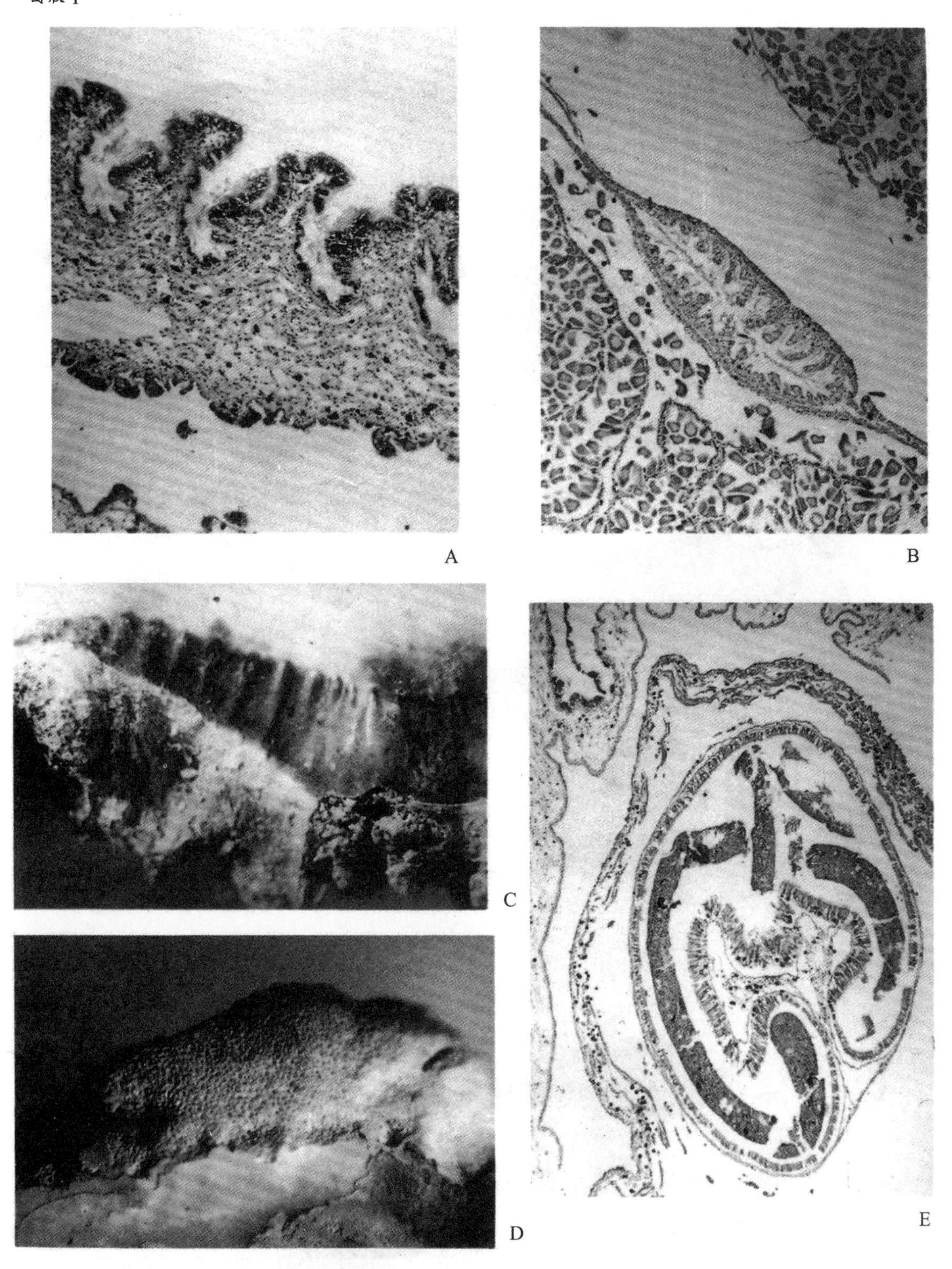

A. 长牡蛎(*Crassostrea gigas*)唇瓣的横切面,示唇褶的侧沟(×150);B. 覆瓦牡蛎(*Parahyotissa imbricata*)肾围心腔管横切面(×150);C. 中华牡蛎(*Parahyotissa sinensis*)的条状栉齿(×1);D. 覆瓦牡蛎(*Parahyotissa imbricata*)壳缘的蜂窝状结构(×10);E. 覆瓦牡蛎(*Parahyotissa imbricata*)心脏的横切面,示直肠穿过心室(×100)

图版Ⅱ

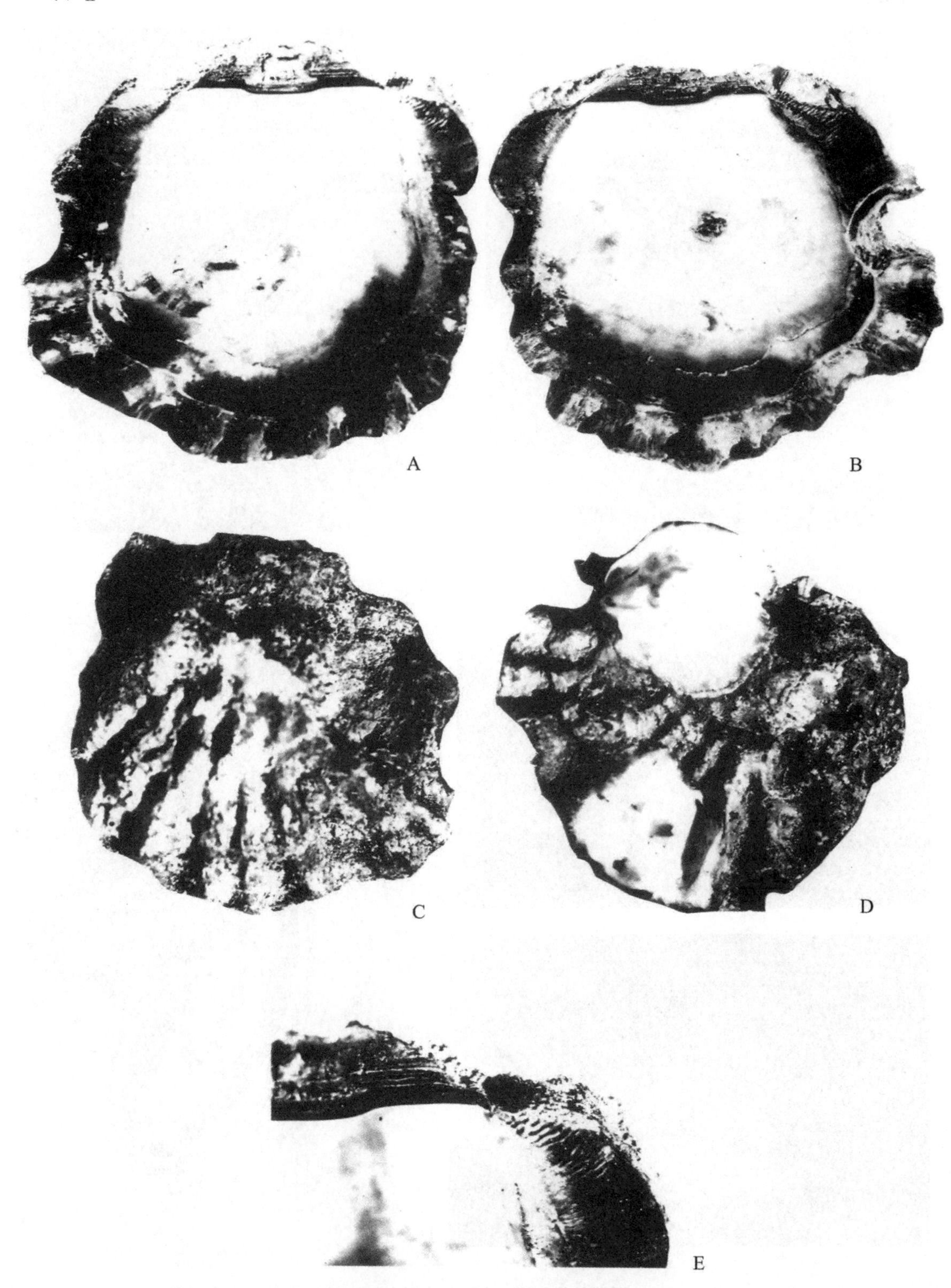

舌骨牡蛎(*Hyotissa hyotis*)

A, C. 左壳;B, D. 右壳;A, B. 壳内面观(×2/3);C, D. 壳面观(×2/3);E. 示波纹状栉齿(×3)

图版Ⅲ

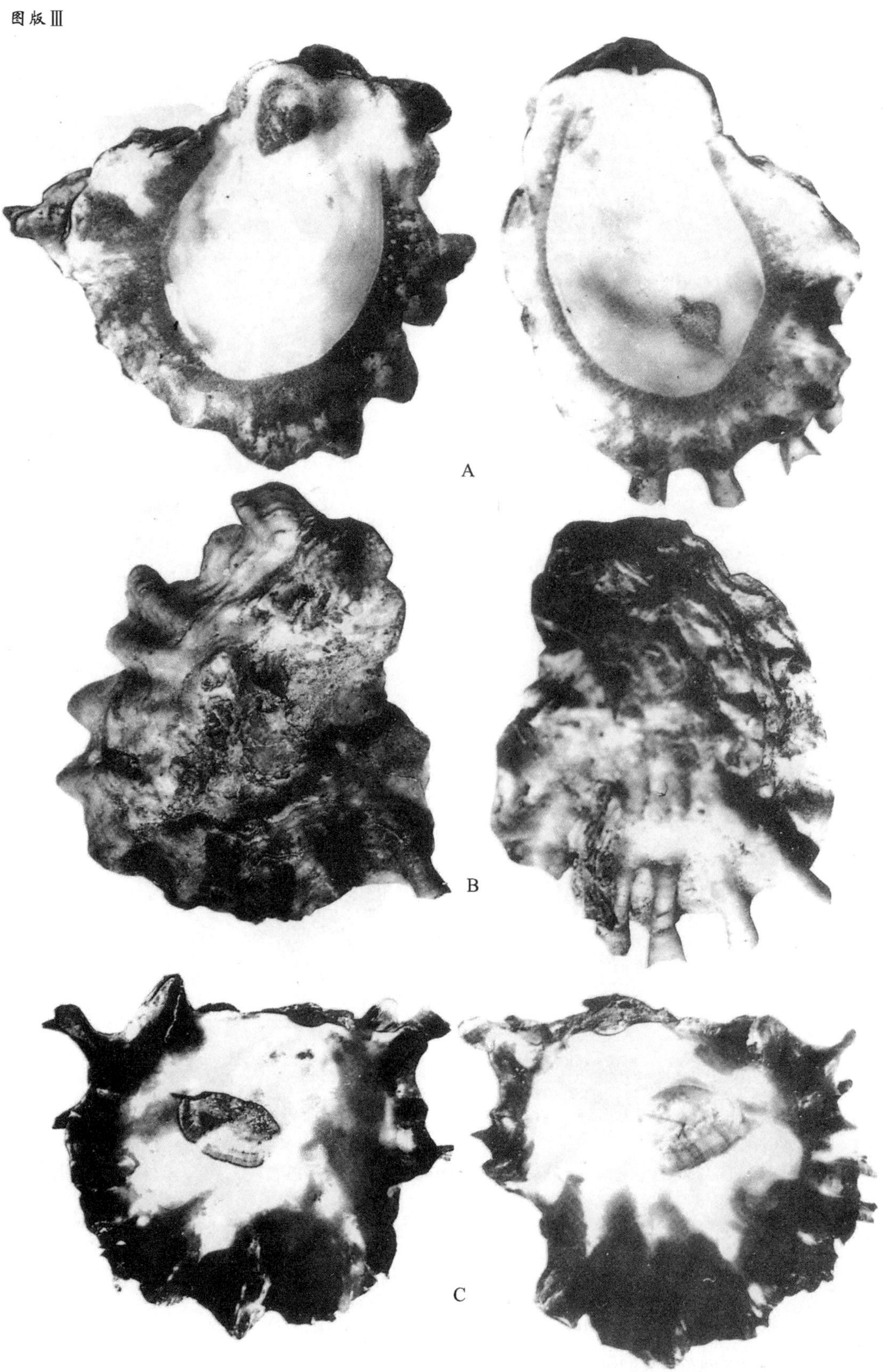

A, B. 覆瓦牡蛎(*Parahyotissa imbricata*)(×2/3)(A示壳缘环合);C. 中华牡蛎(*Parahyotissa sinensis*)(×2/3)(左侧为左壳,右侧为右壳)

图版Ⅳ

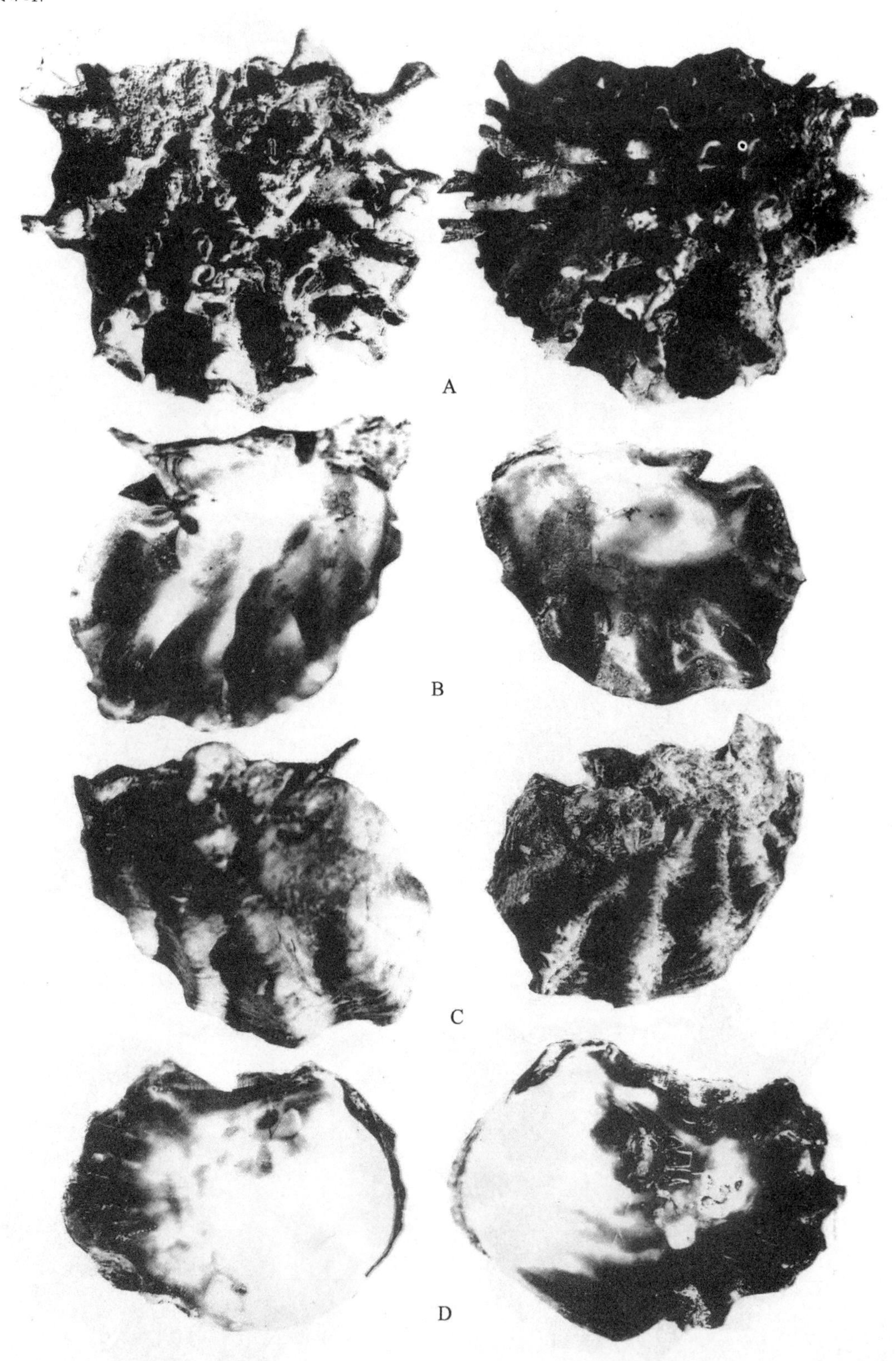

A. 中华牡蛎(*Parahyotissa sinensis*)(× 2/3);B, C. 鸡冠牡蛎(*Lopha cristagalli*)(× 4/5);D. 薄片牡蛎(*Dendostrea folium*)(× 4/5)(左侧为左壳,右侧为右壳)

图版Ⅴ

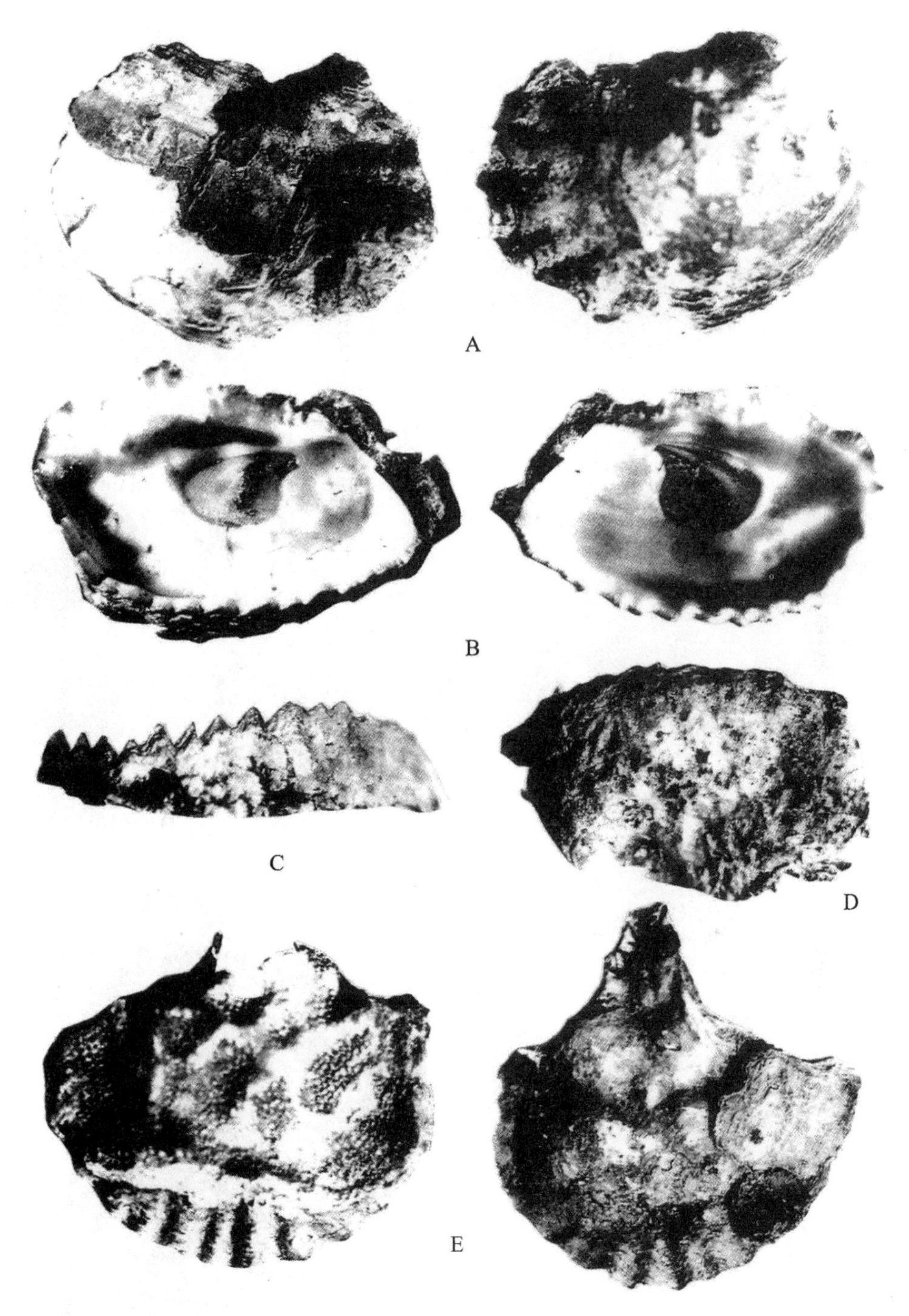

A. 薄片牡蛎(*Dendostrea folium*)(×4/5);B,C,D. 缘齿牡蛎(*Dendostrea crenulifera*)(×1)(C为腹侧面观);E. 褶牡蛎(*Alectryonella plicatula*)(×4/5)

图版Ⅵ

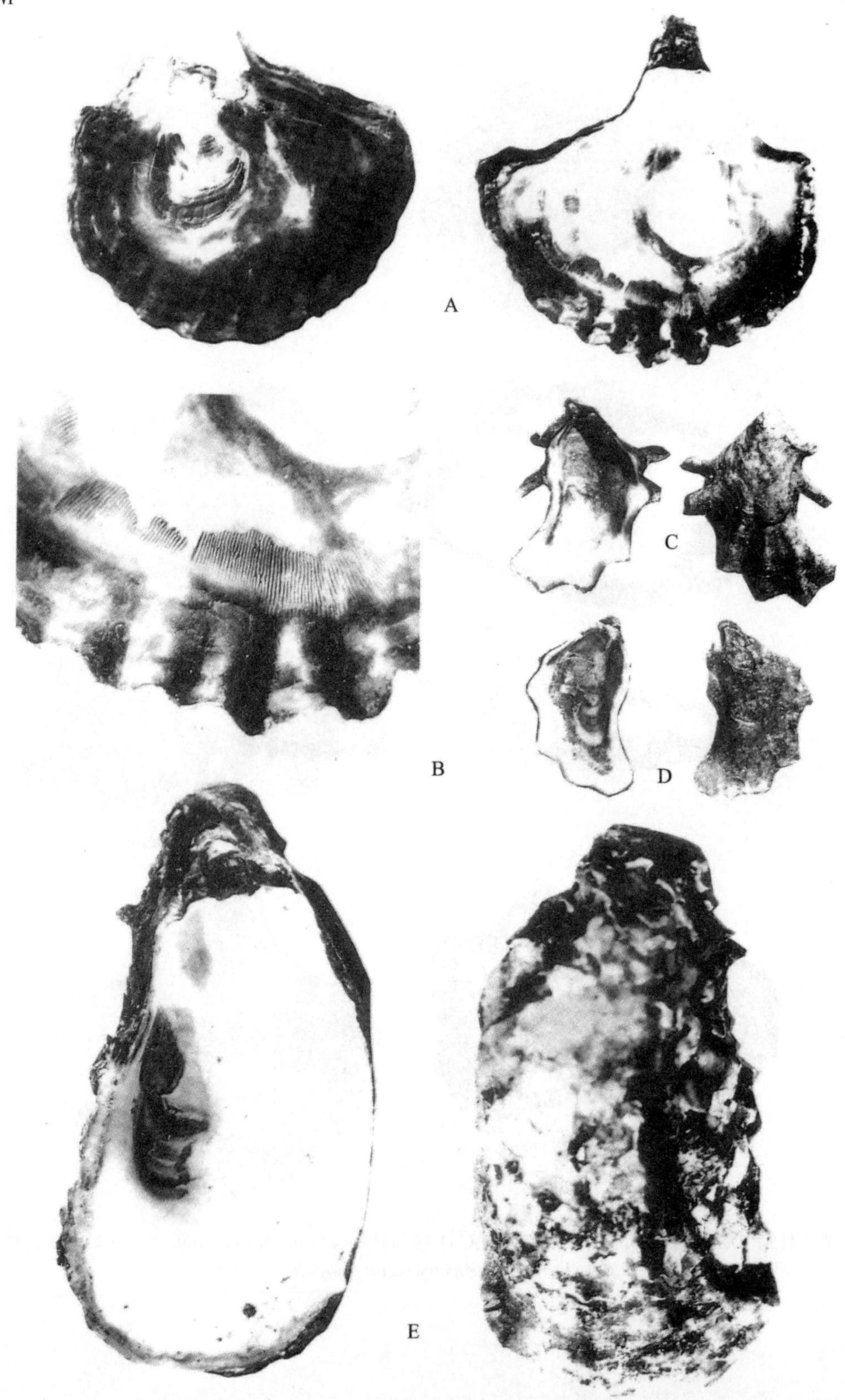

A,B. 褶牡蛎(*Alectryonella plicatula*)(×4/5);B. 褶牡蛎的指纹和冠蛎型栉齿(×4);C,D. 猫爪牡蛎(*Talonostrea talonata*)(×1)(C. 左壳;D. 右壳);E. 长牡蛎(*Crassostrea gigas*)的左壳(×4/5)

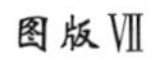
图版Ⅶ

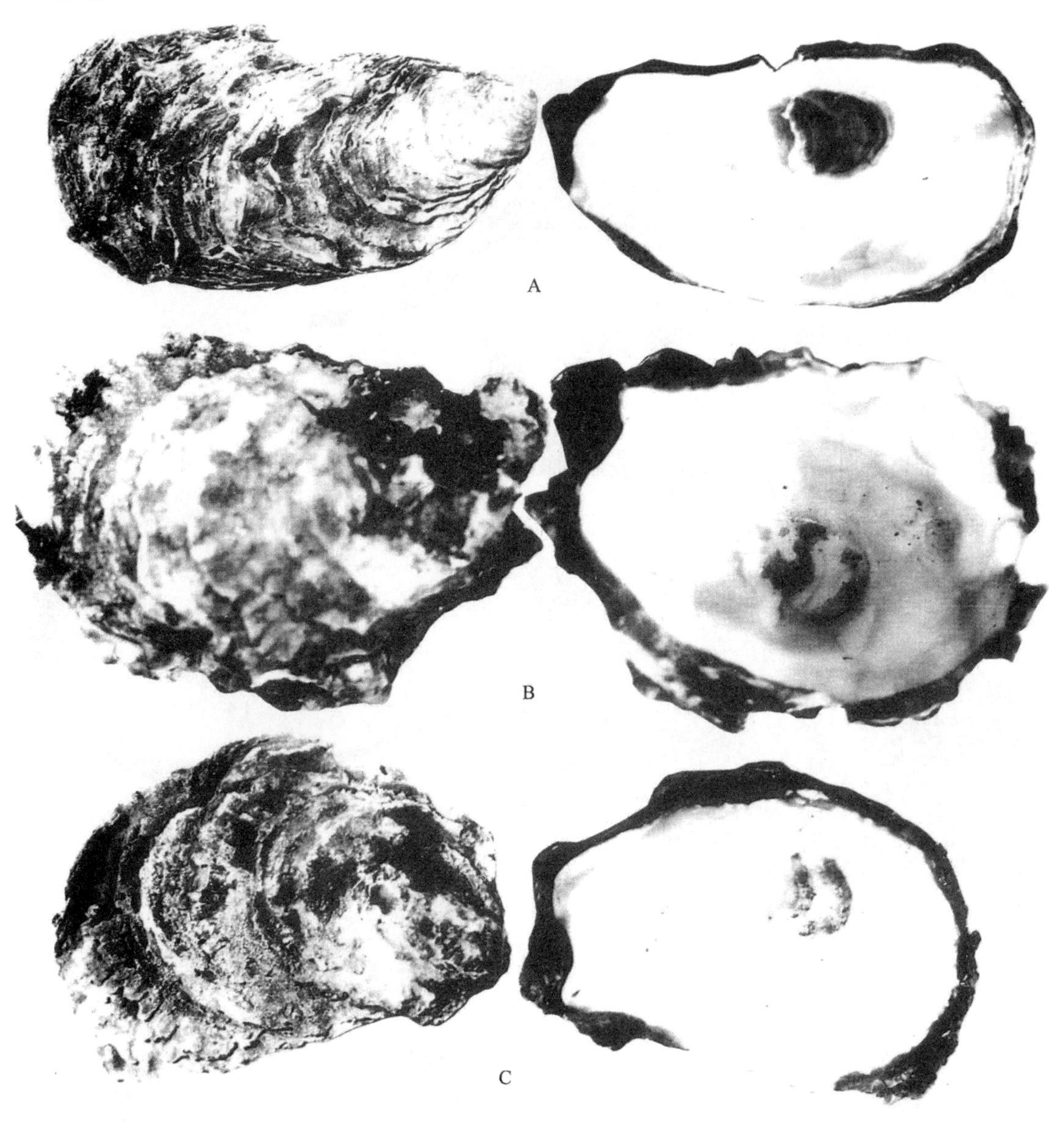

A. 长牡蛎(*Crassostrea gigas*)的右壳(×4/5);B,C. 近江牡蛎(*Crassostrea rivularis*)(×4/5)(B. 左壳;C. 右壳)

图版Ⅷ

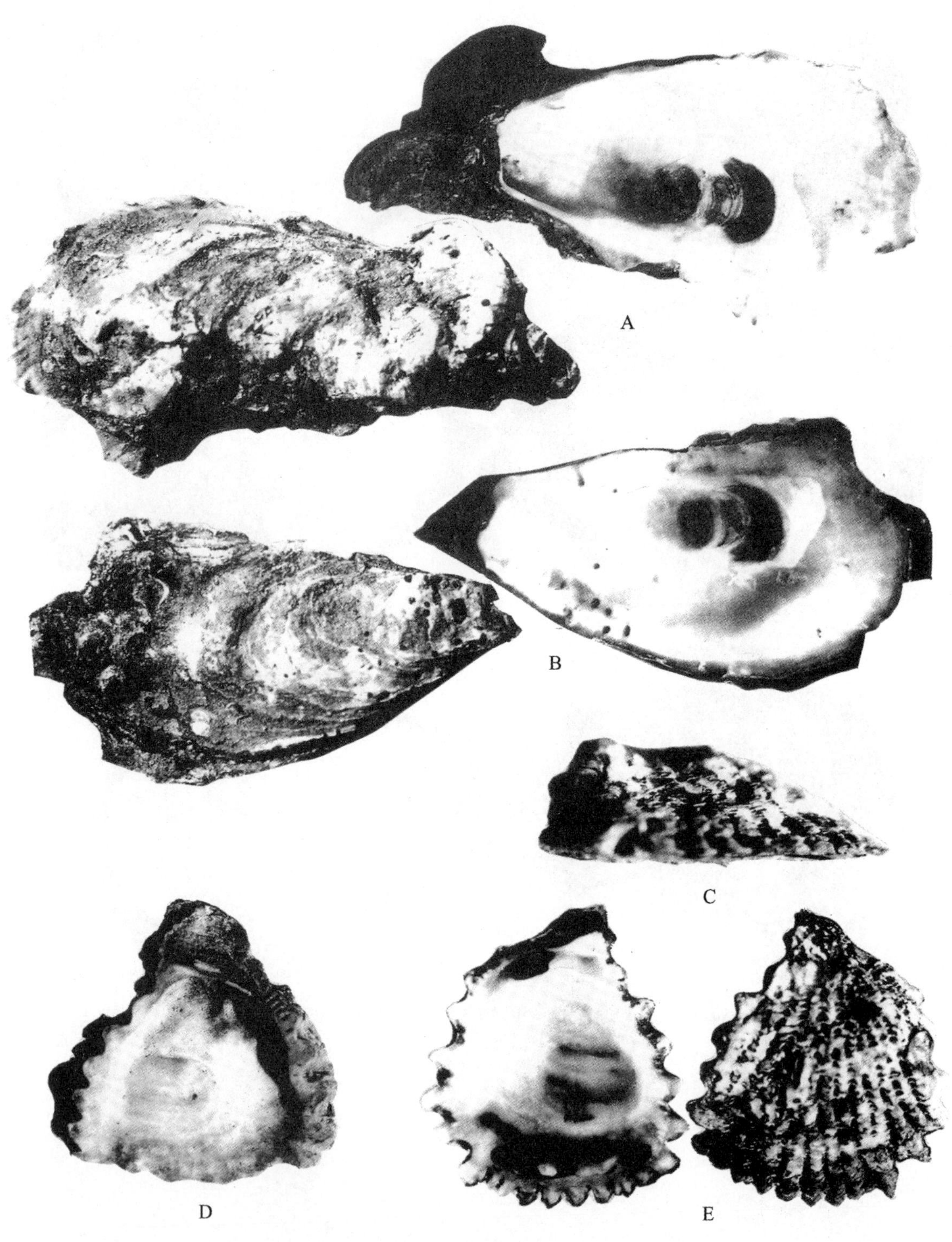

A,B. 拟近江牡蛎(*Crassostrea* sp.)(×3/4)(A. 左壳;B. 右壳);C,D,E. 僧帽牡蛎(*Saccostrea cucullata*)(×1,三角形生态型)(C. 腹侧面观;D. 左壳;E. 右壳)

图版Ⅸ

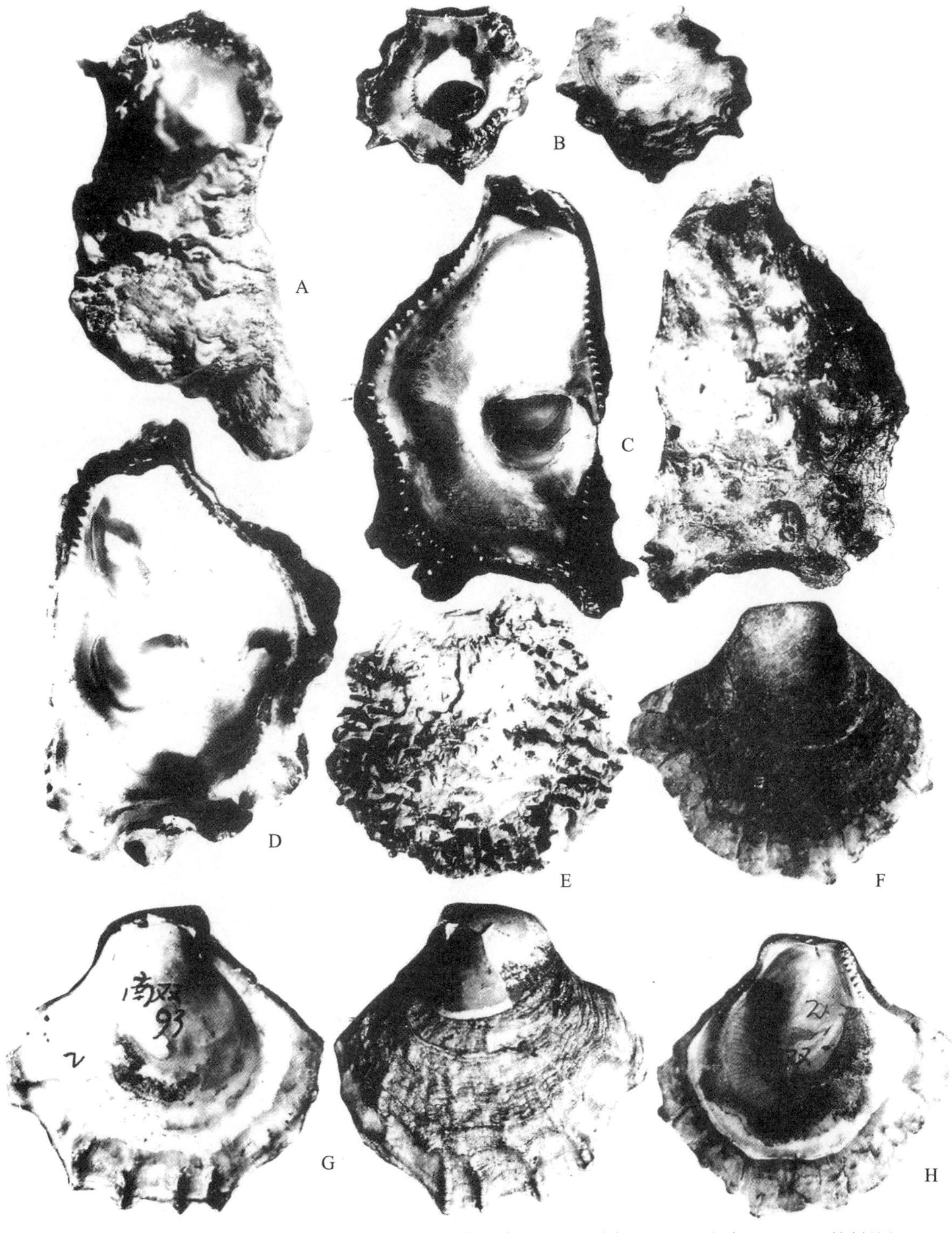

A, B. 僧帽牡蛎(*Saccostrea cucullata*)(×1)(杯状生态型)(A. 前侧面观;B. 右壳);C,D,E. 棘刺牡蛎(*Saccostrea echinata*)(×1)(C. 右壳,左图示牡蛎型栉齿;D. 左壳;E. 右壳,示壳面小棘);F,G,H. 鹅掌牡蛎(*Planostrea pestigris*)(×1.3)(F,H. 右壳;G. 左壳)

图版 X

密鳞牡蛎(*Ostrea denselamellosa*)(×4/5)(A. 左壳;B. 右壳)

牡蛎循环系统的研究①

提要 于1989—1990年在海南岛、广东蛇口以及青岛近海采集12种牡蛎,进行循环系统的比较解剖学研究。首次提出了牡蛎的循环系统有两种类型,即附心脏型和无附心脏型。两者之间的主要区别是:① 附心脏型无肌套血管,其外套血液主要来自环外套动脉和附心脏;无附心脏型,由于无附心脏和环外套动脉,其外套血液主要来自肌套血管。② 附心脏型是通过出鳃静脉和外套静脉分别将鳃前部和后部的血液送回心耳;无附心脏型的外套静脉与外入鳃血管不通,鳃中的血液只能通过出鳃静脉回到心耳。在强蛎亚科(Pycnodonteinae)中发现了第三个心耳和第三条回心静脉。

关键词 软体动物 牡蛎 循环系统

就牡蛎亚目而言,Awati等(1931)、Leenhardt(1926)和Galtsoff(1964)分别对僧帽牡蛎(*Saccostrea cucullata*)、欧洲牡蛎(*Crassostrea angulata*)和美洲牡蛎(*Crassostrea virginica*)进行了比较全面的解剖学研究,提出过牡蛎循环系统的模式。由于当时贝类生理学的迅速发展,人们更加注意组织学的研究而很少注意各部分之间的关系。另外这些研究涉及的种类有限,在许多方面已不能代表牡蛎亚目的全貌。

本文对我国的12种牡蛎的循环系统做了详细的比较解剖学研究,首次提出了牡蛎循环系统的两种类型,并发现在强蛎亚科(Pycnodonteinae)中有第三个心耳和第三条回心静脉。这补充和完善了牡蛎的解剖学内容,对于教学和相关学科的发展均有一定的促进作用。

一、材料和方法

于1989—1990年在海南岛、广东蛇口以及青岛近海采集舌骨牡蛎(*Hyotissa hyotis*)、覆瓦牡蛎(*Parahyotissa imbricata*)、中华牡蛎(*Parahyotissa sinensis*)、鸡冠牡蛎(*Lopha cristagalli*)、褶牡蛎(*Alectryonella plicatula*)、薄片牡蛎(*Dendostrea folium*)、缘齿牡蛎(*Dendostrea crenulifera*)、僧帽牡蛎(*Saccostrea cucullata*)、棘刺牡蛎(*Saccostrea echinata*)、密鳞牡蛎(*Ostrea denselamellosa*)、长牡蛎(*Crassostrea gigas*)和拟近江牡蛎(*Crassostrea* sp.),以活体或酒精、福尔马林固定的标本作为解剖材料。以长牡蛎、覆瓦牡蛎为主要实验对象,用中性红或苏木精注射其附心脏、心脏及鳃血管,观察生活状态下的血流方向。外

① 李孝绪、李凤兰、齐钟彦(中国科学院海洋研究所):载《海洋与湖沼》,1994年,第25卷第6期,619～624页。科学出版社,中国科学院海洋研究所调查研究报告第1980号。国家自然科学基金资助,39070137号。

套循环系统用饥饿的方法，即将接近成熟的牡蛎暂养在培养缸中，以过滤海水流水，断食 2 个月左右后，观察其外套上的血管分布情况。在解剖镜下观察牡蛎循环系统的结构及其相互关系，绘制出解剖图或示意图。

二、结果与讨论

解剖观察结果表明，牡蛎的循环系统属开管式(图 1、图 2、图 3e)，但比较复杂，可分为两种类型，即无附心脏型(图 2b)和附心脏型(图 2a)。两者的主要差别是：① 无附心脏

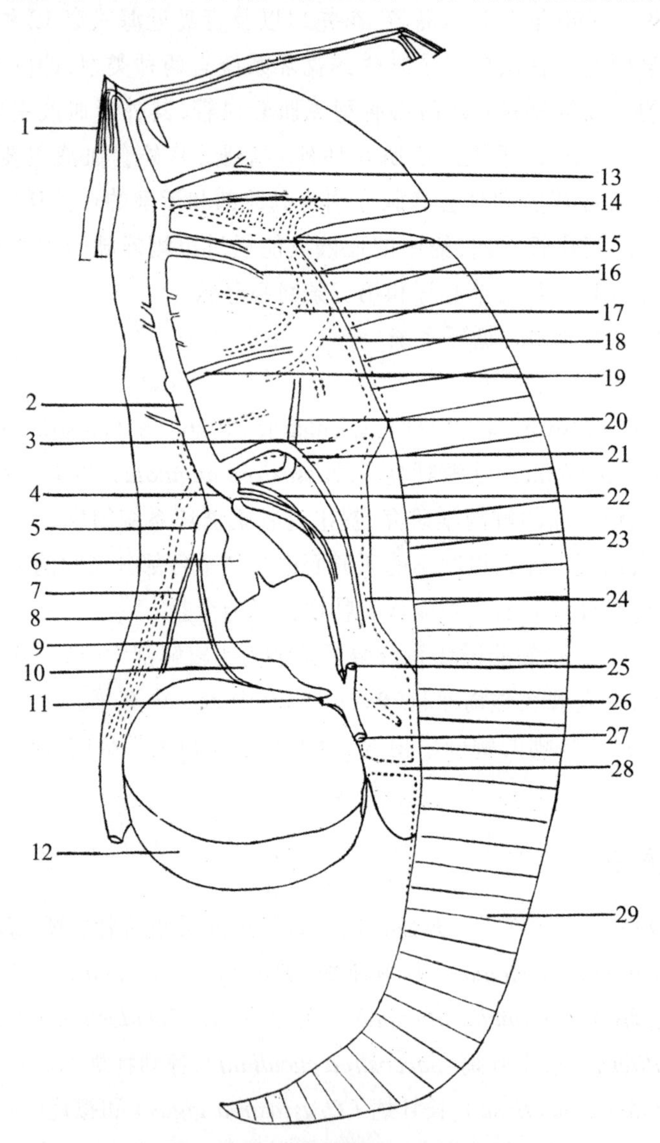

图 1　拟近江牡蛎的循环系统(×4)

Fig. 1 The circulatory system of *Crassostrea* sp.

1. 环外套动脉；2. 前大动脉；3. 后远心静脉；4. 动脉瓣膜；5. 后大动脉；6. 心室；7. 直肠动脉；8. 闭壳肌动脉；9. 右心耳；10. 围心腔；11. 肾静脉；12. 闭壳肌；13. 内唇瓣动脉；14. 外唇瓣动脉；15. 中消化盲囊动脉；16. 右消化盲囊动脉；17. 消化盲囊静脉；18. 生殖静脉；19. 左消化盲囊动脉；20. 胃动脉；21. 晶杆囊下区动脉；22. 晶杆囊上区动脉；23. 中肠动脉；24. 前远心静脉；25. 鳃静脉；26. 肾围心腔管；27. 外套静脉；28. 肌鳃血管；29. 鳃

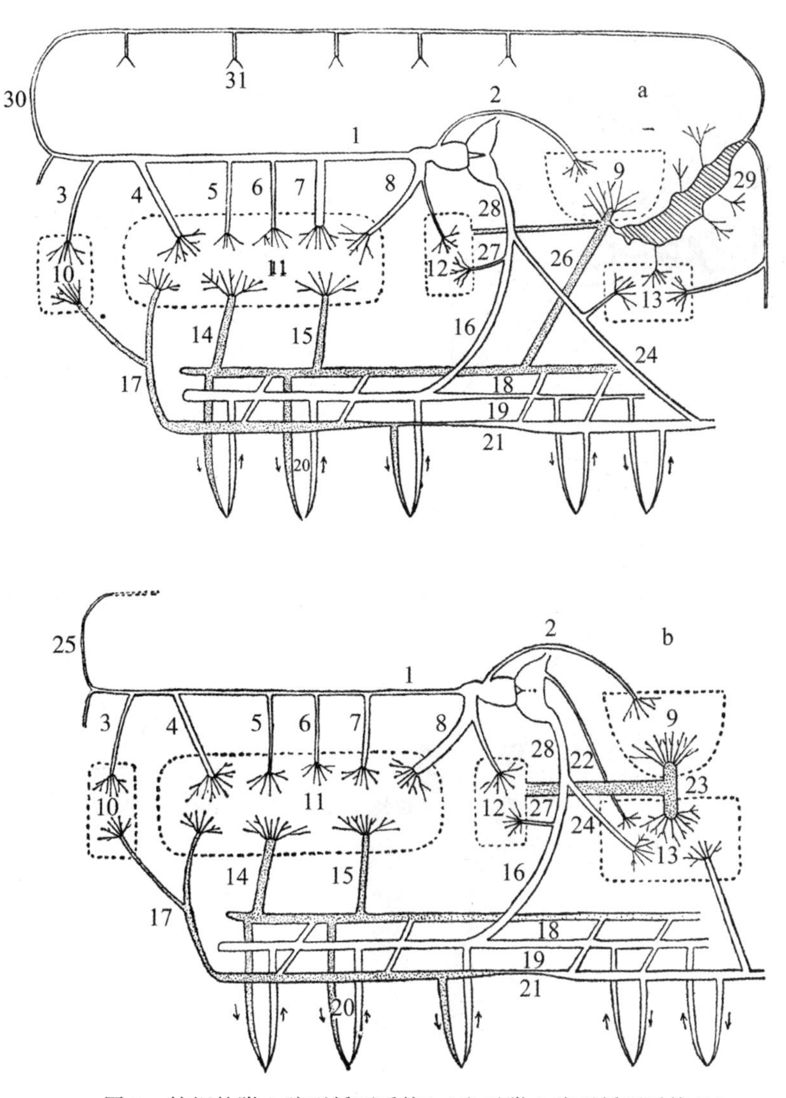

图 2 牡蛎的附心脏型循环系统(a)和无附心脏型循环系统(b)

Fig. 2 The circulatory systems of oysters: "The accessory heart type" (a) and "The non-accessory heart type" (b)

1. 前大动脉;2. 闭壳肌动脉;3. 唇动脉 4. 头动脉;5. 消化盲囊动脉;6. 生殖动脉;7. 胃动脉;8. 幽门动脉;9. 闭壳肌窦;10. 外套窦;11. 脏窦;12. 肾窦;13. 外套窦;14. 胃静脉;15. 后远心静脉;16. 出鳃静脉;17. 头静脉;18. 中入鳃血管;19. 出鳃血管;20. 鳃;21. 外入鳃血管;22. 后静脉;23. 肌套血管;24. 外套静脉;25. 铰合部动脉;26. 肌鳃血管;27. 肾静脉;28. 总静脉;29. 附心脏;30. 环外套动脉;31. 外套动脉

型者没有附心脏和肌鳃血管,但具有肌套血管;而附心脏型者具有附心脏(图 3d)和肌鳃血管,但无肌套血管。② 无附心脏型者环外套动脉不明显,而附心脏型者环外套动脉连续(图 3c)。③ 无附心脏型者外套静脉不与外入鳃血管相通;而附心脏型者外套静脉与外入鳃血管相通(图 2a),这样鳃的回心血液将通过两条途径回到心耳,即前部的血液通过出鳃血管回到心脏,而后部的血液则主要通过外入鳃血管经外套静脉回到心脏(图 2a),外入鳃血管在中部几乎完全隔开。

Awati 等(1931)、Leenhardt(1926)和 Galtsoff(1964)通过对僧帽牡蛎、欧洲牡蛎和美

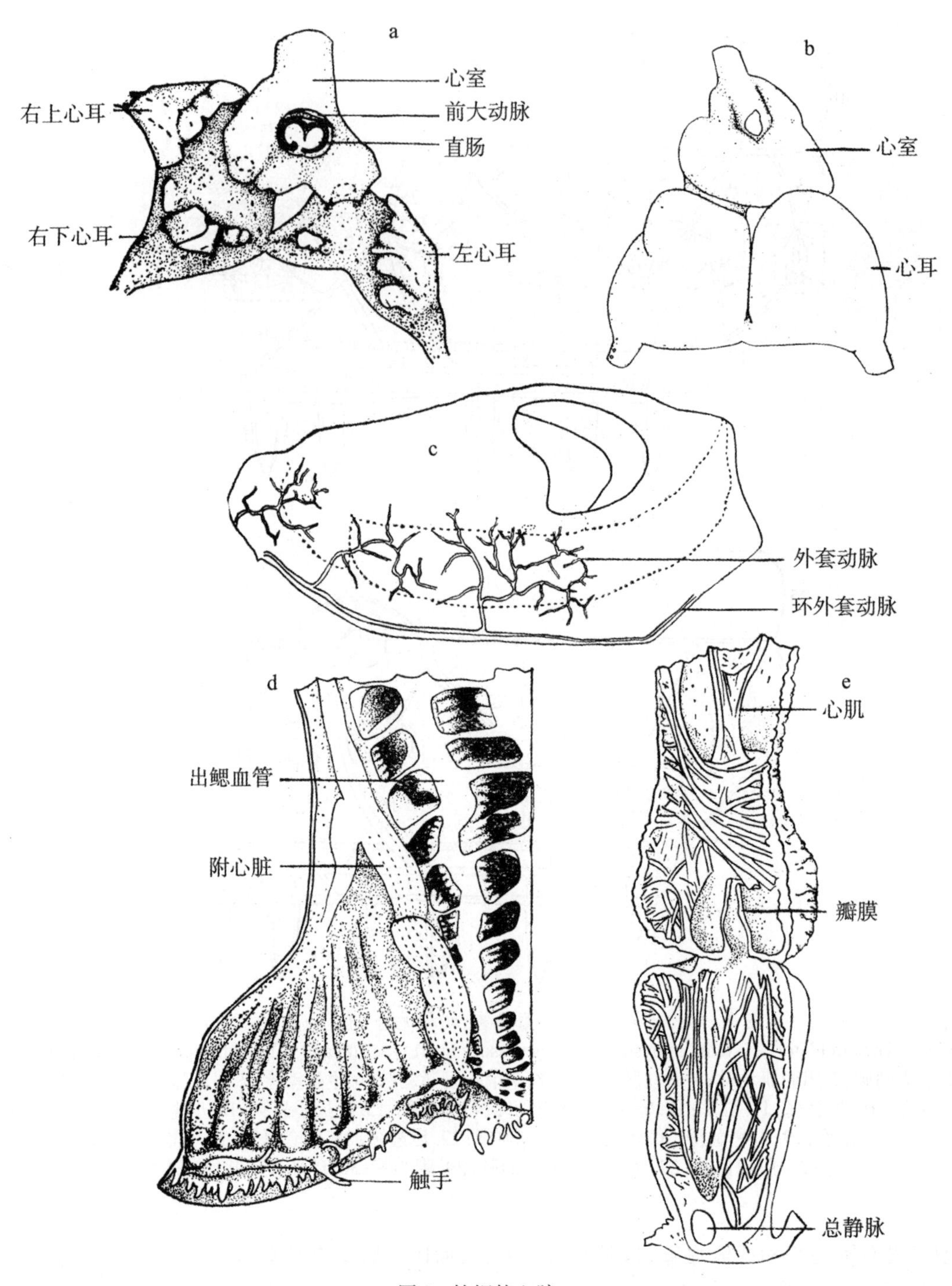

图 3 牡蛎的心脏

Fig. 3 The hearts of oysters

a. 覆瓦牡蛎心脏腹面观,示右侧二心耳, ×4;b. 长牡蛎心脏背面观, ×6;c. 长牡蛎左侧面观, ×1.4;d. 长牡蛎的附心脏, ×3;e. 长牡蛎心脏纵切面, ×7

洲牡蛎的循环系统的研究,分别提出了牡蛎的循环模式,彼此之间差别不大。作者认为,他们的循环模式的建立有三方面的不足:① 都是以较高等的牡蛎为实验材料,因此不能代表牡蛎循环系统的全貌。② 在 Awati 等和 Leenhardt 提出的循环系统中,未提到附心脏在循环系统中的作用;而在 Galtsoff 提出的模式中虽然涉及附心脏,但血管的运送方向不明确,难以谈及循环。③ 忽略了外套静脉与外入鳃血管的连通。本文在总结 12 种牡蛎循环系统特点的基础上,提出牡蛎的两种循环模式,即无附心脏型和附心脏型。两者的动脉部分差别不大,与以往的报道基本一致,只是无附心脏型无环外套动脉;但两者静脉部分差别甚大。无附心脏型牡蛎,主要是通过肌套血管将闭壳肌窦的血液送到外套中进行气体交换,然后再通过外套静脉或后静脉回到心耳。肌套血管不像附心脏那样本身可以收缩,因此其运送血液的能力很有限,再加上此类型不具肌鳃血管,这样当闭壳肌迅速收缩时,从肌窦送出的大量血液只能暂存在肾脏,这也许是此类型的肾脏相对很大的原因之一①。

本研究表明,附心脏型牡蛎的外套血液主要来自环外套动脉和附心脏。肌窦的污血主要是通过肌鳃血管和附心脏被送到鳃或外套膜上进行气体交换。鳃后部和外套膜的新鲜血液都是通过外套静脉回到心耳,这样此类型的鳃血液就要经过两条静脉回到心耳,前部通过出鳃静脉,而后部则通过外套静脉,这可能是为了避免血液相混。为完善此系统,多数牡蛎种类的外入鳃血管的中部变得很细,甚至前后断开。

双壳类的心脏有两个心耳,分别与左、右总静脉相连(图 3b)(Potts,1967; White,1942)。但在强蛎亚科(Pycnodonteinae)的舌骨牡蛎、中华牡蛎和覆瓦牡蛎中,其右心耳再分为上(即第三个心耳)、下两部分,分别与右总静脉和后静脉(即第三条回心静脉)相通(图 3a),这在双壳类中实属罕见。

参考文献

[1] Awati P R, Rao H S. *Ostrea cucullata* (The Bombay Oyster). *Indian Zool. Mem.*, 1931, 3: 1–107.

[2] Galtsoff P S. The American Oyster *Crassostrea virginica* Gmelin. *Fish. Bull. Fish. Wild Serv. U. S.*, 1964, 64: 1–480.

[3] Lee hardt H. Quelque e'tudes sur *Gryphaea angulata. Ann. L'inst. Oceano*, *N. S.*, 1926, 3: 1–90.

[4] Potts W T W. Excretion in the molluscs. *Biol. Rev.*, 1967, 42: 1–41.

[5] White K M. The pericardial cavity and the pericardial gland of the Lamellibranchia. *Proc. Malacol. Soc. London*, 1942, 25(2): 37–88.

① 李孝绪、齐钟彦:《中国牡蛎的比较解剖学及系统分类和演化的研究》,载《海洋科学集刊》1994年,第35期。

THE CIRCULATORY SYSTEM OF OYSTERS

Li Xiaoxu, Li Fenglan, Qi Zhongyan
(*Institute of Oceanology, Academia Sinica, Qingdao 266071*)

ABSTRACT

This paper describes in detail the circulatory system of oysters collected from the coasts of Hainan, Guangdong and Shandong Provinces. Study of fixed (in alcohol or formalin) or live specimens anatomized under microscope revealed two types of circulatory systems: "accessory heart type" and "non-accessory heart type". In the accessory heart type the mantle blood comes from the mantle circulating arteries and the accessory hearts, while in the non-accessory heart type, the oysters lack the accessory hearts and the mantle circulating arteries. The mantle blood comes mainly from the adductor-mantle vessels. In the accessory heart type the front and rear gill blood is transported to the auricles by the efferent branchial veins and the mantle veins, respectively, but in the non-accessory heart type the gill blood is delivered by the efferent branchial veins only, as there are no connections between the outer efferent branchial vessels and the mantle vein. The third auricle (the upper right auricle) and its directly connecting vessel (the posterior vein) are found in the subfamily Pycnodonteinae.

Keywords Mollusc, Oyster, Circulatory system

《中国海双壳类软体动物》序[1]

中国海双壳类的分类研究始于本世纪30年代,是由我国贝类学创始人之一的张玺教授进行的,其后,在他的倡导下贝类学的研究在国内得到了很大的发展。目前,对双壳类中一些经济价值较大或者种类较多的科大都进行了专题性的研究,但是还有很多种类尚待研究,同时,对过去的工作也有加以总结的必要,因此进行系统的、全面的整理是十分必要的,这样可使我们对中国海的双壳类有一个新的认识。为了完成这一工作,本书作者早在10年前就开始着手进行文献搜集和标本的鉴定,对中国科学院海洋研究所所收藏的全国近海所采的标本、中国科学院南海海洋研究所和国家海洋局第三海洋研究所的部分标本进行了鉴定,总共有1 048种,基本上能够反映出中国海双壳类的全貌。

书中除对每一种提供了原始文献和报道产于中国的作者外,对它们的同物异名、主要生态环境、国内产地和世界分布都做了比较确切的记载,在国内首次对属(包括亚属)以上各分类阶元的鉴别特征进行了描述,为双壳类的学习者提供了可以利用的园地。

本书涉及的是一项基础性研究工作,其工作量十分繁重,通过作者辛勤劳动和认真深入的钻研才得以完成。这为国内外贝类学者研究中国海双壳类提供了较为系统的、确切的信息。这一工作丰富了对我国海产双壳类种类组成的认识,也必将对双壳类的研究起到推动作用。

齐钟彦 1995年春

---

① 载《中国海双壳类软体动物》,科学出版社,1997年。

巨蛎属(*Crassostrea*)牡蛎幼虫的形态比较[①]

摘要 同一属种类间的亲缘关系密切,幼虫的形态差别微小,这在巨蛎属(*Crassostrea*)中表现得尤为明显。壳顶中期以前,很难将它们区别到种。根据后期幼虫的形态特征可将本实验观察的4种牡蛎分为两个型:长牡蛎型,包括长牡蛎[日本引进,*Crassostrea gigas* (Thunberg)]和大连湾牡蛎[*Crassostrea talienwhanensis* (Crosse)];近江牡蛎型,包括近江牡蛎[*Crassostrea rivularis* (Gould)]和长牡蛎[中国,*Crassostrea gigas* (Tchang & Lou)]。它们之间的主要区别是:前一型变态期的幼虫较大,两侧各具7～8条鳃丝,外套膜的边缘形成一条紫色的弧带;而后一型的幼虫较小,每侧各具5～6条鳃丝,外套膜的边缘无特殊的色带。文章还根据牡蛎亚目原壳的形态特征初步讨论了各属间的演化关系。

关键词 巨蛎 原壳 形态比较

双壳类软体动物的幼虫在河口附近及沿岸浮游动物中占有相当重要的地位,它不仅是鱼类等肉食性动物的天然饵料,而且是双壳类生活史中的一个重要阶段,直接影响到种群的数量和贝类资源的利用,与海洋农牧化的关系极为密切。因此,双壳类幼虫的研究不断得到海洋生物学家的重视。但由于它们的外部形态特征极为相似,鉴别到科、属,特别是种非常困难[5]。从而影响到许多应用和基础学科的研究,这样就给贝类科学工作者提出了一个新的幼虫分类学的课题。

对双壳类幼虫形态的研究从劳威(Loven, 1848)开始,已经历了一个多世纪,许多学者做了大量的工作[7-11,14,19-21,23-29,31]。由于研究的侧重点不同,形成了两个不同的研究方向:一个是属于纯理论方面的工作,即解决分类中存在的疑难闻题;另一个则是为资源利用、养殖生产或有害种类的防除等提供依据、研究方法,由开始的间接法逐渐过渡到现在的直接法,也有的学者将这两个方法结合使用,增强了幼虫形态描述的实用性。但这样做十分烦琐,在许多种类中很难办到。而从已知亲贝的受精卵培养能正确无误地确定种类,因此,目前各学者多采用直接法进行幼虫形态方面的研究工作。

深入细致地比较观察双壳类幼虫形态发育不仅能够准确地进行种类鉴别,而且有助于研究双壳类的亲缘关系、系统发育和系统分类。Chanley & Andrew (1971)、Le Pennec

---

① 李孝绪、齐钟彦(中国科学院海洋研究所):载《贝类学论文集》第5、6辑,青岛海洋大学出版社,1995年,37～49页。中国科学院海洋研究所调查研究报告第2470号。国家自然科学基金资助,39070137号。

（1980）、胡亚平（1984）等均曾指出：根据幼虫铰合部的形态特征推断种及科的系统地位和亲缘关系是可行的。如：胡亚平（1984）曾讨论了双壳纲异柱类以及珠母贝属的演化和亲缘关系。但由于对双壳类幼虫的研究还很不够，涉及的种类较少，因此对双壳类的系统分类还不能提出比较完善的见解。

牡蛎是非常重要的经济软体动物，对它们的发生，幼虫的形态、生态等都有比较详细的报道。在幼虫形态方面值得提出的是 Ranson（1960a, 1967）的工作，他用图和显微照片描绘了 50 多种牡蛎原壳的形态特征，为 Stenzel（1971）对古代和现代牡蛎的系统分类奠定了基础。但在他的图中，铰合部的特征不明显，很难看出种间差别，Chanley & Dinamani（1980）根据铰合部的形态分出一个新科 Tiostreidae 和一个新属 *Tiostrea*。然而有些常见种之间的鉴定仍存在很多问题。

在我国，对牡蛎的繁殖、幼虫的形态研究只见张玺、楼子康（1957）对某些种类的幼虫形态做过简单描述，没有专题报道。

本研究对我国北方常见的 4 种牡蛎的幼虫做了较详细的比较和讨论。并根据前人的报道，对牡蛎亚目 6 个现生属的幼虫形态做了比较和鉴别。

一、材料和方法

实验所用的亲贝是挑选形态特征明显、性腺发育良好的野生贝或人工养殖的成贝。大连湾牡蛎取自大连老虎滩附近的海区；长牡蛎（中国）和近江牡蛎取自山东仰口小清河口；长牡蛎（日本引进），是用人工繁殖养成的亲贝，原产于日本。

人工授精和幼虫培养采用我国目前常用的方法，从亲贝生殖腺中取得雌、雄生殖细胞。幼虫培养在 5 000 mL 的圆形玻璃缸中，密度因幼虫的发育阶段不同而有变化（5 个 / 毫升 ~ 0.5 个 / 毫升）。每天换沙滤海水 1 ~ 2 次。所用饵料为扁藻（*Platymonas* sp.）、等鞭金藻（*Isochrysis galbana*）、小球藻（*Chlorella* sp.）、褐指藻（*Phaeodactylum tricornutum*）。投饵密度为每毫升 0.2 万～ 1.3 万个细胞，每次换水后混合添加。培养时水温为 18 ℃～ 25 ℃，培养缸放在避光处或遮光。

从受精卵开始在解剖镜或显微镜下连续观察幼虫的形态特征，并对胚胎后期 7 个发育阶段分别进行详细的观察。在显微镜下拍照。从受精卵开始，分期固定幼虫标本，以备分析、测量用。每次至少测量 30 个幼虫标本，并用回归方程分析所得资料。固定液采用国际上通用的 Carriker's 液。借助于微生物和原生动物的作用去掉软体部，用解剖针打开双壳，在显微镜下观察原壳铰合部的特征。用 5% 的次氯酸钠处理 25 分钟，腐蚀去掉软体部，梯度脱水至 98% 的酒精中，再恒温（大约 60 ℃）处理 48 小时，然后喷铂 10 nm 左右，送入 H–500 扫描附件或日立 S–450 扫描电镜中进行观察、拍照。

二、结果

巨蛎属牡蛎的发生过程与 Fujita（1929, 1934）和张玺、楼子康（1957）对牡蛎发生的描述基本相同，与我国已报道的其他双壳类各器官的发生顺序也基本一致 [2,5,6]。

变态后，成体铰合部是在幼虫韧带附着处的外缘形成，与幼虫铰合部并不重叠（图 1）。在壳的外表面原壳与后生壳之间有一凹陷为界（图版ⅡA）。

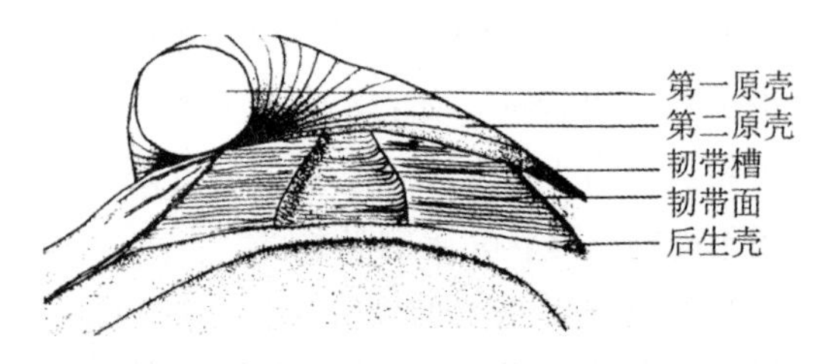

图 1 长牡蛎（*Crassostrea gigas*）的原壳和后生壳

1. 长牡蛎（日本引进）*Crassostrea gigas* (Thunberg)（图版Ⅰ、Ⅲ长牡蛎型）

第一原壳长约 70 μm。直线铰合初期壳的长高比为 1.12，以后逐渐下降，直线铰合中期时几乎等于 1，直线铰合后期时达到最小值 0.89，随后以约 0.94 的比值到变态。这说明在直线铰合期原壳高的生长迅速，而后长与高以相同的速率增加。原壳长、高分别为 335 μm 和 350 μm 时开始变态。

左、右两壳从出现第二原壳时就略不对称，左壳壳顶的生长快，直线铰合中期已明显高于铰合线，此时原壳呈椭圆形，变态时左壳第一原壳被推到左壳壳顶的右侧。从直线铰合后期开始，前腹缘的生长较快，使得原壳的前、后出现不对称，前肩大于后肩，壳顶指向后方，而且向内卷曲十分明显。壳顶与前肩界限不明显，几乎呈一条直线。左壳侧腹面形成一个较平坦的区域（图版ⅡB），变态时以此处附着。左壳的后肩部具一凹口和相应的斜条（图版Ⅲ D）。

直线铰合初期铰合部形成两个前齿和后齿的原基（图版ⅡD，d），中期时便趋于完善。右壳铰合部的中央出现一主嵴，左壳为对应的主嵴窝（图版ⅡF，g）。壳顶初期左壳前齿的前端、后齿的后端各出现一枚小齿（图版ⅡE，e）。光镜下不太明显。前齿和后齿的腹缘向内略有倾斜，齿上具褶纹（图版Ⅱg）。壳顶后期后齿间出现钙盐沉淀。变态时后齿几乎完全消失。

壳顶后期（壳长约 301 μm）出现眼点。后期幼虫外套膜边缘有色素沉淀，形成一条深紫色的带。变态时两侧各具 7 ～ 8 条鳃丝。

2. 大连湾牡蛎 *Crassostrea talienwhanensis* (Crosse)（图版Ⅰ、Ⅲ长牡蛎型）

第一原壳长约 70 μm。直线铰合初期的长高比为 1.16，中期时约等于 1，后期达到最小值 0.86。然后以 0.94 左右的比值到变态。变态时原壳的长高分别为 342 μm 和 364 μm。

左、右两壳不对称。左壳壳顶生长快，直线铰合中期已明显高于铰合线，这时原壳呈椭圆形。直线铰合后期开始原壳的前、后缘呈现不对称。变态时左壳第一原壳在壳顶的右侧，前肩大于后肩，壳顶指向后方，向内明显卷曲，壳顶与前肩的界限不清楚，近乎一条直线。左壳侧腹面形成一较平坦的区域，其后背缘有一凹口和相应的斜条。

直线铰合中期左、右壳各具 4 枚幼虫齿，右壳铰合部中央具一主嵴，左壳是相应的主嵴窝。壳顶初期左壳铰合部的前、后两端各增加一枚小齿。前、后齿的腹缘向内略有倾斜，齿上具褶纹。壳顶后期后齿间有钙盐沉淀，变态时后齿几乎完全消失。

壳长约 301 μm 时出现眼点，外套膜边缘有色素沉淀，形成一条深紫色的带。变态时两侧各具 7 ~ 8 条鳃丝。

3. 近江牡蛎 *Crassostrea rivularis* (Gould)（图版Ⅰ、Ⅲ近江牡蛎型）

第一原壳长约 70 μm。直线铰合初期的长高比为 1.17，中期几乎等于 1，壳顶初期比值最小 0.9，以后略有增高，变态时为 0.94，此时壳的长、高分别为 307 μm 和 328 μm。

左、右两壳不对称，直线铰合中期左壳顶已明显高于铰合线，直线铰合后期原壳的前、后缘呈不对称，前肩大于后肩。变态时左壳第一原壳在壳顶的右侧，壳顶指向后方，并向内明显卷曲。壳顶与前肩无明显的界限，近似成一直线。左壳侧腹面有一较平坦的区域。此壳的后背缘具一凹口，壳的外表是对应的斜条。

直线铰合中期两壳各形成 4 枚幼虫齿，右壳铰合部的中央具一主嵴，左壳是相应的主嵴窝。壳顶初期左壳铰合部的前后端各增加一枚小齿。前、后齿的腹缘向内略有倾斜，齿上具褶纹。壳顶后期后齿间有钙盐沉淀，变态时后齿几乎完全消失。

壳长约 292 μm 时出现眼点，外套膜边缘无色素沉淀，身体较为透明。变态时两侧各具 5 ～ 6 条鳃丝。

表 1　四种牡蛎幼虫发育各阶段的大小和一般形态特征

发育阶段		长牡蛎（日本）*C. gigas* (Thunberg)	大连湾牡蛎 *C. talien whanensis*	长牡蛎（中国）*C. gigas* (Tchang & Lou)	近江牡蛎 *C. rivularis*	一般形态特征
受精卵		50	55	52	55	圆球形，胚泡消失，受精膜举起，卵质分布均匀，极体位于动物极
精子	头部长	3.7	3.8	3.6	3.6	头部卵圆形，顶端稍大，尾部细长
	尾部长	25.6	29.1	28.8	29	
直线铰合期	初期	75×67×48	77×66×48	78×67×46	78×67×46	第一原壳分泌完全，侧面观呈 D 形，薄而透明，消化道完全，不具顶鞭毛束，前、后各两枚幼虫齿，铰合线下方有一暗带
	中期	85×85×58	86×88×62	93×93×67	93×92×66	左壳顶超出铰合线，左、右壳不对称，左侧第一原壳的高是整个壳高的 3/5 左右。侧面观呈椭圆形，具 4 枚幼虫齿
	后期	129×144×97	130×152×103	125×138×102	126×140×103	铰合线长略大于体长的 1/2，左壳顶明显超出铰合线，侧面观呈梨形，前、后缘略不对称，具 4 枚幼虫齿

续表

发育阶段		长牡蛎（日本）*C. gigas* (Thunberg)	大连湾牡蛎 *C. talien whanensis*	长牡蛎（中国）*C. gigas* (Tchang & Lou)	近江牡蛎 *C. rivularis*	一般形态特征
壳顶期	初期	169×185×122	178×195×140	177×197×135	177×197×134	铰合线长小于体长的1/2，前、后缘不对称，铰合部前、后各具3枚幼虫齿
	中期	240×255×158	244×257×165	230×252×164	230×252×163	清楚可见足的原基，壳顶开始斜向后方，铰合部一般具5枚幼虫齿，前齿3枚，后齿2枚
	后期	301×320×202	301×318×198	295×317×189	292×313×191	左右两侧各具一色素点，可见鳃基，铰合部后齿间有钙盐沉淀，靠近主嵴的2枚前齿变得较大些
变态期		335×350×233	341×364×231	308×328×205	307×328×205	壳的形态无大的变化，足与面盘同时具功能，左、右两侧各具数条鳃丝，后铰合齿几乎完全消失

注：每期测定样本30个以上，长 × 高 × 宽，单位：微米

4. 长牡蛎（中国）*Crassostrea gigas* (Tchang & Lou, 1956)（图版Ⅰ、Ⅲ近江牡蛎型）

第一原壳长约70 μm。直线铰合初期长高比为1.16，中期几乎等于1，壳顶初期比值达最低0.9，以后略有增高，变态时达0.94，此时壳的长、高分别为309 μm和328 μm。

左、右两壳不对称，直线铰合中期左壳顶已明显高出铰合线，此时原壳呈椭圆形。直线铰合后期原壳的前、后缘开始呈现明显的不对称，前肩大于后肩。变态时左壳第一原壳在壳顶的右侧，壳顶指向后方，明显内卷。壳顶与前肩的界限不明显，近似一条直线。左壳侧腹面形成一较平坦的区域。左壳后肩部具一凹口，外侧是相应的斜条。

直线铰合中期两壳各具4枚幼虫齿。右壳铰合部的中央具一主嵴，左壳是相应的主嵴窝，壳顶初期左壳铰合部的前、后端各增加一枚小齿。前、后齿的腹端向内略有倾斜，齿上具褶纹。壳顶后期后齿间出现钙盐沉淀，变态时后齿几乎完全消失。

壳长约295 μm时出现眼点，外套膜边缘无特殊的色素沉淀，身体较为透明。变态时两侧各具5～6条鳃丝。

三、讨论

同一属种类间的亲缘关系密切，幼虫的形态差别微小，这在巨蛎属中表现得尤为明显。壳顶中期以前，幼虫的形态十分相似，根据早期幼虫鉴别中常用的几个稳定性状——

壳形、铰合部的形态特征、幼虫的大小等都很难将它们区别到种（表1、2）。

壳顶后期和变态期幼虫主要是用原壳的形状、大小、铰合部的构造、内脏团的特征以及颜色、斜条等鉴别。根据这些特征的比较，本实验涉及的幼虫可分为两型：长牡蛎型（型Ⅰ）［长牡蛎（日本）、大连湾牡蛎］和近江牡蛎型（型Ⅱ）［近江牡蛎、长牡蛎（中国）］。型Ⅰ、型Ⅱ的主要区别是：型Ⅰ壳顶后期与变态期幼虫的大小有显著差异，长、高、宽分别增加 30 μm 以上，而型Ⅱ的变化较小，一般增加 10 μm 左右；变态时型Ⅰ的幼虫远远大于型Ⅱ（表1），而发育到变态所需的时间型Ⅰ却远短于型Ⅱ（表2）。与宫崎一老（1962）对长牡蛎颜色的描述完全相同，变态时型Ⅰ外套缘有色素沉淀，形成一条深紫色的带，每侧可见 7～8 条鳃丝。而型Ⅱ除外套缘有增厚外，无明显的颜色变化，鳃丝数目为 5～6 条。

从这 4 种牡蛎成体的形态、生态的比较来看，它们也属于两种类型（李孝绪、齐钟彦，1994）。因此上述对型Ⅰ和型Ⅱ幼虫形态差异的描述及分析可以作为种间分类的依据。同时也证实李孝绪、齐钟彦（1994）将这两个型定为两个种是适宜的，即视大连湾牡蛎为长牡蛎的同物异名，视长牡蛎（中国）为近江牡蛎的同物异名。

同一属中，美洲牡蛎（*Crassostrea virginica*）与上述牡蛎的主要区别是其幼虫的长始终大于高[20]。而上述牡蛎在直线铰合初期长大于高，直线铰合中期长、高几乎相等，以后高始终大于长。另外美洲牡蛎左壳壳顶向内卷曲的程度不如上述种类明显[31]。

一些学者在讨论牡蛎幼虫铰合部的形态时所取的发育阶段都不尽相同，根据他们的描述和电镜照片很难进行种间的比较。从图版Ⅱ可以看出，壳顶初期以后，幼虫铰合齿的数目不断减少，齿的形态也有一些变化，因此，我们认为在种间比较时应以变态期或壳顶后期幼虫铰合部的形态特征为准。为便于今后的工作和与已发表文章进行比较，本文附有齿间钙盐沉淀前、后幼虫铰合部形态的电镜照片。

从图版Ⅲ C、D 可以看出，长牡蛎和近江牡蛎都具有一斜条（Fasciole）。其形态特征与美洲牡蛎完全一致（Carriker, 1979）。Chanley & Dinamani（1980）提到长牡蛎两原壳各具一斜条，但从他们的电镜照片上仅见到左侧的一条，与本实验的结果完全相同，即斜条是在左壳的后肩部外侧（图版Ⅲ C、D）。在光镜下，虽然一些个体的右侧原壳的后肩部区有突起的痕迹，但不形成斜条结构。

本实验在研究巨蛎属幼虫的形态时，还参考了牡蛎亚目其他各属的幼虫的有关报道：舌骨蛎属（*Hyotissa*）[26,27,29]、小蛎属（*Saccostrea*）[7,12,15,16,27,29,31]、牡蛎属（*Ostrea*）[7,12,15,19-21,27,29]、冠蛎属（*Lopha*）[27,29] 和 *Tiostrea*[15,27,29]。这些工作基本上反映了各属幼虫的一般形态特征，各属间幼虫的形态差别比较明显，根据原壳的形态便可以鉴别到属。各属幼虫的主要鉴别特征见表 3。

从铰合部的形态看，舌骨蛎属保持较原始的性状，齿数较多，且规则，无前、后齿之分，变态时齿间无钙盐沉淀。巨蛎属和小蛎属的幼虫在早期比较相似，分化为前、后两个部分，但小蛎属的后期幼虫齿间无钙盐沉淀，而巨蛎属后齿间出现钙盐沉淀。牡蛎属的某些种类幼虫齿已减少到 4 枚，后期幼虫前齿间有钙盐沉淀，这说明它与巨蛎属是沿着不同的演化分支发展的。而 *Tiostrea* 属已失去了幼虫齿，是牡蛎中特化的类型。有关冠蛎属幼虫铰合部的形态报道很少，从 Ranson（1960a, 1967）的报道来看，它应与牡蛎属处于相同的地位。上述讨论与李孝绪、齐钟彦（1994）根据牡蛎的形态解剖所推测的牡蛎各属间的演化关系基本吻合。

表 2　四种牡蛎幼虫的主要形态特征

种名	外形的回归方程[长(L)、高(H)、宽(W)]		第二原壳(长×高，单位：μm)	齿数(壳顶初期)		后齿间钙盐沉淀(壳顶后期)	变态时幼虫外套缘的颜色	变态时鳃丝的数目	斜条的位置	壳顶特征	前腹缘特征	发育到变态所需时间
	$H=$	$W=$		前齿	后齿							
长牡蛎(日本)	$1.07L-3.39$	$0.67L-2.73$	335×350	3	3	有	紫色	7～8	左壳后肩	壳顶向后倾斜，左壳顶高于右壳顶，前肩与壳顶成一条直线	向下显著伸长	18
大连湾牡蛎	$1.08L-3.32$	$0.65L-10.26$	341×364	3	3	有	紫色	7～8	同上	同上	同上	20
近江牡蛎	$1.11L-8.75$	$0.65L+9.89$	307×328	3	3	有	黄绿色	5～6	同上	同上	同上	31
长牡蛎(中国)	$1.11L-7.76$	$0.64L+11.20$	308×328	3	3	有	黄绿色	5～6	同上	同上	同上	32

表 3　牡蛎亚目现生属幼虫的主要特征

属名	代表种	左、右壳	前后缘	壳顶	齿数 （左壳最大值）	齿间钙盐沉淀 （后期幼虫）	幼虫韧带位置	斜条	幼虫栉齿	生殖类型	主要引用文章作者
舌骨蛎属 *Hyotissa*	舌骨牡蛎 *H. hyotis*	对称	略不对称 或对称	明显 两壳顶相等	不分前、后齿 六枚	无	铰合部与幼虫栉齿之间		有	浮养型	Ranson（1941）
小蛎属 *Saccostrea*	团聚牡蛎 *S. glomerata*	不对称 左壳大于右壳	略不对称	明显 左壳顶高于右壳顶	分前、后齿 共 5 枚	无	铰合部前方	2 条 分别在两原壳的后肩部	无	浮养型	Chanley & Dinamani（1980）
巨蛎属 *Crassostrea*	长牡蛎 *C. gigas*	不对称 左壳大于右壳	明显不对称	明显左壳顶高于右壳顶，左壳顶明显内卷	分前、后齿 共六枚	后齿间钙盐沉淀	铰合部前方	1 条 位于左壳后肩部	无	浮养型	本文作者
牡蛎属 *Ostrea*	密鳞牡蛎 *O.denselamellosa*	不对称 左壳大于右壳	不对称	明显 左壳顶高于右壳顶	分前、后齿 共四枚	前齿间钙盐沉淀	铰合部前腹缘	1 条?	无	孵育型	Ranson（1960、1967）、田中弥太郎（1960）
冠蛎属 *Lopha*	鸡冠牡蛎 *L. cristagalli*	不对称 左壳略大于右壳	对称	明显 左壳顶略高于右壳顶	分前、后齿 共四枚	前齿间钙盐沉淀	铰合部前腹缘		无	孵育型	Ranson（1960、1967）
Tiostrea	智利牡蛎 *T. chilensis*	不对称	对称 或不对称	不明显	无		铰合部中腹缘	无	无	孵育型	Chanley & Dinamani（1980）

注：空格表示无此方面的报道

参考文献

［1］ 李孝绪,齐钟彦,等．中国牡蛎的比较解剖学及系统分类和演化的研究．海洋科学集刊, 1994, 35: 144–178.

［2］ 吴尚勤,娄康后,刘建．船蛆的发育和生活习性．中国科学院海洋研究所丛刊, 1959, 1（3）: 1–14.

［3］ 张玺,楼子康．中国牡蛎的研究．动物学报, 1956, 8（1）: 65–94.

［4］ 张玺,楼子康．僧帽牡蛎的繁殖与生长的研究．海洋与湖沼, 1957, 1（1）: 123–140.

［5］ 胡亚平．中国珠母贝属幼虫形态的比较研究．热带海洋研究, 1984: 61–92.

［6］ 蔡难儿．贻贝(*Mytilus edulis* Linne)生活史的研究．海洋科学集刊, 1963, 4: 81–103.

［7］ 田中弥太郎．ケカキ幼生の同定にフハ乙．Venus,1960, 21（1）: 32–38.

［8］ 田中弥太郎．软体动物幼生の研究II，クロチョテガイ，Venus,1970, 29（4）: 117–122.

［9］ 田中弥太郎．软体动物幼生の研究III，ァカガィ，Venus,1971, 30（1）: 29–34.

［10］ 吉田裕．浅海产有用二枚贝の稚仔の研究．农林省水产讲习所研究报告, 1953, 3（1）.

［11］ 宫崎一老．二枚贝具の浮游幼贝(Veliger)の识别にっじこ．日水志, 1962, 28（2）: 955–967.

［12］ Booth J D. Common bivalve larvae from New Zealand: Pteriacea, Anomiacea, Ostreacea. NZ J. Mar. Freshwater Res.,1979, 13: 131–139.

［13］ Carriker M R, Parlmer R E. Ultrastructural morphogenesis of prodissoconch and early dissoconch valves of oyster *Crassostrea virginia*. Proc. Natl. shellfish. Assoc.,1979,69: 103–128.

［14］ Chanley P E, Andrew J D. Aids for identification of bivalve larvae of Virginia. Malacologia,1971,11(1): 45–119.

［15］ Chanley P E, Dinamani P. Comparative descriptions of some oyster larvae from New Zealand and Chile, and a description of a new genus of oyster *Tiostrea*. NZ J. Mar. Freshwater Res.,1980,14: 103–120.

［16］ Dinamani P. The morphology of the larva shell of *Saccostrea glomerata* (Gould, 1850) and a comparative study of the larval shell in the genus. J. Moll. Stud.,1976, 42: 95–107.

［17］ Fujita T. On the early development of the common Japanese oyster. Jap. J. Zool., 1929,2(3): 353–358.

［18］ Fujita T. Notes on the Japanese oyster larvae. Proc. 5th Pacific Sci. Congr.,1934,5: 4111–4117.

［19］ Le Pennec M. The larval and postlarval hinge of some families of bivalve mollusca. J. Mar Biol. Assoc. U. K.,1980,60: 601–617.

［20］ Loosanoff V L, Chanley P E. Dimensions and shapes of larvae of some marine bivalve mollusks. Malaclolgia,1966,4: 351–435.

[21] Loosanoff V L, Davis H C. Rearing of bivalve mollusks. Adv. Mar. Biol.,1963,1: 1–136.

[22] Lutz R A, Goodsell J, Gastagna M, et al. Preliminary observation on the usefulness of hinge structures for identification of bivalve larvae. J. Shellfish Res.,1982, 2(1): 65–70.

[23] Lutz R A, Hidu H. Hinge morphogenesis in the shells of larval and early post-larval mussels [*Mytilus edulis* L. and *Modiolus modiolus* (L.)]. J. Mar. Biol. Assoc. U. K.,1979,59: 111–121.

[24] Lutz R A, Mann R, Goodsell G, et al. Larval and early post-larval development of ocean quahog, *Arctica islandica*. J. Mar. Biol. Assoc. U. K.,1982, 62: 745–769.

[25] Ranson G. Le provinculum de la prodissoconque de quelques ostreides. Museum Natl. Histoire Nat., Bull. (Paris), 1939,2,10: 410–424.

[26] Ranson G. Les especes actuelles et fossiles du genre Pynodonta. F. de W. I–*Pycnodonta hyotis* L., Bull. Mus. Hist. Nat. Paris,1941,13(2): 82–92.

[27] Ranson G. Les prodissoconques (coquilles larvaires) des ostreides vivants. Inst. Oceanogr. Monaco, Bull.,1960a,57(1183): 41, 136 figs. (June 7)

[28] Ranson G. Les ostreidés, les aviculides et le probleme de L'espèce. Scinces (Paris),1960b(8/9): 7–9, 5 figs. (unnumbered) (Oct.)

[29] Ranson G. Les especes d'hûitres vivant actuell ementdans le monde, definies par leure coquilles larvaires ou prodissoconques. Etude des collections de quelques-uns desgrands museums d'histoire naturelle: Pêches Maritimes, Revue travaux l'Inst.,1967,31(2): 127–199; 31(3): 205–274.

[30] Rees C B. The identification and classification of lamellibranch larvae. Hull Bull. Mar. Ecol.,1950, 3: 73–104.

[31] Roughley T C. The life history of the Australian oyster (*Ostrea commercialis*). Linnean Soc. New South Wales. Proc.,1933,58(2/3) (247/248): 279–333.

[32] Stenzel H B. Oysters in R. C. Moore's, Treatise on Invertebrate Paleontology, Part N, 1971, 3: N953–N1224.

COMPARATIVE DESCRIPTIONS OF LARVAE OF *Crassostrea*

Li Xiaoxu, Qi Zhongyan
(*Institute of Oceanology, Academia Sinica, Qingdao*)

ABSTRACT

In the light of morphological features of the larvae, the species of *Grassostrea* from Northern China Seas could be divided into two types, the Gigas Type [including *C. gigas* (Thunberg) and *C. talienwhanensis* (crosse)] and the Rivularis Type [including *C. rivularis* (Gould) and *C. gigas* (Zhang & Lou)]. The main differences between them are: On metamorphosis the larva of the Gigas Type is about 340 μm in length, and is characterised by its purple mantle edges and 7–8 gill filaments on each side; while the larva of the Rivularis Type is about 310 μm only, with 5–6 gill filaments on each side, there is no special color on its mantle edges. The evolutionary trend in living oysters is also discussed briefly.

Keywords Crassostrea, Protoconch, Morphological comparision

图版Ⅰ

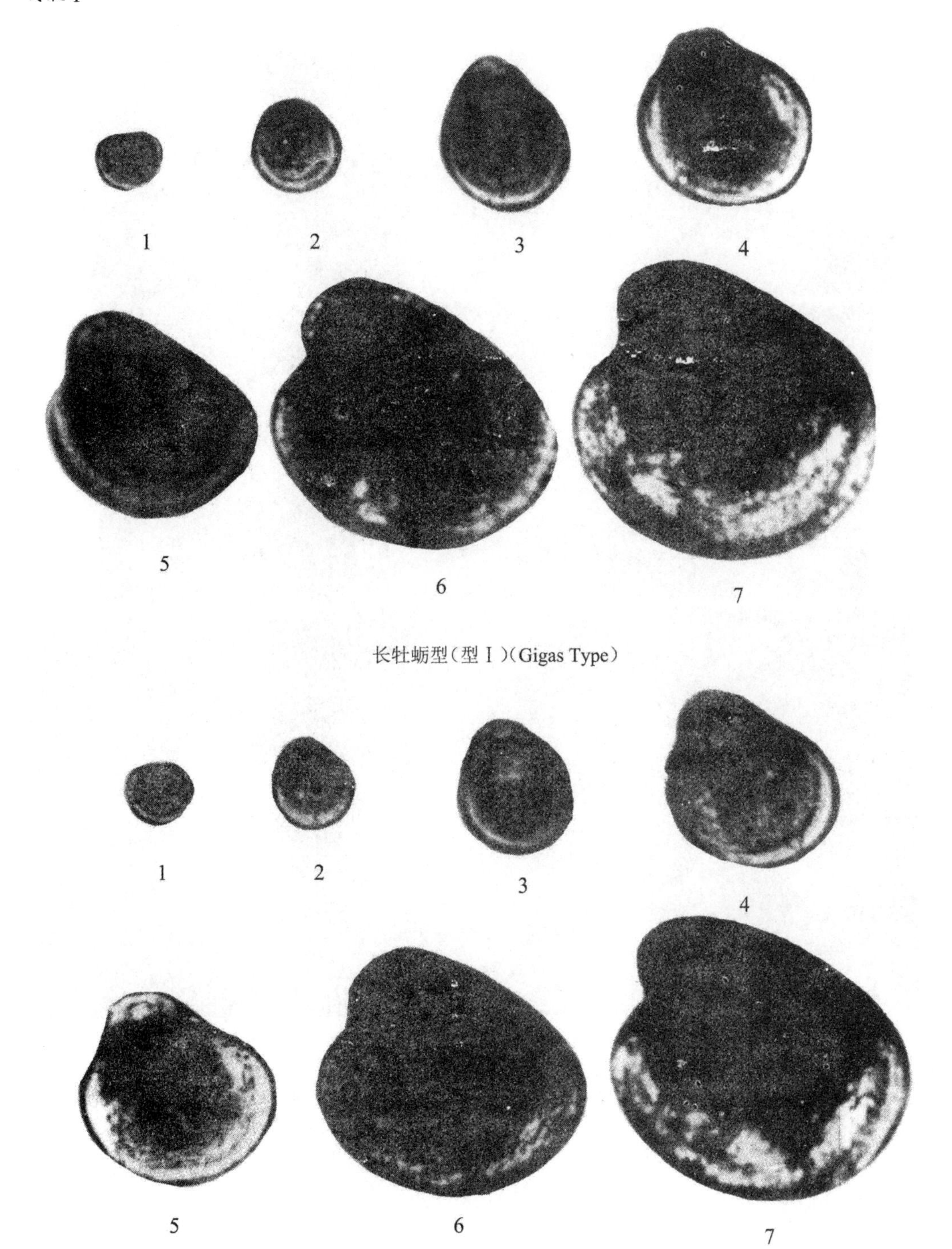

长牡蛎型(型Ⅰ)(Gigas Type)

近江牡蛎型(型Ⅱ)(Rivularis Type)
牡蛎幼虫各发育阶段外形 ×140倍
1-3:直线铰合期;4-6:壳顶期;7:变态期

图版Ⅱ

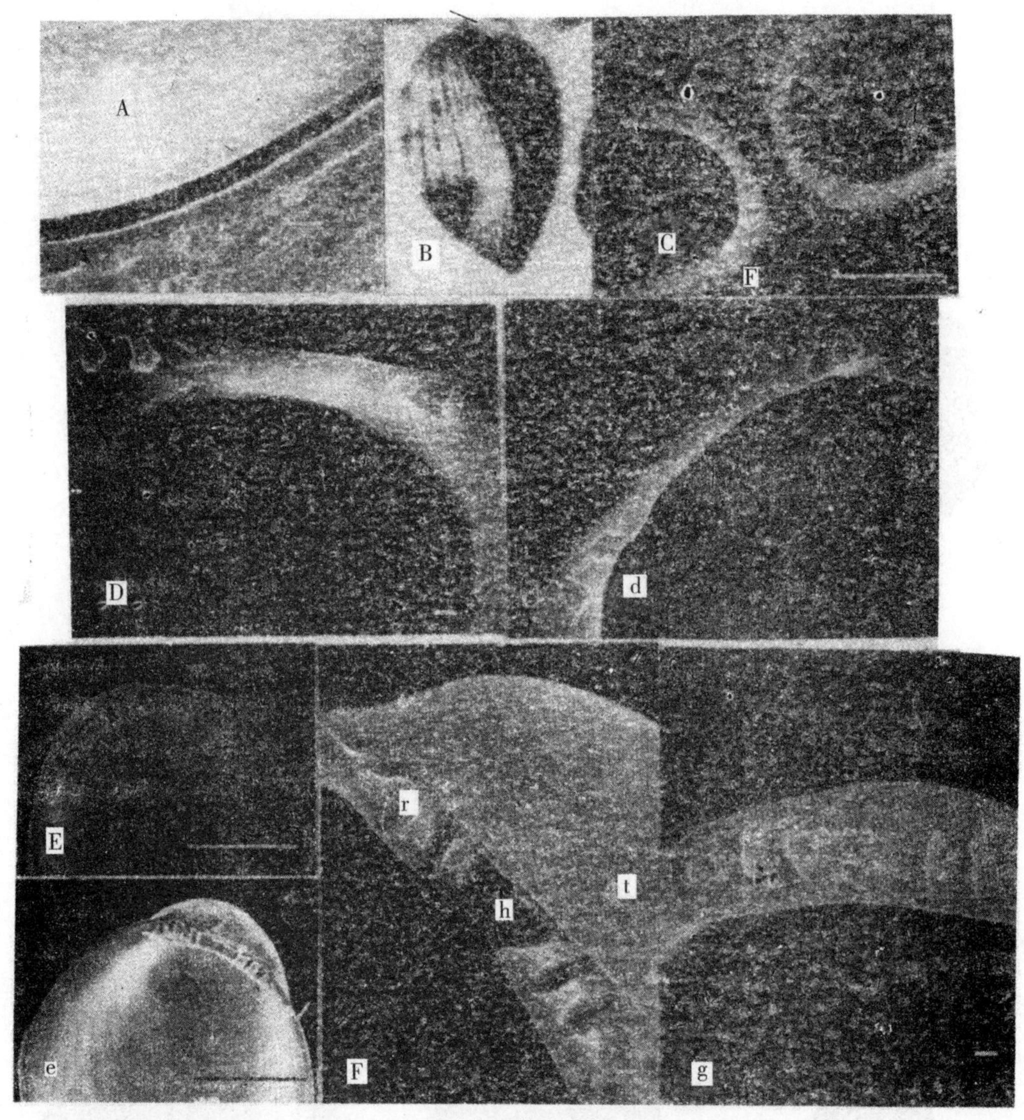

牡蛎幼虫原壳的形态

A:原壳与后生壳之间的界限;B:后腹观,示弯曲的缘线和较平坦的区域;C:直线铰合中期幼虫铰合部的形态;D、d:直线铰合初期幼虫铰合部的形态(D:左壳;d:右壳);E、e:壳顶初期幼虫铰合部的形态(E:右壳;e:左壳);F, g:壳顶中期原壳铰合部的形态(F:左壳;g:右壳);h:主嵴窝;r:主嵴;t:齿褶纹(C、E、e标尺为 50 μm;A、D、d、f、g 标尺为 5 μm)

图版Ⅲ

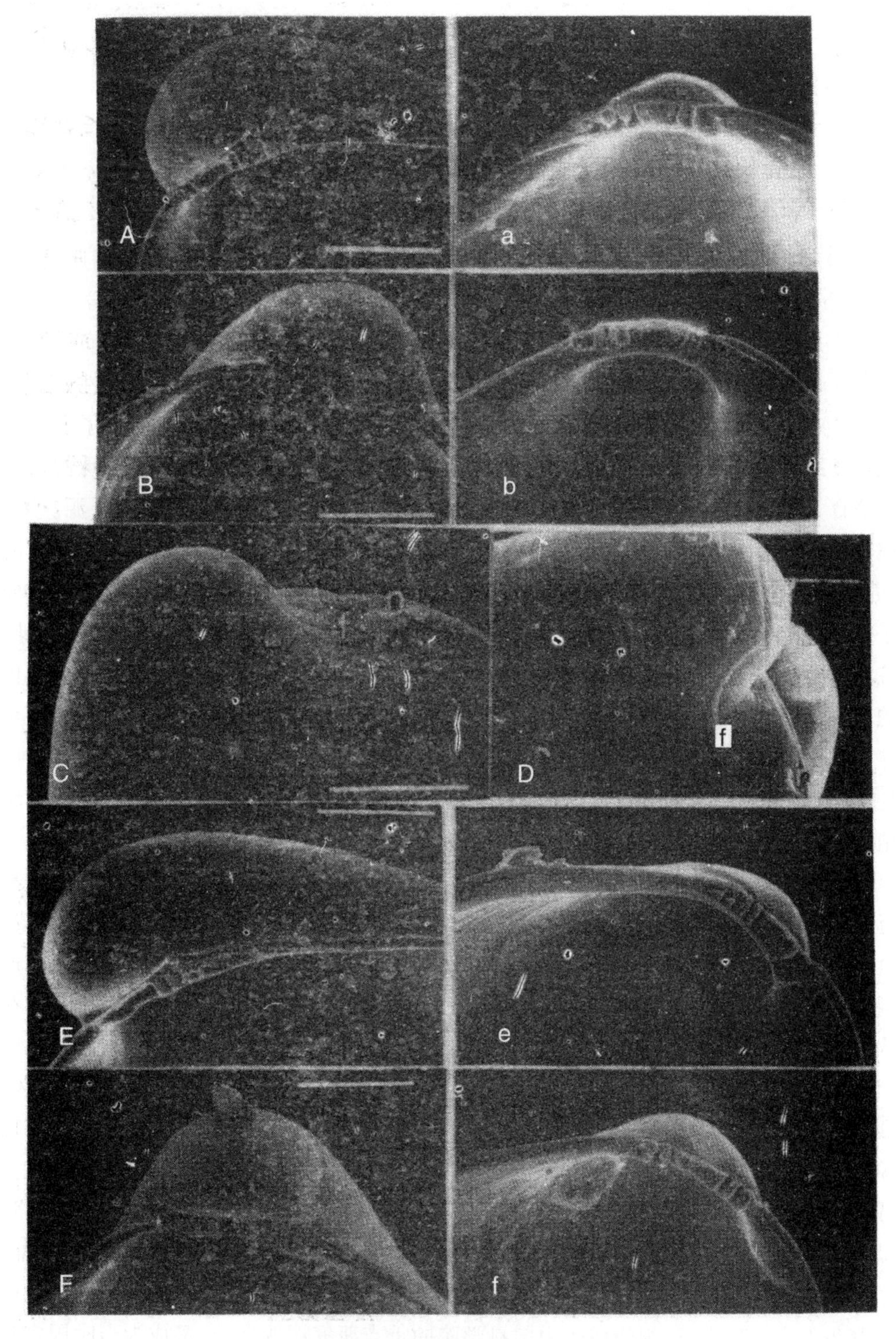

牡蛎原壳的形态(标尺为 50 μm)
A–C:近江牡蛎组;D–F:长牡蛎组
A、a、E、e:变态期幼虫铰合部的形态,A、E:左壳:a、e:右壳
B、b、F、g:壳顶中期幼虫铰合部的形态;B、F:左壳;b、g:右壳
C、D:左壳后背观、示斜条(1)和凹口(n)的位置

《珍珠科学》序①

1989年10月20日我在《大珠母贝及其养殖珍珠》(增订本)中写过一篇序,其中提道:"中国科学院南海海洋研究所在建所之初,张玺所长便提出南海所在生物学方面的研究重点应是珍珠贝和珊瑚礁。因此,在他的具体安排下,确定由谢玉坎等同志负责珍珠贝的研究。以后经过同志们的努力,对珍珠贝的调查、培育、养成及育珠等关键性问题进行了研究,取得了丰硕的成果;建立了一整套流程,从而促使我国南方沿海建立了众多的珍珠养殖场,生产了大量的珍珠。至20世纪70年代,根据需要又提出了大型珍珠的培育问题。培育大型珍珠所用的母贝主要是大珠母贝,我国海南岛即有大珠母贝的资源。因此,便在海南岛进行了调查,同时利用海口市的海南水产研究所的条件开展了大珠母贝的育苗、养成及养殖珍珠的研究。经过几年的艰苦努力,在大珠母贝的幼苗培育及养成方面获得了成果,并应用于珍珠的养殖,于1978年养成了游离有核的大型珍珠。1979年中国科学院海南热带海洋生物实验站开始筹建后,为提高大珠母贝及其养殖珍珠的水平,提供了新的条件。实验站的主要任务是进行大珠母贝及其养殖珍珠的研究,10年来先后收获了大珠母贝大型养殖珍珠的第二代和第三代产品,形成了鹿回头大型珍珠的特色。"同时,我们还"希望在研究工作的继续发展中,我国南海将成为养殖大型珍珠的中心,使我国珍珠养殖事业不断向前发展,取得辉煌成就,使南海珍珠放射出更灿烂的光辉!"

以上我所写的,重点是对大珠母贝及其养殖珍珠发表的意见。其实我国整个珍珠事业源远流长,是全世界公认的。公元前成书的《书经·禹贡》中已有"淮夷玭珠"的记载,宋朝就有了世界上最早的"养珠法"。但很可惜,在中华人民共和国成立之前,珍珠的生产已长期陷于停顿,研究工作更无从谈起。1949年以后,1953—1954年张玺教授和我们在山东大学水产系、生物系进行《贝类学》兼课教学时,结合国内外一些珍珠贝类和珍珠的标本,讨论过关于珍珠科学的问题,但还做不了实际的实验研究工作。据了解,此后不久,当时我国南方的某些有识之士就提出了开发海洋珍珠贝类资源,并且提出研究养殖珍珠的意见,有的还见于行动。到了20世纪50年代末,中国科学院南海海洋研究所经筹备而正式成立,张玺先生受国家任命出任第一任所长,他还亲自兼海洋生物研究室主任,并让我协助同时兼研究室副主任工作。从此,我们根据国家需要积极培养这方面的科技干部,安排了贝类生态生理学科组和珍珠贝及其养殖珍珠研究课题作为全所的重点工作之一,并且在张玺先生的努力下,很快成了中国科学院的重点研究课题之一,又成为当时国家科学技术委员会和原国家水产部的一个重点研究项目。开头工作总是比较困难的。但是经过

---

① 载《珍珠科学》,海洋出版社,1995年。

了几年时间，上下一致努力奋斗，成绩是显著的。1978年，合浦珠母贝的人工育苗及养殖珍珠的研究被第一次全国科学大会和中国科学院评定为重大科技成果。与此同时，1978年，大珠母贝的大型游离有核珍珠也养殖成功了，而群众性的淡水养殖珍珠生产更是蓬勃发展了起来，我国的珍珠事业从此又呈现出了一片繁荣的景象。现在生产和科学技术互相促进，整个珍珠事业在不断地进步，除了我国珍珠包括海洋和淡水产的养殖珍珠的年产量已占居世界第一位之外，珍珠贝类的其他系列产品的种类之多和数量之大，也是多少年前未曾预料到的。科学技术这个第一生产力，推进了珍珠事业的发展；珍珠贝类的珍珠及其他系列产品，给人类社会的不少方面都带来了福利，这是和许多科技成果分不开的。可是，我国与日本相比，还缺少一本比较系统、全面的珍珠科学专著，没有像他们那样对整个珍珠科学技术做一个概括的论述，更未能对我国的现代养殖珍珠科学技术进行一次总结和提高。现在谢玉坎同志主要用我国的材料编写出这一本书，我看是比较适宜的；这样还能反映出我国现代养殖珍珠科学技术和生产的不少特点，具有我们中国的特色。

齐钟彦

1994年7月4日于青岛

《中国经济软体动物》总论[1]

软体动物是动物界中的一个大类，它所包括的种类极多，无论是海洋、淡水和陆地都有其踪迹，很多种类的数量非常丰富，构成极为重要的自然资源，因此世界各国对它的研究和利用都非常重视。我国近年来对贝类的研究重视程度亦大大超过往年，在海洋方面，除了捕捞和养殖我国近海的种类以外，又进行了远洋捕捞和引进了国外的种类进行养殖，获得了极为可观的经济效益，在淡水方面利用蚌，在海水方面利用珍珠贝培养人工珍珠亦获得了前所未有的成果，陆生方面对蜗牛的养殖亦盛极一时。我国的贝类已形成一个极为庞大的产业，我国南北气候条件不同，贝类生产的种类丰富，大量开展贝类的捕捞和养殖是大有可为的。另外贝类在人类的生活中又可造成极为严重的危害。众所周知，海洋中的污损生物有许多是软体动物，特别是船蛆为世界危害最严重的种类，它是海港建筑、沿海船只的大敌。淡水中的钉螺是人类寄生虫——日本血吸虫的中间宿主，是危害人类身体健康的严重疾病。另一些种类及陆生螺类亦是人类和家畜寄生虫的中间宿主，危害人类及家畜的健康十分严重。因此在贝类学中出现了医学贝类学的名称，近年来颇为国际上所重视，故开展贝类学的研究和实践是目前十分迫切的任务。本书的目的就是想把贝类的普通知识做一全面介绍，特别是对经济种类做一简要的叙述，以供愿为贝类研究效力的科学工作者参考。

一、软体动物学的国内外研究历史

研究软体动物的科学称软体动物学，西文称 Malacology，是从希腊文 Malakos 而来，是柔软的意思，因此研究软体动物，不论是有贝壳的还是无贝壳的种类都是软体动物学的研究对象。但是软体动物中大多具有贝壳，而且贝壳的形态变化极为复杂，各类、各属、各种之间都有显著的不同，在贝类分类学上具有重要意义，因此以前的很多学者研究这类动物的分类时便完全以贝壳为依据。因此研究软体动物的学科又有贝类学之称，西文称 Conchology，是从拉丁文 Concha 而来。我们则采用软体动物学，中国软体动物学会称作 The Chinese Society of Malacology。但贝类学的名词在我国已使用多年，亦不废弃，仍同时并用。世界上对贝类的研究起始很早，还在亚里士多德(Aristotle，公元前 384—322 年)的时代，贝类学的研究工作就相当进步了。亚里士多德把贝类分为有壳和无壳两大类，在有壳类中又分为单壳、双壳和多壳三类，他还根据贝类的栖息地将它分为陆地淡水和海洋两大类，还观察了许多种软体动物的习性。以后罗马的博物学家普林尼(Pliny，公元 23—29 年)

---

① 载《中国经济软体动物》，齐钟彦主编，中国农业出版社，1998 年。

对贝类的研究也有不少贡献，他在分类学上接受了亚里士多德的分类方法，但是对海兔（*Aplysia*）做了知名的描述。以后随着人类利用软体动物的情况日益增多和科学的进步，人类对软体动物的研究也日益发展。到欧洲文艺复兴的时代，一些作家如 Belon、Rondelet 和 Gesmer 等人对软体动物做了一些补充工作，他们描述了许多软体动物的种类，如 Belon 在他所做的鱼类学著作中即描述了一些软体动物，并且绘了很好的图。至 1685 年 Lister 的贝类学的记载 *Historiae Conchyliorum* 出版，在贝类学的研究上进展了一大步，在这部著作中，他描述了许多种类。此外，1669—1679 年间他还描述了英国的种类和软体动物解剖的文章。关于贝类解剖的文章还有 Guettare（1756）、Adanson（1757）、Poli（1795）和 Cuvier 等人的工作，特别是 Cuvier 的工作，他对软体动物的神经系统、口器的构造和肺螺类的生殖系统都有深入研究，他将这些研究运用到分类学上去，补充了只用外部形态做分类依据之不足，校正了林奈分类学上的许多错误，使贝类的分类得到了不少改进。

自 18 世纪至今，很多国家相继开展了一些大规模的海洋及大陆的调查，根据这些调查出版了很多调查报告，其中包括很多系统研究软体动物种类的专论，同时也出版了世界性的软体动物的巨著和图志，系统地描述了当时世界上发现的软体动物种类。在这一时期，许多国家也相继建立了软体动物学会，定期召开会议，交流学术思想以及出版学术论文和期刊，发表了有关软体动物的分类、形态、生态、生物学以及生理、生化等方面的论文及专著，大大地促进了软体动物学的发展。

我国对贝类的观察和研究起始很早，在公元前 206 年至公元 24 年的《尔雅》即记载了一些贝类的名称，如魁陆、蚌、蜌、蠃等，以后历代的许多本草、志书、记事、杂录以及类书等都有不少贝类的记载，虽然记述不系统甚至有些荒诞，但对一些种类的名称、形态、生活环境、生活习性及利用等都记载颇为详尽、逼真，许多种类的名称至今在我国及日本仍沿用。例如宋代苏颂的《图经本草》对牡蛎的描述有“牡蛎附石而生，傀儡相连如房，呼为蛎房，晋安人呼为蚝莆。初生如拳石，四面渐长至一二丈者，崭岩如山，每房内有肉一块，大房如马蹄，小房如人指面，每潮来，诸房皆开，有虫入则合之以充腹，海人取者，皆凿房以烈火逼之，挑取其肉当食品，其味美好，更有益也，海族为最贵”，不仅说明了牡蛎的生长生活情况和摄食方式，而且说明了它的食用价值。又如唐代刘恂的《岭表录异》对乌贼的记载有“乌贼有骨一片，如龙骨而轻虚，以指甲刮之，即为末，亦无鳞而肉翼前有四足，每潮来，即以二长足捉石浮身水上，有小虾、鱼过其前，即吐涎惹之，取以为食。广州海边，人往往探得，大者率如蒲扇。煠熟以姜醋食之，极脆美。或入盐浑腌为干，槌为脯亦美，吴中好食之”。宋代陆佃的《埤雅》亦有记载乌贼的一段话：“乌贼八足，绝短者集足在口，缩喙在腹，怀板含墨。每遇大鱼，辄噀墨周其波，以卫身，若小鱼、虾过其前即吐墨涎惹之。”《炙毂子》记载：“此鱼每遇鱼（渔）舟即吐墨染水令黑，以混其身，渔人见水黑则知是，网之大获。”明代屠本畯的《闽中海错疏》对乌贼骨有“背上有骨洁白，厚三四分，形为布棱，轻虚为通草，可刻镂，以指剔之为粉名海螵蛸，医家取以入药”的描述。以上种种都说明乌贼的形态、习性及用途以及其捕捞等，但是作为近代贝类学的研究则我国较欧美一些国家为晚，18—19 世纪，随着一些国家组织的调查船、队，许多外国人在我国进行了调查，获得了一些贝类标本和资料，发表在一些专著和期刊中，至今国外的博物馆，如英国博物馆、法国的巴黎博物馆、德国的瑟肯堡博物馆都保存我国很多的贝类标本。法国人在上海建立的震旦博物馆和在天津建立的北疆博物馆都采集了许多贝类标本，其中有些已经发表，如厄德（R. P. Heude）的《南京和华中淡水软体动物》（*Conclyliologie fluviatile de la province de Nanking et de la Chine centrale*，1876—1886 年）描述我国的蚌类和蚬类，并绘制了非常好的图。厄德并于 1882—1890 年在《中华帝国自然历史论文集》（*Memoires Corernant l'histoire naturelle de Empaire Chinois*）上发表了《长江流域的陆生软体动物》（*Notes sur les mollusques terrestres de la Vallee Fleure Bleu*），描述了我国地区的许多科属的陆生贝类，其中还包括一些淡水种类。

20 世纪 20 年代，我国的科学家开始对我国的贝类做系统的调查研究，这一时期中国科学社、北平研究院动物研究所、静生生物研究所相继建立，为我国近代贝类的研究创造了条件，秉志、金叔初、张玺、阎敦建等老一辈科学家为发展我国的贝类研究做出了贡献。秉志、金叔初、阎敦建对我国腹足类进行了研究，发表了一些著作，例如秉志、金叔初的《香港的腹足类》，阎敦建对山东半岛、厦门等地海产腹足类研究，浙江、湖南、四川等地的淡水、陆生腹足类研究等等，阎敦建在国外对英国博物馆、德国瑟肯堡博物馆收藏的中国贝类标本进行研究，发表了论文。特别应该提到的为张玺教授，他早年留学法国，获法国国家博士学位，1931 年回国，在北平研究院动物学研究所工作，曾对胶州湾进行了全面的调查，根据调查资料，写出了《青岛后鳃类之研究》和《胶州湾及某附近海产食用软体动物之研究》，对这一地区的后鳃类及经济价值较大的种类的形态、产卵、采集、捕捞方法以及我国古代的记载都做了详尽的报道，以后又对云南昆明湖的螺蛳（*Margarya*）及云南淡水螺类及双壳类做了调查，分别发表了论文。

但是 1949 年前我国科学家寥寥无几，老一辈科学家虽历尽艰辛开展了我国贝类的研究，但调查研究的地区有限，而且仅限于分类、形态方面，其他方面的工作做得很少。1949 年，中华人民共和国成立，我国的科学研究得到了应有的发展，贝类学的研究在张玺教授的倡导下也有了很大的发展。在分类学的研究方面，在北自鸭绿江口、南至南海诸岛的漫长的海岸线和广大海区进行了多次的调查采集。1958—1960 年中国近海海洋普查及中国与苏联对海南岛及青岛的调查，1959—1962 年北部湾的调查，以及 20 世纪 80 年代的南极调查和南海南沙群岛的调查采集了大量的软体动物标本，在全国许多省和地区的淡水、陆生贝类也采集了大量的标本和资料。根据这些资料系统地进行了整理和研究，发表了许多科、属和一些地区的研究报告，并出版了经济动物志《海产软体动物》、《淡水软体动物》、《陆生软体动物》、《南海的双壳类软体动物》、《软体动物图谱》（1 ～ 4 册）、《贝类学纲要》《黄渤海的软体动物》等著作，初步搞清了我国的软体动物种类和分布，澄清了许多分类学上存在的问题，建立了许多新属、新种。在大量标本的鉴定和分析的基础上对我国海洋贝类区系和地理区划进行了研究，首次将我国的软体动物分为三个不同的区系：暖温带性质的长江口以北的黄、渤海区；亚热带性质的长江口以南的大陆近海（包括台湾岛西北岸和海南岛北部）和热带性质的台湾岛东南岸、海南岛南端及其以南的海区。

在贝类的解剖方面，新中国成立前仅有张玺对青岛后鳃类 8 种的详细解剖及李赋京对钉螺的简单解剖研究，以后在这方面的工作虽然没有得到应有的发展，但对鲍、田螺、钉螺、大瓶螺、红螺、玛瑙螺、蜗牛、扇贝、蛤仔、缢蛏和乌贼等都做了详细的解剖工作。

在贝类的生物学和生态学方面，除对潮间带、浮游、底栖贝类的生态做了研究以外，结合有益种类的养殖和有害种类的防除，对鲍、钉螺、蜗牛、蚶、珍珠贝、贻贝、牡蛎、扇贝、石房蛤、文蛤、蛤仔、鸟蛤、西施舌、缢蛏、船蛆、海笋等的个体生态和繁殖、生长等进行了许多工作。近年来，从国外引进虾夷扇贝，特别是海湾扇贝，其经济效益特别突出，促使科研人员进行大量养殖生产，对其培苗及个体生态进行了大量工作，亦得到了很好的结果。

在医学贝类的研究方面，结合血吸虫等危害人体或家畜的寄生虫病研究，对中间宿主螺类，特别是钉螺，做了大量的调查研究。对宿主螺类的调查确定了一些人、畜寄生虫病的流行区，对灭螺防病、新的寄生虫病的中间宿主的发现等都做出了不少成绩。最近又出版了《医学贝类手册》及《医学贝类学》，总结了这方面的工作。

在古贝类学的研究方面，1949 年前有较好的基础，1949 年以后又得到了很大的发展，在全国各地的调查中获得了大量的标本资料，发表了许多论文，编辑出版了各门类化石的著作，对区系划分、起源与演化等问题都进行了讨论。结合化石群的研究，建立了各纪化石群的序列，确定了地层的划分、对比和时代，为寻找沉积矿产提供了依据。

特别应该提出的是在世界各国大多具有贝类学会的情况下，我国于 1981 年建立了动物学会和海洋湖沼学会下的贝类学会组织，初建时仅有 100 多名会员，现在已发展壮大成 500 多名会员的组织。这个组织至今已开过 7 次学术讨论会，出版了论文集 1 ～ 6 辑。这充分说明我国贝类学的研究，经过老一辈科学家的艰苦努力已经逐渐走近世界研究的水平。

二、软体动物的内、外部形态

软体动物的身体可以分为头部、足部、内脏囊、外套膜和贝壳 5 个部分，现分别简述如下。

（一）头部

软体动物的头部包括口、触角、眼等器官。一些原始的种类，头部只在身体的前部有一个开口，它与身体整个没有明显的界线，例如无板类。有一些种类，如双壳类，由于其外套膜和贝壳特别发达，将头部完全包被，限制了头部的发展，仅在口的周围生有两对唇瓣，用以选择食物，它的感觉器官生在外套膜的边缘，如外套眼、外套触手及水管和水管触手等。较进化的种类，随着神经向头部集中，头部逐渐发达，生有触角和眼，如腹足类和头足类。腹足类的头部很发达，一般呈圆柱状或略扁平，上面生有触角 1 对（前鳃类和肺螺类的基眼类）或 2 对（后鳃类和肺螺类的柄眼类），触角的形状随种类不同而异。有的种类触角能收缩，如柄眼类的触角可以完全缩入头内；有的种类触角萎缩甚至不显，如小榧螺（*Olivella*）、笋螺（*Terebra*）；有的种类两对触角愈合形成头楯面（cephalic shield），其 4 个顶角即相当于触角的尖端，如后鳃类中的枣螺科（Bullidae）；裸鳃类中有些种类两个前触角愈合形成头部前方的头幕（head veil），如缨幕（*Fimbria*）、枝背海牛（*Dendronotus*）；有的种类触角有分支，如海蜗牛（*Janthina*）；还有一些种类如原始的前鳃类在两个触角之间有头叶，如马蹄螺（*Trochus*）、鲍（*Haliotis*）等。眼 1 对，有两对触角的种类眼位于后触角的顶端，有一对触角的种类眼一般位于触角的基部。

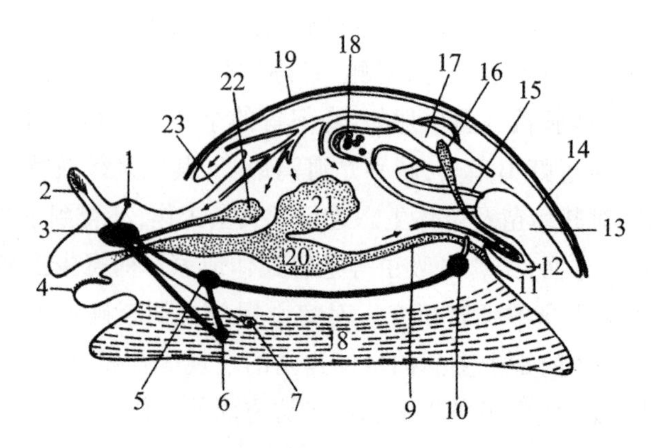

图1 模式软体动物的体制模型（仿张玺）
1. 眼 2. 触角 3. 脑神经节 4. 齿舌 5. 侧神经节 6. 足神经节 7. 平衡胞 8. 足 9. 肠 10. 脏神经节 11. 肛门 12. 鳃 13. 鳃腔 14. 外套膜 15. 肾脏 16. 心耳 17. 心脏 18. 生殖腺 19. 贝壳 20. 胃 21. 肝脏 22. 唾液腺 23. 外套腔

头的前部腹面有口。很多种类的口向外突出成吻，这在肉食性的种类更为发达，如凤螺（*Strombus*）、骨螺（*Murex*）、蛾螺（*Buccinum*）。

头足类的头部一般为圆筒形或稍近球形。头的两侧各有一个极发达的眼，眼一般无柄，但有个别种类有显著的柄，如 Tarenius 和 *Loligo peali*。眼的外方有角膜，角膜有孔与外界相通（开眼族 Oegopsida）或无孔（闭眼族 Myopsida）。眼的前方有一小孔，称为泪孔（lacrymal pore）。眼的后方，贴近外套膜边缘的部位也有一个小孔或小凹陷，为嗅器（olfactory pit）。某些种类（如八腕类）眼的周围常生有棘状突起，头的顶端有口，口周围有口膜（buccal membrane）。口膜常分裂成片状，一般为7片，有的种类口膜尖端生有吸盘。头部腹面中央有一凹陷，为漏斗贴附的部位，称为漏斗陷（funnel excavation）。

（二）足部

足是位于动物身体腹面的运动器官，随动物的生活方式不同而形成不同的式样。很多种类，如双神经类、腹足类，足极发达，腹面平滑，适于在陆地或水底爬行；很多种类，如双壳类，足扁平，呈斧刀状，便于挖掘泥沙；有些种类由于固着在外物上生活，足退缩或完全消失，如牡蛎；还有些种类足退缩，但具有足丝腺，能分泌足丝用以附着在外物上生活，如贻贝（*Mytilus*）、扇贝（*Pecten*）等。

腹足类的足一般平滑，跖面宽广，适于爬行，但也因种类不同，而形态各异。有的足前部特别延伸形成触角状，如盘螺（*Valvata*）和蓑海牛（*Eolis*）；有的种类足的后部很尖，带有一条很长的丝或分叉，如织纹螺（*Nassarius*）；有的种类足的跖面中央有一条纵褶，将足分为左右两部分，在爬行时左右交替运动，像高等动物的迈步一样，如圆口螺（*Pomatias*）；有些种类足的前部特别发达，其作用如锄，能将其前方的泥沙分开，以利爬行或借以挖掘泥沙，潜伏其中。这种发达的足，前方常向背部反转包被整个头部及贝壳前端，称为前足（propodium）；有的足的后部也特别发达，向背部卷，卷盖贝壳的后部，称为后足（metapodium），如玉螺（*Natica*）、榧螺、竖琴螺（*Harpa*）；有的足两侧极为发达，形成侧足（parapodium），如泥螺（*Bullucta*）、枣螺（*Bulla*）、无角螺（*Acera*）等很多后鳃类，侧足也可向背部延伸包被贝壳，动物可以借侧足的运动在水中做短距离的游泳；甚至有的种类左右两侧足在背部愈合形成一个在前端开口、后端封闭的肌肉囊，动物可借囊中水分向前排出行动，如背肛海兔（*Notarchus*）。翼足类的四翼螺（*Loliger*）侧足形成每侧的两个很发达的叶，这四个叶可以不停地摆动，像翅膀一样在水中游动。很多种类足的侧缘明显凹入，形成上、下两部分，上部称为上足（epipodium），上足常生有许多色素及触手，如马蹄螺、鲍等。有些固着生活的种类如蛇螺（*Vermetus*），足则很小，仅在前端形成两个长的足触手，后端有一个柱状的足，为厣的固着处。营寄生生活的圆柱螺（*Stilifer*）以及纵沟螺（*Thyra*）等在棘皮动物的体内寄生，足亦十分退化。

头足类的足形态比较复杂，可以分为腕（arm）和漏斗（funnel）两部分。

1. 腕

头足类腕的数目因类别而异，在四鳃类的鹦鹉螺（*Nautilus*）有 90 个，在二鳃类的八腕目有 8 个，十腕目除与八腕目相同的 8 个以外还有 2 个触腕（tentacle arm）。二鳃类的腕都是左右对称的，除了十腕类的 2 个触腕另计外，其余的 8 个腕自背至腹地排列成 4 对，背部中央的为第一对，又称背腕，接连的第二、第三对，又称侧腕，腹面的一对，称腹腕，亦为第四对，通常分类学上用 1、2、3、4 代表，如长蛸各腕长度顺序为 1>2>3>4，毛氏四盘耳乌贼为 2>3>1>4，日本枪乌贼为 3>4 ＝ 2>1。一般各腕长度在雌、雄个体无大区别，但有的种类则不同，如针乌贼（*Sepia andrena*）雄体为 2>4>1>3，雌体为 2>1>4>3。在十腕类除 8 个腕外，还有一对触腕，它是专门用作捕捉食物的，位于第三和第四对腕之间，一般细长，有的种类长度可达体长的 6 倍，有的可以完全缩入眼下方的一个囊中，如乌贼（*Sepia*），有的仅能缩入一部分，如枪乌贼（*Loligo*）。腕和触腕上均有吸盘，吸盘的排列和形态都是分类学上的重要依据。在八腕类吸盘的构造简单，仅是一个圆形的肌肉，吸盘中心为一小孔，小孔内为一空腔，当它吸着外物时，由于肌肉的伸缩可使腔中形成真空，故吸着力很强。八腕目的吸盘通常在腕上排列为 2 行，仅有个别属，如 *Eledone*，排列成一行，*Tritaeopus* 排列成 3 行。

十腕目的吸盘构造比较复杂，吸盘为球形或半球形，有柄与腕相连，吸盘器为圆形或一窄缝，口部周围有许多放射肌肉，口内为一空腔，腔壁有角质环（horny ring），环的外缘具齿，齿的形状、数目随种类而异，可以作为分类的依据。在角质环的外围敷有许多角质小板，板上各有一个角质突起形成一个疣带（papillary area）。十腕目的腕吸盘排列为 2 行或 4 行（枪乌贼 2 行，乌贼 4 行），触腕穗上吸盘则为 4 行或多行。

头足类雄体的腕中有 1 或 2 只变形，成为交尾时传递精荚的腕，称为茎化腕。在二鳃类十腕目一般是第四对腕茎化，八腕目一般是第二对腕茎化，如鱿鱼（*Ommatostraphes*）、枪乌贼、乌贼、耳乌贼（*Euprema*）是左侧第四对腕茎化，微鳍乌贼（*Idiosepeus*）和旋壳乌贼（*Spirula*）第四对腕均茎化，章鱼（*Octopus*）为右侧第三腕茎化，船蛸（*Argounata*）为左侧第三腕茎化。但亦有例外的情形，如毛氏四盘耳乌贼为左侧第一腕茎化，僧头乌贼（*Rossia*）第一对腕均茎化。

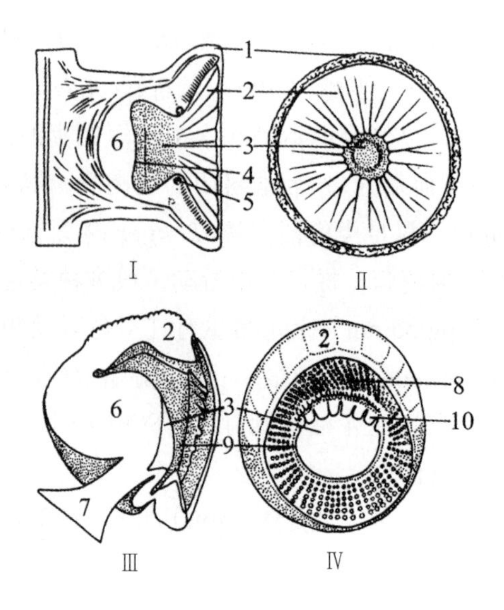

图 2 头足类吸盘构造图解(仿张玺)
Ⅰ,Ⅱ. 八腕目;Ⅲ,Ⅳ. 十腕目;
1. 环形肌 2. 放射肌 3. 吸盘腔 4. 吸盘腔底 5. 括约肌
6. 吸盘腔底的收缩肌 7. 吸盘柄 8. 疣带 9. 角质环 10. 角质环的齿

2. 漏斗

它是头足类特殊的运动器官,位于头部腹面的漏斗陷部分,是由上足特化而成的,在鹦鹉螺的漏斗是由左右对称、互相覆盖的两片形成,不是完全的管子,在二鳃类则形成完整的管子。漏斗由水管、漏斗基部和由基部向后体背两侧控制的肌肉组成。在十腕目水管内部背面有一个半圆形或三角形的舌瓣(volve),是用来防止水分倒流的装置,舌瓣向内的管壁上有隆起的腺体,称腺体片(glandular lamella)或称漏斗器(funnel organ),通常有一个倒V形的背片和两个对称的腹片。八腕类中的水管中无舌瓣,其漏斗器在水管内壁的背侧,常呈W形或VV形,漏斗器的分泌物可以使水管润滑,便于排除渣滓,漏斗的基部隐于外套膜内,以闭锁器(adhering organ)与外套膜相连。在十腕类闭锁器为软骨质的,在漏斗外侧基部者为一凹槽,左右各一个,称为闭锁槽或钮穴(adhering grove),外套膜内部者为左、右两个突起,称闭锁突或钮突(adhering ridge),恰好嵌入闭锁槽中。在八腕目无软骨质的钮突及钮穴,仅漏斗外侧左右两侧的肌肉加厚形成突起,和外套膜内面左、右两侧形成凹陷。漏斗是头足类重要的运动器官,依靠闭锁器等装置使体内的水分排出而在水中游泳。

双壳类的足与腹足类的足相似,是伸向腹面的一个发达的肌肉器官。它的足常用作挖掘泥沙,潜伏其中,故一般扁平,呈斧刃状,但随种类不同有很大变化:原始的类型,如原鳃类、蚶蜊、弯锦蛤(*Nucula*),为两侧略扁的一个柱状突起,末端呈一平面,边缘有齿状缺刻;有些种类,如凿穴生活的种类,足呈柱状,腹面平,用以固着岩石或木材表面,利用贝壳的旋转,凿蚀木材或岩石,至成年即退缩;一些固着生活的种类,如牡蛎,则足部完全消失。

(三)外套膜

外套膜(mantle)为身体背部的皮肤发生褶襞向腹面延伸而形成,为膜状,为内、外两层表皮和中央的结缔组织和少数的肌肉纤维所组成。外套膜的皮肤中常排列有石灰质的骨针，形成一种内骨骼，例如海牛（*Doris*）、石鳖等，它包被内脏囊，在与内脏囊之间形成外套腔，腔内有肛门、肾、生殖腺的开口和呼吸器官鳃。外套膜的边缘常有各种形状的触手，有的种类如腹足类及头足类外套呈袋状。原始的腹足类，边缘常不连续，而是在其中线上有一个或长或短的裂口，例如翁戎（*Pleurotomaria*）、高蜮（*Emerginala*），外套膜的前方边缘常形成水管，借以使水流流入外套腔中。在原始类型如在原始腹足目及一部分较原始的中腹足目的种类都没有水管，只在蟹守螺科以上才逐渐出现水管，在凤螺科、冠螺科等及狭舌类、弓舌类，则水管极为发达。

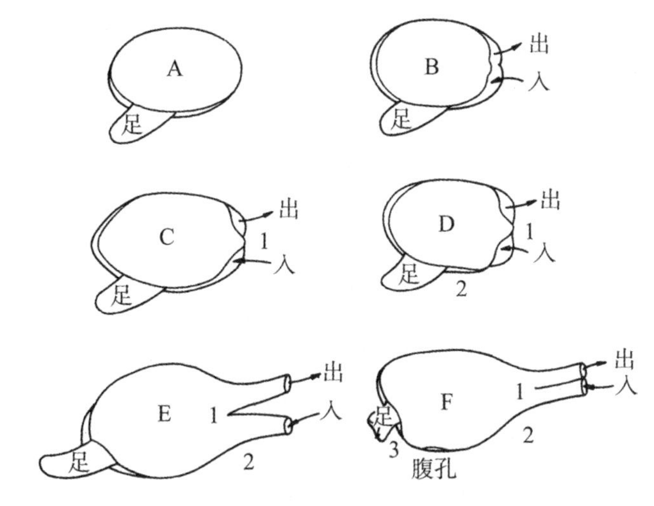

图 3 瓣鳃纲外套膜缘愈着的各种形式（仿 Cooke）
A. 外套膜缘未愈着者 B. 仅生水管痕迹、尚未愈着者 C. 外套膜缘在一处（1）愈着者
D. 外套膜缘在两处（1、2）愈着者 E. 水管发达，腹面的愈着部扩展至前方
F. 外套膜缘在三处（1、2、3）愈着者
出—出水孔 入—入水孔

有些种类的外套膜边缘显著扩张，如宝贝（*Cypraea*）、琵琶螺（*Ficus*）等动物在爬行时外套膜伸出，向背面包被贝壳大部分或全部，有的其表面还生有许多分叉的触手。

双壳类外套膜分为左右两叶，与其两扇贝壳相适应。其外套膜一般不伸展至贝壳外，但有个别种类外套膜可以完全包被贝壳，如鼬眼蛤（*Galeoma*），外套膜在背部相连，在前部、后部及膜缘常有肌肉加厚。不少种类的生殖腺常伸入外套膜中，特别是在繁殖季节。外套膜边缘不仅肌肉厚，用以固着在贝壳上，而且常生有许多色素和触手，如砗磲（*Tridacna*）、扇贝（*Pecten*）。

双壳类的外套膜有的种类是除背部有一点愈合外，其他边缘全部张开，这样进入身体的水流可以从腹面进入，从背部后方流出。这种类型属简单型，如一些原始的种类湾锦蛤、蚶（*Arca*）、扇贝。有的种类除背部愈合外，还在后方有一点愈合，这样即形成后部的肛门孔（anal orifice）或称出水孔和前方的鳃足孔，这样称二孔型（bifora），例如贻贝、蚌等。有一些种类除背部愈合外在后方有一点愈合，这样就形成肛门、鳃孔和前方的足孔，称为三孔型（trifora），如饰贝科、真瓣鳃目。还有的种类，除背部愈合外还有第三点愈合形成第四个孔（tetrafora），这个孔常为足丝伸出的小孔，如竹蛏（*Solen*）、*Ensis*、*Glycymeris* 等。外套膜后的两个孔，至少是肛门孔延长形成水管，即肛门水管和鳃水管。两个水管有时愈合，如蛤蜊（*Mactra*）、海螂（*Mya*）、海笋（*Pholas*）；有的末端分开，如蛤仔（*Venerupis*）、船蛆（*Teredo*）；有的则完全分开，如樱蛤（*Tellina*）、斧蛤（*Donax*）等。水管的末端常有色素及触手。

（四）贝壳

软体动物的贝壳系由外套膜分泌而来，有的种类有一个（腹足类、掘足类和头足类），有的种类为两扇（双壳类），也有少数种类有 8 个贝壳（有板类）。贝壳的形态和构造随种类变化很大，每种都有比较固定的形态，因此分类学上多用为区分种类的重要特征。几乎所有的软体动物在发育期间都有贝壳，这个小的贝壳长至成体后即为成体的核，称为胚壳。胚壳常与成体壳的旋转方式、色泽不同：有的种类胚壳呈乳头状，如瓜螺（*Voluta*）、香螺（*Neptunea*）；有的种类为左旋，如烟管螺（*Clausilia*）、某些奇异螺（*Mirus*）；有的种类如笠贝（*Acmaea*）、龙骨螺（*Carinaria*），胚壳有螺旋，成体壳则无。双壳类的胚壳构成壳顶也与以后所生长的成壳色泽和花纹不同。

腹足类一般具有一个螺旋的贝壳，但随种类不同，变化很大。有的不具螺旋，如帽贝科（Patelidae）、菊花螺科（Siphonalidae）的贝壳为扩张的盒状或草帽状；有的有很少的螺旋，如鲍科（Haliotidae）；有的有很多螺旋，如锥螺（*Turritella*）、笋螺（*Terebra*）。有的螺旋为右旋（dextral），有的螺旋为左旋（sinistral），一般海产的多为右旋，陆生的种有很多为左旋。

腹足类在足的后端有由足部分泌的一个角质或石灰质的保护器官，称为厣（operculum）。当动物身体缩入贝壳后恰好用厣堵住壳口，用以抵制其他动物的侵害。前鳃类中的种类，大部分成体都有厣，但有的种类如鲍科、鹑螺科、宝贝科、榧螺科、衲螺科则没有，但幼体时期都有厣。后鳃类发育期间都有厣，但至成体时则大多没有厣。肺螺类几乎都无厣，但它们能分泌一种黏液，遇到空气后即变硬，在壳口形成一层薄膜，封闭壳口，称为膜厣（epiphragm）。厣的形态变化很大，有的很薄，有的很厚。它的形态一般可分为旋形厣和非旋形厣两大类。

1. 旋形厣

厣表面有旋形纹：① 多旋的（multispiral），螺旋纹多，其数目往往超过贝壳的螺层数，如马蹄螺；② 少旋的（pancispiral），螺旋数目少，如滨螺（*Littorina*）；③ 有关节的（articular），为少旋形，但在壳日内侧有 1 ～ 2 个突出部分，如蜒螺（*Nerita*）、小蜒螺（*Neritina*）；④ 塔状的（tarriculate），为多旋形，但高起呈锥状，如 *Torinia*。

2. 非旋形厣

厣纹非螺旋形：① 同心的（concentric），纹同心或略偏，如田螺（*paludina*）；② 覆瓦状（imbricate），纹呈覆瓦状，核位于边缘，如荔枝螺、衣笠螺（*Xenophora*）；③ 爪状的（onguicular），纹窄长弯曲，核位于顶部边缘，如织纹螺、凤螺（*Strombus*）。

双壳类具有左右对称的两扇贝壳。贝壳在身体背面相铰合，腹面张开，靠闭壳肌的收缩可能完全闭合，包被整个身体。有的种类两壳不对称，一般是左壳大于右壳，但亦有右壳大于左壳者，如牡蛎、不等蛤、扇贝、猿头蛤（*Chama*）。壳顶（umbo）为胚壳，常与其他部分不同，一般向前方倾斜。壳顶向前方的距离一般较短，称为前顶（prosogyre），但一些种如斧蛤（*Donax*）、三角蛤（*Trigonia*）、湾锦蛤等，壳顶靠后方近，称为后顶(opithogyres)，在扇贝称为中顶（orthorgyres）。两壳的壳顶常彼此相接，如帘蛤、樱蛤；但有的种类两壳顶不相接，如蚶（*Arca*）。

贝壳背部两壳相接的部分称铰合部（hinge），铰合部有齿及韧带。壳顶紧下方，铰合部中央的齿称主齿(cardinal teeth)，其前后两方还有侧齿（lateral teeth），前方的为前侧齿，后方的为后侧齿，这样的齿称为异齿型（heterodonta），如帘蛤科、满月蛤（*Lucina*）、鸟蛤（*Cardium*）等。此外还有列齿型（texodonta），它有一排小齿，中间者较小，两侧者稍大，如蚶；裂齿型（schisodonta），右壳顶有两个齿，中间为一齿槽分开，左壳有一个强大的三角形齿嵌入右壳的齿槽中，其前部及后部有两个长形齿，如三角蛤（*Trigonia*）；带齿型（desmodonta），是由异齿型演化而来，没有通常的齿，但有些齿状物与韧带相联系，形成左壳的一个匙状突起和右壳的一个窝，如海螂目（Miacea）；弱齿型（dysodonta），其铰合部退化很不显著，其铰合齿极退缩，如贻贝目（Mytilacea）等；等齿型（isodonta），两壳齿相等，右壳有一齿一槽，左壳亦有一齿一槽，如海菊蛤（*Spondylus*）。

除了铰合齿以外，双壳类的背面还有韧带相连。韧带除船蛆科（Teredinidae）和海笋科（Pholadidae）以外都有，它的形态和位置变化很大：有的为外韧带，如帘蛤科和樱蛤科；有的为内韧带，当贝壳关闭时从外面看不到，如扇贝、海菊蛤；有的内、外均有，如蛤蜊科（Mactridae）和海螂科（Myaidae），外韧带通常在壳顶之后方，称后韧带（opithodetic）。在蚶科，韧带可由后方延至壳顶的前方，称双韧带（amphidetic）。通常韧带呈半柱状，与贝壳后方的边缘平行，这样的韧带称平行韧带（parivincular）；有的呈索状，从贝壳垂直地与另一贝壳相连，这样的韧带称单韧带(alivincular)，如海菊蛤、锉蛤(*Lima*)；有的前后分成很多部分连接两贝壳，称为多韧带（mutivincular），如钳蛤(*Isognomom*)。后两种情况在后韧带和双韧带中均有。韧带的作用与闭壳肌相反，它是使贝壳张开的。

（五）内脏囊

软体动物的内脏囊包括各种器官，兹叙述如下。

1. 软体动物的神经系统和感觉器官

软体动物的神经系统一般由四对神经节及其联络的神经构成：脑神经节（cerebral ganglion），位于食道的背侧，它派出神经至头部及身体前部；足神经节（pedal ganglion）一对，位于足的前部分出神经至足部；侧神经节(pleural ganglion)，一般位于体之前方，派出神经至外套膜和鳃；脏神经节（vesceral ganglion），位于身体靠后部，派出神经至消化器官及其他内脏器官。各对神经节之间有横的神经联合相连，如两个足神经节之间由足神经联合相连等；各不同的神经节之间也有纵的神经连索相连，如脑神经节与足神经节之间以脑足神经连索相连，脑神经与侧神经之间由脑侧神经连索相连等。这些神经节的排列和其间的联合及连索的长短随种类不同而异，在原始的种类其距离较远，在演化的种类则距离较近，乃至特别进化的种类神经节都集中在头部而形成脑，如头足类。有些种类除正常的四对神经节以外，还有其他神经节，如腹足类还有胃肠神经节，或称口球神经节。在双壳纲，脑神经节与侧神经节彼此愈合成脑侧神经节(原始的湾锦蛤科例外)，因此它仅有三对神经节。

软体动物的感觉器官有触角、眼、平衡器及嗅检器等。

（1）触角 (tentacle)。生于头部，故又称头触角。头触角有的仅一对，专门触觉作用；有的有两对，前边一对起触觉作用，后边一对起嗅觉作用。前者如前鳃类，后者如后鳃类及柄眼类。没有触角的种类皮肤表面都有触觉作用。许多没有触角的种类，如双壳类，外套膜边缘触觉很强，许多种类生有外套触手。

（2）眼。位于头部，为一对，位于触角茎基部或顶端。腹足类中的前鳃类在触角基部头的两侧，而柄眼类则在两前触角的顶端，头部不发达的种类或头部完全退化的种类，如双神经类、掘足类及双壳类则无头眼，双神经类则在贝壳上生有贝壳眼或称微眼，双壳类很多种类生有外套眼。眼的构造随种类变化很大。在原始的种类如帽贝，仅为一简单的凹陷，包括光接收器和色素。较高级的种类，此简单的凹陷即封闭，内部产生晶体和角膜，如骨螺（*Murex*）。头足类的眼更为发达，与脊椎动物的眼几乎相似，如乌贼(*Sepia*)。

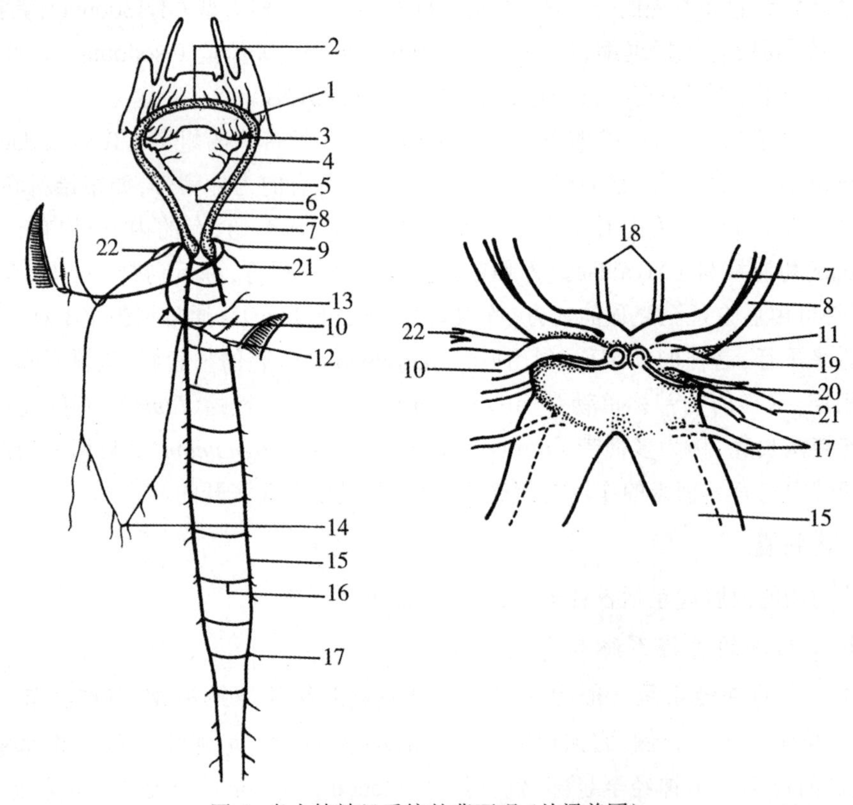

图 4 盘大鲍神经系统的背面观（从梁羡园）

1. 脑神经节（右） 2. 脑神经连合 3. 唇神经连合 4. 肠胃神经索 5. 肠胃神经节（右） 6. 肠胃神经连合 7. 脑足神经连索（右） 8. 脑侧神经连索（右） 9. 侧足神经节 10. 左侧脏神经连索 11. 右侧脏神经连索 12. 食道下神经节 13. 外套神经 14. 腹神经节 15. 足神经索（右） 16. 足神经连合 17. 足神经 18. 前足神经 19. 平衡器（右） 20. 平衡器神经（右） 21. 外套神经（右） 22. 左外套神经

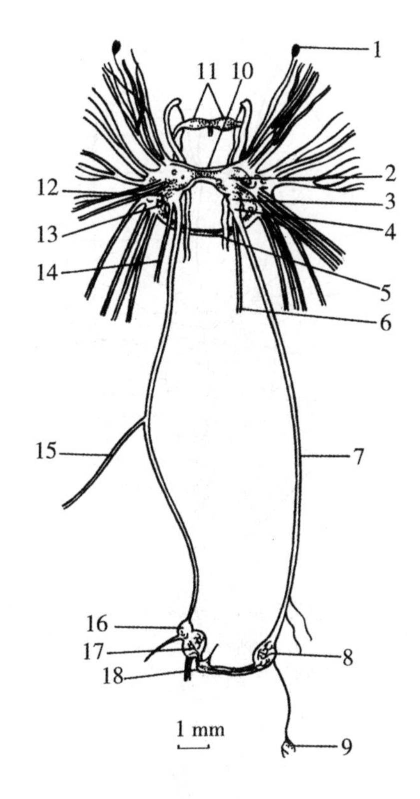

图 5 泥螺的神经系统(从张玺)

1. 眼 2. 脑 3. 右侧神经节 4. 右外套神经节 5. 足神经连合 6. 右胃腹神经 7. 右外套脏神经索 8. 肠上神经节 9. 嗅检神经节 10. 脑神经连合 11. 口球食道神经节 12. 足神经节 13. 平衡器神经节 14. 左胃腹神经 15. 外套神经 16. 外套肠下神经节 17. 脏神经节(腹神经节) 18. 生殖神经节

(3) 平衡器(odocyst)。除去双神经类以外都有平衡器,位于足部,左右各一个,为外胚层上皮内陷而形成。此内陷大部分封闭,但一些原始的种类如湾锦蛤(*Nucula*)、贻贝(*Mytilus*)、扇贝(*Pecten*)则永不封闭,内含耳石(otolith)或耳沙(otoconia),胞壁具有纤毛细胞和感觉细胞,可以测定方向和保持身体平衡。在原始的种类为耳沙,演化的种类为耳石。当动物移动时,身体稍向一方倾斜,耳沙或耳石即与胞壁的纤毛和感觉细胞相碰撞,动物即感到它身体倾斜,而改变位置。平衡器是保持平衡的器官,是由脑神经节控制的。

(4) 嗅检器(osphradium)。为套膜腔或呼吸腔的感觉器官,大多数种类都有。它是由一部分上皮特化而来,通常有突起和纤毛,还有感觉细胞。它常位于呼吸器官的附近,以探试呼吸水流的质量。最简单的嗅检器还没有分化成明显的器官,只是在鳃神经的通路上有一些神经上皮细胞位于鳃支柱的两边,如钥孔螺(Fissurellidae)。构造较复杂者,如田螺(*Viviparus*),是在一支神经或一神经节上生成一个丝状的表皮圈。有更复杂的种类如玉螺(*Natica*)、凤螺科(Strombidae)和铗舌目则在圈的两侧具有栉齿,形成清楚的器官,生在鳃左侧或基部,位于水流冲洗鳃的过道上。它是受脑神经节派出的神经控制的。

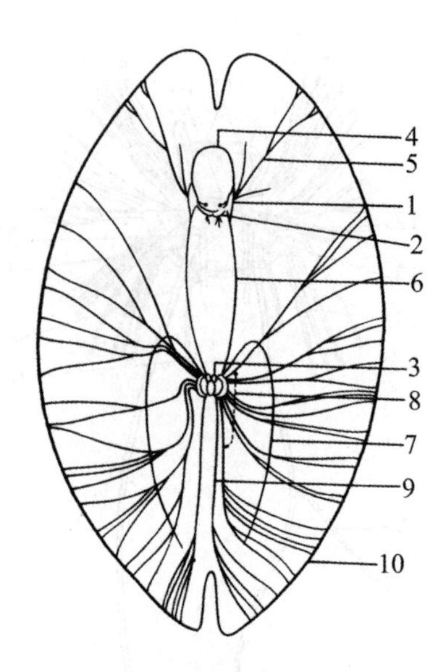

图 6 栉孔扇贝（*Chlamys farreri*）的神经系统（仿张玺等）
1. 脑侧神经节 2. 足神经节 3. 脏神经节 4. 脑侧神经连合 5. 前外套神经 6. 脑（侧）脏神经连索 7. 鳃神经 8. 外套神经 9. 后外套神经 10. 外套神经环

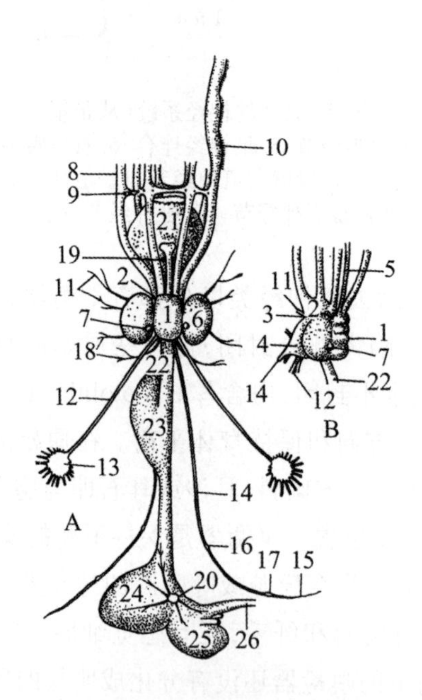

图 7 短蛸（*Octopus ochellatus*）的神经系统（A）和脑神经块侧面观（B）（仿张玺等）
1. 脑神经节 2. 腕神经节 3. 足神经节 4. 脏神经节 5. 口球神经 6. 视神经节 7. 嗅神经节 8. 腕神经 9. 腕神经环 10. 腕神经上的小神经节 11. 前漏斗神经 12. 外套神经 13. 星芒神经节 14. 脏神经 15. 鳃神经 16. 在内脏神经上的神经节 17. 鳃神经节 18. 后漏斗神经 19. 胃腹神经节 20. 胃神经节 21. 口球 22. 食道 23. 嗉囊 24. 胃 25. 螺旋盲囊 26. 肠

2. 消化系统

软体动物的消化系统包括口、食道、胃、肠和肛门及其附属的腺体。口为前部一个简单的开孔或有较发达的肌肉。瓣鳃类口周有发达的唇瓣，头足类有口膜，唇瓣上有纤毛，靠纤毛的活动可以使力所能及范围内的食物引入口中。口内除双壳类以外,有一个呈球形的膨大部分即为口腔。口腔的内壁有颚片（mandible）和齿舌（radula),颚片位于腔的前部,个别种类如笠贝(*Patella*)、琥珀螺（*Succinea*）仅有一个,于口腔的背面,大多数种类成对,在腹足类呈左右排列,在头足类呈背腹排列。

齿舌除新月贝（*Neomenia*)、双壳类及腹足类的个别种类没有以外,其余种类都有。齿舌位于口腔底部舌突起（odontophore)的表面,由横列的角质齿组成,状似锉刀。动物摄食时,咽喉翻出,用齿舌舐取食物,并且由于肌肉之伸缩,使齿舌作前后方向的活动,以舐取食物。齿舌上有许多小齿,小齿的形状、数目和排列方式变化很大,但随各属、种而大致一定,是鉴定种、属的重要特征之一。小齿通常以一定方式组成横列,许多横列组成齿舌。每一横列通常有中央齿（central tooth)一枚或数枚,左右两侧有1对或数对侧齿 （lateral teeth),边缘有1对或许多对缘齿（marginal teeth)。齿舌的排列方式常以数字或符号表示,如多板目的齿式为(3+1)(2+1)(1·1·1)(1+2)(1+3),表示有3枚相似的中央齿,两侧有形状不同的3枚侧齿及4枚缘齿,掘足类的齿式为2·1·2,头足类一般为3·1·3。腹足类的齿式变化较大,原始腹足类多为∞·5·1·5·∞,中腹足类为2·1·1·1·2,新腹足类为1·1·1。口腔中有唾液腺的开孔,口腔下为食道,食道也常有一些附属腺体,如腹足类的新腹足类有勒布灵（leiblein）氏腺(在芋螺科它是一个毒腺)。食道下为胃,胃常为一长卵形袋,其内壁常有强有力的收缩肌。腹足类被鳃目中有些种类在胃壁内面有咀嚼板,如泥螺 （*Bullacta*)、壳蛞蝓（*Philine*),用以嚼碎食物,在裸鳃目中有些种有成行的几丁质齿,如四枝鳃（*Scyllaea*)、二列鳃（*Borella*)。双壳类胃中有一个幽门盲囊,其中有晶杆（crystalline style)。晶杆的作用,作者意见不一:有人认为它起消化作用;有人认为它是蓄存食物的;有人研究了晶杆的性能,发现它能依幽门盲囊表面的纤毛做一定方向的旋转或挺进,以搅拌食物,另外胃液的酸化作用能使晶杆溶解,溶液中含糖原酶,用以消化食物。胃中有肝脏的开口,肝脏为重要的消化器官。软体动物的肝脏与脊椎动物不同,它兼有肝脏和胰脏的双重作用。胃的后部为肠,肠是一个圆形管子,常有一个瓣膜与胃分开,在肠中有纵凸,中央为一沟,称肠沟（typhlosole)。肠的末端为直肠,有些腹足类,如玉螺、荔枝螺和头足类有肛门腺注入。

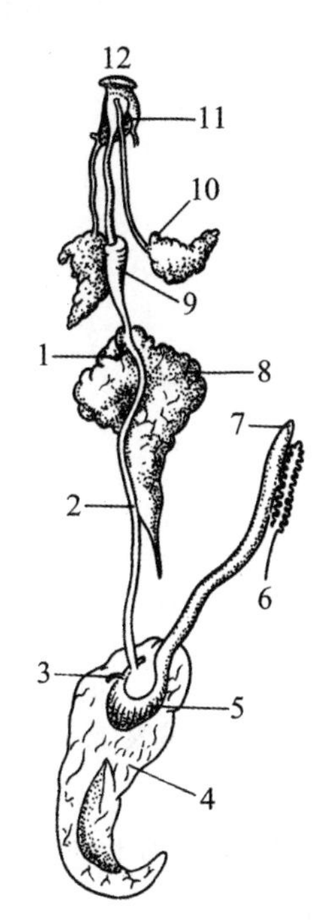

图8 骨螺（*Murex*）消化管的背面观
（从 Pelseneer, 仿 Haller）
1. 勒布灵（Leiblein）氏腺输送管 2. 食道 3. 肝管 4. 肝 5. 胃 6. 肛门腺 7. 肛门 8. 勒布灵氏腺 9. 嗉囊 10. 唾液腺 11. 齿舌 12. 口

3. 呼吸系统

在水中生活的软体动物用鳃呼吸,鳃为外套膜内面的皮肤伸展而形成。在原始的种类成对,位于外套腔中。每一个鳃或是在鳃轴两侧各生有并列的鳃丝,成羽状,为了与其

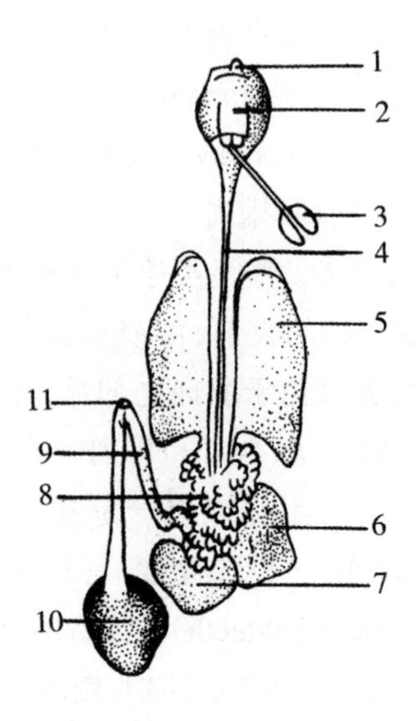

图 9 乌贼（*Sepia*）的消化系统（从 Paiker 等）
1. 颚 2. 口球 3. 后一对唾液腺 4. 食道 5. 肝 6. 胃 7. 盲囊 8. 胰脏 9. 肠 10. 墨囊 11. 肛门

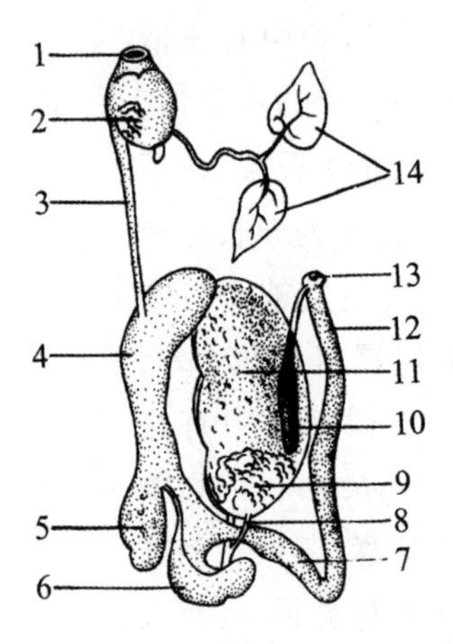

图 10 章鱼（*Octopus*）的消化器官（从 Yung，仿 Girod）
1. 唇 2. 前一对唾液腺 3. 食道 4. 嗉囊 5. 胃 6. 螺旋盲囊 7. 肠 8. 肝管 9. 胰脏 10. 墨囊 11. 肝 12. 直肠 13. 肛门 14. 后一对唾液腺

他种的鳃区别称为本鳃（ctenidium）。鳃轴与静脉和动脉贯通，通过鳃的污浊血液即进行气体交换。

腹足类较原始的种类，如原始腹足类、鲍和笠贝，具有 2 个鳃，分列左右两侧。中腹足目则仅有一个鳃。后鳃类有些种类本鳃消失而以皮肤表面营呼吸作用，或在皮肤表面形成一次性鳃，如海牛。肺螺类营陆栖生活，鳃消失。外套腔表面形成脉网极为密集的肺，在外套边缘有一小孔与外界相通，称为肺孔（pneumostome），肺孔张开，空气即进入外套腔进行气体交换。

双壳类鳃分为四种类型：原鳃型，在个体之后部两侧有羽状本鳃一对，其两侧排列有三角形之小鳃叶，这种鳃与腹足类的鳃相似；丝鳃型，两侧之小鳃叶延长成丝状，这种鳃丝延伸至腹面则向上返折，但其上行之末端仍游离形成鳃瓣，各鳃瓣之间由纤毛盘相联系；

瓣鳃型，其上行板的游离缘与外套膜内面相愈合，其鳃瓣之间则以血管相联系；隔鳃型，其二侧之鳃瓣互相愈合而且大大退化，仅在外套膜与背隆起之间架起一个肌肉质的有孔的隔膜，在鳃轴的背腹面有入鳃血管和出鳃血管，来自肾脏静脉的污浊血液进入入鳃血管，通过鳃丝进行气体交换，经氧化后便由出鳃血管流回心脏。

4. 循环系统

软体动物的循环系统一般是开管式的，动脉管与静脉管之间无直接连续，血液自动脉管流出后进入组织的血窦中，经过肾脏、呼吸器官，然后回到心脏。在高等的十腕目头足类中，动脉管与静脉管由微血管连通成为闭锁循环。

循环系统的中枢为心脏，心脏位于身体背侧的围心腔中，心室一个，心房位于心室的一侧（只有一个）或两侧（左右各一个）。血液中含有血蓝素（haemocyanin），一般无色，有个别种类含血红素（haemoglobin），例如双壳类的蚶、腹足类的扁卷螺（*Planorbis*）。

5. 排泄系统

软体动物的排泄器官主要为肾脏和围心腔腺。肾脏为一囊状器官，由具纤毛的肾管形成，其起源与环形动物相同。肾管的一端与围心腔相通，另一端与外套腔相通，它不仅输送集于围心腔内的废物，而且肾管壁的一部分为腺质细胞，能承受血液中的废物，一并排出体外。肾脏在一些原始的种类为一对，大部分的腹足类只有一个（因旋转的结果，一侧发育不良或消失），双壳类、头足类为一对。

围心腔腺中富有血液，可以依靠血液渗出排泄物质，或者依靠变形细胞搬运，将排泄物排入围心腔中，再经围心腔管进入肾脏，经肾生殖孔排出体外。

6. 生殖系统

软体动物中多板类的大多数、腹足类的前鳃亚纲、双壳类的绝大多数、掘足类及头足类为雌雄异体；多板类中的新月贝科（Neomenidae），腹足类的后鳃亚纲、肺螺亚纲，以及双壳纲的邦斗蛤、棒蛎、扇贝以及牡蛎科中的某些种类为雌雄同体。一般雌雄异体的种类在外形上雌、雄个体无显著区别，但在头足类和腹足类中的一些种类，因有特殊的交接器官，而且雌体常比雄体大，雌、雄个体常有明显的差别。

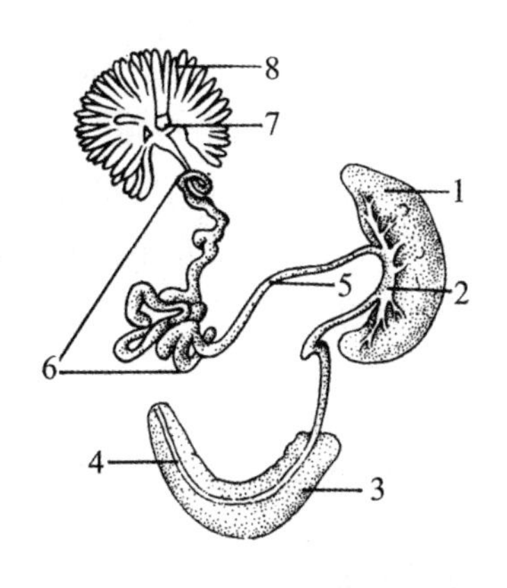

图 11　雄性钉螺的生殖器官（仿刘月英）

1. 前列腺 2. 输精管前列腺部 3. 阴茎 4. 输精管阴茎部 5. 输卵管上段 6. 精囊 7. 细输精管 8. 精巢

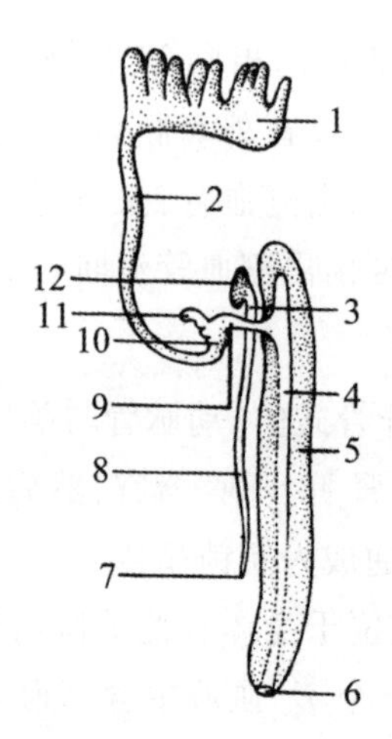

图 12 雌性钉螺的生殖器官(仿刘月英)

1. 卵巢 2. 输卵管上段 3. 贮精囊管 4. 输卵管副腺部 5. 副腺 6. 产卵孔 7. 交接孔 8. 输精入管 9. 输卵管下段 10. 输卵管中段 11. 受精囊 12. 贮精囊

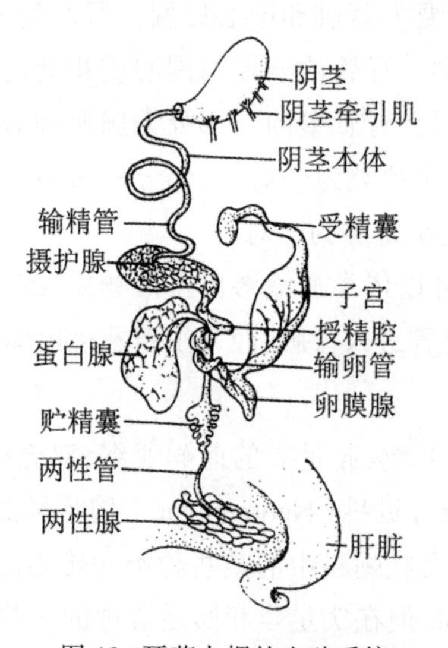

图 13 耳萝卜螺的生殖系统

生殖系统由生殖腺、生殖输送管、交接器及其附属的腺体组成,生殖腺系由体腔壁形成,生殖输送管一般与肾管相当,内端通向生殖腺腔,外端开口于外套腔或直接与外套腔相通。腹足类生殖腺是单一的,通常位于背侧、内脏囊的顶部,呈簇状,由极多的滤泡构成紧密的块状体分散在肝上或肝脏内。双壳类具生殖腺一对,对称地排列在身体两侧,一般位于内脏囊的表层,亦有伸入足部的,个别种类伸入外套膜中。在头足类,雄性为精巢,雌性为卵巢,均位于身体后端的体腔内。

三、软体动物的生物学和生态学

(一)贝类的栖息环境和生活方式

无论是在高山、平原、草地、森林还是在江河、湖沼、海洋,到处都有贝类生活。它们的栖息环境随种类不同而各异，陆地上生活的种类多栖息于山区、丘陵地带的灌木丛、草丛、落叶及石块下或岩石缝中，水生生活的种类则可以分为下列几种生活方式。

1. 浮游生活的种类

靠这种生活方式生活的种类都在水中生活，它们自己一般缺乏游泳能力，而是随波逐流，在水中漂浮。靠这种生活的动物一般都是比较小型的种类，它们的贝壳很薄或者没有贝壳，足部特化成为鳍，或者由足分泌一浮囊以便于在水上漂浮，如海蜗牛（*Janthina*）、腹足类中的异足贝（*Heteropoda*）和翼足类（*Pteropoda*）。由于它们的分布主要依靠海流带动，所以有些种可以作为海流的指标种，如笔帽螺（*Cresseis acicula*）可作为台湾暖流的指标种。在我国分布的一些翼足类如蟦螺（*Limacina*）、龟螺（*Cavolinia*）、皮鳃（*Pneumoderma*），异足类的明螺（*Atlanta*）、龙骨螺（*Carinaria*）等主要是随着台湾暖流向北分布的，它们随不同季节分布的情况不同，高温季节向北分布，低温季节向南退缩。很多浮游生活的种类数量很大，例如北极的蟦螺、海若螺（*Clio*），有时大量出现以至可使海水变色。许多浮游软体动物是鱼类和鲸类的饵料，此外许多软体动物的幼体亦在水中浮游。

2. 游泳生活的种类

靠这种生活的种类有很强的游泳能力，能和鱼类一样做长距离的游泳。它们常随季节成群到近岸产卵，例如头足类的乌贼（*Sepia*）、无针乌贼（*Sepiella*）、枪乌贼（*Loligo*）、鱿鱼（*Ommatostrephes*）等等。它们的外套膜呈筒状，两侧生有鳍，足特化为腕和漏斗，靠漏斗的喷水作用可以急速前进、后退，做快速游泳。某些后鳃类如四翼螺、无角螺（*Acera*）利用侧足能做短距离的游泳。某些双壳类如扇贝（*Pecten*）、日月贝（*Amussium*）、锉蛤（*Lima*）虽不是游泳的种类，但在必要时可利用贝壳急剧的开合在海水中做蝶式游泳。

3. 底栖生活的种类

大部分的软体动物营底栖生活，它们在水底匍匐爬行，或在底质上固着、附着，凿穴隐居，随种类不同可以分为以下两类。

（1）底上生活（epifauna）。包括在岩石、石块、珊瑚礁、贝壳、漂浮物及动、植物体上爬行、固着或附着生活的种类，例如大部分的前鳃类，它们都以极发达的足部在岩石、珊瑚礁以及泥沙底质的水底爬行。有些种类如前鳃类的鹿眼螺、狭口螺，后鳃类的海兔及肺螺类的锥实螺和扁卷螺等多吸附于水藻上或其他物体上爬行；很多双壳类的种类，如贻贝、扇贝、金蛤等，分泌足丝用以附着在岩石或其他物体上生活；还有一些双壳类如牡蛎、猿头蛤、海菊蛤等用一扇贝壳固着在外物上生活，终生不再移动。

（2）底内生活（infauna）：营这种生活的种类均靠发达的足尖或斧刃状的足挖掘泥沙，使身体整个埋在底质中生活。它们依靠发达的水管与底表相通，吸取水中的氧进行呼吸和摄取水中的微小生物和有机碎屑作为食料而生活，例如掘足类及双壳类。有些双壳类不是挖掘泥沙而是在木材、岩石、珊瑚礁等坚硬的物体上凿穴定居，它们属于钻孔生物（boring organism），例如船蛆和马特海笋专门穿凿海洋中的木质建筑和木船，吉村马特海笋及石蛏（*Lithophaga*）专门穿凿岩石及珊瑚礁。

4. 寄生生活

寄生生活的种类较少，它们大多寄生在棘皮动物身上，如腹足类的内壳螺、内寄螺寄生在棘皮动物的体内，圆柱螺和纵沟贝寄生在棘皮动物的体外，双壳类的内寄蛤（*Entovalva*）寄生在锚海参的食道内，孟达蛤（*Montacuta*）寄生在海胆身上，齿口螺（*Odostomia*）寄生在扇贝的耳旁或牡蛎的壳缘处，等等。

（二）软体动物的繁殖习性

1. 性转变

软体动物有雌雄同体与雌雄异体之分，但无论是雌雄同体或雌雄异体都是异体受精，雌、雄的比例一般来说是雌性的比例占得较大。根据 Pelseneer（1926）的记载，软体动物雌性比雄性多 3% ～ 12%。这种现象曾被解释为雄性寿命短和雄性向雌性转换，即性转变。例如帆螺（*Calyptraea*）、履螺（*Crepidila*）均为雄性先熟，以后变为雌性，特别是双壳类中的牡蛎、船蛆和帘蛤科的一些种类等均有性转变。对这些种类研究之后，才知道它们名为雌雄同体和雌雄异体，但其性别并不是严格区分的，但正常没有性转变的种类，例如贻贝（*Mytilus edulis*）、落下偏顶蛤（*Modiolus dermissa*）、简单金蛤（*Anomia simplex*）等的性比通常都是 1∶1，或近于此比例。牡蛎种类中有孵育型（larviparous）和浮养型（oviparous）两种类型，前一类型被称为雌雄异体，如 *Crassostrea gigas*，后一类型被称为雌雄同体，如 *Ostrea desellamelosa*。孵育型的种类当生殖细胞成熟后都产在海水中受精发育，它虽被称为雌雄异体，但也不是绝对的。雨宫（1925）发现欧洲牡蛎（*Crassoostrea angulata*）有些个体为雌雄同体。1929 年他又发现第一年 119 个长牡蛎的雌体至第二年有 20 个变为雄体，58 个第一年为雄体，其中 18 个第二年变为雌体。浮养型的种类，生殖细胞成熟后，卵子排到母体的鳃腔中，精子排在海水中，经过母体的进水孔达母体的鳃腔中受精。这类动物被称为雌雄同体，但 Orton（1927）曾发现 1 121 个食用牡蛎（*Ostrea edulis*）中有 702 个鳃腔中怀有幼虫而倾向于雄性性状。他还检查了刚刚产过卵的个体，发现 50% 的个体体内含有不成熟的雄性细胞，以后雄性细胞逐渐成熟。当个体带有幼虫时，母体中含有成熟精子的占有 77%，在产卵 2 ～ 3 个月以后精子即逐渐排出，雄性性状逐渐减退。一部分个体开始变成雌性，产卵后约一年即完全变为雌性了。

这种雌雄转变的情况在船蛆也是一样。Coe（1933—1941）认为船蛆的性腺为雄性先熟（protandric），它第一次成熟时为雄性，以后除少数仍保持雄性外，均转为雌性。他认为生殖腺中皮质部和髓部之间没有彼此对抗制约的作用，性腺成熟时髓部发达，因而形成雄性，产生精子，这些精子产生以后可以刺激皮质部发育，因而转变为雌性而产生卵子。

在腹足类中，帆螺、履螺也有性转变，个体年轻时，雄性交接器官渐次发育而成为雄性，到完全成长时交接器萎缩即变为雌性。

关于性转变现象的产生，许多学者意见不一致。通常是幼小个体中雄性所占有比例高，因此有人提出了雄性先熟的说法，他们认为精子形成较快，所以第一次性成熟时常表现为雄性，以后表现的性别将视营养条件而定。有人发现在营养条件优良的情况下，雌性所占有的比例高，反之，则雄性所占有比例较高，因此认为性别的转变是由营养条件所决定的。

2. 繁殖时期

每种贝类有其繁殖时期，有的全年都可繁殖，有的一年仅有一次繁殖，有的一年有两次繁殖。如一种滨螺（*Littorina ridus*）、一种海牛（*Doris verrucosa*）、野蛞蝓（*Agriolimax agrestis*）几乎整年都在繁殖，贻贝（*Mytilus galloprovincialis*）和翡翠贻贝（*Mytilus viridis*）每年有春季和秋季两次产卵，栉孔扇贝（*Chlamys farreri*）每年5—6月产卵，三角荔枝螺在广东每年产卵期4月开始一直绵延至10月，钉螺则是自11月至翌年7月连续排卵，红螺是6—8月产卵，泥螺是6—9月产卵。它们的产卵常受温度及其他外界因子影响，同一个种类在南方繁殖季节稍早，而在北方则稍迟。中国圆田螺在北京是4—8月，而在武汉则是在3—11月产卵。一些双壳类，如人们养殖的种类，扇贝、贻贝、牡蛎、蚶、鲍等，它们在一定地区都有自己的产卵季节，但不到其产卵的时候，用高温养殖经一段时间，即能促使其排卵；反之，若其卵子接近成熟，不要它产卵，用低温处理，亦可使其延缓产卵。这就使繁殖这些种类大为方便。我们可以人为地用温度控制它们排卵。

3. 繁殖方式

软体动物的繁殖可以分为三种情况：一种是精子、卵子成熟后直接排在海水中，在海水中相遇而受精发育；另一种是经过交尾，卵子在体内受精后再产出体外，在体外发育；还有一种称为卵胎生，即卵在母体子宫中受精发育，待幼体成长后才排出体外。

一般雌雄异体的种类交尾时阴茎伸入雌体的交接囊中进行受精；雌雄同体的种类卵子和精子通常不是同时成熟，精子成熟较早，交尾时至少有两个个体进行，一般不能同体受精，但椎实螺能同体受精，有些种类甚至不进行交配，在20年中繁殖至90代以上。具有一个共同生殖孔的柄眼类，当两个个体进行交尾时，互相受精，每个个体行雄性和雌性的双重作用，这种现象也出现在后鳃类的囊舌目与无腔目中。在二性孔距离较远的雌雄同体的种类，每一个体亦可同时起雌性和雄体的作用，但在交尾时常多个个体同时连成一列，第一个只起雌性作用，中间者起两性作用，末一个则只起雄性作用。

交尾不久即产卵，有些种类交尾后即可产卵，但蜗牛有时延迟至15天以后。卵子产出的形式，在不交尾的种类一般单独排出，如双壳类中的一些种类，它们常是排精在先，精子在水中出现会刺激雌体产卵。交尾的种类所产的卵常被革质的膜或由黏液集在一起成为一群，称为卵群。卵群的形状随种类不同而各异。如玉螺的卵群由其分泌的黏液粘连泥沙形成一个领状物，将许多卵子包被其中；宝贝的卵群由许多小卵囊集结在一起；三角荔枝螺（*Thais trigona*）的卵囊呈瓶状，平列或彼此黏附，呈树枝状；香螺的卵群由许多单个的菱形卵囊黏附在一起而形成，呈柱状，俗称“海苞米”；红螺的卵群常产在各种贝壳上，每一卵囊呈柱状，通常平列排列聚集很多，呈菊花瓣状；海兔的卵群成丝状，俗称“海粉”（“海挂面”）；柄眼类的卵一般是单独的。卵子具一黏膜或石灰质膜。有些种类，卵子很大，形如鸽卵，直径达3 cm。乌贼的卵子具白色或黑色的外皮，成串地聚集在他物上，形似葡萄，俗称“海葡萄”。枪乌贼的卵包被在胶质透明的卵鞘中，卵鞘呈棒状，很多卵鞘茎部粘在一起，形似花瓣。短蛸的卵子呈白色，大小如米，饭粒状等。

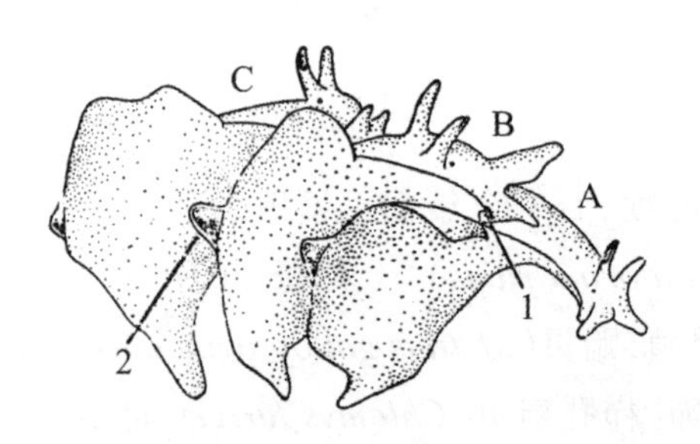

图 14 海兔（*Aplysia*）交尾图（仿 Eales）
A. 只任雌性 B. 兼任雌、雄性 C. 只任雄性 1. 阴茎 2. 外套水管

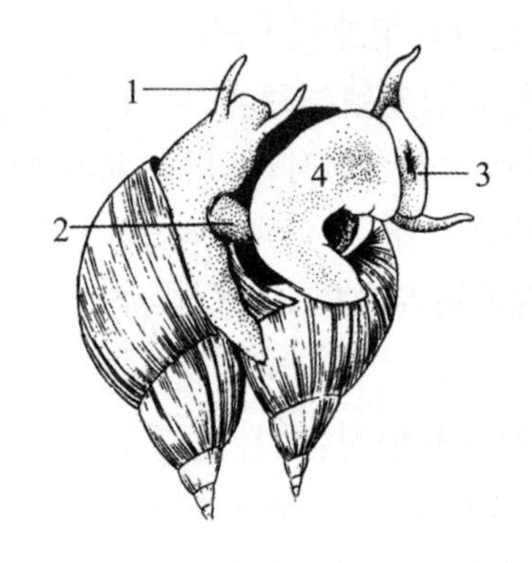

图 15 椎实螺（*Limnaea stagnalis*）的交尾图，左侧者起雄性作用（从 Pelseneer，仿 Stiebel）
1. 触角 2. 阴茎 3. 口唇 4. 足

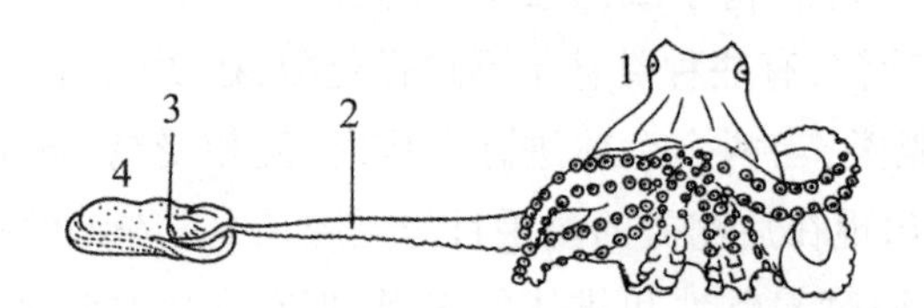

图 16 章鱼（*Octopus*）的交接状态（依 Pelseneer，仿 Racovitza）
1. 雄体 2. 右侧第三个茎化腕 3. 雌章鱼的外套孔 4. 雌体

4. 产卵条件

软体动物产卵都要求一定的条件。

首先需要选择一个适宜的产卵地点，一般都喜欢把卵子产在水温较适、光线较好、氧气充分、饵料较多的场所。为了避免卵子被冲走，往往把卵子产在岩石、水藻或其他贝壳上。例如章鱼喜欢把卵子产在空贝壳中，它本身也随之匿于空壳中，青岛渔民利用章鱼的这种习性，特制红螺纲捕捉章鱼。乌贼喜欢产卵在浅海的海藻或其他附着物体上，浙江渔民利用它这种习性，用墨鱼笼捕乌贼。腹足类中的许多种类，如宝贝和芋螺把卵子产在珊瑚洞穴或石块下面。很多后鳃类把卵产在岩石上或海藻上，这里不仅条件适宜使卵子受到保护，而且为其幼体提供充足的饵料。海蜗牛将卵产在它自己分泌的一个浮囊上，随海蜗牛漂浮在海面上。船蛸（*Argonanta*）将卵子系在由背腕分泌的一个假贝壳中，连同它自己身体的后部也进入壳中，这样卵子可以得到充分的保护。很多种类有护卵现象，如宝贝

把卵产出后即以其足部牢固地被覆其上，直待卵子孵化后才离去。章鱼也是如此，它虽然对别的动物很凶残，但对其自己的下一代却照顾得无微不至。在室内饲养的章鱼，产卵后，即使把饲养缸中的水抽干，它也不会离开自己的卵子，它可以 2 ～ 3 个月坐在自己的卵上，直到卵子孵化。

其次，温度是各种贝类产卵很重要的条件，各种贝类都有其产卵的适温范围，达到这个温度范围才开始产卵。红螺的产卵温度是 20 ℃～ 26 ℃，23 ℃～ 25 ℃最为适宜；栉孔扇贝是 15 ℃～ 20 ℃；船蛆则是 15 ℃时开始产卵，21 ℃则最为适宜，利用提高温度的办法可以促使其产卵。有些种类如利用周年给以产卵适温条件则它们可以不断地产卵，如船蛆在室内冬季温度提高到 24 ℃即可引起产卵。此外，用精子刺激雌体、卵子刺激雄体都可以引起排卵或排精。在产卵季节，温度的升降常能引起产卵和排精。自然现象中一些软体动物在满月和新月时产卵较为旺盛，这主要是潮差大，温度升降的幅度增加，起了刺激作用的缘故，在贝类养殖中广为应用。另外，贝类的产卵也要求一定的盐度和含氧量等。

5. 产卵数量

贝类的产卵数量随受精和孵化过程中受到保护的情况而有很大的不同。例如，孵育型的牡蛎，因卵子在母体鳃腔中受精孵化，幼虫的成活率高，因此产卵数较少，卵子也较大；而浮养型的牡蛎卵子、精子排在海水中受精发育，幼虫的成活率较低，因此产卵数较多。美洲牡蛎（*Crassostrea virginica*）和长牡蛎在 9 min 内即可产几千万甚至 1 亿以上的卵子，而食用牡蛎（*Ostrea edulis*）则仅产数十万至 150 万粒卵子。一种湾锦蛤（*Nucula*）能将卵子保护于一个附于其壳后的几丁质的卵囊中，因此每次仅产 20 ～ 70 粒卵。腹足类中原始的种类，将卵子直接排在海水中受精，因此产出的卵子数量较多，如鲍（*Haliotis tubcrcula*）为 10^4 粒。一些高等的种类卵子被保护在卵鞘中，因此数量一般较少，但随种类不同也有很大变化：三角荔枝螺年产 7 000 粒，而另一种荔枝螺（*Purpura lapillus*）则年产 10 万粒，红螺可产 60 万粒。后鳃类产卵数量较多，首海牛（*Archidoris*）的一个卵带即含 0.5 万 ~ 30 万粒，一只海兔（*Aplysia limacina*）可产 300 万粒。头足类产卵一般较少，乌贼和枪乌贼通常产 3 万 ~ 4 万粒，长蛸每次产卵 100 余粒，短蛸产卵每次 300 ～ 400 粒。

（三）贝类的生长和寿命

贝类一般在幼虫开始摄食时才开始生长，但生长速度较缓慢，在变态时生长一般停止。幼年时生长迅速，到老年时生长逐渐缓慢或停止，一些种类生长持久而缓慢，在其壳面常有许多细致的生长纹，多数种类都是这样，如陆生贝类的蜗牛、玛瑙螺，淡水的田螺、椎实螺、蚌等和海产的玉螺、贻贝、樱蛤、竹蛏等。一些种类则不然，它们常常局限于很短的一些时间生长迅速而另一些时间则生长迟缓，仅加厚形成肋。如骨螺科、嵌线螺科、冠螺科及帘蛤科的某些种类，其贝壳上有粗大的纵行肋脉，肋脉之间代表贝壳正在生长时间，肋脉部分即表示生长迟缓期间的生长，这期间贝壳不加大，仅增加厚度。近江牡蛎 1—3 月停止生长，4—6 月生长加速，7—9 月是排精、卵时间，开始停止生长，10—12 月又开始生长。船蛆也是这样，1—4 月基本不生长，4—8 月生长很快，以后生长则逐渐减慢。一般温带的种类，大多于每年 4 月开始生长，以后即生长迅速，到 11 月生长逐渐变慢。

贝类一生中生长的情况随种类不同。*Placopecten magellanicus* 第一年生长慢,第三年至第五年生长迅速,第 7 ~ 8 年则生长很慢;然而,*Mytilus californicus* 第一年生长达 86 mm,以后即突然变慢;*Mytilus edulis diegensis* 第一年生长达 76 mm,以后亦不降;*Tivela stullorun* 则在前 6 年生长很平稳,至第 7 年以后增长缓慢。生活条件的好坏对贝类生长有影响。海螂(*Mya arenaria*)在优良条件下 4 个月即达 40 mm ~ 48 mm,一年即达 60 mm ~ 80 mm,在条件差时一年仅生长 8 mm ~ 20 mm。船蛆和海笋生活在木材或石灰石中,个体密度大时则限制其生长,贝体很小时即停止生长,个体密度小时则生长不受限制,可生长到很大。同一年龄的贻贝,生长在岩石缝隙中的长度仅达 2 cm,在潮面生活者可以达到 5 cm ~ 6 cm,浸没在海水中而不大密集的个体则可达 10 cm。

软体动物的寿命一般都不长,生长速度快的种类一般寿命较低,反之则较高。一般以双壳类寿命较高,贻贝、海螂能活 10 年,马氏珠母贝、食用牡蛎能活 12 年,蚌的寿命较长,其中珍珠蚌(*Margaritana margaritifera*)能活到 80 年,砗磲(*Tridacna*)甚至可以活到 1 世纪。但亦有的生活时间很短,如船蛆一般生活 1 ~ 2 年。腹足类寿命一般较短,前鳃类通常活数年,如穴螺一般生活 1 年,马蹄螺活 4 ~ 5 年,田螺生活到 9 年,豆螺生活至 5 年。但有的生活年限较长,如英雄玉螺能活 36 年。后鳃类寿命最短,一般仅生活 1 年或更短。肺螺类寿命亦不长,椎实螺和扁卷螺活 2 ~ 3 年,某些蜗牛生活则可达 10 年乃至 15 年。头足类的寿命亦较短,一般生活仅 1 ~ 3 年。

(四)软体动物的饵料和捕食方法

软体动物有的是草食性的,有的是肉食性的,它们利用强健的齿舌刮取海藻或高等植物或猎取其他动物为食。

许多多板类、腹足类的大部分都是草食的,它们齿舌上的齿片数多,颚片极为发达,肠长,没有能收缩的吻。海产的草食性种类多栖息在近岸浅水的岩石及海藻丛间,以石莼(*Ulva*)、墨角藻(*Fusus*)、昆布(*Laminaria*)、石花菜(*Gelidium*)以及一些红藻、石灰藻等为食。在陆上生活的草食性腹足类主要的食物是显花植物,各种陆生和水生显花植物的叶、花和皮部都能被肺螺类吞食,它们还吃地衣类和苔藓植物。有些肺螺,特别是蛞蝓喜食真菌类,有毒的菌类对它们丝毫没有伤害。许多栽培的植物亦为它们喜吃的食物,因此它们成了园艺上的大害,多种蔬菜是它们的食物,浙江黄岩地区的柑橘也受到蜗牛为害,甚至连烟草和棕树亦遭受它们的破坏。

肉食性的种类主要是腹足类中以玉螺和骨螺为代表的一些种类。它们的感觉器官比较发达,能迅速发现食物。肉食性的前鳃类有吻,肺螺类有能伸出的口球以摄取食物,齿舌的数目减少,而变得强而有力。唾液发达,能分泌蛋白分解酶,芋螺还有毒腺能攻击伤害其他动物,肠较短。法螺(*Charonia tritonis*)喜食海参和水螅,骨螺喜食蟹类,冠螺(*Cassis*)喜食海胆和海胆的棘。荔枝螺喜吃藤壶,蓑海牛常吞食水螅,海牛食海绵等,苔藓虫、海鞘也是某些螺类捕食的对象。但其中大部分的饵料是双壳类和别的腹足类以及各种动物的尸体。浮游的龙骨螺(*Carinaria*)、翼管螺(*Pterotrachea*)则追食水母,陆生的蜗牛常攻击昆虫,橡子螺(*Oleacina*)吞食其他腹足类,带螺(*Zonites*)和小壳螺(*Testacella*)则吃蚯蚓和蜗牛。

头足类具有强有力的运动器官，能捕食其他动物，以甲壳类为主，也捕食鱼类和软体动物及水母等。章鱼主要捕食底栖蟹类，也捕食双壳类。在觅食时，它通常在海涂上匍匐，用腕端试探滩涂上的小洞穴，若遇到双壳类便用腕捉住，拉开双壳吞食其肉，倘若捉住一只蟹，即用腕膜将其包起，分泌毒液将其杀死，撕开胸腹间的联系，掠食其肉。行动敏捷的头足类还能捕杀鱼类，例如枪乌贼能捕杀鲭鱼，当它们发现幼鲭鱼群时，即冲入幼鲭群中，利用颚咬住其颈背部，伤口常深入脊椎骨。

双壳类仅少数种类如杓蛤（*Cuspidaria*）、孔螂（*Poromya*）等居于较深的海中，为食肉性种类，它们的食物主要是环虫、甲壳类、鱼类和其他小动物的尸体；极大部分的双壳类因为行动缓慢或根本不能行动，故只能被动地由纤毛的活动形成水流，滤下食物，通过其消化道的检查，发现它们大多以矽藻、单鞭毛藻和原生动物为食。此外，双壳类的胃中经常发现大量的杂碎物质，称有机碎屑（organic detritus），有些地区的双壳类胃中的有机碎屑占有全部饵料的1/2以上，但有机碎屑无完整的形态，无法鉴定属于何物，根据许多资料来看它们应该是属于各种植物的尸体，但也不是单纯的。在双壳类中个别一些种如砗磲（*Tritacna*）、半心蛤（*Corculum*）的外套边缘上生长有很多虫黄藻，这些蛤类利用血液将它们搬运至内脏中，然后用食菌细胞包围吞食消化，作为补食料。

四、软体动物与人类的关系

软体动物中有很多可以为人类利用，又有很多种类危害人类的健康和经济建设，因此很多国家很早便注意软体动物的研究和利用了。根据史前人类利用贝类的情况和在远古时代的洞穴石窟的绘画、彩色古瓶和古寺大钟上的各种图像，可以推想人类对于贝类的认识起源很早。从北京房山山顶洞发现的旧石器时代的贝壳，可以推测远在5万年前，我们的祖先便已经知道利用贝类了，我国古代许多文献中也有不少贝类的种类和生态利用等方面的记载。

（一）有益方面

1. 食用

人类利用软体动物的最重要的方面是食用，世界各地都有食用贝类的习惯。它们的肉含有丰富的蛋白质、无机盐类和各种维生素，特别是某些种类，如牡蛎等含有肝糖。另外，贝类的营养成分还具有容易溶解在液汁中的优点，易于被人类消化吸收。人们经常食用的软体动物有海产的鲍、红螺、香螺、东风螺、玉螺、泥螺、牡蛎、贻贝、扇贝、江珧、蚶、文蛤、杂色蛤仔、蛏、乌贼、章鱼、鱿鱼等，淡水产的田螺、螺蛳、蚬等和陆生的蜗牛等。它们都味美可口、营养丰富，是人类非常喜爱的副食品，现在人类不仅利用其采捕资源，对很多种类还进行人工养殖。据估计，现在世界上养殖的贝类种类达30多种，而且它们的产量在水产中占有一定的地位，仅日本的年产量即达34万吨，长牡蛎的产量即达1 000万吨以上。我国引进的海湾扇贝1988年即达5万吨（表1）。

表 1　一些海产软体动物的食物成分表

种类	食部重量/g	水分/g	蛋白质/g	脂肪/g	碳水化合物/g	热量/kcal	灰分/g	钙/mg	磷/mg	铁/mg	维生素A/国际单位	硫胺素/mg	核黄素/mg	烟酸/mg
鲍	100	74.9	19.0	3.4	1.5	113	1.2	—	—	—	—	—	—	—
香螺	100	83.1	11.8	0.5	4.1	68	0	0.5	38	44	1.9			
东风螺	100	76	14.8	0.6	6.2	89	0	2.4	106	80	18.8			
田螺	100	78	7.6	1.3	9.8	81	0	3.3	1268	84	14.5	180.7		
魁蚶	100	80.8	12.8	0.8	4.8	78	0.8	37	82	14.2	—	—	—	—
泥蚶	100	88.9	8.1	0.4	2	44	0.6	—	—	—	—	—	—	
牡蛎	100	80.5	11.3	2.3	4.3	83	1.6	118	178	3.5	113	0.11	0.19	1.6
淡菜(贻贝干)	100	13.0	59.1	7.6	13.4	358	6.9	277	864	24.5	—	—	0.46	3.1
栉孔扇贝	100	80.3	14.8	0.1	3.4	74	1.4	—	—	—	—	—	—	—
干贝(栉孔扇贝闭壳肌)	100	13.3	63.7	3.0	15.0	342	5	47	886	2.9	—	—	—	—
青蛤	100	80.5	10.8	1.5	3.9	72	3.3	275	183	4.7	—	—	—	—
蛤仔	100	85.0	5.3	2.0	7.0	67	0.7	133	92	2.5	1 900	—	0.40	—
缢蛏	100	88.0	7.1	1.1	2.5	48	1.3	133	114	22.7	—	—	—	—
蚌	100	84.8	7.5	5.9	1.1	88	0	0.7	146	89	118	—	—	—
背角无齿蚌	100	83.6	6.6	3.3	5.0	76	0	1.5	44	93	2.8	—	0.03	1.5
蚬	100	80.2	11.0	2.1	3.1	75	0	3.6	963	321	163	0.12	0.04	1.6
中国枪乌贼	100	80.0	15.1	0.8	2.4	77	1.7	—	—	—	1 127	0.39	0.44	11.8
墨鱼(乌贼)	100	84.0	13.0	0.7	1.4	64	0.9	14	150	0.6	—	0.01	0.06	

注:摘自中国医学科学院卫生研究所《食物成分表》, 1981

2. 医药用

在药用方面,贝类也是重要的动物之一。我国古代很多贝类的记载都出自本草,至今很多贝类仍是中医经常使用的药物,如石决明(鲍鱼的贝壳)、瓦楞子(蚶壳)、淡菜(贻贝)、蛤壳、紫贝或贝子(宝贝的贝壳)、海螵蛸(乌贼的内壳)等等。国外有很多从贝类提取抗病毒、抗菌和抗肿瘤的药物,如从鲍鱼肉中分馏出来的"鲍灵Ⅰ"和"鲍灵Ⅱ"可以抗病毒和抗菌,从硬壳蛤(*Mercenaria mercenaria*)提取可抑制肿瘤的药物等。我国这方面的工作做得较少,但也有从蛤仔的提取液进行抗肿瘤实验的工作、用珍珠粉治疗溃疡疾、用乌贼墨治疗功能性子宫出血等报道。相信随着药用贝类的研究,贝类在药用方面将会大大发展。

3. 在工业和工艺美术方面

贝类也有很大用途,最普通的是利用大量的贝壳烧石灰,特别是用牡蛎的贝壳烧石灰,自古以来就有记载。一些珍珠层厚的种类,如大马蹄螺、各种蚌,是制造纽扣和螺钿的原料。许多贝类的贝壳还是制作美丽灯饰的原料。1949 年后发展起来的贝雕工艺是用各种贝类的贝壳的形状、色彩组成的美术品。许多贝类的贝壳,如翁戎螺、芋螺、宝贝、凤螺、梯螺、骨螺、榧螺、海菊蛤以及陆地上的蜗牛，具有美丽的色彩和花纹，有的具有奇特的造型，巧夺天工，是古今中外人们最喜欢搜集的玩赏品之一。世界各国都有专门出售贝壳的商店，它们搜集各地的珍奇种类出售，价格很高，如珍珠贝、夜光螺、冠螺等还雕刻成各色的艺术品。我国目前沿海各地也出售各种宝贝、冠螺、瓜螺、芋螺、榧螺、骨螺等，售价也相当高。

某些用足丝围着的种类，如江珧、贻贝等的足丝在国外，古代曾用作纺织品的原料。骨螺科中的某些种类含有紫色腺，头足类乌贼分泌的墨汁是提取紫色或黑色的原料。更值得一提的珍珠也是贝类的产物，许多贝类都可以产生珍珠，但以珠母贝和某些蚌类出产的珍珠最多、最好。珍珠是名贵的装饰品，又是名贵的药材，这是我们都非常熟悉的。

除以上讲的用途之外，一些小型的贝类还可以作为农肥和饲料，用以饲养家禽，可以促使其多产蛋。近年来养虾业发展常利用一些小型双壳类为饲料。一些宝贝的贝壳古代常做货币使用等。

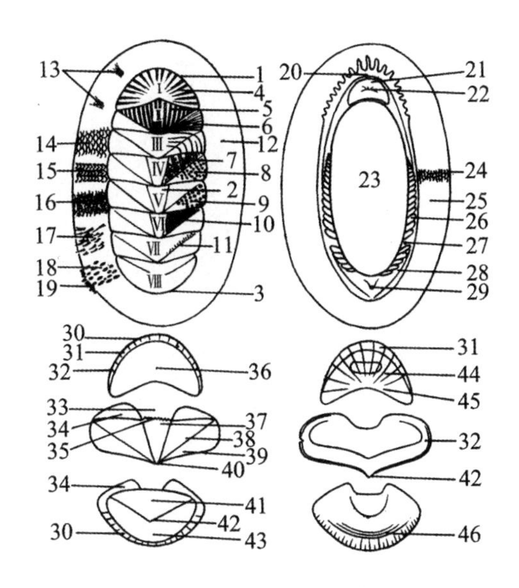

图 17　多板类外形模式图(仿张玺)

Ⅰ－Ⅷ 壳片：1. 头板(前板) 2. 中间板(中板) 3. 尾板(后板) 4. 放射肋 5. 肋 6. 辐射线 7. 刻槽 8. 放射结 9. 颗粒 10. 网纹 11. 壳眼 12. 环带 13. 针束 14. 鳞片 15. 尖头鳞 16. 条鳞 17. 毛 18. 棘 19. 边缘刺 20. 触手状突起 21. 唇瓣 22. 口 23. 足 24. 环带下鳞片 25. 环带下面 26. 鳃 27. 肾孔 28. 鳃沟 29. 肛门 30. 嵌入片 31. 齿 32. 齿隙 33. 窦 34. 缝合片 35. 附加片 36. 壳皮 37. 峯部 38. 肋部 39. 翼部 40. 鸟嘴突 41. 尾板中央区 42. 尾壳顶 43. 尾板后区 44. 关节面 45. 齿隙沟 46. 肌附结

(二)有害方面

很多种软体动物可为人类带来许多麻烦。其中最为严重的是许多淡水生活的螺类，它们是人畜寄生虫病的中间宿主，是传染寄生虫病的媒介，如我国江南流行的日本血吸虫病的第一中间宿主是钉螺，所以灭螺便成了消灭日本血吸虫病传播的关键。我国在日本血吸虫流行的省份设立了许多防治血吸虫的部门，有大批的科技人员从事这一工作，可见它的危害是多么大。多种血吸虫、肺吸虫、姜片虫、棘口虫等的第一中间宿主都是贝类，而这些寄生虫能引起全球人类或家畜、家禽的疾病，不仅我国，全世界也都十分重视，因而近年在国际上建立了医学和应用国际软体动物学会，并于 1981 年及 1990 年召开了会议，出版了论文集。相信寄生虫防治研究的发展，对控制有害贝类具有重要意义。

对农业的危害：陆地上的蜗牛、蛞蝓是果园、菜地及农林的害虫。海洋中食肉性的贝类，如玉螺、荔枝螺、红螺等能捕杀贻贝及牡蛎，特别喜食它们的幼苗而造成严重的损失；又如一些草食性的种类能食海带、紫菜等的幼苗，为藻类养殖造成危害。

对港湾建筑、交通运输和工业的危害：海洋中的船蛆、海笋等是穿凿木材或岩石穴居的种类，对于海中的木船、木桩，海港的防护和木、石建筑物为害很大。

用足丝固着生活的贝类，若大量固着在船底或浮标上生活，会严重地影响船只的航行速度和浮标下沉。另外，这些附着生活的种类，如牡蛎、贻贝，包括淡水里的饰贝和股蛤，若固着在沿海、沿江的工厂的冷却水管中，便使水管堵塞，水流不通，必须停工检修，影响生产。

南沙群岛海区掘足纲软体动物的补充和两新种的研究①

提　要　本文主要根据 1990—1994 年中国科学院南沙综合科学考察队在南沙群岛海区采到的软体动物掘足纲，经整理研究共鉴定出 3 科，计 9 种，其中有 2 个新种、3 个新记录。

关键词　掘足纲　南沙群岛

本文主要根据 1990—1994 年②，中国科学院南沙综合科学考察队在南沙群岛海区，进行底栖生物拖网和采泥（定量）调查采到的软体动物标本。经整理研究，初步鉴定出掘足纲中 3 科，排除 1987—1989 年相同的种类已发表外（计 6 种），此次共补充 9 种，隶属 3 个科，其中 2 个新种、3 个新记录。

掘足纲 Scaphopoda

角贝科 Dentaliidae

1. 细肋安塔角贝 *Antalis marukawai* (Otuka, 1933)（图 1）

Dentalium (*Antalis*) *marukawai* Otuka, 1933, 4: 159, text-figs. 1a-b.

Antalis marukawai (Otuka), Habe, 1964: 21, pl. 2, figs. 27-28, pl. 3, figs. 12-14.

模式标本产地　九州（日本）。

标本采集地　南沙群岛 41 号站（5°30′N，108°30′E），水深 93 m，泥质细沙，1994 年 9 月 17 日，2 个干壳标本。

贝壳中等大，质较薄，细长。贝壳由前端向后延伸逐渐弓曲和尖细。壳面呈白色，前端具有细弱的纵肋约 7 条，并有更细的间肋，间肋在前部不明显或消失。壳口近圆形，后端无缺

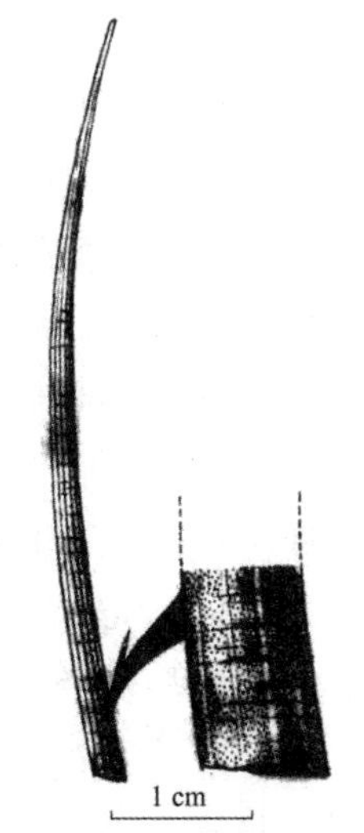

图 1　细肋安塔角贝 *Antalis marukawai* (Otuka)

① 马绣同、齐钟彦、张素萍（中国科学院海洋研究所）：载《南沙群岛及其邻近海区海洋生物分类区系和生物地理研究》第 3 辑，海洋出版社，1998 年，115 ～ 121 页。中国科学院海洋研究所调查研究报告第 2892 号。本文插图是王公海同志所绘，特致谢意。

② 其中有 1987—1989 年未鉴定出的种类。

刻，周围具角，内口圆形。

贝壳长 52 mm，壳口直径 2.5 mm，末端直径 0.6 mm；贝壳长 40 mm，壳口直径 2.4 mm，末端直径 0.5 mm。

习性和地理分布 生活在泥质沙的海底，不普通；在日本其垂直分布 100 m ~ 400 m，亦不普通，是中国和日本共有种，在中国海区为首次报道。

2. 沟角贝 *Striodentalium rhabdotum* (Pilsbry, 1905)

Dentalium rhabdotum Pilsbry, 1905, 57: 116, pl. 5, figs. 45–47.

Striodentalium rhabdotum (Pilsbry), Habe, 1964: 22, pl. 2, figs. 17–18; 齐钟彦，马绣同，1989, 7(2): 118–119. text-fig. 9.

模式标本产地 日本。

标本采集地 南沙群岛 16 号站（10°30′N, 109°40′E），水深 332 m ～ 410 m，底质（？），1994 年 9 月 12 日，1 个不太完整的干壳标本。

此种在中国较少见，壳长 39.7 mm，壳口直径 3 mm（有破损），末端直径 1 mm。

习性和地理分布 在东海和南海栖息于水深 330 m ～ 550 m 沙和泥质沙海底，在南沙水域首次发现，少见。在日本水深 200 m ～ 620 m 泥质的海底栖息，在其他海区尚未见到报道，现为中国和日本共有种。

光角贝科 Laevidenlaliidae

3. 南沙缩齿角贝（新种）*Compressidens nanshaensis* sp. nov.（图 2）

正模标本产地 南沙群岛 56站（5°00′N, 112°00′E），1993年12月5日，采集者刘锡兴。No. M38324。

副模标本产地 同正模标本。No. M38325。

正模标本保存在中国科学院海洋研究所（青岛）。

副模标本保存在中国科学院南海海洋研究所（广州）。

标本采集地 南沙群岛 53 号站（5°15′N, 110°15′E），水深 146 m，底质珊瑚砂碎贝壳，1993 年 9 月 23 日，两个干壳标本；56 号站（5°00′N, 112°00′E），水深 96 m，底质为粉砂软泥碎贝壳，1993 年 12 月 5 日，8 个干壳标本。

贝壳小，白色，光滑，有光泽。微弓曲，由前向后端延伸至后部收缩的较快，因而较细，形似象牙。壳口圆形，不斜，末端简单无缺刻，亦圆形。

正模壳长 16.10 mm，壳口直径 2.5 mm，末端直径 0.8 mm；副模壳长 14.00 mm，壳口直径 2.3 mm，末端直径 0.7 mm。

习性和地理分布 在南沙水深 96 m ～ 146 m，珊瑚砂软泥碎贝壳底质栖息；在海南岛北方水深 129 m，泥质沙

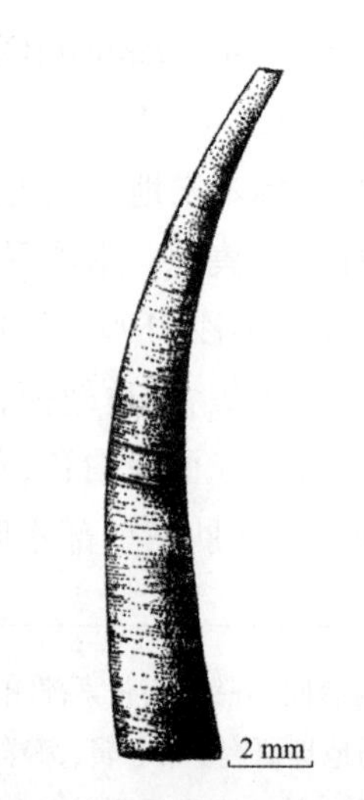

图 2 南沙缩齿角贝（新种）
Compressidens nanshaensis sp. nov.

的底质也有分布。

新种近似 *Compressidens kikuchii*(Kuroda et Habe),但新种后部尖细,壳口不斜。

4. 富山湾光角贝 *Laevidentalium toyamai* (Kuroda et Kikuchi, 1933)(图 3)

Dentalium toyamai Kuroda et Kikuchi, 1933, 4: 11, pl. 1, figs. 5, 6.

Laevidentalum toyamai (Kuroda et Kikuchi), Habe, 1963, 6: 269, pl. 38, figs. 19–20; Okutani, 1964, 23: 74, pl. 6, fig. 4, text-fig. 1; Habe, 1964: 36, pl. 2, figs. 19–20, pl. 3, fig. 15.

模式标本产地 富山湾(日本)。

标本采集地 南沙群岛 5 号站(9°50′N, 117°53′E),水深 124 m,底质(?),1988 年 8 月 9 日,4 个标本(其中 2 个生活标本)。

贝壳中等大,光滑,有光泽,薄,近半透明,白色。壳稍曲,近直,壳表面有许多分布不均而明显的环纹,自前端向后端壳顶延伸缓慢的变细。壳口圆形,末端亦圆形,简单或腹面具浅的 V 形缺刻。

壳长 57 mm,壳口直径 3.8 mm,末端直径 1.3 mm;壳长 50 mm,壳口直径 3.3 mm,末端直径 1.4 mm。

图 3 富山湾光角贝
Laevidentalium toyamai
(Kuroda et Kikuchi)

习性和地理分布 此种栖水较深,在南沙水深 124 m,海底采到生活标本;在日本水深 200 m ~ 1 400 m 水域也有分布。在中国海区首次发现。

5. 光角贝属 *Laevidentalium* sp.(图 4)

标本采集地 南沙群岛 13 号站(6°27′28″N, 113°51′88″E),水深 2 830 m,底质软泥,1987 年 5 月 8 日,1 个较老的干壳标本。

贝壳中等大,白色,较直,仅在末端壳长约 1/6 处弓曲,由前端向后延伸急速收缩变尖细。壳口圆形(有破损),末端壳口不完整,腹部偏右侧有一深长的裂缝(约 2.3 mm),不像是原有的裂缝。是枚较老的贝壳,表面多处被腐蚀的伤痕斑斑。

壳长 57 mm,口径 8 mm,末端直径 1.5 mm。

习性和地理分布 在南沙水域水深 2 830 m 软泥质的海底采到。

注 我们的标本形状很像 *Fissidentalium hungerfordi* (Pilsbry et Sharp),但光滑无纵肋。

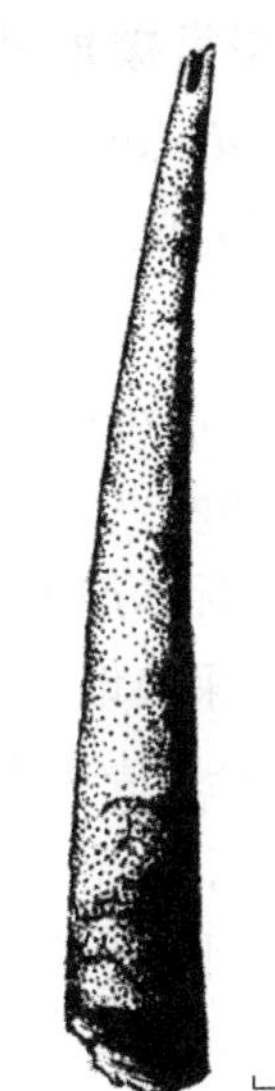

图 4 光角贝属
Laevidentalium sp.

管角贝科 Siphonodentaliidae

6. 小管角贝(新种) *Siphonodentalium minutum* sp. nov.(图 6)

正模标本产地 南沙群岛 35 号站(5°30′N, 108°30′E),1993 年 12 月 14 日,采集者刘锡兴。保存于中国科学院海洋研究所(青岛)。No. M38326。

副模标本产地 同正模标本。保存于中国科学院南海海洋研究所(广州)。No. M38327。

标本采集地 南沙群岛34号站(6°30′N, 108°30′E),水深98 m,珊瑚砂和碎贝壳底质,1993年12月15日,1个干壳标本;35号站(5°30′N, 108°30′E),水深96 m,珊瑚砂和碎贝壳,1993年12月14日,5个干壳标本;36号站(5°40′N, 108°40′E),水深96 m,泥质沙,1993年12月14日,1个干壳标本;53号站(5°15′N, 110°15′E),水深146 m,珊瑚砂及贝壳,1993年12月4日,4个干壳标本。

贝壳小型,稍曲,白色,光滑,有光泽。壳质薄,近半透明。前半部宽,后半部急速收缩变为尖细。壳口宽,圆形,约占壳长的1/5;末端壳口圆形,具缺刻,两侧刻深,背部刻呈V形,腹部呈片状,中央凸出无缺刻。

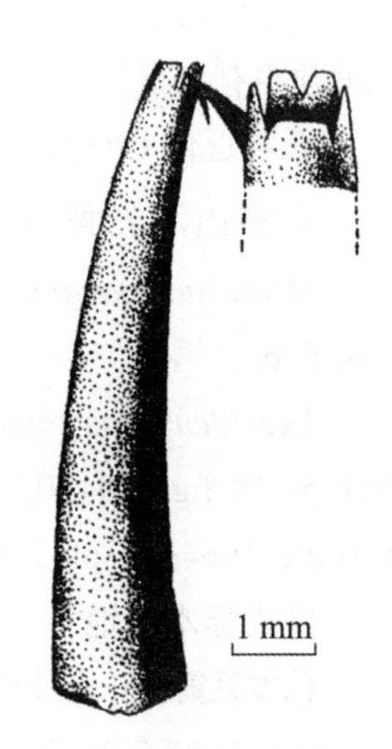

图5 小管角贝(新种) *Siphonodentalium minutum* sp. nov.

正模壳长6.2 mm,壳口直径1.4 mm,末端直径0.5 mm;副模壳长7.5 mm,壳口直径1.5 mm,末端直径0.6 mm。

习性和地理分布 在南沙海区水深96 m ~ 146 m,珊瑚砂碎贝壳的底质均采到干壳标本,在其他海区尚未发现。

新种形状近似 *Siphonodentalium isaotakii* Habe,不同的是新种后部收缩较快而尖细。

7. 鳗齿梭角贝 *Gadila anguidens* (Melvill et Standen, 1898)

Cadulus anguidens Melvill et Standen, 1898, 9: 32, pl. 1, fig. 6; Pilsbry et Sharp,1898, 17, 253, pl. 39, fig. 4; Boissevain, 1906, 45(Livr 32): 74, pl. 3, fig. 50; Kuroda, 1941, 24(4): 148, no, 1118.

Cadila anguidens (Melvill et Standon), Habe, 1963, 6: 277, text-figs. 43–44; Habe, 1964: 47, pl. 5, figs. 43–44.

模式标本产地 马德拉斯(印度)。

标本采集地 南沙群岛36号站(5°40′N, 108°40′E),水深96 m,泥质沙,1993年12月14日,8个干壳标本;53号站(5°15′N, 110°15′E),水深146 m,底质珊瑚砂碎贝壳,1993年12月2日,10个干壳标本。

贝壳小,光滑,瓷白色,前部较宽,后部收缩较快而尖细。壳口斜,周缘收缩,最大直径不在前端而在壳口后方;末端壳口完整无缺刻,圆形。

壳长6.2 mm,最大直径1.4 mm,末端直径0.4 mm。

习性和地理分布 在南沙水域水深96 m ~ 146 m,珊瑚砂碎贝壳的底质;中国的台湾高雄(Kuroda, 1941)也有报道,此外,在日本奄美大岛、印度尼西亚、印度的马德拉斯也有分布。

8. 大多缝角贝 *Polyschides* cf. *magnus* (Boissevain, 1906) (图6)

Cadulus magnus Boissevain, 1906, 45(Lirr. 32): 68, pl. 6, fig. 54, text-fig. 33.

Polyschides summa Kuroda (MS), Okutani, 1964, 23(2): 79, pl. 6, fig. 9.

Polyschides magnus (Boissevain), Habe, 1964: 51, pl. 3, fig. 2; Kuroda, Habe et Oyama, 1971: 496, 313, pl. 65, figs. 18, 19.

模式标本产地 弗洛雷斯海(印度尼西亚)。

标本采集地 南沙群岛16号站(5°43′17″N, 114°35′39″E),水深119 m,沙质泥底,1987年5月9日,2个干壳标本;17号站(5°15′46″N, 114°09′05″E),水深173 m,泥质沙底,1987年5月9日,2个干壳标本;29号站(4°57′55″N, 112°17′38″E),水深105 m,软泥底,1987年5月11日,3个干壳标本;34号站(6°00′N, 108°30′E),水深98 m,底质珊瑚砂碎贝壳,1993年12月15日,1个干壳标本;53号站(5°15′N, 110°15′E),水深146 m,底质珊瑚砂碎贝壳,1993年12月4日,4个干壳标本。

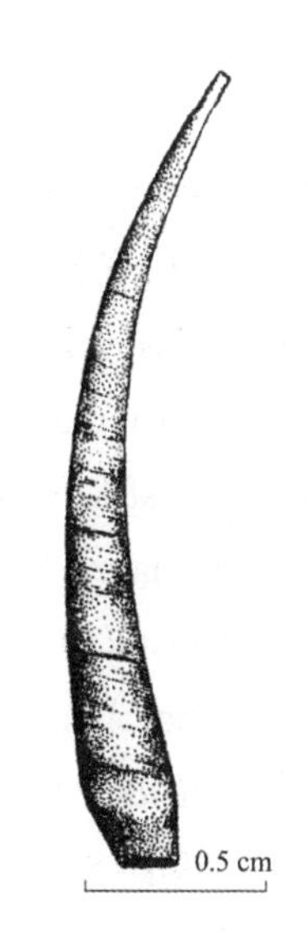

图6 大多缝角贝 *Polyschides* cf. *magnus* (Boissevain)

此种在这类动物中贝壳是较大的一种,稍弓曲,由前端向后延伸逐渐变细,壳面乳白色,光滑,有光泽。壳口稍斜,收缩,呈卵圆形,最大直径不在壳口而位于其稍后方。末端壳口两侧很少有缺刻痕迹(可能因破损)。

壳长22.0 mm,最大直径2.5 mm,壳口直径1.8 mm,末端直径0.7 mm;壳长20.0 mm,最大直径2.4 mm,壳口直径1.9 mm,末端直径0.6 mm。

习性和地理分布 在南沙水深98 m ~ 146 m,在海南岛东方水深90 m ~ 122 m,沙质泥海底也有栖息;在日本栖水较深,300 m ~ 1 310 m。在我国海区首次报道。

注 此种个体大(模式种长25 mm,日本标本长29 mm),栖息较深(300 m ~ 1 310 m),但是形状还是近似的。

9. 多缝角贝属 *Polyschides* sp.(图7)

标本采集地 南沙群岛34号站(6°00′N, 108°30′E),水深98 m,底质珊瑚砂和碎贝壳,1993年12月15日,1个干壳标本;35号站(5°30′N, 108°30′E),水深96 m,底质珊瑚砂和碎贝壳,1993年12月14日,2个干壳标本;56号站(5°00′N, 112°00′E),水深105 m,底质珊瑚砂和碎贝壳,1993年12月5日—6日,2个干贝壳标本;66号站(4°30′N, 112°00′E),水深80 m,底质(?),1994年9月23日,3个干壳标本。

贝壳小,白色,光滑,有光泽。由前向后延伸缓慢地逐渐变尖细和弓曲。贝壳最大的直径不在前端而在壳口后方。壳口稍斜,收缩,卵圆形;末端壳口两侧各有1对缺刻。

壳长10.3 mm,最大直径1.6 mm,壳口直径1.1 mm,末端直径0.5 mm。

习性和地理分布 在南沙栖水80 m ~ 105 m,珊瑚砂及碎贝壳底质;在中国海区大陆近岸栖水82 m ~ 129 m,泥沙质海底也有分布。

注 标本两端特征符合 *Polyschides* 属,而贝壳形状近似 *Gadila saguniensis* Kuroda,但此种末端简单无缺刻。

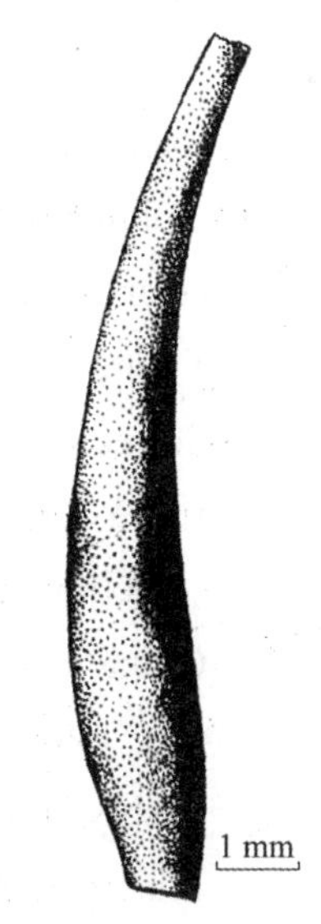

图7 多缝角贝属 *Polyschides* sp.

参考文献

[1] 齐钟彦,马绣同.南沙群岛海区几种掘足纲软体动物.南沙群岛及其邻近海区海洋生物研究论文集(一).北京:海洋出版社,1991:89-92,text-figs.

[2] Boissevain K. The Scaphopoda of the Siboga expedition. Siboga Expedition. Mon, 1906, 45(Livr. 32): 1-76, with pls.

[3] Chistikov S D. Some problems of the taxonomy of Scaphopoda: pp. 18-21. In: Litharev I. M. (Ed.), Academy of Science USSR., Institute of Zool., Leningrad, 1975.

[4] Chistikov S D. Scaphopoda of Tonking Bay and adjacent parts of South Chinese. Trudy Zool. Inst. Leningrad, 1980, 80: 108-115, illustr.

[5] Duclos P L. Monograph of the Scaphopoda. In Chenus Illustration Conchyliologiques, 1844, 4(9):1-8, with pls. 1-7.

[6] Habe, T. A classification of the Scaphopod Mollusks found in Japan and its adjacent areas with plates and 56 text-figs. Bull. Nat. Sci. Mus. (Tokyo), 1963, 6(3): 252-281.

[7] Habe T. Fauna Japonica Scaphopoda (Mollusca). Biogeographical Society of Japan. Tokyo, 1964: 1-59.

[8] Kuroda T, Kikuchi K. Studies on the Molluscan Fauna of Toyama Bay(1). The Venus, 1933, 4(1): 1-14, pl. 1.

[9] Kuroda T. A catalogue of molluscan shells from Taiwan, with descriptions of new species. Mem. Fac. Sci. Agr. Taihoku Imp. Univ, 1941, 22(4): 148-149.

[10] Kuroda T, Habe T, Oyama(黑田德米,波部忠重,大山桂). Sea shells of Sagami Bay (相模湾贝类). Japan, 1971: 385-396, 305-314.

[11] Marshall F. *Pulsellum salishorum* spec. nov., a new Scaphopoda from the Pacific northwest. Veliger, 1980, 23(2): 149-152, illustr.

[12] Melvill J C,Standen R. The marine mollusca of Madras and the immediate neighbourhood. J. of Conch. 1898, 9: 30-48, pl.

[13] Nobuhara T, Kubota Y, et al. Molluscan Thanatocoenoses in Mikawa Bay, central Japan, part. 2. Gastropoda and Scaphopoda. The Venus, 1993, 51(1/2): 95-113, illustr.

[14] Okutani T. Report on the Archibenthal and Abyssa Sacphopod Mollusca Mainly Collected from Sagami Bay and Adjacent Waters by the R. V. Soyo-Maru During and Years 1955-1963, with Supplementary Notes for the Previous Report on Lamellibranchiata. The Venus, 1964, 23(2): 72-90, with pl. and text-figs.

[15] Otuka Y. Description of the New Dentulium from Southern Japan. The Venus, 1933, 4(3): 159-161, text-figs.

[16] Pilsbry H A. Sharp. Scaphopoda. Man. Conch, 1897, 17: 1-348. with pls.

[17] Pilsbry H A. New species marine Mollusca. Proc. Acad. Nat. Sci. Phila, 1905, 57: 101-122. pls. 2-5.

[18] Qi Z Y(齐钟彦), Ma X T(马绣同). A study of the Family Dentaliidae (Mollusca) found in China. Chin. J. Oceanol. Limno, 1989, 7(20): 112–122, text-figs.

[19] Springsteen F J, Leobrera E M. Shells of the Philippines. Manila, Philippines, 1986, 286–288, with pl.

[20] Sowerby G B. Dentalium. Theseaurue Conchyliorum, 1860, 3: 97–104. pls. 1–3.

[21] Sowerby G B. Dentalium. In Reeve Conchologia Iconica. Illustrations. 1972, 18: pls. 1–7, Kent.

[22] Watson, B. A. The Voyage of H. M. S. Challenger. Zool. Scaphopoda, 1886, 15: 1–24, pls. 1–3.

STUDY ON THE SPECIES OF SCAPHOPODA (MOLLUSCA) SUPPLEMENT AND TWO NEW SPECIES OF THE NANSHA ISLANDS, HAINAN PROVINCE, CHINA

Ma Xiutong, Qi Zhongyan, Zhang Suping
(*Institute of Oceanology, CAS, Qingdao, 266071*)

ABSTRACT

The present paper deals with the Saphopoda (Mollusca) collected from the Nansha Islands by Multidisciplinary Oceanographic Expedition Team of Academia Sinica to Nansha Islands, in 1990–1994. Supplemented 9 species belonging to 3 families and 7 genera are identified. Of which 2 new species and 3 species are recorded for the first time from China Sea (marked with asterisk*).

Keywords: Scaphopoda,Nansha Islands

The species studies are drawn up a list as follows:

Dentaliidae

**Antalis marukawai* (Otuke)

Striodentalium rhabdotum (Pisilbry)

Laevidentaliidae

Compressidens nanshaensis sp. nov.

**Laevidentalium toyamai* (Kuroda et Kikuchi)

Laevidentalium sp.

Siphonodentaliidae

Siphonodentalium minutum sp. nov.

Gadila anguidens (Melvill et Standen)

**Polyschides* cf. *magnus*(Boissevain)

Polyschides sp.

The description of the new species is given below:

***Compressidens nanshaensis* sp. nov.**

Holotype locality: Nansha Islands (5°15′N, 110°15′E), depth 146 m, 1993-09-23. collected by Liu Xixing. No. M38324.

Paratype Locality: Same as Holotype. No. M38325.

Holotype is deposited in Institute of Oceanology, Academia Sinica, Qingdao.

Paratype is deposited in South China Sea Institute of Oceanology, Academia Sinica, Guangzhou.

Shell small, milk-white, surface smooth and polished, slightly curved, anterior to posterior stretch rather rapidly tapering constricted, like elephant's tusk, aperture rounded not oblique, apical orifice simple circular in cross section.

Measurements:

Holotype length 16.1 mm, diam. of aperture 2.5 mm and diam. of apex 0.8 mm.

Paratype length 14 mm, diam. of sperture 2.3 mm and diam. of apex 0.7 mm.

Habitat: Found on coral sandy bottom at depth of 96 m–146 m.

Distribution: This species are found in Nansha Islands, and also in Northern Hainandao in the depth 129 m.

Remarks: The new species allied to *Compressidens kikuchii* (Kuroda et Habe) in general shape, but differs from them by the posterior stretch rather rapidly to tapering constricted, aperture not oblique.

Siphonodentalium minutum **sp. nov.**

Holotype locality: Nansha Islands (5°30′N，108°30′E), depth 146 m, 1993–09–23, collected by Liu Xixing. No. M38326.

Paratype locality: Same as Holotype. No. M38327.

Holotype is deposited in Institute of Oceanology, Academia Sinica, Qingdao.

Paratype is deposited in South China Sea Institute of Oceanology, Academia Sinica, Guangzhou.

Shell minute, slightly curved, white, thin and semitranslucent, surface smooth and polished, anterior broad, posterior stretch rather rapidly tapering constricted, slender. Length of shell about 5 times of its greatest diameter, aperture broad and round, apical orifice notched which at both lateral sides slits deep, doral side has a V-shaped, ventral side have not.

Holotype length 6.2 mm, diam. of aperture 1.4 mm and diam. of apex 0.5 mm.

Paratype length 7.5 mm, diam. of aperture 1.5 mm and diam. of apex 0.6 mm.

Habitat: Found on coral sandy bottom at depth of 96 m–146 m.

Distribution: Only Nansha Islands.

Remarks: The new species is similar to *Siphonodentalium isaotakii* Habe in general shape, but differs from it by the posterior stretch rather rapidly tapering constricted, and slender.

纪念张玺教授诞辰100周年(1897—1997)①

张玺,字尔玉,动物学家和海洋湖沼学家。1897年2月出生于河北省平乡县,1967年7月逝于山东省青岛市。

张玺幼年在家乡读书,于1922年公费赴法国留学,1927年获里昂大学硕士学位。后在里昂大学动物学研究室瓦内教授的指导下从事软体动物后鳃类的研究。1931年获法国国家博士学位,1932年回国,应聘为北平研究院动物研究所研究员,从事海洋动物的研究。同时也应聘在中法大学生物系任动物学及海洋生物学教授,从事海洋无脊椎动物学研究。1935年北平研究院和青岛市政府联合组织了胶州湾海洋动物采集团,由张玺教授任团长,对胶州湾各类动物及海洋环境做了全面调查,发表采集报告4辑及原索动物、软体动物、甲壳类、棘皮动物等研究报告多篇。这是我国首次进行的海洋动物的调查,虽然涉及的范围仅限于胶州湾及其附近,但胶州湾位于我国北部沿海,它的海洋环境和动物区系在我国北部沿海具有代表性。因此,张玺的研究,特别是一些种类的记载成为研究我国北部沿海动物区系所必须参考的重要资料,也是研究动物资源的变动和环境污染对比的宝贵资料。这次调查首次在我国发现了原索动物柱头虫(*Dolichoglossus*),这是无脊椎与脊椎动物之间的一种动物,是研究动物进化的好材料,张玺和顾光中将它定为一个新种——黄岛柱头虫(*Dolichoglossus hwangtauensis*)。同时他还在胶州湾发现了文昌鱼,在与厦门文昌鱼做了详细比较后定为厦门文昌鱼的一个新变种。关于这方面的研究,他一直持续到20世纪60年代。

1937年,抗日战争爆发,北平研究院动物研究所被迫迁往昆明,张玺继任所长,并与云南省建设厅合组水产研究所,张玺兼任所长。时值抗日战争期间,研究海洋动物已不可能,张玺遂即进行淡水及陆地动物的研究。他广泛搜集了滇池的环境和动物的资料,发表了《昆明湖的形质及其动物之研究》,对昆明湖的地形、水面积、水深、水温、水的酸碱度、透明度、水色及其动物的种类等进行了研究,是为我国研究湖沼学的先声。他对洱海、抚仙湖的渔业进行了调查,对滇池的养鱼业和青鱼的繁殖,对甲壳类动物、软体动物和陆生的蛇类等均进行了研究,撰写了论文。

抗日战争胜利后,北平研究院动物研究所于1946年复员北平,仍在旧址三贝子花园(即今动物园)内建置。张玺考虑到原来所里人员少、研究范围较窄,因此又聘请沈嘉瑞先生研究甲壳类,朱弘复先生研究昆虫。张玺则继续从事海洋动物的研究工作,曾两次派人到青岛和烟台进行采集、补充标本。

① 载《海洋与湖沼》, 1998年,第29卷第3期, 229～231页,科学出版社。

1949年，中华人民共和国成立之后，张玺与童第周、曾呈奎等老一辈科学家建立并领导了中国科学院水生生物研究所青岛海洋生物研究室，嗣后该研究室逐步发展成为海洋生物研究所、中国科学院海洋研究所，张玺均任副所长。1958年，他和邱秉经同志一起筹建了中国科学院海洋研究所南海海洋研究分所，张玺兼任所长。以后该所同样发展成为独立的综合性的研究所。当时，他还兼任中国科学院动物研究所研究员。

在20世纪50年代，张玺领导了中国海洋无脊椎动物的分类、区系、形态和生物学的研究，对我国北自鸭绿江口南至西沙群岛的漫长海岸进行了多次调查。1957—1960年，他任中方团长领导了中苏海洋生物考察团，亲自到海南岛采集标本。通过这些调查不仅获得了大量的标本资料，而且进一步发展了我国的潮间带生态的研究。张玺和他的同事们一起发表了软体动物及原索动物的许多论文和专著。他非常重视理论联系实际，对我国沿海危害极为严重的船蛆和海笋的研究就是证明。他亲自在青岛及全国各地特别是海南岛搜集资料和向渔民调查，对船蛆的种类和主要种类的繁殖季节，以及我国渔民对其的防治方法进行了深入、细致的研究，为防除船蛆提供了重要依据。当塘沽防波堤发现有海笋为害时，张玺即亲赴现场，对海笋的种类、繁殖季节、生活习性以及危害程度进行调查研究，发表了论文，提出这种动物只穿凿石灰石而不穿凿花岗岩，因而筑港时不能用石灰石的建议。此外张玺对食用海洋生物种类十分重视，早在1936年即发表我国《胶州湾及其附近海产食用软体动物的研究》，对我国各种食用海产动物的种类的名称、形态、生活习性、捕捞或养殖以及利用等做了详尽的叙述。1949年后，他又通过调查发表了我国的牡蛎13种，并曾派人到深圳总结牡蛎的养殖经验，写成《牡蛎》及《近江牡蛎的养殖》两本书。对我国北方制造干贝的唯一种类——栉孔扇贝当时逐年减产问题，做了为期3年的调查研究，对它的繁殖与生长规律进行了细致的分析，提出了保护措施，为大力开展这种扇贝的养殖做出重要贡献。

根据我国社会主义建设特别是水产事业迅速发展的需要，张玺在当时我所组织开展软体动物分类区系和资源开发保护研究的同时，也开展贝类繁殖生物学和人工育苗、养殖研究。经济贝类中，紫贻贝和皱纹盘鲍都是北温带种，在我国北方沿海虽属常见，但自然资源有限，必须在充分掌握其繁殖习性和环境条件特点的基础上才能成功地进行育苗和养殖生产。他安排最得力的学生，于20世纪50年代后期开始贝类繁殖生物学和人工育苗实验，又建立了贝类养殖组。由于张玺的积极倡导、认真领导和精心组织，本所后来在鲍、贻贝和扇贝人工育苗、养殖研究中，取得了显著进展，在我国首次取得皱纹盘鲍、杂色鲍、紫贻贝和扇贝人工育苗及养殖成功，开发了适宜于我国特点的育苗养殖技术，使贻贝和扇贝养殖发展成为北方沿海重要产业，并使我国的养殖产量居世界首位。

张玺在南海海洋研究所工作期间，提出南海的生物工作应以珊瑚和珍珠贝的研究为重点，同时开展污损生物及其他生物的研究战略，得到南海所同志的赞成和支持。按照张玺的部署，南海所同志陆续来海洋所进修。这些方面的研究，现在南海所已有很大的发展。

张玺在兼任中国科学院动物研究所研究员期间，曾领导科研人员开展淡水、陆生软体动物的研究，进行钉螺的调查及分类研究，曾写出洞庭湖和鄱阳湖双壳类软体动物的论文。

张玺学识渊博，诲人不倦，深受青年研究人员爱戴，他在北平研究院工作期间就曾通过工作培养了顾光中、曹新孙、邵子成、相里矩、成庆泰、刘永彬，以及齐钟彦、李洁民、马绣同等一批贝类学研究者。1949年后他曾接收广州、北京、湛江、大连、南京等地的科研单位及大专院校的人员来海洋所进修。在他的精心指导和培养下，这些人后来均已成为科研及教学领域的带头人和骨干，为我国动物学、海洋生物学、贝类学事业造就了大批人才。他曾在中法大学、北京大学、云南大学、山东大学等高等院校任教，讲授海洋学、动物学、组织胚胎学、比较解剖学和贝类学等课程，编写了大量的讲义和实验材料。其中唯有《贝类学纲要》在同志们的协助下，1961年由科学出版社出版，共计50多万字，是我国第一部比较系统论述软体动物的专著。张玺是我国贝类学研究的奠基人。他一生撰写和发表报告、论文共计百余篇，约300万字。

张玺教授曾被选为第二、三届全国人大代表，山东省政协副主席，九三学社中央委员和青岛市主任委员，中国海洋湖沼学会理事长，中国动物学会常务理事，国家科委海洋组成员、水产组成员兼珍珠贝研究组组长。

张玺教授热爱祖国，热爱科学事业，为发展我国动物学、海洋生物学、海洋湖沼学事业创出令人瞩目的业绩，是令人爱戴的优秀科学家。在纪念张玺教授诞辰100周年之际，让我们继续发扬他的科学研究精神，为促进科学发展和现代化建设而献身。

《新拉汉无脊椎动物名称》前言[①]

自《拉汉无脊椎动物名称》(试用本)1966年出版以来,我国无脊椎动物各门类的分类区系研究取得了显著的进展,新的名称大量增加,旧的名称也有了不少修订。读者普遍反映,原编的《拉汉无脊椎动物名称》已不能满足当前科研、教学和编译等工作的实际需要。为此,中国动物学会早在1986年在南京召开的三十周年学术年会上,就决定着手《拉汉无脊椎动物名称》的增补、修订工作。

科学出版社聘请本人为新版《拉汉无脊椎动物名称》主编,刘锡兴教授为副主编,刘瑞玉教授为主审。增订各类无脊椎动物名称的编写人员,都是当前国内从事有关类群分类区系研究多年,在有关动物类群的研究中处于国内领先地位的专家。因此,本书反映了我国当前无脊椎动物分类区系研究的学术水平。

关于动物总科(=超科)级分类单元拉丁学名之后缀,在使用上尚无严格的规则可循。Simpson(1961)曾指出,后缀"oidea"用于脊椎动物,而"acea"则用于无脊椎动物。Blackwelder(1967)则指出,昆虫纲动物总科的拉丁学名后缀均为"oidea"。Jeffrey(1977)在分类评述文章中也提到了"acea"是动物总科拉丁学名构词中最常用的后缀。但无论是"oidea"还是"acea",这两个后缀都使用于不同动物类群科级以上分类单元拉丁学名的构词中,有的用于门级水平,有的用于纲级水平,有的用于亚纲级水平,有的则用于目级水平等。在已发表的 *Treatise on Invertebrate Paleontology* 各卷中,不同学者在不同动物类群中所使用的总科级分类单元拉丁学名计有"acea""oidea""aceae""ida""icae"等5种后缀,其中以后缀"acea"使用最普遍[用于有孔虫目、腕足动物、软体动物门(但不包括头足纲)、三叶虫纲、介形亚纲、海百合纲等动物类群中]。由此可见,动物总科级分类单元拉丁学名在定名人构词时后缀的使用带有其主观特性,在不同类群之间后缀的使用不完全一致。

在收入本书的绝大多数门类总科级分类单元拉丁学名的后缀均为"oidea",但有关编者所提供原生动物、软体动物、腕足动物和棘皮动物等4个门类词条的原稿中,其总科分类单元拉丁学名的后缀均为"acea"。为了全书的统一,主编在统审全书文稿时,均将上述四门动物总科拉丁学名的后缀由"acea"改为"oidea"。

根据国际动物命名法规,凡1960年以后建立的种下分类单元变种(variety)均为无效名称,对1960(含1960)年以前定的变种或变型(forma)在发表分类研究报告时,撰稿人必须做出适当的分类安排。因此在收入本书的种下分类名称中,原生动物部分因其类群在原

---

① 载《新拉汉无脊椎动物名称》,齐钟彦主编,科学出版社,1999年。

生生物中的特殊性而保留了编者原稿中变种或变型两个种下分类单元的名称;某些构成浮游动物主要类群如少数毛颚动物(箭虫)的种群因其为海流指标生物,故应有关编者的要求,本书也保留原稿中所提供的“变种”这一种下分类单元的名称;所有其他动物类群的名称,原稿中凡出现“变种”的词条,主编均按国际动物命名法规,改为亚种。

在收入本书的词条中,出现了极个别科级分类单元的拉丁学名完全相同、但中文名完全不同的情况,还有极少数科级以上分类单元的名称严格地说并不完全符合国际动物命名法规的有关规定。例如纽形动物门中的同分歧群(6)、异分歧群(6)和糠虾目甲壳动物中的异糠虾族(24)以及十足目甲壳动物中的绵蟹派(24)等,“族”和“派”都不是国际动物命名法规认可的分类单元。由于这些名称在有关动物类群中沿用已久,故在统审全书文稿时,仍将其收入本书,但随着区系分类研究工作的进展,上述不符合国际动物命名法的名称将会获得修正。例如从有关专家获知的最新十足目甲壳动物的分类体系中,就没有所谓“族”或“派”这一分类单元。由于修正原有分类体系是一项繁重的工作,需要国内有关专家协商一致,故主编统审全书时,仍保留了某些类群名称中“族”或“派”等分类单元的名称。

腔肠动物具有世代交替的生物学特性,同一物种的水母体世代和水螅体世代虽拉丁学名相同,但有时却赋予不同的中文名。例如,从事浮游生物研究的学者赋予 *Lovenella* 以罗氏水母属的中文译名,而从事底栖生物水螅虫类研究的学者则给予珍贝螅属的中文名。本书将上述两中文名称共用一拉丁学名来处理,即 *Lovenella* Hincks 珍贝螅属或罗氏水母属(4),至于科级分类单元的名称仍保留原稿中的中文名称,即 Lovenellidae 罗氏水母科(4)。

本书各类无脊椎动物名称的编写人员共有47人:原生动物——倪达书、李连祥、柴建原、陈启鎏、冯淑娟、汪建国(寄生原生动物);沈韫芬、顾曼如(淡水自由生活原生动物);郑守仪(有孔虫类);谭智源(放射虫类)。腔肠动物——邹仁林(柳珊瑚类和造礁珊瑚类);唐质灿(水螅类、海鳃类和海葵类等);高尚武(水母类)。栉板动物——高尚武。海绵动物——李锦和。扁形动物——王伟俊(淡水单殖类吸虫);申纪伟(涡虫类、海产单殖类吸虫、复殖类吸虫和切头虫类);贠莲(绦虫类)。棘头虫动物和线虫动物——吴淑卿。轮虫动物——黄祥飞。环节动物——梁彦龄(寡毛类和隐蛭类);孙瑞平(多毛类);宋大祥(蛭类)。被套动物、内肛动物、曳鳃动物、帚形动物、苔藓动物和腕足动物——刘锡兴。颚胃动物、腹毛动物、动吻动物、螠虫动物、须腕动物和缓步动物——徐凤山。纽形动物——尹左芬。星虫动物——李凤鲁、徐凤山。软体动物——齐钟彦、马绣同(海产软体动物);刘月英(淡水和陆生软体动物)。节肢动物——刘瑞玉(十足目虾类和歪尾类、磷虾类和糠虾类、口足类、涟虫类等);刘恒(涟虫类);戴爱云(淡水蟹类);陈惠莲(海产蟹类);王永良(歪尾类和口足类);匡溥人(寄生甲壳类);陈清潮(桡足类);王绍武(糠虾类);任先秋(蔓足类和端足类);陈受忠(淡水介形类);堵南山(枝角类);赵泉鸿(海洋介形类);宋大祥(蛛形类和鳃足甲壳类);胡维新(鳃足类);张崇洲(多足类)。毛颚动物——肖贻昌。棘皮动物——廖玉麟。头索动物和半索动物——黄修明。尾索动物——黄修明(海鞘类);高尚武(浮游被囊类)。

本书反映了国内外分类学研究的最新成果，共收名称约 48 000 条，几乎包括了我国目前已知昆虫类节肢动物以外的全部的无脊椎动物名称。为了便于读者使用，本书也收入了一些重要的同物异名的名称（特别是出现在 1966 年出版的《拉汉无脊椎动物名称》上或经常在教科书及科技文献中出现的现已确定为废弃不用的名称），我国邻近地区有代表性的或具有较高经济意义及学术价值的某些种属名称也一并收入。

科学出版社郝鸣藏先生对所有列入本书的词条逐条查核，有关编者在此期间也反复查核了自己所编的名称，于 1998 年 5 月终于最后定稿。尽管 47 位编者花了多年心血才编就这部书，但由于编者水平有限，订名仍会有不妥和错误之处，欢迎读者批评指正。

齐钟彦

1998 年 8 月于青岛

张玺传略[1]

张玺字尔玉，动物学家和海洋湖沼学家，1897 年 2 月 11 日生于河北省平乡县，1967 年 7 月 10 日逝于山东省青岛市。

张玺出生于一个农耕家庭，自幼在家乡私塾读书，1911 年入平乡县立高等小学，1914 年毕业，尔后于 1915 年入保定甲种农业学校，1919 年毕业，1919 年至 1920 年入保定育德勤工俭学留法班，1920 年至 1921 年入直隶公立农专农艺留法班学习，于 1921 年以优异成绩保送赴法国学习。1927 年获里昂大学理学院硕士学位，随后在瓦内(C. Vaney)教授的指导下专攻软体动物后鳃类的研究，1931 年以《普娄旺萨沿岸后鳃类研究》的优秀论文获法国国家博士。他在法国期间广泛与学术界交流，曾于 1929 年赴西班牙参加国际海洋水利会议，在会上宣读《低盐度海水对软体动物后鳃类的作用》的论文，广交朋友，会后并到南非参观，当时他与留法同学林熔、朱洗、贝时璋、周太玄、齐雅堂等组织中国生物学会、新中国农学会，每隔一段时间进行一次学习心得或学术交流和讨论，十分活跃。1932 年回国，受聘国立北平研究院动物研究所任研究员，从事海洋学与动物学研究，并在北平中法大学生物系任教。1935—1936年北平研究院与青岛市政府联合组成“胶州湾海产动物采集团”，张玺任团长对胶州湾及其附近的海洋环境及各类动物进行了艰苦的调查，取得了大量的资料，发表了第 1 ～ 4 期的采集报告及各类动物的研究论文，在调查中他还发现了为当时国内动物学家极为重视的原索动物——柱头虫，这是介于无脊椎动物与脊椎动物之间的一类动物，对研究动物演化有很重要的作用。他的这些研究成果为今天研究胶州湾动物的资源变动和环境污染提供了极为宝贵的最早的本底资料。

1937 年抗日战争爆发，动物研究所随北平研究院迁往云南昆明，尔后动物研究所所长陆鼎恒去世，张玺继任所长并兼云南建设厅水产研究所所长。他对陆地、淡水动物进行研究，对滇池、洱海的渔业进行调查，同时对杨宗海的青鱼人工孵化做了研究，对昆明附近的爬行类、滇池的枝角类和桡脚类、海绵和软体动物做了研究。通过多年的调查和测量等研究发表了《云南昆明湖的形质及其动物之研究》的论文，对昆明湖的总面积、容积、水深、水温、水的透明度等和其间生活的各类动物均做了记载。例如生活于水草间的蝾螈[*Cynops wolderstorffi* (Boalenger)]在世界上只有昆明湖有分布，以后为西南联大生物系做形态、生理实验的好材料；另一种田螺科的螺蛳(*Margarya melanioides* Nevill)是昆明人嗜食的动物，亦是只有云南有分布。他的这些研究为动物学及湖沼学提供了史无先例的参考资料，他对滇池的研究是真正的本底调查。“由于围海造田，引进四大家鱼，大量引进太湖银鱼，

---

① 载《贝类学论文集》第 8 辑，学苑出版社，1999 年，3 ～ 6 页。

连带青虾、白米虾及河蚌,大规模网箱养鱼等不合理或不尽合理的生产措施,目前草海踪迹全无,大观河臭不可闻,满覆着耐污和吸污的水葫芦(凤眼莲)。水生环境和滇池原有动植物区系都已经过几次改朝换代,螺蛳、小蝾螈、金线鱼乃至它们的栖息地、产卵所,如海菜花、草排子等都已破坏殆尽,这些种类已经稀有或已绝种"(引吴征镒语),因此今日的动物学者和湖沼学者要想着手研究恢复当年张玺先生研究时的滇池风貌已是一件非常棘手的问题。

抗日战争胜利后,北平研究院动物研究所复员北平,仍旧在西郊动物园建置。张玺先生因抗日战争而丢下的海洋动物研究遂又开始继续。他为了发展动物学的工作,又增聘了沈嘉瑞先生和刚刚从美国回国的朱弘复先生为研究员,并且为他们增配了助手,两次派研究人员到青岛和烟台采集各类海产动物标本,发表了数篇在云南搜集的动物的论文。

新中国成立后,张玺先生极为鼓舞和兴奋,以积极认真的态度投入中国科学院的机构调整中。他和童第周、曾呈奎等一起筹备建立了中国科学院水生生物研究所海洋生物研究室,并积极响应号召率领原动物研究所的主要人员和图书、标本、仪器由北京迁往青岛。当时他任研究室副主任,以后这个研究室逐步扩大为海洋生物研究所和海洋研究所,他都任副所长,负责动物方面的研究工作。在这期间他领导了动物的形态、分类、区系和生态学的研究,取得了大量的比较完整的资料,基本上掌握了我国各海区无脊椎动物的种类、分布和利用的情况,对与国民经济密切相关的种类,如对海产养殖种类牡蛎、扇贝、贻贝和对我国沿海危害的船蛆及海笋等都安排人力进行研究。牡蛎在我国有悠久的养殖历史,张玺对我国的牡蛎的种类及繁殖生物学等做了研究,并派得力的学生到深圳总结近江牡蛎的养殖经验,共同写出两本著作,对我国的牡蛎养殖起到了推动作用。我国北方制造干贝的唯一种类——栉孔扇贝,出现逐年减产的情况,张玺曾做了三年的研究,搞清了这种扇贝的繁殖和生长规律,提出了保护措施,为现在发展扇贝的大量养殖提供了可靠的科学依据。

当塘沽新港出现海笋的为害情况后,张玺曾亲自去塘沽新港进行调查,了解海笋的繁殖季节、生活习性及为害情况,发现这种动物只能钻石灰石而不钻花岗石,因而建议建港时尽量避免用石灰石。船蛆是危害港湾建筑及木质船只的软体动物,为害十分严重,张玺等首先对我国沿海的船蛆种类和主要种类的繁殖季节、危害程度和渔民的防除方法做了详尽的调查研究,为进一步防治提出了建议。

在动物分类区系方面,张先生以软体动物及原索动物为对象,主持编写了《中国北部沿海经济软体动物》《中国经济动物志——海产软体动物》《南海的双壳类软体动物》《中国经济动物志——原索动物》等著作。以软体动物为材料首次将我国海分为暖温带性质的长江口以北的黄、渤海区,亚热带性质的长江口以南的大陆近海、台湾岛西北岸和海南岛北部沿海,热带性质的台湾岛南岸和海南岛南部以南的海区。黄、渤海区与日本北部相似,属于北太平洋温带海区的远东亚区;长江以南的海区与日本南部海区相似,属于印度西太平洋热带区的中-日亚区;海南岛以南的海区与日本奄美大岛以南相似,属于印度西太平洋热带海区的印尼-马来亚区。

1958年,他与邱秉经创建海洋研究所南海海洋分所时,在海洋研究所的业务工作百般繁忙的情况下,张玺义无反顾地答应党委孙自平的要求:每年要有半年的时间到广州主持南海海洋研究分所的工作。他积极想办法从全国聘任兼职研究员负责指导青年研究人员的工作,对该所起到很大的作用。他对生物室提出进行珊瑚礁和珍珠贝的研究,并亲自率领人员到广东、广西进行珍珠贝的调查。在他的大力支持下,南海海洋研究所培养了一批珍珠培育和珊瑚礁研究的骨干,并发展起一些养殖场。

张玺在中国科学院动物研究所建立了贝类研究组,领导开展了我国淡水与陆生贝类的研究,指导了钉螺的分类调查,并发表了洞庭湖和鄱阳湖双壳类软体动物的论文。

1957—1960年他任"中苏海南岛动物考察团"中方团长,对海南岛进行了春夏季和秋冬季的两次大规模的调查,取得了丰富的各类动物标本,为我国的研究提供了重要的资料,并发展了我国潮间带生态学的调查研究。

张玺在做研究工作的同时,曾在中法大学、北京大学、山东大学、云南大学等高等学府任教,先后讲过海洋学、海洋生物学、动物学、组织学、胚胎学、比较解剖学和贝类学等课程,编写过大量的讲义和实验材料。可惜这些讲义中只有贝类学方面在有关人员的协助下,由科学出版社出版了《贝类学纲要》,其中主要根据我国的材料做了系统叙述,是我国第一部软体动物的著作。他的这些教学活动为我国培养了海洋学、动物学以及水产养殖方面的人才,在他的精心指导和培养下,一批研究生、进修生和青年科学工作者现在都已成为学术带头人。

张玺在工作的三十五年里,一心一意为科学研究事业而奋斗,对工作积极认真、一丝不苟,在业务上取得了辉煌成就。他热爱祖国,热爱科学事业,对青年热心培养、诲人不倦,德高望重,深为广大科技工作者所爱戴。

张玺是第二、三届全国人民代表大会代表,山东省政协副主席,九三学社中央委员及青岛市主委。他曾任中国海洋湖沼学会理事长,中国动物学会常务理事,国家科委海洋组成员、水产组成员兼珍珠贝研究组组长。

张玺先生终生致力于我国的科学事业,勤勤恳恳,精心研究,为我国的科学事业做了重要贡献,三十多年来共发表论文100余篇、专著8部,现选其主要者约130万字出版以应后来学者参考之需要。

《热带海洋科学之路：热带海洋生物实验站的创建历程》序①

1959年中国科学院南海海洋研究所正式成立，我国著名的动物学家、海洋湖沼学家张玺教授（1897—1967）被国家任命为第一任所长，同时兼任本所海洋生物研究室主任。由于工作需要，我也兼任了这个研究室副主任，协助张所长工作。这个研究室设立在广东省湛江市，实际上是一个实验站，对外的名称是中国科学院南海海洋研究所湛江工作站。这个站从一开始就要求“三定”，就是有固定的学科方向、固定的研究任务和固定的科技人员，长期固定下来，开展各项科学研究工作。一直到“文革”前，湛江站固定的各类人员共有40名左右，绝大部分是大专以上文化程度。因张所长和我都是兼职工作，不能长住湛江，这个站的日常业务便交给了业务秘书谢玉坎同志主持，由他负责研究室在湛江站的业务工作。这个站曾经承担过一些重要的研究课题任务，做出了一批科技成果，其中最突出的一项，是张所长亲自负责的合浦珠母贝人工育苗及其养殖珍珠的研究成果，对南海许多珍珠养殖场的建立起到了促进的作用，在全国第一次科学大会上获得了重大科技奖。这个湛江站的建设，为后来的海南实验站的建设提供了经验。

1978年，全国第一次科学大会上提出了建设热带海洋科学基地的任务，可是因经费不足，1979年只能在原选定的海南岛鹿回头海边，创立了一个属于中国科学院南海海洋研究所的实验站，就是现在还存在的中国科学院海南热带海洋生物实验站。这个站的第一任站长就是谢玉坎同志。他汲取并运用了“文革”前建设湛江站的经验，在人力和物力都非常缺乏的条件下，经过年复一年的艰苦努力，终于创办了一个能够出成果、出人才甚至出效益的海南站。就在这个站刚成立最困难的头几年里，我和已故的马绣同等同志，都不止一次地被邀请到了鹿回头海南站现场去做过实际工作，后来十几年里，还经常和谢玉坎同志有书信往来，所以，我对海南站的创办和发展过程，还是比较了解的。我看到了他们创业的艰难，也看到了他们取得一项又一项的成绩。到了20世纪80年代中期，党和政府号召进行科技体制改革，海南站积极响应了这一号召，更加努力地做了一系列的研究、开发工作，又取得了新的经验和成绩，得到了自中央到地方许多主要领导的肯定和称赞，在社会上也产生了良好的影响。

---

① 载《热带海洋科学之路：热带海洋生物实验站的创建历程》，谢玉坎编著，海洋出版社，2000年。

1999年有关方面向谢玉坎同志发了一个通知,要求参加专著出版选题,反映高举邓小平理论旗帜在改革开放和社会主义现代化建设伟大实践中形成的新思想、新经验、新成果,总结贯彻“科教兴国”战略等各方面的经验成果。这是很有意义的工作。因此,我向读者推荐谢玉坎同志编写的这一本《热带海洋科学之路》,它可供各有关方面参考。

齐钟彦

2000年8月28日

怀念童第周先生[1]

1947年秋天我受北平研究院动物研究所张玺所长派遣前往青岛采集标本，他介绍我找童第周先生帮忙协助。我和马绣同等四人到青岛后即到山东大学找到童先生，这是我第一次见到童先生。他神采奕奕、谦虚友好地对我们说："欢迎你们到青岛来。我和张先生是老朋友了，你们需要什么尽管说，我尽力帮助解决。"于是由他帮助在山东大学为我们解决了工作室和宿舍。以后在我们工作期间，凡是遇到问题都找童先生解决。我们需要在海上拖网但找不到船只，是童先生通过学校为我们找到了小艇，使我们得以胜利地完成了采集的任务。

中国科学院成立后，决定在青岛建立海洋生物研究室，童先生负责筹备，调山东大学动物系和植物系的部分教师和北平研究院动物学研究所的部分研究人员等参与筹建并工作。记得一次在北京动物研究所，童先生和张先生以及已经确定来青岛的人员商议到青岛的问题。他说："青岛研究海洋生物具有极好的条件，你们到青岛可以大有作为。现在我们已准备好莱阳路的两座楼房作为研究室和标本室，欢迎你们的家属到青岛去安家，我们在附近的金口路也准备了两座小楼做宿舍，你们搬去以后，希望大家共同努力将海洋生物研究室办好。"在这之后，我们即动手将动物所有关海洋动物的书籍、标本和仪器、药品等装箱托运，于1950年10月在张玺先生的带领下我们一行来到青岛参加海洋研究室的建设和研究工作。

童先生对研究室领导有方，工作井井有条。每月开一次研究室工作会议，由各组汇报当月的工作和下月进一步开展工作的设想，提出问题大家讨论。室里无论什么事大家都很了解，全室如同一个大家庭，气氛非常融洽。童先生对我们青年人的培养非常关心，他让我们各自准备题目到山东大学去做报告，他亲自带领全室的研究人员及山东大学的有关人员到会听讲，听后大家讨论、提问题。为了做好报告的准备，我们必须多看书、多思考。通过报告后大家提出的问题又可开拓我们的思路。这确实是对我们青年人培养的好方法。

1950年我来青岛工作，家属仍留在北京。经童先生的亲切说服，爱人刘春茀才由北京五一女中来到青岛，由童先生推荐到第二中学任教，于是我们便在青岛定居下来。我们住鱼山路六号时，童先生和夫人叶先生还到家中看望我们，问长问短非常亲切，给我们留下难忘的印象。如今他们二位已离开我们20多年了，我们也已进入耄耋之年，我们能在美丽的青岛安度晚年，不由得更增加了对童先生的无限怀念。

---

① 载《克隆先驱童第周：童第周先生诞辰100周年纪念册》，中国科学院海洋研究所，2002年。

《谢玉坎贝类科学文选》序(一)①

得知谢玉坎同志的贝类科学论文选集即将出版,我认为这是很好的事,并首先表示祝贺!

光阴荏苒,从我与谢玉坎接触至今,已半个世纪了! 1953年张玺教授(1897—1967)被山东大学(青岛)水产系和生物系邀请去兼课,讲授新开的课程《贝类学》,有的时候他忙不过来,便叫我去代他讲课,那时候谢玉坎是水产系二年级的学生,我们就开始见面了。1956年谢玉坎大学毕业后,被分配到中国科学院青岛海洋生物研究室(从1959年起称为中国科学院海洋研究所),被组织安排来跟我们一起做贝类研究工作。从一开始,就由张玺教授给他确定了学科方向——贝类生态学结合贝类养殖研究,并向他做了当面的宣布。从那以后,谢玉坎在这近半个世纪的年月里,毫不动摇地按照这个业务导师明示的学科方向,刻苦钻研,认真工作,努力积累,执意创新,做出了一系列成绩,为贝类科学研究事业贡献了他的一份力量。

进入中国科学院后,1959年谢玉坎开始执笔并且跟老科学家们联名发表科学论文和专著,在同年大学毕业的研究人员之中,当年他是较早发表论著的青年科技人员之一。但由于工作需要,1961年他被调动到中国科学院南海海洋研究所(湛江 - 广州),跟张玺所长一起负责珍珠贝及其养殖珍珠的研究工作,因一开始强调保密,接着又是多年的政治运动等影响,使他的论著工作尤其是公开发表受到了各种限制,所以在那十几年的时间里,看不到他写的文章公之于世。这应该说是一种损失。不过在"文革"之后,他的旧稿和新作都发表得相当多了,可以弥补前一时期的不足。他是1995年办理了退休手续的,退休后每年还有专著出版或是科学论文发表,至今仍笔耕不辍,可谓著作等身了。

谢玉坎出版过《珍珠科学》和《热带海洋科学之路》等几本专著,其中主要的几本我都给写过序。但是在那些专著里,一般都不可能把科学论文的研究方法和讨论意见也编写进去,而且还有一部分科学论文和研究报告,在专著中是根本看不到的,所以,将他的各个时期分散在各种刊物上的主要文章收集起来,单独出版一本选集,对于读者和后来进行研究的学者,都比较方便而颇有意义,这是值得支持的一件工作。

科学技术是生产力,科技论著是整个科学技术中最成文也是最重要和最能流传的一个部分,必定会对社会生产的发展起到积极的作用。收入这本选集的文章,有些在发表之前,当时我就审阅过了,又都是公开发表过的,它们的理论价值和实际作用,是客观存在的,现在我也无须去一一评介了。

我国有很多研究贝类科学的专家,我希望将来能看到更多的专家也出版他们的贝类科学研究文集!

齐钟彦

2002年8月22日于青岛

---

① 载《谢玉坎贝类科学文选》,海洋出版社,2002年。

致贝类学分会全体代表的一封信

尊敬的各位代表:

又是一个清风送爽、硕果飘香的金秋十月,贝类学会在风景秀丽的北方海滨名城——大连举行第七届代表大会暨第十一届学术研讨会,作为理事长,我不能亲临主持大会、交流学术思想,不能与新朋老友谈天叙旧,特别是不能与年轻的一代畅谈未来,实乃人生一件憾事。

贝类学会自1981年成立以来,在古贝类、陆生贝类、淡水贝类、医学贝类和海产贝类等方面,开展深入而卓有成效的研究,为国民经济和社会发展、国家食物安全、国民健康、生态环境保护等都做出了重要贡献。在国际科技高速发展的新世纪里,在世界经济步入全球化,国家实施知识创新工程等新形势下,贝类学会必须与时俱进、改革创新,必须实现国际化、社会化、信息化和年轻化,必须在充分发挥老同志积极带头作用的基础上,大力培养中青年学术带头人。

基于"稳定继承、持续创新"这一思路,会议期间将选举组成第七届贝类学会理事会,这也是本会能否实现再创辉煌的重要保证之一。鉴于本人年事已高,身体欠佳,现恳请大会代表接受我辞去我所长期担任的理事长职务,并推荐张福绥同志担任新的一届理事会理事长。本人深信在新一届理事会的领导组织下,本会必将团结一致,大展宏图,通过贝类学研究不断的创新,为国民经济的发展和社会的全面进步,加快我国小康社会的建设做出我们力所能及的贡献。

此次大会是我会进入新世纪的第二次盛会,大会的主题也颇具时代特色——贝类学研究与资源环境保护。希望与会代表在瞄准国际学术前沿的同时,把个人和学会的发展与国家需求紧密结合在一起,广泛交流研究成果,探索新知识、新技术和新理念,携手推进我国贝类学研究稳定、持续、健康、高效的发展。

借此机会,衷心感谢社会各界对我国贝类学研究和贝类学会的支持,衷心感谢贝类学界全体同仁对我国贝类学研究和贝类学会的贡献,衷心感谢各位对我本人的关心、爱护和支持,本人将继续关注学会的发展,希望贝类学会越办越好。

衷心祝福各位代表身体健康、万事如意!

预祝大会圆满成功!

中国动物学会·中国海洋湖沼学会贝类学分会

理事长　齐钟彦

2003年10月16日于青岛